化 工 数 学

第三版

周爱月 李士雨 主编

化学工业出版社

·北京·

本书是根据全国高校化学工程专业教学指导委员会所确定要求而编写的专业教材之一。"化工数学"课程是在高等数学、算法语言、物理化学、化工原理等课程基础上开设的一门强调与化工相结合的综合型应用数学。书中主要内容介绍化学、化工中常用的数学方法，并引入近代数学新进展在化工中的应用。前九章包括数学模型方法、实验数据处理、三种常用方程（代数方程——线性方程组及非线性方程与方程组；常微分方程；偏微分方程）的求解方法、场论、拉普拉斯变换以及概率论与数理统计。后五章有数据校正技术、图论、人工智能与专家系统、人工神经网络及应用、模糊数学及应用。每章均配有化工应用实例及习题。

为了便于读者使用，第三版尝试建立了教学资源库并陆续对其完善，由 Fortran、Matlab 和 Excel 编写的源程序代码及其使用说明可在此资源库下载，将免费提供给采用本书作为教材的院校使用。如有需要，请发电子邮件至 cipedu@163.com 获取，或登陆 www.cipedu.com.cn 免费下载。

本书为高等学校化学工程类专业用教材，同时适合于化学、石油炼制、冶金、轻工、食品、制药等专业大学教学选用，也可供有关研究、设计和生产单位科研、工程技术人员参考。

图书在版编目（CIP）数据

化工数学/周爱月，李士雨主编.—3 版.—北京：化学工业出版社，2011.7（2023.2重印）
高等学校规划教材
ISBN 978-7-122-11413-6

Ⅰ.化…　Ⅱ.①周…②李…　Ⅲ.化学工业-应用数学-高等学校-教材　Ⅳ.TQ011

中国版本图书馆 CIP 数据核字（2011）第 100549 号

责任编辑：高　钰　　　　　　　　　文字编辑：廉　静
责任校对：宋　玮　　　　　　　　　装帧设计：史利平

出版发行：化学工业出版社（北京市东城区青年湖南街 13 号　邮政编码 100011）
印　　装：北京科印技术咨询服务有限公司数码印刷分部
787mm×1092mm　1/16　印张 26½　字数 677 千字　　2023 年 2 月北京第 3 版第 6 次印刷

购书咨询：010-64518888　　　　　　　　售后服务：010-64518899
网　　址：http://www.cip.com.cn
凡购买本书，如有缺损质量问题，本社销售中心负责调换。

定　　价：69.00 元

第三版前言

$Matlab$ 和 $Excel$ 强大的计算功能和简单易学的特点逐渐使之成为常规科学计算的首选工具，而早期的 $Fortran$ 语言在我国化工高等教育的教学计划中已经基本上见不到踪影，所以，第三版主要更新了第二、三、四章中的数值计算算法程序。

为了便于读者使用，第三版尝试建立了教学资源库并陆续对其完善，由 $Fortran$、$Matlab$ 和 $Excel$ 编写的源程序代码及其使用说明可在此资源库下载，将免费提供给采用本书作为教材的院校使用。如有需要，请发电子邮件至 $cipedu$@163.com 获取，或登陆 $www.cipedu.com.cn$ 免费下载。

第三版中还精简了部分章节内容，更正了第二版中的一些错误。

第三版由李士雨策划，周爱月、李士雨主编，齐向娟编写了 $Matlab$ 和 $Excel$ 全部源程序代码，李士雨进行了程序审核。

由于编者水平所限，不足之处恳请读者批评指正。

作者
2011 年 6 月

第二版前言

本书是在 1993 年化学工业出版社出版的《化工数学》的基础上重新修订补充的,为第二版。新版《化工数学》具有以下特点。

(1) 较成熟

1993 年版本教材是在天津大学化工系"化工应用数学讲义"15 年教学实践基础上整理改编的,1993 年版本已有多所高校多年连续使用至今。

(2) 内容更新,知识面广

第二版将 1993 年版本进行扩充和更新,是为了适应面向 21 世纪人才培养和知识更新的需要。新增内容包括数据校正技术、图论、人工智能与专家系统、人工神经网络、模糊数学等。新增第九章概率论与数理统计属经典数学,是为了完善书的内容,扩大知识面。

(3) 实用,便于自学

本书以实用为目的,不追求全面的数学论证,每章在说明数学概念基础上配有大量化工应用实例详解。书末还提供数值方法例题的 FORTRAN 程序清单和计算结果。

全书由周爱月负责统编定稿。参加编写工作的有周爱月(第五章、第六章、第七章、第十章及程序清单),陈裕中(第四章、第八章),赵福龙(第二章),第三章由周爱月、陈裕中合编,李士雨(第一章、第十一章、第十二章),元英进(第十三章、第十四章),王永莉(第九章)。

第二章~第八章原版由戴干策主审,第一章、第九章~第十四章新篇章由王正欧主审。

由于编者水平有限,书中如有不妥之处敬请读者不吝赐教。

编者

2011 年 3 月

目　录

第一章 数学模型概论

从定性到定量是认识事物本质、发展科学的一般规律。将实际问题定量化需要数学，而把数学与实际联系起来的纽带是数学模型。

近几十年来，随着科学技术的迅速发展，特别是计算机技术的不断进步，数学的应用已渗透到经济、人口、生态、医学、物理和诸多工程技术领域，已成为发展高科技、提高生产力、实现优化决策、加强系统管理等方面不可缺少的工具。

从化工发展过程不难看出数学对化学工业所起的重要作用。

最初的化学过程（如酿酒、冶炼）都是手工作坊式生产，规模小，技术落后，经验操作，无数学模型。

20世纪20～30年代，提出单元操作概念，建立了简单的定量关系，可以粗略地估算设备的性能。随着生产规模的日渐扩大，提出许多数学问题，但因计算技术落后，无法求解。

20世纪40～50年代，尤其是1946年Eckert和Mauohly研制成第一台电子计算机以来，计算技术及程序设计语言得到迅速发展，许多化工中的计算问题得以解决。20世纪50年代一些先进的西方企业中，化学工程师首先在老式的计算机（穿孔或卡片）上完成了闪蒸和精馏的计算机辅助计算，随后又应用FORTRAN语言进行不同单元操作的计算。1958年M W Kellogg开发出第一个过程模拟软件，即Flexible Flow Sheet，同期一些大公司如Un-in Caibide Corp.和Stamdard Oil Co.也推出了序贯连续法的过程模拟程序。化工技术逐渐由定性走向定量，有了很大发展。

20世纪60～70年代，提出化工系统工程和化学反应工程概念，化工过程的定量化又上了一个新的台阶。化工系统工程的含义是将化工过程作为一个整体分析，寻求最优方案，化工过程模型化以及化工模型的求解技术得到了迅速发展，计算机辅助化工设计应用软件的开发和应用也以极高的速度发展，新的软件公司不断涌现，如FLOWTRAN、CONCEPT、PROCESS、ASPEN等。这些化工流程模拟软件的出现，使得对化工过程设计与分析的时间缩短，准确性提高，数学模型在化工界得到了普遍重视。

20世纪80～90年代，由于计算机和数学方法的普遍应用，化工过程开发出现了三个可喜的趋势：即开发周期缩短、中试规模缩小和放大倍数增大，加快了化学工业的发展。现今一些大型的流程模拟软件，如ASPEN PLUS、PRO II，已在许多大型石油化工企业、化工设计部门以及高等院校中投入使用。

可见，数学对化学工业发展所起的作用是巨大的，没有数学，就没有今天的化学工业。

数学应用的第一步是数学建模，即通过调查，收集数据、资料，观察和研究其固有的特征和内在规律，抓住问题的主要矛盾，提出假设，经过抽象和简化，建立反映实际问题的数量关系，也就是数学模型；然后，再运用数学的方法和技巧去分析和解决实际问题。这时，对数学模型的研究就相当于对实际系统的研究，改变各种参数进行计算，就相当于在实际系统中进行各种试验。这种方法被称为数学模拟，由于模拟计算需在计算机上进行，因而，也叫计算机模拟，或计算机仿真。由于这种方法较常规实验研究方法有着无法比拟的优点（易于实现、容易操作、速度快、成本低、安全、可做灵敏度分析等），因而，受到广泛重视，并已在化工过程开发、过程设计、过程优化、过程控制等许多方面发挥重要作用。

本章概要介绍数学模型与建模的有关基本概念。

1.1　模型

一切客观存在的事物及其运动状态统称为实体或对象，对实体特征及变化规律的近似描述或抽象就是模型，用模型描述实体的过程称为建模或模型化。

按模型的表达形式，一般可粗略地分为实体模型和符号模型两大类。

实体模型包括：实物模型（如城市模型、工厂模型、建筑模型、作战沙盘、各类模型实验、化工实验等）和模拟模型。模拟模型是指用其他现象或过程来描述所研究的现象或过程，用模型性质来模拟原来的性质。例如，可用电流模拟热流和流体的流动。模拟模型可再分为直接模拟和间接模拟。直接模拟是指模拟模型的变量与原现象的变量之间存在一一对应的关系，例如用电网络模拟热传导系统，静电容量、电阻、电压、电流分别与热容量、热阻、温度差（温压）、热流量相对应。由于电系统的参数容易测量和改变，经常用电系统来模拟热学现象和过程。对间接模拟，模型的变量与原现象之间不能建立一一对应的关系。例如将某范围的地图画在均匀的图版上，再沿边界切开，可用称量地图板重量的办法，按比例计算该范围的面积。

符号模型：符号模型也称语言模型，包括数学模型、仿真模型（如分子结构图、化工流程图、地图、电路图等）及诸如音乐、美术等学科的符号模型，也包括用自然语言表达的直观描述式模型（如"水在常压下的沸点是100℃"）。

1.2　数学模型

数学模型是系统的某种特征的本质的数学表达式，即用数学式子（如函数式、代数方程、微分方程、微积分方程、差分方程等）来描述（表达、模拟）所研究的客观对象或系统在某一方面的存在规律。

数学模型有很多种，若按系统本身的性质可分为以下几类。

（1）确定性数学模型和随机性数学模型

确定性模型中自变量与因变量具有确定的对应关系，随机模型则包含有随机变量，对于一个确定的输入，其输出（响应）不是一个确定的量值，而是一个概率分布。例如旋风分离器操作，流体粒子呈布朗运动，雷诺数 Re 很大时为湍流状态，管道内流动错综复杂，正向、返混、横向流线变化是随机的，流体粒子的运动特性只能用统计规律进行描述。

（2）微观数学模型和宏观数学模型

微观数学模型描述系统在局部空间或瞬时存在的规律，模型方程通常为微分方程或差分方程。

宏观数学模型描述系统在整个空间或一段时间变化量的总和与其他量之间的关系，模型方程通常为积分式子、积分方程、联立方程组。

【例 1-1】　微观模型：溶液混合问题。

如图 1-1 所示，设有一容器装有某种浓度的溶液，现以流量 v_1 注入浓度为 C_1 的同样溶液，假定溶液立即被搅匀，并以 v_2 的流量流出这种混合后的溶液，试建立容器中浓度与时间关系的数学模型。

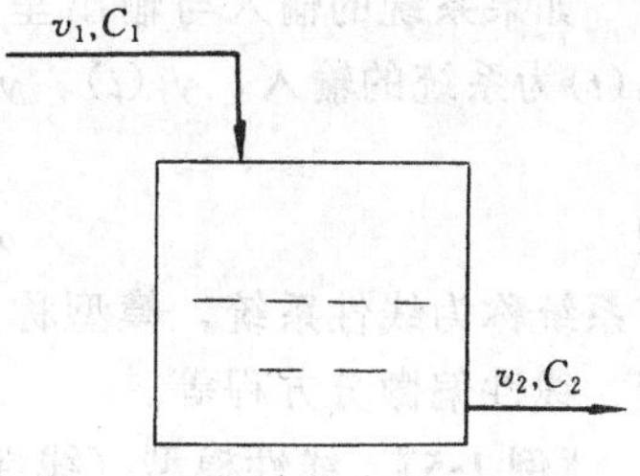

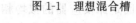

解： 设容器中溶液溶质的浓度为 $C=C(t)$，初始浓度为 C_0，初始体积为 V_0。则在 t 时刻有如下关系 $CV-C_0V_0=(v_1C_1-v_2C_2)t$

图 1-1　理想混合槽

则
$$\frac{\mathrm{d}(CV)}{\mathrm{d}t}=v_1C_1-v_2C_2$$

这就是混合溶液的数学模型。

【例 1-2】 宏观模型：精馏塔物料衡算。

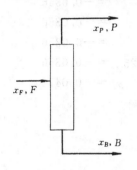

图 1-2 为一二元精馏塔示意图，进料流量为 F，组成为 x_F，塔顶出料流量为 P，组成为 x_P，塔釜出料流量为 B，组成为 x_B，对全塔做宏观物料衡算得

$$Fx_F=Px_P+Bx_B$$
$$F(1-x_F)=P(1-x_P)+B(1-x_B)$$

（3）连续模型和离散模型

连续模型：系统输入和输出是连续时间的函数（只要求自变量连续，不要求函数一定连续），模型方程为微分方程。例 1-1 给出的模型就是一个连续性模型，再如化工中著名的流体连续性方程也是一个连续模型。

图 1-2　二元精馏塔示意图

离散模型：系统输入和输出只是离散的瞬时取值，或者说输入、输出函数是整标函数（数列）。模型方程为差分方程。

【例 1-3】 离散模型：溶液的逐步混合问题。

针对例 1.1 图 1-1 给出的情况，现将连续输入、输出改为逐次输入、输出。即在每次混合时，把 $u(k)(k=1,2,3,)$ 升 A 种物质和 $100-u(k)$ 升 B 种物质加入到 900 升的这两种物质原有的混合物中，搅拌均匀后，再从中倒出 100 升新的混合物，如此反复进行下去。试求每次混合后 A 种物质在整个混合物中的百分浓度。

解： 设第 k 次混合均匀后，A 物质在混合物中的浓度为 $y(k)$。显然，第 k 次混合后 A 物质的总量等于第 $k-1$ 次混合后 900 升混合物中 A 的量与第 k 次新添加的量的和。即有

$$1000y(k)=900y(k-1)+u(k)$$

即
$$y(k)=0.9y(k-1)+0.001u(k) \quad (k=1,2,\cdots)$$

【例 1-4】 离散模型：常微分方程离散化。

设有常微分方程
$$\begin{cases} y'=f(x,y) \\ y(0)=\eta \end{cases}$$

为求其数值解，需将其离散化。令 $y'=\dfrac{y^{(k+1)}-y^{(k)}}{h}$，$h$ 为步长，则

$$\begin{cases} y^{(k+1)}=y^{(k)}+hf(x^{(k)},y^{(k)}) \\ y^{(0)}=\eta \end{cases}$$

这个方程就是一个离散模型。

（4）线性模型和非线性模型

如果系统的输入与输出呈线性关系，也就是说满足均匀性和叠加性，即如果 $x_1(t)$、$x_2(t)$ 为系统的输入，$y_1(t)$、$y_2(t)$ 为系统的输出，且

$$x_1(t) \to y_1(t) \quad x_2(t) \to y_2(t)$$

则

$$\alpha x_1(t) + \beta x_2(t) \to \alpha y_1(t) + \beta y_2(t)$$

该系统称为线性系统，模型称为线性模型。线性模型包括线性代数方程组、线性常微分方程、线性偏微分方程等。

【例 1-5】 线性模型（线性代数方程组）。

用固定床反应器的拟均相二维模型求解乙苯脱氢反应器中沿径向反应物浓度分布时，得到一组有关沿反应器内径向六个点处乙苯转化率 x 的方程组

$$
\begin{cases}
x_1 - 0.333x_2 & = 0.0296 \\
0.05x_1 - x_2 + 0.15x_3 & = -0.0356 \\
0.075x_2 - x_3 + 0.125x_4 & = -0.0356 \\
0.0833x_3 - x_4 + 0.1167x_5 & = -0.0356 \\
0.0875x_4 - x_5 + 0.1125x_6 & = -0.0356 \\
0.2x_5 - x_6 & = -0.0472
\end{cases}
$$

这是一个线性模型。

不满足均匀性和叠加性的模型称为非线性模型。

【例 1-6】 非线性模型：范德华方程。

$$\left(P + \frac{an^2}{V^2}\right)(V - nb) = nRT$$

（5）集中参数模型和分布参数模型

集中参数模型是指因变量不随空间坐标变化，如理想混合反应器，物料在各点的状态相同，或者物料进入反应器后可迅速混合均匀，模型方程中自变量仅为时间。分布参数模型则指因变量不仅与时间有关，而且还与空间有关。集中参数模型为常微分方程，分布参数模型为偏微分方程。

（6）定常数学模型和时变数学模型

若系统在初始条件给定的情况下，输出的形状取决于输入的形状，而与输入的时刻无关。设 $x(t)$ 为输入，$y(t)$ 为输出，即 $x(t) \to y(t)$，若输入滞后时间 T，则输出亦滞后时间 T。

$$x(t+T) \longrightarrow y(t+T)$$

具有这种特性的系统为定常系统或时不变系统。显然系统的全部参数与时间无关，即参数为常数的系统为定常系统。反之，若参数为时间 t 的函数时，系统为时变系统。

定常数学模型用常系数（微分或差分）方程来表示，时变数学模型用变系数（微分或差分）方程来表示。

（7）存储系统和非存储系统

如果系统任意瞬时 t 的输出仅与该瞬时的输入有关，具有这样性质的系统称为非存储（或无记忆）系统，相反，若系统在瞬时 t 的输出依赖于某个区间 $(t-T, t)$ 的输入，则系统称为存储系统（或有记忆）。T 为存储长度。

由于非存储系统中在任意时刻 t 的输出只与 t 时刻的输入有关，与过去的状态无关。因而一般来说输入、输出之间是代数关系，常用代数方程来表示。反之，存储模型常用非代数方程表示。

上述分类小结于表 1-1。

表 1-1 数学模型分类

数学模型	特 征	方 程 式
随机模型	系统有确定的输入时，得到的输出是不确定的	随机方程
确定模型	系统有确定的输入时，得到的输出是确定的	非随机方程
微观模型	系统在局部或瞬时范围内存在的规律	微分方程、差分方程
宏观模型	系统在全局或一段时间内存在的规律	联立方程、积分方程
线性模型	系统的输入输出满足均匀性和叠加性	各种线性方程
非线性模型	系统的输入输出不满足均匀性和叠加性	非线性方程
连续模型	系统的输入输出是连续时间的函数	微分方程等连续方程
离散模型	系统的输入输出是时间的整标函数	差分方程
集中参数模型	系统的输入能立刻到达系统内各点	常微分方程
分布参数模型	系统的输入要经一段时间才到达系统内各点	偏微分方程
定常模型	输出的形状取决于输入的形状，和输入时间无关	各种常系数方程
时变模型	输出的形状与输入的形状和输入时间有关	各种变系数方程
非存储系统	输出仅与同时刻的输入有关	代数方程
存储系统	某时刻的输出依赖于到该时刻为止的某一区间上的输入	非代数方程

按建模方法不同，可将数学模型分为机理模型、经验模型和半经验模型。

机理模型是指根据物理、化学原理推导得出的数学模型，经验模型则是指由实验观测数据归纳而得到的模型，介于二者之间的模型为半机理模型，或半经验模型，或混合模型。

机理模型反映过程本质，因而适用范围较广。经验模型由于模型参数是在一定范围内实验数据归纳得出的，因而不宜大幅度外推。在条件许可的情况下，应尽可能建立机理模型。

按系统与时间的关系可分为动态模型和静态模型。静态模型也叫稳态模型，模型中不包含时间变量；动态模型也叫非稳态模型，它考察过程随时间的动态变化规律。

根据模型的定量程度，可将模型分为数值模型、数量级模型、定性模型和布尔模型四种。

数值模型：即众所周知的严格定量的数学模型，如代数方程、微分方程等。

数量级模型：这类模型比数值模型低一级，它并不关心参数实际的、精确的值，只须知道其值在某一数量级范围内就足够了。

定性模型：这类模型注重变量之间的关系，只能从定量的意义上指出变化的方向，不能给出变化的大小。如"提高泵的转速可提高流率"，建立了转速与流率之间的定性关系，但转速提高了，流率提高多少并不知道。这类模型的例子还可举出许多。这种模型用于过程的识别与控制是有效的。

布尔模型：即简单的"是—否"模型。它们能指出某一关系是否存在，但不能给出关系的实质，没有关于变量符号或大小的信息。布尔模型的一个例子就

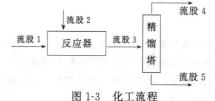

图 1-3 化工流程

是关联矩阵。如图 1-3 所述化工过程，可用关联矩阵表示过程流股与设备之间的连接关系。

现用关联矩阵表示过程流股与设备之间的连接关系

$$\begin{array}{c} \quad\quad 反应器 \quad 精馏塔 \\ \begin{array}{c}流股1\\流股2\\流股3\\流股4\end{array}\left[\begin{array}{cc}1&0\\1&0\\1&1\\0&1\end{array}\right]\end{array}$$

其中："1"表示过程流股与设备连接，"0"表示不连接。

化学工程中绝大多数的建模和模拟工作是数值的，然而，随着人工智能的出现，工程师已开始认识到了定性方法的价值，并已开始应用，如数量级模型和定性模型。

定性模型与数值模型在建模与数学处理上有很大差异，在本书中，除特别说明外，数学模型是指数值模型。

1.3　建立数学模型的一般方法

一个理想的数学模型须是既能反映系统的全部主要特征，同时在数学上又易于处理。即它满足以下两点。

① 可靠性：在允许的误差范围内，它能反映出该系统的有关特性的内在联系。

② 适用性：它须易于数学处理和计算。复杂模型的求解是困难的，同时，复杂模型有时会因简化不当而将一些非本质的东西带入模型，使得模型不能真正反映系统的本质。因此，模型既要精确，又要求它简单。

建立模型的方法大致有两种：实验归纳法和理论分析法。本书中第二章介绍的最小二乘法就是典型的实验归纳法，第六章及第七章介绍的就是理论分析法。

由理论分析建立数学模型的步骤有三步。

① 通过对系统的仔细观察分析，根据问题的性质和精度的要求，作出合理性假设、简化，抽象出系统的物理模型。

② 在此基础上确定输入、输出变量和模型参数，建立数学模型。一般来说，在不降低精度的条件下，模型变量的数目越少越好。通常可以这样处理来减少变量的数量：将相似变量归结为一个变量；将对输出影响小的变量视为常数。

③ 检验和修正所得模型。检验模型的手段是将模型计算结果与实验结果做对比，修正模型时，可从以下几个方面考虑模型的缺陷：模型含有无关或关系不大的变量；模型遗漏了重要的有关变量；模型参数不准确；数学模型的结构形式有错；模型反映系统的精确度不够。

习　题

1. 何谓数学模型？它在化工中的作用有哪些？
2. 解释下列概念，说出对应的数学模型形式：随机模型、确定模型、微观模型、宏观模型、线性模型、非线性模型、连续模型、离散模型、集中参数模型、分布参数模型、定常模型、时变模型、存储系统、非存储系统。
3. 动态模型与静态模型的区别是什么？
4. 理想的数学模型是怎样的？
5. 如何对所建立的模型进行修正？

第二章 数据处理

　　数据处理涉及面很广，本章只介绍处理数据常用的数值方法——插值、数值微分、数值积分以及如何应用最小二乘法由实验数据建立经验或半经验的数学模型。

　　简单的线性插值是大家熟知且广为应用的。例如查物性手册某熔盐混合物性质如表 2-1 所示。这样的数据表称为列表函数。意思是密度、导热系数和黏度是随温度变化的函数，但又不知道其间的确切的函数关系式。由分析数据可知，密度和导热系数基本上是温度的线性函数，但黏度与温度就不是线性关系了。譬如想要知道 450K 时的黏度，可以用 443K 和 453K 两温度下的黏度值作线性内插值得 110.10Pa·s。这个数值不大准确，因为我们把 443K 和 453K 之间黏度作为线性变化处理了。为了较精确地求取任意温度（非列表节点值）下的黏度，可以利用列表函数中较多点的已知函数值，建立一个近似的黏度与温度的函数关系式。利用这个函数关系式来求取任意温度下的黏度，就可能提高精确度。这就是插值要讨论的问题，但是插值方法的应用价值并不局限于此。例如造船中放大样，汽车、飞机外型设计中，给定一批离散样点，要求作出一条光滑曲线或光滑曲面，使其通过或尽可能靠近这些样点，以满足设计要求，并据此进行切割或机械加工。这里用到的数学方法称为样条插值。此外在计算机上处理连续变量问题时，往往需要将变量进行离散化处理。例如数值积分、数值微分、差分法解微分方程都是以插值方法为基础的。本章最后一部分讨论经验、半经验模型建模最常用的方法——最小二乘法。其中重点是线性最小二乘法作曲线拟合和参数估值，非线性最小二乘法在化工应用中也具有重要意义，这里只作初步介绍并附有实例。各主要数值方法应用例题均给出 Fortran 及 Matlab 和 Excel 程序及运行结果见数学资源库。

表 2-1　熔盐混合物性质

温度 /K	密度 /(kg/m³)	导热系数 /[W/(m·K)]	黏度 /(Pa·s)	温度 /K	密度 /(kg/m³)	导热系数 /[W/(m·K)]	黏度 /(Pa·s)
423	1976	0.4427	177.58	453	1951	0.4392	104.66
433	1967	0.4415	146.51	463	1943	0.4380	90.26
443	1959	0.4403	122.79	473	1934	0.4368	78.79

2.1　插值法

2.1.1　概述

　　化工物性数据或数学手册附录中各种函数表，如三角函数表、对数表、特殊函数表等，将自变量与函数关系通过表格形式给出。这些列表函数的特点是：① 自变量与函数值一一对应（不允许多值）；② 函数值具有相当可靠的精确度；③ 自变量与函数间的解析表达式可能不清楚，如由实验测定的物性数据，或者函数关系的解析表达式非常复杂不便于计算，如贝塞尔函数是一无穷级数，Γ 函数是一广义积分式。插值问题是通过列表函数中若干点数据构造一个比较简单的函数来近似表达原来的函数。所以插值法就是寻求函数近似表达式的一种方法。近似函数的类型可以有多种不同选法，但最常用的是代数多项式。因为它形式简单，也便于求导和积分。这样的插值法称为代数插值法，本章只讨论代数插值法。

代数插值问题可以这样描述：给定函数 $y=f(x)$ 在区间 $[a,b]$ 上 $n+1$ 个互异点，$a\leqslant x_0<x_1<\cdots<x_n\leqslant b$ 上的函数值 $y_i=f(x_i)(i=0,1,2,\cdots,n)$，建立一个次数不超过 n 的代数多项式

$$P_n(x)=a_0+a_1x+a_2x^2+\cdots+a_nx^n \tag{2-1}$$

使满足

$$P_n(x_i)=y_i \qquad (i=0,1,\cdots,n) \tag{2-2}$$

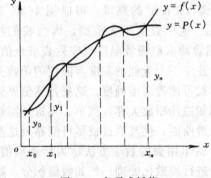

图 2-1　多项式插值

其中 a_i 为实数，称 $P_n(x)$ 为函数 $f(x)$ 的插值多项式，x_0，$\cdots$，x_n 为插值节点，$[a,b]$ 为插值区间。

插值法的几何意义是：在给定节点函数值的 $n+1$ 个已知点上，建立一条多项式函数曲线 $P_n(x)$，使它严格通过这些已知函数点，以此多项式曲线来近似原函数曲线 $f(x)$。如图 2-1 所示。

显然在节点上，有 $P_n(x_i)=f(x_i)$，$(i=0,1,\cdots,n)$，但在区间 $[a,b]$ 内其他位置，一般都有误差。令

$$R_n(x)=f(x)-P_n(x) \tag{2-3}$$

$R_n(x)$ 称为插值多项式的余项。

容易证明插值问题的解是唯一的。假如有两个 n 次多项式 $y_1=P_n(x)$ 与 $y_2=q_n(x)$ 均满足条件式(2-2)，那么对于 $r(x)=P_n(x)-q_n(x)$，有

$$r(x_i)=0 \qquad i=0,1,2,\cdots,n$$

即不超过 n 次的多项式 $r(x)$ 将有 $n+1$ 个零点，由此可以断定 $r(x)\equiv0$，唯一性得证，即：满足式(2-2)的插值多项式(2-1)是唯一存在的。

2.1.2　拉格朗日插值

2.1.2.1　线性插值

所谓"线性插值"就是以直线方程作为插值多项式，即式(2-1)中 $n=1$ 的情况。

假定已知区间 $[x_k,x_{k+1}]$ 的端点处的函数值 $y_k=f(x_k)$，$y_{k+1}=f(x_{k+1})$，要求线性插值多项式 $L_1(x)$，使它满足

$$L_1(x_k)=y_k$$
$$L_1(x_{k+1})=y_{k+1}$$

$y=L_1(x)$ 的几何意义就是通过两点 (x_k, y_k) 与 (x_{k+1}, y_{k+1}) 的直线近似表示 $y=f(x)$。如图 2-2 所示，$L_1(x)$ 的表达式可直接用两点公式给出

$$L_1(x)=\frac{x_{k+1}-x}{x_{k+1}-x_k}y_k+\frac{x-x_k}{x_{k+1}-x_k}y_{k+1} \tag{2-4}$$

由两点式看出，$L_1(x)$ 是由两个线性函数

$$l_k(x)=\frac{x-x_{k+1}}{x_k-x_{k+1}},l_{k+1}(x)=\frac{x-x_k}{x_{k+1}-x_k} \tag{2-5}$$

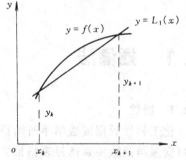

图 2-2　线性插值法的几何意义

的线性组合得到的，其系数分别为 y_k 及 y_{k+1}，即

$$L_1(x)=y_k l_k(x)+y_{k+1}(x)l_{k+1}(x) \tag{2-6}$$

显然 $l_k(x)$ 及 $l_{k+1}(x)$ 也是线性插值多项式，其特点是在节点 x_k，即 x_{k+1} 处满足条件

$$l_k(x_k)=1 \qquad l_k(x_{k+1})=0$$
$$l_{k+1}(x_k)=0 \qquad l_{k+1}(x_{k+1})=0 \tag{2-7}$$

称 $l_k(x)$ 及 $l_{k+1}(x)$ 为线性插值基函数。

2.1.2.2　二次插值

下面介绍二次插值（亦称抛物插值），相当于式(2-1)中 $n=2$ 的情况。假定插值节点为 x_{k-1}，x_k，x_{k+1}，构造一个二次插值多项式 $L_2(x)$，使它满足

$$L_2(x_j)=y_j \qquad (j=k-1,k,k+1) \tag{2-8}$$

二次插值多项式在几何上就是通过三点 (x_{k-1},y_{k-1})，(x_k,y_k)，(x_{k+1},y_{k+1}) 的抛物线。和线性插值一样，可以采用插值基函数的方法来构造 $L_2(x)$。此时插值基函数 $l_{k-1}(x)$，$l_k(x)$ 和 $l_{k+1}(x)$ 应该是二次函数，且在节点处满足以下条件

$$\left. \begin{array}{ll} l_{k-1}(x_{k-1})=1 & l_{k-1}(x_j)=0 \quad (j=k,k+1) \\ l_k(x_k)=1 & l_k(x_j)=0 \quad (j=k-1,k+1) \\ l_{k+1}(x_{k+1})=1 & l_{k+1}(x_j)=0 \quad (j=k-1,k) \end{array} \right\} \tag{2-9}$$

满足条件式(2-9)的插值基函数是可以根据因式分解定理来求出的，以求 $l_{k-1}(x)$ 为例，因为 $l_{k-1}(x_k)=0, l_{k-1}(x_{k+1})=0$，所以，$l_{k-1}(x)$ 有两个零点，x_k 及 x_{k+1}，故 $l_{k-1}(x)$ 可表示为

$$l_{k-1}(x)=A(x-x_k)(x-x_{k+1})$$

其中待定系数 A 可由条件 $l_{k-1}(x_{k-1})=1$ 来定出 $A=\dfrac{1}{(x_{k-1}-x_k)(x_{k-1}-x_{k+1})}$

于是

$$l_{k-1}(x)=\frac{(x-x_k)(x-x_{k+1})}{(x_{k-1}-x_k)(x_{k-1}-x_{k+1})} \tag{2-10}$$

同理可得

$$l_k(x)=\frac{(x-x_{k-1})(x-x_{k+1})}{(x_k-x_{k-1})(x_k-x_{k+1})} \tag{2-11}$$

$$l_{k+1}(x)=\frac{(x-x_{k-1})(x-x_k)}{(x_{k+1}-x_{k-1})(x_{k+1}-x_k)} \tag{2-12}$$

利用二次插值基函数 $l_{k-1}(x), l_k(x)$ 和 $l_{k+1}(x)$，可得出二次插值多项式

$$L_2(x)=y_{k-1}l_{k-1}(x)+y_k l_k(x)+y_{k+1}l_{k+1}(x) \tag{2-13}$$

显然，它满足条件 $L_2(x_j)=y_j \quad (j=k-1,k,k+1)$。将上面求得的 $l_{k-1}(x), l_k(x)$ 和 $l_{k+1}(x)$ 代入式（2-13）得

$$L_2(x)=y_{k-1}\frac{(x-x_k)(x-x_{k+1})}{(x_{k-1}-x_k)(x_{k-1}-x_{k+1})}+y_k\frac{(x-x_{k-1})(x-x_{k+1})}{(x_k-x_{k-1})(x_k-x_{k+1})}+y_{k+1}\frac{(x-x_{k-1})(x-x_k)}{(x_{k+1}-x_{k-1})(x_{k+1}-x_k)}$$

$$\tag{2-14}$$

【例 2-1】　用线性插值及二次插值计算 sin0.3367 的值。使用表距为 0.02 弧度的正弦表，已知 sin0.32＝0.314567，sin0.34＝0.333487，sin0.36＝0.352274。

　　解：由题意取 $x_0=0.32$，$y_0=0.314567$；$x_1=0.34$，$y_1=0.333487$；$x_2=0.36$，$y_2=0.352274$。

　　用线性插值计算 sin0.3367 时，由式(2-4)得

$$\sin0.3367\approx L_1(0.3367)=\frac{x_1-x}{x_1-x_0}y_0+\frac{x_0-x}{x_0-x_1}y_1=0.330365$$

用抛物插值计算 $\sin 0.3367$ 时，由式(2-14) 得

$$\sin 0.3367 = L_2(x) = y_0 \frac{(x-x_1)(x-x_2)}{(x_0-x_1)(x_0-x_2)} + y_1 \frac{(x-x_0)(x-x_2)}{(x_1-x_0)(x_1-x_2)} + y_2 \frac{(x-x_0)(x-x_1)}{(x_2-x_0)(x_2-x_1)}$$

$$= 0.314567 \frac{0.7689 \times 10^{-4}}{0.0008} + 0.333487 \frac{3.89 \times 10^{-4}}{0.0004} + 0.352274 \frac{(-0.5511 \times 10^{-4})}{0.0008}$$

$$= 0.330374$$

这个结果与六位有效数字的正弦函数表结果完全一样，这说明查表时用二次插值精度已相当高了。

2.1.2.3 n 次插值

上面讨论了用插值基函数构造 $L_1(x)$ 和 $L_2(x)$。这种用插值基函数表示的方法容易推广到一般情况。下面讨论通过 $n+1$ 个互异节点

$$x_0 < x_1 < \cdots < x_n$$

的 n 次插值多项式 $L_n(x)$，假定它满足条件

$$L_n(x_j) = y_j \quad (j=0,1,\cdots,n) \tag{2-15}$$

要求得 $L_n(x)$，先定义 n 次插值基函数。若 n 次多项式 $l_k(x)(k=0,1,\cdots,n)$ 在 $n+1$ 个节点 $x_0 < x_1 < \cdots < x_n$ 上满足条件

$$l_k(x_j) = \begin{cases} 1 & k=j \\ 0 & k \neq j (j,k=0,1,\cdots,n) \end{cases} \tag{2-16}$$

就称这 $n+1$ 个 n 次多项式 $l_0(x), l_1(x), \cdots\cdots, l_n(x)$ 为 n 次插值基函数。

当 $n=1$ 和 $n=2$ 时前面已经讨论过了。用类似的推导方法，可得到 n 次插值基函数为

$$l_k^{(n)}(x) = \frac{(x-x_0)\cdots(x-x_{k-1})(x-x_{k+1})\cdots(x-x_n)}{(x_k-x_0)\cdots(x_k-x_{k-1})(x_k-x_{k+1})\cdots(x_k-x_n)} \quad (k=0,1,\cdots,n) \tag{2-17}$$

显然它满足条件式(2-16)。于是，满足条件式(2-15) 的 n 次插值多项式 $L_n(x)$ 可表示为

$$L_n(x) = \sum_{k=0}^{n} y_k l_k^{(n)}(x) \tag{2-18}$$

式(2-18) 即称为拉格朗日插值多项式。

若引入记号

$$\omega_{n+1}(x) = (x-x_0)(x-x_1)\cdots(x-x_n) \tag{2-19}$$

容易求得

$$\omega_{n+1}'(x_k) = (x_k-x_0)\cdots(x_k-x_{k-1})(x_k-x_{k+1})\cdots(x_k-x_n) \tag{2-20}$$

于是公式(2-18) 可改写为

$$L_n(x) = \sum_{k=0}^{n} y_k \frac{\omega_{n+1}(x)}{(x-x_k)\omega_{n+1}'(x_k)} \tag{2-21}$$

【例 2-2】 已知丙烷在如下温度、压力下的导热系数数据。

T/K	$p/(\mathrm{kN/m^2}) \times 10^{-3}$	$\lambda/[\mathrm{W/(m \cdot K)}]$	T/K	$p/(\mathrm{kN/m^2}) \times 10^{-3}$	$\lambda/[\mathrm{W/(m \cdot K)}]$
341	9.7981	0.0848	379	9.7981	0.0696
	13.324	0.0897		14.277	0.0753
360	9.0078	0.0762	413	9.6563	0.0611
	13.355	0.0807		12.463	0.0651

求：丙烷在 $10.13 \times 10^3 \mathrm{kN/m^2}$ 和 372K 下的导热系数。

解：分两步。

① 分别求在 341K、360K、379K、413K 下，$p=10.13 \times 10^3 \mathrm{kN/m^2}$ 下的导热系数。现

已知两点数据，所以可用线性插值公式

$$y = \frac{(x-x_1)}{x_0-x_1}y_0 + \frac{x-x_0}{x_1-x_0}y_1$$

式中的 y 当作导热系数 λ，x 当作压力 p。以 341K 作为计算举例

$$\lambda = \frac{(10.13-13.324)\times10^3}{(9.7961-13.324)\times10^3}\times0.0848 + \frac{(10.13-9.7981)\times10^3}{(13.324-9.7981)\times10^3}\times0.0897$$

$$= 0.0853 \text{W/(m} \cdot \text{K)}$$

同理算出 $p = 10.13\times10^3 \text{kN/m}^2$，360K、379K 和 413K 下的 λ。结果如下：

T/K	341	360	379	413
λ/(W/m·K)	0.0853	0.0774	0.0699	0.0618

② 再求在 $p = 10.13\times10^3 \text{kN/m}^2$ 时，温度为 372K 下的 λ。

现已知四点数据，用 $L_3(x)$ 计算公式

$$\lambda = 0.0853\frac{(372-360)(372-379)(372-413)}{(341-360)(341-379)(341-413)} + 0.0774\frac{(372-341)(372-379)(372-413)}{(360-341)(360-379)(360-413)}$$

$$+ 0.0699\frac{(372-341)(372-360)(372-413)}{(379-341)(379-360)(379-413)} + 0.0618\frac{(372-341)(372-360)(372-379)}{(413-341)(413-360)(413-379)}$$

$$= 0.0725 \text{W/m} \cdot \text{K}$$

2.1.2.4　插值余项

若在 $[a,b]$ 上用 $L_n(x)$ 近似 $f(x)$，则其截断误差为 $R_n(x) = f(x) - L_n(x)$，也称为插值多项式余项，关于插值余项估计有如下定理。

定理：设 $f^{(n)}(x)$ 在 $[a,b]$ 上连续，$f^{(n+1)}(x)$ 在 (a,b) 内存在，节点 $a \leqslant x_0 < x_1 \cdots < x_n \leqslant b$ 是满足条件式(2-15)的插值多项式，则对任何 $x \in [a,b]$，插值余项

$$R_n(x) = f(x) - L_n(x) = \frac{f^{(n+1)}(\xi)}{(n+1)!}\omega_{n+1}(x) \tag{2-22}$$

这里 $\xi \in (a,b)$，且依赖于 x，$\omega_{n+1}(x)$ 是式(2-19)所定义的。

应当指出，余项表达式只有在 $f(x)$ 的高阶导数存在时才能应用。由于 ξ 在 $[a,b]$ 内不可能具体给出，但我们可以求出 $\max\limits_{a \leqslant x \leqslant b} |f^{(n+1)}(x)| = M_{n+1}$，于是插值多项式 $L_n(x)$ 近似 $f(x)$ 的截断误差限是

$$|R_n(x)| \leqslant \frac{M_{n+1}}{(n+1)!}|\omega_{n+1}(x)| \tag{2-23}$$

由此看出误差 $|R_n(x)|$ 的大小除与 M_{n+1} 有关外，还与因子 $|\omega_{n+1}(x)|$ 有关，它与插值点 x_0，x_1，$\cdots$，x_n 的选择及 x 的位置有关。通常若要计算 x 点的函数值 $f(x)$，用 $L_n(x) \approx f(x)$，若 x 在插值节点的中部，则 $|\omega_{n+1}(x)|$ 比较小。

【例 2-3】　在例 2-1 中用线性插值与抛物插值计算了 sin0.3367，试估计其误差。

解：用线性插值求 $L_1(x)$，其误差可由式(2-23)得

$$|R_1(x)| \leqslant \frac{M_2}{2}|(x-x_0)(x-x_1)|$$

令 $f(x) = \sin x$，$f'(x) = \cos x$，$f''(x) = -\sin x$，故 $M_2 \leqslant 1$。于是

$$|R_1(0.3367)| \leqslant \frac{1}{2}(0.0167)(0.0033) = 2.76\times10^{-5}$$

用抛物插值求 sin0.3367，其误差由式(2-23)，取 $n = 2$

$$|R_2(x)| \leqslant \frac{M_3}{3!}|(x-x_0)(x-x_1)(x-x_2)|$$

而 $$M_3 = \max|f'''(x)| = \max|\cos(x)| \leqslant 1$$

故 $$|R_2(0.3367)| \leqslant \frac{1}{6}(0.0167)(0.0033)(0.0233) = 2.14 \times 10^{-7}$$

2.1.3 差商与牛顿插值公式

拉格朗日插值多项式 $L_n(x)$ 对插值法定义具有直观性，计算机程序也很简明，这是它的优点。但用 $L_n(x)$ 计算时，如精度不满足要求，需要增加插值节点时，原来计算出的数据不能利用，必须重新计算。牛顿插值公式能克服这一缺点。

2.1.3.1 差商及其性质

差商也称均差，其定义如下：函数 $y = f(x)$，其自变量 x 在非等距节点 x_0，x_1，x_2，$\cdots$，x_n 上相应的函数值为 $f(x_0), f(x_1), f(x_2), \cdots, f(x_n)$。

引出符号 $$f[x_0, x_1] = \frac{f(x_1) - f(x_0)}{x_1 - x_0} \qquad (2\text{-}24)$$

称 $f[x_0, x_1]$ 为 $f(x)$ 关于 x_0 与 x_1 的一阶差商

如 $$f[x_0, x_k] = \frac{f(x_k) - f(x_0)}{x_k - x_0} \qquad (2\text{-}25)$$

则称 $f[x_0, x_k]$ 为 $f(x)$ 关于 x_0 与 x_k 的一阶差商。

又引出符号 $$f[x_0, x_1, x_2] = \frac{f[x_1, x_2] - f[x_0, x_1]}{x_2 - x_0} \qquad (2\text{-}26)$$

称 $f[x_0, x_1, x_2]$ 为 $f(x)$ 关于 x_0，x_1，x_2 的二阶差商。由式(2-26)不难看出二阶差商就是一阶差商的差商。

由此可知，有了 $k-1$ 阶差商就可定义 k 阶差商

$$f[x_0, x_1, \cdots, x_k] = \frac{f[x_1, x_2, \cdots, x_k] - f[x_0, x_1, \cdots, x_{k-1}]}{x_k - x_0} \qquad (2\text{-}27)$$

称 $f[x_0, x_1, \cdots, x_k]$ 为 $f(x)$ 关于 x_0，x_1，$\cdots$，x_k 的 k 阶差商。

差商具有以下几点重要性质：

① k 阶差商 $f[x_0, x_1, \cdots, x_k]$ 是由函数值 $f(x_0), f(x_1), \cdots, f(x_k)$ 线性组合而成。即

$$f[x_0, x_1, \cdots, x_k] = \sum_{j=0}^{k} \frac{f(x_j)}{(x_j - x_0)\cdots(x_j - x_{j-1})(x_j - x_{j+1})\cdots(x_j - x_k)} \qquad (2\text{-}28)$$

② 差商具有对称性，即在 k 阶差商 $f[x_0, x_1, \cdots, x_k]$ 中，x_i 和 x_j 互换次序（$i, j = 0, 1, \cdots, k$，且 $i \neq j$），其值不变。即

$$f[x_0, x_1, \cdots, x_i, \cdots, x_j, \cdots, x_k] = f[x_0, x_1, \cdots, x_j, \cdots, x_i, \cdots, x_k] \qquad (2\text{-}29)$$

根据这一性质二阶差商就有六种等价的表示形式

$$f[x_0, x_1, x_2] = f[x_0, x_2, x_1] = f[x_1, x_0, x_2] = f[x_1, x_2, x_0] = f[x_2, x_0, x_1] = f[x_2, x_1, x_0]$$

③ 如果 $f[x_0, x_1, \cdots, x_k, x]$ 是一个依赖于 x 的 m 次多项式，则 $f[x_0, x_1, \cdots, x_{k+1}, x]$ 是一个关于 x 的 $m-1$ 次多项式。

显然，当函数 $f(x)$ 是 n 次代数多项式时，则零阶差商即为 $f(x)$ 本身，一阶差商便为 $n-1$ 次多项式，k 阶差商是 $n-k$ 次多项式，n 阶差商为零次多项式（常数），$n+1$ 阶差商便为零。

2.1.3.2 牛顿插值公式及其余项

由差商的概念出发，可以构造出另一种近似表达函数 $f(x)$ 的插值公式。

由差商的定义知：

一阶差商
$$f[x_0,x]=\frac{f(x)-f(x_0)}{x-x_0}$$

即
$$f(x)=f(x_0)+(x-x_0)f[x_0,x] \tag{2-30}$$

二阶差商
$$f[x_0,x_1,x]=\frac{f[x_0,x]-f[x_0,x_1]}{x-x_1}$$

即
$$f[x_0,x]=f[x_0,x_1]+(x-x_1)f[x_0,x_1,x] \tag{2-31}$$

再往后逐阶推导……

直至 $n+1$ 阶差商 $f[x_0,x_1,\cdots,x_n,x]=\dfrac{f[x_1,x_2,\cdots,x_{n-1},x]-f[x_0,x_1,\cdots,x_n]}{x-x_n}$

即
$$f[x_0,x_1,\cdots,x_{n-1},x]=f[x_0,x_1,\cdots,x_n]+(x-x_n)f[x_0,x_1,\cdots,x_n,x] \tag{2-32}$$

由式(2-32)开始逐个向前代入前一式,直至将式(2-31)代入式(2-30)为止,就能得到

$$f(x)=f(x_0)+(x-x_0)f[x_0,x_1]+(x-x_0)(x-x_1)f[x_0,x_2]+\cdots+(x-x_0)(x-x_1)$$
$$\cdots(x-x_{n-1})f[x_0,x_1,\cdots,x_n]+(x-x_0)(x-x_1)\cdots(x-x_n)f[x_0,x_1,\cdots,x_n,x] \tag{2-33}$$

式(2-33)可简记成

$$f(x)=N_n(x)+E_n(x) \tag{2-34}$$

其中
$$N_n(x)=f(x_0)+(x-x_0)f[x_0,x_1]+(x-x_0)(x-x_1)f[x_0,x_1,x_2]+\cdots+$$
$$(x-x_0)(x-x_1)\cdots(x-x_{n-1})f[x_0,x_1,\cdots,x_n] \tag{2-35}$$
$$E_n(x)=(x-x_0)(x-x_1)\cdots(x-x_n)f[x_0,x_1,\cdots,x_n,x] \tag{2-36}$$

式(2-35) 称为牛顿插值公式,式(2-36) 为牛顿插值公式的余项。牛顿插值公式中的各阶差商通常用列差商表的形式,计算很方便。表2-2为差商表。

表2-2　差商表

x_i	$f(x_i)$	一阶差商	二阶差商	三阶差商	四阶差商
x_0	$f(x_0)$				
x_1	$f(x_1)$	$f[x_0,x_1]$			
x_2	$f(x_2)$	$f[x_1,x_2]$	$f[x_0,x_1,x_2]$		
x_3	$f(x_3)$	$f[x_2,x_3]$	$f[x_1,x_2,x_3]$	$f[x_0,x_1,x_2,x_3]$	
x_4	$f(x_4)$	$f[x_3,x_4]$	$f[x_2,x_3,x_4]$	$f[x_1,x_2,x_3,x_4]$	$f[x_0,x_1,x_2,x_3,x_4]$

表2-2中呈斜线排列的各阶差商就是牛顿插值公式的系数。

【例2-4】 已知函数表如下,作出差商表。

x	2	3	5	6	9
y	1.5	1.8	2.8	3.4	5.8

解:由差商定义可作差商表如表2-3所示。

表2-3　差商表

x_i	$f(x_i)$	一阶差商	二阶差商	三阶差商	四阶差商
2	1.5				
3	1.8	0.3			
5	2.8	0.5	0.0677		
6	3.4	0.6	0.0333	-0.0084	
9	5.8	0.8	0.0500	0.0028	0.0016

下面讨论牛顿插值公式的余项。

    由插值多项式存在的唯一性可知：给定 $n+1$ 个节点与之相对应的只有一个 n 次插值多项式，所以，n 次牛顿插值公式与 n 次拉格朗日插值公式尽管形式不一样，从实质来理解应该是等价的，即 $N_n(x)=L_n(x)$。而牛顿插值公式的余项与拉格朗日插值余项也应等价，即

$$E_n(x)=R_n(x)=\frac{f^{(n+1)}(\xi)}{(n+1)!}\omega_{n+1}(x) \qquad (2\text{-}37)$$

这就是说可用式(2-37)来估计牛顿插值公式的余项。对于列表函数来说 $f^{(n+1)}(\xi)$ 无法估计，这时可直接用式(2-36)来估算 $E_n(x)$，但式中 $n+1$ 阶差商 $f[x_0,x_1,\cdots,x_n,x]$ 也是与 x 有关的，通常 $f(x)$ 的值在差商表中是没有的，所以 $f[x_0,x_1,\cdots,x_n,x]$ 也无法精确估计。但在差商表中，若 k 阶差商近似为常数，则 $k+1$ 阶差商近似于零，于是，可取 $N_k(x)\approx f(x)$，其误差

$$E_k(x)\approx|f[x_0,x_1,\cdots,x_{k+1}]\omega_{k+1}(x)|$$

通常用该式估计牛顿插值公式的误差。

    如果 $f(x)$ 的 $n+1$ 阶导数存在，由 $E_n(x)=R_n(x)$ 得

$$f[x_0,x_1,\cdots,x_n,x]=\frac{f^{(n+1)}(\xi)}{(n+1)!} \qquad \xi\in(a,b)$$

同理

$$f[x_0,x_1,\cdots,x_{n-1},x]=\frac{f^n(\xi)}{n!} \qquad \xi\in(a,b)$$

若取 $x=x_n$，则

$$f[x_0,x_1,\cdots,x_n]=\frac{f^n(\xi)}{n!} \qquad \xi\in(a,b) \qquad (2\text{-}38)$$

式(2-38)建立了 n 阶差商和 n 阶导数之间的关系。

    在讨论牛顿插值公式余项的基础上，为了提高计算精度，在应用牛顿插值公式时应该注意两点。

    ① 由式(2-37)知，为了提高计算精度，应使 $\omega_{n+1}(x)$ 值尽量小。只要尽可能使用靠近未知插值点邻近的节点数据，就可使 $\omega_{n+1}(x)$ 值减小。因此，在使用牛顿插值公式进行插值计算时，如有较多节点数据可供选择时，应选择靠近未知插值点的节点数据进行计算。

    ② 如未知插值点靠近节点数据表的表末，根据①所述的原则，此时应该用节点按 x_n，x_{n-1}，$\cdots$，x_0 次序排列的牛顿插值公式进行计算。

$$N_n(x)=f(x_n)+(x-x_n)f[x_n,x_{n-1}]+(x-x_n)(x-x_{n-1})f[x_n,x_{n-1},x_{n-2}]+\cdots+$$
$$(x-x_n)(x-x_{n-1})\cdots(x-x_1)f[x_n,x_{n-1},\cdots,x_0] \qquad (2\text{-}39)$$

【例 2-5】 已知函数 $f(x)$ 的函数表如下：

k	0	1	2	3	4	5
x_k	0.4	0.55	0.65	0.80	0.90	1.05
$f(x_k)$	0.41075	0.57815	0.69675	0.88811	1.02652	1.25385

用牛顿插值公式计算 $f(0.596)$ 的近似值，并估计误差。

    解：首先做差商表（见下表）。

k	x_k	$f(x_k)$	一阶差商	二阶差商	三阶差商	四阶差商	五阶差商
0	0.40	0.41075					
1	0.55	0.57815	1.1160				
2	0.65	0.69675	1.1860	0.2800			

续表

k	x_k	$f(x_k)$	一阶差商	二阶差商	三阶差商	四阶差商	五阶差商
3	0.80	0.88811	1.2757	0.3588	0.1970		
4	0.90	1.02652	1.3841	0.4336	0.2137	0.0334	
5	1.05	1.25385	1.5156	0.5260	0.2310	0.0346	0.002

由表看到，四阶差商接近相等，五阶差商接近于零，因此可作四次牛顿插值多项式。这时必须从表中选定五个插值节点，因为插值点 $x=0.596$，故选与 x 靠近的 x_0，x_1，x_2，x_3，x_4 为节点。

$$N_4(x)=0.41075+1.1160(x-0.40)+0.2800(x-0.40)(x-0.55)+$$
$$0.1970(x-0.4)(x-0.55)(x-0.65)+0.0334(x-0.40)(x-0.55)(x-0.65)(x-0.80)$$
$$f(0.596)\approx N_4(0.596)=0.6319$$

计算误差

$$E_4(x)\approx|f[x_0,x_1,\cdots,x_5]\times\omega_5(0.596)|$$
$$=|0.002\times\omega_5(0.596)|=3.63\times10^{-8}$$

【例 2-6】 已知丙烯饱和蒸气压 p^0 与温度 t 变化的数据

$t/℃$	−28.9	−12.2	4.4	21.1	37.8
p^0/atm	2.2	3.9	6.6	10.3	15.4

试求 −20℃ 和 20℃ 下丙烯的饱和蒸气压。

解： 首先列出差商表

$t/℃$	p^0/atm	一阶差商	二阶差商	三阶差商
−28.9	2.2			
−12.2	3.9	0.1018		
4.4	6.6	0.1627	0.00183	
21.1	10.3	0.2216	0.00177	−1.2×10⁻⁶
37.8	15.4	0.3054	0.00251	1.48×10⁻⁵

按取未知插值点邻近节点数据的原则，牛顿插值公式算至三阶差商需四个节点数据，取前面四个节点是合适的。根据牛顿插值公式(2-35)，−20℃ 下丙烯的饱和蒸气压应为

$$f(-20)=2.2+(-20+28.9)\times0.1018+(-20+28.9)(-20+12.2)\times0.00183-$$
$$(-20+28.9)(-20+12.2)(-20-4.4)\times1.2\times10^{-6}=2.9769\text{atm}$$

计算 20℃ 下丙烯的饱和蒸气压应该用式(2-39)，即得

$$f(20)=15.4+(20-37.8)\times0.3054+(20-37.8)(20-21.1)\times0.00251+$$
$$(20-37.8)(20-21.1)(20-4.4)\times1.48\times10^{-5}=10.0176\text{atm}$$

2.1.4 差分与等距节点插值公式

上面讨论了节点任意分布的插值公式，但实际应用时经常遇到等距节点的情形，这时插值公式可进一步简化，计算也简单得多。为了得到等距节点的插值公式，先介绍差分的概念。

2.1.4.1 差分及其性质

设函数 $y=f(x)$ 在等距节点 $x_k=x_0+kh(k=0,1,\cdots,n)$ 上的值 $y_k=f(x_k)$ 为已知，这里 h 为常数，称为步长。引入符号

$$\Delta y_k=y_{k+1}-y_k \tag{2-40}$$
$$\nabla y_k=y_k-y_{k-1} \tag{2-41}$$
$$\delta y_k=y_{k+\frac{1}{2}}-y_{k-\frac{1}{2}} \tag{2-42}$$

分别称为 $f(x)$ 在 x_k 处以 h 为步长的一阶向前差分、一阶向后差分及一阶中心差分。符号 Δ，∇，δ 分别称为向前差分算子、向后差分算子及中心差分算子。

利用一阶差分可定义二阶差分为

$$\Delta^2 y_k = \Delta y_{k+1} - \Delta y_k = y_{k+2} - 2y_{k+1} + y_k \tag{2-43}$$

一般地可定义 m 阶差分为

$$\Delta^m y_k = \Delta^{m-1} y_{k+1} - \Delta^{m-1} y_k \tag{2-44}$$

$$\nabla^m y_k = \nabla^{m-1} y_{k+1} - \nabla^{m-1} y_k \tag{2-45}$$

对于中心差分 δy_k 用到 $y_{k+\frac{1}{2}}$ 和 $y_{k-\frac{1}{2}}$ 这两个值，实际上不是函数表上的值。如果用函数表上的值，一阶中心差分应写成

$$\delta y_{k+\frac{1}{2}} = y_{k+1} - y_k \tag{2-46}$$

$$\delta y_{k-\frac{1}{2}} = y_k - y_{k-1} \tag{2-47}$$

二阶中心差分为

$$\delta^2 y_k = \delta y_{k+\frac{1}{2}} - \delta y_{k-\frac{1}{2}} \tag{2-48}$$

在等距节点条件下，差商与差分有如下关系，例如一阶、二阶差商与一阶、二阶向前差分关系由定义可得

$$f[x_k, x_{k+1}] = \frac{f(x_{k+1}) - f(x_k)}{x_{k+1} + x_k} = \frac{\Delta y_k}{h}$$

$$f[x_k, x_{k+1}, x_{k+2}] = \frac{f[x_{k+1}, x_{k+2}] - f[x_k, x_{k+1}]}{x_{k+2} - x_k} = \frac{1}{2h^2}\Delta^2 y_k$$

一般地有

$$f[x_k, \cdots, x_{k+m}] = \frac{1}{m!}\frac{1}{h^m}\Delta^m y_k \quad (m = 1, 2, \cdots, n) \tag{2-49}$$

同理，差商与向后差分关系为

$$f[x_k, x_{k-1}, \cdots, x_{k-m}] = \frac{1}{m!}\frac{1}{h^m}\nabla^m y_k \quad (m = 1, 2, \cdots, n) \tag{2-50}$$

计算差分可造差分表。表 2-4 是向前差分表，表 2-5 是向后差分表。

表 2-4　向前差分表

x_k	y_k	Δ	Δ^2	Δ^3	Δ^4
x_0	y_0	Δy_0	$\Delta^2 y_0$	$\Delta^3 y_0$	$\Delta^4 y_0$
x_1	y_1	Δy_1	$\Delta^2 y_1$	$\Delta^3 y_1$	
x_2	y_2	Δy_2	$\Delta^2 y_2$		
x_3	y_3	Δy_3			
x_4	y_4				

表 2-5　向后差分表

x_k	y_k	∇	∇^2	∇^3	∇^4
x_0	y_0				
x_1	y_1	∇y_1			
x_2	y_2	∇y_2	$\nabla^2 y_2$		
x_3	y_3	∇y_3	$\nabla^2 y_3$	$\nabla^3 y_3$	
x_4	y_4	∇y_4	$\nabla^2 y_4$	$\nabla^3 y_4$	$\nabla^4 y_4$

2.1.4.2　等距节点插值公式

将牛顿插值公式中各阶差商用相应差分代替，就可得到各种形式的等距节点插值公式。

这里只推导常用的前插和后插公式。

由式(2-35) 知

$$N_n(x)=f(x_0)+(x-x_0)f[x_0,x_1]+(x-x_0)(x-x_1)f[x_0,x_1,x_2]+\cdots+$$
$$(x-x_{n-1})f[x_0,x_1,\cdots,x_n]$$

$$=y_0+(x-x_0)\frac{\Delta y_0}{h}+(x-x_0)(x-x_1)\frac{\Delta^2 y_0}{2h^2}+\cdots$$

$$+(x-x_0)(x-x_1)\cdots(x-x_{n-1})\frac{1}{n!}\frac{1}{h^n}\Delta^n y_0 \tag{2-51}$$

引入新变量 p，将插值点 x 表示为 $x=x_0+ph$，代入式(2-51)

$$N_n(x)=N_n(x_0+ph)=y_0+ph\frac{\Delta y_0}{h}+ph(p-1)h\frac{\Delta^2 y_0}{2h^2}+\cdots+ph(p-1)h\cdots$$

$$(p-n+1)h\frac{1}{n!}\frac{1}{h^n}\Delta^n y_0=y_0+p\Delta y_0+\frac{p(p-1)}{2!}\Delta^2 y_0+\cdots$$

$$\frac{p(p-1)(p-2)\cdots(p-n+1)}{n!}\Delta^n y_0 \tag{2-52}$$

式(2-52) 称为牛顿前插公式。其余项也可由式(2-37) 推导求得

$$E_n(x)=\frac{f^{(n+1)}(\xi)}{(n+1)!}\omega_{n+1}(x)=\frac{f^{(n+1)}(\xi)}{(n+1)!}(x-x_0)(x-x_1)\cdots(x-x_n)$$

$$=\frac{p(p-1)(p-2)\cdots(p-n)}{(n+1)!}h^{n+1}f^{(n+1)}(\xi)\qquad(\xi\in(x_0,x_n)) \tag{2-53}$$

牛顿前插公式适用于求靠表头部分的插值点值。如果要求靠表末部分的插值点值，此时应用牛顿插值公式(2-35) 时，插值节点应按 x_n，x_{n-1}，$\cdots$，x_0 的次序排列。于是有

$$N_n(x)=f(x_n)+(x-x_n)f[x_n,x_{n-1}]+(x-x_n)(x-x_{n-1})f[x_n,x_{n-1},x_{n-2}]+\cdots$$
$$+(x-x_n)(x-x_{n-1})\cdots(x-x_1)f[x_n,x_{n-1},\cdots,x_0]$$

$$=y_n+(x-x_n)\frac{\nabla y_n}{h}+(x-x_n)(x-x_{n-1})\frac{\nabla^2 y_n}{2h^2}+\cdots+(x-x_n)(x-x_{n-1})$$

$$\cdots(x-x_1)\frac{1}{n!}\frac{1}{h^n}\nabla^n y_n$$

若插值点 $x=x_n+ph$（对于内插点 x，这里 p 为负值）代入上式得

$$N_n(x)=N_n(x_n+ph)=y_n+p\nabla y_n+\frac{p(p+1)}{2!}\nabla^2 y_n+\cdots+\frac{p(p+1)\cdots(p+n-1)}{n!}\nabla^n y_n \tag{2-54}$$

式(2-54) 称为牛顿后插公式。其余项为

$$E_n(x)=\frac{p(p+1)(p+2)\cdots(p+n)}{(n+1)!}h^{n+1}f^{(n+1)}(\xi)\qquad(\xi\in(x_0,x_n)) \tag{2-55}$$

【例 2-7】 利用下列数据，求液氨在 22℃，57℃，75℃下的蒸气压。

温度/℃	20	25	30	35	40	45	50	55	60
压力/($\times 10^3$Pa)	805	985	1170	1365	1570	1790	2030	2300	2610

解：由所给数据作差分表

t	p	Δ	Δ^2	Δ^3	Δ^4
20	805				
25	985	180			

t	p	Δ	Δ^2	Δ^3	Δ^4
30	1170	185	5		
35	1365	195	10	5	
40	1570	205	10	0	-5
45	1790	220	15	5	5
50	2030	240	20	5	0
55	2300	270	30	10	5
60	2610	310	40	10	0

由差分表知：四阶差分在 ±5 之间波动，所以计算至三阶差分为止。

① 计算 22℃下液氨蒸气压：应用牛顿前插公式至三阶差分项。

$$N_3(x)=N_3(x_0+ph)=y_0+p\Delta y_0+\frac{p(p-1)}{2!}\Delta^2 y_0+\frac{p(p-1)(p-2)}{3!}\Delta^3 y_0$$

这里，插值点 $x=22$，$x_0=20$，$h=5$

所以 $p=\dfrac{22-20}{5}=0.4$ 代入

$$N_3(22)=805+0.4\times180+\frac{0.4(0.4-1)}{2}\times5+\frac{0.4(0.4-1)(0.4-2)}{6}\times5=876.72(\times10^3\,\mathrm{Pa})$$

② 求 57℃下液氨蒸气压：应用牛顿后插公式

$$N_3(x)=N_3(x_n+ph)=y_n+p\,\nabla y_n+\frac{p(p+1)}{2!}\nabla^2 y_n+\frac{p(p+1)(p+2)}{3!}\nabla^3 y_n$$

这里，插值点 $x=57$，$x_n=60$，$h=5$

所以

$$p=\frac{57-60}{5}=-0.6$$

$$N_3(57)=2610+(-0.6\times310)+\frac{(-0.6)(-0.6+1)}{2}\times40$$

$$+\frac{(-0.6)(-0.6+1)(-0.6+2)}{6}\times10=2418.64(\times10^3\,\mathrm{Pa})$$

③ 求 75℃下液氨蒸气压：用牛顿前插公式进行外推。公式同上。这时，插值点 $x=75$，$x_0=45$，$h=5$

所以 $p=\dfrac{75-45}{5}=6.0$ 代入

$$N_3(75)=1790+6.0\times240+\frac{6\times(6-1)}{2}\times30+\frac{6\times(6-1)(6-2)}{6}\times10=3880(\times10^3\,\mathrm{Pa})$$

与 "Chemical Engineers Handbook" 上所查数据 $3860(\times10^3\,\mathrm{Pa})$ 相比较，基本一致。

也可用牛顿后插公式外推。这时，插值点 $x=75$，$x_n=60$，$h=5$，$p=\dfrac{75-60}{5}=3$ 代入

$$N_3(75)=2610+3(310)+\frac{1}{2}(3)(4)(40)+\frac{1}{6}(3)(4)(5)\times10=3880(\times10^3\,\mathrm{Pa})$$

两种计算结果完全一致。

2.1.5　分段插值法

由前所述，抛物插值比线性插值精度高，但并不意味插值点越多精度越高，表面上看节点多可使多项式 $P_n(x)$ 在更多点上与原函数 $f(x)$ 一致，但实际上当 $P_n(x)$ 幂次高时，两个节点间 $P_n(x)$ 与 $f(x)$ 可能出现很大差异。因此，在实际计算中经常不用高次插值。下面

举例说明。

$f(x)=\dfrac{1}{1+x^2}$ 在 $[-5,5]$ 上各阶导数均存在。在 $[-5,5]$ 上取 10 等份得 11 等距节点，从而可以构造一个十次幂的拉格朗日插值多项式 $L_{10}(x)$

$$L_{10}(x)=\sum_{j=0}^{10}f(x_j)\cdot l_j^{(10)}(x)$$

根据计算可以画出 $L_{10}(x)$ 及 $f(x)=\dfrac{1}{1+x^2}$ 在 $[-5,5]$ 上的图形，见图 2-3。

从图上看到在 $[-1,1]$ 范围内 $L_{10}(x)$ 能较好地近似 $f(x)$，但在其他位置，除了节点外与 $f(x)$ 差异较大，越近两端误差越大，如在 $x=\pm5$ 附近 $L_{10}(x)$ 与 $f(x)=\dfrac{1}{1+x^2}$ 偏离很远，这种现象称为龙格现象。例如 $L_{10}(4.8)=1.80438$，而 $f(4.8)=0.04160$。因而通常遇到多节点的情况不宜用高次插值。从本例看，如果把 $f(x)=\dfrac{1}{1+x^2}$ 在节点 $x=0$、±1、±2、±3、±4、±5 处

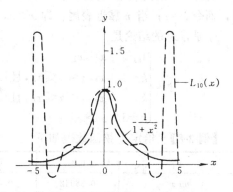

图 2-3 分段插值法示意图

用直线连成一折线，显然比起 $L_{10}(x)$ 来近似 $f(x)$ 要好得多。这正是分段插值法的基本思想。在实际进行插值计算时，通常将插值范围分为若干段，然后在每个分段上使用低阶插值（线性插值或二次插值），这就是所谓的分段插值法。

2.1.5.1 分段线性插值

使用两个插值节点 x_{i-1} 和 x_i 的插值公式是

$$y=y_i+\frac{y_i-y_{i-1}}{x_i-x_{i-1}}(x-x_i) \tag{2-56}$$

问题在于，对于给定的插值点 x 究竟选用哪两个节点，即插值公式（2-56）中的下标 i 该定什么值？

如果知道插值点 x 位于某两个节点 x_{k-1} 和 x_k 之间，那么，自然就取这两个节点进行内插，而令公式（2-56）中的下标 $i=k$。

但有时也会碰到外推的情况。如果 x 在 x_0 的左侧，取最靠近它的 x_0，x_1 作为插值节点，这时 $i=1$。当 x 位于 x_n 的右侧时，则令 $i=n$。

总之，插值节点的选择方法可归纳如下

$$i=\begin{cases}1 & x\leqslant x_0\\ k & x_{k-1}<x<x_k \quad(1\leqslant k\leqslant n)\\ n & x>x_n\end{cases}$$

2.1.5.2 分段抛物插值

为了提高精度，通常取三点 x_{i-1}，x_i 和 x_{i+1} 按下列公式进行插值

$$y=\frac{(x-x_i)(x-x_{i+1})}{(x_{i-1}-x_i)(x_{i-1}-x_{i+1})}y_{i-1}+\frac{(x-x_{i-1})(x-x_{i+1})}{(x_i-x_{i-1})(x_i-x_{i+1})}y_i+$$
$$\frac{(x-x_{i-1})(x-x_i)}{(x_{i+1}-x_{i-1})(x_{i+1}-x_i)}y_{i+1} \tag{2-57}$$

这里插值节点的选择方法较前面线性插值的情况稍许复杂一点。

设插值点 x 位于节点 x_{k-1} 和 x_k 之间，这时为了确定另一个插值节点，需要进一步判断 x 究竟偏向区间 (x_{k-1}, x_k) 的哪一侧。当 x 靠近 x_{k-1}，即 $|x-x_{k-1}| \leqslant |x-x_k|$ 时，我们补选 x_{k-2} 为节点，而令公式(2-56)的下标 $i=k-1$；反之，当 x 靠近 x_k，即 $|x-x_{k-1}| > |x-x_k|$ 时，则补选 x_{k+1} 为节点，而令 $i=k$。

此外，类似于分段线性插值，当 x 靠近表头，即 $x \leqslant x_1$ 时，自然取 x_0、x_1、x_2 为节点，而令 $i=1$；当 x 靠近表尾，即 $x > x_{n-1}$ 时，则取 $i=n-1$。

于是，总的结论是

$$i = \begin{cases} 1 & x \leqslant x_1 \\ k-1 & x_{k-1} < x \leqslant x_k, \text{且} |x-x_{k-1}| \leqslant |x-x_k| \quad k=2,3,\cdots,n-1 \\ k & x_{k-1} < x \leqslant x_k, \text{且} |x-x_{k-1}| > |x-x_k| \quad k=2,3,\cdots,n-1 \\ n-1 & x > x_{n-1} \end{cases}$$

【例 2-8】 给定正弦函数表如下

x	0.4	0.5	0.6	0.7	0.8
$\sin x$	0.38942	0.47943	0.56464	0.64422	0.71736

试用分段抛物插值求取 $\sin 0.57891$ 的近似值。

解： 程序及计算结果见数学资源库。

2.1.6　三次样条插值函数

在工程上经常要求通过平面上 $n+1$ 个已知点作一条连接光滑的曲线。譬如船体放样与机翼设计均要求曲线不仅连续而且处处光滑。就高速飞机机翼的设计来说，要求尽可能采用流线型，使气流沿机翼表面能形成平滑的流线，以减少空气的阻力。解决此类问题，当节点很多时，构造一个高次插值多项式是不理想的，可能出现龙格现象，所以，通常采用分段插值法来降低插值多项式的幂次。但分段插值也有缺点：虽然插值曲线的各分段是衔接的，但在连接点处不能保证曲线的光滑性。在化工计算机辅助设计（CAD）中，可将实验数据或计算结果离散点连接成一条光滑曲线，这里用的就是样条曲线。

在工程上进行放样时，描图员常用富有弹性的细长木条称样条，把它用压铁固定在样点上，其他地方让它自由弯曲，然后画下长条的曲线，称为样条曲线。该曲线可以看成由一段一段的三次多项式曲线拼合而成，在拼接处，不仅函数自身是连续的，而且它的一阶和二阶导数也是连续的。对描图员描出的样条曲线进行数学模拟得出的函数叫做样条插值函数，本节只介绍三次样条插值函数。

三次样条函数的定义：已知函数 $y=f(x)$ 在 $[a,b]$ 上的节点 $a \leqslant x_0 \leqslant x_1 < \cdots < x_n \leqslant b$ 处的函数值 $f(x_j)=y_j (j=0,1,2,\cdots,n)$。如果存在一函数 $S(x)$ 满足如下条件：

① 在节点 x_j 处，$S(x_j)=y_j \quad j=0,1,2,\cdots,n$ (2-58)

② 在节点 x_j 处具有连续的一阶和二阶导数。即

$$\left. \begin{array}{l} S'(x_j-0)=S'(x_j+0) \\ S''(x_j-0)=S''(x_j+0) \end{array} \right\} \quad j=1,2,\cdots,n-1$$

                                                                       (2-59)

                                                                       (2-60)

③ $S(x)$ 在每个小区间 $[x_j, x_{j+1}]$ 上（$j=0,1,2,\cdots,n-1$）是不高于三次的多项式。则称 $S(x)$ 是在节点 $x_0, x_1, x_2, \cdots, x_n$ 的三次样条插值函数。

下面进行推导符合定义条件的 $S(x)$。我们用 M_j 表示节点 x_j 处的二阶导数值，即 $S''(x_j)=M_j \quad j=0,1,2,\cdots,n$，则在 $[x_j, x_{j+1}]$ 上有

$$S(x_j)=y_j \qquad S(x_{j+1})=y_{j+1} \tag{2-61}$$

$$S''(x_j)=M_j \qquad S''(x_j+1)=M_{j+1} \tag{2-62}$$

因为 $S(x)$ 是三次多项式，所以它的 $S''(x)$ 在 $[x_j, x_{j+1}]$ 上一定是符合条件式(2-62) 的直线方程。用两点式表示为：

$$S''(x)=\frac{x_{j+1}-x}{x_{j+1}-x_j}M_j+\frac{x-x_j}{x_{j+1}-x_j}M_{j+1} \tag{2-63}$$

令 $h_j=x_{j+1}-x_j$，则式(2-63) 可写成

$$S''(x)=\frac{x_{j+1}-x}{h_j}M_j+\frac{x-x_j}{h_j}M_{j+1} \tag{2-64}$$

对式(2-64) 积分得

$$S'(x)=\frac{-(x_{j+1}-x)^2}{2h_j}M_j+\frac{(x-x_j)^2}{2h_j}M_{j+1}+C_1 \tag{2-65}$$

C_1 是积分常数。再对式(2-65) 积分得

$$S(x)=\frac{(x_{j+1}-x)^3}{6h_j}M_j+\frac{(x-x_j)^3}{6h_j}M_{j+1}+C_1x+C_2 \tag{2-66}$$

C_2 也是积分常数。将条件式(2-61) 代入式(2-66) 得

$$S(x_j)=y_j=\frac{h_j^2}{6}M_j+C_1x_j+C_2 \tag{2-67}$$

$$S(x_{j+1})=y_{j+1}=\frac{h_j^2}{6}M_{j+1}+C_1x_{j+1}+C_2 \tag{2-68}$$

式(2-68) 减去式(2-67) 得

$$y_{j+1}-y_i=\frac{h_j^2}{6}(M_{j+1}-M_j)+C_1h_j$$

所以

$$C_1=\frac{y_{j+1}-y_i}{h_j}-\frac{h_j}{6}(M_{j+1}-M_j) \tag{2-69}$$

于是

$$C_2=y_i-\frac{h_j^2}{6}M_j-\frac{y_{j+1}-y_i}{h_j}x_j+\frac{h_j}{6}(M_{j+1}-M_j)x_j \tag{2-70}$$

而 $$C_1x+C_2=y_i-\frac{h_j^2}{6}M_j+\frac{y_{j+1}-y_i}{h_j}(x-x_j)-\frac{h_j}{6}(M_{j+1}-M_j)(x-x_j) \tag{2-71}$$

将式(2-71)代入式(2-66)，经整理得

$$S(x)=\frac{(x_{j+1}-x)^3}{6h_j}M_j+\frac{(x-x_j)^3}{6h_j}M_{j+1}+\left(y_i-\frac{h_j^2}{6}M_j\right)\frac{x_{j+1}-x}{h_j}+$$
$$\left(y_{i+1}-\frac{h_j^2}{6}M_{j+1}\right)\frac{x-x_j}{h_j} \quad (j=0,1,2,\cdots,n-1) \tag{2-72}$$

式(2-72) 中 M_j 和 M_{j+1} 仍属未知。利用式(2-59) 给定的条件继续推导。由式(2-59)

$$S'(x_j+0)=S'(x_j-0)$$

将 $x=x_j$ 代入式(2-65) 经整理得

$$S'(x_j+0)=-\frac{h_j}{2}M_j+\frac{y_{j+1}-y_j}{h_j}-\frac{h_j}{6}(M_{j+1}-M_j) \tag{2-73}$$

而 $S'(x_j-0)$ 应在 $[x_{j-1}, x_j]$ 上确定，得

$$S'(x_j-0)=-\frac{h_{j-1}}{2}M_j+\frac{y_j-y_{j-1}}{h_{j-1}}-\frac{h_{j-1}}{6}(M_j-M_{j-1}) \tag{2-74}$$

式(2-73) 和式(2-74) 相等，经整理得

$$\frac{h_{j-1}}{6}M_{j-1}+\frac{h_j-h_{j-1}}{3}M_j+\frac{h_j}{6}M_{j+1}=\frac{y_{j+1}-y_j}{h_j}-\frac{y_j-y_{j-1}}{h_{j-1}}$$

进一步整理得

$$\frac{h_j+h_{j-1}}{6}\left[\frac{h_{j-1}}{h_j+h_{j-1}}M_{j-1}+2M_j+\frac{h_j}{h_j+h_{j-1}}M_{j+1}\right]=f[x_j,x_{j+1}]-f[x_{j-1},x_j] \tag{2-75}$$

式(2-75) 可简记为

$$(1-x_j)M_{j-1}+2M_j+\alpha_jM_{j+1}=\beta_j \qquad j=1,2,\cdots,n-1 \tag{2-76}$$

其中

$$\alpha_j=\frac{h_j}{h_j+h_{j-1}} \tag{2-77}$$

$$\beta_j=6\times f[x_{j-1},x_j,x_{j+1}] \tag{2-78}$$

很明显 α_j 和 β_j 都是常数，当节点数据给定后，α_j 和 β_j 都可以算得。

式(2-76) 实际上是一个 $n+1$ 元一次方程组，共 $n-1$ 个方程，而方程组中却有 M_0，M_1，$\cdots$，M_n 共 $n+1$ 个未知数，这样的方程组无疑是有无穷多组解。但实际问题只能从中选出特定的一个解，这就需要根据具体问题的要求补充两个附加条件，称为边界条件，从而使方程组得唯一解。根据实际问题的具体情况，常见的边界条件有以下形式。

① 给定函数 $y=f(x)$ 在边界处的二阶导数 y_0'' 和 y_n''。即

$$S''(x_0)=M_0=y_0''$$

$$S''(x_n)=M_n=y_n'' \qquad 则式(2-76) 可写成$$

$$\left.\begin{array}{ll}2M_1+\alpha_1M_2 & =\beta_1-(1-\alpha_1)y_0''\\(1-\alpha_2)M_1+2M_2+\alpha_2M_3 & =\beta_2\\(1-\alpha_3)M_2+2M_3+\alpha_3M_4 & =\beta_3\\\qquad\qquad\vdots\\(1-\alpha_{n-1})M_{n-2}+2M_{n-1} & =\beta_{n-1}-\alpha_{n-1}y_n''\end{array}\right\} \tag{2-79}$$

方程组 (2-79) 有 $n-1$ 个方程，可解 $n-1$ 个未知数 M_0，M_1，$\cdots$，M_{n-1}。从而各区间内的 $S(x)$ 可解出。方程组 (2-79) 的系数矩阵是一个三对角矩阵，且对角占优有唯一解，可用"追赶法"求解 (见第三章内容)。

当 $y_0''=y_n''=0$ 时，称自由边界。

② 给定函数 $y=f(x)$ 在边界处的一阶导数 y_0' 和 y_n'。即

$$S'(x_0)=y_0'$$

$$S'(x_n)=y_n'$$

对区间的左边界用式(2-73)，x_j 用 x_0 代入，这时 $j=0$，得

$$2M_0+M_1=\frac{6}{h_0}\left(\frac{y_1-y_0}{h_0}-y_0'\right)$$

对区间的右边界用式(2-74)，x_j 用 x_n 代入，这时 $j=n$，得

$$M_{n-1}+2M_n=\frac{6}{h_{n-1}}\left(\frac{y_n-y_{n-1}}{h_{n-1}}-y_n'\right)$$

由这两个边界条件增加两个方程，与式(2-79)联立得

$$2M_0 + M_1 \qquad\qquad\qquad = \frac{6}{h_0}\left(\frac{y_1 - y_0}{h_0} - y'_0\right)$$

$$(1-\alpha_1)M_0 + 2M_1 + \alpha_1 M_2 \qquad = \beta_1$$

$$(1-\alpha_2)M_1 + 2M_2 + \alpha_2 M_3 \qquad = \beta_2$$

$$\vdots$$

$$(1-\alpha_{n-1})M_{n-2} + 2M_{n-1} + \alpha_{n-1}M_n = \beta_{n-1}$$

$$M_{n-1} + 2M_n \qquad\qquad = -\frac{6}{h_{n-1}}\left(\frac{y_n - y_{n-1}}{h_{n-1}} - y'_n\right) \tag{2-80}$$

方程组（2-80）有 $n+1$ 个方程，可解出 M_0，M_1，…，M_n 共 $n+1$ 个未知数，方程组（2-80）的系数矩阵仍是一个三对角矩阵，且对角占优有唯一解。当 $y'_0 = y'_n = 0$ 时，称为固定边界。

综上所述，样条插值分两步完成。

第一步：按式（2-77）和式（2-78）计算方程组（2-79）中的诸系数 α_j 和 β_j，然后根据确定的边界条件与方程组（2-79）联立解出 M_0，M_1，…，M_n。

第二步：利用插值公式（2-72）计算插值点 x 的函数值。

【**例 2-9**】　某一液相反应浓度 C_t 随时间 t 变化的实验数据列于下表。

时间 t/min	0	0.2	0.6	1.0	2.0	5.0	10.0
浓度 C_t/(g/L)	5.19	3.77	2.30	1.57	0.8	0.25	0.094

用三次样条插值计算 $t=0.1$min 和 0.4min 时的 C_t。

解：为了习惯起见，自变量 t 用 x 表示，因变量 C_t 用 y 表示。

第一步：先计算 α_j 和 β_j，$j=1$，2，3，4，5。可列表计算 β_j，因为 β_j 是关于 x_{j-1}，x_j，x_{j+1} 的二阶差商乘以 6。

j	x_j	y_j	$f[x_{j-1}, x_j]$	$f[x_{j-1}, x_j, x_{j+1}]$	$\beta_j = 6 \cdot f[x_{j-1}, x_j, x_{j+1}]$
0	0	5.19			
1	0.2	3.77	−7.1		
2	0.6	2.30	−3.675	5.708	34.25
3	1.0	1.57	−1.825	2.3125	13.875
4	2.0	0.8	−0.77	0.7536	4.521
5	5.0	0.25	−0.183	0.14675	0.881
6	10.0	0.094	−0.0312	0.01898	0.114

而

$$\alpha_j = \frac{h_j}{h_j + h_{j-1}}$$

$$\alpha_1 = \frac{h_1}{h_1 + h_0} = 0.667$$

$$\alpha_2 = \frac{h_2}{h_2 + h_1} = 0.5$$

$$\alpha_3 = \frac{h_3}{h_3 + h_2} = 0.714$$

$$\alpha_4 = \frac{h_4}{h_4 + h_3} = 0.75$$

$$\alpha_5 = \frac{h_5}{h_5 + h_4} = 0.625$$

第二步：直接由 C_t-t 图上测出边界点的一阶导数值（作切线后计算切线斜率）得：

在 x_0 处　$y_0' = -9.45$

在 x_6 处　$y_6' = 0$ 作为边界条件

代入式 (2-80) 得

$$
\begin{cases}
2M_0 + M_1 = \dfrac{6}{0.2}\left(\dfrac{3.77-5.19}{0.2}+9.45\right) = 70.5 & (1)\\[2mm]
0.333M_0 + 2M_1 + 0.667M_2 = 34.25 & (2)\\[2mm]
0.5M_1 + 2M_2 + 0.5M_3 = 13.875 & (3)\\[2mm]
0.286M_2 + 2M_3 + 0.714M_4 = 4.521 & (4)\\[2mm]
0.25M_3 + 2M_4 + 0.75M_5 = 0.881 & (5)\\[2mm]
0.375M_4 + 2M_5 + 0.625M_6 = 0.114 & (6)\\[2mm]
M_5 + 2M_6 = -\dfrac{6}{5}\left(\dfrac{0.094-0.25}{5}-0\right) = 0.03744 & (7)
\end{cases}
$$

采用追赶法（手算），先消元

由式 (1)　$M_0 = (70.5 - M_1)/2$

代入式 (2)，整理得 $M_1 = 12.2780 - 0.3638M_2$

代入式 (3)，整理得 $M_2 = 4.2531 - 0.2749M_3$

代入式 (4)，整理得 $M_3 = 1.7199 - 0.3716M_4$

代入式 (5)，整理得 $M_4 = 0.2365 - 0.3933M_5$

代入式 (6)，整理得 $M_5 = 0.0137 - 0.3374M_6$

代入式 (7)，整理得 $M_6 = 0.0143$

回代得 $M_5 = 0.00888$，$M_4 = 0.2330$，$M_3 = 1.6333$，$M_2 = 3.8041$，$M_1 = 10.8941$，$M_0 = 29.803$。

第三步：利用式 (2-72) 进行插值计算 $S(0.1)$ 和 $S(0.4)$，$x = 0.1$ 是在 $[x_0，x_1]$ 内，故 $j = 0$

$$
S(0.1) = \frac{(0.2-0.1)^3}{6\times0.2}(29.803) + \frac{(0.1-0)^3}{6\times0.2}(10.8941) + \left[5.19 - \frac{0.2^2}{6}(29.803)\right]\times
$$

$$
\frac{0.2-0.1}{0.2} + \left[3.77 - \frac{0.2^2}{6}(10.8941)\right]\frac{0.1-0}{0.2} = 4.43918
$$

$x = 0.4$ 是在 $[x_1，x_2]$ 内，故 $j = 1$

$$
S(0.4) = \frac{(0.6-0.4)^3}{6\times0.4}(10.8941) + \frac{(0.4-0.2)^3}{6\times0.4}(3.8041) + \left[3.77 - \frac{0.4^2}{6}(10.8941)\right]\times
$$

$$
\frac{0.6-0.4}{0.4} + \left[2.30 - \frac{0.4^2}{6}(3.8041)\right]\frac{0.4-0.2}{0.4} = 2.84777
$$

另外当 $j = 0$ 时，将 M_0 和 M_1 的值代入，经整理即得在 $[x_0，x_1]$ 内 $S(x)$ 三次多项式的具体形式。很明显，在不同分区间内 $S(x)$ 的具体形式是不同的。

样条插值和用样条插值函数求导的计算程序以及本例题和例 2-11 的计算结果见数学资源库。

2.2　数值微分

在微积分中函数的导数是通过求极限来定义的，有一套完整的计算方法。当函数用表格给出时就不可能用定义去求它的导数，但工程上又需要求列表函数在节点和非节点处的导数值，这就是数值微分所要解决的问题。化工领域中的一些实际问题如由实验数据回归反应动力学方程 $\dfrac{\mathrm{d}C_A}{\mathrm{d}t}=kC_A^m$，这里实验测得一批离散点 t_1，C_{A1}，$\cdots$，t_n，C_{An} 值，要计算 $\dfrac{\mathrm{d}C_A}{\mathrm{d}t}$ 只能借助数值求导解决；用阶跃输入法测定反应器的停留时间分布密度函数 $E(t)$

$$E(t)=\frac{\mathrm{d}F(t)}{\mathrm{d}t}$$

用实验数据算得的停留时间分布函数 $F(t)$ 与 t 的离散数据点去求 $E(t)$，就需用数值导数解决。

2.2.1　用差商近似微商

在微积分中，微商是极限的概念

$$f'(x)=\lim_{h\to 0}\frac{f(x+h)-f(x)}{h}=\lim_{h\to 0}\frac{f(x)-f(x-h)}{h}=\lim_{h\to 0}\frac{f\left(x+\dfrac{h}{2}\right)-f\left(x-\dfrac{h}{2}\right)}{h}$$

显然，取其达到极限以前的形式就得到微商的差商近似式

$$f'(x)\approx\frac{f(x+h)-f(x)}{h}\approx\frac{f(x)-f(x-h)}{h}\approx\frac{f\left(x+\dfrac{h}{2}\right)-f\left(x-\dfrac{h}{2}\right)}{h} \tag{2-81}$$

式(2-81) 三种不同表示形式依次为一阶向前差商、一阶向后差商和一阶中心差商来近似表示微商（导数）。用台劳展开式不难看出这三种近似表达式的截断误差的数量级。

$$f(x+h)-f(x)=hf'(x)+\frac{f''(\xi)}{2!}h^2$$

所以

$$f'(x)=\frac{\Delta f(x)}{h}+0(h) \tag{2-82}$$

$$f(x)-f(x-h)=hf'(x)h-\frac{h^2}{2}f''(\xi)$$

所以

$$f'(x)=\frac{\nabla f(x)}{h}+0(h) \tag{2-83}$$

由中心差分定义知

$$\delta f(x)=f\left(x+\frac{h}{2}\right)-f\left(x-\frac{h}{2}\right)=f(x)+\frac{h}{2}f'(x)+\frac{1}{2}\left(\frac{h}{2}\right)^2 f''(x)+$$

$$\frac{1}{3!}\left(\frac{h}{2}\right)^3 f^{(3)}(\xi_1)-f(x)+\frac{h}{2}f'(x)-\frac{1}{2}\left(\frac{h}{2}\right)^2 f''(x)+\frac{1}{3!}\left(\frac{h}{2}\right)^3 f^{(3)}(\xi_2)$$

$$=hf'(x)+\frac{h^3}{24}f^{(3)}(\xi)$$

所以
$$f'(x)=\frac{\delta f(x)}{h}+\frac{h^2}{24}f^{(3)}(\xi)$$

即
$$f'(x)=\frac{\delta f(x)}{h}+0(h^2) \tag{2-84}$$

比较式(2-82)、式(2-83) 和式(2-84)，可以看出一阶向前差商和一阶向后差商近似表示微商的截断误差是关于步长 h 的一次方量级小量，而以一阶中心差商近似表示微商的截断误差是关于步长 h 的二次方量级小量，所以中心差商近似微商精度较高。

从几何图形上看，弧段内接弦的斜率与切线斜率的平行程度在中点优于两端点。见图

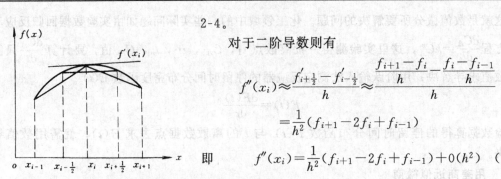

2-4。

对于二阶导数则有

$$f''(x_i) \approx \frac{f'_{i+\frac{1}{2}} - f'_{i-\frac{1}{2}}}{h} \approx \frac{\frac{f_{i+1}-f_i}{h} - \frac{f_i-f_{i-1}}{h}}{h}$$

$$= \frac{1}{h^2}(f_{i+1} - 2f_i + f_{i-1})$$

图 2-4 用差商近似微商的示意图

即 $\qquad f''(x_i) = \frac{1}{h^2}(f_{i+1} - 2f_i + f_{i-1}) + 0(h^2) \qquad (2\text{-}85)$

类似地,可得

$$f^{(3)}(x_i) = \frac{1}{h^3}(f_{i+2} - 3f_{i+1} + 3f_i - f_{i-1}) + 0(h^2) \qquad (2\text{-}86)$$

$$f^{(4)}(x_i) = \frac{1}{h^4}(f_{i+2} - 4f_{i+1} + 6f_i - 4f_{i-1} + f_{i-2}) + 0(h^2) \qquad (2\text{-}87)$$

2.2.2 用插值函数计算微商

在插值法的基础上计算导数是最常用的方法。对于不等距节点,原则上作相应节点的插值多项式,然后对多项式求解析导数是十分容易的。插值多项式的形式可以任意选择,以牛顿插值公式为例。

给定 $f(x)$ 在 $n+1$ 个互异节点 x_i 上的函数值 $f(x_i)(i=0,1,\cdots,n)$,用牛顿插值公式近似函数 $f(x)$,这里要把插值余项考虑在内,即

$$f(x) = N_n(x) + R_n(x)$$

$$f(x) = N_n(x) + f[x, x_0, x_1, \cdots, x_n] \cdot (x-x_0)(x-x_1)\cdots(x-x_n)$$

$$f'(x) = N'_n(x) + f[x, x_0, x_1, \cdots, x_n]\frac{\mathrm{d}}{\mathrm{d}x}[(x-x_0)\cdots(x-x_n)] + (x-x_0)\cdots(x-x_n)$$

$$\frac{\mathrm{d}}{\mathrm{d}x}f[x, x_0, \cdots, x_n]$$

令 $x=x_i (i=0,1,\cdots,n)$,则上式中最后一项为零,得

$$f'(x_i) = N'_n(x_i) + (x_i-x_0)\cdots(x_i-x_{i-1})(x_i-x_{i+1})\cdots(x_i-x_n)f[x_i, x_0, \cdots, x_n]$$

$$(2\text{-}88)$$

或 $\qquad f'(x_i) = N'_n(x_i) + \frac{f^{n+1}(\xi)}{(n+1)!}\prod_{\substack{j=0 \\ j\neq i}}^{n}(x_i-x_j) \qquad (x_0 \leqslant \xi \leqslant x_n) \qquad (2\text{-}89)$

对于等距节点,可以利用牛顿前插公式和牛顿后插公式,以牛顿前插公式为例,有

$$f(x) = f(x_0+mh) = y_0 + m\Delta y_0 + \frac{m(m-1)}{2}\Delta^2 y_0 + \cdots + \frac{m(m-1)\cdots(m-n+1)}{n!}\Delta^n y_0 + R_n(x)$$

$$R_n(x) = \frac{m(m-1)\cdots(m-n)}{(n+1)!}h^{(n+1)}f^{(n+1)}(\xi) \qquad (x_0 \leqslant \xi \leqslant x_n)$$

$$\frac{\mathrm{d}f(x)}{\mathrm{d}x} = \frac{\mathrm{d}}{\mathrm{d}m}\Big[y_0 + m\Delta y_0 + \frac{m(m-1)}{2!}\Delta^2 y_0 + \cdots + \frac{m(m-1)\cdots(m-n+1)}{n!}\Delta^n y_0$$

$$+ R_n(x)\Big]\frac{\mathrm{d}m}{\mathrm{d}x} =$$

$$\frac{1}{h}\Big[\Delta y_0 + \frac{2m-1}{2!}\Delta^2 y_0 + \frac{(m-1)(m-2)+m(m-1)+m(m-2)}{3!}\Delta^3 y_0 + \cdots\Big] + R'_n(x) \qquad (2\text{-}90)$$

$$R'_n(x) = \frac{\mathrm{d}}{\mathrm{d}m}\left[\frac{m(m-1)\cdots(m-n)}{(n+1)!}h^{(n+1)}f^{(n+1)}(\xi)\right]\frac{\mathrm{d}m}{\mathrm{d}x}$$

$$= \frac{h^{(n+1)}f^{(n+1)}(\xi)}{(n+1)!}\frac{\mathrm{d}}{\mathrm{d}m}[m(m-1)\cdots(m-n)]\cdot\frac{1}{h}+\frac{h^{(n+1)}}{(n+1)!}m(m-1)\cdots(m-n)\frac{\mathrm{d}}{\mathrm{d}x}f^{(n+1)}(\xi)$$

令 $x = x_i$

$$R'_n(x_i) = \frac{h^n f^{(n+1)}(\xi)}{(n+1)!}\frac{\mathrm{d}}{\mathrm{d}m}[m(m-1)\cdots(m-n)]\big|_{m=i} \tag{2-91}$$

根据式(2-90)、式(2-91) 可得出几个常用求导公式。

(1) 二点求导公式

即 $n=1$，x_0，x_1 两个节点。

取 $m=0$

$$f'(x_0) = \frac{1}{h}\Delta y_0 + \frac{h}{2}f''(\xi)\frac{\mathrm{d}}{\mathrm{d}m}[m(m-1)]\big|_{m=0} = \frac{1}{h}(y_1-y_0)-\frac{h}{2}f''(\xi) \tag{2-92}$$

取 $m=1$

$$f'(x_1) = \frac{1}{h}\Delta y_0 + \frac{h}{2}f''(\xi)\frac{\mathrm{d}}{\mathrm{d}m}[m(m-1)]\big|_{m=1} = \frac{1}{h}(y_1-y_0)+\frac{h}{2}f''(\xi) \tag{2-93}$$

(2) 三点求导公式

即 $n=2$，x_0，x_1，x_2 三个节点。

取 $m=0$

$$f'(x_0) = \frac{1}{h}\left(\Delta y_0 + \frac{2m-1}{2!}\Delta^2 y_0\right)\Big|_{m=0} + \frac{h^2 f^m(\xi)}{3!}$$

$$\frac{\mathrm{d}}{\mathrm{d}m}[m(m-1)(m-2)]\big|_{m=0} = \frac{1}{2h}(-3y_0+4y_1-y_2)+\frac{h^2}{3}f'''(\xi) \tag{2-94}$$

取 $m=1$

$$f'(x_1) = \frac{1}{2h}(-y_0+y_2)-\frac{h^2}{6}f'''(\xi) \tag{2-95}$$

取 $m=2$

$$f'(x_2) = \frac{1}{2h}(y_0-4y_1+3y_2)+\frac{h^2}{3}f'''(\xi) \tag{2-96}$$

(3) 四点求导公式(以下各式均略去误差项)

$$f'(x_0) \doteq \frac{1}{6h}(-11y_0+18y_1-9y_2+2y_3) \tag{2-97}$$

$$f'(x_1) \doteq \frac{1}{6h}(-2y_0-3y_1+6y_2-y_3) \tag{2-98}$$

$$f'(x_2) \doteq \frac{1}{6h}(y_0-6y_1+3y_2+2y_3) \tag{2-99}$$

$$f'(x_3) \doteq \frac{1}{6h}(-2y_0+9y_1-18y_2+11y_3) \tag{2-100}$$

(4) 五点求导公式

$$f'(x_0) \doteq \frac{1}{12h}[-25f(x_0)+48f(x_1)-36f(x_2)+16f(x_3)-3f(x_4)] \tag{2-101}$$

$$f'(x_1) \doteq \frac{1}{12h}[-3f(x_0)-10f(x_1)+18f(x_2)-6f(x_3)+f(x_4)] \tag{2-102}$$

$$f'(x_2) \doteq \frac{1}{12h}[f(x_0)-8f(x_1)+8f(x_3)-f(x_4)] \tag{2-103}$$

$$f'(x_3) \doteq \frac{1}{12h}[-f(x_0)+6f(x_1)-18f(x_2)+10f(x_3)+3f(x_4)] \qquad (2\text{-}104)$$

$$f'(x_4) \doteq \frac{1}{12h}[3f(x_0)-16f(x_1)+36f(x_2)-48f(x_3)+25f(x_4)] \qquad (2\text{-}105)$$

类似地可得出二阶导数三点公式为

$$f''(x_0) \doteq \frac{1}{h^2}(y_0-2y_1+y_2) \qquad (2\text{-}106)$$

$$f''(x_1) \doteq \frac{1}{h^2}(y_0-2y_1+y_2) \qquad (2\text{-}107)$$

$$f''(x_2) \doteq \frac{1}{h^2}(y_0-2y_1+y_2) \qquad (2\text{-}108)$$

四点公式为

$$f''(x_0) \doteq \frac{1}{6h^2}(12y_0+30y_1+24y_2-6y_3) \qquad (2\text{-}109)$$

$$f''(x_1) \doteq \frac{1}{6h^2}(6y_0-12y_1+6y_2) \qquad (2\text{-}110)$$

$$f''(x_2) \doteq \frac{1}{6h^2}(6y_0-12y_2+6y_3) \qquad (2\text{-}111)$$

$$f''(x_3) \doteq \frac{1}{6h^2}(-6y_0+24y_1-30y_2+12y_3) \qquad (2\text{-}112)$$

当离散数据来自实验观测时，不可避免含有随机误差，此时用插值公式求数值导数可能产生较大误差。可采用最小二乘法拟合实验数据，获得一个多项式模型，然后再求其导数，这样处理求导结果会有很大改善。关于最小二乘法拟合曲线本章下一节将讨论。

【例 2-10】 根据 $f(x)=\sqrt{x}$ 函数关系，在表 2-6 第一、二列中列出 6 个节点处的函数值，按五点公式求节点处的导数值。

解： 结果列于表 2-6 中。

表 2-6　例 2-10 的计算结果

x_i	$f(x_i)$	m_i	$f'(x)$	x_i	$f(x_i)$	m_i	$f'(x)$
100	10.000000	0.050000	0.050000	103	10.148891	0.049267	0.049266
101	10.049875	0.049751	0.049752	104	10.198039	0.049029	0.049029
102	10.099504	0.049507	0.049507	105	10.246950	0.048795	0.048795

表中第四列表示一阶导数的真值，第三列 m_i 为相应数值导数，可以看出由五点公式算出 m_i 基本与真值一致。

2.2.3　用三次样条函数求数值微分

如被插值函数有四阶连续导数，则当 $h_j \to 0$ 时，若三次样条函数 $S(x)$ 收敛于 $f(x)$，那么，导数 $S'(x)$ 也收敛于 $f'(x)$，而且 $S(x)-f(x)=0(H^4)$，$S'(x)-f'(x)=0(H^3)$，$S''(x)-f''(x)=0(H^2)$。其中 H 为 h_j 中的最大值，因此用三次样条函数求数值导数比用其他插值多项式来得可靠。样条函数 $S(x)$ 作为 $f(x)$ 的近似函数，不但彼此的函数值相接近，而且导数值也接近。用三次样条函数建立的数值微分公式为

$$f'(x) \approx S'(x)$$

通过对式(2-72)求导，得

$$S'(x) = \frac{(x-x_j)^2}{2h_j}M_{j+1} - \frac{(x_{j+1}-x)^2}{2h_j}M_j - \frac{1}{h_j}(y_j-y_{j+1}) + \frac{h_j}{6}(M_j-M_{j+1}) \qquad (2\text{-}113)$$

$$S''(x) = \frac{(x-x_j)}{h_j}M_{j+1} + \frac{(x_{j+1}-x)}{h_j}M_j \qquad (2\text{-}114)$$

式(2-113)和式(2-114)适用于节点和非节点的计算。

【例 2-11】 已知条件仍为例 2-9，求 $t=0.1\text{min}$、0.4min 时的反应速度。

解：由反应速度的定义 $r = \dfrac{\mathrm{d}C_t}{\mathrm{d}t}$，很明显，如要求某一时刻下的反应速度，在具有 $C_t \sim t$ 的函数关系的前提下，计算该时刻下的导数值即为该时刻下的反应速度。在例 2-9 中已解得 M_0，M_1，$\cdots$，M_6，所以在时间区间 $[0，10]$ 内任一时刻下的反应速度均可算出。

(1) 计算 $r_{0.1} = \left(\dfrac{\mathrm{d}C_t}{\mathrm{d}t}\right)\Big|_{t=0.1}$

$t=0.1\text{min}$ 是在 $[0，0.2]$ 内，即在 $[t_0，t_1]$ 内。这时 $j=0$，$M_0=29.803$，$M_1=10.8941$，按式(2-106)即可解出 $r_{0.1}$

$$S'(t) = \frac{(t-t_0)^2}{2h_0}M_1 - \frac{(t_1-t)^2}{2h_0}M_0 - \frac{(C_0-C_1)}{h_0} + \frac{h_0}{6}(M_0-M_1)$$

$$r_{0.1} = S'(0.1) = \frac{(0.1-0)^2}{2\times0.2}(10.8941) - \frac{(0.2-0.1)^2}{2\times0.2}(29.803) - \frac{(5.19-3.77)}{0.2}$$

$$+ \frac{0.2}{6}(29.803-10.8941) = -6.9424$$

(2) 计算 $r_{0.4} = \left(\dfrac{\mathrm{d}C_t}{\mathrm{d}t}\right)\Big|_{t=0.4}$

$t=0.4$ 分是在 $[0.2，0.6]$ 内，即在 $[t_1，t_2]$ 内。这时 $j=1$，$M_1=10.8941$，$M_2=3.8041$，按式(2-113)即可解出 $r_{0.4}$

$$S'(t) = \frac{(t-t_1)^2}{2h_1}M_2 - \frac{(t_2-t)^2}{2h_1}M_1 - \frac{(C_1-C_2)}{h_1} + \frac{h_1}{6}(M_1-M_2)$$

$$r_{0.4} = S'(0.4) = \frac{(0.4-0.2)^2}{2\times0.4}(3.8041) - \frac{(0.6-0.4)^2}{2\times0.4}(10.8941) - \frac{(3.77-2.3)}{0.4}$$

$$+ \frac{0.4}{6}(10.8941-3.8041) = -3.5568$$

【例 2-12】 用间歇反应器测定液相反应

$$A+B \longrightarrow R$$

的反应速度。在间歇反应器中，每间隔 500s 测得反应生成物 R 的浓度数据列于表 2-7 中。

表 2-7 R 的浓度变化

时间/s	R 的浓度/(mol/L)	时间/s	R 的浓度/(mol/L)
0	0	3500	0.0365
500	0.0080	4000	0.0400
1000	0.0140	4500	0.0425
1500	0.0200	5000	0.0455
2000	0.0250	5500	0.0480
2500	0.0295	6000	0.0505
3000	0.0330	6500	0.0525

若反应物 A 和 B 初始浓度相等，即 $C_{A0}=C_{B0}=0.1\text{mol/L}$，试求该反应的动力学方程式。

解：该反应的动力学方程为

$$r_R = dC_R/dt = kC_A^m C_B^n \qquad (1)$$

式中 C 是浓度，t 是反应时间，k 是反应速度常数，m 和 n 是反应级数。因 $C_{A0}=C_{B0}$，则存在 $C_A=C_B$，于是上式可改写成

$$r_R = dC_R/dt = kC_A^{m+n} \qquad (2)$$

只要求得待定参数 k、m 和 n 后，该动力学方程也就确定了。欲确定 k 和 $m+n$，首先要建立 $r_R\text{-}C_A$ 相应的数据组。

根据反应生成物 R 随时间 t 变化的浓度值 C_R，按数值微分法求得相应的时间下反应速度 r_R。这里用三点公式进行计算，除两端（t_1 和 t_{14}）以外，中间任意节点 t_i 的导数值可按式（2-95）计算，即

$$r_R(t_i) = C_R'(t_i) = \frac{C_R(t_{i+1}) - C_R(t_{i-1})}{2\Delta t} \qquad (i=2,3,\cdots,13)$$

两端的计算按式（2-94）和式（2-96）进行，即

$$r_R(t_1) = C_R'(t_1) = \frac{-C_R(t_3) + 4C_R(t_2) - 3C_R(t_1)}{2\Delta t}$$

$$r_R(t_{14}) = C_R'(t_{14}) = \frac{3C_R(t_{14}) - 4C_R(t_{13}) + C_R(t_{12})}{2\Delta t}$$

对应于 $C_R(t_i)$ 的反应物 A 的浓度 $C_A(t_i)$ 由下式求出

$$C_A(t_i) = C_{A0} - C_R(t_i)$$

$r_R(t_i)$ 和 $C_A(t_i)$ 的计算结果见表 2-8。

表 2-8 例 2-16 的计算中间结果

i	t_i	$C_R(t_i)$	$C_A(t_i)$	$r_R(t_i)$	i	t_i	$C_R(t_i)$	$C_A(t_i)$	$r_R(t_i)$
1	0.0	0.0	0.1000	0.18×10^{-4}	8	3500	0.0365	0.0635	0.70×10^{-5}
2	500	0.0080	0.0920	0.14×10^{-4}	9	4000	0.0400	0.0600	0.60×10^{-5}
3	1000	0.0140	0.0860	0.12×10^{-4}	10	4500	0.0425	0.0575	0.55×10^{-5}
4	1500	0.0200	0.0800	0.11×10^{-4}	11	5000	0.0455	0.0545	0.55×10^{-5}
5	2000	0.0250	0.0750	0.95×10^{-5}	12	5500	0.0480	0.0520	0.50×10^{-5}
6	2500	0.0295	0.0705	0.80×10^{-5}	13	6000	0.0505	0.0495	0.45×10^{-5}
7	3000	0.0330	0.0670	0.70×10^{-5}	14	6500	0.0525	0.0475	0.35×10^{-5}

由表 2-8 计算结果得出 $r_R\text{-}C_A$ 的关系，将此关系画在双对数坐标纸上，见图 2-5。

在双对数坐标中 $r_R\text{-}C_A$ 是直线关系，故对动力学方程式等号两边分别取对数得

$$\lg r_R = \lg k + (m+n)\lg C_A \qquad (3)$$

令

$$Y = \lg r_R$$
$$X = \lg C_A$$
$$A = \lg k$$
$$B = m+n$$

由（3）可得 Y 及 X 的一次方程

$$Y = A + BX$$

应用本章 2.4 节内容，根据线性最小二乘法就可确定 A 和 B 值，进而解出 $k=0.175$，$m+n=2$，该反应的动力学方程式为 $r_R = 0.175C_A^2$

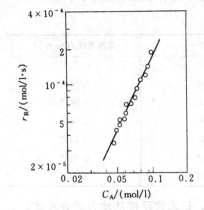

图 2-5 双对数坐标系中
$r_R\text{-}C_A$ 关系图

2.3 数值积分

实际工程问题中，常常需要计算积分，众所周知，在微积分中，计算连续函数 $f(x)$ 在区间 $[a, b]$ 上的积分是通过求 $f(x)$ 的原函数 $F(x)$，由积分基本公式得到

$$\int_a^b f(x)\mathrm{d}x = F(b) - F(a) \tag{2-115}$$

许多问题找原函数比较困难，有的被积函数不能找到用初等函数表示的原函数。例如看来较简单的积分 $\int_0^1 \frac{\sin x}{x}\mathrm{d}x$ 和 $\int_0^1 e^{-x^2}\mathrm{d}x$，其原函数就不能用初等函数来表示。另外，在实际工程问题中往往给出的是列表函数，列表函数更不能用求原函数的方法来解决。这些都可以用数值积分的方法来解决。

数值积分的基本思路来自于插值法。在插值法中我们知道，如果所给函数 $f(x)$ 比较复杂，研究它的性质有困难时，可以通过构造一个插值多项式 $P_n(x)$ 作为 $f(x)$ 的近似表达式，然后通过处理 $P_n(x)$ 得到 $f(x)$ 的近似结果。既然被积函数 $f(x)$ 可用插值多项式 $P_n(x)$ 来近似，那么被积函数 $f(x)$ 的积分，同样可以用插值多项式 $P_n(x)$ 的积分来近似代表，而多项式的积分往往是容易做到的。

2.3.1 等距节点求积公式（Newton-Cotes 公式）

用拉格朗日插值多项式 $L_n(x)$ 作为被积函数的近似。求取 $\int_a^b f(x)\mathrm{d}x = \int_a^b L_n(x)\mathrm{d}x$。

将积分区间 $[a, b]$ n 等分，节点 $x_k = a + kh$，$h = \dfrac{b-a}{n}$，$(k = 0, 1, 2, \cdots, n)$，

$$a = x_0, x_1, x_2, \cdots, x_n = b$$

$$I = \int_a^b L_n(x)\mathrm{d}x = \int_a^b \sum_{k=0}^n l_k(x) y_k \mathrm{d}x = \sum_{k=0}^n y_k \int_{x_0}^{x_n} \prod_{\substack{j=0 \\ j \neq k}}^n \frac{x - x_j}{x_k - x_j}\mathrm{d}x$$

令 $x = x_0 + th$，$x_k = x_0 + kh$，$\mathrm{d}x = h\mathrm{d}t$

$$x - x_j = x_0 + th - x_0 - jh = (t - j)h$$

$$x_k - x_j = x_0 + kh - x_0 - jh = (k - j)h$$

$$I = \sum_{k=0}^n y_k \int_0^n \prod_{\substack{j=0 \\ j \neq k}}^n \frac{(t-j)h}{(k-j)h} \cdot h\mathrm{d}t = nh \sum_{k=0}^n y_k \times \frac{1}{n} \int_0^n \prod_{\substack{j=0 \\ j \neq k}}^n \frac{t-j}{k-j}\mathrm{d}t$$

$$= (b - a) \sum_{k=0}^n C_{n,k} \cdot y_k \tag{2-116}$$

其中 $\quad C_{n,k} = \dfrac{1}{n} \int_0^n \dfrac{t(t-1)\cdots(t-k+1)(t-k-1)\cdots(t-n)}{k(k-1)\cdots(1)(-1)\cdots(k-n)}\mathrm{d}t$

$$C_{n,k} = \frac{(-1)^{n-k}}{n} \times \frac{1}{k!(n-k)!} \int_0^n t(t-1)\cdots(t-k+1)(t-k-1)\cdots(t-n)\mathrm{d}t$$

$$\tag{2-117}$$

式（2-116）称为等距节点求积公式，或称牛顿-柯特斯（Newton-Cotes）公式。$C_{n,k}$ 称为柯特斯系数。例如，当 $n = 1$，$k = 0, 1$（两个节点）有

$$C_{1,0} = \int_0^1 \frac{(t-1)}{(0-1)} dt = \frac{-(t-1)^2}{2} \Big|_0^1 = \frac{1}{2}$$

$$C_{1,1} = \int_0^1 t\,dt = \frac{t^2}{2} \Big|_0^1 = \frac{1}{2}$$

$$T = I = (b-a)(C_{1,0}y_0 + C_{1,1}y_1) = \frac{b-a}{2}[f(a) + f(b)] \tag{2-118}$$

式（2-118）就是梯形公式，记作 T。其几何意义就是以梯形面积近似曲边梯形面积，如图 2-6所示。

当 $n=2$，$k=0$，1，2（三个节点）

$$C_{2,0} = \frac{1}{2}\int_0^2 \frac{(t-1)(t-2)}{(0-1)(0-2)} dt = \frac{1}{4}\int_0^2 (t-1)(t-2)dt = \frac{1}{6}$$

$$C_{2,1} = \frac{1}{2}\int_0^2 \frac{t(t-2)}{(1-0)(1-2)} dt = -\frac{1}{2}\int_0^2 t(t-2)dt = \frac{2}{3}$$

$$C_{2,2} = \frac{1}{2}\int_0^2 \frac{t(t-1)}{2(2-1)} dt = \frac{1}{4}\int_0^2 t(t-1)dt = \frac{1}{6}$$

$$I = (b-a)(C_{2,0}y_0 + C_{2,1}y_1 + C_{2,2}y_2)$$

$$S = I = \frac{b-a}{6}\left[f(a) + 4f\left(\frac{a+b}{2}\right) + f(b)\right] \tag{2-119}$$

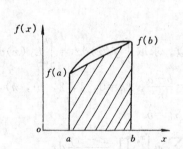

图 2-6　梯形公式的几何意义

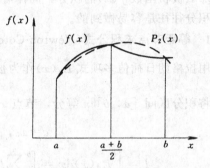

图 2-7　辛普生公式的几何意义

式（2-119）称为辛普生（Simpson）公式，记作 S。其几何意义是过三个点作一抛物线，近似原被积函数曲线。抛物线以下面积近似原函数的曲边梯形面积，如图 2-7。

同理，$n=3$ 时有

$$I = \frac{b-a}{8}[f(x_0) + 3f(x_1) + 3f(x_2) + f(x_3)] \tag{2-120}$$

因为当 $n=3$ 时，可令 $h=\frac{b-a}{3}$，所以式（2-120）也可写作

$$S' = I = \frac{3h}{8}[f(x_0) + 3f(x_1) + 3f(x_2) + f(x_3)] \tag{2-121}$$

所以式（2-121）又称为 $\frac{3}{8}$ 辛普生法则，记作 S'。其中 $x_i = a + ih$（$i=0$，1，2，3）

当 $n=4$ 时有"柯特斯公式"，记作 C

$$C = I = \frac{b-a}{90}[7f(x_0) + 32f(x_1) + 12f(x_2) + 32f(x_3) + 7f(x_4)] \tag{2-122}$$

其中　$x_i = a + i\left(\frac{b-a}{4}\right) = a + ih$，$h = \frac{b-a}{4}$

多余五点的公式，$C_{n,k}$ 系数见表 2-9。从表中可以看到：当节点数 $\geqslant 9$ 时，柯特斯系数有正有负，显然不稳定，不能使用。为了提高精度，不宜采用增加节点的方法，而是应采用分段插值为基础的复化求积公式，2.3.3 节将进行讨论。

表 2-9 柯特斯系数表

n	节点数									
1	2	$\frac{1}{2}$	$\frac{1}{2}$							
2	3	$\frac{1}{6}$	$\frac{2}{3}$	$\frac{1}{6}$						
3	4	$\frac{1}{8}$	$\frac{3}{8}$	$\frac{3}{8}$	$\frac{1}{8}$					
4	5	$\frac{7}{90}$	$\frac{16}{45}$	$\frac{2}{15}$	$\frac{16}{45}$	$\frac{7}{90}$				
5	6	$\frac{19}{288}$	$\frac{25}{96}$	$\frac{25}{144}$	$\frac{25}{144}$	$\frac{25}{96}$	$\frac{19}{288}$			
6	7	$\frac{41}{840}$	$\frac{9}{35}$	$\frac{9}{280}$	$\frac{34}{105}$	$\frac{9}{280}$	$\frac{9}{35}$	$\frac{41}{840}$		
7	8	$\frac{751}{17280}$	$\frac{3577}{17280}$	$\frac{1323}{17280}$	$\frac{2989}{17280}$	$\frac{2989}{17280}$	$\frac{1323}{17280}$	$\frac{3577}{17280}$	$\frac{751}{17280}$	
8	9	$\frac{989}{28350}$	$\frac{5888}{28350}$	$\frac{-928}{28350}$	$\frac{10496}{28350}$	$\frac{-4540}{28350}$	$\frac{10496}{28350}$	$\frac{-928}{28350}$	$\frac{5888}{28350}$	$\frac{989}{28350}$

2.3.2 求积公式的代数精度

数值求积分方法是近似的方法。不同的求积公式有不同的近似程度。在数值积分中经常用代数精度的概念来衡量各求积公式的精度。

定义 如果某个求积公式对于次数 $\leqslant m$ 的多项式均能准确成立，但对 $m+1$ 次多项式不能准确成立，则称该求积公式具有 m 次的代数精度。

例如被积函数 $f(x)$ 是一个零次多项式，即 $f(x)=1$，它在 $[a,b]$ 上积分

$$I = \int_a^b f(x)\,\mathrm{d}x = \int_a^b 1\,\mathrm{d}x = b - a$$

而用梯形公式计算同样得 $T = \frac{b-a}{2}(1+1) = b-a$

当 $f(x)$ 是一次多项式，即 $f(x)=x$，它在 $[a,b]$ 区间上积分

$$I = \int_a^b f(x)\,\mathrm{d}x = \int_a^b x\,\mathrm{d}x = \frac{b^2 - a^2}{2}$$

而用梯形公式计算同样得 $T = \frac{b-a}{2}[b+a] = \frac{b^2 - a^2}{2}$

当 $f(x)$ 是二次多项式，即 $f(x)=x^2$，同样作积分 $I = \int_a^b x^2\,\mathrm{d}x = \frac{b^3 - a^3}{3}$

而用梯形公式计算却得

$$T = \frac{b-a}{2}[b^2 + a^2] \neq \frac{b^3 - a^3}{3}$$

由于梯形公式（即一阶牛顿-柯特斯公式）的求积结果与零次和一次多项式积分计算结果一致，所以梯形公式具有一次代数精度。

可以证明：n 阶牛顿-柯特斯插值型求积公式至少具有 n 次代数精度。

对于偶数阶的牛顿-柯特斯公式来说，实际的代数精度有可能提高。以辛普生公式（即

二阶牛顿-柯特斯公式）为例来说明，辛普生公式至少具有二次代数精度。进一步用 $f(x)=x^3$ 进行检验，按辛普生公式计算得

$$S=\frac{b-a}{6}\Big[f(a)+4f\Big(\frac{a+b}{2}\Big)+f(b)\Big]=\frac{b-a}{6}\Big[a^3+4\Big(\frac{a+b}{2}\Big)^3+b^3\Big]=\frac{1}{4}(b^4-a^4)$$

而 $f(x)=x^3$ 直接积分得 $I^*=\int_a^b x^3\mathrm{d}x=\frac{1}{4}(b^4-a^4)$

这时 $S=I^*$，即辛普生公式对次数不超过三次的多项式均能准确成立。容易验证辛普生公式对 $f(x)=x^4$ 不能准确成立，因此辛普生公式实际上具有三次代数精度，比它的阶数高一次。

可以证明：当牛顿-柯特斯公式的阶数为偶数时，它至少具有 $n+1$ 次代数精度。

所以，像辛普生公式、柯特斯公式这类偶数阶求积公式在数值积分中得到广泛应用。

2.3.3　复化求积公式

在实际计算中常用的插值求积公式主要是一阶、二阶、四阶牛顿-柯特斯公式。但当积分区间较大时，直接使用这些求积公式，精度就难以保证。此时可用以分段插值为基础建立复化求积公式。具体办法是将求积区间 $[a,b]$ 分为若干等分，每一等分为一子区间，节点为 $x_i=x_0+ih$（$i=0$，1，2，$\cdots$，n）。然后在每个子区间，譬如第 k 个子区间 $[x_{k-1},x_k]$ 上使用上述求积公式达到积分近似值 I_k，并取其和值 $I=\sum\limits_{k=1}^{n}I_k$ 作为整个区间上的积分近似值，这种方法称复化求积方法。

以分段线性插值为基础得出复化梯形公式，其和记作 T_n（下标 n 表示 n 个小梯形面积之和）。

$$T_n=\sum_{k=1}^{n}\frac{h}{2}\big[f(x_{k-1})+f(x_k)\big]=\frac{h}{2}\Big[f(x_0)+2\sum_{k=1}^{n-1}f(x_k)+f(x_n)\Big] \qquad (2\text{-}123)$$

设第 k 个子区间 $[x_{k-1},x_k]$ 的中点记为 $x_{k-\frac{1}{2}}$，在每个子区间内运用以抛物插值为基础的辛普生公式，则得到复化的辛普生公式，其和记作 S_n（下标 n 表示 n 个 Simpson 子区间积分值和）。

$$S_n=\sum_{k=1}^{n}\frac{h}{6}\big[f(x_{k-1})+4f(x_{k-\frac{1}{2}})+f(x_k)\big]=\frac{h}{6}\Big[f(x_0)+4\sum_{k=1}^{n}f(x_{k-\frac{1}{2}})+2\sum_{k=1}^{n-1}f(x_k)+f(x_n)\Big]$$
$$(2\text{-}124)$$

如将积分区间 $[a,b]$ $2n$ 等分，步长 $h=\dfrac{b-a}{2n}$，则复化辛普生公式也可写成

$$S_n=\frac{h}{3}\Big[f(a)+f(b)+2\sum_{i=1}^{n-1}f(x_{2i})+4\sum_{i=1}^{n}f(x_{2i-1})\Big] \qquad (2\text{-}125)$$

如将每个子区间 $[x_{k-1},x_k]$ 四等分，其中间分点分别记作 $x_{k-\frac{3}{4}}$，$x_{k-\frac{1}{2}}$，$x_{k-\frac{1}{4}}$，则得到以分段四次插值为基础的复化柯特斯公式，其和记作 C_n

$$C_n=\frac{h}{90}\Big[7f(x_0)+32\sum_{k=1}^{n}f(x_{k-\frac{3}{4}})+12\sum_{k=1}^{n-1}f(x_{k-\frac{1}{2}})+32\sum_{k=1}^{n}f(x_{k-\frac{1}{4}})+14\sum_{k=1}^{n-1}f(x_k)+7f(x_n)\Big]$$
$$(2\text{-}126)$$

【例 2-13】 用复化辛普生公式计算下述列表函数 $f(x)$ 在 $[0,1]$ 上的积分值。

x	0	0.1	0.2	0.3	0.4	0.5	0.6	0.7	0.8	0.9	1.0
$f(x)$	1	1.004971	1.019536	1.042668	1.072707	1.107432	1.144157	1.179859	1.211307	1.235211	1.248375

解：此题共有 11 个节点，用复化辛普生公式，$n=5$，根据式(2-125)，该列表函数 $f(x)$ 在 $[0,1]$ 上积分值为

$$I = \int_0^1 f(x)\mathrm{d}x \approx \frac{h}{3}\left[f(0)+f(1.0)+4(f(0.1)+f(0.3)+f(0.5)+\right.$$
$$f(0.7)+f(0.9))+2(f(0.2)+f(0.4)+f(0.6)+f(0.8))]$$
$$=\frac{0.1}{3}[1+1.248375+4(1.00497+1.042668+1.107432+1.179859+$$
$$1.235211)+2(1.019536+1.072707+1.144157+1.211307)]$$
$$=1.114145$$

【**例 2-14**】　用复化梯形公式($n=8$)和复化辛普生公式($n=4$)计算积分。

$$\int_0^1 \frac{4}{(1+x^2)}\mathrm{d}x$$

解：该题的准确解为 $I^* = 4\arctan x \Big|_0^1 = \pi$

用复化梯形公式，$n=8$ 即把积分区间 $[0,1]$ 八等分，步长 $h=\frac{1}{8}$。用复化辛普生公式，$n=4$ 即把积分区间四等分，步长 $h=\frac{1}{4}$，但每个子区间要选中点，实际上也需把区间八等分。

计算八等分后 9 个积分节点上的函数值如下表。

x_k	$f(x_k)=\frac{4}{1+x_k^2}$	x_k	$f(x_k)=\frac{4}{1+x_k^2}$	x_k	$f(x_k)=\frac{4}{1+x_k^2}$
0	4.00000	$\frac{3}{8}$	3.50685	$\frac{3}{4}$	2.56000
$\frac{1}{8}$	3.93846	$\frac{1}{2}$	3.20000	$\frac{7}{8}$	2.26549
$\frac{1}{4}$	3.76470	$\frac{5}{8}$	2.87640	1	2.00000

按复化梯形公式 $n=8$

$$T_8 = \frac{1}{8} \times \frac{1}{2}\left[f(0)+2f\left(\frac{1}{8}\right)+2f\left(\frac{1}{4}\right)+2f\left(\frac{3}{8}\right)+2f\left(\frac{1}{2}\right)+\right.$$
$$2f\left(\frac{5}{8}\right)+2f\left(\frac{3}{4}\right)+2f\left(\frac{7}{8}\right)+f(1)\right] = 3.13899$$

按复化辛普生公式 $n=4$

$$S_4 = \frac{1}{4} \times \frac{1}{6}\left[f(0)+4f\left(\frac{1}{8}\right)+2f\left(\frac{1}{4}\right)+4f\left(\frac{3}{8}\right)+2f\left(\frac{1}{2}\right)+\right.$$
$$4f\left(\frac{5}{8}\right)+2f\left(\frac{3}{4}\right)+4f\left(\frac{7}{8}\right)+f(1)\right] = 3.14159$$

比较 T_8 和 S_4 两个结果，它们需计算 9 次函数值，计算工作量相同，但精度差别很大，T_8 只有三位有效数字，而 S_4 却有六位有效数字。计算结果表明：辛普生公式是一种精度较高的求积公式见数学资源库。

【**例 2-15**】　真实气体的逸度 f 可用下式计算

$$\lg f = \lg P - \frac{A}{2.303RT}$$

其中　　f——逸度；

　　　　P——压力，atm；1atm=101325Pa；

　　　　R——气体常数[82.06×10^{-6}m^3·atm/(mol·K)]；

　　　　T——绝对温度，K。

$$A = \int_0^p a\,dP \qquad -a = V - \frac{RT}{P}$$

$-a$ 是真实气体的实测体积和按理想气体定律计算得到的体积之间的差值。

现测得 0℃下氢气的有关值如下表，试求 1000atm 下的逸度 f。

$P_{(实测值)}$/atm	$V_{(实测值)}×10^6$m^3	RT/P	$-a=V-\dfrac{RT}{P}$	$P_{(实测值)}$/atm	$V_{(实测值)}×10^6$m^3	RT/P	$-a=V-\dfrac{RT}{P}$
0			15.46	600	53.43	37.34	16.09
100	239.51	224.05	15.46	700	48.14	32.01	16.13
200	127.49	112.03	15.46	800	44.17	28.01	16.16
300	90.29	74.68	15.61	900	41.06	24.90	16.16
400	71.86	56.01	15.85	1000	38.55	22.41	16.14
500	60.76	44.81	15.93				

解：用复化辛普生公式求 A。

由于 (0~200) atm 之间 a 值不变，可直接积分，而在 (200~1000) atm 之间用复化辛普生公式

$$-A = (200×15.46) + \frac{200}{6}[15.46 + 4(15.61 + 15.93 + 16.13$$
$$+16.16) + 2(15.85 + 16.09 + 16.18) + 16.14]$$
$$= 15863×10^{-6}(\text{m}^3·\text{atm})$$

$$\lg f = \lg P - \frac{A}{2.303RT} = \lg 1000 + \frac{15863}{2.303×82.06×273.2} = 3.3072$$

所以　　　　　　　　　　　　　　$f = 2028.62\text{atm}$

【例 2-16】 逆流操作的填料塔，在温度 20℃，压力为 1atm 的条件下，用水洗涤含有 5.5%SO$_2$ 的空气，使 SO$_2$ 下降到 0.5%。当液气比 (L_M/G_M) 为 40 时，求取以气相浓度为基准的总传质单元数 N_{OG}。若以气相浓度为基准的总传质单元高度 $H_{OG}=0.69$m，进而求填料塔高度。进塔水中不含 SO$_2$，20℃时水对 SO$_2$ 的溶解度数据列于表 2-10。

表 2-10　SO$_2$ 在水中的溶解度

$x·10^3$	1.96	1.40	0.846	0.562	0.422	0.281	0.141	0.056
$y^*·10^3$	51.3	34.2	18.6	11.2	7.63	4.21	1.58	0.658

解：以气相浓度为基准的总传质单元数

$$N_{OG} = f\int_{y_2}^{y_1} \frac{dy}{y - y^*}$$

式中，y 是填料塔任意高度气相中 SO$_2$ 的分子分率，y^* 是对应液相中 SO$_2$ 分子分率为 x 时相应的气相平衡分子分率，其下标 1，2 分别表示塔底和塔顶。填料吸收塔的操作线方程为

$$G_M[y/(1-y) - y_2/(1-y_2)] = L_M[x/(1-x) - x_2/(1-x_2)]$$

从塔顶 $y_2=0.005$，$x_2=0$，出发，用操作线方程计算出对应于气相浓度 y 的 x。y 取等距节点，再由表 2-10 算出相应的气相平衡浓度 y^*，进而计算出被积函数分项值 $\dfrac{1}{y-y^*}$。这一系

列的 y、x、y^* 及 $\dfrac{1}{y-y^*}$ 值见表 2-11。

在此基础上，用复化辛普生公式(2-125)进行数值积分算出 N_{OG}。

$$N_{OG} = \frac{0.0025}{3}[200+43.66+4(147.6+98.6+80.73+70.5+63.3$$
$$+58.25+53.26+49.73+46.9+44.62)+2(116.2+87.96$$
$$+75.17+66.59+60.59+55.92+51.4+48.24+45.70)]$$
$$=3.595$$

填料塔的高度 H

$$H = N_{OG} \cdot H_{OG} = 3.595 \times 0.69 = 2.48 \ (\text{m})$$

表 2-11　例 2-16 计算中间结果

y	x	y^*	$1/(y-y^*)$	y	x	y^*	$1/(y-y^*)$
0.0050	0.0	0.0	200.0	0.0325	0.7137×10^{-3}	0.01533	58.25
0.0075	0.6328×10^{-4}	0.000727	147.6	0.0350	0.7805×10^{-3}	0.01712	55.92
0.0100	0.1269×10^{-3}	0.001396	116.2	0.0375	0.8477×10^{-3}	0.01873	53.26
0.0125	0.1908×10^{-3}	0.002358	98.60	0.0400	0.9152×10^{-3}	0.02054	51.40
0.0150	0.2550×10^{-3}	0.003631	87.96	0.0425	0.9831×10^{-3}	0.02239	49.73
0.0175	0.3196×10^{-3}	0.005113	80.73	0.0450	0.1051×10^{-2}	0.02427	48.24
0.0200	0.3844×10^{-3}	0.006696	75.17	0.0475	0.1120×10^{-2}	0.02618	46.90
0.0225	0.4496×10^{-3}	0.008321	70.53	0.0500	0.1189×10^{-2}	0.02812	45.70
0.0250	0.5151×10^{-3}	0.009982	66.59	0.0525	0.1258×10^{-2}	0.03009	44.62
0.0275	0.5810×10^{-3}	0.01170	63.30	0.0550	0.1328×10^{-2}	0.03209	43.66
0.0300	0.6471×10^{-3}	0.01350	60.59				

2.3.4　变步长求积方法

前面介绍的复化求积公式对提高精度是行之有效的，但是使用复化求积公式之前必须给出合适的步长，步长取得太大精度难以保证，步长太小则会导致计算量的增加，而事先给出一个恰当的步长又往往是困难的。

实际计算时通常采用变步长的方法，即分别取 $n=2，4，8，\cdots$，反复利用复化求积公式进行计算，直至相邻两次计算结果差的绝对值 $|I_{2n}-I_n|$ 小于给定精度 ε 为止，并取 I_{2n} 作为积分近似值。这种积分方法逐次将步长 h 折半，前次计算部分结果可在后一次中继续利用，特别对于复化梯形公式，可以导出步长折半前后求积公式之间关系。

设 T_n 为将区间 $[a，b]$ n 等分的复化梯形公式，节点 $x_i=a+ih$，$h=\dfrac{b-a}{n}$，$i=0，1，\cdots，n$。步长折半，即把区间 $2n$ 等分，运用复化梯形公式可得 $2n$ 个小梯形面积之和，记为 T_{2n}，下面推导 T_n 与 T_{2n} 间的关系。

由式(2-123)知

$$T_n = \frac{h}{2}\left[f(x_0)+2\sum_{i=1}^{n-1}f(x_i)+f(x_n)\right]$$

记 $x_{i+\frac{1}{2}}$ 为 x_i 和 x_{i+1} 中点，即 $x_{i+\frac{1}{2}}=x_0+\left(i+\dfrac{1}{2}\right)h$ 有

$$T_{2n} = \frac{h}{2}\left[f(x_0)+2\sum_{i=1}^{n-1}f(x_i)+2\sum_{i=0}^{n-1}f(x_{i+\frac{1}{2}})+f(x_n)\right]$$

将 T_n 代入方括号中，则

$$T_{2n} = \frac{1}{2}\left[T_n + h\sum_{i=0}^{n-1} f(x_{i+\frac{1}{2}})\right] \qquad (2\text{-}127)$$

称式(2-127)为变步长梯形公式，它给出了 T_n 与 T_{2n} 的递推关系。

【例 2-17】 用变步长梯形公式计算积分值

$$I^* = \int_0^1 \frac{\sin x}{x}\mathrm{d}x$$

解：先对整个区间 [0，1] 使用梯形公式。计算函数 $f(x) = \frac{\sin x}{x}$ 端点的值。

$$f(0) = 1，f(1) = 0.8414710$$

则

$$T_1 = \frac{1}{2}\left[f(0) + f(1)\right] = 0.9207355$$

将区间二等分，中点的函数值 $f\left(\frac{1}{2}\right) = 0.9588511$

按式(2-127) 得

$$T_2 = \frac{1}{2}T_1 + \frac{1}{2}f\left(\frac{1}{2}\right) = 0.9397933$$

进一步二分求积区间，并计算新的分点上的函数值

$$f\left(\frac{1}{4}\right) = 0.9896158 \qquad f\left(\frac{3}{4}\right) = 0.9088517$$

再利用式(2-127) 得

$$T_4 = \frac{1}{2}T_2 + \frac{1}{4}\left[f\left(\frac{1}{4}\right) + f\left(\frac{3}{4}\right)\right] = 0.9445135$$

这样不断二分下去，计算结果列于表 2-12。

表 2-12 例 2-17 计算结果

k	T_{2^k}	k	T_{2^k}	k	T_{2^k}
0	0.9207355	4	0.9459850	8	0.9460827
1	0.9397933	5	0.9460596	9	0.9460830
2	0.9445135	6	0.9460769	10	0.9460831
3	0.9456909	7	0.9460815		

积分 I^* 的实际值是 0.9460831，用变步长梯形法则二分 10 次得到了这个结果，见数学资源库。

2.3.5 求积公式的误差

求积公式是以插值公式为基础的，所以可由插值公式误差导出求积公式的误差，已知

$$f(x) = P_n(x) + R_n(x)$$

于是

$$\int_a^b f(x)\mathrm{d}x - \int_a^b P_n(x)\mathrm{d}x = \int_a^b R_n(x)\mathrm{d}x$$

记作

$$I^* - I = R^*$$

$R^* = \int_a^b R_n(x)\mathrm{d}x$ 就是差值求积公式的误差，这里

$$R_n(x) = \frac{f^{(n+1)}(\xi)}{(n+1)!}\prod_{i=0}^n (x - x_i)$$

(1) 梯形公式的截断误差

$$I^* - T = \int_a^b R_1(x)\mathrm{d}x = \int_a^b \frac{f''(\xi)}{2!}(x-a)(x-b)\mathrm{d}x$$

因为 $(x-a)$ $(x-b) \leqslant 0$，即 $[a, b]$ 区间中不变号，且 $f''(\xi)$ 是依赖于 x 的函数，在 $[a, b]$ 上连续，由积分中值定理可知，在 $[a, b]$ 上存在一点 η，使

$$I^* - T = \frac{f''(\eta)}{2!} = \int_a^b (x-a)(x-b)\mathrm{d}x \quad (a \leqslant \eta \leqslant b)$$

$$= -\frac{f''(\eta)}{12!}(b-a)^3 \tag{2-128}$$

(2) 复化梯形公式截断误差

由式(2-128) 对每一小区间有误差估计式

$$\int_{x_i}^{x_{i+1}} f(x)\mathrm{d}x = \frac{h}{2}[f(x_i) + f(x_{i+1})] - \frac{h^3}{12}f''(\eta_i)(x_i \leqslant \eta_i \leqslant x_{i+1})$$

将上式代入式(2-123)，n 个子区间的误差之和为

$$I^* - T_n = -\frac{h^3}{12}\sum_{i=0}^{n-1} f''(\eta_i)$$

由于 $f''(x_i)$ 在 $[a,b]$ 连续，由连续函数性质在 $[a, b]$ 中必有一点 η，使

$$\frac{1}{h}\sum_{i=0}^{n-1} f''(\eta_i) = f''(\eta)$$

于是

$$I^* - T_n = -\frac{nh^3}{12}f''(\eta) = \frac{-(b-a)h^2}{12}f''(\eta) \tag{2-129}$$

或写作

$$I^* - T_n = \frac{-(b-a)^3}{12n^2}f''(\eta) \tag{2-130}$$

对于 f 为已知函数解析表达式，为求 $|I - T_n| < \varepsilon$，可由式(2-130) 估计出 n 值。

(3) Simpson 公式截断误差

同前理

$$I^* - S = \int_a^b \frac{f^{(4)}(\eta)}{4!}(x-a)\left(x-\frac{a+b}{2}\right)^2(x-b)\mathrm{d}x = \frac{-(b-a)^5}{2880}f^4(\eta) \tag{2-131}$$

(4) 复化 Simpson 公式截断误差

同理推得

$$I^* - S_n = \sum_{i=0}^{n-1} \frac{-(h)^5}{2880}f^4(\eta_i) = \frac{-(b-a)}{180}\left(\frac{h}{2}\right)^4 f^4(\eta) \tag{2-132}$$

(5) 柯特斯公式的截断误差

$$I^* - C = \frac{-8}{945}\left(\frac{b-a}{4}\right)^7 f^{(6)}(\xi) \tag{2-133}$$

(6) 复化 Cotes 公式的截断误差

$$I^* - C_n = \sum_{i=0}^{n-1} -\frac{8}{945}\left(\frac{h}{4}\right)^7 f^{(6)}(\xi_i) = \frac{-2(b-a)}{945}\left(\frac{h}{4}\right)^6 f^{(6)}(\xi) \tag{2-134}$$

2.3.6 龙贝格（Romberg）积分法

梯形法虽然算法简单，但收敛速度缓慢。如何提高收敛速度以减少计算量，这自然是人们特别关心的问题。

依据复化梯形公式的误差公式(2-129)，积分值 T_n 的截断误差近似地与 h^2 成正比，因此当步长二分后，截断误差将减至原有误差的 $1/4$，即有

$$\frac{I^* - T_{2n}}{I^* - T_n} \doteq \frac{1}{4}$$

将上式移项整理，可得

$$I^* - T_{2n} \doteq \frac{1}{3}(T_{2n} - T_n) \tag{2-135}$$

由此可见，只要二分前后两个积分值 T_n 与 T_{2n} 相当接近，就可以保证结果 T_{2n} 的误差很小。这种直接用计算结果估计误差的方法称作事后估计法。

按照式(2-135)的近似值 T_{2n} 的误差大约等于 $\frac{1}{3}(T_{2n} - T_n)$，因此，如果用这个误差值作为 T_{2n} 的一种补偿，可以得到所期望的

$$\widetilde{T} = T_{2n} + \frac{1}{3}(T_{2n} - T_n) = \frac{4}{3}T_{2n} - \frac{1}{3}T_n \tag{2-136}$$

可能是更好的结果。

考察例 2-17，用梯形法求得的两个结果 $T_2 = 0.9397933$ 和 $T_4 = 0.9445135$ 的精度都很低（与实际值 0.9460831 比较，只有一位和两位有效数字），但如果将它们按式(2-136)作线性组合，则新的近似值

$$\widetilde{T} = \frac{4}{3}T_4 - \frac{1}{3}T_2 = 0.9460849 \text{ 却有五位有效数字。}$$

按式(2-136)组合得到的近似值 $\widetilde{T}$，其实质究竟是什么呢？

注意到 T_n 与 T_{2n} 的表达式(2-123)和式(2-127)，代入式(2-136)的右端，可直接验证 $\widetilde{T} = S_n$，即有下列关系式

$$\widetilde{T} = S_n = \frac{4}{3}T_{2n} - \frac{1}{3}T_n \tag{2-137}$$

这就是说，用梯形公式二分前后的两个结果 T_n 和 T_{2n}，按式(2-137)作线性组合，所得到的实际上是复化辛普生公式 S_n。

下面再研究辛普生公式的加速问题。

根据复化辛普生误差公式(2-132)截断误差与 h^4 成正比。因此，若将步长折半，则误差将减至原有误差的 $\frac{1}{16}$，即有

$$\frac{I^* - S_{2n}}{I^* - S_n} \doteq \frac{1}{16}$$

由此得到

$$I^* \doteq \frac{16}{15}S_{2n} - \frac{1}{15}S_n$$

不难直接验证，上式右端的值就是 C_n，就是说，用辛普生公式二分前后的两个值 S_n 与 S_{2n}，再按上式作线性组合，结果得到柯特斯公式的积分值 C_n，即

$$C_n = \frac{16}{15}S_{2n} - \frac{1}{15}S_n \tag{2-138}$$

同样，由公式(2-134)，复化柯特斯公式的误差与 h^6 成正比，因此有

$$\frac{I^* - C_{2n}}{I^* - C_n} \doteq \frac{1}{2^6}$$

整理得

$$I^* \doteq \frac{64}{63}C_{2n} - \frac{1}{63}C_n$$

令

$$R_n = \frac{64}{63}C_{2n} - \frac{1}{63}C_n \qquad (2\text{-}139)$$

式(2-139)称作龙贝格公式。

实质上从单一梯形公式出发，逐次将步长减半，运用加速公式(2-137)、式(2-138)、式(2-139)，可以获得高精度积分计算结果。这种求积方法称作龙贝格法，又称数值积分逐次分半加速收敛法。

龙贝格公式计算流程如下：

k	T_{2^k}		$S_{2^{k-1}}$		$C_{2^{k-2}}$		$R_{2^{k-3}}$
0	T_1						
	↓						
1	T_2	→	S_1				
	↓		↓				
2	T_4	→	S_2	→	C_1		
	↓		↓		↓		
3	T_8	→	S_4	→	C_2	→	R_1
	↓		↓		↓		↓
4	T_{16}	→	S_8	→	C_4	→	R_2
⋮	⋮		⋮		⋮		

表中 k——积分区间 $[a, b]$ 被二分的次数；T_{2^k}——2^k 个梯形复化求积公式；$S_{2^{k-1}}$——2^{k-1} 个辛普生子区间复化求积公式；$C_{2^{k-2}}$——2^{k-2} 个柯特斯子区间复化求积公式；$R_{2^{k-3}}$——2^{k-3} 个龙贝格求积公式。当 $k=4$ 时，计算出来的 R_2 与 R_1 相差无几，所以一般只需计算到 $k=3$ 就满足精度要求了。

【**例 2-18**】　考察例 2-17 用龙贝格法加工由变步长梯形法所得的积分值。

解：结果列于下表：

k	T_{2^k}	$S_{2^{k-1}}$	$C_{2^{k-2}}$	$R_{2^{k-3}}$
0	0.9207355			
1	0.9397933	0.9461459		
2	0.9445135	0.9460869	0.9460830	
3	0.9456909	0.9460833	0.9460831	0.9460831

可以看到，这里利用二分三次的数据，通过简单的线性组合得到了原来（见表 2-11）需要二分 10 次方能获得的结果。显然，计算速度大为提高，见数学资源库。

2.4　最小二乘曲线拟合

数据处理的一项十分重要的工作是寻找相关量之间的内在规律，即由已知数据群确立经验或半经验的数学模型。常用的方法是将观测得到的离散数据标记在平面图上，这只是对一个变量情况而言，描成一条光滑曲线（也包括直线，或对数坐标下的直线等）。为了便于进一步分析运算，希望将曲线用一简单的数学表达式加以描述，这就是曲线拟合，或者说经验建模。与插值法比较，它有这样两个特点。

① 离散数据无论采自生产现场或是实验记录，都包含有随机误差（或称为干扰）。所以拟合曲线函数不必通过所有数据点。

② 拟合曲线表达式的数学形式不受离散数据点个数限制，当然由于数据是含随机误差变量，所以从统计规律来看，希望有尽可能多的数据样本，以使拟合的模型具有较大的可信度。因此允许对同一实验条件做多次观测，只要不包含系统误差，则重复测试所得不同结果均为有效数据，显然插值法不允许一个自变量对应多个不同函数值。也就是说曲线拟合处理的是随机变量问题，所用的数学方法属于数理统计回归分析范畴。插值法只适用于处理确定性变量问题，自变量与因变量有确定的一一对应关系。

实测数据关联成数学模型的方法，一般有这样几种情况：一种是有一定的理论依据，可直接根据机理选择关联函数的形式。例如反应机理已有某种程度认识的反应动力学方程，常可表示为 $Y_A = kC_A^n$；其中反应速度常数 k 与温度的关系又常如 $k = k_0 \exp(-E/RT)$ 形式。在这种情况下，问题在于如何确定关联函数中的各未知系数，如上述公式中的 k，n，k_0，E 等，以使模型密切逼近实测数据。这种模型称为半经验模型，工作要点在于参数估值。另一种情况是尚无任何理论可依据，但有一些经验公式可选择，例如很多物性数据（热容、密度、饱和蒸气压）与温度的关系常表示为

$$\phi(T) = b_0 + b_1 T + b_2 T^2 + b_3 T^3 + b_4 \ln T + b_5 / T$$

当然不一定公式中六个系数都很重要，有的物性也只取前三、四项即可满足精度要求，这样可使模型更简单些。

此外，对于没有任何经验可循的情况，只能将实验数据画出图形与已知函数图形进行比较，选择图形接近的函数形式作拟合模型。当然有时因为数据点有限，往往与几个典型曲线局部相似，那样就难以确定选择什么函数作为拟合模型，这时就需作几个方案的比较，这叫做模型筛选或模型鉴别。鉴别模型好坏的标准将在本章后面加以讨论。后两种情况都称为经验模型。

不论哪种情况，在选定关联函数的形式之后，就是如何根据实验数据去确定所选关联函数中的待定系数，最常用的方法是线性最小二乘法。这种方法可用于处理一元或多元的线性模型。

一元线性模型：　　　　　　　　$Y = A + BX$　　　　　　　　　　　(2-140)

多元线性模型：　　　　$Y = B_0 + B_1 X_1 + B_2 X_2 + \cdots\cdots$　　　　　　　(2-141)

对于非线性模型，事先应将其变换成线性形式——称为线性化处理，然后才能用线性最小二乘法进行关联。有些非线性模型是不能变换成线性模型的，这时应该用下节所讲的非线性最小二乘法进行处理。

2.4.1 关联函数的选择和线性化

前面已经提到对于半经验模型不存在关联函数的选择问题，对于完全无经验依据的情况，可先把实验数据在直角坐标纸或对数、半对数坐标纸上绘成曲线，然后根据其形状及特点与表 2-13 的已知函数的形状及特点相对照，选择接近的函数类型作为关联函数。表 2-13 中仅列出化工中常用的几种函数类型，较详细的情况可参考有关数学手册。

这里单变量问题线性化处理后的线性模型统一用式(2-140) 表示。对于多变量函数关系

$$y = f(x_1, x_2, \cdots)$$

如果采用幂函数的乘积作为关联函数，也就是把上面的函数关系写成如下形式

$$y = a x_1^b x_2^c \cdots \tag{2-142}$$

表 2-13 常用函数线性化方法

图　形	函数及线性化方法	图　形	函数及线性化方法
	双曲函数 $\dfrac{1}{y}=a+\dfrac{b}{x}$ 令 $Y=\dfrac{1}{y}$　$X=\dfrac{1}{x}$ 则　　$Y=a+bX$		S形曲线函数 $y=\dfrac{1}{a+be^{-x}}$ 令 $Y=\dfrac{1}{y}$　$X=e^{-x}$ 则　　$Y=a+bX$
	幂函数　　　$y=ax^b$ 令 $Y=\lg y$　$X=\lg x$ 则　　$Y=\lg a+bX$		指数函数　　$y=ae^{bx}$ 令 $Y=\ln y$　$X=x$ 则　　$Y=\ln a+bX$
	负指数函数　$y=ae^{b/x}$ 令 $Y=\ln y$　$X=\dfrac{1}{x}$ 则　　$Y=\ln a+bX$		对数函数　　$y=a+b\lg x$ 令 $Y=y$　$X=\lg x$ 则　　$Y=a+bX$

可以作如下的线性化处理，令 $Y=\ln y$，$X_1=\ln x_1$，$X_2=\ln x_2$，…，$B_0=\ln a$，$B_1=b$，$B_2=c$，…，线性化处理后模型为

$$Y=B_0+B_1X_1+B_2X_2\cdots$$

【例 2-19】 某化学反应的速度常数 k 与绝对温度 T 的实验数据如表 2-14 的第一，二列所示。反应速度常数与绝对温度的关系一般是服从阿仑纽斯方程。试分析线性化处理的实质。

解：可选用半经验模型

$$k=k_0\exp(-E/RT) \tag{1}$$

表 2-14 例 2-19 实验数据

T/K	$k/(1/\min)$	$X=\dfrac{1}{T}$	$Y=\ln k$
363.0	0.668×10^{-2}	2.755×10^{-3}	-5.01
373.0	1.376×10^{-2}	2.681×10^{-3}	-4.29
383.0	2.717×10^{-2}	2.611×10^{-3}	-3.61
393.0	5.221×10^{-2}	2.545×10^{-3}	-2.95
403.0	9.663×10^{-2}	2.481×10^{-3}	-2.34

上式为非线性函数，需进行线性化处理，两端取对数后得

$$\ln k=\ln k_0-\frac{E}{R}\left(\frac{1}{T}\right)$$

令 $Y=\ln k$，$X=\dfrac{1}{T}$，就能得到直线方程的形式

$$Y=A+BX \tag{2}$$

其中 $A=\ln k_0$，$B=-\dfrac{E}{R}$。式中的 X 和 Y 为原模型（1）中自变量 T 和因变量 k 所构成的已知函数，因此可由原始的 $k-T$ 数据组算得次生数据组 $Y-X$，其值列于表 2-14 中后两列。这样就把根据原始数据组 $k-T$ 来确定非线性方程（1）的诸待定系数的问题，变为根据次生数据组 $Y-X$ 来确定线性方程（2）中的待定系数问题。这就是线性化处理的实质所在。

线性化的目的主要是为了便于用线性最小二乘法确定模型中的待定系数，此外也可用于初步检验所选关联函数是否合适。因为凭直观来选择关联函数总是不很可靠的。一旦选定关联函数，进行线性化处理将它变换成式(2-140)的形式，再把 $Y-X$ 数据组在直角坐标纸上描绘出来，从其构成直线图形的精确度的高低，可以初评所选模型的优劣程度。有一点需要指出，非线性单变量方程线性化后并不一定是一元线性方程，也可能是多元线性方程。例如常用的多项式模型

$$y=ax^2+bx+c$$

如果 $X_1=x^2$，$X_2=x$，则得多元线性方程

$$Y=aX_1+bX_2+c \tag{2-143}$$

2.4.2 线性最小二乘法

关联函数的形式确定之后，如何由实验数据比较精确地去确定关联函数中的待定系数仍是一个重要问题，最常用的方法就是线性最小二乘法。

2.4.2.1 一元线性模型中待定系数的确定

首先讨论最小二乘法原理，举例说明。

今有一弹簧秤，用它称重，记下荷重与弹簧伸长的关系如表 2-15 所示，将数据点画在图 2-8 上，可以看出荷重与伸长两者大致呈直线关系。但并不严格在一条直线上，说明由于读数或其他影响因素造成数据包含有随机误差。根据力学上的虎克定律，弹簧伸长 y 应该与荷重 x 成正比，即 y 是 x 的线性函数，通过实验确定比例系数（弹簧的弹性系数）。一般地直线方程模型表示为

$$\hat{y}=a+bx \tag{2-144}$$

表 2-15 荷重与弹簧伸长的关系

荷重 x_i/kg	弹簧伸长 y_i/cm	x_i^2	x_iy_i	荷重 x_i/kg	弹簧伸长 y_i/cm	x_i^2	x_iy_i
0	30.00	0	0	10	36.20	100	362.00
2	31.25	4	62.50	12	37.31	144	447.72
4	32.58	16	130.32	14	38.79	196	543.06
6	33.71	36	202.20	16	40.04	256	640.64
8	35.01	64	280.08	$\Sigma 72$	314.89	816	2668.52

如果用直尺将图 2-8 上的点连成直线，由于 9 个点不在一直线上，所以可以画出多条直线。也就是说式(2-144)线性模型中参数 a 和 b 可以有多种取值，于是产生这样一个问题，图 2-8 众多的连线中哪一条直线最能体现物理现象的本质呢？换句话说线性模型式(2-144)中截距 a 和斜率 b 取什么值为最佳选择？为说明这个问题，这里引入"残差"的概念。

设有 n 对实验数据 (x_i, y_i) $(i=1, 2, \cdots, n)$，需要寻找一个近似函数模型 $\hat{y}=f(x)$来拟合这一组数据。令第 i 点实测函数值 y_i 与模型计算值 $\hat{y}_i$ 之差为残差，即

$$\delta_i=y_i-\hat{y}_i=y_i-f(x_i) \tag{2-145}$$

显然，δ_i 给出了 y_i 与回归模型计算值 $\hat{y}_i$ 的偏离程度。如果每一个点的残差 $\delta_i=0$，说明实验数据 (x_i, y_i) 完全可用直线拟合，但由于存在实验误差，$\delta_i=0$ 是不可能的。也就是说最佳的 a 和 b 应使 $|\delta_i|$ 的和最小。但用 $|\delta_i|$ 的和最小原则估计参数 a 和 b，在应用上不很方便，所以，一般采用最小二乘法，其原理可以这样描述：所谓最小二乘原理就是使残差的平方和最小，即

$$Q = \sum_{i=1}^{n} \delta_i^2 = \min \qquad (2\text{-}146)$$

用最小二乘原理选择最佳拟合模型的物理意义是显见的，即在上例中找一条直线，使它与各实测点的距离（即 δ_i）平方加和最小。

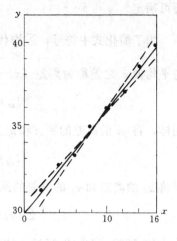

图 2-8　荷重与弹簧伸长长度关系

将式(2-144) 代入式(2-146)，可以具体写为

$$Q = \sum_{i=1}^{n} \delta_i^2 = \sum_{i=1}^{n} (y_i - a - bx_i)^2 = \min$$

显然，Q 是 a 和 b 的函数。由数学分析多元函数求极值的必要条件，使 Q 最小的 a、b 必满足以下方程组

$$\begin{cases} \dfrac{\partial Q}{\partial a} = -2\sum_{i=1}^{n}(y_i - a - bx_i) = 0 & (1) \\[4mm] \dfrac{\partial Q}{\partial b} = -2\sum_{i=1}^{n}(y_i - a - bx_i)x_i = 0 & (2) \end{cases}$$

抿式(1) 得

$$na = \sum_{i=1}^{n} y_i - b\sum_{i=1}^{n} x_i$$

$$a = \overline{y} - b\overline{x} \qquad (3)$$

其中

$$\overline{y} = \frac{1}{n}\sum_{i=1}^{n} y_i$$

$$\overline{x} = \frac{1}{n}\sum_{i=1}^{n} x_i$$

它分别表示 y_i 及 x_i 的平均值。由（2）可推得

$$\sum_{i=1}^{n} x_i y_i - a\sum_{i=1}^{n} x_i - b\sum_{i=1}^{n} x_i^2 = 0 \qquad (4)$$

由式(3)，式(4) 经整理可得回归系数 b 计算公式

$$b = \frac{\displaystyle\sum_{i=1}^{n} x_i y_i - \frac{1}{n}\Big(\sum_{i=1}^{n} x_i\Big)\Big(\sum_{i=1}^{n} y_i\Big)}{\displaystyle\sum_{i=1}^{n} x_i^2 - \frac{1}{n}\Big(\sum_{i=1}^{n} x_i\Big)^2} \qquad (2\text{-}147)$$

或

$$b = \frac{\displaystyle\sum_{i=1}^{n}(x_i - \overline{x})(y_i - \overline{y})}{\displaystyle\sum_{i=1}^{n}(x_i - \overline{x})^2} \qquad (2\text{-}148)$$

具体计算时，先由式(2-147) 或式(2-148) 求得 b，然后代入式(3)，得

$$a = \overline{y} - b\overline{x} \qquad (2\text{-}149)$$

由于计算 a、b 的公式中所有量都可以从观测数据得出，因此回归直线方程

$$\hat{y} = a + bx$$

便可确定。

为了简化式中符号，Σ 均代表 $\sum\limits_{i=1}^{n}$（下同）。引入数理统计常用符号，令任一数据点 x_i 与平均值 $\bar{x}$ 之差称为离差 $(x_i-\bar{x})$，x_i 的离差的平方和记为 l_{xx}，即

$$l_{xx}=\sum (x_i-\bar{x})^2=\sum x_i^2-\frac{1}{n}(\sum x_i)^2 \tag{2-150}$$

同样，将 y_i 的离差的平方和记为 l_{yy}，即

$$l_{yy}=\sum (y_i-\bar{y})^2=\sum y_i^2-\frac{1}{n}(\sum y_i)^2 \tag{2-151}$$

而将 x_i 的离差和 y_i 的离差的乘积之和记为 l_{xy}，即

$$l_{xy}=\sum (x_i-\bar{x})(y_i-\bar{y})=\sum x_iy_i-\frac{1}{n}(\sum x_i)(\sum y_i) \tag{2-152}$$

据式(2-150) 和式(2-151)，式(2-148) 也可写成

$$b=\frac{l_{xy}}{l_{xx}}=\frac{\sum x_iy_i-\frac{1}{n}(\sum x_i)(\sum y_i)}{\sum x_i^2-\frac{1}{n}(\sum x_i)^2} \tag{2-153}$$

现在完成前述弹簧秤的例题，一般计算时都列成表 2-15 形式。

$$l_{xx}=8.6-\frac{1}{9}(72)^2=240$$

$$l_{xy}=2668.52-\frac{1}{9}(72)(314.89)=149.4$$

$$b=\frac{l_{xy}}{l_{xx}}=\frac{149.4}{240}=0.62275$$

$$a=\frac{1}{9}(314.89)-(0.62272)\frac{72}{9}=30.006$$

于是回归方程

$$\hat{y}=30.006+0.62275x$$

程序见数学资源库。

对于非线性模型作了线性化处理后，我们习惯把模型写成式(2-140) 形式，即 $\hat{Y}=A+BX$。处理这样的问题，仍然可以应用线性最小二乘原理，只是公式中 x_i、y_i 分别用 X_i、Y_i 代替，回归系数 a、b 要用 A、B 代替。但是要记住，$\hat{Y}=A+BX$ 不是所需最终模型，最后还要恢复线性化处理前的模型原样，下面的例题就是说明这个问题。

【例 2-20】 用例 2-19 线性化处理后模型按最小二乘法求出原关联方程 $k=k_0 e^{-\frac{E}{RT}}$ 中的待定系数 k_0 和 E。

解：进行列表计算

i	X_i	Y_i	X_i^2	X_iY_i	i	X_i	Y_i	X_i^2	X_iY_i
1	2.755×10^{-3}	-5.01	7.590×10^{-6}	-13.802×10^{-3}	4	2.545×10^{-3}	-2.95	6.477×10^{-6}	-7.508×10^{-3}
2	2.681×10^{-3}	-4.29	7.188×10^{-6}	-11.501×10^{-3}	5	2.481×10^{-3}	-2.34	6.156×10^{-6}	-5.805×10^{-3}
3	2.611×10^{-3}	-3.61	6.817×10^{-6}	-9.426×10^{-3}	Σ	13.073×10^{-3}	-18.20	34.228×10^{-6}	-48.042×10^{-3}

将有关数据代入式(2-147)

$$B=\dfrac{(-48.042\times10^{-3})-\dfrac{1}{5}(13.073\times10^{-3})(-18.20)}{34.228\times10^{-6}-\dfrac{1}{5}(13.073\times10^{-3})^2}=-9772.5$$

由例 2-19 知

$$B=-\frac{E}{R}=-9772.5$$

$$E=9775.5\times1.987=19417.96$$

代入式 (2-149)

$$A=\frac{1}{5}(-18.20)-(-9772.5)\times\frac{1}{5}(13.073\times10^{-3})=21.911$$

由例 2-19 知 $\qquad A=\ln k_0=21.911$

则 $\qquad k_0=3.2796\times10^9$

故原关联方程为

$$k=3.2796\times10^9\exp\left[-\frac{9772.5}{T}\right]$$

2.4.2.2 线性相关系数与显著性检验

本节前言已指出，曲线拟合处理的是随机变量问题，观测值 x 与 y 不存在确定性函数关系，而只是一种相关关系。线性最小二乘法只适宜处理变量 x 与 y 具有相关的问题，但在线性最小二乘法应用过程中，并不需要限制两个变量之间一定具有线性相关关系，就是说即使平面图上一堆完全杂乱无章的散点，也可用此方法给它们配一条直线方程模型。显然这样做是毫无意义的。我们说只有当两个变量大致呈线性关系时才适宜用直线模型去拟合数据，于是必须给出一个数量性指标描述两个变量线性关系的密切程度，这个指标叫做相关系数，通常记作 r，其表达式为

$$r=\frac{l_{xy}}{\sqrt{l_{xx}\cdot l_{yy}}}=\frac{\sum(x_i-\bar{x})(y_i-\bar{y})}{\sqrt{\sum(x_i-\bar{x})^2\sum(y_i-\bar{y})^2}} \tag{2-154}$$

我们利用散点图（图 2-9）具体说明，r 取各种不同数值时，散点的分布情形。

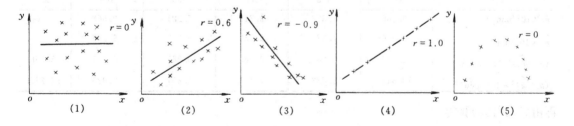

图 2-9 r 不同时散点分布情况

① $r=0$，此时 $l_{xy}=0$，因此 $b=0$，即根据最小二乘法确定的回归直线平行于 x 轴，这说明 y 的变化与 x 无关，此时 x 与 y 毫无线性关系，通常这时散点分布是完全不规则的。如图 2-9 中的 (1)。

② $0<|r|<1$，这是绝大多数情形，x 与 y 之间存在一定的线性关系。当 $|r|$ 越接近于 1，说明线性相关越大，也就是散点与回归直线越靠近。当 $r>0$ 时，$b>0$，y 随 x 增加而增加，称为正相关。当 $r<0$ 时，$b<0$，y 随 x 增加而减小，称为负相关。如图 2-9 中的

(2)，(3)。

③ $|r|=1$，所有数据都在回归直线上，此时，x，y 完全相关，实际上此时 x，y 间存在确定的线性函数关系。如图 2-9 中的（4）。

必须指出，相关系数只表示 x 与 y 的线性关系的密切程度，当 r 很小或为零时，并不表示 x 与 y 不存在其他关系。如图 2-9 中的（5），x，y 呈某种曲线关系。可以对它进行线性化处理，变换成为 $Y=A+BX$ 直线方程模型，此时可以用相关系数来讨论新变量 X 与 Y 之间线性相关程度，但是，新变量 X 与 Y 线性相关程度并不能直接说明原始数据 x，y 与非线性模型拟合效果的优劣。因此，对于非线性模型拟合的效果常用另一指标——相关指数来衡量，记作 R^2

$$R^2=1-\frac{\sum(y_i-\hat{y}_i)^2}{\sum(y_i-\overline{y})^2}\tag{2-155}$$

式中 y_i 为未经线性变换的原始数据，$\hat{y}_i$ 是非线性模型的计算值，$\overline{y}_i$ 是原始数据的平均值，显然 $R^2\leqslant1$，R^2 值越接近于 1，拟合曲线效果越好，当 $R^2=1$ 时，说明 y_i 与 $\hat{y}_i$ 趋于一致，实测点完全落在拟合曲线上。

现在来计算一下弹簧秤问题的相关系数。由前知 $l_{xy}=149.4$，$l_{xx}=240$，再计算

$$l_{yy}=\sum y_i^2-\frac{1}{n}(\sum y_i)^2=11110.424-\frac{1}{9}(314.89)^2=93.123$$

从而有

$$r=\frac{l_{xy}}{\sqrt{l_{xx}\cdot l_{yy}}}=\frac{149.4}{\sqrt{240\times93.123}}=0.9993$$

由此可见，此例变量间线性相关程度很好。

现在再来计算例 2-19 非线性模型拟合的相关指数 R^2。由前知模型方程为

$$k=3.2796\times10^9\exp\left[-\frac{9772.5}{T}\right]$$

算出各个 T_i 值所对应的 $\hat{k}_i$，再算出 $\sum(k_i-\hat{k}_i)^2$ 及 $\sum(k_i-\overline{k})^2$，见下表：

	363	373	383	393	403	$\sum$
T_i/K						
$k_i\times10^2/min^{-1}$	0.668	1.376	2.717	5.221	9.666	
$\hat{k}_i\times10^2/min^{-1}$	0.676	1.384	2.730	5.202	9.598	
$(k_i-\hat{k}_i)^2\times10^7/min^{-2}$	0.064	0.064	0.169	0.361	4.900	5.558
$(k_i-\overline{k})^2\times10^4/min^{-2}$	10.641	6.523	1.471	1.667	32.925	53.227

再由式(2-155)算得

$$R^2=1-\frac{5.558\times10^{-7}}{53.227\times10^{-4}}=0.9999$$

计算结果表明此模型拟合效果极好。

下面再来讨论相关系数的显著性检验。对于一个具体的问题，只有当相关系数 r 的绝对值大到一定程度时方可用回归直线来近似表示 x 与 y 之间关系。表 2-16 给出了 r 的值，它与观测次数 n 及显著性水平 α 有关，当 $|r|$ 大于表中相应的值时，所回归的直线才有意义。举例来说，当 $n-2=3$ 时，即用 5 个数据来回归直线时，相关系数 r 至少为 0.878，所得直线方程的置信度为 95%。

表 2-16　相关系数 r 与显著性水平 α 的关系

$n-2$	$\alpha=5\%$	$\alpha=1\%$	$n-2$	$\alpha=5\%$	$\alpha=1\%$	$n-2$	$\alpha=5\%$	$\alpha=1\%$
1	0.997	1.000	14	0.497	0.623	27	0.367	0.470
2	0.950	0.990	15	0.482	0.606	28	0.361	0.463
3	0.878	0.959	16	0.468	0.590	29	0.355	0.456
4	0.811	0.917	17	0.456	0.575	30	0.349	0.449
5	0.754	0.874	18	0.444	0.561	40	0.304	0.393
6	0.707	0.834	19	0.433	0.549	50	0.273	0.354
7	0.666	0.798	20	0.423	0.537	60	0.250	0.325
8	0.632	0.765	21	0.413	0.526	70	0.232	0.302
9	0.602	0.735	22	0.404	0.515	80	0.217	0.283
10	0.576	0.708	23	0.396	0.505	90	0.205	0.267
11	0.553	0.684	24	0.388	0.496	100	0.195	0.254
12	0.532	0.661	25	0.381	0.487	150	0.159	0.208
13	0.514	0.641	26	0.374	0.478	200	0.138	0.181

另外，也可用剩余标准差来描述回归直线的精度。剩余标准差 S 定义为

$$S=\sqrt{\frac{1}{n-2}\sum(y_i-\hat{y}_i)^2}=\sqrt{\frac{(1-R^2)l_{yy}}{n-2}} \tag{2-156}$$

对于试验范围每个 x 来说，有 95.4% 的 y 值落在两条平行直线

$$y'=a+bx-2S,\quad y''=a+bx+2S$$

之间，如图 2-10 所示。有 99.7% 的 y 值落在两条平行直线

$$y'=a+bx-3S,\quad y''=a+bx+3S$$

之间。

显然，S 越小，实验点越靠近回归直线，x 与 y 的线性相关程度越高。

2.4.2.3　确定多元线性模型中的待定系数

前面已经谈到，许多多变量关联函数与较复杂单变量关联函数可以化为多元线性方程

$$\hat{Y}=B_0+B_1X_1+B_2X_2+\cdots+B_mX_m$$

与单变量关联函数一样，也可以从已知的 n 组实验数据（原始的或次生的均可）X_{1i}，X_{2i}，$\cdots$，X_{mi}；Y_i（$i=1$，2，$\cdots$，n），用最小二乘法来确定式（2-141）中 B_0，B_1，$\cdots$，B_m，共 $m+1$ 个系数，这里要求 $n>m+1$。使式（2-141）按残差平方和最小的原则逼近实验数据组。为简单起见，先讨论两个自变量问题，然后推广引出 m 元

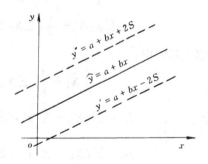

图 2-10　回归直线精度示意图

的一般公式。对于二元的情况，也就是根据已知的 n 组数据 X_{1i}，X_{2i}；Y_i（$i=1$，2，$\cdots$，n）来确定二元线性方程

$$\hat{Y}=B_0+B_1X_1+B_2X_2 \tag{2-157}$$

中的待定系数 B_0，B_1 及 B_2。

假设选择了二元线性模型式（2-157），则实测值 Y_i 与由式（2-157）算得的 $\hat{Y}_i$ 值之间的残差平方和为

$$\begin{aligned}\sum\delta_i^2&=\sum(Y_i-\hat{Y}_i)^2\\&=\sum[Y_i-(B_0+B_1X_{1i}+B_2X_{2i})]^2=Q(B_0,B_1,B_2)\end{aligned}$$

可见，Q 是 B_0，B_1，B_2，的三元函数。根据多元函数极值存在必要条件，分别令 Q 对每一个系数的偏导数为零，就得到三个方程

$$\frac{\partial Q}{\partial B_0} = -2 \sum (Y_i - B_0 - B_1 X_{1i} - B_2 X_{2i}) = 0$$

$$\frac{\partial Q}{\partial B_1} = -2 \sum (Y_i - B_0 - B_1 X_{1i} - B_2 X_{2i}) X_{1i} = 0$$

$$\frac{\partial Q}{\partial B_2} = -2 \sum (Y_i - B_0 - B_1 X_{1i} - B_2 X_{2i}) X_{2i} = 0$$

整理可得

$$\begin{cases} nB_0 + B_1 \sum X_{1i} + B_2 \sum X_{2i} = \sum Y_i \\ B_0 \sum X_{1i} + B_1 \sum X_{1i}^2 + B_2 \sum X_{1i} X_{2i} = \sum X_{1i} Y_i \\ B_0 \sum X_{2i} + B_1 \sum X_{1i} X_{2i} + B_2 \sum X_{2i}^2 = \sum X_{2i} Y_i \end{cases} \tag{2-158}$$

式(2-158) 称为正规方程组。由方程组第一式可得

$$B_0 = \bar{Y} - B_1 \bar{X}_1 - B_2 \bar{X}_2 \tag{2-159}$$

将式(2-159) 代入方程组中第二式，经整理得

$$B_1 \left[\sum X_{1i}^2 - \frac{1}{n} (\sum X_{1i})^2 \right] + B_2 \left[\sum X_{1i} X_{2i} - \frac{1}{n} (\sum X_{1i})(\sum X_{2i}) \right]$$

$$= \sum X_{1i} Y_i - \frac{1}{n} (\sum X_{1i})(\sum Y_i) \tag{2-160}$$

将式(2-159) 代入方程第三式，经整理得

$$B_1 \left[\sum X_{1i} X_{2i} - \frac{1}{n} (\sum X_{1i})(\sum X_{2i}) \right] + B_2 \left[\sum X_{2i}^2 - \frac{1}{n} (\sum X_{2i})^2 \right]$$

$$= \sum X_{2i} Y_i - \frac{1}{n} (\sum X_{2i})(\sum Y_i) \tag{2-161}$$

式(2-159)中，

$$\bar{X}_1 = \frac{1}{n} (\sum X_{1i}); \bar{X}_2 = \frac{1}{n} (\sum X_{2i}); \bar{Y} = \frac{1}{n} (\sum Y_i)$$

令

$$l_{11} = \sum (X_{1i} - \bar{X}_1)^2 = \sum X_{1i}^2 - \frac{1}{n} (\sum X_{1i})^2 \tag{2-162}$$

$$l_{22} = \sum (X_{2i} - \bar{X}_2)^2 = \sum X_{2i}^2 - \frac{1}{n} (\sum X_{2i})^2 \tag{2-163}$$

$$l_{12} = l_{21} = \sum (X_{1i} - \bar{X}_1)(X_{2i} - \bar{X}_2) = \sum X_{1i} X_{2i} - \frac{1}{n} (\sum X_{1i})(\sum X_{2i}) \tag{2-164}$$

$$l_{1y} = \sum (X_{1i} - \bar{X}_1)(Y_i - \bar{Y}) = \sum X_{1i} Y_i - \frac{1}{n} (\sum X_{1i})(\sum Y_i) \tag{2-165}$$

$$l_{2y} = \sum (X_{2i} - \bar{X}_2)(Y_i - \bar{Y}) = \sum X_{2i} Y_i - \frac{1}{n} (\sum X_{2i})(\sum Y_i) \tag{2-166}$$

于是正规方程组可以简化写成

$$\begin{cases} l_{11} B_1 + l_{12} B_2 = l_{1y} \\ l_{21} B_1 + l_{22} B_2 = l_{2y} \end{cases} \tag{2-167}$$

由式(2-167) 可解出 B_1、B_2

$$B_1 = \frac{l_{1y} l_{22} - l_{2y} l_{12}}{l_{11} l_{22} - l_{12}^2} \tag{2-168}$$

$$B_2 = \frac{l_{2y}l_{11} - l_{1y}l_{21}}{l_{11}l_{22} - l_{12}^2} \tag{2-169}$$

B_0 仍由式(2-159) 解出。

用类似的方法推广到 m 个自变量问题,可得到对应于式(2-141)多元线性模型的正规方程组

$$\begin{cases} l_{11}B_1 + l_{12}B_2 + \cdots + l_{1m}B_m = l_{1y} \\ l_{21}B_1 + l_{22}B_2 + \cdots + l_{2m}B_m = l_{2y} \\ \quad\quad\quad\quad\quad \vdots \\ l_{m1}B_1 + l_{m_2}B_2 + \cdots + l_{mm}B_m = l_{my} \end{cases} \tag{2-170}$$

及

$$B_0 = \overline{Y} - B_1\overline{X}_1 - B_2\overline{X}_2 - \cdots - B_m\overline{X}_m \tag{2-171}$$

求解线性方程组 (2-170),可解得 B_1,B_2,$\cdots$,B_m,代入式(2-171) 即解出 B_0。

式(2-170)、式(2-171) 中,$\overline{Y}$ 为 Y 的平均值,$\overline{X}_i$ 为第 i 个 X 的平均值,即

$$\overline{Y} = \frac{1}{n}\sum_{k=1}^{n} Y_k \,;\, \overline{X}_i = \frac{1}{n}\sum_{k=1}^{n} X_{ik} \tag{2-172}$$

l_{ij} 表示第 i 个 X 的离差与第 j 个 X 乘积之和,l_{iy} 表示第 i 个 X 的离差与 Y 的离差乘积之和

$$l_{ij} = l_{ji} = \frac{1}{n}\sum_{k=1}^{n}(X_{ik} - \overline{X}_i)(X_{jk} - \overline{X}_j) = \sum_{k=1}^{n} X_{ik}X_{jk} - \frac{1}{n}\Big(\sum_{k=1}^{n} X_{ik}\Big)\Big(\sum_{k=1}^{n} X_{jk}\Big) \tag{2-173}$$

$$l_{iy} = \sum_{k=1}^{n}(X_{ik} - \overline{X}_i)(Y_k - \overline{Y}) = \sum_{k=1}^{n} X_{ik}Y_k - \frac{1}{n}\Big(\sum_{k=1}^{n} X_{ik}\Big)\Big(\sum_{k=1}^{n} Y_k\Big) \tag{2-174}$$

很明显,方程组 (2-170) 的系数矩阵是对称矩阵,即 $l_{12} = l_{21}$,$l_{13} = l_{31}$,$\cdots$,$l_{1m} = l_{m1}$ 等。

多元线性拟合与一元情况一样,也需检验拟合效果好坏,考察 Y 与 X_1,X_2,$\cdots$,X_m 之间线性相关密切程度,这时要用复相关系数 R_a 作为衡量线性相关程度的指标,其计算式为

$$R_a = \sqrt{\frac{1}{l_{yy}}\sum_{i=1}^{m} l_{iy}B_i} \tag{2-175}$$

其中 l_{yy} 为 Y 的离差平方和

$$l_{yy} = \sum_{k=1}^{n}(Y_k - \overline{Y})^2 = \sum_{k=1}^{n} Y_k^2 - \frac{1}{n}\Big(\sum_{k=1}^{n} Y_k\Big)^2 \tag{2-176}$$

当然也有 $0 \leqslant |R_a| \leqslant 1$。在多变量问题中,如果要求表示两个变量之间的相关关系,必须除去其余变量的影响计算其相关系数,这种相关系数称为偏相关系数。以两个自变量为例,考察 X_1,Y 在除去 X_2 的影响之后的相关系数称为 X_1 与 Y 对 X_2 的偏相关系数,记作 r_{X_1Y,X_2},它可由两个变量的相关系数 $r_{X_1X_2}$,r_{X_1Y} 和 r_{X_2Y} 来表示

$$r_{X_1Y,X_2} = \frac{r_{X_1Y} - r_{X_1X_2}r_{X_2Y}}{\sqrt{(1 - r_{X_1X_2}^2)(1 - r_{X_2Y}^2)}} \tag{2-177}$$

其中 $r_{X_1X_2}$,r_{X_1Y} 和 r_{X_2Y} 可用式(2-154) 计算。

描述多元线性模型拟合精度仍可用剩余标准差 S,其表达式为

$$S = \sqrt{\frac{l_{yy} - \sum_{i=1}^{m} l_{iy}B_i}{n - m - 1}} = \sqrt{\frac{l_{yy}(1 - R_a^2)}{n - m - 1}} \tag{2-178}$$

式中,m 为自变量个数,n 为数据点数。

至此，关于经验、半经验模型建立过程，包括模型选择、线性化处理、待定参数估值、模型检验已基本完成，下面列举若干化工实例进一步说明应用技巧。

【例 2-21】 某化学反应实验所得生成物的浓度与时间的关系如下表，用最小二乘法关联浓度 y 与 t 的关系。

t	1	2	3	4	5	6	7	8	9	10	11	12	13	14	15	16
$y\times10^3$	4.00	6.40	8.00	8.80	9.22	9.50	9.70	9.86	10.00	10.20	10.32	10.42	10.50	10.55	10.58	10.60

解：

（1）选择关联函数的形式

将数据点画在坐标纸上，可以看到开始时浓度增加较快并逐渐缓慢，到一定时间就基本稳定在一个数附近，如图 2-11。当 $t\to\infty$ 时，y 趋于某个值，故有一水平渐近线。另外，$t=0$ 时，反应未开始，浓度为 0。根据这些特点，可设想 $y=F(t)$ 是双曲线型函数，即

$$\frac{1}{y}=a+\frac{b}{t}\quad\text{或}\quad y=\frac{t}{at+b}$$

（2）线性化变换

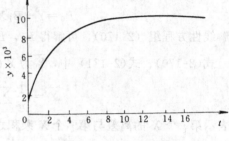

图 2-11　例 2-21 示意图

令 $Y=\dfrac{1}{y}$，$X=\dfrac{1}{t}$，则 $Y=a+bX$

根据最小二乘法原理，用式（2-147）和式（2-149）进行计算

$$b=\frac{\sum X_iY_i-\dfrac{1}{n}(\sum X_i)(\sum Y_i)}{\sum X_i^2-\dfrac{1}{n}(\sum X_i)^2}$$

$$a=\overline{Y}-b\,\overline{X}$$

进行列表计算，见下表。

编号	X_i	Y_i	X_i^2	X_iY_i	编号	X_i	Y_i	X_i^2	X_iY_i
1	1	0.25×10^3	1	0.25×10^3	10	0.1	0.098×10^3	0.01	0.0098×10^3
2	0.5	0.156×10^3	0.25	0.078×10^3	11	0.091	0.0969×10^3	0.0083	0.0088×10^3
3	0.333	0.125×10^3	0.111	0.0416×10^3	12	0.083	0.0959×10^3	0.0069	0.008×10^3
4	0.25	0.114×10^3	0.0625	0.0285×10^3	13	0.077	0.0952×10^3	0.0059	0.0073×10^3
5	0.2	0.108×10^3	0.04	0.0216×10^3	14	0.071	0.0948×10^3	0.0050	0.0067×10^3
6	0.167	0.105×10^3	0.0279	0.0175×10^3	15	0.067	0.0945×10^3	0.0045	0.0063×10^3
7	0.143	0.103×10^3	0.0204	0.0147×10^3	16	0.063	0.0943×10^3	0.0040	0.0059×10^3
8	0.125	0.101×10^3	0.0156	0.0126×10^3	Σ	3.381	1.8316×10^3	1.5843	0.5284×10^3
9	0.111	0.1×10^3	0.0123	0.0111×10^3					

将数据代入计算公式

$$b=\frac{0.5284\times10^3-\dfrac{1}{16}(3.381)(1.8316\times10^3)}{1.5843-\dfrac{1}{16}(3.381)^2}=162.55$$

$$a=\frac{1.8316\times10^3}{16}-162.55\,\frac{3.381}{16}=80.13$$

故关联函数为

$$y=\frac{t}{80.16t+162.55}=F^{(1)}(t)$$

其误差 $\delta_i^{(1)}=y_1-F^{(1)}(t_i)$，$i=1,2,\cdots,16$

另外，由函数图形知，符合给定数据的函数还可选为指数函数

$$y=ae^{\frac{b}{t}}$$

显然，当 $t\to\infty$ 时，$y=a$；当 $t=0$ 时，若 $b<0$ 时，则 $y\to0$，且 t 增加时 y 也增加，与给出数据规律相同。下面的步骤和第一种方法一样。对上式两边取对数就变成线性函数表达式

$$\ln y=\ln a+\frac{b}{t}$$

令 $Y=\ln y$，$A=\ln a$，$X=\frac{1}{t}$

即得 $$Y=A+bX$$

用相同方法可算得 $A=-4.48072$，$b=-1.0567$

从而 $$a=e^A=1.13253\times10^{-2}$$

最后求得 $$y=1.13253\times10^{-2}e^{-\frac{1.0567}{t}}=F^{(2)}(t)$$

误差为 $$\delta_i^{(2)}=y_i-F^{(2)}(t_i)\quad t=1,2,\cdots,16$$

本例中各点的实验数据与关联公式计算值之间的误差见表 2-17。

表 2-17 实验数据与关联公式计算值之间的误差

实验值 $y_i\times10^3$	拟合值 $F_i^{(1)}\times10^3$	拟合值 $F_i^{(2)}\times10^3$	$\delta_i^{(1)}\times10^3$	$\delta_i^{(2)}\times10^3$	实验值 $y_i\times10^3$	拟合值 $F_i^{(1)}\times10^3$	拟合值 $F_i^{(2)}\times10^3$	$\delta_i^{(1)}\times10^3$	$\delta_i^{(2)}\times10^3$
4.00	4.126	3.937	−0.126	0.053	10.00	10.139	10.071	−0.139	−0.071
6.40	6.192	6.677	0.208	−0.277	10.20	10.327	10.190	−0.127	0.010
8.00	7.432	7.963	0.568	0.037	10.32	10.487	10.288	−0.155	0.032
8.80	8.259	8.696	0.541	0.104	10.42	10.623	10.371	−0.203	0.049
9.22	8.850	9.168	0.370	0.052	10.50	10.741	10.441	−0.241	0.059
9.50	9.293	9.496	0.207	0.004	10.55	10.845	10.502	−0.295	0.048
9.70	9.638	9.738	0.062	−0.038	10.58	10.936	10.555	−0.356	0.025
9.86	9.914	9.924	−0.054	−0.064	10.60	11.017	10.601	−0.417	−0.001

在例 2-21 中，可以选择两个回归函数，但哪一个更好一些呢？下面用三个指标作为模型质量鉴别标准，一个是残差平方和 Q，最小二乘原理就是寻找残差平方和最小的曲线作为拟合曲线，所以计算两个模型 Q 值，Q 值小者为优；第二个指标是相关指数 R^2，R^2 则是大者为优。第三个指标是剩余标准差 S，它是反映模型精度的指标，S 显然越小越好。下面来计算各自的三项指标。

$$Q_1=\sum_{i=1}^{16}[\delta_i^{(1)}]^2=1.4074\times10^{-6}$$

$$Q_2=\sum_{i=1}^{16}[\delta_i^{(2)}]^2=1.1496\times10^{-6}$$

$$S_1=\sqrt{\frac{1}{16-2}\sum_{i=1}^{16}[\delta_i^{(1)}]^2}=3.1706\times10^{-4}$$

$$S_2 = \sqrt{\frac{1}{16-2}\sum_{i=1}^{16}[\delta_i^{(2)}]^2} = 9.0617 \times 10^{-5}$$

$$R_1^2 = 1 - \frac{\sum\limits_{i=1}^{16}(y_i - F_i^{(1)})^2}{\sum\limits_{i=1}^{16}(y_i - \bar{y})^2} = 0.9712$$

$$R_2^2 = 1 - \frac{\sum\limits_{i=1}^{16}(y_i - F_i^{(2)})^2}{\sum\limits_{i=1}^{16}(y_i - \bar{y})^2} = 0.9976$$

从比较角度看是容易找出较优者的,但对一个问题来说绝对数值没有定量标准可以依据,对于不同问题,其数量级可以相差很大。而相关指数 R^2 越接近于 1 者为可靠。所以一般希望用 R^2 来判断模型优劣更可靠。此例计算结果表明第二个模型为优,三个指标的比较可得出一致的结论。

【**例 2-22**】　用悬挂在空气中的小球进行传热实验,试验结果如下页表所示。其中 Nu 表示传热性能的努塞尔准数,Re 表示空气流动状态的雷诺准数。求 Nu 和 Re 的关系式。

Re	19	20	50	100	200	500	1000
Nu	3.6	4.4	5.8	7.3	9.5	14.0	19.0
$Nu-2.0$	1.6	2.4	3.8	5.3	7.5	12.0	17.0

解：Nu 对 Re 在直角坐标纸上作图,如图 2-12 所示,看来与表 2-13 中所示的幂函数 $y=ax^b$（$0<b<1$）相拟,但由于它不通过原点,显然 $y=ax^b$ 作为关联函数不合适。现在研究一下能否表示成 $y=c+ax^b$ 的形式,从图 2-12 看,Nu 对 Re 的曲线外延到 $Re=0$ 处的 Nu 值约为 2.0。这样,是否可以设想 Nu 对 Re 的关联函数为

$$Nu=2.0+aRe^b \tag{1}$$

或

$$Nu-2.0=aRe^b \tag{2}$$

在双对数坐标纸上作图发现（$Nu-2.0$）对 Re 的关系是一条线性很好的直线,见图 2-13 实线所示。这就表明用式(1)作关联函数是合适的。

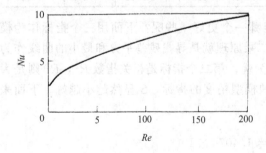

图 2-12　Nu-Re 关系图

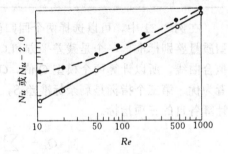

图 2-13　Nu 或（$Nu-2.0$）与 Re 关系图

对式(2)作线性变换,两边取对数得

$$\lg(Nu-2.0)=\lg a+b\lg Re$$

令 $Y=\lg(Nu-2.0)$,$A=\lg a$,$X=\lg Re$

则得
$$Y=A+bX$$

进行列表计算

i	X_i	Y_i	X_iY_i	X_i^2	i	X_i	Y_i	X_iY_i	X_i^2
1	1.2788	0.2041	0.2610	1.6353	5	2.3010	0.8751	2.0136	5.2946
2	1.3010	0.3802	0.4946	1.6926	6	2.6990	1.0792	2.9123	7.2846
3	1.6990	0.5798	0.9851	2.8866	7	3.0000	1.2304	3.6912	9.0000
4	2.0000	0.7243	1.4486	4.000	Σ	14.2788	5.0731	11.8064	31.7937

将数据代入式(2-147)和式(2-149),得

$$b=\cfrac{11.8064-\cfrac{1}{7}(14.2788)(5.0731)}{31.7937-\cfrac{1}{7}(14.2788)^2}=0.5467$$

$$A=\frac{1}{7}(5.0731)-0.5467\times\frac{1}{7}(14.2788)=-0.3905$$

故
$$a=\lg^{-1}A=0.4069$$

所以 Nu 对 Re 关联函数的形式为

$$Nu=2.0+0.4069Re^{0.5467}$$

程序见数学资源库。

【例 2-23】 乙苯空气氧化制取乙苯氢化过氧化物的反应,实验证实氧化速率不取决于传质因素和氧分压。同时,反应前后的总摩尔分数和液相体积不变,因此可以作为均相恒容反应来处理。该反应在表观上可视为两步的连串反应,经实验测定,第一步反应为零级,第二步反应为二级。反应式可写成

$$乙苯(EB)\xrightarrow[k_1]{零级}氢化过氧化物(H)\xrightarrow[k_2]{二级}醇酮等副产物(MA)\tag{1}$$

式(1)中第一步和第二步的反应速率常数 k_1 和 k_2 需由实验数据求定。现以170℃的反应数据为例,说明如何从动力学微分方程通过数值积分和最小二乘法求取 k_1 和 k_2,实验数据列于表 2-18。

表 2-18 例 2-23 实验数据

反应时间	液相组分（摩尔分数）			反应时间	液相组分（摩尔分数）		
τ/min	C_H	C_{MA}	C_{EB}	τ/min	C_H	C_{MA}	C_{EB}
0	0	0	1.0000	34.7	0.1060	0.0248	0.8692
4.7	0.0170	0.0005	0.9825	44.7	0.1265	0.0515	0.8220
14.7	0.0495	0.0024	0.9481	54.7	0.1360	0.0697	0.7943
24.7	0.0802	0.0120	0.9078				

解：根据反应式(1),可以写出氢化过氧化物的速率方程

$$\frac{dC_H}{d\tau}=k_1-k_2C_H^2\tag{2}$$

C_H 是过氧化物浓度,式(2)可写成

$$dC_H=(k_1-k_2C_H^2)d\tau$$

考虑到初始条件下 $\tau=0$ 时,$C_H=0$,则在对应区间上积分便得

$$C_H = \int_0^{C_H} dC_H = k_1 \int_0^\tau d\tau - k_2 \int_0^\tau C_H^2 d\tau \tag{3}$$

$$C_H = k_1 \tau - k_2 \int_0^\tau C_H^2 d\tau$$

等式两端同除以 $\tau(\tau > 0$ 时)，并令 $Y = \dfrac{C_H}{\tau}$，$X = \dfrac{\displaystyle\int_0^\tau C_H^2 d\tau}{\tau}$，则式 (3)

可写成 $$Y = k_1 - k_2 X$$

这是一个一元线性方程，可用最小二乘法求取 k_1 和 k_2。

首先要根据测定的 τ-C_H 数据组来计算次生数据 $\displaystyle\int_0^\tau C_H^2 d\tau$。为此，先算出被积函数 C_H^2 在各时刻 τ 的对应值（列在表 2-19 的第三列），然后用数值积分进行计算。计算时应注意在本例中自 $\tau = 4.7$min 以后才是等距节点，如果应用复化梯形公式只能从 $\tau = 4.7$min 开始，而区间 $(0, 4.7)$ 的积分值单独用梯形公式计算，例如

$$\int_0^{34.7} C_H^2 d\tau = \int_0^{4.7} C_H^2 d\tau + \int_{4.7}^{34.7} C_H^2 d\tau$$

其中 $$\int_0^{4.7} C_H^2 d\tau = \frac{4.7}{2}(0 + 0.029 \times 10^{-2}) = 0.0007$$

$$\int_{4.7}^{34.7} C_H^2 d\tau = \frac{10}{2} \times 10^{-2} [0.029 + 2 \times (0.245 + 0.643) + 1.124] = 0.1465$$

各反应时间 τ 的积分值列于表 2-19 的第四列。此外，表 2-19 还列出了计算时需用的 X，Y，X^2，Y^2 和 XY 值。

表 2-19　例 2-23 计算中间结果

反应时间 τ/min	C_H	$C_H^2 \times 10^2$	$\int_0^\tau C_H^2 d\tau \times 10$	$Y = \dfrac{C_H}{\tau} \times 10^2$	$X = \dfrac{\int_0^\tau C_H^2 d\tau}{\tau} \times 10^3$	$Y^2 \times 10^4$	$X^2 \times 10^6$	$XY \times 10^5$
0	0	0	0					
4.7	0.0170	0.029	0.0007	0.362	0.148	0.131	0.022	0.054
14.7	0.0495	0.245	0.144	0.337	0.979	0.114	0.958	0.330
24.7	0.0802	0.643	0.588	0.325	2.380	0.106	5.664	0.774
34.7	0.1060	1.124	1.472	0.305	4.240	0.093	17.995	1.294
44.7	0.1265	1.600	2.834	0.283	6.340	0.080	40.196	1.794
54.7	0.1360	1.850	4.560	0.249	8.336	0.062	69.489	2.076
			Σ	1.861	22.425	0.586	134.324	6.322

根据表 2-19 数据，利用式 (2-150)，式 (2-151) 和式 (2-152) 计算 l_{xx}，l_{yy} 和 l_{xy}，然后再算出 k_1 和 k_2。

$$l_{xx} = 50.51037 \times 10^{-6}; \quad l_{yy} = 0.81328 \times 10^{-6}; \quad l_{xy} = -0.63479 \times 10^{-5}$$

所以

$$-k_2 = \frac{l_{xy}}{l_{xx}} = \frac{-0.63479 \times 10^{-5}}{50.51037 \times 10^{-6}} = -0.12568$$

即 $k_2 = 0.12568$

$$k_1 = \bar{Y} + k_2 \bar{X} = 0.310 \times 10^{-2} + 0.12568 \times 3.738 \times 10^{-3} = 0.357 \times 10^{-2}$$

再应用相关系数计算公式计算 r，以判断所得直线方程与实验点的密切程度。

$$r = \frac{l_{xy}}{\sqrt{l_{xx} \cdot l_{yy}}} = \frac{-0.63479 \times 10^{-5}}{\sqrt{(50.51037 \times 10^{-6}) \cdot (0.81328 \times 10^{-6})}} = -0.990428$$

表示计算结果拟合较好。

【例 2-24】 镍-硅藻土催化剂进行苯加氢合成环己烷反应。用微分反应管测定160℃的初始反应速度 r_0 以及相应的氢和苯的分压值列于表 2-20。初始反应速度方程为

$$r_0 = \frac{kK_H^3 K_B p_H^3 p_B}{(1 + K_H p_H + K_B p_B)^4}$$

试用多元线性回归求取参数 k，K_H 及 K_B。

表 2-20　例 2-24 实验数据

p_H/atm	0.7494	0.6721	0.5776	0.5075	0.9256
p_B/atm	0.2670	0.3424	0.4342	0.5043	0.1020
r_0/(mol/g·h)	0.2182	0.2208	0.2235	0.1892	0.1176
p_H/atm	0.9266	0.8766	0.7564	0.5617	0.5241
p_B/atm	0.0997	0.1471	0.2607	0.4501	0.4877
r_0/(mol/g·h)	0.1151	0.1472	0.2178	0.2122	0.2024

解：(1) 初始反应速度方程式线性化

将方程式等号两边取倒数，把 $p_H^3 p_B$ 移至左侧，然后等号两边都开 1/4 次方，即可把上述方程式化为二元线性函数，即

$$Y = B_0 + B_1 X_1 + B_2 X_2$$

式中　$Y = (p_H^3 p_B / r_0)^{1/4}$；　　$X_1 = p_H$；　　$X_2 = p_B$；

$B_0 = 1/(kK_H^3 K_B)^{1/4}$；$B_1 = K_H/(kK_H^3 K_B)^{1/4}$；$B_2 = K_B/(kK_H^3 K_B)^{1/4}$

将原始数据组 p_H，p_B 和 r_0 换算成次生数据组 X_1，X_2 和 Y（见表 2-21）。在待定系数 B_0，B_1 和 B_2 中包含有要求的未知参数 k、K_H 和 K_B。B_0、B_1 和 B_2 解出后，k、K_H 和 K_B 即可求出。

(2) 根据最小二乘法原理可得正规方程组

$$\begin{cases} l_{11}B_1 + l_{12}B_2 = l_{1y} \\ l_{21}B_1 + l_{22}B_2 = l_{2y} \end{cases}$$

及　　　　　　　　　　　$$B_0 = \bar{Y} - B_1 \bar{X}_1 - B_2 \bar{X}_2$$

求解方程组即得

$$B_1 = \frac{l_{1Y}l_{22} - l_{2Y}l_{12}}{l_{11}l_{22} - l_{12}^2}$$

$$B_2 = \frac{l_{2Y}l_{11} - l_{1Y}l_{21}}{l_{11}l_{22} - l_{12}^2}$$

根据次生数据进行列表计算，见表 2-21。

表 2-21　例 2-24 计算中间结果

i	X_{1i}	X_{2i}	Y_i	X_{1i}^2	X_{2i}^2	$X_{1i}X_{2i}$	$X_{1i}Y_i$	$X_{2i}Y_i$
1	0.7494	0.2670	0.8471	0.5616	0.0713	0.2001	0.6348	0.2262
2	0.6721	0.3424	0.8283	0.4517	0.1172	0.2301	0.5567	0.2836
3	0.5776	0.4342	0.7822	0.3336	0.1885	0.2508	0.4518	0.3396
4	0.5075	0.5043	0.7683	0.2576	0.2543	0.2559	0.3899	0.3875
5	0.9256	0.1020	0.9107	0.8567	0.0104	0.0944	0.8429	0.0929
6	0.9266	0.0997	0.9111	0.8586	0.0099	0.0924	0.8442	0.0908
7	0.8766	0.1471	0.9058	0.7684	0.0216	0.1289	0.7940	0.1332
8	0.7564	0.2607	0.8484	0.5721	0.0680	0.1972	0.6417	0.2212
9	0.5617	0.4501	0.7830	0.3155	0.2026	0.2528	0.4398	0.3524
10	0.5241	0.4877	0.7675	0.2747	0.2379	0.2556	0.4022	0.3743
Σ	7.0776	3.0952	8.3524	5.2505	1.1817	1.9582	5.9980	2.5017

根据式(2-162)，式(2-163)，式(2-164)，式(2-165)和式(2-166)分别算出 l_{11}，l_{22}，l_{12}，l_{21}，l_{1Y}和l_{2Y}代入B_1和B_2的计算公式

$$B_1=\frac{(0.0865)(0.2237)-(-0.0835)(-0.2325)}{(0.2413)(0.2237)-(-0.2325)^2}=0.82724$$

$$B_2=\frac{(-0.0835)(0.2413)-(-0.0865)(-0.2325)}{(0.2413)(0.2237)-(-0.2325)^2}=0.48597$$

再代入 B_0 计算公式

$$B_0=0.83524-0.82724\times0.70776-0.48597\times0.30952=0.099331$$

(3) 由 B_0，B_1 和 B_2 计算 k、K_H 和 K_B

由前面 B_0，B_1 及 B_2 的表达式,得到

$$K_H=B_1\times\frac{1}{B_0}=0.82724\times\frac{1}{0.099331}=8.32812$$

$$K_B=B_2\times\frac{1}{B_0}=0.48597\times\frac{1}{0.099331}=4.89243$$

$$k=\frac{1}{B_0^4\times K_H^3\times K_B}=\frac{1}{(0.099331)^4\times(8.32812)^3\times4.89343}=3.63492$$

程序见数学资源库。

2.4.3 非线性最小二乘法

前面介绍的用线性最小二乘原理进行回归分析的方法，要求必须将非线性模型转化为线性模型，但有时会遇到不能转化为线性的情况，因此这类问题需要用非线性最小二乘法处理。非线性函数的一般形式为

$$y=f(x,B_1,B_2,\cdots,B_i,\cdots,B_m)\qquad(i=1,2,\cdots,m)$$

x 可以是单个变量，也可以是 p 个变量，即 $x=(x_1,x_2,\cdots,x_p)$。这里只讨论一个自变量的情形。一般的非线性问题在数值计算中通常是用逐次逼近的方法来处理，其实质就是逐次"线性化"。本节讨论两种常用的非线性最小二乘法。

2.4.3.1 高斯-牛顿法

先给 B_i 一组初值，记为 $B_i^{(0)}$，初值与真解之差记为 Δ_i

$$B_i=B_i^{(0)}+\Delta_i\qquad(i=1,2,\cdots,m)$$

这时确定 B_i 的问题转化为确定 Δ_i 的问题。为确定 Δ_i，可对函数 f 在 $B_i^{(0)}$ 附近作台劳展开，并略去 Δ_i 的二次及二次以上的高次项，得

$$f(x_k,B_1,B_2,\cdots,B_m)\approx f_{k0}+\frac{\partial f_{k0}}{\partial B_1}\Delta_1+\frac{\partial f_{k0}}{\partial B_2}\Delta_2+\cdots+\frac{\partial f_{k0}}{\partial B_m}\Delta_m$$

式中 $f_{k0}=f(x_k,B_1^{(0)},B_2^{(0)},\cdots,B_m^{(0)})$

$$\frac{\partial f_{k0}}{\partial B_i}=\frac{\partial f(x,B_1,B_2,\cdots,B_m)}{\partial B_i}\left|\begin{array}{l}x=x_k\\B_1=B_1^{(0)}\\\vdots\\B_m=B_m^{(0)}\end{array}\right.$$

当 $B_i^{(0)}$ 给定后，x 是已知的实验数据，所以 f_{k0} 和 $\dfrac{\partial f_{k0}}{\partial B_i}$ 可以直接算出。根据最小二乘法原理，为使残差平方和 Q 达到最小，各 B_i 应满足如下条件

$$\begin{cases} \dfrac{\partial Q}{\partial B_1}=0 \\[2mm] \dfrac{\partial Q}{\partial B_2}=0 \\[2mm] \vdots \\[2mm] \dfrac{\partial Q}{\partial B_m}=0 \end{cases} \tag{2-179}$$

而

$$\begin{aligned} Q &= \sum_{k=1}^{n}[y_k - f(x_k, B_1, B_2, \cdots, B_m)]^2 \\ &\approx \sum_{k=1}^{n}\Big[y_k - \Big(f_{k0} + \frac{\partial f_{k0}}{\partial B_1}\Delta_1 + \cdots + \frac{\partial f_{k0}}{\partial B_m}\Delta_m\Big)\Big]^2 \end{aligned} \tag{2-180}$$

则

$$\begin{aligned} \frac{\partial Q}{\partial B_i} &= \frac{\partial Q}{\partial \Delta_i} \approx 2\sum_{k=1}^{n}\Big[y_k + \Big(f_{k0} + \frac{\partial f_{k0}}{\partial B_1}\Delta_1 + \cdots + \frac{\partial f_{k0}}{\partial B_m}\Delta_{mi}\Big)\Big]\Big(-\frac{\partial f_{k0}}{\partial B_i}\Big) \\ &= 2\Big[\Delta_1\sum_{k=1}^{n}\frac{\partial f_{k0}}{\partial B_1}\frac{\partial f_{k0}}{\partial B_i} + \cdots\cdots + \Delta_m\sum_{k=1}^{n}\frac{\partial f_{k0}}{\partial B_m}\frac{\partial f_{k0}}{\partial B_i} - \sum_{k=1}^{n}\frac{\partial f_{k0}}{\partial B_i}(y_k - f_{k0})\Big] \end{aligned} \tag{2-181}$$

$$(i = 1, 2, \cdots, m)$$

根据式(2-179)的条件，式(2-181)可展开成一个方程组

$$\begin{cases} a_{11}\Delta_1 + a_{12}\Delta_2 + \cdots + a_{1m}\Delta_m = a_{1y} \\ a_{21}\Delta_1 + a_{22}\Delta_2 + \cdots + a_{2m}\Delta_m = a_{2y} \\ \vdots \\ a_{m1}\Delta_1 + a_{m2}\Delta_2 + \cdots + a_{mm}\Delta_m = a_{my} \end{cases} \tag{2-182}$$

其中

$$a_{ij} = \sum_{k=1}^{n}\frac{\partial f_{k0}}{\partial B_i}\frac{\partial f_{k0}}{\partial B_j}(i, j = 1, 2, \cdots, m)$$

$$a_{iy} = \sum_{k=1}^{n}\frac{\partial f_{k0}}{\partial B_i}(y_k - f_{k0}) \tag{2-183}$$

当实验数据 (x_k, y_k) 给定，并给出初值 $B_i^{(0)}$ 后，系数 a_{ij} 及 a_{iY} 可按式(2-183)算出。解方程组即解出 Δ_i，进而求得 B_i 值。

当求得 $|\Delta_i|$ 值较大时，可令刚算出的 B_i 值代替原来的初值 $B_i^{(0)}$，重复上述步骤，直至 $|\Delta_i|$ 小于规定的精度要求 ε 为止。这时所得的 B_i 即为所要求的。

以上是高斯-牛顿法的基本过程，也就是用非线性最小二乘法求解非线性函数中的模型参数的一种方法。需要指出的是，在反复迭代求取 B_i 过程中，可能有三种情况。① $|\Delta_i|$ 逐次稳定减小，直到达到精度要求，称为迭代稳定收敛，这是理想状况。② 可能振荡地减小，即 $|\Delta_i|$ 有正有负，但其绝对值是往小的趋势发展，最后也能满足精度要求，称为振荡收敛，这种情况还可以接受。③ 逐次增大，以致无法进行下去，称为迭代发散。出现发散情况时，需要修改 $B_i^{(0)}$ 初值选取，重新开始上述迭代步骤。事实上对于一个没有经验的模型，要选取一组合适 $B_i^{(0)}$ 是很困难的。为了放宽对初值选取的限制，麦夸脱提出了修正的方法。

2.4.3.2　麦夸脱法

麦夸脱法与高斯-牛顿法在逐次线性化处理的基本思想上是一致的，其差别在于解 Δ_i 所

用的线性方程组修改为

$$\begin{cases} (a_{11}+d)\Delta_1 + a_{12}\Delta_2 + \cdots + a_{1m}\Delta_m = a_{1y} \\ a_{21}\Delta_1 + (a_{22}+d)\Delta_2 + \cdots + a_{2m}\Delta_m = a_{2y} \\ \qquad\qquad\qquad \vdots \\ a_{m1}\Delta_1 + a_{m2}\Delta_2 + \cdots + (a_{mm}+d)\Delta_m = a_{my} \end{cases} \tag{2-184}$$

即在原方程组（2-182）的对角线系数加上一个阻尼因子 d（$d \geqslant 0$）。

若引入记号

$$\Delta = (\Delta_1, \Delta_2, \cdots, \Delta_m)$$
$$a_y = (a_{1y}, a_{2y}, \cdots, a_{my}) \tag{2-185}$$

可以证明

① 当 d 越来越大时，Δ 的长度越来越小，并以零为极限，即

$$\lim_{d \to \infty} |\Delta| = 0 \tag{2-186}$$

② 当 d 越来越大时，Δ 和 a_y 两矢量的夹角 r 越来越小，并以零为极限，即

$$\lim_{d \to \infty} r = 0 \tag{2-187}$$

由于 a_y 不随 d 改变，第 ②点结论实际上指出 Δ 的方向将随 d 的增大而逐渐接近 a_y 的方向。又由于 a_y 的方向就是最快下降的方向，沿着这个方向，只要步长不太大，残差平方和 Q 总可以逐渐减小。所以，只要 d 充分大，定能保证下次迭代中得到的 Q 值比上一次小，除非当前的 $B_i^{(0)}$ 值已是所求的真解了。

上面的两个结论提供了阻尼因子 d 的选取原则，迭代在收敛情况下，为减小迭代次数，d 宜选较小的值，仅当不能保相应的 Q 值比前次小的情况下，才选较大的 d 值。因此，d 是随迭代过程的进行而变化的。具体选取方法如下。

① 算出初值 B_i 所对应的残差平方和 $Q^{(0)}$，指定一个常数 c（$c > 1$，例如令 $c = 10$），并给出 d 的一个初值 $d^{(0)}$（例如当 $a_{i1} = 1$ 时，令 $d^{(0)} = 0.01$）。

② 进行下一次迭代时，令

$$d = c^\alpha d^{(0)} \qquad (\alpha = -1, 0, 1, 2) \tag{2-188}$$

这里 α 的值尽可能选得小些，但需保证方程组（2-184）解出的 Δ_i（进而是 B_i）相应的 Q 不大于 $Q^{(0)}$，即 $Q < Q^{(0)}$。也就是说，先令 $d = c^{-1}d^{(0)} = \dfrac{d^{(0)}}{c}$，若 $Q < Q^{(0)}$ 成立，则这一迭代完成；否则，令 $d = c^0 d^{(0)} = d^{(0)}$，若 $Q < Q^{(0)}$，则这一迭代完成；否则，再令 $d = c^1 d^{(0)} \cdots$。根据上面的论证只要 $d = c^\alpha d^{(0)}$ 充分大时，总能保证 $Q < Q^{(0)}$，从而结束这次迭代。

③ 以 d，B_i 和 Q 的当前值代替 $d^{(0)}$，$B_i^{(0)}$ 和 $Q^{(0)}$ 重复第二步作下次迭代，直至 $|\Delta_i|$ 满足精度 ε，迭代过程达到收敛。

这就是麦夸脱法的基本步骤。实际计算和经验表明该法确比高斯-牛顿法有效。下面举一实例对这两种方法作一比较。

【**例 2-25**】 经测试知某晶体振荡器的绝对温度 T 与电压 V 的关系见表 2-22。要求按如下关系式

$$V = \frac{E\left[b_2 + a_4 \exp\left(C_4\left(\dfrac{1}{T} - \dfrac{1}{293}\right)\right)\right]}{b_1 + \dfrac{b_3 a_5 \exp\left(C_5\left(\dfrac{1}{T} - \dfrac{1}{293}\right)\right)}{b_3 + a_5 \exp\left(C_5\left(\dfrac{1}{T} - \dfrac{1}{293}\right)\right)} + b_2 + a_4 \exp\left(C_4\left(\dfrac{1}{T} - \dfrac{1}{293}\right)\right)}$$

确定补偿网络中的参数 b_1，b_2，b_3，c_4，c_5 和 a_4，其中 $E=12$（V），$a_5=1$ 为已知常数。

表 2-22　例 2-25 实测数据

i	T_i/K	V_i/V	i	T_i/K	V_i/V	i	T_i/K	V_i/V
1	233.40250	4.202	9	272.85824	3.218	16	309.73835	4.912
2	239.35995	3.730	10	278.15304	3.357	17	314.01480	5.168
3	243.59725	3.493	11	283.27835	3.530	18	319.24615	5.469
4	249.90110	3.252	12	288.66575	3.750	19	323.76605	5.713
5	254.20285	3.155	13	292.99200	3.966	20	327.75165	5.905
6	258.05660	3.110	14	297.68075	4.210	21	332.77260	6.122
7	262.54575	3.086	15	303.37210	4.527	22	339.09160	6.356
8	268.73452	3.151						

解：这是一个不能进行线性化处理的非线性模型，这里分别用高斯-牛顿法和麦夸脱法程序进行电算，并比较计算结果。

选取初值为：$b_1^{(0)}=0.5$、$b_2^{(0)}=0.5$、$b_3^{(0)}=1.0$

$$c_4^{(0)}=4000、c_5^{(0)}=5000、a_4^{(0)}=0.02$$

不同的 $a_4^{(0)}$ 初值（$b_1^{(0)}$，$b_2^{(0)}$，$b_3^{(0)}$，$c_4^{(0)}$，$c_5^{(0)}$ 不变），使用高斯-牛顿法和麦考脱法和的计算结果列于表 2-23 和表 2-24。

表 2-23　高斯-牛顿法计算结果

初　值 $a_4^{(0)}$	0.02	0.03	0.04	0.05	0.1	0.2
初值相应的残差平方和 $Q^{(0)}$	6.8472	13.5382	21.8361	31.0192	79.9855	166.9445
迭代次数	6	6	6	发散	发散	发散

表 2-24　麦考脱法计算结果

初　值 $a_4^{(0)}$	0.02	0.1	0.4	0.5	0.6	1.0
初值相应的残差平方和 $Q^{(0)}$	6.8472	79.9855	293.1680	341.1420	382.5730	507.2890
迭代次数	5	17	7	发散	发散	发散

由表 2-23 和表 2-24 可看到，麦考脱法选取初值 $a_4^{(0)}$ 的随意性范围比高斯-牛顿法宽一些，容易得到收敛的结果。当 $a_4^{(0)}$ 均取 0.02 时，麦夸脱法的收敛速度也快一些。用两法求得的参数值见表 2-25。

表 2-25　例 2-25 两种算法计算结果

高斯-牛顿		麦考脱法		高斯-牛顿		麦考脱法	
b_1	0.21474198	b_1	0.21474198	c_4	3950.702818	c_4	3950.702776
b_2	0.35698649	b_2	0.35698649	c_5	4698.092910	c_5	4698.092866
b_3	1.14206436	b_3	1.14206438	Q	0.00091596	Q	0.00091596
a_4	0.01162061	a_4	0.01162061				

程序见数学资源库。

习　题

1. 已知函数表：

x	1.1275	1.1503	1.1735	1.1972
$y=f(x)$	0.1191	0.13954	0.15932	0.17963

应用拉格朗日插值公式，计算 $f(1.1300)$ 的近似值。

2. 给出积分 $\dfrac{2}{\sqrt{\pi}}\displaystyle\int_0^x e^{-x^2}\,\mathrm{d}x$ 的数据点：

x	0.46	0.47	0.48	0.49
$\dfrac{2}{\sqrt{\pi}}\displaystyle\int_0^x e^{-x^2}\,\mathrm{d}x$	0.4846555	0.4937452	0.5027498	0.5116683

试求：① 当 $x=0.472$ 时，该积分等于多少？

② 当 x 为何值时，该积分等于 0.5。

3. 已知：

x_i	1.9600	1.9881	2.0164
$y=\sqrt{x_i}$	1.4000	1.4100	1.4200

应用拉格朗日抛物插值公式，计算 $\sqrt{2}$ 的近似值，并估计误差。

4. 给出正弦函数表如下：

x	0.4	0.5	0.6	0.7
$\sin x$	0.38942	0.47943	0.56464	0.64422

用线性插值和二次插值求 $\sin 0.57891$ 的近似值，并估计误差。

5. 已知丙苯黏度随温度变化的四点数据：

$t/℃$	40	45	55	75
$\mu/(\times10^{-3}\mathrm{Pa\cdot s})$	0.68	0.64	0.56	0.45

试用拉格朗日二次插值公式和三次插值公式求 70℃ 时的黏度。

6. 给出下表所列函数值：

x	0	0.3	0.6	0.9	1.2	1.5	1.8
$f(x)$	−3.000	−0.742	2.143	6.452	14.579	31.480	65.628

试求：$f(1.09)$，$f(0.93)$，$f(1.42)$，$f(0.21)$。

7. 给出下述列表函数：

x	0	1	2	3	4	5
$f(x)$	−7	−4	5	26	65	128

该列表函数是一多项式，求其方次数和 x 最高幂项的系数。

8. 做一个四次多项式，使其通过点 $(-2,-3)$，$(-1,-1)$，$(0,1)$，$(1,3)$ 和 $(2,29)$。

9. 已知丙烯的饱和蒸气压数据：

$t/℃$	−28.9	−12.2	4.4	21.1	37.8
P/atm	2.2	3.9	6.6	10.3	15.4

试求：−20℃ 和 20℃ 时丙烯的饱和蒸气压。

10. 已知甲苯蒸气导热系数随温度变化的数据表：

$T/℃$	200	225	250	275	300	325	350	375
$\lambda\times10^{-6}$	61.5	68.0	74.0	81.0	88.0	95.5	103.5	112.5

试求：230℃ 和 370℃ 下甲苯蒸气的 λ。

11. 已知苯的气化热随温度变化的数据：

$t/℃$	60	80	100	120	140	160	180
H_v	97.5	94.5	91.0	87.5	83.0	79.0	74.0

试求：65℃，170℃和185℃下苯的气化热。

12. 给出下列函数：

x	0	0.5	1.0	1.5	2.0	2.5
$f(x)$	2.014	3.221	4.701	7.710	13.594	23.580

试求：$f(3.0)$。

13. 给出下列函数：

x	1.0	2.0	3.0	4.0
$f(x)$	150	36.75	17.33	9.19

试求：$f(5.0)$。

14. 由相图知 NaCl，KCl，$MgCl_2$ 的溶解度数据如下：

温度/℃	NaCl/%	KCl/%	$MgCl_2$/%	温度/℃	NaCl/%	KCl/%	$MgCl_2$/%
75	17.75	18.35	0	100	16.8	21.7	0
	13.7	15.7	5.3		12.8	18.9	5.6

试用线性内插法求 80℃ 时 $MgCl_2$ 浓度为 3% 时 KCl 和 NaCl 含量为多少？

15. 给定节点数据：

x	0	1	2	3
$f(x)$	0	0	0	0

试求：当边界条件分别为 $M_0=1$，$M_3=1$ 和 $y_0'=0$，$y_3'=1$ 时三次样条插值函数的表达式。

16. 用三点公式和五点公式求 $f(x)=\dfrac{1}{(1+x)^2}$ 在 $x=1.0$ 和 1.1 处的导数值，并估计误差。$f(x)$ 的值由下表给出：

x	1.0	1.1	1.2	1.3	1.4
$f(x)$	0.2500	0.2268	0.2066	0.1898	0.1736

17. 分别用梯形公式和辛普生公式计算下列积分并比较结果。

① $\displaystyle\int_0^1 \frac{x}{4+x^2}\mathrm{d}x \qquad n=8$

② $\displaystyle\int_0^1 \frac{(1-\mathrm{e}^{-x})^{\frac{1}{2}}}{x}\mathrm{d}x \qquad n=10$

③ $\displaystyle\int_1^9 \sqrt{x}\,\mathrm{d}x \qquad n=4$

④ $\displaystyle\int_0^{\frac{\pi}{6}} \sqrt{4-\sin^2\varphi}\,\mathrm{d}\varphi \qquad n=6$

18. 用辛普生公式求积分 $\displaystyle\int_0^1 \mathrm{e}^{-x}\mathrm{d}x$，并估计误差。

19. 用复化梯形公式求积分 $\displaystyle\int_a^b f(x)\mathrm{d}x$，试问要将积分区间 $[a，b]$ 分成多少等分，就能保证误差不超过 ϵ（假设不计舍入误差）。

20. 已知一函数在下列等距节点上的值：

x	0	1	2	3	4	5	6	7	8	9
$f(x)$	0	0.5687	0.7909	0.5743	0.1350	-0.1852	-0.1802	0.0811	0.2917	0.3031

试用适宜的方法求 $\int_0^9 f(x)\mathrm{d}x$ 之值。

21. 已知等距区间上的下列数据：

x	0	0.1	0.2	0.3	0.4	0.5	0.6	0.7	0.8	0.9	1.0	1.1
$f(x)$	93	87	68	55	42	37	35	39	48	53	51	39

试求：$\int_0^{1.1} f(x)\mathrm{d}x$ 之值。

22. 用龙贝格法求下列积分。

① $\int_0^1 \mathrm{e}^{-x^2}\mathrm{d}x$，要求绝对误差 $\varepsilon \leqslant 10^{-5}$。

② $\int_0^1 \dfrac{x}{4+x^2}\mathrm{d}x$，要求绝对误差 $\varepsilon \leqslant 10^{-6}$。

③ $\dfrac{2}{\pi}\int_0^1 \mathrm{e}^{-x}\mathrm{d}x$，要求绝对误差 $\varepsilon \leqslant 10^{-5}$。

23. 用龙贝格法计算积分 $I = \int_0^1 \dfrac{4}{1+x^2}\mathrm{d}x$。本题的准确解为 π，用龙贝格法时准确到小数点后五位。

24. 某水库在各个深度处测得截面积如下表：

深度 h/m	0	4	8	12	16	20	24	28	32
截面积 $S/\times 10^6 m^2$	0	1.10	3.08	6.01	11.17	18.76	28.60	39.90	52.98
深度 h/m	36	40	44	48	52	56	60	64	
截面积 $S/\times 10^6 m^2$	69.25	88.85	106.30	123.86	142.14	158.43	172.98	190.04	

试求水库总容量。

25. 已知正庚烷和甲苯二元系统混合热的实测值，用最小二乘法关联混合热和组成的函数关系。

正庚烷的分子分数 x	0.05	0.11	0.17	0.18	0.28	0.31	0.33	0.39	0.44	0.53	0.54	0.62	0.71	0.82
混合热 y	0.13	0.23	0.32	0.35	0.44	0.47	0.48	0.51	0.52	0.51	0.50	0.48	0.42	0.28

26. 某化学反应其反应产物的浓度随时间变化的数据如下：

时间 t	5	10	15	20	25	30	35	40	45	50	55
浓度 y	1.27	2.16	2.86	3.44	3.87	4.15	4.37	4.51	4.58	4.62	4.64

用最小二乘法关联 $y = f(t)$。

27. 已知异丁烷、丙烯、苯酚的饱和蒸气压和温度的数据，用安托尼方程 $\lg p = A - \dfrac{B}{t+C}$ 来关联 p-t 关系，试用最小二乘法确定安托尼方程中的参数 A，B 和 C。

异丁烷 p-t 数据：

t	−85.090	−71.704	−56.430	−44.107	−27.576	−22.071	−18.761	−13.238	−11.609
p	11.370	31.960	86.850	174.26	391.02	498.08	572.67	716.13	763.44

丙烯 p-t 数据：

t	−28.8889	−12.2222	4.4444	21.1111	37.7778
p	1656.721	2986.277	4987.385	7841.789	11704.116

苯酚 p-t 数据：

t	107.15	113.81	125.95	152.37	167.63	181.75
p	57.04	75.86	123.76	315.52	507.50	760.00

28. 给定一组数据用二次多项式来拟合，求多项式中的待定系数。

x	1	3	4	5	6	7	8	9	10
y	2	7	8	10	11	11	10	9	8

29. 给定一组数据,用 $y=ae^{bx}$ 的函数去拟合,求出待定常数。

x	1	2	3	4	5	6	7	8
y	15.3	20.5	27.4	36.6	49.1	65.6	87.8	117.6

30. 设有一组实验数据:

x	1.36	1.49	1.73	1.81	1.95	2.16	2.28	2.48
y	14.094	16.069	16.844	17.378	18.435	19.949	20.963	22.495

试用最小二乘法分别用一次及二次多项式拟合以上数据,并比较哪一种情况更符合于所给定的实验数据。

31. 用最小二乘法求一个形式为 $y=a+bx^2$ 经验公式,使与下列数据相拟合。

x	19	25	31	38	44
y	19.0	32.3	49.0	73.3	97.8

32. 在399℃等温下测定正戊烷在氢气存在下异构化反应速率如下表,表中 P_H,P_A 及 P_B 分别表示氢、正戊烷及异戊烷的分压。若可能的模型方程为 $r_A = \dfrac{k_S K_A \left(P_A - \dfrac{P_B}{K_P} \right)}{(1+K_A P_A + K_B P_B + K_H P_H)^2}$,试用非线性最小二乘法对模型参数进行估值。

序号	P_H	P_A	P_B	反应速率	序号	P_H	P_A	P_B	反应速率
1	14.0	6.18	2.52	3.541	13	27.0	9.67	0.714	5.686
2	27.5	6.32	2.45	2.397	14	21.4	9.98	10.7	1.193
3	14.3	11.9	3.36	1.021	15	20.8	9.66	5.85	2.648
4	27.3	12.7	3.05	4.722	16	20.4	9.78	6.14	3.303
5	15.3	6.31	7.91	0.593	17	20.8	9.60	5.95	3.054
6	27.4	6.95	8.77	0.268	18	20.8	9.63	5.92	3.302
7	14.5	12.7	9.14	2.797	19	20.4	5.65	4.52	1.271
8	27.6	13.1	9.18	2.451	20	7.25	14.3	2.24	11.648
9	9.07	9.58	6.64	3.196	21	28.4	5.65	2.24	2.002
10	32.0	9.81	5.91	2.021	22	17.1	20.0	2.82	9.604
11	20.4	4.65	5.56	0.896	23	17.0	10.1	1.00	7.754
12	20.5	14.6	6.92	5.084	24	9.87	19.8	3.14	11.59

第三章　代数方程（组）的数值解法

在化学工程中需要求解线性方程组的场合很多，如多组分体系的物料衡算、计算各种化合物的物理化学性质以及稳态动力学计算等。事实上有些解非线性方程组的数值法最终也都归结为解线性方程组问题。可以说线性代数计算方法是数值计算的重要基础。当然化工中涉及非线性方程及非线性方程组的问题更多，如各种形式真实气体状态方程，多组分混合溶液的沸点、饱和蒸气压计算，流体在管道中阻力计算等都是非线性方程问题。而多组分多平衡级分离操作模拟计算，多效蒸发过程设计，化工流程最优化计算则都属于解非线性方程组问题。

本章讨论的线性方程组数值解法、单一非线性方程求解以及非线性方程组的数值解法，对于化工设计、化工过程流程模拟是十分有用的基础工具。

3.1　线性方程组的直接解法

3.1.1　高斯消去法

考虑 n 元线性方程组

$$\begin{cases} a_{11}x_1 + a_{12}x_2 + \cdots + a_{1n}x_n = b_1 \\ a_{21}x_1 + a_{22}x_2 + \cdots + a_{2n}x_n = b_2 \\ \cdots\cdots\cdots\cdots\cdots\cdots\cdots\cdots\cdots\cdots \\ a_{n1}x_1 + a_{n2}x_2 + \cdots + a_{nn}x_n = b_n \end{cases} \tag{3-1}$$

或者用矩阵表示式

$$AX = \bar{b} \tag{3-2}$$

其中 A 为系数矩阵，$A = (a_{i,j})_{n \times n}$；$\bar{b}$ 是右端向量，$\bar{b} = (b_1, b_2, \cdots, b_n)^T$；$X$ 是未知向量，$X = (x_1, x_2, \cdots, x_n)^T$。

若系数矩阵 A 非奇异，即 $\det A \neq 0$，则方程组有唯一解。可用克莱姆（Cramer）法则求解，即

$$x_i = \frac{\det A_i}{\det A} \qquad (i = 1, 2, \cdots, n) \tag{3-3}$$

其中 $\det A_i$ 表示把矩阵 A 中第 i 列换成 $\bar{b}$ 后所得的 n 阶行列式。式(3-3)形式虽简单，但计算工作量非常大。一个 n 元方程要计算 $n+1$ 个行列式，每个 n 阶行列式有 $n!$ 项，而每一项又为 n 个数的乘积。例如 $n=10$，就要进行 $(10+1) \, 10! \, (10-1) \approx 3.6 \times 10^8$ 次乘法运算。实际问题维数往往比 10 大得多，且不管舍入误差对计算结果精度的影响，其计算量之大就使它失去实用价值，为此必须考虑其他解法。

高斯消去法是直接法中最常用，也是最有效的方法之一。其基本思想就是逐次消去一个未知数，使原方程组（3-1）变换为一个等阶的（即具有原方程组相同解的）三角形方程组，然后通过回代得解向量 X。以四元方程组为例说明其解过程。将原方程写作增广矩阵形式

$$\begin{bmatrix} a_{11} & a_{12} & a_{13} & a_{14} & b_1 \\ a_{21} & a_{22} & a_{23} & a_{24} & b_2 \\ a_{31} & a_{32} & a_{33} & a_{34} & b_3 \\ a_{41} & a_{42} & a_{43} & a_{44} & b_4 \end{bmatrix} \tag{3-4}$$

若 $a_{11}\neq0$（如果 $a_{11}=0$，总可以通过方程次序互换，使满足 $a_{11}\neq0$），将第一行各元素乘以 $-a_{i1}/a_{11}$ 后加到第 i 行（$i=2,3,4$），则有

$$\begin{bmatrix} a_{11} & a_{12} & a_{13} & a_{14} & b_1 \\ 0 & a_{22}^{(1)} & a_{23}^{(1)} & a_{24}^{(1)} & b_2^{(1)} \\ 0 & a_{32}^{(1)} & a_{33}^{(1)} & a_{34}^{(1)} & b_3^{(1)} \\ 0 & a_{42}^{(1)} & a_{43}^{(1)} & a_{44}^{(1)} & b_4^{(1)} \end{bmatrix} \tag{3-5}$$

又若 $a_{22}^{(1)}\neq0$，将第二行各元素乘以 $-a_{i2}^{(1)}/a_{22}^{(1)}$ 后加到下面各行（$i=3,4$），得

$$\begin{bmatrix} a_{11} & a_{12} & a_{13} & a_{14} & b_1 \\ 0 & a_{22}^{(1)} & a_{23}^{(1)} & a_{24}^{(1)} & b_2^{(1)} \\ 0 & 0 & a_{33}^{(2)} & a_{34}^{(2)} & b_3^{(2)} \\ 0 & 0 & a_{43}^{(2)} & a_{44}^{(2)} & b_4^{(2)} \end{bmatrix} \tag{3-6}$$

再若 $a_{33}^{(2)}\neq0$，将第三行各元素乘以 $-a_{i3}^{(2)}/a_{33}^{(2)}$ 后加到第四行，则得

$$\begin{bmatrix} a_{11} & a_{12} & a_{13} & a_{14} & b_1 \\ 0 & a_{22}^{(1)} & a_{23}^{(1)} & a_{24}^{(1)} & b_2^{(1)} \\ 0 & 0 & a_{33}^{(2)} & a_{34}^{(2)} & b_3^{(2)} \\ 0 & 0 & 0 & a_{44}^{(3)} & b_4^{(3)} \end{bmatrix} \tag{3-7}$$

至此消元过程完成，它是一个等价于式（3-2）的三角形方程组，即

$$UX=Y \tag{3-8}$$

这里 U 为上三角矩阵。式（3-8）与式（3-2）同解，但式（3-8）可用简便的回代法求解。式（3-8）的方程组可写作如下形式

$$\begin{cases} a_{11}x_1+a_{12}x_2+a_{13}x_3+a_{14}x_4=b_1 \\ a_{22}^{(1)}x_2+a_{23}^{(1)}x_3+a_{24}^{(1)}x_4=b_1^{(1)} \\ a_{33}^{(2)}x_3+a_{34}^{(2)}x_4=b_3^{(2)} \\ a_{44}^{(3)}x_4=b_4^{(3)} \end{cases} \tag{3-9}$$

所谓回代，即从最后一个方程式直接解出

$$x_4=b_4^{(3)}/a_{44}^{(3)} \tag{3-10}$$

将它代入上一式，解出 x_3

$$x_3=(b_3^{(2)}-a_{34}^{(2)}x_4)/a_{33}^{(2)} \tag{3-11}$$

逐次往前计算，便可求出全部 x_i。

对于一个 n 元方程组，高斯消去法计算步骤综述如下。

1. 正消过程

依次按 $k=1, 2, \cdots, n-1$ 计算下列系数

$$\begin{cases} l_{k,j} = a_{k,j}^{(k-1)} / a_{k,k}^{(k-1)} & (j=k+1,\cdots,n) \\ n_k = b_k^{(k-1)} / a_{k,k}^{(k-1)} \\ a_{i,j}^{(k)} = a_{i,j}^{(k-1)} - a_{i,k}^{(k-1)} \times l_{k,j} & (i=k+1, j=k+1,\cdots,n) \\ b_i^{(k)} = b_i^{(k-1)} - a_{i,k}^{(k-1)} \times n_k & (i=k+1) \end{cases} \tag{3-12}$$

2. 回代过程

$$\begin{cases} x_n = b_n^{(n-1)} / a_{nn}^{(n-1)} \\ x_i = (b_i^{(i-1)} - \sum_{j=i+1}^{n} a_{ij}^{(i-1)} \times x_j) / a_{ii}^{(i-1)} & (i=n-1, n-2, \cdots, 1) \end{cases} \tag{3-13}$$

下面估算一下高斯消去法的计算量。对于一个 n 阶方程组，消去第一列 $(n-1)$ 个系数需作乘法运算次数为 $n(n-1)$，消去第二列中 $(n-2)$ 个系数需作 $(n-2)(n-1)$ 次乘法，最后消去第 $(n-1)$ 列中一个系数需作 1×2 次乘法，总计消去过程总的乘法运算次数为

$$\sum_{k=2}^{n} k(k-1) = \frac{1}{3}n^3 - \frac{1}{3}n \tag{3-14}$$

其次为使第 i 个方程的 x_i 系数为 1 时需作除法运算，总计为

$$\sum_{k=1}^{n-1} k = \frac{1}{2}n^2 - \frac{1}{2}n \tag{3-15}$$

因此正消过程乘除法总运算次数为 $\frac{1}{3}n^3 + \frac{1}{2}n^2 - \frac{5}{6}n$。在回代过程中需作乘法运算 $\left(\frac{1}{2}n^2 - \frac{1}{2}n\right)$ 次，除法运算 n 次。所以整个高斯消去过程共需乘除法运算总次数为

$$\frac{1}{3}n^3 + n^2 - \frac{1}{3}n \tag{3-16}$$

对于较大的 n，总运算量可用 $\frac{1}{3}n^3$ 来估计，因为低幂项相对于高幂项可以忽略不计。若 $n=10$，总运算次数约为 430 次，显然比克莱姆法要少得多。

【例 3-1】 假设物系服从 Beer 定律，试确定下列混合物中四种组分的浓度。设光程长度为 1cm，观测数据如下表。

摩尔吸收率/(L/mol·cm)

波　长	对二甲苯	间二甲苯	邻二甲苯	乙　苯	总吸收率
12.5	1.502	0.0514	0	0.0408	0.1013
13.0	0.0261	1.1516	0	0.0820	0.09943
13.4	0.0343	0.0355	2.532	0.2933	0.2194
14.3	0.0340	0.0684	0	0.3470	0.0339

解：因为服从 Beer 定律，则有

$$A_{\text{toti}} = \sum_{j=1}^{4} \varepsilon_{ij} C_j$$

其中　A_{toti}——波长为 λ_i 时观测到的总吸收率；

　　　　ε_{ij}——波长为 λ_i 时第 j 个组分的摩尔吸收率；

　　　　C_j——混合物中第 j 组分的摩尔浓度。

根据题意可建立线性方程组，写成矩阵形式如下

$$
\begin{bmatrix}
1.502 & 0.0514 & 0 & 0.0408 \\
0.0261 & 1.1516 & 0 & 0.0820 \\
0.0342 & 0.0355 & 2.532 & 0.2933 \\
0.0340 & 0.0684 & 0 & 0.3470
\end{bmatrix}
\begin{bmatrix}
c_1 \\ c_2 \\ c_3 \\ c_4
\end{bmatrix}
=
\begin{bmatrix}
0.1013 \\ 0.09943 \\ 0.2194 \\ 0.03396
\end{bmatrix}
$$

经第一次消元后，得到

$$
\begin{bmatrix}
1.502 & 0.0514 & 0 & 0.0408 \\
0 & 1.1507 & 0 & 0.0813 \\
0 & 0.0343 & 2.532 & 0.2924 \\
0 & 0.0672 & 0 & 0.3461
\end{bmatrix}
\begin{bmatrix}
c_1 \\ c_2 \\ c_3 \\ c_4
\end{bmatrix}
=
\begin{bmatrix}
0.1013 \\ 0.0977 \\ 0.2171 \\ 0.0317
\end{bmatrix}
$$

第二次消元后，得

$$
\begin{bmatrix}
1.502 & 0.0514 & 0 & 0.0408 \\
0 & 1.1507 & 0 & 0.0813 \\
0 & 0 & 2.532 & 0.2899 \\
0 & 0 & 0 & 0.3413
\end{bmatrix}
\begin{bmatrix}
c_1 \\ c_2 \\ c_3 \\ c_4
\end{bmatrix}
=
\begin{bmatrix}
0.1013 \\ 0.0977 \\ 0.2142 \\ 0.0260
\end{bmatrix}
$$

对于此题仅经两次消元即变为三角形方程组，然后回代可解出

$C_4 = 0.0260/0.3413 = 0.0762(\text{mol/L})$

$C_3 = (0.2142 - 0.2899 \times 0.0762)/2.532 = 0.0759(\text{mol/L})$

$C_2 = (0.0977 - 0.0813 \times 0.0762)/1.1507 = 0.0795(\text{mol/L})$

$C_1 = (0.1013 - 0.0514 \times 0.0795 - 0.0408 \times 0.0762)/1.502 = 0.0627(\text{mol/L})$

3.1.2　高斯主元素消去法

由式(3-5)可知，消元过程需用系数矩阵 A 的对角线元素 a_{kk}（通常称为主元素）做除数。若主元素为零，只要 $\det A \neq 0$，总能通过行交换找到非零 $a_{k,k}$，但若主元素很小，由于舍入误差及有效数字损失，其本身常有较大误差，再用它作除数，则会带来严重的误差增长，以致使最终解极不准确，从而提出高斯主元素消去法，以一定方式选取绝对值尽可能大的元素作主元素，使舍入误差尽量减小。举例说明如下。

【例 3-2】　解方程组

$$
\begin{cases}
0.50x_1 + 1.1x_2 + 3.1x_3 = 6.0 \\
2.0x_1 + 4.5x_2 + 0.36x_3 = 0.020 \\
5.0x_1 + 0.96x_2 + 6.5x_3 = 0.96
\end{cases}
$$

解：其中所有系数仅具两位有效数字，为了减小舍入误差的影响，在计算过程多保留一位数字。若按方程组原有主对角之顺序进行消元，则过程如下

$$
\begin{bmatrix}
0.500 & 1.10 & 3.10 & | & 6.00 \\
2.0 & 4.50 & 0.360 & | & 0.0200 \\
5.00 & 0.960 & 6.50 & | & 0.960
\end{bmatrix}
$$

第一步取 0.500 为主元，* 表示选为主元，消元结果为

$$
\begin{bmatrix}
0.500^* & 1.10 & 3.10 & | & 6.00 \\
0 & 0.100 & -12.0 & | & -24.0 \\
0 & -10.0 & -24.5 & | & -59.0
\end{bmatrix}
$$

第二步取 0.100 作主元，消元结果为

$$\begin{bmatrix} 0.500 & 1.10 & 3.10 & 6.00 \\ 0 & 0.100^* & -12.0 & -24.0 \\ 0 & 0 & -1220 & -2460 \end{bmatrix}$$

注意，中间结果仅保留三位有效数字，利用回代可得解为

$$x_3 \approx 2.02, \quad x_2 \approx 2.40, \quad x_1 \approx -5.80$$

但是该方程组的正确解应为

$$x_3 = 2.00, \quad x_2 = 1.00, \quad x_1 = -2.60$$

可见，二者相差很大。为了改善计算精度，在消元时选取绝对值较大的系数作主元，例如按每一列中绝对值最大者选作主元，称为按列选主元。具体对于上例，消元第一步可取第三个方程中 x_1 的系数 5.00 作主元，于是一、三两方程互换位置，消元结果为

$$\begin{bmatrix} 5.00^* & 0.960 & 65.0 & 0.960 \\ 0 & 4.12 & -2.24 & -0.364 \\ 0 & 1.00 & 2.45 & 5.900 \end{bmatrix}$$

第二步消元时，选取第二行以下第 2 列诸元素中绝对值最大者为主元，这里 4.12 选为主元，消元结果为

$$\begin{bmatrix} 5.00 & 0.960 & 65.0 & 0.960 \\ 0 & 4.12^* & -2.24 & -0.364 \\ 0 & 0 & 2.99 & 5.99 \end{bmatrix}$$

由此回代解得

$$x_3 \approx 2.00, \quad x_2 \approx 1.00, \quad x_1 \approx -2.60$$

需要指出，在用计算机解题时，当然不会取三位有效数字，16 位字长，计算机其有效数字可达 6～7 位。对于此例，在计算机上运行不选主元素，其精度也足够了。但是对于某些性态不良的方程组，即使使用 32 位字长计算机，仍然有必要选取主元素，因为这种方程组对误差十分敏感。

如果每次选主元从整个系数矩阵的有关元素中选取绝对值最大者，则称为总体选主元法或称全主元素法。仍以上题为例。第一次消元时，系数矩阵诸元素中 $a_{33} = 6.50$ 为绝对值最大者，选其为主元，为此交换 1，3 行后，再交换 1，3 列。注意由于列互相交换，此时自变量次序也相应要互换位置。变换后方程为

$$\begin{bmatrix} 6.50^* & 0.960 & 5.00 \\ 0.360 & 4.50 & 2.00 \\ 3.10 & 1.10 & 0.500 \end{bmatrix} \begin{bmatrix} x_3 \\ x_2 \\ x_1 \end{bmatrix} = \begin{bmatrix} 0.960 \\ 0.0200 \\ 6.00 \end{bmatrix}$$

第一次消元后得

$$\begin{bmatrix} 6.50 & 0.960 & 5.00 \\ 0 & 4.45 & 1.72 \\ 0 & 0.642 & -1.88 \end{bmatrix} \begin{bmatrix} x_3 \\ x_2 \\ x_1 \end{bmatrix} = \begin{bmatrix} 0.960 \\ -0.0332 \\ 5.54 \end{bmatrix}$$

第二次消元选全主元是从除去第一行第一列后的 2×2 子矩阵诸元素中选取绝对值最大者，这里 $a_{22}^{(1)} = 4.45$ 为第二次主元。消元后得

$$\begin{bmatrix} 6.50 & 0.960 & 5.00 \\ 0 & 4.45^* & 1.72 \\ 0 & 0 & -2.13 \end{bmatrix}\begin{bmatrix} x_3 \\ x_2 \\ x_1 \end{bmatrix}=\begin{bmatrix} 0.960 \\ -0.0332 \\ 5.54 \end{bmatrix}$$

由此回代得　　　　　　　$x_1 \approx -2.60$；$x_2 \approx 1.00$；$x_3 \approx 2.00$

从上例可看出按列选主元或总体选主元的方法具有较好的数值稳定性，即运算结果受运算中舍入误差影响比较小，是实际上常用的方法。一般常用算法程序均按列主元或全主元法编程。对于阶数很高的方程组，全主元工作量大，若在满足精度前提下，选用列主元素法也就可以了。在数学资源库中处理最小二乘法方程所提供的子程序 GS 即为列主元消去法程序。

3.1.3　高斯-约当消去法及矩阵求逆

高斯消去法的正消过程是把方程组化为三角形，求解要进行回代。如果，对消元过程稍加改变，不难把方程组化为对角形，这样求解就不需要回代了。仍以四阶方程组为例，若经过三次消元得到如式(3-7)上三角形矩阵，高斯-约当消去法则在此基础上进一步作消元工作，以 $a_{22}^{(1)}$ 为主元，将第二行元素乘以 $-a_{12}/a_{22}^{(1)}$ 后加到第一行去，则将 a_{12} 也消为零元素。式(3-7)变为

$$\begin{bmatrix} a_{11} & 0 & a_{13}^{(4)} & a_{14}^{(4)} & \bigm| & b_1^{(4)} \\ 0 & a_{22}^{(1)} & a_{23}^{(1)} & a_{24}^{(1)} & \bigm| & b_2^{(1)} \\ 0 & 0 & a_{33}^{(2)} & a_{34}^{(2)} & \bigm| & b_3^{(2)} \\ 0 & 0 & 0 & a_{44}^{(3)} & \bigm| & b_4^{(3)} \end{bmatrix} \tag{3-17}$$

其余类推，以 $a_{33}^{(2)}$ 为主元将 $a_{13}^{(4)}$，$a_{23}^{(1)}$ 消为零，以 $a_{44}^{(3)}$ 为主元，将 a_{14}，a_{24}，a_{34} 均消为零，于是方程组的系数矩阵化为对角形

$$\begin{bmatrix} a_{11} & 0 & 0 & 0 & \bigm| & b_1' \\ 0 & a_{22}' & 0 & 0 & \bigm| & b_2' \\ 0 & 0 & a_{33}' & 0 & \bigm| & b_3' \\ 0 & 0 & 0 & a_{44}' & \bigm| & b_4' \end{bmatrix} \tag{3-18}$$

这样就可以直接计算出未知量，而不必进行回代了。假设消元过程未作列交换，则

$$x_i = b_i'/a_{ii} \qquad (i=1, 2, 3, 4) \tag{3-19}$$

高斯-约当消去法虽然不需回代，但其消去工作量确实比高斯消去法大得多，所以一般并不推崇此算法解方程组，只是常用此法求解逆矩阵。

高斯-约当消去法解方程组的过程，可以作这样的分析，首先建立增广矩阵

$$C=[A\,|\,\overline{b}] \tag{3-20}$$

高斯-约当消元结果 A 矩阵变换成单位阵 I，右端向量 $\overline{b}$ 即为解向量 X，即

$$D=[I\,|\,X] \tag{3-21}$$

实际上高斯-约当消去法总步骤相当于形成一个矩阵积 $D=A^{-1}C$，即

$$A^{-1}C=[A^{-1}A\,|\,A^{-1}\overline{b}]=[I\,|\,X] \tag{3-22}$$

显然方程组 $AX=\overline{b}$ 之解 $X=A^{-1}\overline{b}$。可以按照此过程来求取 A^{-1}。为此构造这样的增广矩阵 C

$$C=[A\,|\,I] \tag{3-23}$$

左乘 A^{-1} 就是相当于作高斯-约当消元。

$$A^{-1}C=[A^{-1}A\,|\,A^{-1}I]=[I\,|\,A^{-1}] \tag{3-24}$$

就是说消元最终结果，当矩阵 A 转变为单位阵时，点线右侧即为所求 A 的逆阵 A^{-1}。

【例 3-3】　求下列矩阵 A 之逆阵

$$A = \begin{pmatrix} 2 & -7 & 4 \\ 1 & 9 & -6 \\ -3 & 8 & 5 \end{pmatrix}$$

解：

$$\begin{pmatrix} 2 & -7 & 4 & | & 1 & 0 & 0 \\ 1 & 9 & -6 & | & 0 & 1 & 0 \\ -3 & 8 & 5 & | & 0 & 0 & 1 \end{pmatrix} \Rightarrow \begin{pmatrix} 1 & -\dfrac{7}{2} & 2 & | & \dfrac{1}{2} & 0 & 0 \\ 0 & \dfrac{25}{2} & -8 & | & -\dfrac{1}{2} & 1 & 0 \\ 0 & \dfrac{-5}{2} & 11 & | & \dfrac{3}{2} & 0 & 1 \end{pmatrix}$$

$$\Rightarrow \begin{pmatrix} 1 & 0 & \dfrac{-6}{25} & | & \dfrac{9}{25} & \dfrac{7}{25} & 0 \\ 0 & 1 & \dfrac{-16}{25} & | & -\dfrac{1}{25} & \dfrac{2}{25} & 0 \\ 0 & 0 & \dfrac{47}{5} & | & \dfrac{7}{5} & \dfrac{1}{5} & 1 \end{pmatrix} \Rightarrow \begin{pmatrix} 1 & 0 & 0 & | & \dfrac{93}{235} & \dfrac{67}{235} & \dfrac{6}{235} \\ 0 & 1 & 0 & | & \dfrac{13}{235} & \dfrac{22}{235} & \dfrac{16}{235} \\ 0 & 0 & 1 & | & \dfrac{7}{47} & \dfrac{1}{47} & \dfrac{5}{47} \end{pmatrix}$$

所以

$$A^{-1} = \begin{pmatrix} \dfrac{93}{235} & \dfrac{67}{235} & \dfrac{6}{235} \\ \dfrac{13}{235} & \dfrac{22}{235} & \dfrac{16}{235} \\ \dfrac{7}{47} & \dfrac{1}{47} & \dfrac{5}{47} \end{pmatrix}$$

程序见数学资源库。

3.1.4　解三对角线方程组和三对角块方程组的追赶法

在化工级联分离过程模拟中常遇到求解三对角线或三对角块方程组，如用泡点法解精馏问题则需求解三对角线方程组，而用同时校正法解精馏操作问题会遇到三对角块方程组；又如二维椭圆形、抛物型偏微分方程差分解法中也会出现这类方程组，所以讨论它们的求解方法具有重要的使用价值。

若线性方程组

$$AX = \bar{d} \tag{3-25}$$

其中系数矩阵 A 是一个三对角矩阵，即只有主对角线和它相邻两条次对角线上有非零元素，其余元素为零。

$$A = \begin{bmatrix} b_1 & c_1 & & & & \\ a_1 & b_2 & c_2 & & & 0 \\ & \ddots & \ddots & \ddots & & \\ & & & & & \\ 0 & & a_{n-2} & b_{n-1} & C_{n-1} \\ & & & a_{n-1} & b_n \end{bmatrix} \tag{3-26}$$

$$\bar{d} = (d_1, d_2, \cdots, d_n)^T \tag{3-27}$$

$$X = (x_1, x_2, \cdots, x_n)^T \tag{3-28}$$

于是称式(3-25)为三对角线方程组。解三对角线方程组可采用简便的追赶法（在国际文献上称为 Thomas 法）。实际上就是高斯消去法对几类特殊方程的应用。具体做法原则是将对角线元素化为 1，并将下对角元素消为零，然后进行回代，便可求出解来。

消元过程

$$\begin{cases} w_1 = c_1/b_1 \\ w_i = c_i/(b_i - a_{i-1}w_{i-1}) & (i=2,3,\cdots,n-1) \\ g_1 = d_1/b_1 \\ g_i = (d_i - a_{i-1}g_{i-1})/(b_i - a_{i-1}g_{i-1}) & (i=2,3,\cdots,n-1) \end{cases} \tag{3-29}$$

消元结果形式为

$$[A \mid \bar{d}] \Rightarrow \begin{bmatrix} 1 & w_1 & & & & \\ & 1 & w_2 & & & \\ & & \ddots & \ddots & & \\ & & & & w_{n-1} & \\ & & & & & 1 \end{bmatrix} \begin{array}{c} g_1 \\ g_2 \\ \vdots \\ \vdots \\ \vdots \\ g_n \end{array} \tag{3-30}$$

回代过程

$$\begin{cases} x_n = g_n \\ x_i = g_i - w_i x_{i+1} & (i = n-1,\ n-2,\ \cdots,\ 1) \end{cases} \tag{3-31}$$

这样计算每一未知量 x_i 的运算量至多 5 次乘法 3 次加法，可见计算量很小。而且存储量也小，三对角线以外的零元素全不占存储空间。根据式(3-29)，式(3-31)编写程序十分容易。

【例 3-4】 用固定床反应器的拟均相二维模型求解乙苯脱氢反应器中沿径向反应物浓度分布时，得到一组有关沿反应器内径向六个点处乙苯转化率 x 的方程组

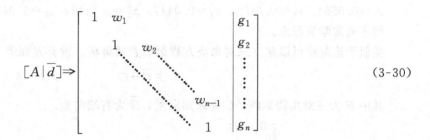

试求沿反应器径向上各点的转化率。

解：将方程组写成矩阵形式

$$\begin{bmatrix} 1.0 & -0.333 & & & & \\ 0.05 & -1.0+ & 0.15 & & & \\ & 0.075 & -1.0 & +0.125 & & \\ & & 0.0833 & -1.0 & +0.1167 & \\ & & & 0.0875 & -1.0 & +0.1125 \\ & & & & 0.2 & -1.0 \end{bmatrix} \begin{bmatrix} x_1 \\ x_2 \\ x_3 \\ x_4 \\ x_5 \\ x_6 \end{bmatrix} = \begin{bmatrix} 0.0296 \\ -0.0356 \\ -0.0356 \\ -0.0356 \\ -0.0356 \\ -0.0472 \end{bmatrix}$$

按式(3-29)求解得

$w_1 = c_1/b_1 = -0.333$　　　　　　$g_1 = d_1/b_1 = 0.0296$

$w_2 = c_2/(b_2 - w_1 a_1) = -0.1525$　$g_2 = (d_2 - g_1 a_1)/(b_2 - w_1 a_1) = 0.0377$

同理，求出 w_3，g_3，w_4，g_4，$\cdots$，w_5，g_6。消元结果为

$$
\begin{bmatrix}
1 & -0.333 & & & & \\
 & 1 & 0.1526 & & & \\
 & & 1 & -0.1265 & & \\
 & & & 1 & -0.1179 & \\
 & & & & 1 & -0.1137 \\
 & & & & & 1
\end{bmatrix}
\begin{bmatrix}
x_1 \\ x_2 \\ x_3 \\ x_4 \\ x_5 \\ x_6
\end{bmatrix}
=
\begin{bmatrix}
0.0296 \\ 0.0377 \\ 0.0389 \\ 0.0392 \\ 0.0394 \\ 0.0564
\end{bmatrix}
$$

由下而上回代解得

$x_6 = 0.0564$，$x_5 = 0.0458$，$x_4 = 0.0447$，$x_3 = 0.0445$，$x_2 = 0.0445$，$x_1 = 0.0444$。

程序见数学资源库。

类似于追赶法可以建立三对角块方程组的直接解法。设有方程组

$$F\bar{C} = \bar{G} \tag{3-32}$$

其中 F 为三对角块矩阵，$\bar{C}$ 为未知向量，$\bar{G}$ 为右端向量。

$$
F = \begin{bmatrix}
B_1 & D_1 & & & & & \\
A_1 & B_2 & D_2 & & & & \\
 & \ddots & \ddots & \ddots & & & \\
 & & \ddots & \ddots & \ddots & & \\
 & & & \ddots & \ddots & \ddots & \\
 & & & & A_{N-2} & B_{N-1} & D_{N-1} \\
 & & & & & A_{N-1} & B_N
\end{bmatrix} \tag{3-33}
$$

$$\bar{C} = (\bar{C}_1^T, \bar{C}_2^T, \cdots, \bar{C}_N^T)^T \tag{3-34}$$

$$\bar{G} = (\bar{G}_1^T, \bar{G}_2^T, \cdots, \bar{G}_N^T)^T \tag{3-35}$$

式(3-33) 中 A_j，D_j，$(j=1, \cdots, N-1)$ 和 B_j $(j=1, \cdots, N)$ 为分块子矩阵，且对角块 B_j 为 n_j 阶方阵，而 A_j 和 D_j 可以是方阵，也可能为矩阵。式(3-34) 和式(3-35) 中 $\bar{C}_j$ 和 $\bar{G}_j$ 为 n_j 维的子向量。例如有这样一个具体形状的三对角块方程组

$$
\left\{
\begin{bmatrix}
\times & \times & \vdots & \times & \times & \times & \vdots & 0 & 0 \\
\times & \times & \vdots & \times & \times & \times & \vdots & 0 & 0 \\
\hdashline
\times & \times & \vdots & \times & \times & \times & \vdots & \times & \times \\
\times & \times & \vdots & \times & \times & \times & \vdots & \times & \times \\
\times & \times & \vdots & \times & \times & \times & \vdots & \times & \times \\
\hdashline
0 & 0 & \vdots & \times & \times & \times & \vdots & \times & \times \\
0 & 0 & \vdots & \times & \times & \times & \vdots & \times & \times
\end{bmatrix}
\right.
\begin{bmatrix}
x_{1,1} \\ x_{1,2} \\ \hdashline x_{2,1} \\ x_{2,2} \\ x_{2,3} \\ \hdashline x_{3,1} \\ x_{3,2}
\end{bmatrix}
=
\begin{bmatrix}
g_{1,1} \\ g_{1,2} \\ \hdashline g_{2,1} \\ g_{2,2} \\ g_{2,3} \\ \hdashline g_{3,1} \\ g_{3,2}
\end{bmatrix} \tag{3-36}
$$

式(3-36) 中对角块 B_1，B_3 为二阶方阵，而 B_2 为三阶方阵；A_2、D_1 为 2×3 阶矩阵；A_1、

D_2 为 3×2 阶矩阵。这里未知量 $\overline{C}$ 由三个子向量组成，$\overline{C}_1=(x_{11},x_{12})^T,\overline{C}_2=(x_{21},x_{22},x_{23})^T,\overline{C}_3=(x_{31},x_{32})^T$。右端向量 $\overline{G}$ 结构与 $\overline{C}$ 相同。

参照式(3-29)与式(3-31)求解三对角线方程组步骤，可以类似地导出三对角块方程组求解公式如下。

消去过程

$$\begin{cases} W_1=B_1^{-1}D_1 \\ W_i=(B_i-A_{i-1}W_{i-1})^{-1}D_i \quad (i=2,3,\cdots,N-1) \\ \overline{K}_1=B_1^{-1}\overline{G}_1 \end{cases} \tag{3-37}$$

$$\overline{K}_i=(B_i-A_{i-1}W_{i-1})^{-1}(\overline{G}_i-A_{i-1}\overline{K}_{i-1}) \quad (i=2,3,\cdots,N)$$

这里 W_i 是矩阵，如式(3-36)中，B_1 是二阶方阵，B_1^{-1} 亦然。D_1 为 2×3 阶矩阵，所以 W_1 则是 2×3 阶矩阵。式(3-37)中 $\overline{K}_i$ 则是与 $\overline{G}_i$ 同样维数的向量。

消元结果为

$$[F|\overline{G}]\Rightarrow \begin{bmatrix} I_1 & W_1 & & & & & \\ & I_2 & W_2 & & & & \\ & & \ddots & \ddots & & & \\ & & & \ddots & \ddots & & \\ & & & & \ddots & W_{N-1} \\ & & & & & I_N \end{bmatrix} \left. \begin{matrix} \overline{K}_1 \\ \overline{K}_2 \\ \vdots \\ \\ \overline{K}_{N-1} \\ \overline{K}_N \end{matrix} \right] \tag{3-38}$$

这里 I_i 为与 B_i 同阶数的单位矩阵。

回代过程

$$\begin{cases} \overline{C}_N=\overline{K}_N \\ \overline{C}_i=\overline{K}_i-W_i\overline{C}_{i+1} \quad (i=N-1,\ N-2,\ \cdots,\ 1) \end{cases} \tag{3-39}$$

【例 3-5】 试用子程序 BAND 求解下述三对角块方程组

$$\begin{bmatrix} 1.0 & 2.0 & 1.0 & 2.0 & 2.0 & 1.0 & & & \\ 2.0 & 1.0 & 1.0 & 2.0 & 1.0 & 0.0 & & & \\ 1.0 & 2.0 & 2.0 & 1.0 & 2.0 & 0.0 & & & \\ 0.0 & 1.0 & 3.0 & 1.0 & 2.0 & 1.0 & 1.0 & 2.0 & 1.0 \\ 0.0 & 0.0 & 1.0 & 2.0 & 2.0 & 1.0 & 1.0 & 2.0 & 0.0 \\ 0.0 & 0.0 & 2.0 & 2.0 & 1.0 & 1.0 & 1.0 & 1.0 & 0.0 \\ & & & 0.0 & 1.0 & 2.0 & 2.0 & 1.0 & 1.0 \\ & & & 0.0 & 0.0 & 2.0 & 1.0 & 1.0 & 1.0 \\ & & & 0.0 & 0.0 & 1.0 & 2.0 & 1.0 & 2.0 \end{bmatrix} \begin{bmatrix} x_1 \\ x_2 \\ x_3 \\ x_4 \\ x_5 \\ x_6 \\ x_7 \\ x_8 \\ x_9 \end{bmatrix} = \begin{bmatrix} 14.0 \\ 10.0 \\ 11.0 \\ 24.0 \\ 18.0 \\ 16.0 \\ 18.0 \\ 13.0 \\ 17.0 \end{bmatrix}$$

解： 这里引用 C. Judson King 所著《分离工程》附录提供的解三对角块方程组子程序 BAND（J）来求解此题。需要说明的是，该子程序中 F 矩阵具体形式为

$$F=\begin{bmatrix} B & D_1 & X & & & & & \\ A_1 & B_2 & D_2 & & & & & \\ & \ddots & \ddots & \ddots & & & & \\ & & \ddots & \ddots & \ddots & & & \\ & & & \ddots & \ddots & \ddots & & \\ & & & & \ddots & \ddots & \ddots & \\ & & & & & A_{N-2} & B_{N-1} & D_{N-1} \\ & & & & & Y & A_{N-1} & B_N \end{bmatrix}$$

(3-40)

其中 A_j，B_j，D_j 都为相同阶数的方阵，X，Y 是三对角块以外的附加子矩阵，本题中 X，Y 均为零矩阵，故赋值为零。程序中 D 对应于子矩阵 D_j，但其维数设为 $D(n_j, 2n_j+1)$ 是为了存储中间结果扩展的。程序中数组 $C(n_j, n_j)$ 实际是解向量式(3-34) 的转置，即

$$C=(\bar{C}_1, \bar{C}_2, \cdots, \bar{C}_N)$$

(3-41)

BAND(J)自身又调用子程序 MATIN 是为了求子矩阵之逆矩阵所需。

程序及计算详细结果见数学资源库。

3.1.5 LU 分解

对于 n 阶方阵 A，若存在 n 阶下三角矩阵 L 和 n 阶上三角矩阵 U，使得

$$A=LU$$

(3-42)

则称 L、U 为矩阵 A 的三角分解，或称为 LU 分解。一般地讲 LU 分解不是唯一的。当 A 矩阵非奇异且各阶顺序主子式不为零，即 $a_{11}\neq0$，$\begin{vmatrix} a_{11} & a_{12} \\ a_{21} & a_{22} \end{vmatrix}\neq0$，$\cdots$，$\det A\neq0$，则存在两种唯一的分解方式。一种是规定 L 是单位下三角阵，即

$$L=\begin{bmatrix} 1 & & & & \\ l_{21} & 1 & & & \\ l_{31} & l_{32} & 1 & & \\ \vdots & \vdots & & \ddots & \\ l_{n1} & l_{n2} & \cdots & \cdots & 1 \end{bmatrix}$$

(3-43)

U 是非奇异的上三角阵 $$U=\begin{bmatrix} u_{11} & u_{12} & \cdots & u_{1n} \\ & u_{22} & \cdots & u_{2n} \\ & & \ddots & \vdots \\ & & & u_{nn} \end{bmatrix}$$

(3-44)

这样的情况称为杜利特尔（Doolittle）分解。另一种规定 U 是单位上三角阵，即

$$U=\begin{bmatrix} 1 & u_{12} & \cdots & \cdots & u_{1n} \\ & 1 & u_{23} & \cdots & u_{2n} \\ & & \ddots & & \vdots \\ & & & \ddots & \vdots \\ & & & & 1 \end{bmatrix}$$

(3-45)

L 是非奇异的下三角阵 $$L=\begin{bmatrix} l_{11} & & & & \\ l_{21} & l_{22} & \ddots & & \\ \vdots & \vdots & \ddots & \ddots & \\ \vdots & \vdots & & \ddots & \\ l_{n1} & l_{n2} & \cdots & \cdots & l_{nn} \end{bmatrix}$$

(3-46)

称为克劳特（Crout）分解。

这里以克劳特分解为例讨论怎样由 A 的元素 a_{ij} 确定 L 和 U 的元素。事实上 a_{ij} 等于 L 的第 i 行同 U 的第 j 列相乘，即

$$a_{ij}=(l_{i1},l_{i2},\cdots,l_{ii},0,\cdots,0)\times(u_{1,j},u_{2,j},\cdots,u_{i+1,j},1,0,\cdots,0) \tag{3-47}$$

因而，当 $j\leqslant i$ 时，有

$$a_{ij}=\sum_{k=1}^{j-1}l_{ik}u_{kj}+l_{ij} \tag{3-48}$$

而当 $j>i$ 时，有

$$a_{ij}=\sum_{k=1}^{i-1}l_{ik}u_{kj}+l_{ii}u_{ij} \tag{3-49}$$

式(3-48)、式(3-49)从形式上看是非线性的，似乎不便于解出 l_{ij} 及 u_{ij} 诸元素，其实可以先 L 后 U 逐行解出各元素，分解公式是

$$l_{ij}=a_{ij}-\sum_{k=1}^{i-1}l_{ik}u_{kj} \quad (j=1,2,\cdots,i;\ i=1,2,\cdots,n) \tag{3-50}$$

$$u_{ij}=\left(a_{ij}-\sum_{k=1}^{i-1}l_{ik}u_{kj}\right)/l_{ii} \quad (j=i+1,\cdots,n;\ i=1,\cdots,n) \tag{3-51}$$

为了直观起见，这里举一实例说明系数间相互关系。

设
$$A=\begin{bmatrix} a_{11} & a_{12} & a_{13} \\ a_{21} & a_{22} & a_{23} \\ a_{31} & a_{32} & a_{33} \end{bmatrix}$$

令 $A=LU$，即

$$\begin{bmatrix} a_{11} & a_{12} & a_{13} \\ a_{21} & a_{22} & a_{23} \\ a_{31} & a_{32} & a_{33} \end{bmatrix}=\begin{bmatrix} l_{11} & & \\ l_{21} & l_{22} & \\ l_{31} & l_{32} & l_{33} \end{bmatrix}\begin{bmatrix} 1 & u_{12} & u_{13} \\ & 1 & u_{23} \\ & & 1 \end{bmatrix}$$

于是由矩阵乘积关系知

$a_{11}=l_{11}$　　$a_{12}=l_{11}u_{12}$　　　$a_{13}=l_{11}u_{13}$

$a_{21}=l_{21}$　　$a_{22}=l_{21}u_{12}+l_{22}$　　$a_{23}=l_{21}u_{13}+l_{22}u_{23}$

$a_{31}=l_{31}$　　$a_{32}=l_{31}u_{12}+l_{32}$　　$a_{33}=l_{31}u_{13}+l_{32}u_{23}+l_{33}$

从以上关系式，可以逐行求出 l_{ij} 和 u_{ij}

$l_{11}=a_{11}$　$u_{11}=1$　　　$u_{12}=a_{12}/l_{11}$　　　　　$u_{13}=a_{13}/l_{11}$

$l_{21}=a_{21}$　$l_{22}=a_{22}-l_{21}u_{12}$　$u_{22}=1$　　　　$u_{23}=(a_{23}-l_{21}u_{13})/l_{22}$

$l_{31}=a_{31}$　$l_{32}=a_{32}-l_{31}u_{12}$　$l_{33}=a_{33}-(l_{31}u_{13}+l_{32}u_{23})$　$u_{33}=1$

根据矩阵 A 的三角分解，方程组

$$AX=\overline{b}$$

可改写为
$$LUX=\overline{b} \tag{3-52}$$

式(3-52)求解很方便，求解可分两步完成。

第一步：令 $UX=Y$，则式(3-52)变为

$$LY=\overline{b} \tag{3-53}$$

首先求解式(3-53)中未知向量 Y。由于 L 是下三角阵，故式(3-53)具体形式为

$$l_{11}y_1 = b_1$$
$$l_{21}y_1 + l_{22}y_2 = b_2$$
$$\vdots$$
$$l_{n1}y_1 + l_{n2}y_2 + \cdots + l_{m}y_n = b_n$$

显然自上而下逐步代入，即可求得 Y

$$y_i = \left(b_i - \sum_{k=1}^{i-1} l_{ik}y_k \right) / l_{ii} \quad (i = 1, \cdots, n) \tag{3-54}$$

第二步：求解三角方程组

$$UX = Y \tag{3-55}$$

即

$$x_1 + u_{12}x_2 + \cdots + u_{1n}x_n = y_1$$
$$x_2 + \cdots + u_{2n}x_n = y_2$$
$$\ddots \quad \vdots \quad \vdots$$
$$\ddots \quad \vdots \quad \vdots$$
$$x_n = y_n$$

这里需自下而上进行回代，便可解得 X

$$x_i = y_i - \sum_{k=i+1}^{n} u_{ik}x_k \quad (i = n, n-1, \cdots, 1) \tag{3-56}$$

可以证明 LU 分解法与高斯消去法是等价的，计算工作量也基本相同。但 LU 分解法有其特点，首先节省计算机存储空间，LU 分解所得元素可存入 A 矩阵元素各存储单元内；如果用 LU 分解法求解具有相同系数矩阵的多个方程组，则可节省大量机时和内存空间。如

$$AX = (\bar{b}_1, \bar{b}_2, \cdots, \bar{b}_m) \tag{3-57}$$

为 m 个具有相同系数矩阵 A，但有不同右端向量的方程组，为此只需将 A 作一次分解，对 m 个方程组均适用，然后由各自右端向量求解式(3-53) 和式(3-55) 便可获得全部解。每增加一个右端项，只需增加 n^2 次乘除法运算。

【例 3-6】 乙炔的摩尔热容与温度的经验关联式 $C_p = a + bT + cT^2$，用最小二乘法拟合实测数据得到如下正规方程组

$$\begin{cases} 105.21 = 8a + 28b + 140c \\ 402.29 = 28a + 140b + 784c \\ 2070.29 = 140a + 784b + 4676c \end{cases}$$

试用 LU 分解法求解方程组，确定参数 a, b, c

解：首先将方程组的系数矩阵 A 根据式(3-50)，式(3-51) 作 LU 分解

$$A = \begin{bmatrix} 8 & 28 & 140 \\ 28 & 140 & 784 \\ 140 & 784 & 4676 \end{bmatrix} \quad L = \begin{bmatrix} 8 & 0 & 0 \\ 28 & 42 & 0 \\ 140 & 294 & 168 \end{bmatrix} \quad U = \begin{bmatrix} 1 & 3.5 & 17.5 \\ 0 & 1 & 7 \\ 0 & 0 & 1 \end{bmatrix}$$

然后分两步求解，令 $UX = Y$

第一步：求解 $LY = \bar{b}$

$$8y_1 \qquad\qquad = 105.21$$
$$28y_1 + 42y_2 \qquad = 402.29$$
$$140y_1 + 294y_2 + 168y_3 = 2070.29$$

顺序代入得，$y_1=13.15$，$y_2=0.8108$，$y_3=-0.05512$

第二步：求解 $UX=Y$

$$a+3.5b+17.5c \quad\quad =13.15$$
$$b+7c \quad =0.818$$
$$c=-0.05512$$

回代求得 $c=-0.05512$，$b=1.1966$，$a=9.926$

程序见数学资源库。

3.1.6　平方根法

当方程组的系数矩阵 A 为对称正定矩阵时，则三角分解还可以进一步简化。可以证明，若 A 为 n 阶对称正定矩阵，且其各阶顺序主子式均不为零，则可唯一地分解为

$$A=LDL^T \tag{3-58}$$

其中 L 为单位下三角矩阵，D 为非奇异对角矩阵，因 A 正定，则 D 的元素皆为正数，于是 D 可分解为

$$D=D^{1/2}D^{1/2} \tag{3-59}$$

即

$$\begin{bmatrix} d_1 & & & \\ & d_2 & & \\ & & \ddots & \\ & & & d_n \end{bmatrix} = \begin{bmatrix} \sqrt{d_1} & & & \\ & \sqrt{d_2} & & \\ & & \ddots & \\ & & & \sqrt{d_n} \end{bmatrix} \begin{bmatrix} \sqrt{d_1} & & & \\ & \sqrt{d_2} & & \\ & & \ddots & \\ & & & \sqrt{d_n} \end{bmatrix}$$

则式（3-58）可改写为

$$A=LD^{1/2}D^{1/2}L^T=(LD^{1/2})(LD^{1/2})^T=L_1L_1^T \tag{3-60}$$

对称正定矩阵的三角分解式（3-60）又称为乔累斯基（Cholosky）分解。

$A=L_1L_1^T$ 具体可写出

$$\begin{bmatrix} a_{11} & \cdots & \cdots & a_{1n} \\ a_{21} & \cdots & \cdots & a_{2n} \\ \vdots & & \ddots & \vdots \\ a_{n1} & \cdots & \cdots & a_{nn} \end{bmatrix} = \begin{bmatrix} l_{11} & & & \\ l_{21} & l_{22} & & \\ \vdots & & \ddots & \\ l_{n1} & \cdots & \cdots & l_{nn} \end{bmatrix} \begin{bmatrix} l_{11} & l_{21} & \cdots & l_{n1} \\ & l_{22} & \cdots & l_{n2} \\ & & \ddots & \vdots \\ & & & l_{nn} \end{bmatrix}$$

由矩阵乘法规则可从 a_{ij} 确定 L_1 矩阵元素 l_{ij}

$$a_{ij}=(l_{i1},l_{i2},\cdots,l_{ii},0,\cdots,0)*(l_{j,1},l_{j,2},\cdots,l_{j,j},0,\cdots,0)^T$$

$$=\sum_{k=1}^{j-1}l_{ik}l_{jk}+l_{ij}l_{jj} \quad (i=j,j+1,\cdots,n)$$

所以可得

$$l_{jj}=\left(a_{jj}-\sum_{k=1}^{j-1}l_{jk}^2\right)^{1/2} \tag{3-61}$$

$$l_{ij}=\left(a_{ij}-\sum_{k=1}^{j-1}l_{ik}l_{jk}\right)/l_{jj} \tag{3-62}$$

从 $j=1$ 开始，由式（3-61）求得 l_{11}，由式（3-62）计算 l_{21}，l_{31}，$\cdots$，l_{n1}，下一步 $j=2$，依次求得 l_{22}，l_{32}，$\cdots$，l_{n2}，如此反复直到 $j=n$ 为止，便求得 L_1 全部元素，显然 L_1^T 也就确定了。这里的计算量只是 LU 分解的二分之一。此外由于矩阵的对称性，存储量也可节省将近一半。利用乔累斯基分解求解方程组的方法称为平方根法。

设有方程组 $\qquad\qquad\qquad AX=\bar{b}$ (3-63)

其中 A 为对称正定阵，则由乔累斯基分解可得

$$A=LL^T$$ (3-64)

于是方程可写为 $\qquad\qquad\qquad LL^TX=\bar{b}$ (3-65)

令 $L^TX=Y$，则求解可分两步进行。

第一步解 $\qquad\qquad\qquad LY=\bar{b}$ (3-66)

得

$$y_i = \left(b_i - \sum_{k=1}^{i-1} l_{ik} y_k \right)/l_{ii} \quad (i=1,2,\cdots,n)$$ (3-67)

第二步解 $\qquad\qquad\qquad L^TX=Y$ (3-68)

得

$$x_i = \left(y_i - \sum_{k=i+1}^{n} l_{ki} x_k \right)/l_{ii} \quad (i=n,n-1,\cdots,1)$$ (3-69)

【例 3-7】 试用乔累斯基分解求解下述两组方程

$$\begin{bmatrix} 5 & 7 & 6 & 5 \\ 7 & 10 & 8 & 7 \\ 6 & 8 & 10 & 9 \\ 5 & 7 & 9 & 10 \end{bmatrix} \begin{bmatrix} x_1 & y_1 \\ x_2 & y_2 \\ x_3 & y_3 \\ x_4 & y_4 \end{bmatrix} = \begin{bmatrix} 23 & 92 \\ 32 & 128 \\ 33 & 132 \\ 31 & 124 \end{bmatrix}$$

程序及计算结果详见数学资源库。

3.1.7 病态方程组和病态矩阵

前面介绍的几种解线性方程组的方法都是直接解法。从理论上讲，所有直接解法经过有限步运算都可以获得准确解。但实际上即使运用高精度计算机解题，由于受计算机字长限制，舍入误差总是不可避免的，因此直接解法计算结果也有一定误差。舍入误差由多种原因造成，如方程组系数矩阵元素及右端项数据来自实测或某种方法计算所得，数据本身就带有误差；数据输入计算机后由于十进位制与二进位制相互转换都会带来舍入误差；计算过程中误差传递、譬如两个相近数相减会损失有效数字位数等。值得注意的是实际问题求解的精度除了与原始数据精度、算法及计算工具有关外，还有一个重要的影响因素，这就是方程本身的性态。下面举例来说明即使采用同一算法，同样计算精度，对于不同性态的方程计算结果的精确度有很大差别。

【例 3-8】 用高斯列主元素消去法解下列方程

$$\begin{bmatrix} 1 & 1/3 & -1/3 \\ 1/4 & 1 & 1/4 \\ 1 & 1/2 & 1 \end{bmatrix} \begin{bmatrix} x_1 \\ x_2 \\ x_3 \end{bmatrix} = \begin{bmatrix} 2/3 \\ 3 \\ 5 \end{bmatrix}$$

解：取三位小数精度进行计算

$$\begin{bmatrix} 1 & 0.333 & -0.333 & \vdots & 0.667 \\ 0.250 & 1 & 0.250 & \vdots & 3 \\ 1 & 0.500 & 1 & \vdots & 5 \end{bmatrix} \xrightarrow{\text{消元}} \begin{bmatrix} 1 & 0.333 & -0.333 & \vdots & 0.667 \\ 0 & 0.917 & 0.333 & \vdots & 2.833 \\ 0 & 0.167 & 1.333 & \vdots & 4.333 \end{bmatrix}$$

$$\xrightarrow{\text{消元}} \begin{bmatrix} 1 & 0.333 & -0.333 & \vdots & 0.667 \\ 0 & 1 & 0.363 & \vdots & 3.089 \\ 0 & 0 & 1.272 & \vdots & 3.817 \end{bmatrix}$$

回代得 $x_3=3.001, \ x_2=2.000, \ x_1=1.000$

此题的准确解为 $x_1=1$，$x_2=2$，$x_3=3$。说明取小数点后三位精度计算效果良好，即系数矩阵对误差不敏感。再来考察一个与此题数字极为相似的问题，精度与算法同上例。

【例 3-9】
$$\begin{bmatrix} 1 & 1/2 & 1/3 \\ 1/2 & 1/3 & 1/4 \\ 1/3 & 1/4 & 1/5 \end{bmatrix}\begin{bmatrix} x_1 \\ x_2 \\ x_3 \end{bmatrix}=\begin{bmatrix} 11/6 \\ 13/12 \\ 47/60 \end{bmatrix}$$

解：
$$\left[\begin{array}{ccc:c} 1 & 0.500 & 0.333 & 1.833 \\ 0.500 & 0.333 & 0.250 & 1.083 \\ 0.333 & 0.250 & 0.200 & 0.783 \end{array}\right]\xrightarrow{\text{消元}}\left[\begin{array}{ccc:c} 1 & 0.500 & 0.333 & 1.833 \\ 0 & 0.083 & 0.083 & 0.167 \\ 0 & 0.084 & 0.089 & 0.173 \end{array}\right]$$

$$\xrightarrow{\text{消元}}\left[\begin{array}{ccc:c} 1 & 0.500 & 0.333 & 1.833 \\ 0 & 1 & 1 & 2.012 \\ 0 & 0 & 0.005 & 0.004 \end{array}\right]$$

回代得 $x_3=0.8$，$x_2=1.212$，$x_1=0.961$。

此题的准确解为 $x_3=x_2=x_1=1$。显见，本例系数矩阵对误差敏感，计算效果不好。比较例 3-8 和例 3-9，可以得出结论：例 3-8 方程组是良态的，相应的系数矩阵称为良态矩阵。例 3-9 则是病态方程组，其系数矩阵为病态矩阵。所谓病态方程组定性地可以这样解释：设有线性方程组 $AX=\bar b$，当系数矩阵 A 或右端向量 $\bar b$ 的元素有微小变化（称为摄动），可使方程组的解产生很大误差甚至得出荒谬解。从以下两组例题可说明上述概念。

【例 3-10(a)】
$$\begin{cases} 2x_1+6x_2=8 \\ 2x_1+6.00001x_2=8.00001 \end{cases}$$

解： 此方程组的解为 $X^*=(1,1)^T$。

【例 3-10(b)】
$$\begin{cases} 2x_1+6x_2=8 \\ 2x_1+5.99999x_2=8.00002 \end{cases}$$

解： 此方程组的解为 $X^*=(10,-2)^T$。

例 3-10（a）与例 3-10（b）方程组的系数矩阵和右端向量各有一个元素有微量之别，结果解向量相差甚远，说明这两组方程都是病态的，其系数矩阵都是病态矩阵。

【例 3-11(a)】
$$\begin{cases} 0.2161x_1+0.1441x_2=0.1440 \\ 1.2969x_1+0.8648x_2=0.8642 \end{cases}$$

解： 此方程组的解为 $X^*=(2,-2)^T$。

【例 3-11(b)】
$$\begin{cases} 0.2161x_1+0.1441x_2=0.144000001 \\ 1.2969x_1+0.8648x_2=0.86419999 \end{cases}$$

解： 其准确解为 $X^{❶}=(0.991,-0.487)^T$。

例 3-11（a）与例 3-11（b）系数矩阵相同，只是右端项有微小摄动，但两方程组之解完全不同，说明两者均为病态方程组，当然矩阵亦然。

对于工程技术人员来说，关心的是怎样定量地判别病态矩阵以及如何解救病态问题。考察一个方程组是否病态就是考虑当系数矩阵及右端向量的微小变化是否会对解向量产生很大影响的问题。

设有方程组 $AX=\bar b$，若 A 非奇异，$\bar b$ 不为零，则当矩阵 A 输入包含误差 ΔA，右端项

---

❶ 关于向量和矩阵范数概念参阅本书附录。

有干扰 $\Delta \overline{b}$ 时来考察解向量的增量 ΔX 的变化规律,

$$(A+\Delta A)(X+\Delta X)=\overline{b}+\Delta \overline{b}$$

将上式展开,并取范数*加以化简整理后可得

$$\frac{\|\Delta X\|}{\|X\|} \leqslant \frac{K(A)}{1-K(A)\dfrac{\|\Delta A\|}{\|A\|}}\left(\frac{\|\Delta A\|}{\|A\|}+\frac{\|\Delta \overline{b}\|}{\|\overline{b}\|}\right) \tag{3-70}$$

其中

$$K(A)=\|A\|\,\|A^{-1}\| \tag{3-71}$$

称为矩阵 A 的条件数。式(3-70)表明了 A 与 $\overline{b}$ 微小摄动得到于解向量的相对摄动的影响关系式。只要 $\|A^{-1}\|\,\|\Delta A\| \ll 1$,当$K(A)$很大时,$\Delta A$,$\Delta \overline{b}$ 微小扰动就会使 $\|\Delta X\|/\|X\|$ 放大很大倍数,反之 $K(A)$ 较小,则同样的 ΔA,$\Delta \overline{b}$ 扰动,对 $\|\Delta X\|/\|X\|$ 影响就小。所以$K(A)$表述了方程组的解对于原始数据舍入误差的灵敏度。$K(A)$越大,病态越严重。但$K(A)$多大才算病态并没有一个明确的数值标准。病态矩阵的一个典型例子就是所谓 Hilbert矩阵。这是一个实对称矩阵,形式为

$$H=\begin{bmatrix} 1 & 1/2 & 1/3 & \cdots & 1/n \\ 1/2 & 1/3 & 1/4 & \cdots & 1/(n+1) \\ \vdots & \vdots & \vdots & \vdots & \vdots \\ 1/n & 1/(n+1) & 1/(n+2) & \cdots & 1/(2n-1) \end{bmatrix} \tag{3-72}$$

n 值越大,病态越严重。下面具体计算 $n=5$ 时 Hilbert 矩阵的条件数。由于 H 是实对称阵,

$$\|H\|_2=|\lambda_1|\,,\quad \|H^{-1}\|_2=\frac{1}{|\lambda_n|}$$

其中λ_1是 H 阵按模最大的特征值,λ_n 是 H 阵按模最小的特征值,于是 H 的条件数可按下式计算

$$K(H)=\|H\|_2\cdot\|H^{-1}\|_2=\frac{|\lambda_1|}{|\lambda_n|} \tag{3-73}$$

假设 H 的特征值按模大小排列为 $|\lambda_1|>|\lambda_2|>\cdots>|\lambda_n|$。因 H 可逆,则 H^{-1} 的特征值按模大小排列为 $|\lambda_n^{-1}|>|\lambda_{n-1}^{-1}|>\cdots>|\lambda_1^{-1}|$。在数学资源库中给出计算 $K(H)$ 的程序及 $n=5$ 时的 H 阵的条件数的计算结果。$n=5$ 时,$K(H)=0.47625484E+06$。可见 $n=5$ 时 H 阵病态已相当严重。

除了用条件数判别矩阵是否病态外,还可以从下列几点考察矩阵性态。

① 若 $\det A \approx 0$,即 A 矩阵接近奇异,一定属于病态;

② 若矩阵 A 的特征值中有一个模值近似于零,则 A 病态;

③ 若 A^{-1} 中有一些元素,其数量级大大超过 A 矩阵元素,则 A 阵可能为病态。

在化工过程动态模拟中可能遇到病态方程组。由于病态方程对于舍入误差十分敏感,因此必须尽可能减少舍入误差,在计算机模拟中采用大字长,双精度可改善计算结果精度。当然用双精度要增加存储单元,并降低计算速度,这就是为保证必要的精度付出的代价。此外还有一些改善病态矩阵的处理方法可查阅有关专著。

3.2 线性方程组的迭代解法

近 20 年来,从微分方程数值解、线性规划、网络分析到有限元分析等领域都提出了求

解高阶稀疏方程组问题，方程组的阶数可由上千阶直至几十万阶，而其中非零元素所占比例又很小（一般认为非零元素所占比例小于 25% 者为稀疏矩阵）。对于这种问题用直接法求解可能产生较大舍入误差，而且消元过程将使零元素变为非零元素，破坏了稀疏性。所以对于大型稀疏方程应采用迭代法求解。由于迭代法不需存储零元素，从而节省内存。

迭代法的基本思想是构造一种迭代格式，从某个初始猜测向量 $X^{(0)}$ 出发，生成一个向量序列 $\{X^{(k)}\}$，其中 $X^{(k)}$ 为第 k 次迭代近似值，如果迭代格式收敛，则当 k 值趋于无穷时，向量序列的极限即为方程组的真解 X^*。本节介绍常用的雅可比（Jacobian）迭代、高斯-赛德尔（gauss-Siedel）迭代和松弛（SOR）迭代三种线性迭代算法。

3.2.1　雅可比迭代法

雅可比迭代法是一种最简单的迭代方法。对于线性方程组

$$\begin{cases} a_{11}x_1+a_{12}x_2+\cdots+a_{1n}x_n=b_1 \\ a_{21}x_1+a_{22}x_2+\cdots+a_{2n}x_n=b_2 \\ \vdots \\ a_{n1}x_1+a_{n2}x_2+\cdots+a_{nn}x_n=b_n \end{cases} \quad (3\text{-}74)$$

若 $a_{ii}\neq$（$i=1,2,\cdots,n$），则可将方程组改写为

$$\begin{cases} x_1=(-a_{12}x_2-a_{13}x_3-\cdots-a_{1n}x_n+b_1)/a_{11} \\ x_2=(-a_{21}x_1-a_{23}x_3-\cdots-a_{2n}x_n+b_2)/a_{22} \\ \vdots \\ x_n=(-a_{n1}x_1-a_{n2}x_2-\cdots-a_{n,n-1}x_{n-1}+b_n)/a_{nn} \end{cases} \quad (3\text{-}75)$$

选择一个初始向量 $X^{(0)}=(x_1^{(0)},x_2^{(0)},\cdots,x_n^{(0)})^T$，代入上式右端，得到第一次迭代向量 $X^{(1)}=(x_1^{(1)},x_2^{(1)},\cdots,x_n^{(1)})^T$，然后将 $X^{(1)}$ 代入上式右端求出第二次迭代近似解 $X^{(2)}$，如此循环，直到迭代所得近似解满足精度要求为止。据此可写出雅可比迭代格式如下

$$x_i^{(k+1)}=\Big(b_i-\sum_{j=1}^{i-1}a_{ij}x_j^{(k)}-\sum_{j=i+1}^{n}a_{ij}x_j^{(k)}\Big)/a_{ii} \quad (3\text{-}76)$$
$$(i=1,2,\cdots,n)(k=0,1,\cdots)$$

如将方程组（3-74）的系数矩阵 A 作如下分解

$$A=D-L-U \quad (3\text{-}77)$$

即

$$\begin{bmatrix} a_{11} & a_{12} & \cdots & a_{1n} \\ a_{21} & a_{22} & \cdots & a_{2n} \\ \vdots & \vdots & & \vdots \\ a_{n1} & a_{n2} & \cdots & a_{nn} \end{bmatrix}=\begin{bmatrix} a_{11} & & & \\ & a_{22} & & \\ & & \ddots & \\ & & & a_{nn} \end{bmatrix}-\begin{bmatrix} 0 & & & & \\ -a_{21} & 0 & & & \\ -a_{31} & -a_{32} & 0 & & \\ \vdots & & & \ddots & \\ -a_{n1} & -a_{n2} & \cdots & \cdots & 0 \end{bmatrix}-$$

$$\begin{bmatrix} 0 & -a_{12} & \cdots & \cdots & \cdots & -a_{1n} \\ & 0 & -a_{23} & \cdots & \cdots & -a_{2n} \\ & & \ddots & \ddots & & \vdots \\ & & & \ddots & & \vdots \\ & & & & \ddots & -a_{n-1,n} \\ & & & & & 0 \end{bmatrix}$$

显然 D 是对角阵，L 和 U 分别为下、上三角阵。

于是方程组（3-74）改写为矩阵形式为

$$(D-L-U)X=\overline{b} \tag{3-78}$$

$$DX=(L+U)X+\overline{b}$$

雅可比迭代矩阵表示式为

$$X^{(k+1)}=D^{-1}(L+U)X^{(k)}+D^{-1}\overline{b} \tag{3-79}$$

3.2.2　高斯-赛德尔迭代法

一般地说雅可比迭代收敛速度较慢，赛德尔迭代是对雅可比迭代的一种修正。因为用雅可比迭代计算 $x_i^{(k+1)}$ 时，已获得 $x_1^{(k+1)}$，$x_2^{(k+1)}$，…，$x_{i-1}^{(k+1)}$ 的信息，赛德尔迭代就是及时引用这些信息。对照式(3-76)可以写出赛德尔迭代格式如下：

$$x_i^{(k+1)}=\Big(b_i-\sum_{j=1}^{i-1}a_{ij}x_j^{(k+1)}-\sum_{j=i+1}^{n}a_{ij}x_j^{(k)}\Big)/a_{ii} \tag{3-80}$$

$$(i=1,2,\cdots,n)\ (k=0,1,\cdots)$$

若将式(3-78)改写为

$$(D-L)X=UX+\overline{b}$$

则可写出赛德尔迭代的矩阵形式

$$X^{(k+1)}=(D-L)^{-1}UX^{(k)}+(D-L)^{-1}\overline{b} \tag{3-81}$$

或　　　　　　　　　$$DX^{(k+1)}=LX^{(k+1)}+UX^k+\overline{b}$$

即　　　　　$$X^{k+1}=D^{-1}LX^{(k+1)}+D^{-1}UX^{(k)}+D^{-1}\overline{b} \tag{3-82}$$

3.2.3　基本迭代法的收敛性分析

3.2.3.1　收敛条件

【例 3-12】　用雅可比迭代法求解下列方程组

$$\begin{cases}10x_1-x_2-2x_3=7.2\\-x_1+10x_2-2x_3=8.3\\-x_1-x_2+5x_3=4.2\end{cases}$$

要求精度为　　　　　$|x_i^{(k+1)}-x_i^{(k)}|\leqslant1E-5$。

解：① 首先建立迭代格式如下

$$x_1^{(k+1)}=(x_2^{(k)}+2x_3^{(k)}+7.2)/10$$

$$x_2^{(k+1)}=(x_1^{(k)}+2x_3^{(k)}+8.3)/10$$

$$x_3^{(k+1)}=(x_1^{(k)}+x_2^{(k)}+4.2)/5$$

② 将方程组次序互换后，写出如下迭代格式

$$x_1^{(k+1)}=10x_2^{(k)}-2x_3^{(k)}-8.3$$

$$x_2^{(k+1)}=-x_1^{(k)}+5x_3^{(k)}-4.2$$

$$x_3^{(k+1)}=5x_1^{(k)}-0.5x_2^{(k)}-3.6$$

取初值 $X^{(0)}=(0,0,0)^T$，分别对解①、解②两种迭代格式用计算机求解结果如下。

解法①：

k	$x_1^{(k)}$	$x_2^{(k)}$	$x_3^{(k)}$
1	0.7200000	0.8300000	0.8400000
2	0.9710000	1.070000	1.150000
3	1.057000	1.157100	1.248200
4	1.085350	1.185340	1.282820
5	1.095098	1.195099	1.294138
6	1.098333	1.198337	1.298039
7	1.099442	1.199442	1.299335
8	1.099811	1.199811	1.299777
9	1.099936	1.199937	1.299924
10	1.099979	1.199979	1.299975
11	1.099993	1.199993	1.299991
12	1.099998	1.199998	1.299997

解法②：

k	$x_1^{(k)}$	$x_2^{(k)}$	$x_3^{(k)}$
1	-8.300000	-4.200000	-3.600000
2	-43.10000	-13.90000	-43.00000
3	-61.30000	-176.1000	-212.1600
4	-1345.000	-1003.650	-222.0500
5	-9600.700	230.5501	-6226.775
6	14750.75	-21537.38	-48122.38
7	-119173.3	-255366.8	84518.84
8	-2722714	541727.4	-468006.3
9	6353279	382676.3	$-1.3884439+07$
10	$3.1596634E07$	$-7.5775480E07$	$3.1575054E07$
11	$-8.2090490E08$	$1.2627962E08$	$1.9586592E08$

此题的准确解为 $x_1=1.1$，$x_2=1.2$，$x_3=1.3$。由上述结果可见解①的迭代格式收敛，而解②的迭代格式发散。此例说明处理同一方程组，由于迭代格式组织不同，迭代效果可能大不一样。于是产生疑问，迭代收敛的必要条件是什么呢？

若令式(3-79) 中

$$D^{-1}(L+U)=B_1 \tag{3-83}$$

令式(3-81) 中

$$(D-L)^{-1}U=B_2 \tag{3-84}$$

则式(3-79) 和式(3-81) 可以统一表示为

$$X^{(k+1)}=BX^{(k)}+\bar{g} \tag{3-85}$$

其中 B 称为迭代矩阵。所谓迭代收敛，是指由式(3-85) 迭代格式生成的向量序列 $\{X^{(k)}\}$ 收敛于方程组的真解 X^*，即存在极限

$$\lim_{k\to\infty} X^{(k)}=X^* \tag{3-86}$$

可以证明，对于任意初始向量 $X^{(0)}$，式(3-85) 迭代格式收敛的充分必要条件是迭代矩阵的谱半径（即按模最大的特征值）小于1，记作

$$\rho(B)<1 \tag{3-87}$$

而且 $\rho(B)$ 越小，收敛越快。由于当矩阵 B 阶数高时，按模最大的特征值不便于求取，为了方便，可以用 B 矩阵的范数作近似判断。因为

$$\|B\| \geqslant \rho(B) \tag{3-88}$$

所以只要

$$\|B\|<1 \tag{3-89}$$

必定保证 $\rho(B)<1$。当然式(3-89) 是充分条件，不是收敛的必要条件。事实上有可能 $\|B\|>1$，但 $\rho(B)<1$，迭代仍然收敛。

现在回头考察一下例 3-12 中解①和解②迭代矩阵特性，是否满足收敛条件式(3-87)。解法①的迭代矩阵为

$$B_1=\begin{bmatrix} 0 & 0.1 & 0.2 \\ 0.1 & 0 & 0.2 \\ 0.2 & 0.2 & 0 \end{bmatrix}$$

解法②的迭代矩阵为

$$B_2 = \begin{bmatrix} 0 & 10 & -2 \\ -1 & 0 & 5 \\ 5 & 0.5 & 0 \end{bmatrix}$$

可以求出 B_1 的全部特征值为

$$\lambda_1 = 0.3372, \lambda_2 = -0.2372, \lambda_3 = -0.1000$$

算得 B_2 的全部特征值为

$$\lambda_1 = -2.558 + 6.4907i$$
$$\lambda_2 = -2.558 - 6.4907i$$
$$\lambda_3 = 5.1159$$

显然有 $\rho(B_1) = 0.3372 < 1$，故迭代收敛。

而 $\rho(B_2) = [(-2.558)^2 + 6.4907^2]^{1/2} = 6.9765 > 1$，从而迭代发散。

如果算得 B_1 和 B_2 范数

$$\|B_1\|_F = 0.42426 < 1，迭代必定收敛$$

$$\|B_2\|_F = 12.4599 > 1，迭代可能发散$$

其结论也与计算结果相吻合。

如果采用雅可比迭代格式(3-76)和赛德尔迭代格式(3-80)，则根据系数矩阵 A 自身特性，也有两条判断迭代收敛的定理。

【定理1】 若方程组 $AX = \overline{b}$ 的系数矩阵 $A = (a_{ij})_{n \times n}$ 具有严格对角占优势，即满足条件

$$\sum_{\substack{j=1 \\ j \neq i}}^{n} |a_{ij}| < |a_{ii}| \quad (i = 1, 2, \cdots, n) \tag{3-90}$$

或

$$\sum_{\substack{i=1 \\ i \neq j}}^{n} |a_{ij}| < |a_{jj}| \quad (j = 1, 2, \cdots, n) \tag{3-91}$$

则方程组 $AX = \overline{b}$ 有唯一解，且雅可比迭代格式（3-76）和赛德尔迭代格式(3-80)均收敛。

【定理2】 若方程组 $AX = \overline{b}$ 的系数矩阵 A 对称正定，则赛德尔迭代式(3-80)收敛。

用定理1判断迭代收敛与否比较方便，但必须指出定理1是迭代收敛的充分条件，并非必要条件。有时矩阵 A 不是严格对角占优势，迭代也可能收敛。且看下例。

【例3-13】 用高斯-赛德尔迭代解方程组

$$\begin{pmatrix} 3 & -5 & 47 & 20 \\ 11 & 16 & 17 & 10 \\ 56 & 22 & 11 & -18 \\ 17 & 66 & -12 & 7 \end{pmatrix} \begin{pmatrix} x_1 \\ x_2 \\ x_3 \\ x_4 \end{pmatrix} = \begin{pmatrix} 18 \\ 26 \\ 34 \\ 82 \end{pmatrix}$$

解：初看起来，系数矩阵并不对角占优势，用迭代法求解可能不收敛。但只要重排方程的次序，情况可以大为改善

$$\begin{pmatrix} 56 & 22 & 11 & -18 \\ 17 & 66 & -12 & 7 \\ 3 & -5 & 47 & 20 \\ 11 & 16 & 17 & 10 \end{pmatrix} \begin{pmatrix} x_1 \\ x_2 \\ x_3 \\ x_4 \end{pmatrix} = \begin{pmatrix} 34 \\ 82 \\ 18 \\ 26 \end{pmatrix}$$

现在除了最后一行外，主对角元素都满足式（3-90）和式（3-91）。试用初值 $X^{(0)}=(1,1,1,1)^T$ 和绝对收敛精度 $\varepsilon=1E\text{-}4$ 进行迭代。迭代格式为

$$x_1^{k+1}=(34-22x_2^{(k)}-11x_3^{(k)}+18x_4^{(k)})/56$$
$$x_2^{k+1}=(82-17x_1^{(k)}+12x_3^{(k)}-7x_4^{(k)})/66$$
$$x_3^{k+1}=(18-3x_1^{(k)}+5x_2^{(k)}-20x_4^{(k)})/47$$
$$x_4^{k+1}=(26-11x_1^{(k)}-16x_2^{(k)}-17x_3^{(k)})/10$$

第一次迭代得到

$$X^{(1)}=(0.339286,1.230789,0.066725,0.144090)^T$$

经 35 次迭代，满足收敛精度，即

$$|x_i^{(k+1)}-x_i^{(k)}|<\varepsilon \quad (i=1,2,3,4) \tag{3-92}$$

得到满足精度要求的近似解为

$$X^{(35)}=(-1.076888,1.990028,1.474477,-1.906078)^T$$

此例说明 A 并不严格对角占优，迭代也可能收敛。

3.2.3.2 迭代收敛准则

由于方程组的准确解事先是未知的，所以无法估计迭代多少步后才算满足精度要求。一般只能作事后估计，即在迭代过程中比较相邻两次迭代结果，使其满足给定精度。通常使用的收敛准则有两种：一种为绝对收敛准则，即式（3-92）；另一种是相对收敛准则，即

$$\left|\frac{x_i^{(k+1)}-x_i^{(k)}}{x_i^{(k)}}\right|\leqslant\varepsilon \tag{3-93}$$

也可以似乎用向量范数作为收敛判据，即

$$\|X^{(k+1)}-X^{(k)}\|\leqslant\varepsilon \tag{3-94}$$

3.2.4 松弛迭代法（SOR 迭代法）

使用迭代法求解方程的困难在于计算量难以估计。有些问题迭代格式虽然收敛，但收敛速度太慢，使得计算时间过长而失去使用价值。松弛法是基于赛德尔迭代的一种线性加速方法。具体迭代格式分两步。

第一步：作赛德尔迭代

$$\widetilde{x}_i^{(k+1)}=\left(b_i-\sum_{j=1}^{i-1}a_{ij}x_j^{(k+1)}-\sum_{j=i+1}^{n}a_{ij}x_j^{(k)}\right)/a_{ii} \tag{3-95}$$

第二步：引进松弛因子 ω，作线性加速

$$x_i^{(k+1)}=\omega\widetilde{x}_i^{(k+1)}+(1-\omega)x_i^{(k)} \tag{3-96}$$

迭代次序从 $i=1$ 开始，计算式（3-95）及式（3-96）后，再算 $i=2$，依次推进。若把式（3-95）和式（3-96）合并成一式可写作

$$x_i^{(k+1)}=x_i^{(k)}+\omega\left(b_i-\sum_{j=1}^{i-1}a_{ij}x_j^{(k+1)}-\sum_{j=i+1}^{n}a_{ij}x_j^{(k)}\right)/a_{ii} \tag{3-97}$$

显见，当 $\omega=1$ 时，松弛法就退化为赛德尔迭代。若 $0<\omega<1$，则松弛迭代值就是赛德尔迭代值和前一次迭代值的加权平均值，称做"亚松弛"。若 $1<\omega<2$，则相当于赛德尔迭代值的外推值，称做"超松弛"。

松弛迭代格式也可用矩阵形式表示，仍将系数矩阵 A 按式（3-77）分解，把式（3-97）改写为

$$a_{ii}x_i^{(k+1)} + \omega\sum_{j=1}^{i-1}a_{ij}x_j^{(k+1)} = a_{ii}(1-\omega)x_i^k - \omega\sum_{j=i+1}^{n}a_{ij}x_j^{(k)} + \omega b_i$$

其矩阵表示式为

$$(D-\omega L)X^{(k+1)} = [(1-\omega)D + \omega U]X^{(k)} + \omega\overline{b}$$

由于 A 非奇异且对角元皆不为零，$(D-\omega L)$ 也非奇异，于是有

$$X^{(k+1)} = (D-\omega L)^{-1}[(1-\omega)D + \omega U]X^{(k)} + \omega(D-\omega L)\overline{b} \tag{3-98}$$

松弛迭代矩阵表示式(3-98)与线性迭代基本格式(3-85)相比，可见其迭代矩阵 B 为

$$B = (D-\omega L)^{-1}[(1-\omega)D + \omega U] \tag{3-99}$$

当然松弛迭代收敛的充分必要条件还是 $\rho(B)<1$。此外，还可证明松弛迭代收敛的另一必要条件是

$$0<\omega<2 \tag{3-100}$$

需要注意的是式(3-100)只是收敛的必要条件，不是充分条件。但如果系数矩阵 A 是对称正定阵，则当 $0<\omega<2$ 时，对任意 ω 松弛迭代必定收敛。松弛迭代的收敛性与松弛因子 ω 的选取密切相关。一般情况下，取 $1<\omega<2$ 用于加速某收敛的迭代过程，而取 $0<\omega<1$ 用于非收敛迭代过程使其收敛。究竟如何选取最佳松弛因子，使迭代过程收敛最快，这是一个较为复杂的问题，大多数处理方法是在计算过程中搜索寻优。

【例 3-14】 在偏微分方程差分解法中出现如下典型方程组，试用松弛法求解，以 $x_i^{(0)}=10.0$（$i=1,\cdots,10$）为初值，收敛精度 $\varepsilon=1E-4$，ω 从 0.35 开始，每次增量 0.05，直到 $\omega=1.65$，记录下不同 ω 取值下迭代次数 K。

$$\begin{bmatrix} -4 & 1 & & & & \\ 1 & -4 & 1 & & & \\ & 1 & -4 & 1 & & \\ & & \ddots & \ddots & \ddots & \\ & & & \ddots & \ddots & 1 \\ & & & & 1 & -4 \end{bmatrix} \left.\begin{matrix} -27 \\ -15 \\ -15 \\ \vdots \\ \vdots \\ -15 \end{matrix}\right]$$

解：计算机打印结果如下

$X(1)=8.7057562$	$X(6)=7.4913092$
$X(2)=7.8230367$	$X(7)=7.4617863$
$X(3)=7.5863681$	$X(8)=7.3558350$
$X(4)=7.5224576$	$X(9)=6.9615569$
$X(5)=7.5034342$	$X(10)=5.4903898$

THE ITERATION TIMES OF "SOR"

```
            0        10        20        30        40        50        60
OMIGA   K   , _____ , _____ , _____ , _____ , _____ , _____ ,
 0.35   57  | ***************************************************** *******
 0.40   48  | ********************************************* ********
 0.45   42  | ***************************************** ********** **
 0.50   37  | ****************************************** *
 0.55   32  | ********************************** **
 0.60   29  | *****************************
```

```
0.65    26  | ********** ********** ******
0.70    23  | ********** ********** ***
0.75    21  | ********** ********** *
0.80    19  | ********** *********
0.85    17  | ********** *******
0.90    15  | ********** *****
0.95    14  | ********** ****
1.00    12  | ********** **
1.05    11  | ********** *
1.10    12  | ********** **
1.15    13  | ********** ***
1.20    14  | ********** ****
1.25    15  | ********** *****
1.30    17  | ********** *******
1.35    18  | ********** ********
1.40    19  | ********** *********
1.45    21  | ********** ********** *
1.50    23  | ********** ********** ***
1.55    25  | ********** ********** *****
1.60    27  | ********** ********** *******
1.65    33  | ********** ********** ********** ***
```

由此结果可见，最佳松弛因子 $\omega_{opt}=1.05$，迭代次数为 11。

3.3　非线性方程求根

在计算流体热物理性质时，会遇到很多非线性方程，如根据压力和温度求流体体积和密度，所用真实气体状态方程全都是非线性方程。以 R-K 方程为例

$$p=\frac{RT}{v-b}-\frac{a}{T^{0.5}v(v+b)}\qquad(3\text{-}101)$$

它也可表示为关于压缩因子 Z 的三次型方程

$$Z^3-Z^2+(A-B-B^2)Z-AB=0\qquad(3\text{-}102)$$

又如计算多组分液体混合物的沸点时，要用到纯组分蒸气压方程，常用的有 Antoine 方程

$$\ln p_i^0=A_i-\frac{B_i}{T+C_i}\qquad(3\text{-}103)$$

根据 Raoult 定律，各组分蒸气分压 p_i 为

$$p_i=x_i p_i^0\qquad(3\text{-}104)$$

总压
$$p=\sum_{i=1}^{n}p_i\qquad(3\text{-}105)$$

已知液体组成 x_i 和总压 p，由以上三式联解可求得混合物沸点。显然这也是一个非线性方程求解问题。

对于高次代数方程 ［如式(3-102)］，当 $n>4$ 则没有通解公式可用了，而对于超越方程 ［如式(3-103)］ 既不知其有几个根，也没有统一的求解方式。实际上，对于 $n\geqslant3$ 代数方程

以及超越方程都采用数值方法求近似根，数值法求根，首先要给出一个初始猜测值，然后通过各种迭代格式，使其逐次逼近准确解。初值好坏对迭代收敛性有很大影响，因此选初值很重要，对于有物理背景问题，初值可以按条件选择，对于没有经验的问题，可以用图解法和计算机试算搜索法来初估近似解。假设函数 $f(x)$ 在区间 $[a, b]$ 连续，且 $f(a)f(b)<0$，则根据函数连续性可知在 $[a, b]$ 区间内至少有一个实根。不妨设 $f(a)<0$，$f(b)>0$。从 $x_0=a$ 一端出发，按预定步长 $h=\dfrac{b-a}{n}$ 逐点计算函数值，若 $f(x_{k-1})<0$，而 $f(x_k)>0$ （其中 $x_k=a+kh$），则可确定在 $[x_{k-1}, x_k]$ 内一定有根存在，若 $|x_{k-1}, x_k|$ 已相当小了，则可取 x_k 或 x_{k-1} 为初值。

【例 3-15】 在 9.33atm，300.2K 时，容器中充以 2mol 氨气，试求该容器的容积。已知氨气的范德华常数 $a=4.17\text{atm}\cdot\text{L}^2/\text{mol}^2$，$b=0.0371\text{L/mol}$。

解： 由范德华方程式

$$\left(p+\frac{an^2}{V^2}\right)(V-nb)=nRT$$

代入数据，得

$$f(V)=\left(9.33+\frac{16.68}{V^2}\right)(V-0.0742)-49.2928=0$$

这里可用理想气体状态方程来估计初值

$$pV=nRT$$

$$V=\frac{2\times0.0821\times300.2}{9.33}=5.2833\text{L}$$

于是设 $V_1=5$，计算出 $f(V_1)=-0.0486$
再设 $V_2=6$，计算出 $f(V_2)=8.7403$
由于两函数值异号，故可确定根 V^* 在区间 $[5, 6]$ 内。由于 $f(V_1)$ 更接近零，可取初值 $V_0=5$。

有了较好的初值，即为数值法求根提供了有利条件，然后利用适当的迭代格式，使根逐步精确化。

3.3.1 二分法

假设方程 $f(x)=0$ 在区间 $[a, b]$ 内有且仅有一个实根 x^*。取 $[a, b]$ 区间的中点 $x_0=\dfrac{1}{2}(a+b)$。将 $[a, b]$ 区间分成两半，然后用逐步搜索法求根。若 $f(x_0)$ 与 $f(a)$ 同号，则令 $a_1=x_0$，$b_1=b$；反之 $f(x_0)$ 与 $f(a)$ 异号，则 x^* 在 x_0 的左侧，取 $a_1=a$，$b_1=x_0$。这样得到新的有根区间 $[a_1, b_1]$，其长度为 $[a, b]$ 之半 （图 3-1）。

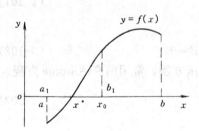

图 3-1 二分法

对缩小了的有根区间 $[a_1, b_1]$ 继续上述过程，即取中点 $x_1=\dfrac{(a_1+b_1)}{2}$ 再分 $[a_1, b_1]$ 区间为两半，进一步确定新的有根区间 $[a_2, b_2]$，其长度为 $[a_1, b_1]$ 之半。如此反复二分下去，即可得到一系列有根区间：$[a, b]$，$[a_1, b_1]$，$[a_2, b_2]$，……，$[a_k, b_k]$，……

$[a_k, b_k]$ 区间长度为

$$b_k-a_k=\frac{1}{2^k}(b-a)$$

当 $k\rightarrow\infty$ 时，则其极限必为方程之解 x^*。实际计算中不可能也没必要完成这个无限过程。

只需根据问题选取精度 ε，使满足 $|b_n - a_n| < \varepsilon$

则取方程之近似解为

$$x_n = \frac{b_n - a_n}{2} \tag{3-106}$$

此时，近似解 x_0 与真解 x^* 之间绝对误差为

$$\varepsilon_n = |x_n - x^*| < \frac{b-a}{2^{n+1}} \tag{3-107}$$

如果希望所得近似根含在一个给定小的区间长度 (a_n, b_n) 内，可以这样计算需要二分的次数

$$\frac{a-b}{a_n - b_n} = 2^n$$

$$\ln \frac{a-b}{a_n - b_n} = n\ln 2$$

$$n = \ln \left(\frac{a-b}{a_n - b_n} \right) / \ln 2 \tag{3-108}$$

最后将 n 圆整为整数即可。

【例 3-16】 在 298K 下，化学反应

$$2OF_2 = O_2 + 2F_2$$

的平衡常数为 0.410atm，若在 298K 下将 OF_2 通入容器，当 $t=0$ 时为 1atm，问最后总压是多少？

解：假设是理想气体，则从反应的化学计量式可得

$$2OF_2 = O_2 + 2F_2$$
$$1-2p \quad p \quad 2p$$

$$\frac{4p^3}{(1-2p)^2} = 0.410$$

即

$$4p^3 - 1.640p^2 + 1.64p - 0.410 = 0$$

用二分法求解，函数

$$f(p) = 4p^3 - 1.640p^2 + 1.64p - 0.410$$

设有根区间为 $[0.2, 0.3]$，因为

$$f(0.2) = -0.1156$$
$$f(0.3) = 0.0424$$

用二分法，取中间 $p = 0.25$，$f(0.25) = -0.04$，则新的有根区间为 $[0.25, 0.3]$，如此继续下去，所得结果如下表

k	a_k	b_k	p_k	$f(p_k)$
0	0.2	0.3	0.25	-0.04
1	0.25	0.3	0.275	0.0002
2	0.25	0.275	0.2625	-0.02015
3	0.2625	0.275	0.26875	-0.0101
4	0.26875	0.275	0.271875	-0.0049
5	0.271875	0.275	0.2734375	-0.00238
6	0.2734375	0.275	0.27421875	-0.00101

若取 $\varepsilon = 10^{-3}$，则 $|p_5 - p_6| = 0.00078 < 10^{-3}$，于是可取 $p^* \approx 0.2742$，而总压为 $p = 3p + (1-2p) = 1.2742$ 大气压。此例程序见数学资源库。

二分法优点是简单，但收敛比较缓慢。如果在 $[a, b]$ 区间内有一个以上实根时，则所用的策略就要复杂多了。当 $f(a)$ 与 $f(b)$ 异号，则在该区间内将有奇数个根，当 $f(a)$ 与 $f(b)$ 同号，则可能存在偶数个根或者无根。为了避免在 $[a, b]$ 内出现多个根，可以将区间分得适当小，使其只含一个根。通过作图可以实现这一点，同时还可鉴别是否根出现在曲线的切点上，这就可能存在偶次重根。二分法既不能确定切点，也不能指出它们的存在，更不能求解复根。

3.3.2 迭代法

迭代法是一种重要的逐次逼近方法。这种方法采用某个固定公式反复校正根的近似值，使其逐步精确化。

设 $f(x)$ 是实函数，需求解方程

$$f(x)=0 \tag{3-109}$$

的实根，先将方程（3-109）改写成等价形式

$$x=\varphi(x) \tag{3-110}$$

$\varphi(x)$ 是 x 的新函数，例如

$$f(x)=x^2+3e^{-x}-7.2=0$$

可以用不同的方法改写为

$$x=\pm\sqrt{7.2-3e^{-x}}$$
$$x=x^2+3e^{-x}-7.2+x$$
$$x=-\ln(2.4-x^2/3)$$

假设 x_0 是方程之根的初始近似值，则代入式（3-110）右端，求得 x_1，再将 x_1 代入右端得 x_2，……，如此重复循环，即

$$x_1=\varphi(x_0)$$
$$x_2=\varphi(x_1)$$
$$\cdots\cdots$$
$$x_{n+1}=\varphi(x_n) \tag{3-111}$$

式（3-111）即为迭代公式。所得数列 $x_0, x_1, \cdots, x_n$ 如有极限，则称迭代公式（3-111）是收敛的。设 S 是此数列之极限，即

$$\lim_{n\to\infty}x_n=S$$

那么 S 就是方程（3-109）之根 x^*，即 $f(x^*)=0$ 或 $x^*=\varphi(x^*)$。

【例 3-17】 用迭代法解例 3-15，要求精度为 $\varepsilon=10^{-2}$。

解：首先将方程改写为

$$\begin{aligned}V&=\frac{nRT}{p+an^2/V^2}+nb\\&=\frac{49.2928}{9.33+16.68/V^2}+0.0742\end{aligned}$$

用初值 $V_0=5.2833L$ 代入上式，得

$$V_1=5.0394L$$
$$|V_1-V_0|=0.2493>10^{-2}$$

再将 V_1 代入前式右端，得

$$V_2=5.0100$$

再次迭代得

$$V_3 = 5.0062$$

$$|V_3 - V_2| = 0.0038 < 10^{-2}$$

迭代三次即满足精度，于是取解为

$$V^* \approx V_3 = 5.0062L$$

显然，迭代法比二分法要快得多。

收敛性分析如下。

① 收敛条件

迭代法收敛与否与迭代格式构造是密切相关的，且看下例。

【例 3-18】 $x^3 - x - 1 = 0$

解：已知其解 $x^* = 1.32472$。这里可以构造两种迭代格式

$$(1)\ x_{k+1} = x_k^3 - 1 \qquad\qquad (2)\ x_{k+1} = (x_k + 1)^{1/3}$$

设 $x_0 = 1.5$，分别迭代得

$$
\begin{array}{ll}
x_1 = 2.375 & x_1 = 1.3572 \\
x_2 = 12.39 & x_2 = 1.3309 \\
x_3 = 1904.0 & x_3 = 1.3259
\end{array}
$$

显然第（1）种格式发散，第（2）种格式收敛，虽然收敛速度较慢。那么怎样鉴别一种迭代格式是否具有收敛性呢？这里先看图 3-2 所示几种迭代过程。

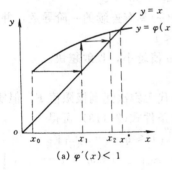

(a) $\varphi'(x) < 1$

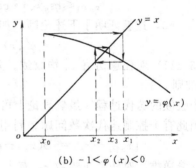

(b) $-1 < \varphi'(x) < 0$

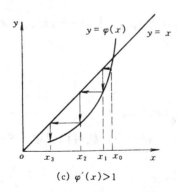

(c) $\varphi'(x) > 1$

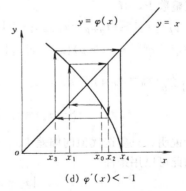

(d) $\varphi'(x) < -1$

图 3-2 迭代法收敛性

方程 $x = \varphi(x)$ 之根在图形上就是直线 $y = x$ 和曲线 $y = \varphi(x)$ 的交点。按迭代公式从 x_0 出发作 x 轴垂线和曲线 $x = \varphi(x)$ 相交于 $(x_0, \varphi(x_0))$，由迭代公式知 $x_1 = \varphi(x_0)$，故过 $(x_0,$

$\varphi(x_0)$）作 x 轴平行线交 $y=x$ 于点（x_1，x_1），如此重复作 x 垂线和平行线，得到序列 x_0，x_1，…，x_n，当 n 充分大后，如果迭代公式收敛则 $x_n \to S$，$x^* = S$。由图 3-2 可见，当 $|\varphi'(x)| < 1$ 时，迭代公式收敛，如图（a），（b）所示；当 $|\varphi'(x)| > 1$ 时，迭代过程发散，如图（c），（d）所示。

事实上由迭代公式可以证明这个收敛条件，因为由式(3-111)

$$x_{n+1} = \varphi(x_n)$$

设 S 是方程之根，即

$$S = \varphi(x)$$

于是有

$$x_{n+1} - S = \varphi(x_n) - \varphi(s)$$

由微分中值定理

$$x_{n+1} - S = \varphi'(\xi)(x_n - S) \tag{3-112}$$

其中 ξ 在 x_n 与 S 之间。如果存在正数 $q < 1$，使得

$$|\varphi'(x)| \leqslant q < 1$$

则由式(3-112)得

$$|x_{n+1} - S| \leqslant q |x_n - S|$$

令 $\varepsilon_n = |x_n - S|$（$n = 0, 1, 2, \cdots$）为第 n 步迭代误差，则可得

$$\varepsilon_{n+1} \leqslant q \varepsilon_n$$

$$\varepsilon_{n+1} \leqslant q \varepsilon_n \leqslant q \cdot q \varepsilon_{n-1} \leqslant \cdots \leqslant q^{n+1} \varepsilon_0$$

当 $n \to \infty$ 时，$\varepsilon_n \to 0$，这就证明了下述论断：如果 $\varphi(x)$ 具有连续的一阶导数，并且满足

$$|\varphi'(x)| \leqslant q < 1 \tag{3-113}$$

则迭代格式(3-111)对任意初值 x_0 均收敛。并且 q 值越小，收敛越快。

② 收敛准则

对于一个收敛的迭代过程，虽然理论上可以迭代无穷次达到极限值 S，但实际上只能计算有限次，因此有个控制迭代次数问题。利用收敛条件式(3-113)可得

$$|x_{n+1} - x_n| = |\varphi(x_n) - \varphi(x_{n-1})| \leqslant q |x_n - x_{n-1}|$$

据此关系式反复递推，对任意正整数 r，有 $|x_{n+r} - x_{n+r-1}| \leqslant q^r |x_n - x_{n-1}|$

于是对任意正整数 P，有

$$|x_{n+p} - x_n| \leqslant |x_{n+p} - x_{n+p-1}| + |x_{n+p-1} - x_{n+p-2}| + \cdots + |x_{n+1} - x_n|$$

$$\leqslant (q^p + q^{p-1} + \cdots + p) |x_n - x_{n-1}|$$

$$\leqslant \frac{q}{1-q} |x_n - x_{n-1}|$$

当 $P \to \infty$ 时

$$|S - x_n| = \varepsilon_n \leqslant \frac{q}{1-q} |x_n - x_{n-1}|$$

这个误差估计说明，只要迭代值的偏差 $|x_n - x_{n-1}|$ 相当小，就可以保证 $|S - x_n|$ 迭代误差足够小，因此可以用条件

$$|x_n - x_{n-1}| < \varepsilon \tag{3-114}$$

来控制迭代终止标准。式(3-114)称为收敛准则或迭代终止判据。

③ 收敛速度

首先说明一下怎样衡量一个算法的收敛速度。为了具有普遍意义，以迭代向量为例，设 $\{x^{(n)}\}$ 由某迭代算法生成的向量序列，它收敛于问题之解 X^*。若存在 $n \geqslant n_0$（正数），有

$$\| X^{(n+1)} - X^* \| \leqslant q \| X^{(n)} - X^* \|^P \tag{3-115}$$

其中 $q>0$，$P\geqslant1$，则称迭代序列收敛阶数 $\geqslant P$。当等式成立，则称收敛阶数等于 P，或称算法的收敛速度为 P 阶。显然 P 越大，收敛越快，$P=1$，称为线性收敛。$P=2$，称为平方收敛。$2>P>1$ 称为超线性收敛。

现在讨论简单迭代格式解单一方程根的收敛速度。

已知迭代格式

$$x_{n+1} = \varphi(x_n)$$

设其解为 x^*，即 $x^* = \varphi(x^*)$

令

$$|x_{n+1} - x^*| = \varepsilon_{n+1}, \quad |x_n - x^*| = \varepsilon_n$$

于是有

$$x^* + \varepsilon_{n+1} = \varphi(x^* + \varepsilon_n)$$

将 $\varphi(x^* + \varepsilon_n)$ 在 x^* 点展成 Taylor 级数

$$x^* + \varepsilon_{n+1} = \varphi(x^*) + \varepsilon_n \varphi'(x^*) + \frac{\varepsilon_n^2}{2!}\varphi''(x^*) + \cdots$$

因为 $x^* = \varphi(x^*)$，且略去 ε_n^2 以下高阶小量，则有

$$\varepsilon_{n+1} \approx \varphi_n'(x^*)\varepsilon_n = C \cdot \varepsilon_n \tag{3-116}$$

式 (3-116) 说明 ε_{n+1} 与 ε_n 呈线性关系，即简单迭代格式 (3-111) 收敛速度 $P=1$ 阶，即线性收敛。

【例 3-19】 试分析例 3-18 的两种迭代格式的收敛条件。

解：（1）迭代格式为 $x_{k+1} = x_k^3 - 1$

$$\varphi'(x) = \frac{\mathrm{d}}{\mathrm{d}x}(x^3 - 1) = 3x^2 - 1$$

由于初值 $x_0 > 1$，所以迭代格式 $|\varphi'(x_0)| > 1$，迭代必定发散。

（2）迭代格式为 $x_{k+1} = (x_k + 1)^{1/3}$

$$\varphi'(x) = \frac{\mathrm{d}}{\mathrm{d}x}(x+1)^{1/3} = \frac{1}{3}(x+1)^{-2/3}$$

则 $x \in (0, \infty)$ 内都有

$$0 < \left(\frac{\mathrm{d}}{\mathrm{d}x}(x+1)^{1/3}\right) < 1$$

所以此迭代格式收敛。

【例 3-20】 求方程 $x = \mathrm{e}^{-x}$ 在 $x = 0.5$ 附近的一个根，要求精度 $\varepsilon = 10^{-3}$。

解：过 $x = 0.5$，以 $h = 0.1$ 步长扫描一次，即可发现所求根在 $(0.5, 0.6)$ 范围内。由于在根附近 $\left|\frac{\mathrm{d}}{\mathrm{d}x}(\mathrm{e}^{-x})\right| \approx 0.6 < 1$，因此迭代格式

$$x_{n+1} = \mathrm{e}^{-x_n}$$

收敛，迭代结果于下表

n	x_n	$x_n - x_{n-1}$	n	x_n	$x_n - x_{n-1}$
0	0.5		6	0.56486	-0.00631
1	0.60653	0.10653	7	0.56844	0.00358
2	0.54524	-0.06129	8	0.56641	-0.00203
3	0.57970	0.03446	9	0.56756	0.00115
4	0.56006	-0.01964	10	0.56691	-0.00065
5	0.57117	0.01111			

$$x^* \approx x_{10} = 0.56691。$$

3.3.3 威格斯坦（Wegstein）法

由于简单迭代法受收敛条件 $|\varphi'(x)| < 1$ 的约束，且收敛速度较慢，威格斯坦法则是对简单迭代法的一种改进。它不仅突破 $|\varphi'(x)| < 1$ 的约束，而且加快了收敛速度。在化工流程模拟中，这种方法得到了广泛应用。

为了直观从几何图形分析来建立迭代格式。仍将方程 $f(x) = 0$ 改写为 $x = \varphi(x)$。从任意两个初始点 x_1，x_2 出发作 x 轴垂线，交曲线 $\varphi(x)$ 于 $\varphi(x_1)$，$\varphi(x_2)$ 两点。过 $(x_1, \varphi(x_1))$，$(x_2, \varphi(x_2))$ 两点连一条直线，该直线斜率为 S

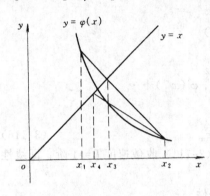

图 3-3　威格斯坦法

$$S = \frac{\varphi(x_2) - \varphi(x_1)}{x_2 - x_1} \tag{3-117}$$

它与直线 $y = x$ 相交于点 (x_3, x_3)（见图 3-3），此交点之横坐标 x_3 即为威格斯坦法迭代一步之解。然后由 x_2，x_3 出发重复上述步骤，直到找到满足精度之解。根据上述步骤，容易导出迭代格式。过点 $(x_2, \varphi(x_2))$ 斜率为 S 的直线方程为

$$y = \varphi(x_2) + S(x - x_2)$$

它与直线 $y = x$ 之交点为 x_3

$$x_3 = \varphi(x_2) + S(x_3 - x_2)$$

将式(3-117)代入，化简得

$$x_3 = \frac{x_2 \varphi(x_1) - x_1 \varphi(x_2)}{(x_2 - x_1) - [\varphi(x_2) - \varphi(x_1)]}$$

对于从任意点 x_n，x_{n-1} 出发，得到下一步迭代量 x_{n+1} 通式为

$$x_{n+1} = \frac{x_n \varphi(x_{n-1}) - x_{n-1} \varphi(x_n)}{(x_n - x_{n-1}) - [\varphi(x_n) - \varphi(x_{n-1})]} \tag{3-118}$$

从图 3-3 可以看出，如果 x_1，x_2 两点选择不当，致使斜率 $S = 1$，则使两直线平行就找不到交点 x_3 了。这就是威格斯坦法要避免的陷阱。为了与简单迭代法式(3-111)相比较。这里对式(3-118)作一改写。引进一个量 C

$$C = \frac{1}{1 - S} \tag{3-119}$$

于是式(3-118)可改写为

$$x_{n+1} = (1 - C)x_n + C\varphi(x_n) \tag{3-120}$$

这个形式可以与迭代格式(3-111)相比较。令 $q = 1 - C = \dfrac{S}{S - 1}$，当 $q = 0$ 时，$C = 1$，则威格斯坦法退化为简单迭代法 (3-111)。当 $0 < q < 1$，则变为有阻尼的顺序迭代法。通常当 $q > 0$ 时能稳定收敛，但较慢。当 $q < 0$ 时能加速收敛，但易导致不稳定。为了加速收敛又避免不稳定，常规定

$$q_{min} < q < q_{max}$$

通常取 $q_{min} = -5$，$q_{max} = 0$，这时称为有界的威格斯坦法。

【例 3-21】 用威格斯坦法求解范德华方程，以确定在 $t = -100℃$ 和 $p = 50atm$ 下氮气的体积，范德华方程为

$$\left(p + \frac{a}{V^2}\right)(V - b) = RT$$

式中　$a=1.351[\text{atm} \cdot \text{m}^3/\text{mol}]$

$\quad\quad b=38.64 \times 10^{-6}[\text{m}^3/\text{mol}]$

$\quad\quad R=82.06 \times 10^{-6}[\text{m}^3 \cdot \text{atm}/(\text{mol} \cdot \text{K})]$

取　　　　　　　　$V_0=0.01[\text{m}^3/\text{mol}]$

收敛精度为相对误差 0.001。

解：首先将方程改写成简单迭代格式

$$V_1 = \frac{RT}{p+\dfrac{a}{V_0^2}}+b$$

代入数据得

$$V_1 = \frac{82.06 \times 10^{-6} \times 173.15}{50+\dfrac{1.351}{(0.01)^2}}+38.64 \times 10^{-6}$$

$$V_1 = 322.737 \times 10^{-6} \quad\quad \text{m}^3/\text{mol}$$

由式(3-117) 及式(3-119) 得

$$S = \frac{(264.270-322.737) \times 10^{-6}}{(322.737-10000) \times 10^{-6}} = 0.006034$$

$$C = \frac{1}{1-0.006034} = 1.00607$$

由式(3-120)

$$V_2 = 1.00607 \times 264.270 \times 10^{-6}(1-1.00607) \times 322.737 \times 10^{-6}$$

$$= 263.9496 \times 10^{-6} \quad\quad \text{m}^3/\text{mol}$$

如此逐次迭代，直到满足精度要求为止。计算机程序见数学资源库，计算结果表明迭代五次即满足精度。若用简单迭代则需迭代 11 次。计算结果如下表：

迭代次数 K	$V_k \times 10^6$	$\varphi(V_k)$	S	C	$V_{k+1} \times 10^6$	$\left\|\dfrac{V_{k+1}-V_k}{V_k}\right\|$
0	10000	322.7			322.7	0.9677
1	322.7	264.3	0.006	1.006	263.9	0.1822
2	263.9	243.4	0.355	1.551	232.1	0.1207
3	232.1	227.9	0.487	1.956	223.9	0.0353
4	223.9	223.3	0.561	2.278	222.5	0.0062
5	222.5	222.5	0.581	2.384	222.4	0.0003

3.3.4 牛顿法

牛顿法对于函数便于用解析求导数的方程求根是一种有效的方法，特别适用于高次代数方程和超越函数方程，其特点是程序简单，只要初值适当，收敛速度快。

牛顿法的基本思想是将非线性方程 $f(x)=0$ 逐次线性化。若已知 x_0 为方程初始近似根，则将函数 $f(x)$ 在 x_0 的领域展成 Taylor 级数，并取其线性近似部分，即

$$f(x) \approx f(x_0)+f'(x_0)(x-x_0) \tag{3-121}$$

因此原方程在点 x_0 附近可以近似地表示为

$$f(x) \approx f(x_0)+f'(x_0)(x-x_0)=0$$

若 $f'(x_0) \neq 0$，则有

$$x = x_0 - \frac{f(x_0)}{f'(x_0)}$$

于是取第一次迭代近似根 x_1 为

$$x_1 = x_0 - \frac{f(x_0)}{f'(x_0)} \tag{3-122}$$

然后将 x_1 取代 x_0，重复式(3-122)计算，得到第二次迭代近似根 x_2，如此继续下去，直到满足精度为止，牛顿迭代通式为

$$x_{k+1} = x_k - \frac{f(x_k)}{f'(x_k)} \qquad (k=0,1,2,\cdots) \tag{3-123}$$

给定精度要求 ε，迭代终止判据可表示为

$$|x_{k+1} - x_k| < \varepsilon \tag{3-124}$$

牛顿法的几何意义可由图 3-4 看出，方程 $f(x)=0$ 的根 x^*，就是曲线 $y=f(x)$ 与 x 轴的交点。设 x_k 是第 k 次迭代近似根，由 x_k 点引 x 轴垂线交 $f(x)$ 曲线于 P_k 点，由 P_k 引 $f(x)$ 曲线的切线交 x 轴于 x_{k+1} 点，x_{k+1} 即为第 $k+1$ 次迭代近似根，过 $P_{k+1}=f(x_{k+1})$ 再作切线交 x 轴于 x_{k+1}，如此反复上述步骤，直到逼近 x^* 为止。过 P_k 作的切线斜率为

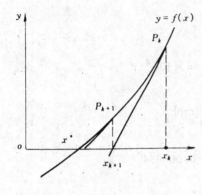

图 3-4　牛顿法几何意义

$$f'(x_k) = \frac{f(x_k)}{x_k - x_{k+1}}$$

由此也可导出牛顿迭代公式(3-123)。从而牛顿法又称切线法。

【例 3-22】　简单蒸馏时，某时刻釜残液量与低沸点组分组成 x 之间有如下关系式

$$\ln \frac{F_0}{F} = \frac{1}{a-1}\left(\ln \frac{x_0}{x} + \alpha \ln \frac{1-x}{1-x_0} \right)$$

对于苯-甲苯物系，相对挥发度 $\alpha = 2.5$，开始时物系中含苯 60%，含甲苯 40%。若蒸馏至残液量为原加料量的一半时，试求残液中苯含量。

解：按题意将数值代入方程

$$\ln \frac{F_0}{\frac{F_0}{2}} = \frac{1}{2.5-1}\left(\ln \frac{0.6}{x} + 2.5\ln \frac{1-x}{1-0.6} \right)$$

整理后得

$$2.5\ln(1-x) - \ln(x) + 0.7402 = 0$$

这里

$$f(x) = 2.5\ln(1-x) - \ln(x) + 0.7402$$

$$f'(x) = -\frac{2.5}{1-x} - \frac{1}{x}$$

取初值 $=0.4$，则

$$f(0.4) = 0.3794$$

$$f'(0.4) = -6.6666$$

$$x_1 = x_0 - \frac{f(x_0)}{f'(x_0)} = 0.4569$$

再次迭代

$$f(x_1) = -0.0003$$

$$f'(x_1) = -6.7919$$

$$x_2 = x_1 - \frac{f(x_1)}{f'(x_1)} = 0.45694$$

若按手算取精度 $\varepsilon = 10^{-4}$，则 $x^* \approx 0.45694$ 即满足精度要求。程序见数学资源库。

牛顿法的收敛性讨论如下：

参照简单迭代法收敛条件，将 $f(x) = 0$ 改写为 $x = \varphi(x)$，对牛顿迭代格式来说，它的迭代函数 $\varphi(x)$ 为

$$\varphi(x) = x - \frac{f(x)}{f'(x)} \tag{3-125}$$

由于

$$\varphi'(x) = 1 - \frac{f'(x)f'(x) - f(x)f''(x)}{[f'(x)]^2} = \frac{f(x)f''(x)}{[f'(x)]^2} \tag{3-126}$$

由式(3-113)简单迭代收敛条件知，这里要求

$$\left| \frac{f(x)f''(x)}{[f'(x)]^2} \right| < 1 \tag{3-127}$$

即可保证牛顿迭代收敛。

已知简单迭代收敛阶数 $p=1$，那么牛顿迭代收敛速度如何？

设 x^* 为 $f(x)$ 的根，即 $f(x^*) = 0$

又令 $x_k - x^* = \varepsilon_k$

则由牛顿迭代公式(3-123) 得

$$x^* + \varepsilon_{k+1} = x^* + \varepsilon_k - \frac{f(x^* + \varepsilon_k)}{f'(x^* + \varepsilon_k)}$$

即

$$\varepsilon_{k+1} = \frac{\varepsilon_k f'(x^* + \varepsilon_k) - f(x^* + \varepsilon_k)}{f'(x^* + \varepsilon_k)} \tag{3-128}$$

将 $f(x^* + \varepsilon_k)$ 及 $f'(x^* + \varepsilon_k)$ 在 x^* 邻域展成台劳级数

$$f(x^* + \varepsilon_k) = f(x^*) + \varepsilon_k f'(x^*) + \frac{\varepsilon_k^2}{2!} f''(x^*) + \cdots$$

$$f'(x^* + \varepsilon_k) = f'(x^*) + \varepsilon_k f''(x^*) + \frac{\varepsilon_k^2}{2!} f''(x^*) + \cdots$$

代入式(3-128)，且略去 ε_k^2 以下的高阶小量，整理后得

$$\varepsilon_{k+1} \approx \frac{\varepsilon_k^2 f''(x^*)}{2f'(x^*)}$$

设

$$\frac{f''(x^*)}{2f'(x^*)} = C \quad (\text{常数})$$

则

$$\varepsilon_{k+1} = C\varepsilon_k^2 \tag{3-129}$$

式(3-129)说明牛顿法的收敛阶数 $p=2$。所以牛顿法收敛速度比简单迭代法快得多。应该指出，若用牛顿法处理有重根的方程也会遇到困难。当方程有二重根时，函数 $f(x)$ 曲线与 x 轴相切。当 $f(x) \to 0$ 时，$f'(x) \to 0$ 即 $f(x^*) = f'(x^*) = 0$。于是式(3-128)展开化简后得

$$\varepsilon_{k+1} \approx \frac{\varepsilon_k}{2}$$

所以此时牛顿迭代格式收敛阶数为 $p=1$。

为了提高收敛速度，可作如下修正：若 x^* 是 $f(x)=0$ 的 m 重根，则可取牛顿迭代格式为

$$x_{k+1}=x_k-m\frac{f(x_k)}{f'(x_k)} \tag{3-130}$$

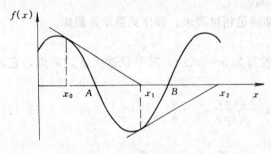

图 3-5　牛顿法的困难

容易证实式（3-130）可继续保持收敛阶数 $p=2$。

尽管牛顿法收敛速度快，但对于某些函数，当初值与根偏离较远时，可能导致不收敛。如图 3-5 所示的振荡函数。初值 x_0 距根 A 并不很远，然而其切线与 x 轴交点 x_1 反而远离 A 点，再作切线交点 x_2 距根 A 更远，反而有可能收敛于根 C。这说明牛顿法可能出现的问题，对于某一根相当靠近的估计值，可能最终收敛于另一更远的根。解决这一困难没有通用的好办法，一般只能设法使初值尽可能接近所求根。

3.3.5　弦截法

牛顿法虽然收敛速度快，但需求出函数的解析导数 $f'(x)$。当函数比较复杂不便于求导时，可用差商来代替导数，于是得到弦截法迭代公式

$$x_{k+1}=x_k-\frac{f(x_k)}{\dfrac{f(x_k)-f(x_{k-1})}{x_k-x_{k-1}}}$$

或写作

$$x_{k+1}=x_k-\frac{f(x_k)}{f(x_k)-f(x_{k-1})}(x_k-x_{k-1}) \tag{3-131}$$

弦截法几何意义如图 3-6 所示。这里选取两个初始点 x_k，x_{k-1}，其相应函数曲线上点为 P_k，P_{k-1}，连接 P_kP_{k-1} 这一截弦与 x 轴交于 x_{k+1}，其斜率即为差商

$$\frac{f(x_k)-f(x_{k-1})}{x_k-x_{k-1}}$$

下一次迭代，以 x_k，x_{k+1} 为基点，连接 P_k，P_{k+1} 交 x 轴于 x_{k+2} 等依次迭代，直到找到满足精度的近似解。相比于牛顿法，它用截弦代替切线，故得名弦截法。弦截法与牛顿法均是线性化方法，只是弦截法需要两个初值点。

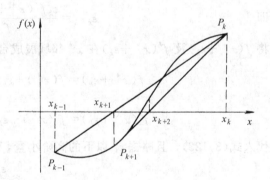

图 3-6　弦截法

弦截法收敛性讨论如下。

设 x^* 是方程 $f(x)=0$ 真根，又令 $x_k=x^*+\varepsilon_k$，假设 $f(x)$ 有足够的光滑性，由式（3-131）得

$$x^*+\varepsilon_{k+1}=\frac{(x^*+\varepsilon_{k-1})f(x^*+\varepsilon_k)-(x^*+\varepsilon_k)f(x^*+\varepsilon_{k-1})}{f(x^*+\varepsilon_k)-f(x^*+\varepsilon_{k-1})}$$

展开右端，化简得

$$\varepsilon_{k+1} = \frac{\varepsilon_{k-1} f(x^* + \varepsilon_k) - \varepsilon_k f(x^* + \varepsilon_{k-1})}{f(x^* + \varepsilon_k) - f(x^* + \varepsilon_{k-1})}$$

对 $f(x^* + \varepsilon_k)$ 和 $f(x^* + \varepsilon_{k-1})$ 在点 x^* 作 Taylor 展开，略去 ε^2 以下高阶小量，化简可得

$$\varepsilon_{k+1} = \varepsilon_{k-1} \varepsilon_k \frac{f''(x^*)}{2 f(x^*)}$$

记

$$A = \frac{f''(x^*)}{2 f'(x^*)}$$

则

$$\varepsilon_{k+1} = A \varepsilon_{k-1} \varepsilon_k$$

这是一个非线性差分方程。为了确定 ε_{k+1} 与 ε_k 之间关系，假设当 k 充分大时，有

$$\varepsilon_{k+1} = K \varepsilon_k^m \qquad (3\text{-}132)$$

其中 K 为常数，m 是待定参数。同理

$$\varepsilon_k = K \varepsilon_{k-1}^m$$

于是

$$\varepsilon_{k-1} = K^{-\frac{1}{m}} \varepsilon_k^{\frac{1}{m}}$$

$$\varepsilon_{k+1} = A K^{-\frac{1}{m}} \cdot \varepsilon_k^{1 + \frac{1}{m}} \qquad (3\text{-}133)$$

比较式(3-132)与式(3-133)可知

$$m = 1 + \frac{1}{m}$$

即

$$m^2 - m + 1 = 0$$

$$m = 1.618 \ \left(\text{另一根 } m = \frac{1 - \sqrt{5}}{2} < 0, \text{ 舍去}\right)$$

同样可得

$$A \cdot K^{-\frac{1}{m}} = K$$

$$A \cdot K^{-\frac{1}{1.618}} = K$$

$$A = K^{1 + \frac{1}{1.618}} = K^{1.618}$$

$$K = A^{\frac{1}{1.618}} = A^{0.618}$$

代入式(3-132)

$$\varepsilon_{k+1} = \left(\frac{f''(x^*)}{2 f(x^*)}\right)^{0.618} \varepsilon_n^{1.618} \qquad (3\text{-}134)$$

由此可知，弦截法的收敛阶数 $p = 1.618$，说明其收敛速度介于迭代法和牛顿法之间。

【例 3-23】 求在大气压下 0.5（摩尔分数）苯,0.3（摩尔分数）甲苯,0.2（摩尔分数）乙苯混合物的沸点,并求平衡蒸气组成。每一纯组分 i 的饱和蒸气压 p_i^0 与绝对温度 T 有下列关系

$$\lg_{10}(p_i^0) = a_i - b_i / T$$

式中 p_i^0 的单位是 mmHg 柱，T 的单位是 K。

i	组　　分	a_i	b_i
1	苯	7.84135	1750
2	甲　苯	8.08840	1985
3	乙　苯	8.11404	2129

解： 假定体系是理想的，用 x_i 表示液体摩尔分数，分压 p_i 为

$$p_i = p_i^0 x_i$$

方程可表示为

$$f(T) = p_1 + p_2 + p_3 - p = 0$$

或

$$f(T) = 0.5 p_1^0 + 0.3 p_2^0 + 0.2 p_3^0 - 760 = 0$$

为确定沸点，从 350K 开始搜索，这温度低于最易挥发组分的沸点。取搜索步长为 10K，由计算结果知 $f(360K)<0$，$f(370K)>0$，所以沸点介于 $360\sim370K$ 之间，于是以 360K 与 370K 作为初始值，运用弦截法迭代公式(3-131) 计算，结果如下：

T	p_1^0	p_2^0	p_3^0	$f(T)$
350	694	261	107	−313
360	955	375	159	−138
370	1293	529	229	+91
366.03	1149	462.8	198.4	−6.99
366.31	1158.7	466.1	200.4	−0.40
366.33	1159.4	467.5	200.6	0.07

求得各组分蒸气分压如下

$$苯的分压=0.5\times1159.4=579.7mmHg$$
$$甲苯的分压=0.3\times467.5=140.2mmHg$$
$$乙苯的分压=0.2\times200.6=40.1mmHg$$

因此，平衡体系的蒸气摩尔分数为

$$苯=\frac{579.7}{760}=0.763$$

$$甲苯=\frac{140.2}{760}=0.184$$

$$乙苯=\frac{40.1}{760}=0.053$$

此例程序见数学资源库。

3.3.6 抛物线法 (Müller 法)

如果 x_{k-1}、x_k、x_{k+1} 是方程 $f(x)=0$ 的三个近似根，则在曲线 $y=f(x)$ 上找到三个对应点，其函数值为 $f(x_{k-1})$，$f(x_k)$，$f(x_{k+1})$，过此三点可作一抛物线见图 3-7，即第二章所述的二次插值函数。这里应用拉格朗日插值公式可得

$$P_2(x)=\frac{(x-x_{k+1})(x-x_k)}{(x_{k-1}-x_{k+1})(x_{k-1}-x_k)}f(x_{k-1})+\frac{(x-x_{k+1})(x-x_{k-1})}{(x_k-x_{k+1})(x_k-x_{k-1})}f(x_k)$$

$$+\frac{(x-x_k)(x-x_{k-1})}{(x_{k+1}-x_k)(x_{k+1}-x_{k-1})}f(x_{k+1})=0 \tag{3-135}$$

令
$$\lambda=\frac{x-x_{k+1}}{x_{k+1}-x_k},\lambda_k=\frac{x_{k+1}-x_k}{x_k-x_{k-1}},\delta_k=1+\lambda_k \tag{3-136}$$

则式(3-135) 可改写为

$$\lambda^2\lambda_k[\lambda_kf(x_{k-1})-\delta_kf(x_k)+f(x_{k+1})]\delta_k^{-1}+\lambda g_k\delta_k^{-1}+f(x_{k+1})=0 \tag{3-137}$$

这里
$$g_k=\lambda_k^2f(x_{k-1})-\delta_k^2f(x_k)+(\lambda_k+\delta_k)f(x_{k+1}) \tag{3-138}$$

用 $f(x_{k+1})\lambda^2$ 除式(3-137)，解出 λ 得

$$\lambda\approx\lambda_{k+1}=\frac{-2\delta_kf(x_{k+1})}{g_k\pm\sqrt{g_k^2-4\delta_k\times f(x_{k+1})c_k}} \tag{3-139}$$

其中
$$c_k=\lambda_k(\lambda_kf(x_{k-1})-\delta_kf(x_k)+f(x_{k+1})) \tag{3-140}$$

式(3-139) 中分母正负号的选择应使 λ_{k+1} 的绝对值最小，因为

$$\lambda_{k+1}=\frac{x-x_{k+1}}{x_{k+1}-x_k}$$

即
$$x = x_{k+1} + (x_{k+1} - x_k)\lambda_{k+1}。$$

上式 x 即为迭代所得解 x_{k+2}，即抛物线迭代格式为

$$x_{k+2} = x_{k+1} + (x_{k+1} - x_k)\lambda_{k+1} \qquad (3\text{-}141)$$

Müller 法通常对任意初值均可收敛，只是它需要三个初始点。其调用函数次数多，计算量比牛顿法、弦截法都大些。

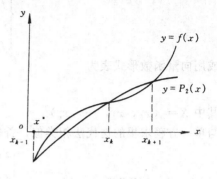

图 3-7　抛物线法

【例 3-24】用抛物线法解例 3-15。

解：此法所需三个初值可由简单迭代法提供

$$V_0 = 5.2833 \quad V_1 = 5.0394 \quad V_2 = 5.0100$$

迭代格式为

$$V_3 = V_2 - (V_2 - V_1)\lambda_2$$

计算步骤如下

$$\lambda_1 = \frac{V_2 - V_1}{V_1 - V_0} = 0.1205$$

$$\delta_1 = 1 + \lambda_1 = 1.1205$$

$$f(V) = \left(9.33 + \frac{16.68}{V^2}\right)(V - 0.0742) - 49.2928$$

$$g_1 = \lambda_1^2 f(V_0) + \delta_1^2 f(V_1) + (\lambda_1 + \delta_1) f(V_2) = -0.02863$$

$$C_1 = \lambda_1 [\lambda_1 f(V_0) - \delta_1 f(V_1) + f(V_2)] = 0.00003217 \approx 0$$

$$\lambda_2 = \frac{-2\delta_1 f(V_2)}{g_1 \pm \sqrt{g_1^2 - 4\delta_1 \times f(V_2)c_1}} = 0.1498$$

从而
$$V_3 = V_2 - (V_2 - V_1)\lambda_2 = 5.0056$$

比弦截法迭代一次的结果更接近于真根 5.0000。此例程序见数学资源库。

3.4　非线性方程组数值解

在化工过程中很多问题可归结为非线性方程组，如多组元精馏操作数学模型是一组复杂的非线性方程组。又如当化学反应级数不为 1 时固定床反应器的扩散方程是一个非线性微分方程，用有限差分法建立的差分方程为非线性方程组，求解该方程组，可得到反应器内床层温度与反应物浓度（或转化率）的分布。详细方法将在第八章讨论。此外最优化技术中非线性规划问题都会涉及本节讨论的技巧。

3.2 节讨论的线性方程组的迭代解法，包括雅可比迭代、赛德尔迭代法及松弛迭代法，这些都可以适用于求解非线性方程组。另外解单一非线性方程的威格斯坦法、牛顿法和弦截法等也都可以相应地推广到求解非线性方程组。所以本节讨论各种算法原则上没有新的构思，但因为处理问题不同，也有其各自特点，希望读者注意前后章节相互联系及区别所在。

3.4.1　高斯-雅可比迭代法

设有 n 个独立的非线性方程组

$$\begin{cases} f_1(x_1,x_2,\cdots,x_n)=0 \\ f_2(x_1,x_2,\cdots,x_n)=0 \\ \cdots\cdots\cdots\cdots\cdots\cdots \\ f_n(x_1,x_2,\cdots,x_n)=0 \end{cases} \quad (3\text{-}142)$$

或用向量函数形式表为

$$F(X)=\overline{0} \quad (3\text{-}143)$$

其中 $X=(x_1,x_2,\cdots,x_n)^T$

与单一方程求根的迭代法相类似，首先将方程组（3-142）改写为

$$\begin{cases} x_1=\varphi_1(x_1,x_2,\cdots,x_n) \\ x_2=\varphi_2(x_1,x_2,\cdots,x_n) \\ \cdots\cdots\cdots\cdots\cdots\cdots \\ x_n=\varphi_n(x_1,x_2,\cdots,x_n) \end{cases} \quad (3\text{-}144)$$

或向量形式

$$X=\Phi(X) \quad (3\text{-}145)$$

雅可比迭代格式为

$$x_i^{(k+1)}=\varphi_i(x_1^{(k)},x_2^{(k)},\cdots,x_n^{(k)}) \quad (3\text{-}146)$$
$$(i=1,2,\cdots,n)$$

向量形式

$$X^{(k+1)}=\Phi(X^{(k)}) \quad (3\text{-}147)$$

需要注意的是 $\Phi(X)$ 构造形式可以有多种，但并不一定均能收敛。非线性方程组雅可比迭代格式(3-146)收敛条件为

$$\max_i \sum_{j=1}^n \left| \frac{\partial \varphi_i(X)}{\partial x_j} \right| < 1 \quad (3\text{-}148)$$

这个收敛条件实质上与单一方程求根所用简单迭代法收敛条件 $|\varphi'(x)|<1$ 是相仿的。这里要求每一个迭代函数 $\varphi_i(X)$ $(i=1,2,\cdots,n)$ 对所有自变量 $x_1,x_2,\cdots,x_n$ 的一阶偏导数的绝对值之和小于1。

收敛准则常用的有四种，绝对收敛准则

$$|x_i^{(k+1)}-x_i^k| \leqslant \varepsilon_1 \quad (i=1,2,\cdots,n) \quad (3\text{-}149)$$

或相对收敛准则

$$\frac{|x_i^{(k+1)}-x_i^{(k)}|}{|x_i^{(k)}|} \leqslant \varepsilon_2 \quad (i=1,2,\cdots,n) \quad (3\text{-}150)$$

也可以用向量范数表示为

$$\| X^{(k+1)}-X^{(k)} \| \leqslant \eta_1 \quad (3\text{-}151)$$

或

$$\frac{\| X^{(k+1)}-X^{(k)} \|}{\| X^{(k)} \|} \leqslant \eta_2 \quad (3\text{-}152)$$

一般认为，雅可比迭代收敛速度为线性的，即收敛阶数 $p=1$。

3.4.2 高斯-赛德尔迭代法

由 3.2 节知赛德尔迭代是对雅可比迭代的一种改进，对于非线性方程组其迭代格式可写为

$$x_i^{(k+1)}=\varphi_i(x_1^{(k+1)},x_2^{(k+1)},\cdots,x_{i-1}^{(k+1)},x_i^{(k)},\cdots,x_n^{(k)}) \quad (3\text{-}153)$$

其收敛条件、收敛准则与雅可比迭代相同，收敛速度因问题而异。但基本上也属于线性收敛速度。

3.4.3 松弛迭代法

由 3.2.4 节知松弛法是基于赛德尔迭代的一种线性加速方法，分两步进行，对于非线性方程组迭代格式可写作。

第一步 作赛德尔迭代

$$\tilde{x}_i^{(k+1)} = \varphi_i(x_1^{(k+1)}, \cdots, x_{i-1}^{(k+1)}, x_i^{(k)}, \cdots, x_n^{(k)}) \tag{3-154}$$

第二步 引进松弛因子 ω，作线性加速

$$x_1^{(k+1)} = \omega \tilde{x}_i^{(k+1)} + (1-\omega)x_i^{(k)} \tag{3-155}$$

注意从 $i=1$ 开始，同时完成上述两步，然后再计算 $i=2$ 的迭代量，依次类推。松弛因子的选取，由于非线性方程组的复杂性，没有统一的寻优方法，只能从实际计算过程中找规律。

【例 3-25】 试解下列方程组

$$f_1(x,y,z) = 4x + y^2 + z - 11 = 0 \tag{1}$$

$$f_2(x,y,z) = x + 4y + z^2 - 18 = 0 \tag{2}$$

$$f_3(x,y,z) = x^2 + y + 4z - 15 = 0 \tag{3}$$

解：一般地非线性方程组可以有多组解，不同迭代格式或同一迭代格式选取不同的初值，可以算出不同的实数解组。这里首先探讨一下雅可比迭代法的收敛条件。首先将方程组改写成式（3-144）

自式（2）解出（4）x $x = 18 - 4y - z^2 = \varphi_1(x,y,z)$ (4)

自式（3）解出（5）y $y = 15 - 4z - x^2 = \varphi_2(x,y,z)$ (5)

自式（1）解出（6）z $z = 11 - 4x - y^2 = \varphi_3(x,y,z)$ (6)

选初值 $x_0 = y_0 = z_0 = 1$。迭代精度要求 $\| X^{(k+1)} - X^{(k)} \| \leqslant 0.0001$。

根据雅可比迭代收敛条件式（3-148），检验（4），（5），（6）迭代函数是否收敛。

$$\left.\frac{\partial \varphi_1}{\partial x}\right|_{X^{(0)}} = 0 \qquad \left.\frac{\partial \varphi_1}{\partial y}\right|_{X^{(0)}} = -4 \qquad \left.\frac{\partial \varphi_1}{\partial z}\right|_{X^{(0)}} = -2z\Big|_{z_0=1} = -2$$

$$\left.\frac{\partial \varphi_2}{\partial x}\right|_{X^{(0)}} = -2x\Big|_{x_0=1} = -2 \qquad \left.\frac{\partial \varphi_2}{\partial y}\right|_{X^{(0)}} = 0 \qquad \left.\frac{\partial \varphi_2}{\partial z}\right|_{X^{(0)}} = -4$$

$$\left.\frac{\partial \varphi_3}{\partial x}\right|_{X^{(0)}} = -4 \qquad \left.\frac{\partial \varphi_3}{\partial y}\right|_{X^{(0)}} = -2y\Big|_{y_0=1} = -2 \qquad \left.\frac{\partial \varphi_3}{\partial z}\right|_{X^{(0)}} = 0$$

所以 $\max\limits_i \sum\limits_{j=1}^{3} \left|\dfrac{\partial \varphi_i}{\partial x_j}\right| = |-4| + |-2| = 6 > 1$

从而可知式（4），式（5），式（6）迭代格式不收敛。

若将方程组改写成如下形式

自式（1）解出 x $x = \dfrac{1}{4}(11 - y^2 - z) = \varphi_1$ (7)

自式（2）解出 y $y = \dfrac{1}{4}(18 - x - z^2) = \varphi_2$ (8)

自式（3）解出 z $z = \dfrac{1}{4}(15 - y - x^2) = \varphi_3$ (9)

同上用式（3-148）收敛条件检验之，可得

$$\max_i \sum_{j=1}^{3} \left| \frac{\partial \varphi_i}{\partial x_j} \right|_{X^{(0)}} = \left| -\frac{1}{2} \right| + \left| -\frac{1}{4} \right| = 0.75 < 1$$

所以式(7),式(8),式(9)迭代格式是收敛的,但是经计算机试算,雅可比迭代振荡,收敛极为缓慢,而赛德尔迭代和松弛迭代均可收敛。数学资源库中给出的程序比较了各种松弛因子下的收敛结果。

3.4.4　威格斯坦法

前已指出,威格斯坦法同样可用来解非线性方程组。设有式(3-142)所示 n 个非线性方程组。选初值 $X^{(0)} = (x_1^{(0)}, x_2^{(0)}, \cdots, x_n^{(0)})^T$,首先用雅可比迭代格式(3-146) 算出第一次迭代向量

$$X^{(1)} = (x_1^{(1)}, x_2^{(1)}, \cdots, x_n^{(1)})^T$$

随后用威格斯坦法进行迭代求解。由于 $X^{(0)}$, $X^{(1)}$ 是 n 维向量空间两个点,过此两点对应的 n 维函数空间超曲面上两函数点难以由几何图形给出,所以多个方程组的威格斯坦迭代格式可参照式(3-118) 导出

$$x_i^{(k+1)} = \frac{x_i^{(k)} \varphi_i(X^{(k-1)}) - x_i^{(k-1)} \varphi_i(X^{(k)})}{x_i^{(k)} - x_i^{(k-1)} - [\varphi_i(X^{(k)}) - \varphi_i(X^{(k-1)})]} \tag{3-156}$$

或类似于式(3-120) 写作

$$x_i^{(k+1)} = (1 - C_i) x_i^{(k)} + C_i \varphi_i(X^{(k)}) \tag{3-157}$$

其中

$$C_i = \frac{1}{1 - S_i}, \quad S_i = \frac{\varphi_i(X^{(k)}) - \varphi_i(X^{(k-1)})}{x_i^{(k)} - x_i^{(k-1)}} \tag{3-158}$$

【例 3-26】 用威格斯坦法解方程组

$$\begin{cases} x_1^{1/2} + x_2 x_3 = 33 \\ x_1^2 + x_2^2 + x_3^2 = 81 \\ (x_1 x_2)^{1/3} + x_3^{1/2} = 4 \end{cases}$$

解：首先改写方程组如下

$$x_1 = \frac{(4 - x_3^{1/2})^3}{x_2}$$

$$x_2 = (81 - x_1^2 - x_3^2)^{1/2}$$

$$x_3 = \frac{33 - x_1^{1/2}}{x_2}$$

选初值 $X^{(0)} = (2, 10, 5)^T$,要求精度 $\varepsilon = 1E - 4$。程序和计算结果见数学资源库。$x_1 = 1$, $x_2 = 8$, $x_3 = 4$。

3.4.5　牛顿-拉夫森法

牛顿-拉夫森法是牛顿法在非线性方程组中的一种推广。其基本思想与牛顿法相同,将非线性方程组逐次进行线性化处理,从而构造迭代算法。假设方程组 (3-142) 在解 X^* 的某个邻域内,函数 f_1, f_2, $\cdots$, f_n 连续且存在连续一阶偏导数,则在初值 $X^{(0)} = (x_1^{(0)}, x_2^{(0)}, \cdots, x_n^{(0)})^T$ 邻域上将方程组作台劳展开,并取至一阶导数项作为线性近似。

$$f_1(X) \approx f_1(X^{(0)}) + \frac{\partial f_1}{\partial x_1}\bigg|_{X^{(0)}} (x_1 - x_1^{(0)}) + \frac{\partial f_1}{\partial x_2}\bigg|_{X^{(0)}} (x_2 - x_2^{(0)}) + \cdots + \frac{\partial f_1}{\partial x_n}\bigg|_{X^{(0)}} (x_n - x_n^{(0)}) = 0$$

$$f_2(X) \approx f_2(X^{(0)}) + \frac{\partial f_2}{\partial x_1}\bigg|_{X^{(0)}} (x_1 - x_1^{(0)}) + \frac{\partial f_2}{\partial x_2}\bigg|_{X^{(0)}} (x_2 - x_2^{(0)}) + \cdots + \frac{\partial f_2}{\partial x_n}\bigg|_{X^{(0)}} (x_n - x_n^{(0)}) = 0$$

$$\cdots\cdots\cdots\cdots\cdots\cdots\cdots\cdots\cdots\cdots\cdots\cdots\cdots$$

$$f_n(X) \approx f_n(X^{(0)}) + \frac{\partial f_n}{\partial x_1}\bigg|_{X^{(0)}} (x_1 - x_1^{(0)}) + \frac{\partial f_n}{\partial x_2}\bigg|_{X^{(0)}} (x_2 - x_2^{(0)}) + \cdots + \frac{\partial f_n}{\partial x_n}\bigg|_{X^{(0)}} (x_n - x_n^{(0)}) = 0$$

令
$$x_i - x_i^{(0)} = \Delta x_i^{(0)} \quad (i=1,2,\cdots,n)$$
则得到一组线性方程组

$$\begin{cases} \dfrac{\partial f_1}{\partial x_1}\bigg|_{X^{(0)}}\Delta x_1^{(0)} + \dfrac{\partial f_1}{\partial x_2}\bigg|_{X^{(0)}}\Delta x_2^{(0)} + \cdots + \dfrac{\partial f_1}{\partial x_n}\bigg|_{X^{(0)}}\Delta x_n^{(0)} = -f_1(X^{(0)}) \\[2mm] \dfrac{\partial f_2}{\partial x_1}\bigg|_{X^{(0)}}\Delta x_1^{(0)} + \dfrac{\partial f_2}{\partial x_2}\bigg|_{X^{(0)}}\Delta x_2^{(0)} + \cdots + \dfrac{\partial f_2}{\partial x_n}\bigg|_{X^{(0)}}\Delta x_n^{(0)} = -f_2(X^{(0)}) \\[2mm] \cdots\cdots\cdots\cdots\cdots\cdots\cdots\cdots\cdots\cdots\cdots\cdots\cdots\cdots\cdots\cdots\cdots\cdots\cdots \\[2mm] \dfrac{\partial f_n}{\partial x_1}\bigg|_{X^{(0)}}\Delta x_1^{(0)} + \dfrac{\partial f_n}{\partial x_2}\bigg|_{X^{(0)}}\Delta x_2^{(0)} + \cdots + \dfrac{\partial f_n}{\partial x_n}\bigg|_{X^{(0)}}\Delta x_n^{(0)} = -f_n(X^{(0)}) \end{cases} \tag{3-159}$$

写成矩阵形式为

$$J(X^{(0)})\Delta X^{(0)} = -F(X^{(0)}) \tag{3-160}$$

其中系数矩阵 J 称为雅可比矩阵

$$J(X^{(0)}) = \begin{pmatrix} \dfrac{\partial f_1}{\partial x_1} & \dfrac{\partial f_1}{\partial x_2} & \cdots & \dfrac{\partial f_1}{\partial x_n} \\[2mm] \dfrac{\partial f_2}{\partial x_1} & \dfrac{\partial f_2}{\partial x_2} & \cdots & \dfrac{\partial f_2}{\partial x_n} \\[2mm] \cdots & \cdots & \cdots & \cdots \\[2mm] \dfrac{\partial f_n}{\partial x_1} & \dfrac{\partial f_n}{\partial x_2} & \cdots & \dfrac{\partial f_n}{\partial x_n} \end{pmatrix}_{X^{(0)}} \tag{3-161}$$

未知向量
$$\Delta X^{(0)} = (\Delta x_1^{(0)}, \Delta x_2^{(0)}, \cdots, \Delta x_n^{(0)})^T \tag{3-162}$$
右端向量
$$-F(X^{(0)}) = -[f_1(X^{(0)}), f_2(X^{(0)}), \cdots, f_n(X^{(0)})]^T \tag{3-163}$$
若 $\det J(X^{(0)}) \neq 0$，则方程组（3-160）有唯一解，求得第一次迭代解向量 $\Delta X^{(0)}$ 后，可由下式算出迭代变量

$$x_i^{(1)} = x_i^{(0)} + \Delta x_i^{(0)} \quad (i=1,2,\cdots,n) \tag{3-164}$$

对于具体工程问题，如果迭代初值不合适或迭代解不满足物理约束，如 x_i 为混合物摩尔分数，必定有 $0 \leqslant x_i \leqslant 1$。此时可以采取阻尼因子 β。

令
$$x_i^{(1)} = x_i^{(0)} + \beta\Delta x_i^{(0)} \tag{3-165}$$
一般 $\beta < 1$。

方程组（3-160）的解形式也可表为通式
$$X^{(k+1)} = X^{(k)} - J^{-1}(X^{(k)})F(X^{(k)}) \tag{3-166}$$
$$(k=0,1,\cdots)$$

迭代计算步骤如下：

第一步：给定初始猜测值 $X^{(0)}$，收敛精度 ε 及 η。

第二步：令 $k=0$，开始迭代计算：

(1) 计算 $F(X^{(k)})$，如果 $\|F(X^{(k)})\| \leqslant \eta$，则转 3。

(2) 求取 $J(X^{(k)})$。

(3) 解线性方程组 $J(X^{(k)})\Delta X^{(k)} = -F(X^{(k)})$。

(4) 则 $X^{(k+1)} = X^{(k)} + \beta\Delta X^{(k)}$。

(5) 若 $\dfrac{\|X^{(k+1)} - X^{(k)}\|}{\|X^{(k)}\|} \leqslant \varepsilon$，则转 3。

(6) 否则，令 $k=k+1$，转 (1) 重复迭代。

第三步：取 $X^* = X^{(k+1)}$。

第四步：结束。

牛顿-拉夫森算法的收敛特性与 3.3.4 节牛顿法解单一方程根的特点相似。首先要求有一个较好的初始近似值 $X^{(0)}$，初值不当，可能不收敛。如果初值适当，迭代收敛的话，牛顿-拉夫森算法具有平方收敛的速度，即收敛阶数 $p=2$，而且越接近解，收敛越快。这里计算步骤中，增加了一条函数收敛准则

$$\| F(X^{(k)}) \| \leqslant \eta$$

这是因为，有时迭代变量范数 $\| X^{(k+1)} - X^{(k)} \|$ 可能已满足精度，但不一定保证 $\| F(X^{(k)}) \|$ 很小，增加函数收敛准则是为了更严格控制收敛解的精度。

【例 3-27】 对串联的油换热器组进行最优化设计时，得到如下方程组

$$T_2 = 400 - 0.0075(300 - T_1)^2$$
$$T_1 = 400 - 0.02(400 - T_2)^2$$

试用牛顿-拉夫森法求解最佳设计时，油换热器进出口温度 T_1 和 T_2。设初始猜测温度 $T_1^{(0)} = 180\ ℃$，$T_2^{(0)} = 292\ ℃$，要求精度 $|T_i^{(k+1)} - T_i^{(k)}| \leqslant 1E-4$。

解：

$$f_1 = T_2 - 400 + 0.0075(300 - T_1)^2$$
$$f_2 = T_1 - 400 + 0.02(400 - T_2)^2$$

（1）首先计算 $F(T^{(0)})$

$$f_1(T_1^{(0)}, T_2^{(0)}) = 292 - 400 + 0.0075(300 - 180)^2 = 0$$
$$f_2(T_1^{(0)}, T_2^{(0)}) = 180 - 400 + 0.02(400 - 292)^2 = 13.28$$

（2）计算 $J(T^{(0)})$

$$J(T^{(0)}) = \begin{pmatrix} \frac{\partial f_1}{\partial T_1} & \frac{\partial f_1}{\partial T_2} \\ \frac{\partial f_2}{\partial T_1} & \frac{\partial f_2}{\partial T_2} \end{pmatrix}_{T^{(0)}} = \begin{pmatrix} -0.015(300 - T_1^{(0)}) & 1 \\ 1 & -0.04(400 - T_2^{(0)}) \end{pmatrix}$$
$$= \begin{pmatrix} -1.8 & 1 \\ 1 & -4.32 \end{pmatrix}$$

（3）解方程组

$$\begin{pmatrix} -1.8 & 1 \\ 1 & -4.32 \end{pmatrix} \begin{pmatrix} \Delta T_1^{(0)} \\ \Delta T_2^{(0)} \end{pmatrix} = -\begin{pmatrix} 0 \\ 13.28 \end{pmatrix}$$

解得

$$\Delta T_1^{(0)} = 1.96$$
$$\Delta T_2^{(0)} = 3.53$$

（4）取 $\beta = 1$

$$T_1^{(1)} = T_1^{(0)} + \Delta T_1^{(0)} = 181.96$$
$$T_2^{(1)} = T_2^{(0)} + \Delta T_2^{(0)} = 295.53$$

由于尚未满足精度要求继续迭代，重复步骤（1）计算 $F(T^{(1)})$，（2）求 $J(T^{(1)})$，…等，如此迭代三步即得满足精度之解。

$$T_1^{(3)} = 182.0176℃$$
$$T_2^{(3)} = 295.6012℃$$

计算程序见数学资源库。

习 题

1. 用高斯列主元消去法解下列方程组。

$$(1) \quad \begin{cases} x+2y-12z+8v=27 \\ 5x+4y+7z-2v=4 \\ -3x+7y+9z+5v=11 \\ 6x-12y-9z+3v=48 \end{cases}$$

$$(2) \quad \begin{cases} 2x+10y-6z+4u+8v=8 \\ -3x-12y-9z+6u+3v=3 \\ -x+y-35z+15u+18v=30 \\ 4x+18y+4u+14v=-2 \\ 5x+26y-19z+25u+36v=23 \end{cases}$$

2. 由 n 组分构成的气体混合物通过质谱仪测定各物质浓度时，得到一组峰高值，气体混合物所产生的第 i 个峰高值 H_i 是各组分 j 在该位置的灵敏度 S_{ij} 与该组分在试样混合物中分压 p_j（mmHg）的乘积的加和，即

$$H_i = \sum_{i=1}^{n} S_{ij} p_j \tag{1}$$

S_{ij} 是在第 i 个峰值处相应的"质量/电荷（m/e）"比时，第 j 个纯物质测定的灵敏度，它对纯气体是常数，（1）式为一线性方程组。给定一组峰高值及各组分的灵敏度，便可求出各组分分压 p_j（mmHg），1mmHg＝133.322Pa，从而确定混合物中各气体组分的摩尔分数。试根据下表给定数据用 LU 分解法求解线性方程组，并确定气体摩尔分数。

m/e	灵敏度 S_{ij}				
	乙基环戊烷	环己烷	环庚烷	甲基环己烷	混合物峰高 H_i
69	121.0	22.4	27.1	23.0	87.6
83	9.35	4.61	20.7	100.0	58.8
84	1.38	74.90	1.30	6.57	47.2
98	20.2	0.0	32.8	43.8	100.0

3. 用高斯约当消去法解下列方程组，并求取系数矩阵的逆矩阵。

$$(1) \quad \begin{cases} 0.5x_1+0.4x_2+0.2x_3=0.7 \\ 0.2x_1+0.1x_2+0.4x_3=0.3 \\ 0.4x_1+0.3x_2+0.6x_3=0.2 \end{cases}$$

$$(2) \quad \begin{cases} 2x_1+4x_2-2x_3=6 \\ x_1-x_2+5x_3=0 \\ 4x_1+x_2-2x_3=2 \end{cases}$$

4. 用三次样条插值求某化学反应生成物的瞬时浓度时，得到如下之对角方程组

$$\begin{cases} 3M_1+M_2=-3.6 \\ M_1+4M_2+M_3=-2.55 \\ 2M_2+10M_3=-1.1 \end{cases}$$

试用追赶法求解。

5. 用追赶法解下列方程组

$$\begin{cases} 2v-w=1 \\ -v+2w-x=0 \\ -w+2x-y=0 \\ -x+2y-z=0 \\ -y+2z=7 \end{cases}$$

6. 已知方程 $f(x)=x^6-x^4-x^3-1=0$ 在 $[1,2]$ 区间内有一个实根，试用二分法求之。

7. 已知在 1 个大气压下，摩尔分数组成为苯 0.25，甲苯 0.35，邻二甲苯为 0.4 的混合物，其各纯组分 i 的饱和蒸气压 p_i^0 与温度 t 满足 Antonine 方程

$$\lg p_i^0 = A_i - \frac{B_i}{t+C_i}$$

其中 p_i^0——纯组分蒸气压（mmHg）；

t——温度（℃）。

组 分	A_i	B_i	C_i
苯	7.4877	1572.89	261.502
甲苯	7.4246	1658.64	254.436
邻二甲苯	7.7551	2007.28	267.835

假设系统为理想气体，各组分分压可表为 $p_i = p_i^0 x_i$，x_i 为液相中第 i 组分的摩尔分数，试确定混合物的沸点。

8. 求满足流动方程

$$8820D^5 - 2.31D - 0.6465 = 0$$

的管径 D，要求精度 $\varepsilon=1E-3$。

9. Beatlie-Bridgeman 状态方程为

$$V = \left(RT + \frac{\beta}{V} + \frac{\gamma}{V^2} + \frac{\delta}{V^3} \right) \frac{1}{p}$$

其中 $\beta = RTB_0 - A_0 - Rc/T^2$

$\gamma = -RTB_0 + aA_0 - RB_0 c/T^2$

$\delta = RB_0 bc/T^2$

$R = 0.08206 \times 10^{-3} \text{atm} \cdot \text{m}^3/(\text{K} \cdot \text{mol})$

T——温度，K；

p——压力，atm；

V——摩尔体积，（m^3/mol）。

试用迭代法求 $T=408$（K），$p=36$（atm）下，异丁烷的比容，要求精度为 $1E-2$，对异丁烷给定参数如下：

$A_0 = 16.6037$，$B_0 = 0.2354$，$a = 0.11171$，$b = 0.07697$，$c = 300 \times 10^4$，分子量 $M=58.124$。

10. 已知由乙醚（1）-丙酮（2）所组成的二元溶液，其过剩自由焓符合下列关系式。

$$\frac{G^E}{RT} = \beta x_1 x_2$$

其中 $\beta = 2.991$J/mol。

试用迭代法求 760mmHg，40℃时平衡的汽液相组成。已知在 40℃时纯组分的饱和蒸气压为 $p_1^0 = 920$mmHg，$p_2^0 = 425$mmHg，要求精度 $\varepsilon < 10^{-2}$。

（提示）：假设汽相为理想气体，则

$$p = \gamma_1 x_1 p_1^0 + \gamma_2 x_2 p_2^0$$

又 $\ln\gamma_1 = \beta x_2^2, \ln\gamma_2 = \beta x_1^2$

故 $p = x_1 p_1^0 \exp(\beta x_2^2) + x_2 p_2^0 \exp(\beta x_1^2)$

11. 用牛顿法解下列方程

$$x^3 - 4x^2 + x - 10 = 0$$

取初值 $x_0 = 4.0$，计算两步。

12. 试用牛顿法解例 3-16，要求精度 $\varepsilon < 1E-3$。

13. 用亚硫酸钠吸收空气中的二氧化硫时，得出使每年花费最小时的塔径满足如下关系式

$$24D^{0.64} - \frac{0.9128}{D^5} + 32554.6D + 3224.46D^{0.6} = 0$$

试用牛顿法求此时的塔径 D，要求精度 $\varepsilon < 1E-4$。

14. 试用弦截法求 $x^x = 10$ 的根（提示：先取对数，后解方程）。

15. 已知 Virial 方程

$$\frac{PV}{RT} = 1 + \frac{B}{V} + \frac{C}{V^2}$$

试用弦截法和抛物线法求正丁烷在 15atm，460K 时的摩尔体积 V。要求精度 $\varepsilon < 1E-3$（这里 $B = -0.265 \times 10^{-3} \, \text{m}^3/\text{mol}$，$C = 0.03025 \times 10^{-3} \, \text{m}^3/\text{mol}$）。

16. 用迭代法解下列方程组。

$$\begin{cases} \sin(xy) - \dfrac{y}{2\pi} - x = 0 \\ \left(1 - \dfrac{1}{4\pi}\right)(e^{2x} - e) + \dfrac{e^y}{\pi} - 2e^x = 0 \end{cases}$$

要求精度 $\varepsilon < 1E-3$。

17. 用高斯-赛德尔迭代法解下列方程组。

$$\begin{cases} 9x_1 - 5x_3 = 10 \\ 2x_2 - 12x_3 = -2 \\ -5x_1 - 12x_2 + 20x_3 = 0 \end{cases}$$

要求精度 $\varepsilon < 1E-3$。

18. 为使一组串联换热器的总传热面积最小，得出如下一组联立方程

$$\begin{cases} 2684.752(205 - T_2) - 35.824(150 - T_1)^2 = 0 \\ 35.824(205 - T_1) - 1.282(205 - T_2)^2 = 0 \end{cases}$$

其中 T_1，T_2 分别为进入第二个换热器的冷却介质的进出口温度，试求使总传热面积为最小的 T_1，T_2，用松弛法迭代求解，要求精度 $\varepsilon < 1E-3$。

19. 用牛顿-拉夫森法解下列方程组

$$\begin{cases} 2x = \sin \dfrac{1}{2}(x - y) \\ 2y = \cos \dfrac{1}{2}(x + y) \end{cases}$$

要求精度 $\varepsilon < 1E-3$。

20. 用牛顿-拉夫森法解下列方程组

$$\begin{cases} x^2 + y^2 = 4 \\ e^{-x} + y = 1 \end{cases}$$

分别以 $x_0 = 1$，$y_0 = -1.7$ 和 $x_0 = 1.7$，$y_0 = 0.7$ 迭代求解，要求精度 $\varepsilon < 1E-5$。

第四章 常微分方程数值解

4.1 引言

在化学工程中关于扩散、反应、传质、传热和流体流动等问题的数学模型，都可以用微分方程来描述。微分方程是包含一个未知函数及其导数关系的方程，其中只包含一个自变量的导数的方程叫做常微分方程。

常微分方程可分为初值问题和边值问题。

【例 4-1】 在一个与外界没有质量交换的封闭系统中，三个组分浓度分别为 C_1、C_2、C_3。当系统在特定频率光照下发生反应，求每种物质浓度随时间变化规律。

$$C_1 \xrightarrow{k_1 C_1} C_2 \xrightarrow{k_3 C_2^2} C_3$$
$$k_2 C_2 C_3$$

解：此问题的数学模型可归结为常微分方程组初值问题

$$\frac{dC_1}{dt} = -k_1 C_1 + k_2 C_2 C_3$$

$$\frac{dC_2}{dt} = k_1 C_1 - k_2 C_2 C_3 - k_3 C_2^2 \tag{4-1}$$

$$\frac{dC_3}{dt} = k_3 C_2^2$$

初值条件

$$C_1(0) = C_0 , \quad C_2(0) = C_3(0) = 0$$

【例 4-2】 一维均匀介质稳态导热问题。设其一端绝热，另一端恒温为 T_1，则此问题模型可用一常微分方程边值问题来描述。

$$\begin{cases} \dfrac{d}{dx}\left(k\,\dfrac{dT}{dx}\right) = 0 \\ \dfrac{dT}{dx}\Big|_{x=0} = 0 \qquad T(L) = T_1 \end{cases} \tag{4-2}$$

当导热系数 k 是温度 T 的函数时，方程组（4-2）也是一个非线性微分方程。

解：由上述两例可以看出，初值问题和边值问题二者之区别在于：前者在自变量的一端给定附加条件，而后者在自变量两端给定附加条件。

一般的初值问题表示为

$$\begin{cases} y' = f(x,y) & (a < x < b) \\ y(a) = y_0 \end{cases} \tag{4-3}$$

如果 $\dfrac{\partial f}{\partial y}$ 在区间 $[a, b]$ 上是连续的，那么初值问题式(4-3) 有唯一解。假设是 $y=y(x)$ 是式(4-3) 的解，那么，它是在 xy 平面上通过点 $(x_0, y_0,)$ 的一条积分曲线，且是连续函数。如果将 $y=y(x)$ 连同它的导数一起代入式(4-3) 中，则方程两边恒等。求解常微分方程的解析方法，只能解决少数比较简单和典型的常微分方程问题，譬如一般的常系数线性方程，而对于变系数线性方程就有较大困难，更不用说非线性方程了，而在化学工程技术和科学研究中遇到的大量问题是后者，因此，研究常微分方程的数值解法就显得必要了。

本章介绍初值问题和边值问题常用的数值解法。

4.2 初值问题

4.2.1 尤拉法（Euler Methods）

4.2.1.1 显式尤拉公式

考虑一阶初值问题

$$\begin{cases} y'=f(x,y) & (a<x<b) \\ y(a)=y_0 \end{cases} \tag{4-4}$$

在数值解法中，首先把区间 $[a,b]$ 分成 n 等份，即

$$h=\frac{b-a}{n}$$

$$x_i=a+h_i \quad i=0, 1, 2, \cdots, n$$

x_i 称为等距节点，h 称为步长。

所谓数值解，就是求取微分方程满足定解条件下函数在节点 $x_0<x_1<x_2<\cdots<x_n$ 上的近似值 $u_0, u_1, u_2, \cdots, u_n$。

假定 $y(x)$ 是初值问题式(4-4) 的解，那么，把 $y(x)$ 在节点 x_i 附近展开成台劳级数，则

$$y(x_{i+1})=y(x_i)+(x_{i+1}-x_i)y'(x_i)+\frac{(x_{i+1}-x_i)^2}{2!}y''(\xi_i)$$

$$x_i \leqslant \xi_i \leqslant x_{i+1} \tag{4-5}$$

把式(4-4)代入式(4-5)，得到

$$y(x_{i+1})=y(x_i)+hf(x,y(x_i))+\frac{h^2}{2!}f'(\xi_i,y(\xi_i)) \tag{4-6}$$

如果取上式的前两项，并用 $u_i \cong y(x_i)$，就得到最简单的数值方法的公式

$$\begin{cases} u_{i+1}=u_i+hf(x_i,u_i) & i=0,1,2,\cdots,n-1 \\ u_0=y_0 \end{cases}$$

$$\tag{4-7}$$

式(4-7)称为尤拉公式。

尤拉公式是显式法，因为只要初值 y_0 已知，就可由式(4-7) 逐步求出近似解 $u_1, u_2, \cdots, u_n$。

尤拉公式的几何意义可以用图 4-1 得到解释：假

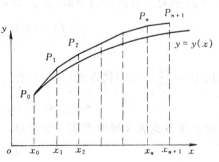

图 4-1 尤拉法

设 $y=y(x)$ 是初值问题式(4-4) 经过点 $P_0(x_0,y_0)$ 的解曲线(积分曲线)，根据式(4-7)由 P_0 出发，以 $f(x_0,y_0)$ 为斜率作射线与 $x=x_i$ 相交于 P_1 点，$\overline{P_0P_1}$ 恰为 $y(x)$ 在 P_0 处的切线。所以，P_1 点在 $y=y(x)$ 的切线 $\overline{P_0P_1}$ 上，而不在曲线 $y=y(x)$ 上。同理，点 $P_2(x_2,y_2)$ 又是从点 P_1 出发，以 $f(x_1,u_1)$ 为斜率作射线与 $x=x_2$ 之交点。注意由于 $f(x_1,u_1)\neq f(x_1,y_1)$，所以 P_1P_2 并不与 $y(x)$ 相切。继续上述过程，即可得到一条折线 $P_0P_1P_2\cdots P_n$。故尤拉法又称折线法。

根据上述情况，假定 u_i 的值是精确的，用式(4-7) 计算出的 u_{i+1} 也会产生误差，此误差称为局部截断误差，用 e_{i+1} 表示。用 $z(x)$ 定义局部解，则

$$z'(x)=f(x,z)$$
$$z(x_i)=u_i \tag{4-8}$$

局部截断误差 $e_{i+1}=|z(x_{i+1})-u_{i+1}|$ 可以由式(4-7)和局部解在点 x_i 附近的台劳级数展开式求出

$$z(x_i+h)=z(x_i)+hf(x_i,z(x_i))+\frac{h^2}{2!}z''(\xi_i)$$

或

$$z(x_i+h)=u_i+hf(x_i,u_i)+\frac{h^2}{2!}z''(\xi_i) \tag{4-9}$$

$$x_i\leqslant\xi_i\leqslant x_{i+1}$$

所以

$$e_{i+1}=\frac{h^2}{2!}z''(\xi_i)=0(h^2) \tag{4-10}$$

即尤拉法的局部截断误差量级是 $0(h^2)$。对于初值问题式(4-7)，只有初始点 $u_0=y_0$，故第一步 $e_1=|y(x_1)-u_1=0(h^2)|$，而随后的任何一步不仅有局部截断误差，而且还包含着前面各步的误差的累积。因此，有必要估计局部截断误差引起的尤拉公式解的总误差。

用尤拉公式

$$u_{i+1}=u_i+hf(x_i,u_i)$$

减去精确解在 x_i 附近的台劳级数展开式

$$z(x_i+h)=z(x_i)+hf(x_i,z(x_i))+\frac{h^2}{2!}f'(x_i,z(x_i))+\frac{h^3}{3!}f''(x_i,z(x_i))+\cdots\cdots$$

得到

$$u_{i+1}-z(x_i+h)=u_i-z(x_i)+h[f(x_i,u_i)-f(x_i,z(x_i))]-\frac{h^2}{2!}f'(x_i,z(x_i))+0(h^3)$$

$$=u_i-z(x_i)+h[f(x_i,u_i)-f(x_i,z(x_i))]+e_{i+1} \tag{4-11}$$

倘若从初始条件开始进行数值解，那么 u_i 将包含着从先前各步带来的误差，$u_{i+1}-z(x_i+h)$ 就表示在 x_{i+1} 的解由于截断产生的总误差，记为 ε_{i+1}。而式(4-11)可写成

$$\varepsilon_{i+1}=\varepsilon_i+h[f(x_i,u_i)-f(x_i,z(x_i))]+e_{i+1} \tag{4-12}$$

若 $f(x,y)$ 对 y 有连续偏导数，且 ξ_i 是 u_i 与 $z(x_i)$ 之间的某一点，则根据中值定理，有

$$\frac{f(x_i,u_i)-f(x_i,z(x_i))}{u_i-z(x_i)}=\frac{\partial f}{\partial y}(x_i,\xi_i) \tag{4-13}$$

若记 $P_i=\frac{\partial f}{\partial y}(x_i,\xi_i)$ 代入式(4-12)，得

$$\varepsilon_{i+1}=\varepsilon_i+h(\varepsilon_iP_i)+e_{i+1}=\varepsilon_i(1+hP_i)+e_{i+1} \tag{4-14}$$

假定在所讨论的区间内 P 和 e 为恒值，则可得到 ε_{i+1} 的一个估值

$$\varepsilon_{i+1}=\varepsilon_i(1+hP)+e \tag{4-15}$$

现在从初始条件 $u_0=y(0)$ 开始，则有

$$\varepsilon_0 = 0$$
$$\varepsilon_1 = e$$
$$\varepsilon_2 = e(1+hP) + e = 2e + ehP = e(2+hP)$$
$$\varepsilon_3 = e(2+hP)(1+hP) + e = 3e + eh^2P^2 + 3ehP$$
$$\varepsilon_4 = e(2+hP)(1+hP)^2 + e(1+hP) + e \approx 4e + eh^3$$
$$\vdots$$
$$\varepsilon_{i+1} \approx (i+1)e + eh^i$$

注意，$e = 0(h^2)$ 及 $x_i + h = (i+1)h$，所以

$$\varepsilon_{i+1} \approx \frac{x_i + h}{h} e = \frac{x_i + h}{h} 0(h^2) = 0(h) \tag{4-16}$$

由此可以看出，尤拉公式其数值解的总误差为 $0(h)$，比局部截断误差小一阶。

通常，评述一个方法为 p 阶精度，即指其局部误差为

$$e_{i+1} = 0(h^{p+1}) \tag{4-17}$$

因此，尤拉公式是一阶精度。显然，截断误差与步长有关，当步长足够小时，可使近似解更接近精确解。

4.2.1.2　收敛性与稳定性

对于一个给定的微分方程，若没有舍入误差，当步长 h 趋于零时，方程的数值解逼近于精确解时，则称所采用的数值方法是收敛的。虽然数值方法可能是收敛的，但由于在实际计算中都不可避免地存在舍入误差，所以，当 h 趋于零时，并不意味着数值解一定趋于精确解。

考察一个算法是否适用于给定的微分方程，除了收敛性外，稳定性是一个决定算法实用价值的重要特性。所谓稳定性，就是当步长 h 确定之后，随着步数的增加，计算中累积的误差会不会超出所允许的范围。稳定性的定义很多，下面只介绍绝对稳定性。

在实际计算过程中是取有限的固定步长 h，它不能随意缩小，因此，重要的是在计算过程中所产生的摄动（即初始数据的误差），以及在计算过程中产生的舍入误差对以后的计算结果会不会步步增长，如果计算结果对上述误差不敏感，则说相应的计算方法是稳定的，这也是通常所说的绝对稳定性。在考虑计算方法的绝对稳定性时，一般只限于典型方程

$$y' = \lambda y$$

为了保证方法的绝对稳定，对步长 h 和 λ 都有一定的限制，它们的允许范围就称为相应方法的绝对稳定区。下面结合具体例子来讨论尤拉公式的稳定性问题。

【例 4-3】　在镍/硅藻土上的苯加氢动力学，在过量氢的存在下，温度低于 200℃ 时，反应是拟一级的，其反应速率方程为

$$-r = p_{H_2} k_0 K_0 T \exp\left[\frac{-Q - E_a}{R_g T}\right] C_B \qquad \text{mol/(kg·s)}$$

式中　R_g——气体常数，1.987cal/(mol·K)；

$-Q - E_a$——2700，cal/mol；

p_{H_2}——氢分压，Pa；

k_0——4.22，mol/(kg·s·Pa)；

K_0——2.63，m^3/(mol·K)；

T——绝对温度，K；

C_B——苯的浓度，mol/m^3。

如果在等温的、活塞流反应器中进行此反应,且忽略相间和相内的梯度,假设

$$p_{H_2} = 685\text{Pa}, \qquad \theta = 0.2665$$
$$\rho_B = 1.2 \times 10^3 \text{kg/m}^3, \qquad T = 150℃$$

试求沿反应器轴向的浓度分布。

解:反应器一维稳态物料平衡可用下式表示

$$\frac{d}{dx}\left[\frac{C_B}{\theta}\right] = r$$
$$x = 0 \text{ 时 } C_B = C_B^0$$

因为 θ 为常数

所以

$$\frac{dy}{dx} = -\rho_B \theta p_{H_2} k_0 K_0 T \exp\left[\frac{(-Q-E_a)}{R_g T}\right] y$$

令

$$\phi = \rho_B \theta p_{H_2} k_0 K_0 T \exp\left[\frac{(-Q-E_a)}{R_g T}\right] = 21.6$$

则物料平衡方程变为

$$\frac{dy}{dx} = -21.6y$$
$$x = 0 \text{ 时 } \quad y = 1$$

式中　　x——无量纲轴向坐标 z/L,其中 z 为反应器轴向坐标(m),L 为反应器长度(m);

$\qquad y$——苯的无量纲浓度(C_B/C_{B0});

$\qquad C_B^0$——原料中苯的浓度,mol/m³。

此问题为初值问题,其分析解为

$$y = \exp(-21.6x)$$

用尤拉公式来解物料平衡方程,则

$$u_{i+1} = u_i - 21.6hu_1 \qquad i = 0, 1, 2, \cdots, N-1$$
$$u_0 = 1$$

此处

$$h = \frac{1}{N}$$

计算结果列于表 4-1 中,并与分析解进行了对比。

表 4-1　例 4-3 计算结果

x	分析解	$N=10$	$N=20$	$N=100$	$N=8000$
0.00	1.00000	1.0000	1.00000	1.0000	1.00000
0.05	0.33960	—	−0.80000 (−1)	0.29620	0.33910
0.10	0.11533	−1.1600	0.64000 (−2)	0.87733 (−1)	0.11499
0.15	0.39164 (−1)	—	−0.51200 (−3)	0.25986 (−1)	0.38993 (−1)
0.20	0.13300 (−1)	1.3456	0.40960 (−4)	0.76970 (−2)	0.13222 (−1)
0.25	0.45166 (−2)	—	−0.32768 (−5)	0.22798 (−2)	0.44873 (−2)
0.30	0.15338 (−2)	−1.5609	0.26214 (−6)	0.67528 (−3)	0.15204 (−2)
0.35	0.52088 (−3)	—	−0.20972 (−7)	0.20000 (−3)	0.51558 (−3)
0.40	0.17689 (−3)	1.8106	0.16777 (−8)	0.59244 (−4)	0.17483 (−3)
0.45	0.60070 (−4)	—	−0.13422 (−9)	0.17548 (−4)	0.59286 (−4)
0.50	0.20400 (−4)	−2.1003	0.10737 (−10)	0.51976 (−5)	0.20104 (−4)
0.55	0.69276 (−5)	—	−0.85899 (−12)	0.15395 (−5)	0.68172 (−5)
0.60	0.23526 (−5)	2.4364	0.68719 (−13)	0.45600 (−6)	0.23117 (−5)
0.65	0.79892 (−6)	—	−0.54976 (−14)	0.13507 (−6)	0.78390 (−6)
0.70	0.27131 (−6)	−2.8262	0.43980 (−15)	0.40006 (−7)	0.26582 (−6)
0.75	0.92136 (−7)	—	−0.35184 (−16)	0.11850 (−7)	0.90139 (−7)

续表

x	分析解	$N=10$	$N=20$	$N=100$	$N=8000$
0.80	0.31289 (-7)	3.2784	0.28147 (-17)	0.35098 (-8)	0.30566 (-7)
0.85	0.10626 (-7)	—	-0.22518 (-18)	0.10396 (-8)	0.10365 (-7)
0.90	0.36084 (-8)	-3.8030	0.18014 (-19)	0.30793 (-9)	0.35148 (-8)
0.95	0.12254 (-8)	—	-0.14412 (-20)	0.91207 (-10)	0.11919 (-8)
1.00	0.41614 (-9)	4.4114	0.11529 (-21)	0.27015 (-10)	0.40416 (-9)

注：(-3) 表示 1.0×10^{-3}，其他类推。

从表 4-1 中可以看到，当 $N=10$ 时，数值解随着 x 的增加而呈摆动地变大，这从物理意义上来说是不合理的，因为苯是反应物，当它从反应器入口向反应器出口（$x=1$）流动时随即转化成产物，所以 y 值应逐渐减小。由此可以看出，分析解随着独立变量值的增加而减少，而尤拉法的总误差随着独立变量值的增加而增长。这就说明当 $N=10$ 时，尤拉公式是不稳定的。当 $N=20$ 时，总误差随着 x 的增加而减小，但数值解的符号在发生变化，对这种情况，说当 $N=20$ 时尤拉公式是稳定的，但解包含着摆动。只有当 $N>20$ 时，尤拉公式是稳定的，而且解不产生摆动。产生这种现象的原因可以通过下列问题来说明。

对初值问题

$$\begin{cases} \dfrac{\mathrm{d}y}{\mathrm{d}x}=\lambda y \\ y(0)=y_0 \end{cases} \tag{4-18}$$

此处 $\lambda<0$（常数）。

用尤拉公式（4-7）与式（4-18），得到

$$u_{i+1}=u_i+\lambda h u_1 \tag{4-19}$$

或

$$u_{i+1}=(1+h\lambda)u_i=(1+h\lambda)^2 u_{i-1}=\cdots=(1+h\lambda)^{i+1}u_0 \tag{4-20}$$

此初值问题的分析解为

$$y(x_{i+1})=y_0\, \mathrm{e}^{\lambda x}_{i+1}=y_0\, \mathrm{e}^{(i+1)h\lambda} \tag{4-21}$$

比较上两式可以看出，用尤拉公式对此初值问题等价于用表达式 $(1+\lambda h)$ 作为 $\mathrm{e}^{h\lambda}$ 的近似。

为了说明问题，假设

$$y_0-u_0=e_0\neq0 \tag{4-22}$$

则

$$u_{i+1}=(1+h\lambda)^{i+1}(y_0-e_0) \tag{4-23}$$

总误差

$$\varepsilon_{i+1}=y(x_{i+1})-u_{i+1}=\left[\mathrm{e}^{(i+1)h\lambda}-(1+h\lambda)^{i+1}\right]y_0-(1+h\lambda)^{i+1}e_0 \tag{4-24}$$

所以，总误差由两部分组成：第一部分是由于尤拉公式用 $(1+h\lambda)$ 近似 $\mathrm{e}^{h\lambda}$ 所产生的误差；第二部分是由于初始误差 e_0 的传播造成的。很明显，如果 $|1+h\lambda|>1$，不管 e_0 的值是多大，第二项将逐渐增长而成为总误差的重要部分。因此，在用尤拉公式时，为了保持以前误差传播是有限的，必须满足

$$|1+h\lambda|\leqslant1 \tag{4-25}$$

即初值问题式（4-18）的绝对稳定区与 h 和 λ 的取值有关，如果 λ 是实的，那么绝对稳定区为

$$-2\leqslant\lambda h\leqslant0 \tag{4-26}$$

当

$$-2\leqslant\lambda h\leqslant-1 \tag{4-27}$$

时，算法虽然属于稳定区，但误差传播在总误差中仍起主导作用，则总误差在符号上产生波动。

在例 4-3 中，$\lambda = -21.6$，所以只有当 $h < 0.0463$ 时，解才是稳定且不摆动的。当 $h > 0.0926$ 时，解是不稳定的。因此，当 $N = 10$ 时，$h = 0.1 > 0.0926$，故解不稳定；当 $N = 20$ 时，$h = 0.05$，介于 0.0463 和 0.0926 之间，故解虽稳定，但解的符号出现摆动。只有当 $N > 20$ 时，$h < 0.0463$，解才是绝对稳定且不摆动的。由此得出的结论与表 4-1 计算的结果是一致的。

综上所述，尤拉公式方法简单，精度不高，稳定性也受到一定限制，有时为了达到较高精度或满足稳定性要求，只能取很小的步长，而步长太小就增加了计算时间和经费，有时甚至要求步长小到不能采用的地步。因此，为了提高计算方法的精度稳定性，还需引入其他算法。

4.2.1.3 隐式法

如果把初值问题式(4-4) 的解 $y(x)$ 在点 x_{i+1} 邻近展开成台劳级数，则

$$y(x_i) = y(x_{i+1}) - hy'(x_{i+1}) + \frac{h^2}{2!}y''(\xi_i)$$

$$x_i \leqslant \xi_i \leqslant x_{i+1} \tag{4-28}$$

将式(4-4)代入式(4-28)，得到

$$y(x_i) = y(x_{i+1}) - hf(x_{i+1}, y(x_{i+1})) + \frac{h^2}{2!}f'_i(\xi, y(\xi)) \tag{4-29}$$

$$x_i \leqslant \xi_i \leqslant x_{i+1}$$

如果取式(4-29)的前两项，并用 $u_i = y(x_i)$，则

$$u_{i+1} = u_i + hf(x_{i+1}, u_{i+1}) \tag{4-30}$$

$$u_0 = y_0$$

由于在方程的右边也包含着 u_{i+1}，故式(4-30) 称为隐式尤拉法。

隐式尤拉法需用迭代法求解，因而有个收敛问题。其迭代求解公式为

$$u_{i+1}^{(k+1)} = u_i + hf(x_{i+1}, u_{i+1}^k) \tag{4-31}$$

若函数 $f(x_{i+1}, y(x_{i+1}))$ 是非线性的，则可用牛顿法求解。甚至

$$|u_{i+1}^{(k+1)} - u_{i+1}^k| \leqslant \varepsilon$$

为止。通常，可由显式尤拉公式法提供迭代的初值。

如果用隐式尤拉法解初值问题式(4-18)，则

$$u_{i+1} = u_i + h\lambda u_{i+1}$$

或

$$u_{i+1} = \left(\frac{1}{1-h\lambda}\right)u_i = \left(\frac{1}{1-h\lambda}\right)^{i+1}y_0 \tag{4-32}$$

若 λ 为实的，且小于零，那么，隐式尤拉法对所有的 $h > 0$ 均是稳定的，或称为无条件稳定的，且不存在摆动。由此看来，隐式尤拉法是绝对稳定的，但不幸的是它只有一阶的精度。为了提高精度，可以联立求解式(4-6)和式(4-29)，得到

$$2[y(x_{i+1}) - y(x_i)] = h[f(x_{i+1}, y(x_{i+1})) + f(x_i, y(x_i))] + 0(h^3) \tag{4-33}$$

用 $u_i \approx y(x_i)$，则

$$u_{i+1} = u_i + \frac{h}{2}[f(x_i, u_i) + f(x_{i+1}, u_{i+1})] \qquad i = 0, 1, 2, \cdots, n-1 \tag{4-34}$$

$$u_0 = y_0$$

式(4-34)称为梯形法则。

梯形法则具有二阶精度，其稳定性判断仍可用其解初值问题式(4-18)而得到。

若 λ 为实的，那么

$$u_{i+1}=\left[\frac{\left(1+\dfrac{h\lambda}{2}\right)}{\left(1-\dfrac{h\lambda}{2}\right)}\right]^{i+1}y_0 \tag{4-35}$$

当 $\lambda<0$ 时，则梯形法则是无条件稳定的，但当 $h\lambda<-2$ 时，总误差符号将产生摆动。

梯形法则亦为隐性的，可用迭代法求解，其所用初值，仍可由显式尤拉法提供。

梯形法则虽然提高了精度，但每迭代一次都要重新计算函数 f 的值，而且又要反复迭代，因此，计算量大。为了控制计算量，通常只迭代一两次就转入下一步的计算，从而简化了算法。具体地说，首先用显式尤拉公式求出一个初步的近似值 $\overline{u}_{i+1}$，称之为预测值，再用梯形法则将其校正一次，即按式(4-34)迭代一次，得到 u_{i+1} 的叫做校正值，这样建立起的预测-校正系统，即称为改造的尤拉公式。可归纳为

$$\begin{cases} \text{预测}\quad \tilde{u}_{i+1}=u_i+hf(x_i,u_i) \\ \text{校正}\quad u_{i+1}=u_i+\dfrac{h}{2}\left[f(x_i,u_i)+f(x_{i+1},\overline{u}_{i+1})\right] \end{cases} \tag{4-36}$$

式(4-36)每进行一步，需要两次调用函数，可以改写成下列形式

$$\begin{cases} u_p=u_i+hf(x_i,u_i) \\ u_c=u_i+hf(x_{i+1},u_p) \\ u_{i+1}=\dfrac{1}{2}(u_p+u_c) \end{cases} \tag{4-37}$$

尤拉公式的局部截断误差为 $O(h^2)$，所以，预测值的截断误差为 $O(h^2)$。校正值的局部截断误差与梯形法则相同，故为 $O(h^3)$。所以，改进的尤拉公式每步截断误差提高了一阶，为 $O(h^3)$。但这种精度的提高是付出了计算量增加一倍的代价而换得的。

【例 4-4】 已知在管式反应器中进行液相反应 A→R+S，其为吸热反应，反应管外油浴温度为 340℃，假定已知其管内温度与转化率的关系为

$$\frac{\mathrm{d}t}{\mathrm{d}x_A}=-65.0-15.58(t-t_c)/[k(1-x_A)]$$

其中速度常数 $k=1.17\times10^{17}\exp[-44,000/(R_gT)]$

$$R_g=1.987$$

$$t_c=\text{反应器外壁温度}$$

若反应器入口温度为 340℃，反应器出口转化率为 90%，试用改进的尤拉公式求反应器出口温度。

解： 由题意知此乃初值问题

$$\frac{\mathrm{d}t}{\mathrm{d}x_A}=-65.0-15.58(t-t_c)/[k(1-x_A)]$$

$$x_A=0 \text{ 时},t_0=340℃$$

假定反应器外壁温度恒定,且等于油浴温度,则

$$\frac{\mathrm{d}t}{\mathrm{d}x_A}=-65.0-15.58(t-340)/[k(1-x_A)]$$

$$k=1.17\times10^{17}\exp[-2.24\times10^4/(t+273.2)]$$

设步长 $\Delta x_A=0.05$，用改进的尤拉公式

$$\tilde{t}_1=t_0+hf(x_0,t_0)$$

$$t_1 = t_0 + \frac{h}{2}[f(x_0,t_0) + f(x_1,\tilde{t}_1)]$$

首先计算

$$f(x_0,t_0) = -65.0$$

所以

$$\tilde{t}_1 = 340 + 0.05(-65.0) = 336.75℃$$

$$k(\tilde{t}_1) = 1.17 \times 10^{17} \exp[-2.24 \times 10^4/(336.75 + 273.2)] = 13.34$$

$$f(x_1,\tilde{t}_1) = -65.0 - 15.58(336.75 - 340)/(13.34(1 - 0.05)) = -60.92$$

所以

$$t_1 = 340 + \frac{0.05}{2}[-65.0 + (-60.92)] = 336.85$$

同理可求出

$$k(t_1) = 13.23$$

$$f(x_1,t_1) = -68.90$$

所以

$$\tilde{t}_2 = t_1 + hf(x_1,t_1)$$

$$= 336.85 + 0.05[-65.0 - 15.58(336.85 - 340)/(13.23(1 - 0.05))]$$

$$= 333.40$$

$$k(\tilde{t}_2) = 10.73$$

$$t_2 = t_1 + \frac{h}{2}[f(x_1,t_1) + f(x_2,\tilde{t}_2)]$$

$$= 336.85 + \frac{0.05}{2}\{-68.90 + [-65.0 - 15.58(333.40 - 340)/(10.73(1 - 0.1))]\}$$

$$= 333.93$$

如此继续下去，最后即可求出当 $x_A = 0.9$ 时的反应器出口温度。结果见下表：

x_A	0	0.05	0.10	0.15	0.20	0.25	0.30	0.35	0.40	0.45
t	340	336.85	333.93	331.34	329.15	327.42	326.18	325.40	325.02	324.97
x_A	0.50	0.55	0.60	0.65	0.70	0.75	0.80	0.85	0.90	
t	325.20	325.62	326.21	326.94	327.67	328.60	329.87	331.32	333.05	

4.2.1.4　外推法

假设用步长为 h 解初值问题，得到在 x_i 处的数值解 u_i，然后再用步长为 $\frac{1}{2}h$，得到在 x_i 处的数值解为 w_i。如果用尤拉公式求出的 u_i 和 w_i，那么，误差与步长成正比。假若在 x_i 处的精确解为 $y(x_i)$，

则

$$u_i \approx y(x_i) + \phi h \tag{4-38}$$

$$w_i \approx y(x_i) + \phi\frac{h}{2}$$

此处 ϕ 为常数。从上两式消去 ϕ，得到

$$y(x_i) \approx 2w_i - u_i \tag{4-39}$$

如果误差公式（4-38）是精确的，将可以从其得到精确解。但实际上式（4-38）只有当 $h \rightarrow 0$ 时才是精确的，所以，从式（4-39）得到的只能是近似值，但是，它是一个比 u_i 或 w_i 更精确的估值。同样的程序也可用于高阶法，如梯形法则

$$u_i \approx y(x_i) + \phi h^2$$

$$w_i \approx y(x_i) + \phi\left(\frac{h}{2}\right)^2 \tag{4-40}$$

$$y(x_i) \approx \frac{4w_i - u_i}{3}$$

外推法是一种可以提高精度，但不改变原来算法的稳定性的方法，其效果可由下例说明。

【例 4-5】 在间歇蒸馏釜中，最初含有 25mol 的正辛烷和 75mol 的正庚烷，如果在 1atm 下进行操作，当最后釜中剩有溶液的总摩尔数 S^f 为 10 时，试求正辛烷的摩尔分率 x_H^f。

解：假设正庚烷在液相中的摩尔分率为 x_H，在气相中的摩尔分率为 y_H，则在 1atm 下它们之间的关系可用下式表示

$$y_H = \frac{2.16 x_H}{1 + 1.16 x_H}$$

总的物料平衡为 $\qquad dS = -dD$

正庚烷的物料平衡为 $\qquad d(x_H S) = -y_H dD$

上两式联立，得到

$$\int_{S_0}^{S^f} \frac{dS}{S} = \int_{x_H^0}^{x_H^f} \frac{dx_H}{y_H - x_H}$$

将 y_H 与 x_H 的关系式代入上式，并积分得

$$\left(\frac{S^f}{S_0}\right) = \left(\frac{1 - x_H^0}{1 - x_H^f}\right)\left[\left(\frac{1 - x_H^0}{1 - x_H^f}\right)\left(\frac{x_H^f}{x_H^0}\right)\right]^{\frac{1}{1.16}}$$

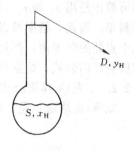

例 4-5 图

此处 $S_0 = 100$，$S^f = 10$，$x_H^0 = 0.75$，解出分析解为 $x_H^f = 0.37521825$。

用尤拉公式和外推法来求解此问题，首先令

$$t = \frac{S_0 - S}{S_0 - S^f}$$

则积分区间变为 $0 \leqslant t \leqslant 1$

因此

$$\frac{dx_H}{dt} = 1.16 \frac{(S^f - S_0)}{[S_0(1-t) + S^f t]} \frac{x_H(1 - x_H)}{(1 + 1.16 x_H)}$$

$t = 0$ 时，$\qquad\qquad x_H = x_H^0$

此初值问题用两种方法计算的结果列于表 4-2 中。

表 4-2 例 4-5 两种算法计算结果

步数 N	总步数	误差绝对值	步数 N	总步数	误差绝对值
尤拉公式			外推尤拉公式		
50	50	0.01373	50~100	150	0.000220
100	100	0.00675	100~200	300	0.000056
200	200	0.00335	200~400	600	0.000013
400	400	0.00166	400~800	1200	0.000003
800	800	0.00083	800~1600	2400	0.000001
1600	1600	0.00041			

从表 4-2 可以看出，尤拉公式是一阶精度，所以截断误差与步长 $\left(\frac{1}{N}\right)$ 成正比。而外推尤拉公式其截断误差几乎是尤拉公式截断误差的平方，随着 N 的增加，其绝对误差值比简单尤拉公式下降得要快得多。但值得指出的是外推法只适于步长足够小的情况，因此，对非线性问题，如果步长太小，则计算量太大。

4.2.2 龙格-库塔法 (Runge-Kutta Methods)

考察尤拉公式

$$u_{i+1} = u_i + hf(x_i, u_i)$$

假设 $u_i = y(x_i)$，则尤拉公式几何上是用点 (x_i, y_i) 处的斜率 $f(x_i, y_i)$ 来代替区间 $[x_i, x_{i+1}]$ 上的平均斜率，因此，精度必然很差，前已述及，尤拉公式是一阶精度的。而改进的尤拉公式可以改写成

$$\begin{cases} u_{i+1} = u_i + \dfrac{1}{2}(K_1 + K_2) \\ K_1 = hf(x_i, u_i) \\ K_2 = hf(x_{i+1}, u_i + K_1) \end{cases}$$

则可看作是用 x_i 与 x_{i+1} 两点处对应的斜率的值的算术平均值作为区间 $[x_i, x_{i+1}]$ 上的平均斜率，因此，精度可以提高一阶，这一道理启发我们是否可以在区间 $[x_i, x_{i+1}]$ 内多取几个点处的斜率值，然后求它们的加权平均值作为区间 $[x_i, x_{i+1}]$ 上的平均斜率，构造出精度更高的公式，这就是龙格-库塔方法的基本思想。

4.2.2.1　龙格-库塔公式

龙格-库塔法也是一种显式算法，它的一般公式可用下式表示

$$u_{i+1} = u_i + \sum_{j=1}^{v} \omega_j K_j \tag{4-41}$$

此处
$$K_j = hf\left(x_i + c_j h, u_i + \sum_{l=1}^{j-1} a_{jl} K_l\right) a_{jl} K_l \tag{4-42}$$

$$c_1 = 0$$
$$x_i = x_0 + ih$$

c_j 为龙格-库塔法节点，ω_j 为权系数，v 为方法阶数。

如果 $v = 1, \omega_1 = 1$，则 $K_1 = hf(x_i, u_i)$，此时得到的式(4-41) 就是尤拉公式，所以，尤拉公式是最低阶的龙格-库塔公式。为了得到高阶的龙格-库塔公式，就要求出参数 ω、a 和 c 的值。

以二阶龙格-库塔公式为例，即 $v = 2$。首先将精确解 $y(x_i)$ 展开成台劳级数，则

$$y(x_{i+1}) = y(x_i) + hf[x_i, y(x_i)] + \frac{h^2}{2!} f'[x_i, y(x_i)] + 0(h^3) \tag{4-43}$$

其次，把 $f'(x_i, y(x_i))$ 写成

$$\frac{\mathrm{d}f_i}{\mathrm{d}x} = \frac{\partial f_i}{\partial x} + \frac{\partial f_i}{\partial y}\frac{\mathrm{d}y}{\mathrm{d}x}\bigg|_{x=x_i} = (f_x + f_y f)_i \tag{4-44}$$

将式(4-44)代入式(4-43)并舍去项 $0(h^3)$，得到

$$u_{i+1} = u_i + hf_i + \frac{h^2}{2}(f_x + f_y f)_i \tag{4-45}$$

由式(4-42)

$$K_1 = hf(x_i, u_i) = hf_i \tag{4-46}$$
$$K_2 = hf(x_i + c_2 h, u_i + a_{21} K_1) \tag{4-47}$$

假定 η 和 ϕ 分别是 x_i 和 u_i 邻点，则二元函数的台劳展开，取其线性近似为

$$f(\eta, \phi) \cong f(x_i, u_i) + (\eta - x_i) f_x(x_i, u_i) + (\phi - u_i) f_y(x_i, u_i) \tag{4-48}$$

将式(4-47)中的 $f(x_i + c_2 h, u_i + a_{21} K_1)$ 作类似处理，则有

$$K_2 = hf(f_i + c_2 h f_x + a_{21} K_1 f_y) \tag{4-49}$$

或
$$K_2 = hf_i + h^2(c_2 f_x + a_{21} f_y f)_i \tag{4-50}$$

将式(4-45)和式(4-51)代入式(4-41)，得到

$$u_{i+1}=u_i+\omega_1 hf_i+\omega_2 hf_i+\omega_2 h^2 c_2(fx)_i+a_{21}\omega_2 h^2(f_y f)_i \tag{4-51}$$

比较式(4-45)和式(4-51)中 h 相同幂次的系数，有

$$\begin{cases}\omega_1+\omega_2=1.0\\ \omega_2 c_2=0.5\\ \omega_2 a_{21}=0.5\end{cases} \tag{4-52}$$

一旦参数 ω_1、ω_2、a_{21}、c_2 确定了，即可求出二阶龙格-库塔公式。由于有四个参数，而只有三个条件，有一个自由度，凡是满足条件式(4-52)的一族公式均称为二阶龙格-库塔公式。

当 $c_2=1$ 时，$\omega_1=\omega_2=0.5$，$a_{21}=1$，此时

$$u_{i+1}=u_i+\frac{h}{2}[f_i+f(x_i+h,u_i+hf_i)] \quad i=0,1,2,\cdots,N-1 \tag{4-53}$$

$$u_0=y_0$$

即为改进的尤拉公式。

同理，可以推导出一族三阶的龙格-库塔公式，常用的为

$$\begin{cases}u_{i+1}=u_i+\dfrac{1}{6}(K_1+4K_2+K_3)\\ K_1=hf(x_i,u_i)\\ K_2=hf\left(x_i+\dfrac{h}{2},u_i+\dfrac{1}{2}K_1\right)\\ K_3=hf(x_i+h,u_i-K_1+2K_2)\end{cases} \tag{4-54}$$

通常在常微分方程初值问题的数值解法中最常用的是经典的四阶龙格-库塔公式

$$\begin{cases}u_{i+1}=u_i+\dfrac{1}{6}(K_1+2K_2+2K_3+K_4)\\ K_1=hf(x_i,u_i)\\ K_2=hf\left(x_i+\dfrac{h}{2},u_i+\dfrac{1}{2}K_1\right)\\ K_3=hf(x_i+\dfrac{h}{2},u_i+\dfrac{1}{2}K_2)\\ K_4=hf(x_i+h,u_i+K_3)\end{cases} \tag{4-55}$$

龙格-库塔-吉尔公式为

$$\begin{cases}u_{i+1}=u_i+\dfrac{1}{6}(K_1+K_4)+\dfrac{1}{3}\left(\dfrac{2-\sqrt{2}}{2}K_2+\dfrac{2+\sqrt{2}}{2}K_3\right)\\ K_1=hf(x_i,u_i)\\ K_2=hf\left(x_i+\dfrac{h}{2},u_i+\dfrac{1}{2}K_1\right)\\ K_3=hf(x_i+\dfrac{h}{2},u_i+\dfrac{\sqrt{2}-1}{2}K_1+\dfrac{2-\sqrt{2}}{2}K_2)\\ K_4=hf(x_i+h,u_i-\dfrac{\sqrt{2}}{2}K_2+\dfrac{2+\sqrt{2}}{2}K_3)\end{cases} \tag{4-56}$$

四阶龙格-库塔公式每一步需四次调用函数 f。其局部截断误差为 $0(h^5)$，因此，是四阶精度的。龙格-库塔-吉尔公式是经典的四阶龙格-库塔公式的一种改进，具有节省内存和控制舍入误差增长的优点。

用龙格-库塔公式可以提高精度的阶数，那么，它的稳定性又如何呢？可以证明，如果

λ 是实的，二阶龙格-库塔公式的稳定区为 $-2.0 \leqslant h\lambda \leqslant 0$；四阶龙格-库塔-吉尔公式的稳定区为 $-2.8 \leqslant h\lambda \leqslant 0$。

【例 4-6】 一只热偶原来放置在温度为 10℃ 的环境中，在时间为零时，突然将热偶放到 20℃ 的水浴中，由于水浴中水的质量比热偶质量要大得多，所以，可以把水浴看作一个无穷大的热源，试计算热偶的温度响应曲线。假设热偶的时间常数为 $0.4 \mathrm{min}^{-1}$。

解： 根据牛顿的加热和冷却定律，微分方程应为

$$C_p \frac{\mathrm{d}T}{\mathrm{d}t} = UA(T_p - T) \qquad 0 \leqslant t \leqslant 10$$

$$t = 0 \text{ 时}, \quad T = 10℃$$

式中　　C_p——热偶的热容；

　　　　U——热偶的传热系数；

　　　　A——热偶的传热面积；

　　　　t——时间，min；

T，T_p，T_0——热偶、水、环境的温度。

若令 $t^* = \dfrac{t}{10}$，$\theta = \dfrac{T_p - T}{T_p - T_0}$

则得到无量纲形式的微分方程为

$$\frac{\mathrm{d}\theta}{\mathrm{d}t^*} = -25\theta$$

$$t^* = 0 \text{ 时}, \ \theta = 1$$

此初值问题的分析解为

$$\theta = \mathrm{e}^{-25t^*} \qquad 0 \leqslant t^* \leqslant 1$$

用龙格-库塔-吉尔公式解此初值问题，则

$$\begin{cases} \theta_0 = 1 \\ \theta_{i+1} = \theta_i + \dfrac{1}{6}(K_1 + K_4) + \dfrac{1}{3}\left(\dfrac{2-\sqrt{2}}{2}K_2 + \dfrac{2+\sqrt{2}}{2}K_3 \right) \\ K_1 = -25h\theta_i \\ K_2 = -25h\left(\theta_i + \dfrac{1}{2}K_1 \right) \\ K_3 = -25h\left(\theta_i + \dfrac{\sqrt{2}-1}{2}K_1 + \dfrac{2-\sqrt{2}}{2}K_2 \right) \\ K_4 = -25h\left(\theta_i - \dfrac{\sqrt{2}}{2}K_2 + \dfrac{2+\sqrt{2}}{2}K_3 \right) \end{cases}$$

假设取步长 $\Delta t^* = 0.05$，则 $N = 20$。

首先计算

$$K_1 = -25 \times 0.05 \times 1 = -1.25$$

$$K_2 = -25 \times 0.05 \left(1 + \frac{1}{2}(-1.25) \right) = -0.46875$$

$$K_3 = -25 \times 0.05 \left(1 + \frac{\sqrt{2}-1}{2}(-1.25) + \frac{2-\sqrt{2}}{2}(-0.46875) \right) = -0.75478$$

$$K_4 = -25 \times 0.05 \left(1 - \frac{\sqrt{2}}{2}(-0.75478) + \frac{2+\sqrt{2}}{2}(-0.46875) \right) = -0.91688$$

所以

$$\theta_1 = 1 + \frac{1}{6}(-1.25 - 0.053711) + \frac{1}{3}\left(\frac{2-\sqrt{2}}{2}(-0.46875) + \frac{2+\sqrt{2}}{2}(-0.75478)\right) = 0.307454$$

如此继续下去，即可求出最后结果（程序见数学资源库）。

从表 4-3 所列计算结果可以看出，当取步长 $\Delta t^* = 0.05$（即 $N=20$）时，所得结果与精确结果相差很大，若步长取为 $\Delta t^* = 0.005$，即 $N=200$ 时，则计算结果就非常接近精确解了。由此可见，即使对高精度的算法也存在着步长选择的问题。

表 4-3　例 4-6 计算结果

t^*	$N=20$	$N=200$	分析解	t^*	$N=20$	$N=200$	分析解
0.000	0.10000E+01	0.10000E+01	1.0000	0.600	0.71267E−06	0.30591E−06	0.30590E−06
0.100	0.94511E−01	0.82085E−01	—	0.700	0.67356E−07	0.25111E−07	—
0.200	0.89323E−02	0.67380E−02	0.67379E−02	0.800	0.63658E−08	0.20612E−08	0.20612E−08
0.300	0.84420E−03	0.55309E−03	—	0.900	0.60164E−09	0.16920E−09	—
0.400	0.79786E−04	0.45401E−04	0.45400E−04	1.000	0.56862E−10	0.13889E−10	0.13888E−10
0.500	0.75407E−05	0.37268E−05					

4.2.2.2　步长的选择

从例 4-6 的计算结果说明步长越小，对降低局部截断误差是有利的，但在一定的求解范围内，需要的步数就要增加，这不仅引起计算量的加大，而且还会导致舍入误差的积累，因此，如何选择适宜的步长是个值得讨论的问题。

对四阶龙格-库塔公式来说，从 x_i 出发，以 h 为步长求出一个近似解为 $u_{i+1}^{(h)}$。由于四阶龙格-库塔公式的局部截断误差为 $0(h^5)$，故有

$$u_{i+1}^{(h)} - y(x_{i+1}) \cong ch^5 \tag{4-57}$$

其中系数 c 当 h 不大时可以近似地作为常数。

然后将步长减半，即取 $\frac{h}{2}$ 为步长，从 x_i 出发，跨两步到 x_{i+1}，再求得一个近似解 $u_{i+1}^{(h/2)}$，每跨一步的截断误差是 $c\left(\dfrac{h}{2}\right)^5$，所以

$$u_{i+1}^{(h/2)} - y(x_{i+1}) \approx 2c\left(\frac{h}{2}\right)^5 \tag{4-58}$$

比较式(4-57)和式(4-58)可以看到，步长减半后，误差减少到 1/16。

$$\frac{u_{i+1}^{(h/2)} - y(x_{i+1})}{u_{i+1}^{(h)} - y(x_{i+1})} \approx \frac{1}{16} \tag{4-59}$$

从式(4-59)可以求出事后估计式

$$y(x_{i+1}) - u_{i+1}^{(h/2)} \approx \frac{1}{15}(u_{i+1}^{(h/2)} - u_{i+1}^{(h)}) \tag{4-60}$$

根据这个估计式，可以通过检查

$$\Delta = \left| u_{i+1}^{(h/2)} - u_{i+1}^{(h)} \right| \tag{4-61}$$

来判断所选步长是否合适。具体做法可分为下述两种情况：

① 对于给定的精度 ε，如果 $\Delta > \varepsilon$，可以将步长反复减半进行计算，直至 $\Delta < \varepsilon$ 为止，这时以最终得到的 $u_{i+1}^{(h/2)}$ 作为结果。

② 如果 $\Delta < \varepsilon$，可以反复将步长加倍，直至 $\Delta > \varepsilon$ 为止，这时将步长再减半一次，即为所求结果。

③ 这种通过步长加倍和减半的方法叫做变步长法。表面上看，为了选择步长，每步的计算量是增加了，但从整体来看，这种变步长法是合算的。

4.2.2.3 误差的估计

至此为止，均是用一个有分析解的初值问题来估计一个算法的误差，而实际上遇到的大量问题其分析解均不知道，那么，就无法估计在整个计算过程中产生的误差。为此就需要找出一种估计局部截断误差的方法。常用的一种方法是：用步长为 h，从 x_i 出发计算出一个近似解 u_{i+1}，再用半步长 $\frac{h}{2}$ 计算出一个 u_{i+1}^*，然后比较两者之差。因为对某一种算法来说，当其精度的阶数确定后，其局部截断误差只与步长有关，所以，u_{i+1}^* 肯定是优于 u_{i+1} 对 $y(x_{i+1})$ 的估值，因此

$$| Z_{i+1}-u_{i+1}^* | < | Z_{i+1}-u_{i+1} | \tag{4-62}$$

并且以

$$e_{i+1}=Z_{i+1}-u_{i+1}\approx u_{i+1}^*-u_{i+1} \tag{4-63}$$

作为局部截断误差的近似估计。当然，这种估计方法对龙格-库塔公式来说是很费机时的，因为随着步长的减半，每一步需要计算的函数次数要大为增加。表 4-4 说明用半步长计算时 u_{i+1}^*，对 p 阶精度的公式每步需要计算的函数次数。

表 4-4　p 阶精度每步调用函数次数

p	2	3	4	5
每步 f 的计算次数	5	8	11	14

由表 4-4 可以看出龙格-库塔法的优点是：容易编制程序，且有良好的稳定性，容易改变步长，且是自起步的。但它的主要缺点是：与其他精度相当的方法相比，计算时间长，而且不易求得局部误差的估计值。另外，值得指出的是龙格-库塔方法的推导是基于台劳展开法，因此，要求所得的解具有较好的光滑性。否则，所得解的精度还不如改进的尤拉公式。这一点在实际计算中是很重要的，应针对具体问题的特点选择适宜的计算方法。

下面推荐一种龙格-库塔-弗尔贝格（Fehlberg）算法：

$$u_{i+1}=u_i+\left[\frac{25}{216}K_1+\frac{1408}{2565}K_3+\frac{2197}{4104}K_4-\frac{1}{5}K_5\right]e_{i+1}=0(h^5) \tag{4-64}$$

$$u_{i+1}^*=u_i+\left[\frac{16}{135}K_1+\frac{6656}{12825}K_3+\frac{28561}{56430}K_4-\frac{9}{50}K_5+\frac{2}{55}K_6\right]e_{i+1}=0(h^6)$$

其中

$$K_1=hf(x_i,u_i)$$

$$K_2=hf\left(x_i+\frac{h}{4},u_i+\frac{1}{4}K_1\right)$$

$$K_3=hf\left(x_i+\frac{3}{8}h,u_i+\frac{3}{32}K_1+\frac{9}{32}K_2\right)$$

其中

$$K_4=hf\left(x_i+\frac{12}{13}h,u_i+\frac{1932}{2197}K_1-\frac{7200}{2197}K_3+\frac{7296}{2197}K_3\right)$$

$$K_5=hf\left(x_i+h,u_i+\frac{439}{216}K_1-8K_2+\frac{3680}{613}K_3-\frac{845}{4104}K_4\right)$$

$$K_6=hf\left(x_i+\frac{1}{2}h,u_i-\frac{8}{27}K_1+2K_2-\frac{3544}{2565}K_3+\frac{1859}{4104}K_4-\frac{11}{40}K_5\right)$$

此公式看起来复杂，但其计算量要比龙格-库塔法小得多。以龙格-库塔吉尔法为例，

在求 u_{i+1} 时需要四次调用函数值，为四阶精度；而在计算 u_{i+1}^* 时需要调用函数 11 次。采用式(4-64)计算 u_{i+1} 时，同样精度下，虽然要计算五次函数值，但在求 u_{i+1}^* 时，却仅需计算函数值六次。因此，相比之下，后者的计算量要大为减少。

4.2.3　线性多步法

尤拉法和龙格-库塔法均为单步法，所谓单步法，即只要给出初始 u_0，即可顺序地算出 u_1，u_2，…，因此，是"自开始"的。而多步法则除了给出 u_0 外，尚需借助其他单步法提供 u_1，u_2…若干个节点值，因此，不是自起步的。

多步法的指导思想就是在计算 u_{i+1} 时，利用前面已经得到的信息 u_i，u_{i-1}，…，以望获得更高精度的公式。构造多步法的途径有多种，这里主要介绍以数值积分为基础的方法。

如果对微分方程 $y'=f(x,y)$ 两端从 x_i 到 x_{i+1} 进行积分，则

$$\int_{x_i}^{x_{i+1}} y' dx = \int_{x_i}^{x_{i+1}} f(x,y(x)) dx \tag{4-65}$$

或

$$y(x_{i+1}) = y(x_i) + \int_{x_i}^{x_{i+1}} f(x,y(x)) dx \tag{4-66}$$

为了对 $\int_{x_i}^{x_{i+1}} f(x,y(x)) dx$ 进行数值积分，可以用插值函数来代替积分号下的被积函数 $f(x,y(x))$。通常，插值多项式的次数愈高，得到的数值解愈接近精确解，因此，可以选用高次插值多项式来代替被积函数。

利用插值多项式，首先要选插值点。对于高次插值多项式，除了用 x_i 和 x_{i+1} 两点外，还须选用其他的插值点，而在 x_i 和 x_{i+1} 之间来选的话，这些点上的函数值均是未知的，自然会想到能否选用 $[x_i，x_{i+1}]$ 以外的点，如 x_{i-1}，x_{i-2}，…，而且，这些点上的函数值应已经求得。下面就讨论这种构造求积公式的方法，主要是讨论定步长的情况。

4.2.3.1　阿达姆斯（Adams）公式

如果用 $k-1$ 阶的牛顿向后插值公式代替被积函数 $f(x,y(x))$，经过数值积分后，即可得到显式阿达姆斯-巴什佛斯（Adams-Bashforth）公式。

这里 k 阶牛顿后插公式即为过点 x_i，x_{i-1}，…，x_{i-k}，这 $k+1$ 个等距节点，对导函数 $y'=f(x,y)$ 作 k 阶插值多项式，令 $x=x_i+ph$，且 $dx=hdp$

$$y'(x) \approx y_i' + p\nabla y_i' + \frac{p(p+1)}{2!}\nabla^2 y_i' + \cdots + \frac{p(p+1)\cdots(p+k-1)}{k!}\nabla^k y_i'$$

将此插值多项式代替式(4-66)中被积函数 $f(x,y)$ 并求积，有

$$u_{i+1} = u_i + h\int_0^1 \left(u_i' + p\nabla u_i' + \cdots + \frac{p(p+1)\cdots(p+k-1)}{k!}\nabla^k u_i'\right) dp$$

$$u_{i+1} = u_i + h\sum_{j=0}^k a_i \nabla^j u_i' \tag{4-67}$$

式(4-67)即为阿达姆斯显式公式。

其中

$$a_j = \int_0^1 \frac{p(p+1)\cdots(p+j-1)}{j!} dp \tag{4-68}$$

具体地对于 $j=0,1,2$ 有

$$a_0 = \int_0^1 \frac{1}{0!} dp = 1$$

$$a_1 = \int_0^1 \frac{p}{1!} dp = \frac{1}{2}$$

$$a_2 = \int_0^1 \frac{p(p+1)}{2\,!} \mathrm{d}p = \frac{5}{12}$$

$$u_i' = f(x_i, u_i)$$

所以

$$u_{i+1} = u_i + h\left(1 + \frac{1}{2}\nabla + \frac{5}{12}\nabla^2 + \cdots\right)u_i' \tag{4-69}$$

当 $k=0$ 时截断(4-67)式,得到显式公式

$$u_{i+1} = u_i + h(x_i, u_i)$$

由前已知,其局部截断误差 $0(h^2)$,累积误差 $0(h)$,故尤拉法又称一阶阿达姆斯显式。当 $k=1$ 时截断式(6-67),得到二阶阿达姆斯显式

$$u_{i+1} = u_i + h\left(u_i' + \frac{1}{2}\nabla u_i'\right)$$

$$= u_i + h\left\{f(x_i, u_i) + \frac{1}{2}[f(x_i, u_i) - f(x_{i-1}, u_{i-1})]\right\}$$

$$= u_i + \frac{h}{2}[3f(x_i, u_i) - f(x_{i-1}, u_{i-1})] \tag{4-70}$$

不难证明式(4-69)的局部截断误差为 $0(h^3)$,累积误差 $0(h^2)$,故称二阶法。类似地可令 $k=2$,3 导出三阶和四阶阿达姆斯显式公式。如 $k=3$,截断式(4-67) 得

$$u_{i+1} = u_i + h\left(u_i' + \frac{1}{2}\nabla u_i' + \frac{5}{12}\nabla^2 u_i' + \frac{3}{8}\nabla^3 u_i'\right)$$

$$= u_i + \frac{h}{24}(55u_i' - 59u_{i-1}' + 37u_{i-2}' - 9u_{i-2}') \tag{4-71}$$

其局部截断误差为 $0(h^5)$,累积误差为 $0(h^4)$,故称四阶法。

由式(4-70)和式(4-71)可以看出,用二阶阿达姆斯显式公式求 u_{i+1} 时需要用到关于 u_i,u_{i-1} 前二步的信息,而四阶阿达姆斯显式公式要用到关于 u_i,u_{i-1},u_{i-2} 和 u_{i-3} 前四步信息,因此它是线性多步法,而且是显式公式。由于显式法稳定性较差,单独使用机会较少,一般可以与隐式法联合使用,作为预测公式。

一至六阶的阿达姆斯-巴什佛斯公式中的系数列于表 4-5。

表 4-5　显式阿达姆斯-巴什佛斯公式中的系数

阶数 m	α_0	α_1	α_2	α_3	α_4	α_5
1	1					
2	$\dfrac{3}{2}$	$-\dfrac{1}{2}$				
3	$\dfrac{23}{12}$	$-\dfrac{16}{12}$	$\dfrac{5}{12}$			
4	$\dfrac{55}{24}$	$-\dfrac{59}{24}$	$\dfrac{37}{24}$	$-\dfrac{9}{24}$		
5	$\dfrac{1901}{720}$	$-\dfrac{2774}{720}$	$\dfrac{2616}{720}$	$-\dfrac{1274}{720}$	$\dfrac{251}{720}$	
6	$\dfrac{4277}{1440}$	$-\dfrac{7923}{1440}$	$\dfrac{9482}{1440}$	$-\dfrac{6798}{1440}$	$\dfrac{2627}{1440}$	$-\dfrac{425}{1440}$

使用表 4-5 时,显式阿达姆斯公式为　　　　$u_{i+1} = u_i + h\sum_{j=0}^{m-1}\alpha_j u_{i-j}'$

假如用过点 x_{i+1},x_i,$\cdots$,x_{i-k-1} 这样 $k+1$ 个等距节点对 $y' = f(x, y)$ 作 k 阶后插公式时,令 $x = x_{i+1} + (p-1)h$

$$y'(x) \approx y'_{i+1} + (p-1)\nabla y'_{i+1} + \frac{(p-1)p}{2!}\nabla^2 y'_{i+1} + \cdots\cdots + \frac{(p-1)p(p+1)\cdots(p+k-2)}{k!}\nabla^k y'_{i+1}$$

代入式(4-66)求积得到

$$u_{i+1} = u_i + h\sum_{j=0}^{k} b_j \nabla^j u'_{i+1} \tag{4-72}$$

或

$$u_{i+1} = u_i + h\left(1 - \frac{1}{2}\nabla - \frac{1}{12}\nabla^2 - \frac{1}{24}\nabla^3 - \cdots\cdots\right)u'_{i+1} \tag{4-73}$$

式(4-72)或式(4-73)称为隐式阿达姆斯公式。

当式(4-72)中取 $k=0$ 时,则得到隐式尤拉公式

$$u_{i+1} = u_i + hu'_{i+1}$$

其中

$$u'_{i+1} = f(x_{i+1}, u_{i+1})$$

若取 $k=1$,则得梯形公式

$$u_{i+1} = u_i + h\left[u'_{i+1} - \frac{1}{2}(u'_{i+1} - u'_i)\right]$$

$$= u_i + \frac{h}{2}\left[u'_{i+1} + u'_i\right]$$

当 $k=3$,则得到四阶隐式阿达姆斯公式

$$u_{i+1} = u_i + \frac{h}{24}(9u'_{i+1} + 19u'_i - 5u'_{i-1} + u'_{i-2})$$

其局部误差为 $0(h^5)$,累积误差为 $0(h^4)$,故称四阶法。

隐式阿达姆斯公式中的系数见表 4-6。

表 4-6 隐式阿达姆斯公式系数

阶数 m	β_0	β_1	β_2	β_3	β_4	β_5
1	1					
2	$\frac{1}{2}$	$\frac{1}{2}$				
3	$\frac{5}{12}$	$\frac{8}{12}$	$-\frac{1}{12}$			
4	$\frac{9}{24}$	$\frac{19}{24}$	$-\frac{5}{24}$	$\frac{1}{24}$		
5	$\frac{251}{720}$	$\frac{646}{720}$	$-\frac{264}{720}$	$\frac{106}{720}$	$-\frac{19}{720}$	
6	$\frac{475}{1440}$	$\frac{1427}{1440}$	$-\frac{798}{1440}$	$\frac{482}{1440}$	$-\frac{173}{1440}$	$\frac{27}{1440}$

使用表 4-6 时,隐式阿达姆斯公式为 $\quad u_{i+1} = u_i + h\sum_{j=0}^{m-1}\beta_j u'_{i-j+1}$

隐式公式需用迭代法求解,这就增加了计算工作量,但其精度比同阶显式好得多。实际上隐式法也很少单独使用。常用的是将显式和隐式结合起来,即预测-校正法。

如用 $u_{i+1}^{(E)}$ 和 $u_{i+1}^{(I)}$ 分别表示显式和隐式公式计算的结果,有

$$u_{i+1}^{(E)} - y(x_{i+1}) = -\frac{251}{720}h^5 y^{(5)}(x_i) + \cdots \tag{4-74}$$

$$u_{i+1}^{(I)} - y(x_{i+1}) = \frac{19}{720}h^5 y^{(5)}(x_i) + \cdots \tag{4-75}$$

二式相减,得

$$u_{i+1}^{(I)} - u_{i+1}^{(E)} = \frac{3}{8} h^5 y^{(5)}(x_i) + \cdots \approx \frac{3}{8} h^5 y^{(5)}(x_i) \tag{4-76}$$

将式(4-76)代入式(4-75),整理得

$$u_{i+1}^{(I)} - y(x_{i+1}) \approx \frac{19}{270} (u_{i+1}^{(I)} - u_{i+1}^{(E)}) \tag{4-77}$$

即为隐式公式截断误差的重要组成部分,尽管它很不精确,但可用来判断所选步长是否合适。例如,计算时规定容许误差不超过 ε,将 ε 与式(4-77)比较,若

$$\left| \frac{19}{270} (u_{i+1}^{(I)} - u_{i+1}^{(E)}) \right| > \varepsilon$$

则说明误差过大,应缩小步长。若小于 ε,则不妨将步长放大,以提高计算速度。

由式(4-74)和式(4-75)可以得出,隐式公式的误差比显式法要小 10 倍以上,这是它的主要优点之一。但其缺点是求解所需的迭代过程耗时过多。假如每一步迭代以前都能够为其提供一个首次精确估值,则可使隐式公式的收敛速度加快。下面将介绍两种常用的预测-校正公式。

如果用四阶阿达姆斯显式公式计算结果作为预测值,再用四阶阿达姆斯隐式公式进行一次校正,则可得到四步的阿达姆斯预测-校正公式。

预测
$$\widetilde{u}_{i+1} = u_i + \frac{h}{24} (55u_i' - 59u_{i-1}' + 37u_{i-2}' - 9u_{i-3}')$$

$$\widetilde{u}_{i+1}' = f(x_i, \widetilde{u}_{i+1}) \tag{4-78}$$

校正
$$u_{i+1} = u_i + \frac{h}{24} (9\widetilde{u}_{i+1}' + 19u_i' - 5u_{i-1}' + u_{i-2}')$$

$$u_{i+1}' = f(x_{i+1}, u_{i+1})$$

根据显式和隐式公式的局部截断误差,可以求出预测值和校正值的误差分别为

$$\widetilde{u}_{i+1} - y(x_{i+1}) \approx -\frac{251}{720} h^5 y^{(5)}(x_i)$$

$$u_{i+1} - y(x_{i+1}) \approx \frac{19}{720} h^5 y^{(5)}(x_i)$$

比较上两式,可得出下列事后估计式

$$\widetilde{u}_{i+1} - y(x_{i+1}) \approx \frac{251}{270} (\widetilde{u}_{i+1} - u_{i+1})$$

$$u_{i+1} - y(x_{i+1}) \approx -\frac{19}{270} (\widetilde{u}_{i+1} - u_{i+1}) \tag{4-79}$$

利用此结果,可将阿达姆斯预测-校正公式改进成如下形式

预测
$$p_{i+1} = u_i + \frac{h}{24} (55u_i' - 59u_{i-1}' + 37u_{i-2}' - 9u_{i-3}')$$

改进
$$m_{i+1} = p_{i+1} - \frac{251}{270} (c_i - p_i)$$

计算
$$m_{i+1}' = f(x_{i+1}, m_{i+1}) \tag{4-80}$$

校正
$$c_{i+1} = u_i + \frac{h}{24} (9m_{i+1}' + 19u_i' - 5u_{i-1}' - u_{i-2}')$$

改进
$$u_{i+1} = c_{i+1} + \frac{19}{270} (c_{i+1}, -p_{i+1})$$

计算
$$u_{i+1}' = f(x_{i+1}, u_{i+1})$$

由于阿达姆斯法是多步法,不能自起步,所以必须借助于同阶的单步法提供初值 u_1,

u_2，u_3，…，常用的有四阶龙格-库塔法或四阶台劳公式。

【例 4-7】 已知气流通过填充床的压降公式为

$$\frac{\mathrm{d}p}{\mathrm{d}l}=-\frac{10.63}{p}$$

假如床层高度为 3m，床层入口压力为 15atm，试用改进的阿达姆斯预测-校正公式求床层内的压力分布。

解： 根据题意，初值问题为

$$\begin{cases} \dfrac{\mathrm{d}p}{\mathrm{d}l}=-\dfrac{10.63}{p} \\ l=0,p(0)=15 \end{cases}$$

选用步长为 $h=\Delta l=0.5$，已知 $l_0=0$，$p_0=15$。

用四阶龙格-库塔法提供初始值 p_1、p_2、p_3。

$$K_1=hf(l_0,p_0)=-\frac{0.5\times10.63}{p_0}=-\frac{0.5\times10.63}{15}=-0.354334$$

$$l_0+\frac{h}{2}=\frac{0.5}{2}=0.25$$

$$p_0+\frac{1}{2}K_1=15-\frac{1}{2}\times0.354334=14.822833$$

$$K_2=hf\left(l_0+\frac{h}{2},p_0+\frac{1}{2}K_1\right)=-\frac{0.5\times10.63}{14.822833}=-0.357557$$

$$p_0+\frac{1}{2}K_2=15+\frac{1}{2}(-0.357557)=14.821222$$

$$K_3=hf\left(l_0+\frac{h}{2},p_0+\frac{1}{2}K_2\right)=-\frac{0.5\times10.63}{14.821222}=-0.358608$$

$$l_0+h=0.5$$

$$p_0+K_3=15+(-0.358608)=14.641393$$

$$K_4=hf(l_0+h,p_0+K_3)=-\frac{0.5\times10.63}{14.641393}=-0.363012$$

所以
$$p_1=15+\frac{1}{6}(-0.354334-2\times0.357557-2\times0.358608-0.363012)$$
$$=14.641721$$

同理可求得
$$p_2=14.274102$$
$$p_3=13.896762$$

下一步即可开始用改进的阿达姆斯预测-校正公式计算 p_4、p_5、p_6。

首先求
$$u_3'=-\frac{10.63}{13.896762}=-0.764926$$

$$u_2'=-\frac{10.63}{14.274102}=-0.744706$$

$$u_1'=-0.726008$$

$$u_0'=-0.708667$$

求预测值 $p_{i+1}=p_4=u_3+\dfrac{h}{24}(55u_3'-59u_2'+37u_1'-9u_0')$

$$=13.896762+\frac{0.5}{24}[55\times(-0.764926)-59\times(-0.744705)+37\times$$

$$(-0.726008)-9\times(-0.708667)]$$

$$=13.508895$$

求改进值

$$m_4=p_4-\frac{251}{270}(c_3-p_3)$$

由于前一步没有预测值,所以

$$m_4=p_4=13.508895$$

下面转入计算

$$m_4'=f(l_4,m_4)=-\frac{10.63}{13.508895}=-0.786889$$

求校正值

$$c_4=u_3+\frac{h}{24}(9m_4'+19u_3'-5u_2'+u_1')$$

$$=13.896762+\frac{0.5}{24}[9\times(-0.786889)+19\times(-0.764926)-$$

$$5\times(-0.744705)+(-0.726008)]$$

$$=13.508885$$

求改进值　$u_4=C_4+\frac{19}{270}(C_4-p_4)=13.508885+\frac{19}{270}(13.508885-13.508895)$

$$=13.508884$$

计算

$$u_4'=-\frac{10.63}{13.508884}=-0.786810$$

如此继续计算可得

$$p_5=13.109932$$

$$p_6=12.698034$$

计算结果如下表所示:

1	0	0.5	1.0	1.5	2.0	2.5	3.0
p	15	14.641721	14.274102	13.896762	13.508884	13.109932	12.698034

4.2.3.2 米尔尼 (Milne) 预测-校正公式

前面已经提出,一阶微分方程的初值问题可以化为等价的积分方程。设所考虑的区间为 $[x_{i-q},\ x_{i+1}]$,则微分方程 $y'=f(x,y(x))$ 的初值问题可以写成

$$u_{i+1}=u_i\int_{i-q}^{i+1}f(x,y(x))\mathrm{d}x \tag{4-81}$$

假设 $q=3$,并以 x_{i-3},x_{i-2},x_{i-1},x_i 作为插值节点, 就可得到

$$u_{i+1}=u_{i-3}+\frac{4}{3}h(2u_i'-u_{i-1}'+2u_{i-2}') \tag{4-82}$$

它的局部截断误差为 $-\frac{14}{45}h^5y^{(5)}(x_i)$,即为 $0(h^5)$,因此是四阶精度的。式(4-82)称为显式多步的米尔尼公式。

如果式(4-81)中的 $q=1$,并以 x_{i-1},x_i,x_{i+1} 作为插值节点,即可得到

$$u_{i+1}=u_{i-1}+\frac{h}{3}(u_{i+1}'+4u_i'+u_{i-1}') \tag{4-83}$$

它的局部截断误差为 $\frac{1}{90}h^5y^{(5)}(x_i)$,即为 $0(h^5)$,也为四阶精度。式 (4-83) 称隐式辛普生公式。

如果式(4-82)作为预测公式,用式(4-83)作为校正公式,即构成了米尔尼预测校正

公式。

4.2.3.3 哈明（Hamming）预测-校正法

米尔尼预测校正法很不稳定，哈明改进了米尔尼方法中的校正公式，得到了一个具有较好的数值稳定性的方法。

哈明把校正公式写成比较一般的形式

$$u_{i+1}=au_i+bu_{i-1}+cu_{i-2}+h(du'_{i+1}+eu'_i+gu'_{i-1}) \tag{4-84}$$

如果要求这个公式是四阶的，则直到四次的多项式都应完全准确。分别令 $y=1$、x、x^2、x^3 和 x^4 代入式(4-84)，便可得到诸系数 a，b，c，d，e，g 所满足的方程，解之，便得到下列关系

$$a=\frac{27(1-b)}{24},c=\frac{-3(1-b)}{24},d=\frac{9-b}{24},e=\frac{18+4b}{24},g=\frac{-9+17b}{24} \tag{4-85}$$

其中 b 可以是任意的。哈明分别对 $b=1$、$\frac{9}{17}$、$\frac{1}{9}$、0、$-\frac{1}{7}$、$-\frac{9}{31}$ 和 $-\frac{6}{10}$ 进行了试验，发现以 $b=0$ 为最好。

令 $b=0$，则

$$a=\frac{9}{8},\ c=-\frac{1}{8},\ d=\frac{3}{8},\ e=\frac{3}{4},\ g=-\frac{3}{8}$$

于是便得到哈明的校正公式为

$$u_{i+1}=\frac{1}{8}\big[9u_i-u_{i-2}+3h(u'_{i+1}+2u'_i-u'_{i-1})\big] \tag{4-86}$$

它的局部截断误差为 $\frac{1}{40}h^5y^{(5)}(x_i)$，即为 $0(h^5)$。

用米尔尼公式作为预测公式,用哈明公式作校正公式,即得到哈明预测-校正公式,

预测 $$u_{i+1}=u_{i-3}+\frac{4}{3}h(2u'_i-u'_{i-1}+2u'_{i-2})$$

校正 $$u_{i+1}=\frac{1}{8}\big[9u_i-u_{i-2}+3h(u'_{i+1}+2u'_i-u'_{i-1})\big] \tag{4-87}$$

与阿达姆斯法类似,如果根据预测值和校正值误差之间的关系,利用事后估计式对预测值和校正值进行修正,可得到修改的哈明方法,其步骤为

预测 $$p_{i+1}=u_{i-3}+\frac{4}{3}h(2u'_i-u'_{i-1}+2u'_{i-2})$$

修正 $$m_{i+1}=p_{i+1}-\frac{112}{121}(p_i-c_i)$$

计算 $$m'_{i+1}=f(x_{i+1},m_{i+1}) \tag{4-88}$$

校正 $$c_{i+1}=\frac{1}{8}\big[9u_i-u_{i-2}+3h(m'_{i+1}+2u'_i-u'_{i-1})\big]$$

终值 $$u_{i+1}=c_{i+1}+\frac{9}{121}(p_{i+1}-c_{i+1})$$

$$u'_{i+1}=f(x_{i+1},u_{i+1})$$

值得指出的是,哈明方法是既能保持一定的精确度,又避免了迭代的一种方法,因而被广泛地使用。

【例 4-8】 用修改的哈明预测-校正公式解例 4-7。

解：同上例，先用龙格-库塔法提供初始值

$$u_0 = 15$$

$$u_1 = 14.641721 \qquad u_1' = -0.726008$$

$$u_2 = 14.274102 \qquad u_2' = -0.744705$$

$$u_3 = 13.896762 \qquad u_3' = -0.764926$$

预测

$$p_4 = u_0 + \frac{4}{3}h(2u_3' - u_2' + 2u_1')$$

$$= 15 + \frac{4}{3} \times 0.5[2 \times (-0.764926) - (-0.744705) + 2 \times (-0.726008)]$$

$$= 13.508558$$

修正

$$m_4 = p_4 - \frac{112}{121}(p_3 - c_3)$$

由于前一步没有预测和校正值，所以

$$m_4 = p_4 = 13.508558$$

计算

$$m_4' = f(l_4, m_4) = -\frac{10.63}{13.508558} = -0.786905$$

校正

$$c_4 = \frac{1}{8}[9u_3 - u_1 + 3h(m_4' + 2u_3' - u_2')]$$

$$c_4 = \frac{1}{8}\{9 \times 13.896762 - 14.641721 + 3 \times 0.5[-0.786905 + 2 \times (-0.764926) - (-0.744705)]\}$$

$$= 13.508882$$

终值

$$u_4 = c_4 + \frac{9}{121}(p_4 - c_4)$$

$$= 13.508882 + \frac{9}{121}(13.508558 - 13.508882) = 13.508858$$

计算

$$u_4' = -\frac{10.63}{13.508858} = -0.786891$$

依次类推，可求出床层压力分布（程序和计算结果见数学资源库）。

4.2.4　方法的比较

尤拉法比较简单，每计算一步只需调用一次函数值。尤拉法的缺点是为了维持稳定性需要较小的步长，而且精度低。但是当常微分方程的解本身的光滑性较差时，或在精度要求不高的情况下，却是适用的数值方法，特别是对处理下面将要提到的刚性方程有其独到之处。

龙格-库塔法的稳定性好，且精度高，如果在同样的计算时间内，即龙格-库塔法使用的步长为尤拉法的四倍时，龙格-库塔法的计算结果要比尤拉法的精确。因此，此法适于精度要求高的情况。龙格-库塔法还可以变步长，且所需计算机内存少。它的缺点是每前进一步需要四次调用函数值，如果当函数式比较复杂、方程个数较多或步长较小时，则需耗用较多机时。

多步法的预测-校正法可以修正估计值而减小了重复使用校正公式的次数，如果包括修正公式，每计算一步只需要调用两次函数值，因此计算量比龙格-库塔法要小。其中哈明法不仅不需要迭代过程，而且是绝对稳定的，但多步法的缺点是"非自起步"的，必须用同阶精度的单步法提供其始值。

4.2.5　一阶联立方程组与高阶方程

一阶常微分方程组的初值问题可以表示为

$$y_1' = f_1(x, y_1, y_2, \cdots, y_n)$$
$$y_2' = f_2(x, y_1, y_2, \cdots, y_n)$$
$$\cdots\cdots\cdots\cdots\cdots\cdots\cdots\cdots\cdots \tag{4-89}$$
$$y_n' = f_n(x, y_1, y_2, \cdots, y_n)$$
$$y_j(x_0) = y_j^0 \qquad j = 1, 2, \cdots, n$$

为方便起见,可将初值问题式(4-89)写成向量的形式

$$\begin{cases} \overline{Y}' = \overline{f}(x, \overline{Y}) \\ \overline{Y}(x_0) = Y_0 \end{cases} \tag{4-90}$$

其中
$$\overline{Y} = (y_1, y_2, \cdots, y_n)^T$$
$$\overline{Y}_0 = (y_1^{(0)}, y_2^{(0)}, \cdots, y_n^{(0)})^T$$
$$\overline{Y}' = (y_1', y_2', \cdots, y_n')^T$$
$$\overline{f} = (f_1, f_2, \cdots, f_n)^T$$

　　常微分方程组除了来自化学工程问题本身的数学描述外,还来自偏微分方程化为常微分方程组来求解的问题。高阶常微分方程从理论上来讲,均可化为一阶的常微分方程组来求解。如给定的 m 阶常微分方程

$$y^{(m)} = f(x, y, y', y'', \cdots, y^{m-1}) \tag{4-91}$$

其初始条件为

$$y(x_0) = y_0$$
$$y'(x_0) = y_0'$$
$$\vdots$$
$$y^{(m-1)}(x_0) = y_0^{(m-1)}$$

　　可以定义一个新的因变量组 $y_1(x), y_2(x), \cdots, y_m(x)$,并令

$$y_1 = y$$
$$y_2 = y'$$
$$\vdots$$
$$y_m = y^{(m-1)}$$

则式(4-91)变为
$$y_1' = y_2 \tag{4-92}$$
$$y_2' = y_3$$
$$\vdots$$
$$y_m' = f(x, y_1, y_2, \cdots, y_m)$$

其初始条件为

$$y_1(x_0) = y_0$$
$$y_2(x_0) = y_0'$$
$$\vdots$$
$$y_m(x_0) = y_0^{(m-1)}$$

很明显,一个 m 阶的常微分方程即化成了 m 个一阶常微分方程组。

　　前面提到的解单个常微分方程初值问题的方法,均可用来解一阶常微分方程组初值问题,如常用的龙格-库塔法用于解一阶常微分方程组时,可以写成如下的向量形式

$$\bar{u}_{i+1}=\bar{u}_i+\frac{1}{6}(\bar{K}_1+2\bar{K}_2+2\bar{K}_3+\bar{K}_4) \tag{4-93}$$

其中

$$\bar{K}_1=h\bar{f}(x_i,\bar{u}_i)$$

$$\bar{K}_2=h\bar{f}\left(x_i+\frac{h}{2},\bar{u}_i+\frac{\bar{K}_1}{2}\right)$$

$$\bar{K}_3=h\bar{f}\left(x_i+\frac{h}{2},\bar{u}_i+\frac{\bar{K}_2}{2}\right)$$

$$\bar{K}_4=h\bar{f}(x_i+h,\bar{u}_i+\bar{K}_3)$$

将上式具体写出来是

$$u_{j,i+1}=u_{ji}+\frac{1}{6}(K_{j1}+2K_{j2}+2K_{j3}+K_{j4})\quad j=1,2,\cdots,n$$

其中

$$K_{j1}=hf_j(x_i,u_{1i},u_{2i},\cdots,u_{mi})$$

$$K_{j2}=hf_j\left(x_i+\frac{h}{2},u_{1i}+\frac{K_{11}}{2},u_{2i}+\frac{K_{21}}{2},\cdots,u_{mi}+\frac{K_{n1}}{2}\right)$$

$$K_{j3}=hf_j\left(x_i+\frac{h}{2},u_{1i}+\frac{K_{12}}{2},u_{2i}+\frac{K_{22}}{2},\cdots,u_{mi}+\frac{K_{n2}}{2}\right)$$

$$K_{j4}=hf_j(x_i+h,u_{1i}+K_{13},u_{2i}+K_{23},\cdots,u_{mi}+K_{n3})$$

此处 u_{ji} 是第 j 个因变量 $y_j(x)$ 在接点 $x_i=x+ih$ 处的近似解。

【例 4-9】 某厂以萘为原料在列管式固定床反应器中生产苯酐。已知萘的转化率和反应温度沿床层的变化率为

$$\frac{\mathrm{d}x}{\mathrm{d}z}=1.1094\times10^{11}\left(\frac{1-x}{1000-0.5x}\right)^{0.38}\mathrm{e}^{-\frac{14098}{T}}$$

$$\frac{\mathrm{d}T}{\mathrm{d}z}=7.6120\times10^{12}\left(\frac{1-x}{1000-0.5x}\right)^{0.38}\mathrm{e}^{-\frac{14098}{T}}-9.9282(T-T_W)$$

式中 x——萘的转化率；

z——反应管长，m；

T——反应温度，K；

T_W——反应管壁温度，K。

假定反应器入口温度为 340℃，萘转化率 $x_0=0$，反应管内壁温度靠管外熔盐加热，温度稳定在 340℃，试求当萘转化率 80% 时，反应器内转化率及温度分布。

解：此题系初值问题

$$\begin{cases}\frac{\mathrm{d}x}{\mathrm{d}z}=1.1094\times10^{11}\left(\frac{1-x}{1000-0.5x}\right)^{0.38}\mathrm{e}^{-\frac{14098}{T}}\\\frac{\mathrm{d}T}{\mathrm{d}z}=7.6120\times10^{12}\left(\frac{1-x}{1000-0.5x}\right)^{0.38}\mathrm{e}^{-\frac{14098}{T}}-9.9282(T-613)\\z=0,\ x_0=0,\ T_0=613\end{cases}$$

若取步长 $h=\Delta z=0.05$，用四阶龙格-库塔法的程序（详见数学资源库）求解。

4.2.6 刚性方程组

在化学工程问题中，经常会遇到一种病态的常微分方程组，通常称之为刚性方程组或 Stiff 方程组。其物理意义可以作如下解释：常微分方程组所描述的物理化学变化过程中包含多个子过程，其中有的过程表现为快变化的，而另一些相对是慢变化的。其变化速度相差

非常大的量级。于是常微分方程中包含有快变分量和慢变分量。这种过程，数学上称为具有刚性（Stiffness），描述这种过程的常微分方程组称为刚性方程组或 Stiff 方程组。为了便于说明问题，先从单一方程开始讨论。

设有如下反应

$$A \underset{k_2}{\overset{k_1}{\rightleftharpoons}} B$$

它的动力学方程可以表示为

$$\frac{dC_A}{dt} = -k_1 C_A + k_2 C_B$$

当 $t=0$ 时，$C_A = C_A^0$。若定义 $y_1 = (C_A - C_A^{eq})/(C_A^0 - C_A^{eq})$，此处 C_A^{eq} 是当 $t \to \infty$ 时 C_A 的平衡值，则上述方程可改写成

$$\begin{cases} \dfrac{dy_1}{dt} = -(k_1 + k_2) y_1 \\ t=0, y_1 = 1 \end{cases}$$

如果 $k_1 = 1000$，$k_2 = 1$，则方程的解为

$$y_1 = e^{-1001t}$$

由上述解可以看出，y_1 在时间 $\dfrac{1}{1001}$ 内，减少了 e^{-1} 的因子，是一个快衰减过程。若用尤拉公式从 $t=0$ 到 $t=10$ 作积分，根据尤拉法稳定区要求式（4-26）知

$$-2 \leqslant -1001\Delta t \leqslant 0$$

$$\Delta t \leqslant \frac{2}{1001}$$

则从 $t=0$ 到 $t=10$ 需作积分 5005 次。

若有另一反应

$$B \overset{k_3}{\longrightarrow} D$$

其动力学表达式为

$$\frac{dC_B}{dt} = -k_3 C_B$$

当 $t=0$ 时，$C_B = C_B^0$。如果 $k_3 = 1$，并令 $y_2 = \dfrac{C_B}{C_B^0}$，则方程的解为

$$y_2 = e^{-t}$$

即 y_2 在时间 1 内，减少了 e^{-1} 的因子，这是一个慢衰减过程。仍用尤拉法求积，据式（4-26），这里 $\Delta t = 2$，于是从 $t=0$ 到 $t=10$ 只需积分五次。

从以上两个不同的反应中可以看出 y_1 要比 y_2 衰减快得多。所以，对形如 $y' = \lambda y$ 的方程而言，若 λ 为负值，则 $-\dfrac{1}{\lambda}$ 称为时间常数，$|\lambda|$ 愈大，时间常数就愈小。以上二例中 y_1 的时间常数为 $\tau_1 = \dfrac{1}{1001}$，y_2 的时间常数 $\tau_2 = 1$。

今有一个线性微分方程组

$$\begin{cases} \dfrac{dy_1}{dt} = -500.5 y_1 + 499.5 y_2 \\ \dfrac{dy_2}{dt} = 499.5 y_1 - 500.5 y_2 \end{cases}$$

初始条件　　　　　　　　　　　$y_1(0)=2, \qquad y_2(0)=0$

写成向量形式

$$\frac{\mathrm{d}\overline{Y}}{\mathrm{d}t}=A\,\overline{Y}$$

$$\frac{\mathrm{d}\overline{Y}}{\mathrm{d}t}=\left[\frac{\mathrm{d}y_1}{\mathrm{d}t},\frac{\mathrm{d}y_2}{\mathrm{d}t}\right]^T$$

$$A=\begin{pmatrix} -500.5 & 499.5 \\ 499.5 & -500.5 \end{pmatrix}$$

其解为　　　　　　　　　　　$y_1=1.5\mathrm{e}^{-t}+0.5\mathrm{e}^{-1000t}$

$$y_2=1.5\mathrm{e}^{-t}-0.5\mathrm{e}^{-1000t}$$

显式尤拉法稳定步长要求为 $\Delta t\leqslant\dfrac{2}{|\lambda_{\max}|}$，求出矩阵 A 的特征值 $\lambda_1=-1000$，$\lambda_2=-1$，所以 $\Delta t\leqslant\dfrac{2}{1000}$。从 $t=0$ 到 $t=10$ 要求积分 5000 步。

方程组数值积分稳定步长受模值最大的特征值控制，即受快变分量约束。而过程趋于稳定的时间又由模值最小的特征值控制。所以对一个具有最大特征值和最小特征值模值之比很大的微分方程组来说，由于最大特征值很大，允许步长就很小，而以此步长一直积分到稳定的时间又很长（这是由最小特征值决定的）。方程组的这个特性就称为刚性。对于单一微分方程只有一个值 λ，没有这种矛盾，也就不存在刚性问题了。

为了衡量线性常微分方程组的刚性大小，定义刚性比如下：

设系数矩阵 A 的特征值为 λ_j，

且　　　　　　　　　　$R_e\lambda_j<0 \qquad j=1,2,\cdots,m$

$$\frac{\max\limits_j|R_e\lambda_j|}{\min\limits_j|R_e\lambda_j|}=SR$$

其中 m 是方程的个数，SR 是 Stiff 比。当 $SR=20$ 时是非刚性的，$SR=10^3$ 是刚性的，$SR=10^6$ 是严重刚性的。因此，上例 $SR=\dfrac{1000}{1}$，显然属于 Stiff 方程。

为了解 Stiff 方程组，除了有专门的方法外，在前面介绍过的方法中，各种隐式方法要比显式方法优越得多。

如果是非线性的常微分方程组，为了判别其刚性程度，则要利用其 Jacobian 矩阵在不同时刻按模最大和最小特征值之比来确定。

例如，例 4-1 中，若 $k_1=0.04$，$k_2=10^4$，$k_3=3\times10^7$，则式(4-1)变为

$$\begin{cases} \dfrac{\mathrm{d}C_1}{\mathrm{d}t}=-0.04C_1+10^4C_2C_3=f_1(C_1,C_2,C_3) \\ \dfrac{\mathrm{d}C_2}{\mathrm{d}t}=0.04C_1-10^4C_2C_3-3\times10^7C_2^2=f_2(C_1,C_2,C_3) \\ \dfrac{\mathrm{d}C_3}{\mathrm{d}t}=3\times10^7C_2^2=f_2(C_1,C_2,C_3) \end{cases}$$

这是一个非线性微分方程组。它的 Jacobian 矩阵为

$$J = \begin{bmatrix} \dfrac{\partial f_1}{\partial C_1} & \dfrac{\partial f_1}{\partial C_2} & \dfrac{\partial f_1}{\partial C_3} \\[2mm] \dfrac{\partial f_2}{\partial C_1} & \dfrac{\partial f_2}{\partial C_2} & \dfrac{\partial f_2}{\partial C_3} \\[2mm] \dfrac{\partial f_3}{\partial C_1} & \dfrac{\partial f_3}{\partial C_2} & \dfrac{\partial f_3}{\partial C_3} \end{bmatrix} = \begin{bmatrix} -0.04 & 10^4 C_3 & 10^4 C_2 \\[2mm] 0.04 & -10^4 C_3 - 6 \times 10^7 C_2 & -10^4 C_2 \\[2mm] 0 & 6 \times 10^7 C_2 & 0 \end{bmatrix}$$

	λ_1	λ_2	λ_3
$t = 0$	0	0	-0.04(非刚性)
$t = 10^{-2}$	0	-0.36	-2180
$t = 100$	0	-0.0048	-4240

显然，随 t 增加，SR 增长很快。

4.3 边值问题

引言中提到，边值问题是指在自变量 x 的某一区间 $[a, b]$ 的两个端点处提供信息，即在 $x = a$ 及 $x = b$ 提供边界条件的常微分方程组的问题。以二阶常微分方程为例讨论两点边值问题。

$$y'' = f(x, y, y'), a < x < b \tag{4-94}$$

其边界条件可以有以下三类：

第一边值条件

$$y(a) = \alpha, y(b) = \beta \tag{4-95}$$

第二边值条件

$$y'(a) = \alpha, y'(b) = \beta \tag{4-96}$$

第三边值条件

$$a_0 y(a) - a_1 y'(a) = \alpha \tag{4-97}$$
$$b_0 y(b) + b_1 y'(b) = \beta$$

其中 a_0，a_1，b_0，b_1 均为常数，且

$$a_i \geqslant 0, \qquad b_i \geqslant 0, \qquad a_0 + b_0 > 0, \qquad i = 0, 1 \tag{4-98}$$

本节将讨论上述边值问题的数值解法，包括打靶法和差分法。

4.3.1 打靶法

打靶法可用于解线性和非线性边值问题。其基本思想是把边值问题转化为一等价的初值问题，然后，就可使用前节介绍的各种解初值问题的数值解法求解了。

对二阶方程的第一边值问题

$$\begin{cases} y'' = f(x, y, y') \\ y(a) = \alpha, y(b) = \beta \end{cases} \tag{4-99}$$

将其转化为初值问题

$$\begin{cases} y'' = f(x, y, y') \\ y(a) = \alpha, y'(a) = m \end{cases} \tag{4-100}$$

关键问题是寻求 $y'(a)$ 的值 m，使其既满足初值问题式(4-100)的解，也同时满足边值问题式(4-99)的另一边值条件 $y(b) = \beta$。其几何意义如图 4-2 所示，就是要从微分方程 $y'' = f$

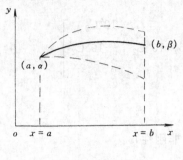

图 4-2　打靶法

(x, y, y') 的经过点 (a, α) 出发，从具有不同斜率的一族积分曲线中去找一条通过点 (b, β) 的曲线。最初可根据对客观过程的理解先假设一个斜率 m_1 解初值问题

$$\begin{cases} y'' = f(x, y, y') \\ y(a) = \alpha, y'(a) = m_1 \end{cases} \tag{4-101}$$

这样便得到一个解 $y_1(x)$，如果 $y_1(b) = \beta$ 或 $|y_1(b) - \beta| < \varepsilon$（允许误差），则 $y_1(x)$ 即为所求解。否则要重新修正 m_1，使所得积分曲线通过点 (b, β)。由于它和弹道问题类似，故称为打靶法，意思是需求曲线初始的合适的斜率，使其射中目标 $y(b) = \beta$。显然 $y(b)$ 是 m 的函数，所以

$$y(b) = F(m) \tag{4-102}$$

于是问题就变为寻求 m，使

$$F(m) = \beta \tag{4-103}$$

这是一个方程求根的问题，可以用第三章提到的任一方法求解。由于弦截法对具有单根的良态函数收敛较快，故可选用弦截法。

首先，对式 (4-102) 提供两个初值 m_0 和 m_1，用其解初值问题式 (4-100) 两次，得到两个近似解 $y(m_0)$ 及 $y(m_1)$，然后，用下式可求出 m 的一个新的估值

$$m_2 = m_1 - \frac{(y(m_1) - \beta)}{[y(m_1) - y(m_0)]/(m_1 - m_0)} \tag{4-104}$$

重复上述过程，直到收敛为止。其中每迭代一次均需解一次初值问题式 (4-100)。考虑到可能要迭代多次才能收敛，故用多步法，如四阶的阿达姆斯法或哈明法解初值问题比较合适。另外，由于要在 $x = b$ 处达到预定的步长，故以定步长为宜。

【例 4-10】 二阶边值问题

$$\begin{cases} y'' = 8 - \dfrac{1}{4} y \\ y(0) = 0, y(10) = 0 \end{cases}$$

试用打靶法求解。

解： 首先把边值问题转变为等价的初值问题

$$y' = z, y(0) = 0$$

$$z' = 8 - \frac{1}{4} y, z(0) = m$$

此处 m 的取值应满足 $y(10) = 0$。

假设 $m_0 = 10$，以 $\Delta x = 0.1$，用四阶龙格-库塔法解初值问题，得到了 $y_0(10) = 3.744273$，显然此解与 $y(10) = 0$ 的条件相差很远。然后，再假设 $m_1 = 11$，同样解初值问题，得到了 $y_1(10) = 1.826444$，此解比 $y_0(10)$ 已前进了一步。下面即可用弦截法求根公式 (4-104) 求出下一个 m 的估值

$$m_2 = 11 - \frac{1.826444}{(1.826444 - 3.744273)/(11 - 10)} = 11.95235$$

再用 m_2 作为 $z(0)$ 的值，继续解初值问题，得到了解 $y_2(10) = 1.08853 \times 10^{-5}$，此解已非常接近 $y(10) = 0$ 了，所以，即可取此值作为近似解（详见数学资源库）。

对于第三边值条件的边值问题也可用此法求解，下面将以简单的线性二阶方程为例说明之。

线性二阶方程

$$Ly = -y'' + p(x)y' + q(x)y = r(x) \quad a < x < b \tag{4-105}$$

其一般的线性两点边界条件为

$$a_0 y(a) - a_1 y'(a) = \alpha$$
$$by(b) + b_1 y'(b) = \beta \tag{4-106}$$

此处 $a_0, a_1, b_0, b_1, \alpha, \beta$ 为常数，且

$$a_0 a_1 \geqslant 0 \quad |a_0| + |a_1| \neq 0 \tag{4-107}$$
$$a_0 b_1 \geqslant 0 \quad |b_0| + |b_1| \neq 0$$
$$|a_0| + |b_0| \neq 0$$

假设函数 $p(x)$，$q(x)$ 和 $r(x)$ 在区间 $[a,b]$ 上是连续的，且 $q(x) > 0$，再加上假设条件式 (4-107)，则边值问题的解是唯一的。为了用打靶法解边值问题，首先将其化为初值问题，并在区间 $[a,b]$ 上定义两个函数 $y^{(1)}(x)$ 和 $y^{(2)}(x)$ 作为相应初值问题的解，则

$$Ly^{(1)} = r(x) \tag{4-108}$$
$$y^{(1)}(a) = -\alpha c_1, y^{(1)'}(a) = -\alpha c_0$$
$$Ly^{(2)} = 0 \tag{4-109}$$
$$y^{(2)}(a) = a_1, y^{(2)'}(a) = a_0$$

此处 c_0 和 c_1 为任意常数，且

$$a_1 c_0 - a_0 c_1 = 1 \tag{4-110}$$

定义函数

$$y(x) = y(x,m) = y^{(1)}(x) + my^{(2)}(x) \qquad a \leqslant x \leqslant b \tag{4-111}$$

且满足

$$a_0 y(a) - a_1 y'(a) = \alpha$$

假如能选择 m 使

$$\phi(m) = b_0 y(b,m) + b_1 y'(b,m) = \beta \tag{4-112}$$

则 $y(x)$ 将是边值问题的解。

式 (4-112) 是 m 的线性方程，且有单根

$$m = \frac{\beta - [b_0 y^{(1)}(b) + b_1 y^{(1)}(b)]}{[b_0 y^{(2)}(b) + b_1 y^{(2)}(b)]} \tag{4-113}$$

因此，解线性二阶初值问题的程序为：

① 将边值问题转变为初值问题，并说明初始条件。

② 假设初始条件 C_0，由式 (4-110) 计算出 C_1，然后解初值问题，得到 $y^{(1)}(x)$ 和 $y^{(2)}(x)$ 的数值解。

③ 用式 (4-113) 计算 m，然后代入式 (4-111)，得到 $y(x)$ 的近似解。

对于非线性边值问题

$$y'' = f(x,y,y') \qquad a < x < b \tag{4-114}$$
$$a_0 y(a) - a_1 y'(a) = \alpha$$
$$b_0 y(b) + b_1 y'(b) = \beta \tag{4-115}$$
$$a_i \geqslant 0, \quad b_i \geqslant 0 \tag{4-116}$$
$$a_0 + b_0 > 0$$

相应的初值问题为

$$\begin{cases} y'=z \\ z'=f(x,y,z) \\ y(a)=a_1 m-c_1 \alpha \\ z(a)=a_0 m-c_0 \alpha \end{cases} \tag{4-117}$$

此处 $$a_1 c_0 - a_0 c_1 = 1 \tag{4-118}$$

如果 m 是

$$\phi(m)=b_0 y(b,m)+b_1 y'(b,m)-\beta=0 \tag{4-119}$$

的一个根,则 $y=y(x,m)$ 将是式(4-117)的解,也是原边值问题的解。

由于 $\phi(m)$ 为非线性方程,可用牛顿法求根。

$$m^{(k+1)}=m^{(k)}-\frac{\phi(m^{(k)})}{\phi'(m^{(k)})} \qquad k=0,1,2,\cdots \tag{4-120}$$

为了求 $\phi'(m)$,定义

$$\xi(x)=\frac{\partial y(x,m)}{\partial m}$$

$$\eta(x)=\frac{\partial z(x,m)}{\partial m} \tag{4-121}$$

将式(4-117)对 m 求导,得到

$$\xi'=\eta \qquad \xi(a)=a_1 \tag{4-122}$$

$$\eta'=\frac{\partial f}{\partial z}\eta+\frac{\partial f}{\partial y}\xi \qquad \eta(a)=a_0$$

由初值问题式(4-122)的解可以求出 $\phi'(m)$

$$\phi'(m)=b_0 \xi(b,m)+b_1 \eta(b,m) \tag{4-123}$$

【例 4-11】 用 Pt-Al$_2$O$_3$ 催化剂进行环己烷脱氢反应,催化剂颗粒直径为 5mm,反应温度为 700K 时,速率常数 k 为 4s^{-1},扩散系数 D 是 $5\times10^{-2}\,\text{cm}^2/\text{s}$,试求催化剂颗粒内的浓度分布。

解: 定义 $$C=\frac{\text{环己烷的浓度}}{\text{催化剂表面环己烷的浓度}}$$

$R=$ 以颗粒半径 ($r_p=2.5\text{mm}$) 为基准的无量纲径向坐标

假设催化剂颗粒是等温的,则环己烷的质量守恒方程为

$$\frac{\mathrm{d}^2 C}{\mathrm{d}R^2}+\frac{2}{R}\frac{\mathrm{d}C}{\mathrm{d}R}=\phi^2 \frac{\mathscr{R}(C)}{C_0} \qquad 0<R<1$$

$$R=0 \text{ 时},\frac{\mathrm{d}C}{\mathrm{d}R}=0$$

$$R=1 \text{ 时},C=1$$

此处 $$\phi=r_p \sqrt{\frac{k}{D}}\,(\text{Thiele 模数})$$

相应的初值问题可以写成

$$\begin{cases} y'=z \\ z'=\phi^2 \dfrac{\mathscr{R}(C)}{C_0}-\dfrac{2}{R}z \\ y(0)=m \\ z(0)=0 \end{cases}$$

和

$$\begin{cases} \xi' = \eta \\ \eta' = \phi^2 \dfrac{\mathrm{d}}{\mathrm{d}y}\left(\dfrac{\mathscr{R}(C)}{C_0}\right) - \dfrac{2}{R}\eta \\ \xi(0) = 1 \\ \eta(0) = 0 \end{cases}$$

以及

$$\phi(m) = y(1,m) - 1$$
$$\phi'(m) = \xi(1,m)$$

选择一个 m_0 作为初值解上述常微分方程组，得到一个解，然后再用下式计算一个新的 m 的估值

$$m^{(k+1)} = m^{(k)} - \frac{y(1-m^{(k)}) - 1}{\xi(1,m^{(k)})} \qquad k = 0,1,2,\cdots$$

重复上述过程，直到收敛为止。

　　如果 $\mathscr{R}(C) = C$，那么问题是线性的，就不需要用牛顿法进行迭代了，此时边值问题亦可求出分析解为

$$C = \frac{\sinh(\phi R)}{R\sinh(\phi)}$$

故已知数据计算出 $\Phi = 2.236$，代入有关方程中即可求解（程序和计算结果见数学资源库）。计算结果与分析解比较如表 4-7 所示。

表 4-7　例 4-11 计算结果

R	C(分析解)	C(计算值)	R	C(分析解)	C(计算值)
0.0	0.4835	0.4835	0.8	0.7859	0.7859
0.2	0.4998	0.4998	1.0	1.0000	1.0000
0.4	0.5506	0.5506	E	0.7726	0.7727
0.6	0.6422	0.6422	$m=0.4835$	$\varepsilon=10^{-6}$

其中 $E = \dfrac{\displaystyle\int_0^{r_p} \mathscr{R}(C(r))r^2\,\mathrm{d}r}{\displaystyle\int_0^{r_p} \mathscr{R}(C_0)r^2\,\mathrm{d}r}$ 为效率因子。

4.3.2　有限差分法

4.3.2.1　线性二阶方程的差分解法

　　对线性二阶方程边值问题

$$Ly = -y'' + p(x)y' + q(x)y = r(x) \qquad a < x < b \qquad (4\text{-}124)$$
$$y(a) = \alpha$$
$$y(b) = \beta$$

首先将区间 $[a,b]$ 分成 $N+1$ 等份，每个小区间的长度为 h，称为步长，x_i 称为节点。

$$h = \frac{b-a}{N+1}$$
$$x_i = a + ih, \quad i = 0,1,2,\cdots,N+1$$

然后在每个节点上，用相应的二阶精度的中心差商近似导数，得到

$$-\left[\frac{u_{i+1} - 2u_i + u_{i-1}}{h^2}\right] + p(x_i)\left[\frac{u_{i+1} - u_{i-1}}{2h}\right] + q(x_i)u_i = r(x_i) \qquad (4\text{-}125)$$
$$i = 0,1,2,\cdots,N$$

$$u_0 = \alpha, \quad u_{N+1} = \beta$$

此处

$$u_i \approx y_i$$

用 $h^2/2$ 乘式(4-125)，则

$$a_i u_{i-1} + b_i u_i + c_i u_{i+1} = \frac{h^2}{2} r(x_i) \qquad i = 1, 2, \cdots, N \tag{4-126}$$

$$u_0 = \alpha, \quad u_{N+1} = \beta$$

其中

$$a_i = -\frac{1}{2}\left[1 + \frac{h}{2} p(x_i)\right]$$

$$b_i = \left[1 + \frac{h^2}{2} q(x_i)\right]$$

$$c_i = -\frac{1}{2}\left[1 - \frac{h}{2} p(x_i)\right]$$

如果把方程组(4-126)写成向量形式，则

$$A \overline{u} = \overline{r} \tag{4-127}$$

其中

$$\overline{u} = [u_1, u_2, \cdots, u_N]^T$$

$$\overline{r} = \frac{h^2}{2}\left[r(x_i) - \frac{2a_1\alpha}{h^2}, r(x_2), \cdots, r(x_{N-1}) - \frac{2C_N\beta}{h^2}\right]^T$$

$$A = \begin{bmatrix} b_1 & c_1 & & & \\ a_2 & b_2 & c_2 & & \\ & \ddots & \ddots & \ddots & \\ & & a_{N-1} & b_{N-1} & c_{N-1} \\ & & & a_N & b_N \end{bmatrix}$$

矩阵 A 是三对角阵，因此，式(4-127) 可以用追赶法求解。

对于一维热传导问题

$$\frac{1}{Z^s}\frac{\mathrm{d}}{\mathrm{d}Z}\left[Z^s k \frac{\mathrm{d}T}{\mathrm{d}Z}\right] = g(Z) \qquad 0 < Z < 1 \tag{4-128}$$

$$Z = 0 \text{ 时}, T = T_0 \tag{4-129}$$

$$Z = 1 \text{ 时}, \frac{\mathrm{d}T}{\mathrm{d}Z} + \lambda_1 T = \lambda_2 \tag{4-130}$$

式中　　k——导热系数；

　　$g(Z)$——生热或移热函数；

　　　s——几何因子：矩形为 0，圆柱为 1，球形为 2；

λ_1，λ_2——给定的常数。

这里边界条件式(4-130) 中出现了导数项（第三边值条件）。由于边界值 u_{N+1} 是未知的，为了求 u_{N+1}，需要引入一个"虚拟"点 x_{N+2} 和相应的 u_{N+2}，此时，一阶导数项可用一阶中心差商近似。

$$\frac{\mathrm{d}T}{\mathrm{d}Z} \approx \frac{T_{N+2} - T_N}{2h} \tag{4-131}$$

则式(4-130) 可写成

$$\frac{u_{N+2} - u_N}{2h} + \lambda_1 u_{N+1} = \lambda_2 \tag{4-132}$$

由上式得

$$u_{N+2}=2h(\lambda_2-\lambda_1 u_{N+1})+u_N \qquad (4\text{-}133)$$

将式(4-128)写成差分格式时，除了内节点 $i=1$，$\cdots$，N 外，再增一个边界点 $N+1$，即

$$u_{i+1}-2u_i+u_{i-1}=\frac{h^2}{k}g(Z_i) \qquad i=1,2,\cdots,N,N+1 \qquad (4\text{-}134)$$

当 $i=N+1$ 时，其中 u_{N+2} 的值用式(4-133)代入，得到

$$(\lambda_2-\lambda_1 u_{N+1})h-u_{N+1}+u_N=\frac{h^2}{2k}Z_{N+1} \qquad (4\text{-}135)$$

在上式中 u_N 及 u_{N+1} 均为未知数，这样式(4-134)共有 $N+1$ 个方程，$N+1$ 个未知数，只要系数矩阵非奇异，问题有唯一解。此时的系数矩阵仍保留三对角的形式，可用追赶法求解。这种方法叫做虚拟边界法。

【例 4-12】　矩形冷却翅片长度为 L，厚为 $2B$（见例 4-12 图），如果 $L\gg B$ 时，则端部热损可以忽略，其表面热通量可以用 $q=\eta(T-T_a)$ 来表示。其中 η 是对流传热系数（为恒值），T_a 为周围的流体温度，则微分方程为

$$\frac{\mathrm{d}^2 T}{\mathrm{d}Z^2}=\frac{\eta}{kB}(T-T_a)$$

$$T(0)=T_W$$

$$\frac{\mathrm{d}T}{\mathrm{d}Z}(L)=0$$

其中 k 为翅片的导热系数。试计算翅片内的温度分布。

解： 令

$$\theta=\frac{T-T_a}{T_W-T_a}$$

$$x=\frac{Z}{L}$$

$$H=\sqrt{\frac{\eta L^2}{kB}}$$

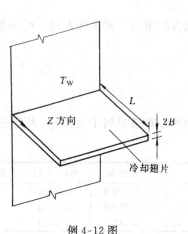

例 4-12 图

则可将上述微分方程写成无量纲的形式

$$\begin{cases} \dfrac{\mathrm{d}^2\theta}{\mathrm{d}x^2}=H^2\theta \\[2mm] \theta(0)=1 \\[2mm] \dfrac{\mathrm{d}\theta}{\mathrm{d}x}(1)=0 \end{cases}$$

此问题的分析解为

$$\theta=\frac{\cosh H(1-x)}{\cosh H}$$

用差分法解此问题，首先将微分方程写成差分格式。

设

$$u_i\approx\theta(x_i),\quad h=\frac{1}{N+1}$$

$$u_{i-1}-(2+h^2 H^2)u_i+u_{i+1}=0 \quad i=1,2,\cdots,N,N+1$$

由 $\theta(0)=1$，得

$$u_0=1$$

当 $i=N+1$ 时差分方程为

$$u_N-(2+h^2 H^2)u_{N+1}+u_{N+2}=0$$

由
$$\frac{\mathrm{d}\theta}{\mathrm{d}x}(1)=0$$

得
$$\frac{u_{N+2}-u_N}{2h}=0$$

所以
$$u_{N+2}=u_N$$

代入上式得

$$2u_N-(2+h^2H^2)u_{N+1}=0$$

将差分方程组写成矩阵形式为

$$\begin{bmatrix} -(2+h^2H^2) & 1 & & & \\ 1 & -(2+h^2H^2) & 1 & & \\ & \ddots & \ddots & \ddots & \\ & & 1 & -(2+h^2H^2) & 1 \\ & & & 2 & -(2+h^2H^2) \end{bmatrix} \begin{bmatrix} u_1 \\ u_2 \\ \vdots \\ u_N \\ u_{N+1} \end{bmatrix} = \begin{bmatrix} -1 \\ 0 \\ \vdots \\ 0 \\ 0 \end{bmatrix}$$

此方程组为三对角线方程，可用追赶法求解。当 $H^2=4$，$h=0.2$ 时，即问题为

$$\begin{cases} \dfrac{\mathrm{d}^2\theta}{\mathrm{d}x^2}=4\theta \\ \theta(0)=1 \\ \theta'(1)=0 \end{cases}$$

所得计算结果列于表 4-8，并与分析解作了比较。

表 4-8   例 4-12 计算结果

x	分析解	$\theta(h=0.2)$	误差(θ——分析解)	x	分析解	$\theta(h=0.2)$	误差(θ——分析解)
0.0	1.00000	1.00000	—	0.6	0.35549	0.35876	3.2×10^{-3}
0.2	0.68509	0.68713	2.0×10^{-3}	0.8	0.28735	0.29071	3.3×10^{-3}
0.4	0.48127	0.48421	2.9×10^{-3}	1.0	0.26580	0.26917	3.3×10^{-3}

4.3.2.2 非线性二阶方程的差分解法

考虑非线性二阶边值问题

$$-y''+f(x,y,y')=0 \qquad a<x<b \tag{4-136}$$
$$y(a)=\alpha, \qquad y(b)=\beta$$

如果用差分法求，则可写作

$$-\left[\frac{u_{i+1}-2u_i+u_{i-1}}{h^2}\right]+f\left(x_i,u_i,\frac{u_{i+1}-u_{i-1}}{2h}\right)=0 \qquad i=0,1,2,\cdots,N$$
$$u_0=\alpha, \quad u_{N+1}=\beta \tag{4-137}$$

这种差分方程通常都是非线性的，可以用牛顿-拉夫森法求解。若将其写成向量形式，有

$$\overline{\phi}(\overline{u})=0$$

其中
$$\overline{u}=[u_1,u_2,\cdots,u_N]^T$$
$$\overline{\phi}=[\phi_1(u),\phi_2(u),\cdots,\phi_N(u)]^T$$
$$\phi_i(u)=\frac{-h^2}{2}\left[\frac{u_{i+1}-2u_i+u_{i-1}}{h^2}\right]+\frac{h^2}{2}f\left(x_i,u_i,\frac{u_{i+1}-u_{i-1}}{2h}\right) \quad i=1,2,\cdots,N$$

$\overline{\phi}(\overline{u})$的 Jacobi 矩阵是三对角矩阵

$$J(\overline{u})=\frac{\partial\phi(\overline{u})}{\partial u}=\begin{bmatrix} B_1(\overline{u}) & C_1(\overline{u}) & & & \\ A_2(\overline{u}) & B_2(\overline{u}) & C_2(\overline{u}) & & \\ & & \ddots & & \\ & & & B_{N-1}(\overline{u}) & C_{N-1}(\overline{u}) \\ & & & A_N(\overline{u}) & B_N(\overline{u}) \end{bmatrix} \tag{4-138}$$

其中

$$A_i(\overline{u})=-\frac{1}{2}\Big[1+\frac{h}{2}\frac{\partial f}{\partial y'}\Big(x_i,u_i,\frac{u_{i+1}-u_{i-1}}{2h}\Big)\Big],\quad i=1,2,\cdots,N$$

$$B_i(\overline{u})=\Big[1+\frac{h^2}{2}\frac{\partial f}{\partial y}\Big(x_i,u_i,\frac{u_{i+1}-u_{i-1}}{2h}\Big)\Big],\quad i=1,2,\cdots,N$$

$$C_i(\overline{u})=-\frac{1}{2}\Big[1-\frac{h}{2}\frac{\partial f}{\partial y'}\Big(x_i,u_i,\frac{u_{i+1}-u_{i-1}}{2h}\Big)\Big],\quad i=1,2,\cdots,N-1$$

在计算 $\phi_1(\overline{u}),\phi_N(\overline{u}),A_N(\overline{u}),B_1(\overline{u}),B_N(\overline{u})$ 和 $C_1(\overline{u})$ 时,用 $u_0=\alpha,u_{N+1}=\beta$ 代入。

假设有 u_i 的一组初值 $u^{(0)}$,定义

$$\overline{u}^{(k+1)}=\overline{u}^{(k)}+\Delta\overline{u}^{(k)}\quad k=0,1,2\cdots \tag{4-139}$$

此处 $\Delta\overline{u}^{(k)}$ 是下列方程组的解

$$J(\overline{u}^{(k)})\Delta\overline{u}^{(k)}=-\overline{\phi}(\overline{u}^{(k)})\quad k=0,1,2,\cdots \tag{4-140}$$

【例 4-13】 根据 Michaelis-Menten 反应速率理论,在一个球形胞腔内,氧气以恒扩散系数 D_0 扩散到在其中发生酶催化反应的胞腔内的扩散动力学方程为

$$(x^2y')'=x^2f(y)\qquad 0<x<1$$

此处

$$x=\frac{r}{R},\quad y(x)=\frac{C(r)}{C_0},\quad \varepsilon=\Big(\frac{D_0C_0}{nqR^2}\Big)$$

$$f(y)=\varepsilon^{-1}\frac{y(x)}{y(x)+k},k=\frac{k_m}{C_0}$$

其中 R 是胞腔的半径,C_0 是 $r<R$ 时基质的恒浓度,k_m 是 Michaelis 常数,q 是在每个胞腔内可能产生的最大速率,n 是胞腔的数目。

假设胞腔膜的渗透率是无穷大,则

$$y(1)=1$$

由于 $y(x)$ 是连续的,并对 $x=0$ 对称,所以

$$y'(0)=0$$

试用差分法解此边值问题。

解:无量纲方程可以改写为

$$2xy'+x^2y''=x^2f(y)$$

或

$$y''+\frac{2}{x}y'-f(y)=0$$

$$y(1)=1,y'(0)=0$$

用

$$h=\frac{1}{N+1},\quad x_i=ih,\quad i=1,2,\cdots,N$$

则 $\qquad \left(1+\dfrac{1}{i}\right)u_{i+1}-2u_i+\left(1-\dfrac{1}{i}\right)u_{i-1}-h^2 f(u_i)=0 \quad i=1,2,\cdots,N$

$$u_{N+1}=0$$

对 $x=0$，微分方程中的第二项用 L′Hospital 法则

$$\lim_{x\to 0}\left(\frac{y}{x}\right)=\frac{y''}{1}$$

因此，微分方程变为

$$3y''-f(y)=0$$

其相应的差分方程为

$$u_1-2u_0+u_{-1}-\frac{h^2}{3}f(u_0)=0$$

用边界条件 $y'(0)=0$，得到 $u_{-1}=u_1$，代入上式

$$u_1-u_0-\frac{h^2}{6}f(u_0)=0$$

向量 $\overline{\phi}(\overline{u})$ 为

$$\overline{\phi}(\overline{u})=\begin{bmatrix} u_1-u_0-\dfrac{h^2}{6}f(u_0) \\ \vdots \\ \left(1+\dfrac{1}{i}\right)u_{i+1}-2u_i+\left(1-\dfrac{1}{i}\right)u_{i-1}-h^2 f(u_i) \\ \vdots \\ \left(1+\dfrac{1}{N}\right)-2u_N+\left(1-\dfrac{1}{N}\right)u_{N-1}-h^2 f(u_N) \end{bmatrix}$$

Jacobi 矩阵为

$$J(\overline{u})=\begin{bmatrix} B_0 & C_0 & & & 0 \\ A_1 & B_1 & C_1 & & \\ & \ddots & \ddots & \ddots & \\ & & \ddots & \ddots & C_{N-1} \\ 0 & & & A_N & B_N \end{bmatrix}$$

其中 $\qquad B_0=-\left(1+\dfrac{h^2}{6}\dfrac{\partial f}{\partial y}(u_0)\right)=-\left(1+\dfrac{h^2}{6\varepsilon}\dfrac{k}{(u_0+k)^2}\right)$

$\qquad\qquad C_0=1$

$\qquad\qquad A_i=\left(1-\dfrac{1}{i}\right),\quad i=1,2,\cdots,N$

$\qquad\qquad B_i=-\left(2+\dfrac{h^2}{\varepsilon}\dfrac{k}{(u_i+k)^2}\right),\quad i=1,2,\cdots,N$

$\qquad\qquad C_i=\left(1+\dfrac{1}{i}\right),\quad i=1,2,\cdots,N-1$

此 Jacobi 矩阵是 $N+1$ 阶的三对角矩阵。

　　其数值解，当 $\varepsilon=0.1$，$k=0.1$ 时，牛顿-拉夫森法迭代精度为 10^{-5} 时，计算结果列于表 4-9。

表 4-9 例 4-13 计算结果

x	$N=5$	$N=10$	$N=20$	$N=40$	x	$N=5$	$N=10$	$N=20$	$N=40$
0.0	0.283(-1)	0.243(-1)	0.232(-1)	0.227(-1)	0.6	0.259	0.257	0.257	0.257
0.2	0.430(-1)	0.384(-1)	0.372(-1)	0.369(-1)	0.8	0.533	0.552	0.552	0.552
0.4	0.103	0.998(-1)	0.989(-1)	0.987(-1)	1.0	1.000	1.000	1.000	1.000

习 题

1. 用尤拉法解 $\begin{cases} y'+2yx=4 \\ y(0)=0.2 \end{cases}$

   取 $h=0.1$，解 4 步。

2. 用尤拉法解 $\begin{cases} 2yy'-3x^2=0 \\ y(0)=2 \end{cases}$

   在 $[0,2]$ 区间，分 5 步。

3. 用尤拉法解 $\begin{cases} y'=\sin x+\cos x \\ y(2.5)=0 \end{cases}$

   在 $[2.5,4]$ 区间，$h=0.5$。

4. 考虑下列动力学系统

$$A \underset{k_2}{\overset{k_1}{\rightleftharpoons}} B$$

   其速率方程为 $\dfrac{\mathrm{d}A}{\mathrm{d}t}=k_2B-k_1A$，$\dfrac{\mathrm{d}B}{\mathrm{d}t}=-\dfrac{\mathrm{d}A}{\mathrm{d}t}$。

   令 $A_0=1.0$，$B_0=0.0$，$k_1=10$，$k_2=5$。用尤拉法计算 $A(0.1)$ 和 $B(0.1)$，保留三位有效数字，并与分析解比较。取 $h=0.05$。

   分析解为

$$A(t)=A_0-m\{1-\exp[-(k_1+k_2)t]\}$$
$$B(t)=B_0+m\{1-\exp[-(k_1+k_2)t]\}$$
$$=A_0+B_0-A(t)$$

   其中

$$m=\frac{k_1A_0-k_2B_0}{k_1+k_2}$$

5. 用改进尤拉法解 $\begin{cases} y'=\sqrt{x+y} \\ y(0)=0.3600 \end{cases}$

   取 $h=0.1$，解 2 步。

6. 在下列温度控制过程中，用水蒸气通过蛇管对搅拌槽进行加热，若控制阀具有线性流动特性，则得到如下一组常微分方程：

$$MC_\mathrm{p}\frac{\mathrm{d}T}{\mathrm{d}t}=FC_\mathrm{p}(T_0-T)+F_\mathrm{S}H_\mathrm{V}（液体能量平衡）$$

$$C_1\frac{\mathrm{d}T_\mathrm{w}}{\mathrm{d}t}=U_1A_1(T-T_\mathrm{w})（热偶套管能量平衡）$$

$$C_2\frac{\mathrm{d}T_t}{\mathrm{d}t}=U_2A_2(T_\mathrm{w}-T_t)（热偶能量平衡）$$

$$F_\mathrm{S}=K_\mathrm{p}(T_\mathrm{S}-T_t)（比例控制）$$

   其中 F_S——蒸汽流速；

   H_V——蒸汽气化显热；

   F——被加热液体的流速；

   T_0——液体入口温度；

T——液体入口温度。

为方便起见，令

$$\frac{F}{M}=1(1/s)$$

$$\frac{H_V}{MC_p}=1(\text{℃}/kg)$$

$$T_0=50\text{℃}$$

$$10\frac{U_1 A_1}{C_1}=\frac{U_2 A_2}{C_2}=1(1/s)$$

则方程组变为

$$\frac{dT}{dt}=F_S-T+T_0$$

$$\frac{dT_w}{dt}=0.1(T-T_w)$$

$$\frac{dT_t}{dt}=T_w-T_t$$

$$F_S=K_p(T_S-T_t)$$

若液体温度阶跃升高 10℃，$T_S=60\text{℃}$，$K_p=2$，求温度响应 $T(t)$。用改进的尤拉法求解。

7. 用龙格-库塔方法解题 1，$h=0.1$，解 2 步。

8. 用龙格-库塔方法解 $\begin{cases} y'=x-y^2 \\ y(0)=1 \end{cases}$

设 $h=0.2$，解 2 步。

9. 有如下反应

$$A \xrightarrow{k_1} B$$

$$B+C \xrightarrow{k_2} A+C$$

$$2B \xrightarrow{k_3} C+B$$

其动力学方程为

$$\frac{dC_A}{dt}=-k_1 C_A+k_2 C_B C_C$$

$$\frac{dC_B}{dt}=k_1 C_A-k_2 C_B C_C-k_3 C_B^2$$

$$\frac{dC_C}{dt}=k_3 C_B^2$$

$$C_A(0)=1, \qquad C_B(0)=C_C(0)=0$$

其中 $k_1=0.08$，$k_2=2\times10^4$，$k_3=6\times10^7$，试用龙格-库塔法求解。

10. 用改进尤拉法解 $\begin{cases} y''=xy \\ y(0)=0 \\ y'(0)=1 \end{cases}$

取 $h=0.5$，解 2 步。

11. 用龙格-库塔方法解 $\begin{cases} y''=\dfrac{x^2-y^2}{1+(y')^2} \\ y(0)=1 \\ y'(0)=0 \end{cases}$

设 $h=0.5$，解 3 步。

12. 用龙格-库塔方法解 $\begin{cases} y'=xz+1 \\ z'=-x \\ y(0)=0 \\ z(0)=1 \end{cases}$

设 $h=0.3$，解 3 步。

13. 用哈明法解 $\begin{cases} y'=x-y^2 \\ y(0)=1 \end{cases}$

    区间为 $[0,1]$，$h=0.2$。

14. 用阿达姆斯法解 $\begin{cases} y'=\dfrac{1}{x+y} \\ y(0)=1 \end{cases}$

    区间为 $[0,2]$，$h=0.5$。

15. 用哈明法求 $x=0.8$ 时的 y 值。

$$y'=x-2y$$

初值为 $y(0)=0.75000$，$y(0.2)=0.52032$，$y(0.4)=0.39933$，$y(0.6)=0.35119$。

16. 在例 4-5 的二元间歇精馏系统中，若循环比为 R，冷凝器持液量为 M，冷凝器中正庚烷的质量平衡方程为

$$M\frac{dx_C}{dt}=V(y_H-x_C)$$

蒸馏釜的总的平衡为

$$\frac{dS}{dt}=\frac{-V}{R+1}$$

正庚烷总的质量平衡为

$$S\frac{dx_H}{dt}=\frac{-V}{R+1}(x_C-x_H)$$

当 $t=0$ 时，$S=100$，$x_H=0.75$，$x_C=0.85$。若 $R=0.3$，$M=10$，试用哈明法求解。

17. 均相反应的管式反应器直径为 $0.2\mathrm{m}$，长为 $2\mathrm{m}$，入口反应物浓度为 $C_0=30\mathrm{mol/m^3}$，入口温度为 $T_0=700\mathrm{K}$。其他数据为

$$-\Delta H=10^4\,\mathrm{cal/mol}, \qquad C_p=1000\mathrm{J/(kg \cdot K)}$$
$$E_a=100\mathrm{J/mol}, \rho=1.2\mathrm{kg/m^3}$$
$$u_0=3\mathrm{m/s}, k_0=5\mathrm{s^{-1}}$$

物料和能量衡算方程为

$$\frac{dy}{dz}=-D_a y\exp\left[\delta\left(1-\frac{1}{\theta}\right)\right] \qquad 0\leqslant z\leqslant 1$$
$$\frac{d\theta}{dz}=\beta D_a y\exp\left[\delta\left(1-\frac{1}{\theta}\right)\right]-H_w(\theta-\theta_w)$$

其中

$$D_a=\frac{Lh_0}{u_0}, \beta=\frac{C_0(-\Delta H)}{\rho c_p T_0}, \delta=\frac{E_a}{R_g T_0}$$
$$H_w=\frac{2\overline{U}}{R}\left(\frac{L}{\rho c_p u_0}\right), y=\frac{C}{C_0}, \theta=\frac{T}{T_0}$$

若把反应器看作是绝热的，即 $\overline{U}=0$，则方程变为

$$\frac{d}{dz}(\theta+\beta y)=0$$

从而得出

$$\theta=1+\beta(1-y)$$

则入口条件为 $\theta=y=1$，将上述方程代入物料衡算方程，则

$$\begin{bmatrix} \dfrac{dy}{dz}=-D_a y\exp\left[\dfrac{\delta\beta(1-y)}{1+\beta(1-y)}\right] \\ y_{z=0}=1 \end{bmatrix}$$

试用米尔尼法求解。

18. 上题中若 $\overline{U}=70\text{J}/(\text{m}^2 \cdot \text{s} \cdot \text{K})$，$\theta_\text{w}=1$，用阿达姆斯法求热点 θ_max。

19. 用差分法解下列边值问题 $\begin{cases} y'' + \dfrac{1}{4}y = 8 \\ y(0)=0, \quad y(10)=0 \end{cases}$

20. 在绝热式管式反应器中的轴向传导和扩散可以用下式描述

$$\frac{1}{P_\text{e}}\frac{\text{d}^2 C}{\text{d}x^2} - \frac{\text{d}C}{\text{d}x} - R(C,T) = 0$$

$$\frac{1}{B_0}\frac{\text{d}^2 T}{\text{d}x^2} - \frac{\text{d}T}{\text{d}x} - \beta R(C,T) = 0$$

$$z=0 \text{ 时}, \quad \begin{cases} \dfrac{1}{P_\text{e}}\dfrac{\text{d}C}{\text{d}x} = C-1 \\ \dfrac{1}{B_0}\dfrac{\text{d}T}{\text{d}x} = T-1 \end{cases} \qquad x=1 \text{ 时}, \quad \begin{cases} \dfrac{\text{d}C}{\text{d}x} = 0 \\ \dfrac{\text{d}T}{\text{d}x} = 0 \end{cases}$$

当 $\beta = -0.05$，$P_\text{e} = B_0 = 10$，$E = 18$，$R(C,T) = 4C\exp\left[E\left(1-\dfrac{1}{T}\right)\right]$ 时，求无量纲浓度 C 和温度 T 的

分布。

21. 用打靶法解上题，可取 $U_0 = 10$。

22. 用打靶法解 $\begin{cases} \dfrac{\text{d}^2 c}{\text{d}r^2} + \dfrac{2}{r}\dfrac{\text{d}c}{\text{d}r} = 5c, \qquad 0 \leqslant r \leqslant 1 \\ \dfrac{\text{d}c}{\text{d}r}(0) = 0, \quad c(1) = 1 \end{cases}$

第五章　拉普拉斯变换

我们知道管式反应器、圆管内层流流动、管壳式热交换器等数学模型都要用微分方程来描述，包括常微分方程和偏微分方程。求解微分方程方法有解析法和数值法之分。常微分方程的解析求解在高等数学中已初步作了介绍，但它远不能解决各种复杂的微分方程。拉普拉斯变换是一种积分变换，简称拉氏变换，它作为一种数学方法可以有多种功能和广泛的工程使用价值。首先它是一种求解微分方程的特殊"运算方法"。将线性常微分方程经过拉氏变换可转化为等价的代数方程，而对偏微分方程进行拉氏变换后可得到降阶的微分方程，从而使运算简便许多。类似的积分变换还有多种，如傅立叶变换、汉克尔变化、Z 变换等。只有拉氏变换应用最为广泛，而且各种变换有一些共性，掌握一种，需要利用其他变换方法，也就不难入门。应用拉氏变换还可求解积分方程、差分微分方程、积分微分方程等（多级稳态分离过程可用差分方程模型，但当操作过程有干扰发生阶跃变化，或开工、停车时，各级流体组成就会随时间变化，于是就会出现微分-差分方程模型）。在自动控制理论中，拉氏变换也起到重要作用。本章内容拟介绍拉氏变换的定义、性质、求解逆变换的几种常用方法，以及求解常微分方程、积分方程、差分方程、差分-微分方程等各种化工应用实例。用拉氏变换求解偏微分方程在第七章介绍。关于拉氏变换在自动控制上的应用限于篇幅，请参阅有关专著。

5.1　定义和性质

5.1.1　定义

设函数 $f(t)$ 当 $t \geqslant 0$ 时有定义，而且积分

$$\int_0^{+\infty} f(t) \mathrm{e}^{-pt} \mathrm{d}t \quad （其中 p 是一复参量）$$

在 p 的某一域内收敛。积分所得为 p 的函数，记为

$$F(p) = \int_0^{+\infty} f(t) \mathrm{e}^{-pt} \mathrm{d}t \tag{5-1}$$

则称式(5-1)为函数 $f(t)$ 的拉普拉斯变换式(简称拉氏变换)，积分式可记为

$$F(p) = L[f(t)] \tag{5-2}$$

$F(p)$ 称为 $f(t)$ 的拉氏变换，或称 $F(p)$ 是 $f(t)$ 的象函数，而称 $f(t)$ 是 $F(p)$ 的象原函数，或 $f(t)$ 是 $F(p)$ 的拉氏逆变换，记作

$$f(t) = L^{-1}[F(p)] \tag{5-3}$$

5.1.2　拉氏变换的存在条件

满足以下条件的函数 $f(t)$ 方可作拉氏变换。

(1) 在 $t \geqslant 0$ 的任一有限区间上分段连续。

(2) 在 t 充分大后，满足不等式 $|f(t)| \leqslant Me^{ct}$（其中 M，c 都是实常数）则 $F(p) = \int_0^{+\infty} f(t)e^{-pt} dt$ 在 $Re(p) > c$ 上积分是收敛的。

如果 $f(t)$ 在 $0 < t < \infty$ 上完全连续，则积分式

$$\int_0^\infty f(t)e^{-pt} dt = \lim_{a \to \infty} \int_0^a f(t)e^{-pt} dt \tag{5-4}$$

其中 p 为与 t 无关的复参量，积分时 p 可视为常量。如果 $f(t)$ 在 $(0, \infty)$ 间有若干个第一类间断点，比如在 $t=b$ 处有间断点，则

$$\int_0^\infty f(t)e^{-pt} dt = \lim_{\varepsilon \to 0} \int_0^{b-\varepsilon} f(t)e^{-pt} dt + \lim_{\substack{\delta \to 0 \\ a \to \infty}} \int_{b+\delta}^a f(t)e^{-pt} dt \tag{5-5}$$

设 $p = \sigma + i\omega$，则(2)所指出的 $Re(p) > c$，则为 $\sigma > c$ 的所有复数 p 均可。$|f(t)| \leqslant Me^{ct}$ 的含义是：只要在 $t \to \infty$ 的过程中 $f(t)$ 最多按指数 e^{ct} 的 M 倍速度增长，则总可以选取 $Re(p)$ 为足够大的正数，使定义的积分收敛。

$$\int_0^t f(t)e^{-pt} dt \leqslant \int_0^t Me^{ct} e^{-pt} dt$$
$$= M \int_0^\infty e^{-(p-c)t} dt$$
$$= \frac{M}{p-e}[1 - \lim_{a \to \infty} e^{-(p-c)t}]$$

而在复平面 $Re(p) > c$ 的半平面上

$$\lim_{t \to \infty} e^{-(p-c)t} = \lim_{t \to \infty} e^{-(Re(p)-c)t} e^{-i(Im p)t} = 0$$

于是

$$\int_0^\infty f(t)e^{-pt} dt \leqslant \frac{M}{p-c} \tag{5-6}$$

即定义的积分收敛。在以下讨论中，我们假设 $f(t)$ 都满足上述条件。

为了较为熟悉地掌握拉氏变换这一数学工具，记住几个最常用的函数的拉氏变换式是十分必要的，下面给出几个常用函数的拉氏变换。

$$L[u(t)] = \frac{1}{p} \tag{5-7}$$

$$L[t] = \frac{1}{p^2} \tag{5-8}$$

$$L[t^n] = n! \frac{1}{p^{n+1}} = \frac{\Gamma(n+1)}{p^{n+1}} \quad (n=0,1,2,\cdots) \tag{5-9}$$

$$L[e^{at}] = \frac{1}{p-a} \tag{5-10}$$

$$L[\sin\omega t] = \frac{\omega}{p^2 + \omega^2} \tag{5-11}$$

$$L[\cos\omega t] = \frac{p}{p^2 + \omega^2} \tag{5-12}$$

式(5-7)中的

$$u(t) = \begin{cases} 0 & t < 0 \\ 1 & t \geqslant 0 \end{cases} \tag{5-13}$$

称为单位函数，它在工程动态模拟和控制中应用十分广泛。根据拉氏变换定义，运用分部积分技术，式(5-7)至式(5-12)是十分容易证明的，留给读者练习。

　一般的工程技术人员运用拉氏变换，不必都从定义出发求其积分，只需查阅有关数学手册中的拉氏变换表即可，可以已知 $f(t)$ 求象函数 $F(p)$，也可由 $F(p)$ 反过来寻象原函数 $f(t)$。本书后附有拉氏变换用函数简表，如不够用时，可查其他专著，如 B. A. 季特金等《微积运算手册》，十分详尽。不过并不是什么形式的 $f(t)$ 都可以从变换表中查到 $F(p)$，也许要对 $f(t)$ 作适当的变化后才能够找到对应的 $F(p)$。这就需要我们熟悉拉氏变换的一些性质定理。

5.1.3　性质

5.1.3.1　线性性质：若 A_1、A_2 是常数

$L[f_1(t)]=F_1(p),L[f_2(t)]=F_2(p)$，则有

$$L[A_1 f_1(t)+A_2 f_2(t)]=A_1 F_1(p)+A_2 F_2(p) \tag{5-14}$$

$$L^{-1}[A_1 F_1(p)+A_2 F_2(p)]=A_1 L^{-1}[F_1(p)]+A_2 L^{-1}[F_2(p)] \tag{5-15}$$

　这条性质说明，函数线性组合的拉氏变换等于各函数拉氏变换的线性组合，其逆变换亦然。根据定义，这一点是不难证明的。

5.1.3.2　微分性质

1. 函数导数的拉氏变换

若　　　　　　　　　　　　$L[f(t)]=F(p)$

则有　　　　　　　　　　　$L[f'(t)]=pF(p)-f(0)$ 　　　　　　　　　(5-16)

证明：由定义

$$L[f'(t)]=\int_0^\infty f'(t)\mathrm{e}^{-pt}\mathrm{d}t$$

对右端分部积分得

$$\int_0^\infty f'(t)\mathrm{e}^{-pt}\mathrm{d}t=f(t)\mathrm{e}^{-pt}\big|_0^\infty+p\int_0^\infty f(t)\mathrm{e}^{-pt}\mathrm{d}t=pL[f(t)-f(0)]$$

[推论]　若 $L[f(t)]=F(p)$ 则有

$$L[f^{(n)}(t)]=p^n F(p)-p^{n-1}f(0)-p^{n-2}f'(0)-\cdots-f^{(n-1)}(0) \qquad [5\text{-}16\ (a)]$$

特别，当初值 $f(0)=f'(0)=\cdots=f^{(n-1)}(0)=0$，有

$$\left.\begin{array}{cc} L[f'(t)]=pF(p) & L[f''(t)]=p^2 F(p) \\ L[f^n(t)]=p^n F(p) & \end{array}\right\} \qquad [5\text{-}16\ (b)]$$

这是一条重要性质，利用它可以将关于 $f(t)$ 的常微分方程转化为 $F(p)$ 的代数方程。当然它只适用于初值问题。

　【例 5-1】　求函数 $f(t)=\sin\omega t$ 的拉氏变换。

由于 $f(0)=0$　　$f'(0)=\omega$　　$f''(t)=-\omega^2\sin\omega t$

　　解：　$L[f''(t)]=L[-\omega^2\sin\omega t]=p^2 L[f(t)]-pf(0)-f'(0)=-\omega^2 L[\sin\omega t]$

　　　　　　　　$=p^2 L[\sin\omega t]-\omega$

所以　　　　　　　　　　　　$L[\sin\omega t]=\dfrac{\omega}{p^2+\omega^2}$

与此相似，可以求得　　　　　$L[\cos\omega t]=\dfrac{p}{p^2+\omega^2}$

　【例 5-2】　求函数 $f(t)=t^m$ 的拉氏变换（其中 m 为正整数）。

　　解：由于 $f(0)=f'(0)=\cdots\cdots f^{m-1}(0)=0$ 而 $f^m(t)=m!$

所以　　　　$L[m!]=L[f^m(t)]=p^m L[f(t)]-p^{m-1}f(0)-\cdots-f^{(m-1)}(0)$

即　　　　　　　　　　　　　$L[m!]=p^m L[t^m]$

而
$$L[m!]=m!L[1]=\frac{m!}{p}$$

所以
$$L[t^m]=\frac{m!}{p^{m+1}}$$

2. 拉氏变换式对参数 p 的导数

若 $L[f(t)]=F(p)$，则 $\dfrac{d^n}{dp^n}L[f(t)]=F^{(n)}p=L[(-t)^nf(t)]$ (5-17)

证：首先看 $n=1$ 时

$$\begin{aligned} F'(p) &= \frac{d}{dp}\int_0^\infty f(t)e^{-pt}dt \\ &= \int_0^\infty \frac{d}{dp}[f(t)e^{-pt}]dt \\ &= \int_0^\infty -tf(t)e^{-pt}dt \\ &= L[-tf(t)] \quad (命题成立) \end{aligned}$$

设 $n=k-1$ 时命题成立，有

$$F^{(k-1)}(p)=\int_0^\infty (-t)^{k-1}f(t)e^{-pt}dt$$

看 $n=k$

$$F^{(k)}(p)=\frac{d}{dp}[F^{(k-1)}(p)]=\int_0^\infty (-t)^k f(t)e^{-pt}dt$$

故命题成立。

【例 5-3】 求函数 $f(t)=t\cos\omega t$ 的拉氏变换。

解：由前知 $L[\cos\omega t]=\dfrac{p}{p^2+\omega^2}$

利用式(5-17)

$$L[t\cos\omega t]=-\frac{d}{dp}\left[\frac{p}{p^2+\omega^2}\right]=\frac{p^2-\omega^2}{(p^2+\omega^2)^2}$$

同理可得

$$L[t\sin\omega t]=-\frac{d}{dp}\left[\frac{\omega}{p^2+\omega^2}\right]=\frac{2p\omega}{(p^2+\omega^2)^2}$$

5.1.3.3　积分性质

1. 函数积分的拉氏变换

若
$$L[f(t)]=F(p)$$

则
$$L\left[\int_0^t f(\tau)d\tau\right]=\frac{1}{p}F(p)$$ (5-18)

证：设 $h(t)=\int_0^t f(\tau)d\tau$ ，则有

$$h'(t)=f(t) \quad 且\ h(0)=0$$

由微分性质知 $\quad L[h'(t)]=pL[h(t)]-h(0)=pL[h(t)]$

所以
$$L\left[\int_0^t f(\tau)d\tau\right]=\frac{1}{p}L[f(t)]=\frac{1}{p}F(p)$$

重复应用式(5-18) 就得重积分的拉氏变换

$$L\left[\int_0^t d\tau \int_0^t d\tau \cdots \int_0^t f(\tau) d\tau\right] = \frac{1}{p^n} F(p) \tag{5-19}$$

2. 拉氏变换式对参数 p 的积分

若 $L[f(t)] = F(p)$，且 $\lim\limits_{t\to 0}\dfrac{f(t)}{t}$ 存在，则

$$\int_p^\infty F(S) dS = L\left[\frac{f(t)}{t}\right] \tag{5-20}$$

证：

$$\int_p^\infty F(S) dS = \int_0^\infty dS \int_p^\infty f(t) e^{-St} dt$$

由存在定理知，只要 $\mathrm{Re}(p) > c$，积分对于 p 是收敛的。于是我们交换积分次序，有

$$\int_p^\infty F(S) dS = \int_p^\infty f(t) dt \int_p^\infty e^{-St} dS$$

$$= \int_0^\infty f(t)\left[-\frac{1}{t} e^{-St} \Big|_p^\infty\right] dt$$

$$= \int_0^\infty \frac{f(t)}{t} e^{-pt} dt = L\left[\frac{f(t)}{t}\right] \quad （证毕）$$

【例 5-4】　求 $\displaystyle\int_0^t \frac{\sin\tau}{\tau} d\tau$ 的象函数。

已知 $L[\sin t] = \dfrac{1}{1+p^2}$。

解：由式(5-20) 得

$$L\left[\frac{\sin t}{t}\right] = \int_p^\infty \frac{1}{s^2+1} dS = [\arctan S]_p^\infty$$

$$= \frac{\pi}{2} - \arctan p = \mathrm{arcctan}\, p = \arctan\frac{1}{p}$$

再利用积分性质式(5-18)

$$L\left[\int_0^t \frac{\sin\tau}{\tau} d\tau\right] = \frac{1}{p}\left(\frac{\pi}{2} - \arctan p\right)$$

函数 $\displaystyle\int_0^t \frac{\sin\tau}{\tau} d\tau$ 是一个由积分定义的特殊函数，称为正弦积分函数，记作 $S_i(t)$。它可利用无穷级数形式表出

$$S_i(t) = \sum_{k=0}^\infty \frac{(-1)^k t^{2k+1}}{(2k+1)!(2k+1)} \quad (|t| < \infty)$$

但是正弦积分还有另外一种形式定义为：

$$S_i(t) = -\int_t^\infty \frac{\sin\tau}{\tau} d\tau$$

于是　　　　　$\displaystyle -\int_t^\infty \frac{\sin\tau}{\tau} d\tau = -\int_0^\infty \frac{\sin\tau}{\tau} d\tau + \int_0^t \frac{\sin\tau}{\tau} d\tau = -\frac{\pi}{2} + \int_0^t \frac{\sin\tau}{\tau} d\tau$

所以　　　　　$\displaystyle L\left[-\int_t^\infty \frac{\sin\tau}{\tau} d\tau\right] = -\frac{1}{p}\arctan p$

5.1.3.4　位移性质

　　若　　　　　　　　　　　$L[f(t)] = F(p)$

则　　　　　　$L[e^{at} f(t)] = F(p-a) \quad [只要\ \mathrm{Re}(p-a) > c] \tag{5-21}$

证：由定义

$$L[\mathrm{e}^{at}f(t)]=\int_0^\infty \mathrm{e}^{at}f(t)\mathrm{e}^{-pt}\mathrm{d}t=\int_0^\infty \mathrm{e}^{-(p-a)t}\mathrm{d}t=F(p-a)$$

这条性质说明一个象原函数乘以指数函数 e^{at} 等于其象函数作位移 a。

【例 5-5】 求 $L[\mathrm{e}^{at}\mathrm{sh}t]$

解：因为 $\mathrm{sh}t=\dfrac{\mathrm{e}^t-\mathrm{e}^{-t}}{2}$

则

$$L[\mathrm{sh}t]=\frac{1}{2}\left[\frac{1}{p-1}+\frac{1}{p+1}\right]=\frac{1}{p^2-1}$$

由位移性质知

$$L[\mathrm{e}^{at}\mathrm{sh}t]=\frac{1}{(p-a)^2-1}$$

5.1.3.5 延迟性质

若函数

$$\Phi(t)=\begin{cases} f(t-a) & t\geqslant a \\ 0 & t<a \end{cases} \tag{5-22}$$

则利用单位函数 $u(t)$ 可将 $\Phi(t)$ 表示为

$$\Phi(t)=u(t-a)f(t-a) \tag{5-23}$$

设 $L[f(t)]=F(P)$ 则

$$L[\Phi(t)]=\int_0^\infty \varphi(t)\mathrm{e}^{-pt}\mathrm{d}t=\int_0^a \varphi(t)\mathrm{e}^{-pt}\mathrm{d}t+\int_a^\infty \varphi(t)\mathrm{e}^{pt}\mathrm{d}t$$

$$=\int_0^a 0\cdot\mathrm{e}^{-pt}\mathrm{d}t+\int_a^\infty f(t-a)\mathrm{e}^{-pt}\mathrm{d}t$$

令 $u=t-a$，上式$=\displaystyle\int_0^\infty f(u)\mathrm{e}^{-p(u+a)}\mathrm{d}u=\mathrm{e}^{-pa}\int_0^a f(u)\mathrm{e}^{-pu}\mathrm{d}u=\mathrm{e}^{-pa}F(P)$

即

$$L[u(t-a)f(t-a)]=\mathrm{e}^{-pa}F(P) \tag{5-24}$$

使用这一条性质需要注意：$f(x)$ 的定义域为 $[0,\infty]$，而 $\Phi(t)=u(t-a)f(t-a)$ 的定义域为 $[a,\infty]$。

$\varphi(t)$ 与 $f(t)$ 具有同样的曲线形状，不过时间延迟了 a 间隔，见图 5-1。

【例 5-6】 求单位阶跃函数（如图 5-2）

$$u(t-\tau)=\begin{cases} 0 & t<\tau \\ 1 & t\geqslant\tau \end{cases}$$

的拉氏变换。

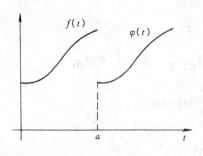

图 5-1　延迟性质

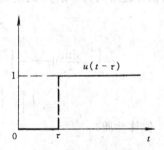

图 5-2　阶跃函数

解：已知 $L[u(t)]=\dfrac{1}{p}$，由延迟性质得

$$L[u(t-\tau)]=\frac{1}{p}\mathrm{e}^{-pt} \tag{5-25}$$

【例 5-7】 求单位脉动函数

$$f(t)=\begin{cases}0 & t<a\\ 1 & a\leqslant t\leqslant b\\ 0 & t>b\end{cases} \tag{5-26}$$

的拉氏变换（如图 5-3）。

解：　　　　　　　　　　$f(t)=u(t-a)-u(t-b)$

因此　　　$L[f(t)]=L[u(t-a)]-L[u(t-b)]=\dfrac{1}{p}(\mathrm{e}^{-pa}-\mathrm{e}^{-pb})$

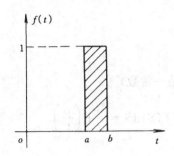
图 5-3　单位脉动函数

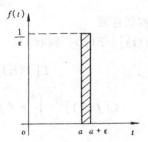
图 5-4　单位脉冲函数

这一结果在过程自动控制中得到十分重要的应用。在自动控制中输入干扰信号常用单位脉动函数描述。这里先介绍一下单位脉动函数的定义。

设函数　　　　　　　　$f(t)=\begin{cases}0 & t<a\\ \dfrac{1}{\varepsilon} & a\leqslant t\leqslant a+\varepsilon\\ 0 & t>a+\varepsilon\end{cases}$

如图 5-4 所示。

$$\delta(t-a)=\lim_{\varepsilon\to 0}f(t)=\begin{cases}0 & t\neq a\\ \infty & t=a\end{cases} \tag{5-27}$$

$\delta(t-a)$ 称为单位脉动函数读作"狄拉克（Dirac）"函数（ δ 函数），比较式(5-26)与式(5-27)可知，单位脉冲函数是单位脉动函数的一个极限表示。它表示单位阶跃函数变化的速率。现在来求它的拉氏变换式。

因为　　　　　　　　$L[f(t)]=\dfrac{1}{\varepsilon p}(\mathrm{e}^{-pa}-\mathrm{e}^{-p(a+\varepsilon)})$

故　　　　　　　　$L[\delta(t-a)]=\lim_{\varepsilon\to 0}\left[\dfrac{\mathrm{e}^{-pa}-\mathrm{e}^{-p(a+\varepsilon)}}{\varepsilon p}\right]$

应用求极限的洛比塔法则可知

$$L[\delta(t-a)]=\mathrm{e}^{-pa} \tag{5-28}$$

当 $a=0$ 时，原点脉冲函数 $\delta(t)$ 的拉氏变换为

$$L[\delta(t)]=1 \tag{5-29}$$

【**例 5-8**】 求图 5-5 所示的阶梯函数 $S(b,t)$ 的拉氏变换。阶梯函数可用单位阶跃函数表示

$$S(b,t)=K[u(t)+u(t-b)+u(t-2b)+\cdots]$$

其中 K 为幅距。

解：

$$L[S(b,t)]=K\left(\frac{1}{p}+\frac{1}{p}e^{-pb}+\frac{1}{p}e^{-2pb}+\cdots\right)$$

当 $\mathrm{Re}(p)>c$ 时，有 $|e^{-pb}|<1$，所以上式括号内为一公比小于 1 的等比级数，于是

$$L[S(b,t)]=\frac{K}{p}\times\frac{1}{1-e^{-pb}}=\frac{K}{p}\times\frac{1}{p^{-\frac{p}{2}}(e^{\frac{pb}{2}}-e^{-\frac{pb}{2}})}$$

$$=\frac{K}{2p}\times\frac{2e^{\frac{pb}{2}}}{e^{\frac{pb}{2}}-e^{-\frac{pb}{2}}}=\frac{K}{2p}\times\frac{e^{\frac{pb}{2}}-e^{-\frac{pb}{2}}+e^{\frac{pb}{2}}+e^{-\frac{pb}{2}}}{e^{\frac{pb}{2}}-e^{-\frac{pb}{2}}}$$

$$=\frac{K}{2p}\left(1+\mathrm{cth}\frac{pb}{2}\right)$$

5.1.3.6 相似性质

若 $L[f(t)]=F(p)$，则有

$$L[f(ct)]=\frac{1}{c}F\left(\frac{p}{c}\right)(c>0 \text{ 是一常数}) \tag{5-30}$$

证：

$$L[f(ct)]=\int_0^\infty e^{-pt}f(ct)\mathrm{d}t=\frac{1}{c}\int_0^\infty e^{-p\frac{S}{c}}f(S)\mathrm{d}S=\frac{1}{c}F\left(\frac{p}{c}\right)$$

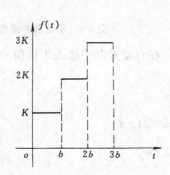

图 5-5 阶梯函数

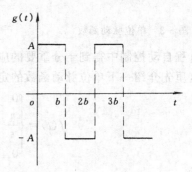

图 5-6 周期函数

5.1.3.7 周期函数的象函数

若 $f(t)$ 是一个周期为 a 的周期函数，即 $f(t+a)=f(t),a>0$，$t>0$。而且 $f(t)$ 在 $0<t<a$ 上分段连续，于是它的象函数

$$L[f(t)]=\int_0^\infty e^{-pt}f(t)\mathrm{d}t=\sum_{n=0}^\infty \int_{na}^{(n+1)a} e^{-pt}f(t)\mathrm{d}t$$

令 $t=t'+na$ 代入上式，得

$$L[f(t)]=\sum_{n=0}^\infty e^{-npa}\int_0^\infty e^{-pt'}f(t')\mathrm{d}t'$$

因为

$$|e^{-pna}|<1$$

所以

$$\sum_{n=0}^\infty e^{-npa}=\frac{1}{1-e^{-pa}}$$

$$L[f(t)] = \frac{1}{1-e^{-pa}}\int_0^a e^{-pt}f(t)\,dt \tag{5-31}$$

【例 5-9】 求周期性冲击函数 $g(t)=\begin{cases} A & 0<t<b \\ -A & b<t<2b \end{cases}$ 且 $g(t+2b)=g(t)$ 的拉氏变换。
如图 5-6 所示。

解：由式(5-31)得

$$L[g(t)] = \frac{1}{1-e^{-2pb}}\int_0^{2b} e^{-pt}g(t)\,dt$$

$$= \frac{1}{1-e^{-2pb}}\left[A\int_0^b e^{-pt}\,dt - A\int_b^{2b} e^{-pt}\,dt\right]$$

$$= \frac{A}{P}\cdot\frac{1-e^{-pb}}{1+e^{-pb}} = \frac{A}{P}\,\text{th}\,\frac{pb}{2}$$

【例 5-10】 求周期性三角波 $h(t)=\begin{cases} t & 0\leqslant t<b \\ 2b-t & b\leqslant t<2b \end{cases}$ 且 $h(t+2b)=h(t)$ 的拉氏变换。

解：用上例结果可求得 $\quad L[h(t)]=\frac{1}{p^2}\,\text{th}\,\frac{pb}{2}$

5.1.3.8 初值定理和终值定理

1. 初值定理：若 $L[f(t)]=F(p)$，且 $\lim\limits_{p\to\infty}pF(p)$ 存在，则

$$\lim_{t\to 0}f(t)=\lim pF(p)$$

或写作

$$\left.\begin{array}{l}\lim\limits_{t\to 0}f(t)=\lim pF(p) \\ f(0)=\lim\limits_{p\to\infty}pF(p)\end{array}\right\} \tag{5-32}$$

证：根据拉氏变换的微分性质有

$$L[f'(t)]=pL[f(t)]-f(0)=pF(p)-f(0)$$

等式两端取当 $\text{Re}(p)\to\infty$ 时的极限，得

$$\lim_{\text{Re}(p)\to\infty}[f'(t)]=\lim_{\text{Re}(p)\to\infty}[pF(p)-f(0)]$$

但 $\quad\lim\limits_{\text{Re}(p)\to\infty}[f'(t)]=\lim\limits_{\text{Re}(p)\to\infty}\int_0^\infty f'(t)e^{-pt}\,dt=\int_0^\infty \lim_{\text{Re}(p)\to\infty}f'(t)e^{-pt}\,dt=0$

注意：这里已假定 $\lim\limits_{p\to\infty}pF(p)$ 存在，故 $\lim\limits_{\text{Re}(p)\to\infty}pF(p)$ 也必存在，且两者相等。

所以 $\quad\quad\quad\quad\quad\quad\quad \lim pF(p)-f(0)=0$

即 $\quad\quad\quad\quad\quad\quad\quad \lim\limits_{t\to 0}f(t)=f(0)=\lim\limits_{p\to\infty}pF(p)$

这个性质建立了函数 $f(t)$ 在坐标原点的值与它的象函数 $F(p)$ 乘 p 在无限远点的值之间的关系。

2. 终值定理：若 $L[f(t)]=F(p)$，且 $\lim\limits_{t\to\infty}f(t)$ 存在，

$$\left.\begin{array}{l}\lim\limits_{t\to\infty}f(t)=\lim\limits_{p\to 0}pF(p) \\ f(\infty)=\lim\limits_{p\to 0}pF(p)\end{array}\right\} \tag{5-33}$$

证：根据微分性质

$$L[f'(t)]=pF(p)-f(0)$$

两边取 $p\to 0$ 的极限，得

$$\lim_{p\to 0}L[f'(t)]=\lim_{p\to 0}[pF(p)-f(0)]=\lim_{p\to 0}pF(p)-f(0)$$

但是
$$\lim_{p\to 0}L[f'(t)]=\lim_{p\to 0}\int_0^{+\infty}f'(t)\mathrm{e}^{-pt}\mathrm{d}t=\int_0^{\infty}\lim_{p\to 0}\mathrm{e}^{-pt}f'(t)\mathrm{d}t$$
$$=\int_0^{\infty}f'(t)\mathrm{d}t=f(t)\big|_0^{\infty}=\lim_{t\to\infty}f(t)-f(0)$$

所以
$$\lim_{t\to+\infty}f(t)-f(0)=\lim_{p\to 0}pF(p)-f(0)$$

即
$$\lim_{t\to+\infty}f(t)=f(\infty)=\lim_{p\to 0}pF(p)$$

这个性质表明函数 $f(t)$ 在 $t\to\infty$ 时的数值（稳定值），可以通过 $f(t)$ 的拉氏变换乘以 p 取 $p\to 0$ 时的极限值得到。

【例 5-11】 已知 $L[f(t)]=\dfrac{a}{p^2+a^2}$，试用初值定理求 $f(0)$。

解：
$$f(0)=\lim_{p\to\infty}pF(p)=\lim_{p\to\infty}\frac{ap}{p^2+a^2}=0$$

事实上 $f(t)=L^{-1}\left[\dfrac{a}{p^2+a^2}\right]=\sin at$，显然 $f(0)=0$，上述结果正确。

【例 5-12】 已知 $L[f(t)]=\mathrm{arcctan}\,p$，求 $f(0),f(\infty)$。

解：
$$f(0)=\lim_{p\to\infty}p\cdot\mathrm{arcctan}\,p=\lim_{p\to\infty}\frac{\mathrm{arcctan}\,p}{\frac{1}{p}}=\lim_{p\to\infty}\frac{-\frac{1}{1+p^2}}{-\frac{1}{p^2}}=\lim_{p\to\infty}\frac{p^2}{p^2+1}=1$$

（这里使用了洛比塔法则）
$$f(\infty)=\lim_{p\to 0}p\cdot\mathrm{arcctan}\,p=0\times\frac{\pi}{2}=0$$

由例 5-4 知 $f(t)=L^{-1}[\mathrm{arcctan}\,p]=\dfrac{\sin t}{t}$，而由高等数学重要极限知 $\lim\limits_{t\to 0}\dfrac{\sin t}{t}=1$，$\lim\limits_{t\to\infty}\dfrac{\sin t}{t}=1$，证明上述结果正确。

5.2 拉氏逆变换求解方法

为了将拉氏变换运算应用于工程问题，譬如说将一个描述某实际问题的常微分方程，经过拉氏变换，转化为一个代数方程，求解代数方程，得到原问题的象函数，为了求出原函数就必须对象函数进行拉氏逆变换，求出原方程之解函数。

5.2.1 拉氏逆变换的复反演积分——梅林-傅立叶定理

若
$$F(p)=\int_0^{\infty}\mathrm{e}^{-pt}f(t)\mathrm{d}t$$

则
$$f(t)=\frac{1}{2\pi j}\lim_{\beta\to\infty}\int_{c-j\beta}^{c+j\beta}\mathrm{e}^{pt}F(p)\mathrm{d}p \tag{5-34}$$

或
$$f(t)=\frac{1}{2\pi j}\int_{c-j\infty}^{c+j\infty}\mathrm{e}^{pt}F(p)\mathrm{d}p \tag{5-34a}$$

其中 $j=\sqrt{-1}$。

式(5-34) 就是梅林-傅立叶定理。它可以由傅立叶积分定理导出。傅立叶积分定理为
$$f(t)=\frac{1}{2\pi}\int_{-\infty}^{+\infty}\mathrm{e}^{j\lambda t}\int_{-\infty}^{+\infty}\mathrm{e}^{-j\lambda t}f(t)\mathrm{d}t\mathrm{d}\lambda \tag{5-35}$$

在拉氏变换中约定 $t<0$ 时，$f(t)=0$，故上式变为

$$f(t) = \frac{1}{2\pi} \int_{-\infty}^{+\infty} e^{j\lambda t} \int_0^{+\infty} e^{-j\lambda t} f(t) \mathrm{d}t \mathrm{d}\lambda \tag{5-36}$$

由拉氏变换存在定理知，若选 $j\lambda = p - c$，拉氏积分收敛，于是式(5-36) 变为

$$f(t) = \frac{1}{2\pi j} \int_{c-j\infty}^{c+j\infty} e^{pt} e^{-ct} \int_0^\infty e^{-pt} e^{ct} f(t) \mathrm{d}t \mathrm{d}p \tag{5-37}$$

或

$$e^{ct} f(t) = \frac{1}{2\pi j} \int_{c-j\infty}^{c+j\infty} e^{pt} \int_0^\infty e^{-pt} [e^{ct} f(t)] \mathrm{d}t \mathrm{d}p \tag{5-38}$$

式(5-38) 与式(5-34a) 是等价的。

由此可见，求取象函数的原函数，可以用一个复反演积分求得，

即

$$f(t) = L^{-1}[F(p)] = \frac{1}{2\pi j} \int_{c-j\beta}^{c+j\beta} e^{pt} F(p) \mathrm{d}p \tag{5-39}$$

一般来说，在复平面上直接求积分获得象原函数较困难，而且数学家给我们提供了多种实用函数与象函数的一一对应关系（拉氏变换表），只需将象函数 $F(p)$ 作适当变形，就能运用查表法求出象原函数 $f(t)$。

5.2.2　用部分分式法求拉氏逆变换

象原函数可以用有理分式表示，即

$$F(p) = \frac{A(p)}{B(p)} \tag{5-40}$$

其中 $A(p)$，$B(p)$，均为 p 的不可约多项式，而且 $B(p)$ 关于 p 的幂次高于 $A(p)$。于是 $F(p)$ 可以展成部分分式。设 a_i 是 $B(p)$ 的实零点或复零点，也可以是多重零点，于是 $F(p)$ 可以展成关于 $\frac{\beta_i}{(p-a_i)^{n_i}}$ 形式的和式，这里 n_i 是 a_i 的零点个数，β_i 为待定常数，而对于 $\frac{\beta_i}{(p-a_i)^{n_i}}$ 型的逆变换，是容易求得的，即

$$L^{-1}\left[\frac{\beta_i}{(p-a_i)^{n_i}}\right] = \frac{\beta_i}{(n_i-1)!} t^{n_i-1} e^{a_i t} \tag{5-41}$$

【例 5-13】　求 $F(p) = \dfrac{1}{p^2(p+1)}$ 的逆变换。

解：设

$$F(p) = \frac{1}{p^2(p+1)} = \frac{A}{p} + \frac{B}{p^2} + \frac{C}{p+1}$$

通分后，分子为

$$Ap(p+1) + B(p+1) + Cp^2 = 1 \tag{1}$$

令

$$p=0, \ B=1$$
$$p=-1, \ C=1$$

代入例 5-31 中的(1)式，比较等式两边的同幂次系数得

$$Ap^2 = -Cp^2 \qquad A = -C = -1$$

故

$$F(p) = \frac{-1}{p} + \frac{1}{p^2} + \frac{1}{p+1}$$

而

$$L^{-1}[F(p)] = f(t) = -1 + t + e^{-t}$$

【例 5-14】　求 $F(p) = \dfrac{1}{(p+a)(p+b)^2}$ 的 L^{-1} 变换。

解：将 $F(p)$ 展成部分分式

$$F(p) = \frac{1}{(p+a)(p+b)^2} = \frac{A}{p+a} + \frac{B}{p+b} + \frac{C}{(p+b)^2} \tag{1}$$

同前例,展开后分子为

$$A(p+b)^2 + B(p+a)(p+b) + C(p+a) = 1 \tag{2}$$

令 $p = -b$, $\quad C = \frac{1}{a-b}$

令 $p = -a$, $\quad A = \frac{1}{(a-b)^2}$

代入(2)式,由 p^2 系数和为零得

$$B = \frac{-1}{(a-b)^2}$$

故

$$F(p) = \frac{1}{(a-b)^2} \cdot \frac{1}{p+a} - \frac{1}{(a-b)^2} \cdot \frac{1}{p+b} + \frac{1}{(a-b)} \cdot \frac{1}{(p+b)^2}$$

于是

$$L^{-1}[F(p)] = f(t) = \frac{1}{(a-b)^2}[e^{-at} - e^{-bt} + (a-b)e^{-bt} \cdot t]$$

当 $F(p)$ 的分母只含有单零点时,用部分分式法很容易求解,但当其分母含有多重零点时,求取分解系数就变得较困难。一般这种情况建议采用海维塞德展开式更为有效。

5.2.3 海维塞德(Heaviside)展开式

如前述 $F(p)$ 由式(5-40)给出,同样满足前述条件,即 $F(p) = \frac{A(p)}{B(p)}$,$A(p)$、$B(p)$ 为不可约多项式,且 $B(p)$ 的幂次高于 $A(p)$。下面分两种情况讨论。

5.2.3.1 当 $B(p)$ 只有互异单零点时

设 $p_1, p_2, \cdots, p_n$ 为 $B(p)$ 的互异单零点,则

$$F(p) = \frac{A(p)}{B(p)} = \frac{A_1}{p-p_1} + \frac{A_2}{p-p_2} + \cdots + \frac{A_n}{p-p_n} = \sum_{k=1}^{n} \frac{A_k}{p-p_k} \tag{5-42}$$

系数 A_1、A_2、$\cdots$、A_n 可以这样求取:上式两边乘以 $p-p_k$,并令 $p \to p_k$,求其极限

$$\lim_{p \to p_k} \frac{A(p)}{B(p)}(p-p_k) = \lim_{p \to p_k}\left[\frac{A_1}{p-p_1}(p-p_k) + \cdots + \frac{A_k}{p-p_k}(p-p_k) + \cdots + \frac{A_n}{p-p_n}(p-p_k)\right]$$

$$A_k = \lim_{p \to p_k} A(p) \lim_{p \to p_k} \frac{p-p_k}{B(p)} = A(p_k)\frac{1}{B'(p_k)} \tag{5-43}$$

所以

$$F(p) = \frac{A(p)}{B(p)} = \sum_{k=1}^{n} \frac{A(p_k)}{B'(p_k)} \cdot \frac{1}{p-p_k} \tag{5-44}$$

于是

$$f(t) = L^{-1}[F(p)] = \sum_{k=1}^{n} \frac{A(p_k)}{B'(p_k)} e^{p_k t} \tag{5-45}$$

式(5-45)即为海维塞德展开式第一种形式。

【例 5-15】 求 $F(p) = \frac{bp}{p^2+a^2}$ 的拉氏逆变换。

解:这里 $B(p) = p^2 + a^2$,它有两个单零点 $p_1 = aj$,$p_2 = -aj(j = \sqrt{-1})$,由式(5-45)得

$$f(t) = L^{-1}[F(p)] = \frac{bp_1}{2p_1}e^{p_1 t} + \frac{bp_2}{2p_2}e^{p_2 t}$$

$$= \frac{b}{2}(e^{ajt} + e^{-ajt}) = b\cos at$$

5.2.3.2　当 $B(p)$ 有多重零点时

设 p_1 是 $B(p)$ 的 m 阶零点，p_{m+1}，$\cdots$，p_n 是 $B(p)$ 其余的互异单零点，则展开式可以分成两部分求。

$$F(p) = F_1(p) + F_2(p) \tag{5-46}$$

$$F_1(p) = \left[\frac{A_1}{(p-p_1)^m} + \frac{A_2}{(p-p_1)^{m-1}} + \cdots + \frac{A_m}{(p-p_1)} \right] \tag{5-47}$$

$$F_2(p) = \frac{A_{m+1}}{p-p_{m+1}} + \frac{A_{m+2}}{p-p_{m+2}} + \cdots + \frac{A_n}{p-p_n} \tag{5-48}$$

其中 A_{m+1}，A_{m+2}，$\cdots$，A_n 可按式（5-45）求取。现在讨论 A_1 到 A_m 的求取方法，将式（5-47）和式（5-48）代入式（5-46），然后在等式两边乘以 $(p-p_1)^m$，则有

$$(p-p_1)^m \frac{A(p)}{B(p)} = A_1 + (p-p_1)A_2 + \cdots + (p-p_1)^{m-1}A_m$$

$$+ \frac{A_{m+1}}{(p-p_{m+1})}(p-p_1)^m + \cdots + \frac{A_n}{(p-p_n)}(p-p_1)^m \tag{5-49}$$

令 $p \to p_1$，求得 $A_1 = \lim\limits_{p \to p_1} (p-p_1)^m \dfrac{A(p)}{B(p)}$。 $\tag{5-50}$

将式（5-49）对 p 求导，并令 $p \to p_1$，可求得

$$A_2 = \lim_{p \to p_1} \frac{\mathrm{d}}{\mathrm{d}p} \left[(p-p_1)^m \frac{A(p)}{B(p)} \right] \tag{5-51}$$

同理，逐次求导，并令 $p \to p_1$，可求得 A_3，A_4，$\cdots$，A_m。即

$$A_3 = \lim_{p \to p_1} \frac{1}{2!} \frac{\mathrm{d}^2}{\mathrm{d}p^2} \left[(p-p_1)^m \frac{A(p)}{B(p)} \right] \tag{5-52}$$

$$A_4 = \lim_{p \to p_1} \frac{1}{3!} \frac{\mathrm{d}^3}{\mathrm{d}p^3} \left[(p-p_1)^m \frac{A(p)}{B(p)} \right] \tag{5-53}$$

$$\cdots\cdots$$

$$A_m = \lim_{p \to p_1} \frac{1}{(m-1)!} \frac{\mathrm{d}^{m-1}}{\mathrm{d}p^{m-1}} \left[(p-p_1)^m \frac{A(p)}{B(p)} \right] \tag{5-54}$$

于是

$$\begin{aligned} F_1(p) &= \sum_{k=1}^{m} \frac{A_k}{(p-p_1)^{m-k+1}} \\ &= \sum_{k=1}^{m} \lim_{p \to p_1} \frac{1}{(k-1)!} \frac{\mathrm{d}^{k-1}}{\mathrm{d}p^{k-1}} \left[(p-p_1)^m \frac{A(p)}{B(p)} \right] \frac{1}{(p-p_1)^{m-k+1}} \end{aligned} \tag{5-55}$$

其逆变换为

$$\begin{aligned} L^{-1}[F_1(p)] &= \mathrm{e}^{p_1 t} \left[\frac{A_1 t^{m-1}}{(m-1)!} + \frac{A_2 t^{m-2}}{(m-2)!} + \cdots + A_m \right] \\ &= \mathrm{e}^{p_1 t} \sum_{k=1}^{m} \frac{A_k t^{m-k}}{(m-k)!} \end{aligned} \tag{5-56}$$

至此，问题解决了，原函数为

$$f(t) = L^{-1}[F(p)] = L^{-1}[F_1(p)] + L^{-1}[F_2(p)]$$

但式（5-56）的表述形式比较复杂，我们对它加以改造，以求一个简洁的表达式。

首先将式（5-56）改写如下

$$L^{-1}[F(p)] = \frac{1}{(m-1)!} \lim_{p \to p_1} e^{pt} \left\{ \frac{A(p)}{B(p)}(p-p_1)^m t^{m-1} + \right.$$

$$(m-1)t^{m-2}\frac{\mathrm{d}}{\mathrm{d}p}\left[(p-p_1)^m \frac{A(p)}{B(p)}\right] +$$

$$\frac{(m-1)(m-2)}{2!}t^{m-3}\frac{\mathrm{d}^2}{\mathrm{d}p^2}\left[(p-p_1)^m \frac{A(p)}{B(p)}\right] + \cdots +$$

$$\left. \frac{(m-1)!}{(m-1)!}\frac{\mathrm{d}^{m-1}}{\mathrm{d}p^{m-1}}\left[(p-p_1)^m \frac{A(p)}{B(p)}\right]\right\} \tag{5-57}$$

可以证明，式(5-57) 可以简明地表示为

$$L^{-1}[F(p)] = \frac{1}{(m-1)!} \lim_{p \to p_1} \frac{\mathrm{d}^{m-1}}{\mathrm{d}p^{m-1}}\left[(p-p_1)^m \frac{A(p)}{B(p)} e^{pt}\right] \tag{5-58}$$

通常将式(5-58) 称为海维塞德展开式的第二种形式，当然它与式(5-56)是完全等价的（证明略）。

【例 5-16】 求 $L^{-1}\left[\dfrac{p+3}{(p+2)^2}\right]$。

解：这里 $B(p)=(p+2)^2$ 有二阶零点 $p_{1,2}=-2$。引用式(5-58)有

$$L^{-1}\left[\frac{p+3}{(p+2)^2}\right] = \lim_{p \to -2}\frac{\mathrm{d}}{\mathrm{d}p}\left[(p+2)^2 \frac{p+3}{(p+2)^2}e^{pt}\right]$$

$$= \lim_{p \to -2}\left[e^{pt} + te^{pt}(p+3)\right]$$

$$= e^{-2t} + te^{-2t}$$

【例 5-17】 求 $L^{-1}\left[\dfrac{1-2p}{p^2(p-1)^2}\right]$。

解：这里 $B(p)$ 有两个二阶零点：$p_{1,2}=0, p_{3,4}=1$，由式(5-58)

$$L^{-1}\left[\frac{1-2p}{p^2(p-1)^2}\right] = \lim_{p \to 0}\frac{\mathrm{d}}{\mathrm{d}p}\left[p^2 \frac{1-2p}{p^2(p-1)^2}e^{pt}\right]$$

$$+ \lim_{p \to 1}\frac{\mathrm{d}}{\mathrm{d}p}\left[(p-1)^2 \frac{1-2p}{p^2(p-1)^2}e^{pt}\right]$$

$$= \lim_{p \to 0}\left[te^{pt}\frac{1-2p}{(p-1)^2} + e^{pt}\frac{2p^2-2p}{(p-1)^4}\right]$$

$$+ \lim_{p \to 1}\left[te^{pt}\frac{1-2p}{p^2} + e^{pt}\frac{2p^2-2p}{p^4}\right]$$

$$= t - te^t$$

除了运用部分分式法和海维塞德公式法求取逆变换外，还可以利用拉氏变换性质及一些基本函数的象函数特点灵活地进行逆变换。

【例 5-18】 求 $L^{-1}\left[\dfrac{2p+5}{p^2+4p+13}\right]$

解：因为 $L[\sin\omega t]=\dfrac{\omega}{p^2+\omega^2}, L[\cos\omega t]=\dfrac{p}{p^2+\omega^2}$，所以可以对此题进行分母配方成上述函数的象函数。即

$$L^{-1}\left[\frac{2p+5}{p^2+4p+13}\right] = L^{-1}\left[\frac{2(p+2)+1}{(p+2)^2+3^2}\right]$$

$$= L^{-1}\left[\frac{2(p+2)}{(p+2)^2+3^2}\right] + L^{-1}\left[\frac{1}{3}\cdot\frac{3}{(p+2)^2+3^2}\right]$$

$$= 2e^{-2t}\cos 3t + \frac{1}{3}e^{-2t}\sin 3t$$

5.2.4　卷积定理

利用卷积定理也可以求取拉氏逆变换，此外卷积定理还可用于求某些积分值，作线性系统分析等。

5.2.4.1　卷积概念

若已知函数 $f_1(t)$，$f_2(t)$，则积分

$$\int_{-\infty}^{+\infty} f_1(\tau) f_2(t-\tau) d\tau$$

称为函数 $f_1(t)$ 与 $f_2(t)$ 的卷积。记作 $f_1(t) * f_2(t)$

即

$$f_1(t) * f_2(t) = \int_{-\infty}^{+\infty} f_1(\tau) f_2(t-\tau) d\tau$$

如果 $f_1(t)$ 与 $f_2(t)$ 都满足条件

当 $t < 0$ 时，$f_1(t) = f_2(t) = 0$

则上式可写成

$$f_1(t) * f_2(t) = \int_{-\infty}^{+\infty} f_1(\tau) f_2(t-\tau) d\tau + \int_0^t f_1(\tau) f_2(t-\tau) d\tau +$$

$$\int_t^{\infty} f_1(\tau) f_2(t-\tau) d\tau = \int_0^t f_1(\tau) f_2(t-\tau) d\tau$$

由于拉氏变换的象函数只限在 $t \geqslant 0$ 有定义，所以它们的卷积都定义为

$$f_1(t) * f_2(t) = \int_0^t f_1(\tau) f_2(t-\tau) \, d\tau \tag{5-59}$$

显然　　　　　　$f_1(t) * f_2(t) = f_2(t) * f_1(t)$（卷积符合交换率） $\tag{5-60}$

同时　　$f_1(t) * [f_2(t) + f_3(t)] = f_1(t) * f_2(t) + f_1(t) * f_3(t)$（卷积符合分配率） $\tag{5-61}$

5.2.4.2　卷积定理

若 $f_1(t) f_2(t)$ 满足拉氏变换条件，且 $L[f_1(t)] = F_1(p)$，$L[f_2(t)] = F_2(p)$，则 $f_1(t) * f_2(t)$ 的拉氏变换一定存在，并可表述为

$$L[f_1(t) * f_2(t)] = F_1(p) \cdot F_2(p) \tag{5-62}$$

或　　　　　　　$L^{-1}[F_1(p) \cdot F_2(p)] = f_1(t) * f_2(t)$ $\tag{5-63}$

证明：由卷积定义知

$$L[f_1(t) * f_2(t)] = \int_0^{\infty} e^{-pt} \left[\int_0^t f_1(\tau) f_2(t-\tau) d\tau \right] dt \tag{5-64}$$

这可看成是 t-τ 平面上扇形域 S 上的一个二重积分，积分区域见图 5-7，假设 $f_1(t)$ 和 $f_2(t)$ 的增长指数分别是 c_1 和 c_2，不妨令 $c_1 > c_2$，于是

$$\left| \int_0^t f_1(\tau) f_2(t-\tau) d\tau \right| < M \left| \int_0^t e^{c_1 \tau} e^{c_1(t-\tau)} d\tau \right| = M t e^{c_1 t}$$

从而知其卷积的积分值不超过 $M t e^{c_1 t}$。所以由式（5-64）定义的积分是绝对收敛的，可以交换积分次序，式（5-64）变为

$$\int_0^{\infty} f_1(\tau) \left[\int_{\tau}^{\infty} e^{-pt} f_2(t-\tau) dt \right] d\tau$$

令　　　　　　$t_1 = t - \tau, \quad t = t_1 + \tau$

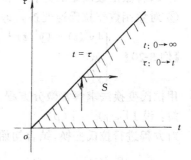

图 5-7　积分区域

则　　　　　　$\int_\tau^\infty e^{-pt} f_2(t-\tau)\mathrm{d}t = \int_0^\infty f_2(t_1)e^{-p(t_1+\tau)}\mathrm{d}t_1 = e^{-p\tau}F_2(p)$

所以　　　　　$L[f_1(t)*f_2(t)] = \int_0^\infty f_1(\tau)e^{-p\tau}F_2(p)\mathrm{d}\tau = F_2(p)\int_0^\infty f_1(\tau)e^{-p\tau}\mathrm{d}\tau$

$$= F_1(p) \cdot F_2(p) \quad [\text{证毕}]$$

【**例 5-19**】　利用卷积定理,求 $L^{-1}\left[\dfrac{p^2}{(p^2+1)^2}\right]$。

解:因为 $L^{-1}\left[\dfrac{p}{p^2+1}\right] = \cos t$

故　　$L^{-1}\left[\dfrac{p^2}{(p^2+1)^2}\right] = \int_0^t \cos\tau\cos(t-\tau)\mathrm{d}\tau$

$$= \frac{1}{2}\int_0^t [\cos t + \cos(2\tau-t)]\mathrm{d}\tau$$

$$= \frac{1}{2}\left[\tau\cos t + \frac{1}{2}\sin(2\tau-t)\right]_0^t$$

$$= \frac{1}{2}\left(t\cos t + \frac{1}{2}\sin t + \frac{1}{2}\sin t\right) = \frac{1}{2}(t\cos t + \sin t)$$

5.3　拉氏变换的应用

拉氏变换在工程实践上得到了广泛的应用,这里对各类问题使用方法通过例题进行介绍,重点放在求解常微分方程的初值问题上。

5.3.1　求解常微分方程

应用拉氏变换求解常微分方程,其步骤如图 5-8 所示,即

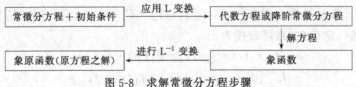

图 5-8　求解常微分方程步骤

① 对原微分方程进行拉氏变换,同时结合其初始条件。若原微分方程为常系数方程,则变换所得的是关于象函数的代数方程,若原方程是变系数方程,则一般说变换后得一关于象函数的降阶的常微分方程。

② 求解象函数满足的方程,得到象函数。

③ 对象函数作拉氏逆变换,即得原方程之解。

【**例 5-20**】　$\begin{cases} 4y''(t) - 4y'(t) + y(t) = 3\sin 2t \\ y(0) = 1 \\ y'(0) = -1 \end{cases}$

用拉氏变换法求解常微分方程。

解:设 $L[y(t)] = Y(p)$

对方程进行拉氏变换,结合初始条件,得

$$4[p^2 Y(p) - py(0) - y'(0)] - 4[pY(p) - y(0)] + Y(p) = 3 \cdot \frac{2}{p^2+4}$$

$$(4p^2-4p+1)Y(p)-4(p-2)=\frac{6}{p^2+4}$$

$$Y(p)=\frac{(p-2)(p^2+4)+\frac{3}{2}}{\left(p-\frac{1}{2}\right)^2(p^2+4)}=\frac{p^3-2p^2+4p-\frac{13}{2}}{\left(p-\frac{1}{2}\right)^2(p^2+4)} \tag{1}$$

令

$$Y(p)=\frac{A}{\left(p-\frac{1}{2}\right)}+\frac{B}{\left(p-\frac{1}{2}\right)^2}+\frac{Cp+D}{p^2+4} \tag{2}$$

对(2)式通分，并比较（1）、（2）两式分子部分，有

$$A\left(p-\frac{1}{2}\right)(p^2+4)+B(p^2+4)+Cp\left(p-\frac{1}{2}\right)^2+D\left(p-\frac{1}{2}\right)^2$$

$$=p^3-2p^2+4p-\frac{13}{2}$$

$$A\left(p^3-\frac{1}{2}p^2+4p-2\right)+B(p^2+4)+Cp\left(p^2-p+\frac{1}{4}\right)+D\left(p^2-p+\frac{1}{4}\right)$$

$$=p^3-2p^2+4p-\frac{13}{2}$$

比较上式等号两边 p 的同幂项系数得

$$\begin{cases} A+C=1 \\ -\dfrac{A}{2}+B-C+D=-2 \\ 4A+\dfrac{C}{4}-D=4 \\ -2A+4B+\dfrac{D}{4}=-\dfrac{13}{2} \end{cases}$$

求得

$$A=\frac{265}{289} \qquad B=-\frac{39}{34} \qquad C=\frac{24}{289} \qquad D=-\frac{90}{289}$$

所以

$$Y(p)=\frac{265}{289}\times\frac{1}{p-\frac{1}{2}}-\frac{39}{34}\times\frac{1}{\left(p-\frac{1}{2}\right)^2}+\frac{24}{289}\times\frac{p}{p^2+4}-\frac{45}{289}\times\frac{2}{p^2+4}$$

又因

$$\frac{\mathrm{d}}{\mathrm{d}p}\left[\frac{1}{p-\frac{1}{2}}\right]=\frac{-1}{\left(p-\frac{1}{2}\right)^2}$$

故

$$L^{-1}[Y(p)]=\frac{265}{289}\mathrm{e}^{\frac{1}{2}t}-\frac{39}{34}t\mathrm{e}^{\frac{1}{2}t}+\frac{24}{289}\cos 2t-\frac{45}{289}\sin 2t$$

【例 5-21】　求通过楔形翅片的传热问题之解，从翅片的表面往外散热时，翅片内的温度从根部到夹端越来越低。设管内流体温度为 T_b，环境温度为 T_a，翅片内部温度分布只沿 x 方向变化，在厚度方向的温度变化可以忽略。翅片导热系数为 K，表面传热系数为 h。

解：如图 5-9 中符号所示，作 x 至 $x+\mathrm{d}x$ 微段内的热量衡算，得

$$q_1=-2Ky\frac{\mathrm{d}T}{\mathrm{d}x}$$

$$q_2 = -2K\left(y + \frac{\mathrm{d}y}{\mathrm{d}x}\mathrm{d}x\right)\left(\frac{\mathrm{d}T}{\mathrm{d}x} + \frac{\mathrm{d}^2 T}{\mathrm{d}x^2}\mathrm{d}x\right)$$

$$q_3 = 2h\sec\theta\,\mathrm{d}x\,(T - T_a)$$

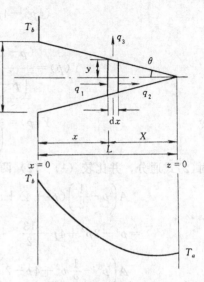

图 5-9　楔形翅片

式中 $2y$，$2\left(y + \frac{\mathrm{d}y}{\mathrm{d}x}\mathrm{d}x\right)$ 分别表示在 x 和 $x + \mathrm{d}x$ 处的翅片截面积，而 $2\sec\theta\,\mathrm{d}x$ 则表示在 $x \sim x + \mathrm{d}x$ 之间翅片的表面积。

由于 $q_1 = q_2 + q_3$，整理得

$$y\frac{\mathrm{d}^2 T}{\mathrm{d}x^2} + \frac{\mathrm{d}y}{\mathrm{d}x}\frac{\mathrm{d}T}{\mathrm{d}x} - \frac{h}{K}\sec\theta(T - T_a) = 0$$

设 $u = T - T_a$，则

$$y\frac{\mathrm{d}^2 u}{\mathrm{d}x^2} + \frac{\mathrm{d}y}{\mathrm{d}x}\frac{\mathrm{d}u}{\mathrm{d}x} - \frac{h}{K}(\sec\theta)u = 0$$

由于　　　$y = \left(\frac{L-x}{L}\right)\cdot\frac{w}{2}$　　　$\frac{\mathrm{d}y}{\mathrm{d}x} = -\frac{w}{2L}$

令 $L - x = X$　则 $\mathrm{d}X/\mathrm{d}x = -1$，于是

$$\frac{\mathrm{d}^2 u}{\mathrm{d}x^2} = \frac{\mathrm{d}^2 u}{\mathrm{d}X^2}，\quad \frac{\mathrm{d}u}{\mathrm{d}x} = -\frac{\mathrm{d}u}{\mathrm{d}X}$$

$$\frac{w}{2L}X\frac{\mathrm{d}^2 u}{\mathrm{d}X^2} + \frac{w}{2L}X\frac{\mathrm{d}u}{\mathrm{d}X} - \frac{h}{K}(\sec\theta)u = 0$$

或　　　　　　　　$X\frac{\mathrm{d}^2 u}{\mathrm{d}X^2} + \frac{\mathrm{d}u}{\mathrm{d}X} - \frac{2hL\sec\theta}{Kw}u = 0$　　　　　　　(1)

令　$c = \frac{2hL\sec\theta}{Kw}$，则上式改写为

$$X\frac{\mathrm{d}^2 u}{\mathrm{d}X^2} + \frac{\mathrm{d}u}{\mathrm{d}X} - cu = 0 \tag{2}$$

式(2)是一个零阶修正贝塞尔方程，它是一特殊的变系数常微分方程，可用级数解法求解（在第七章介绍）。这里用拉氏变换法求解。先确定方程 (2) 的边界条件。

当　　　　　　　　$X = 0$ 时，$T = T_a$，$u = 0$　　　　　　　　　(3)
当　　　　　　　　$X = L$ 时，$T = T_b$，$u = T_b - T_a$　　　　　　(4)

于是方程 (2)、(3)、(4) 构成一个变系数二阶常微分方程的两点边值问题。一般来说，拉氏变换法只适用于解常微初值问题，但由于问题的特殊性，这个边值问题也可用拉氏变换法求解。

设 $U(p) = L[u(X)]$，利用微分性质，式(5-16) 和式(5-17) 对式(2) 作拉氏变换，有

$$-\frac{\mathrm{d}}{\mathrm{d}p}[p^2 U(p) - pu(0) - u'(0)] + pU(p) - u(0) - cU(p) = 0 \tag{5}$$

$$-\left[p^2\frac{\mathrm{d}U}{\mathrm{d}p} + 2pU - u(0)\right] + pU - u(0) - cU = 0$$

$$\frac{\mathrm{d}U}{\mathrm{d}p} = -\frac{p+c}{p^2}U \tag{6}$$

分离变量并积分得式(6)解为

$$U(p) = \frac{A}{p}\mathrm{e}^{c/p}$$

查阅本书拉氏变换表（Ⅱ）第 31 条，可得

$$L^{-1}[U(p)]=u(X)=AI_0(2\sqrt{cX}) \tag{7}$$

上式 $I_0(2\sqrt{cX})$ 为零阶修正贝塞尔函数，它是一种特殊函数，其函数值可以从数学手册中贝塞尔函数表中查找。A 为常数，由边界条件（4）确定

$$A=\frac{T_b-T_a}{I_0(2\sqrt{cL})}$$

于是

$$u(X)=\frac{T_b-T_a}{I_0(2\sqrt{cL})}I_0(2\sqrt{cX})$$

返回原变量 x，则

$$u(x)=\frac{T_b-T_a}{I_0(2\sqrt{cL})}I_0(2\sqrt{c(L-x)})$$

返回原函数 $T(x)$

$$T(x)=\frac{T_b-T_a}{I_0(2\sqrt{cL})}I_0(2\sqrt{c(L-x)})+T_a$$

这个例题说明，对于一个变系数二阶线性常微分方程进行拉氏变换，可以得到一个一阶常微分方程，从而使求解过程简单些。

【例 5-22】 解常微分方程组

$$\begin{cases} x'(t)+3x(t)-4y(t)=\cos t & (1) \\ y'(t)+2x(t)-3y(t)=t & (2) \end{cases}$$

$$x(0)=0,\quad y(0)=1$$

解：设 $\qquad L[x(t)]=X(p),\quad L[y(t)]=Y(p)$

对方程组进行拉氏变换，得

$$\begin{cases} pX(p)+3X(p)-4Y(p)=\dfrac{p}{p^2+1} \\ pY(p)-1-3Y(p)+2X(p)=\dfrac{1}{p^2} \end{cases}$$

化简有

$$\begin{cases} (p+3)X(p)-4Y(p)=\dfrac{p}{p^2+1} & (3) \\ (p-3)Y(p)+2X(p)=\dfrac{p^2+1}{p^2} & (4) \end{cases}$$

式(3)乘 $(p-3)/4$ 与式(4)相加，消去 $Y(p)$，得

$$X(p)=\frac{p(p-3)}{(p^2+1)(p^2-1)}+\frac{4(p^2+1)}{p^2(p^2-1)} \tag{5}$$

设 $\qquad X(p)=\dfrac{A}{p}+\dfrac{B}{p^2}+\dfrac{C}{p-1}+\dfrac{D}{p+1}+\dfrac{Ep+F}{p_2+1}$ $\qquad (6)$

对 (5)、(6) 式各自通分后，比较分子部分，有

$$Ap(p^2+1)(p^2-1)+B(p^2+1)(p^2-1)+Cp^2(p^2+1)(p+1)+$$

$$Dp^2(p^2+1)(p-1)+(Ep+F)(p^2-1)p^2=5p^4-3p^3+8p^2+4 \tag{7}$$

令

$$p=0 \qquad B=-4$$

$$p=1 \qquad C=\frac{7}{2}$$

$$p=-1 \qquad D=-5$$

$$p=i \qquad 2(Ei+F)=1+3i$$

$$E=\frac{3}{2}, \quad F=\frac{1}{2}$$

又由（7）式知，等号左端有 Ap^5，而右端 p^5 系数为零，知 $A=0$。
于是

$$X(p)=-\frac{4}{p^2}+\frac{7}{2}\times\frac{1}{p-1}-\frac{5}{p+1}+\frac{3}{2}\times\frac{p}{p^2+1}+\frac{1}{2}\times\frac{1}{p^2+1}$$

故

$$L^{-1}[X(p)]=x(t)=-4t+\frac{7}{2}e^t-5e^{-t}+\frac{3}{2}\cos t+\frac{1}{2}\sin t$$

求取 $y(t)$ 有三种途径：① 由（3）、（4）式消去 $X(p)$，解出 $Y(p)$，再对其求逆；② 将 $x(t)$ 代入（1）式解出 $y(t)$；③ 将 $x(t)$ 代入（2）式解出 $y(t)$，这一方法最不理想，因为还需求解一个微分方程。无论用什么方法均可解得

$$y(t)=\frac{7}{2}e^t-\frac{5}{2}e^{-t}+\cos t-3t-1$$

下面再举两个化工应用实例。

连续搅拌反应罐（CSTR）的清洗。

假设反应罐容积为 V，$t<0$ 时进料盐溶液浓度为 $C_i(t)=C_0$，进料流率为 q，假定反应器是完全混合的，即罐内浓度均匀混合等于 CSTR 出口浓度 $C(t)$；出口流率等于进口流率 q；罐内无反应（图 5-10）。现在将进口浓度 $C_i(t)$ 分以下三种情况加以讨论。

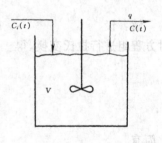
图 5-10　CSTR 的清洗

① 在 $t=0$ 时，进料为纯溶剂（无盐）$C_i(t)=0$，试分析从 CSTR 流出的盐溶液浓度将如何随时间变化，即出口盐溶液浓度与时间 t 的函数关系（$t>0$）。

显然，可以推测：因为从 $t=0$ 开始，不再有盐溶液加入CSTR 中去，所以出口浓度将从初始浓度 C_0 下降至 0，下降的速率取决于罐内留存的溶液量 V 及清洗溶剂的速率 q。对 CSTR 进行物料衡算，有

$$qC_i(t)=qC(t)+V\frac{dC(t)}{dt} \qquad (t>0) \tag{1}$$
$$\text{（输入）}\qquad\text{（输出）}\qquad\text{（积累）}$$

现在 $C_i(t)=0$，且令 $q/V=a$，则（1）式简化为

$$\frac{dC(t)}{dt}+aC(t)=0 \tag{2}$$

初始条件

$$t=0, \quad C(t)=C_0 \tag{3}$$

对方程（2）进行拉氏变换。

设 $L[C(t)]=\overline{C}(p)$，则得

$$p\overline{C}(p)-C_0+a\overline{C}(p)=0$$

$$\overline{C}(p)=\frac{C_0}{p+a} \tag{4}$$

对(4)式进行 L^{-1} 变换

$$C(t)=L^{-1}[\overline{C}(p)]=C_0 e^{-at} \tag{5}$$

即出口盐溶液浓度随时间指数下降,下降速率取决于 $a=q/V$ (时间常数)。

② 设清洗溶液为恒定,即 $C_i(t)=C_1(t>0)$,则可得类似的物料平衡式

$$\frac{dC(t)}{dt}+aC(t)=aC_1 \tag{6}$$

$$p\overline{C}(p)-C_0+a\overline{C}(p)=\frac{aC_1}{p}$$

$$\overline{C}(p)=\frac{aC_1}{p(p+a)}+\frac{C_0}{p+a} \tag{7}$$

$$C(t)=L^{-1}[\overline{C}(p)]=C_1(1-e^{-at})+C_0 e^{-at} \tag{8}$$

③ 现在考虑进料溶液浓度为一随时间变化的任意函数 $C_i(t)(t>0)$,于是物料平衡式为

$$\frac{dC(t)}{dt}+aC(t)=aC_i(t) \tag{9}$$

$$p\overline{C}(p)-C_0+a\overline{C}(p)=a\overline{C}_i p$$

$$\overline{C}(p)=\frac{a\overline{C}_i(p)}{p+a}+\frac{C_0}{p+a} \tag{10}$$

这里 $\overline{C}_i(p)=L[C_i(t)]$。

设 $\dfrac{a}{p+a}\overline{C}_i(p)=F_1(p)\cdot F_2(p)$

$$L^{-1}[F_1(p)]=ae^{-at},\quad L^{-1}[F_2(p)]=C_i(t)$$

由卷积定理

$$C(t)=a\int_0^t C_i(t-\tau)e^{-at}d\tau+C_0 e^{-at}$$

【例 5-23】 在间歇式搅拌反应器内,进行下列液相恒容连串反应

$$A\xrightarrow{k_1}B\xrightarrow{k_2}C\xrightarrow{k_3}D$$

其中每一步均为一级反应,且在恒容下进行。k_1,k_2,k_3 分别为每一步的反应速率常数。有效容积为 V。设反应器内溶液初始浓度为 C_{A0} (A组分的初始浓度),试确定各组分浓度随反应时间 t 的变化规律。

解:设各组分在时刻 t 的浓度分别为 $C_A(t),C_B(t),C_C(t),C_D(t)$ $(t>0)$,建立一级反应速率方程组。

$$\begin{cases} -\dfrac{dC_A}{dt}=k_1 C_A \\ \dfrac{dC_B}{dt}=k_1 C_A-k_2 C_B \\ \dfrac{dC_C}{dt}=k_2 C_B-k_3 C_C \\ \dfrac{dC_D}{dt}=k_3 C_C \end{cases} \tag{1}$$

初始条件 $\qquad C_A(0)=C_{A0}, \quad C_B(0)=C_C(0)=C_D(0)=0 \qquad$ (2)

对方程组(1)作拉氏变换,得

$$
\begin{cases}
-(p\,\overline{C}_A(p)-C_{A0})=k_1\,\overline{C}_A(p) \\
p\,\overline{C}_B(p)=k\,\overline{C}_A(p)-k_2\,\overline{C}_B(p) \\
p\,\overline{C}_C(p)=k_2\,\overline{C}_B(p)-k_3\,\overline{C}_C(p) \\
p\,\overline{C}_D(p)=k_3\,\overline{C}_C
\end{cases}
\tag{3}
$$

容易求出

$$
\overline{C}_A(p)=\frac{C_{A0}}{p+k_1} \qquad \overline{C}_C(p)=\frac{C_{A0}k_1k_2}{(p+k_1)(p+k_2)(p+k_3)}
$$

$$
\overline{C}_B(p)=\frac{C_{A0}k_1}{(p+k_1)(p+k_2)} \qquad \overline{C}_D(p)=\frac{C_{A0}k_1k_2k_3}{(p+k_1)(p+k_2)(p+k_3)p}
$$

容易求得上式的各项逆变换。首先

$$
C_A(t)=L^{-1}[\overline{C}_A(p)]=C_{A0}\,\mathrm{e}^{-k_1t}
$$

查阅拉氏变换表（Ⅱ）中 (1)、(3) 条得

$$
C_B(t)=L^{-1}[\overline{C}_B(p)]=\frac{C_{A0}k_1}{k_2-k_1}(\mathrm{e}^{-k_1t}-\mathrm{e}^{-k_2t}) \quad (k_1\ne k_2)
$$

$$
C_C(t)=-C_{A0}k_1k_2\,\frac{(k_3-k_2)\mathrm{e}^{-k_1t}+(k_1-k_3)\mathrm{e}^{-k_2t}+(k_2-k_1)\mathrm{e}^{-k_3t}}{(k_2-k_1)(k_3-k_2)(k_1-k_3)}
$$

由式(3)解出 $\qquad\qquad \overline{C}_D(p)=k_3\,\dfrac{\overline{C}_C(p)}{p}$

由积分性质得

$$
C_D(t)=L^{-1}\left[k_3\,\frac{\overline{C}_C(p)}{p}\right]=k_3\int_0^t C_C(\tau)\,\mathrm{d}\tau
$$

$$
=\frac{-C_{A0}k_1k_2k_3}{(k_2-k_1)(k_3-k_2)(k_1-k_3)}\int_0^t\left[(k_3-k_2)\mathrm{e}^{-k_1\tau}+(k_1-k_3)\mathrm{e}^{-k_2\tau}+(k_2-k_1)\mathrm{e}^{-k_3\tau}\right]\mathrm{d}\tau
$$

$$
=\frac{C_{A0}k_2k_3}{(k_2-k_1)(k_1-k_3)}(\mathrm{e}^{-k_1t}-1)+\frac{C_{A0}k_1k_3}{(k_2-k_1)(k_3-k_2)}(\mathrm{e}^{-k_2t}-1)+\frac{C_{A0}k_1k_2}{(k_1-k_3)(k_3-k_2)}(\mathrm{e}^{-k_3t}-1)
$$

5.3.2　求解线性差分方程

【例 5-24】 求解下列一阶差分方程

$$
\begin{cases}
y(t)-ay(t-h)=g(t)u(t) & (1) \\
y(t)=0 \quad \text{当 } t<时 & (2)
\end{cases}
$$

其中 a 为常数,$h>0$ 为步长,$g(t)u(t)$ 是已知函数,由边界条件可知当 $t<h$ 时,$y(t-h)=0$。故对它作拉氏变换时,可使用延迟性质式(5-24)。

解：设 $L[y(t)]=Y(p)$,$L[g(t)]=G(p)$,则对方程(1)作拉氏变换,有

$$
Y(p)-a\mathrm{e}^{-hp}Y(p)=G(p)
$$

$$
Y(p)=G(p)\frac{1}{1-a\mathrm{e}^{-hp}}
$$

只要取 p 足够大,可使 $|a\mathrm{e}^{-hp}|<1$,于是

$$\frac{1}{1-a\mathrm{e}^{-hp}}=1+a\mathrm{e}^{-hp}+a^2\mathrm{e}^{-2hp}+a^3\mathrm{e}^{-3hp}+\cdots$$

$$=1+\sum_{k=1}^{\infty}a^k\mathrm{e}^{-khp}$$

$$Y(p)=G(p)+\sum_{k=1}^{\infty}a^k\mathrm{e}^{-khp}G(p) \tag{3}$$

由延迟性质知

$$L^{-1}\left[\mathrm{e}^{-khp}G(p)\right]=g(t-kh)u(t-kh)$$

这里 $g(t-kh)$ 当 $t<kh$ 时为零。对式(3) 作拉氏逆变换，得到

$$y(t)=g(t)+\sum_{k=1}^{\infty}a^kg(t-kh)$$

或　　　　　　$y(t)=g(t)+ag(t-h)+a^2g(t-2h)+\cdots+a^mg(t-mh)+\cdots$

如果 $g(t)=C>0$ 　$(t>0)$，又 $a=-1$，则 $y(t)$ 就是周期为 $2h$ 的方波，如图 5-11 所示。

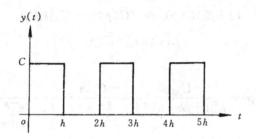

图 5-11　周期方波

【例 5-25】　在一多级（不妨设为 n 级）串联的理想混合反应器中，连续恒温地进行恒容一级反应

$$\mathrm{A}\xrightarrow{k}\mathrm{B} \tag{1}$$

其中 k 为反应速率常数。设进料流率为 q。进料溶液只含物质 A，其浓度为 C_{A0}。试求系统达到稳定后，各级反应器内 A 物质的浓度（如图 5-12）。

解：设各级反应器有效容积均为 V。取级的顺序号 n 为自变量，$C_{\mathrm{A}}(n)$ 表示第 n 级反应器中 A 物料的浓度。对图 5-12 所示第 n 级反应器中 A 物料作物料衡算，有

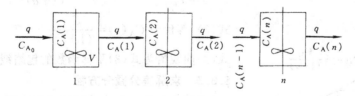

图 5-12　多级串联反应器

$$\underset{\text{(输入)}}{qC_{\mathrm{A}}(n-1)}=\underset{\text{(反应转化)}}{VkC_{\mathrm{A}}(n)}+\underset{\text{(输出)}}{qC_{\mathrm{A}}n} \tag{2}$$

令 $V/q=\beta$，(2)式改写为

$$(1+\beta k)C_{\mathrm{A}}(n)-C_{\mathrm{A}}(n-1)=0 \tag{3}$$

式(3) 为与例 5-24 中式(1) 相似的一阶常系数线性差分方程。其边界条件 $C_A(n)=C_{A0}$ (当 $n \leqslant 0$)，这可看作进入反应器前原料缸中 A 的浓度为 C_{A0}。

因为当 $n < 1$ 时， $C_A(n-1) \neq 0$，所以对式(3) 作拉氏变换时不能使用延迟性质。于是作如下变换

令
$$C(n)=C_A(n)-C_{A0}$$

则
$$C(n-1)=C_A(n-1)-C_{A0}$$

$$C(n-1)=\begin{cases} C_{A0}-C_{A0}=0 & n<1 \\ C_A(n-1)-C_{A0} & n>1 \end{cases}$$

由此方程(3)改造为

$$(1+\beta h)C(n)-C(n-1)=-C_{A0}\beta k \tag{4}$$

并有
$$C(n)=0 \quad 当 n \leqslant 0$$

及
$$C(n-1)=0 \quad 当 n \leqslant 1$$

现在对方程(4)进行拉氏变换并使用延迟性质,有

$$(1+\beta k)\overline{C}(p)-e^{-p}\overline{C}(p)=-C_{A0}k\beta/p \tag{5}$$

这里
$$L[C(n)]=\overline{C}(p)$$

由式(5)解得

$$\overline{C}(p)=\frac{-C_{A0}\beta k}{p[1+\beta k-e^{-p}]}=\frac{-C_{A0}\alpha}{1+\alpha}\times\frac{1}{p\left(1-\dfrac{e^{-p}}{1+\alpha}\right)} \tag{6}$$

式中 $\alpha=\beta k$, 当 $Re(p)>0$ 时 $\left|\dfrac{e^{-p}}{1+\alpha}\right|<1$

故
$$\frac{1}{1-\dfrac{e^{-p}}{1+\alpha}}=\left[1+\frac{e^{-p}}{1+\alpha}+\frac{e^{-2p}}{(1+\alpha)^2}+\cdots\right]$$

$$\overline{C}(p)=\frac{C_{A0}\alpha}{1+\alpha}\left[\frac{1}{p}+\frac{1}{p}\times\frac{e^{-p}}{1+\alpha}+\frac{1}{p}\frac{e^{-2p}}{(1+\alpha)^2}+\cdots\right] \tag{7}$$

$$C(n)=L^{-1}[\overline{C}(p)]=-\frac{C_{A0}\alpha}{1+\alpha}\left[u(n)+\frac{u(n-1)}{1+\alpha}+\frac{u(n-2)}{(1+\alpha)^2}+\cdots\right]$$

返回原函数

$$C_A(n)=C(n)+C_{A0}=C_{A0}-\frac{C_{A0}\alpha}{1+\alpha}\left[u(n)+\frac{u(n-1)}{1+\alpha}+\frac{u(n-2)}{(1+\alpha)^2}+\cdots\right] \tag{8}$$

式(8) 等价于 $C_A(n)=\dfrac{C_{A0}}{(1+\alpha)^n}$ \qquad (9)

式(9)曲线恰为式(8)阶梯函数的包络线。如图 5-13。

5.3.3 求解差分微分方程

【例 5-26】 几个连续搅拌缸串联在一起，每个缸体积均为 V，开始时各缸溶液浓度均为零。开工时将浓度为 C_0 的溶液以流率 q 打入第一缸，每一缸以等流率 q 溢流到下一缸。试导出最后一缸流出溶液浓度随时间变化的函数关系。如图 5-14。

解：对第 n 缸作物料平衡有

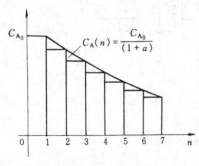

图 5-13 阶梯函数的包络线

$$qC_{n-1}(t)=qC_n(t)+V\frac{\mathrm{d}C_n(t)}{\mathrm{d}t} \tag{1}$$

（输入）　　　（输出）　　　（积累）

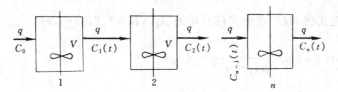

图 5-14　串联搅拌罐

其初始条件和边界条件为

$$C_n(t)=0 \quad (t=0) \tag{2}$$
$$C_n(t)=C_0 \quad (n=0) \tag{3}$$

方程(1)为一个差分微分方程,也可用拉氏变换求解。设 $L[C_0(t)]=\overline{C}_n(p)$,令 $\beta=V/q$,对式(1)作拉氏变换,并结合式(2),得

$$\overline{C}_{n-1}(p)=\overline{C}_n(p)+\beta[p\,\overline{C}_n(p)-0]$$

$$\overline{C}_n(p)=\frac{\overline{C}_{n-1}(p)}{1+\beta p} \tag{4}$$

对式(3)作拉氏变换,有

$$\overline{C}_n(p)=\frac{C_n}{p} \quad (n=0) \tag{5}$$

方程(4)是差分方程,可以从 $\overline{C}_0(p)$ 出发,令 $n=1,2,\cdots,n$,逐级求取

$$\overline{C}_n(p) \quad n=1 \quad \overline{C}_1(p)=\frac{\overline{C}_0(p)}{1+\beta p}=\frac{C_0}{p}\times\frac{1}{1+\beta p}$$

$$n=2 \quad \overline{C}_2(p)=\frac{\overline{C}_1(p)}{1+\beta p}=\frac{C_0}{p}\times\frac{1}{(1+\beta p)^2} \tag{6}$$

$$\cdots$$

$$n=n \quad \overline{C}_n(p)=\frac{C_0}{p}\cdot\frac{1}{(1+\beta p)^n}$$

为了求取 $L^{-1}[\overline{C}_n(p)]$,先将上式作一改写。

令

$$\alpha=\frac{1}{\beta}=q/V$$

$$\overline{C}_n(p)=\frac{C_0\alpha^n}{p(p+\alpha)^n} \tag{7}$$

利用海维塞德展开式

$$\overline{C}_n(p)=\frac{A(p)}{B(p)}=\frac{C_0\alpha^n}{p(p+\alpha)^n}$$

$B(p)$ 有一个 $p=0$ 的单零点和 $p=-a$ 的 n 重零点,由式(5-44)及式(5-45),

$$C_n(t)=L^{-1}[\overline{C}_n(p)]=\frac{A(p)}{B'(p)}\mathrm{e}^{pt}\Big|_{p=0}+\mathrm{e}^{pt}\sum_{k=1}^{n}\frac{A_kt^{n-k}}{(n-k)!}\Big|_{p=-\alpha} \tag{8}$$

上式第一项

$$\frac{A(p)}{B'(p)} e^{pt} \Big|_{p=0} = \frac{C_0 \alpha^n e^{pt}}{(p+\alpha)^n + np(p+\alpha)^{n-1}} \Big|_{p=0} = C_0$$

用式(5-50)至式(5-54)求取式(8)中的 A_k $(K=1,2,3,\cdots,n)$

$$A_1 = \lim_{p \to -\alpha} (p+\alpha)^n \frac{C_0 \alpha^n}{p(p+\alpha)^n} = -C_0 \alpha^{n-1}$$

$$A_2 = \lim_{p \to -\alpha} \frac{d}{dp} \left[(p+\alpha)^n \frac{C_0 \alpha^n}{p(p+\alpha)^n} \right] = -C_0 \alpha^{n-2}$$

$$A_3 = \lim_{p \to -\alpha} \frac{1}{2!} \frac{d^2}{dp^2} \left[(p+\alpha)^n \frac{C_0 \alpha^n}{p(p+\alpha)^n} \right] = \lim_{p \to -\alpha} \frac{C_0 \alpha^n}{2} \times (\alpha p^{-3}) = -C_0 \alpha^{n-3}$$

$$\cdots\cdots\cdots\cdots$$

$$A_{n-1} = -C_0 \alpha$$
$$A_n = -C_0$$

于是

$$e^{pt} \sum_{k=1}^{n} \frac{A_k t^{n-k}}{(n-k)!} \Big|_{p=-\alpha} = -C_0 e^{-\alpha t} \left[\frac{(\alpha t)^{n-1}}{(n-1)!} + \frac{(\alpha t)^{n-2}}{(n-2)!} + \cdots + \frac{(\alpha t)^2}{2!} + \alpha t + 1 \right]$$

最后将 $\alpha = q/V$ 代入

$$C_n(t) = C_0 - C_0 e^{-qt/V} \left[1 + \frac{qt}{V} + \frac{(qt/V)^2}{2!} + \cdots + \frac{(qt/V)^{n-1}}{(n-1)!} \right]$$

5.3.4　求解积分方程

【例 5-27】 求解积分方程 $y(t) = at + \int_0^t \sin(t-\tau) y(\tau) d\tau$

解：此方程可改写为

$$y(t) = at + \sin t * y(t)$$

对其作拉氏变换得

$$Y(p) = \frac{a}{p^2} + \frac{1}{p^2+1} Y(p)$$

$$Y(p) = a \left(\frac{1}{p^2} + \frac{1}{p^4} \right)$$

从而

$$y(t) = L^{-1}[Y(p)] = a \left(t + \frac{t^3}{6} \right)$$

【例 5-28】 求解积分方程

$$f(t) = e^{-t} - 2 \int_0^t \cos(t-\tau) f(\tau) d\tau$$

解：

$$F(p) = \frac{1}{p+1} - 2 \frac{p}{p^2+1} \times F(p)$$

$$F(p) = \frac{p^2+1}{(p+1)^3} = \frac{1}{p+1} - \frac{2}{(p+1)^2} + \frac{2}{(p+1)^3}$$

$$f(t) = L^{-1}[F(p)] = (1-t)^2 e^{-t}$$

习 题

1. 求下列函数的拉氏变换(其中 $a,b,n,\pi,\omega,\theta,T$ 均为常数)。

(1) $(a+bt)^2$

(2) $\sin\left(\dfrac{2n\pi}{T}t\right)$

(3) $\cos(\omega t+\theta)$

(4) $\sin^2 t$

(5) $\cosh^2 3t$

(6) $\exp(at+b)$

(7) $f(t)=\begin{cases}\sin t & 0\leqslant t\leqslant\pi \\ 3 & t\geqslant\pi\end{cases}$

(8) $g(t)=\begin{cases}t & 0<t\leqslant 2 \\ 4-t & 2\leqslant t<4\end{cases}$

(9) $\dfrac{t}{2a}\sin at$

(10) $\dfrac{e^{at}}{\sqrt{t}}$

(11) $\cosh at\cos at$

(12) $\sinh at\cos at$

(13) $t^2\cosh at$

(14) $\dfrac{1}{t}(1-\cos at)$

(15) $\dfrac{1}{t}[1-\exp(-t)]$

2. 利用拉氏逆变换的微分性质求下列函数的拉氏变换。

(1) $f(t)=te^{-3t}\sin 2t$

(2) $f(t)=t\displaystyle\int_0^t e^{-3\tau}\sin 2\tau d\tau$

3. n 阶拉盖尔（Laguerre）多项式由下式定义

$$L_n(t)=e^t\frac{d^n}{dt^n}(t^n e^{-t})$$

求证

$$L[L_n(t)]=\frac{n!}{p}\left(\frac{p-1}{p}\right)^n$$

4. 求下列函数的拉氏逆变换。

(1) $\dfrac{1}{p^4}$ (2) $\dfrac{1}{p^2+25}$ (3) $\dfrac{4}{(p+1)(p+2)}$ (4) $\dfrac{p+3}{(p+1)(p-3)}$ (5) $\dfrac{p^2+2a^2}{(p^2+a^2)^2}$

(6) $\dfrac{p^2+2p-1}{p(p-1)^2}$

5. 证明 $$L^{-1}\left[\frac{1}{(p^2+\omega^2)^2}\right]=\frac{1}{2\omega^3}[\sin\omega t-\omega t\cos\omega t]$$

6. 求阶跃、脉冲和周期函数的拉氏变换及逆变换。

(1) $tu(t-2)$

(2) $\dfrac{e^{-ap}}{p^2}$

(3)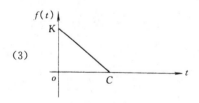

(4)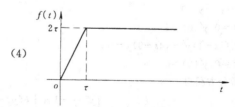

(5)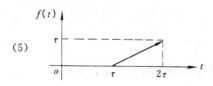

(6)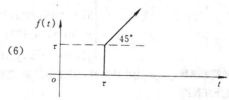

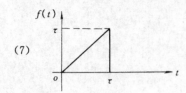

(7)

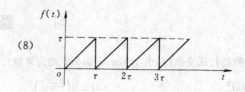

(8)

(9) $F(p) = \dfrac{p e^{-p\pi}}{(p^2+4)}$,求 $f(t)$,并画出图形。

7. 求下列函数的卷积

(1) $1 * 1$

(2) $t * e^{at}$

(3) $t^m * t^n$

(4) $\sin t * \cos t$

(5) $t * \sinh t$

(6) $\sin kt * \sin kt$

(7) $\sinh at * \sinh at$

(8) $u(t-a) * f(t)$

(9) $\delta(t-a) * f(t)$

(10) $\cos t * \cos t$

8. 利用卷积定理求逆变换

(1) $\dfrac{1}{(p-1)^2}$

(2) $\dfrac{1}{p^2(p-a)}$

(3) $\dfrac{1}{p^2(p^2+q)}$

(4) $\dfrac{1}{(p^2+\omega^2)^2}$

(5) $\dfrac{p^2}{(p^2+4)^2}$

(6) $\dfrac{p^2-\omega^2}{(p^2+\omega^2)^2}$

9. 利用卷积定理证明

$L^{-1}\left[\dfrac{1}{\sqrt{p}(p-1)}\right] = \dfrac{2}{\sqrt{\pi}} e^t \displaystyle\int_0^{\sqrt{t}} e^{-\tau^2} d\tau$ 并求 $L^{-1}\left[\dfrac{1}{p\sqrt{p+1}}\right]$。

10. 利用卷积定理解微分方程

(1) $y'' + y = \sin 3t \qquad y(0)=0, y'(0)=0$

(2) $y'' + 2y = v(t)$

$v(t) = \begin{cases} 1 & 0<t<1 \\ 0 & t>1 \end{cases} \quad y(0)=0, y'(0)=0$

(3) $y^{(4)}(t) + 2y''(t) + y(t) = \sin t$

$y(0)=y'(0)=y''(0)=y'''(0)=0$

11. 解下列常微分方程初值问题

(1) $y'' + 4y = \sin t + u(t-\pi)\sin(t-\pi)$

$y(0)=1, y'(0)=0$

(2) $y'' + 3y' - 4y = 3\exp x$

$y(0)=0.2, y'(0)=-0.2$

(3) $ty'' - ty' - y = 0$

$y(0)=0, y'(0)=1$

(4) $ty'' + (3t-1)y' - (4t+9)y = 0$

$y(0)=0, y'(0)=0$

12. 解下列微分方程组

$$\begin{cases} y_1' = -ky_1 + k(y_2-y_1) \\ y_2' = -k(y_2-y_1) - ky_2 \\ y_1(0)=1, y_2(0)=1 \\ y_1'(0)=\sqrt{3k}, y_2'(0)=-\sqrt{3k} \end{cases}$$

k 是三个弹簧的模数,y_1, y_2 为小球离静止位置的位移,忽略弹簧质量和阻尼作用,如习题 12 图所示。

13. 解下列微分方程组

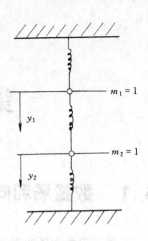

$$\begin{cases} x'-y+z=0 & x(0)=1 \\ y'-x-z=-\exp t & y(0)=2 \\ z'-x-y=\exp t & z(0)=3 \end{cases}$$

14. 解积分方程

$$y(t)=\sin 2t+\int_0^t y(\tau)\sin 2(t-\tau)\,d\tau$$

15. 解积分微分方程

$$\begin{cases} y'+a^2\int_0^t y(u)\,du=a \\ y(0)=0 \end{cases}$$

16. 解线性差分方程

$$3y_n-4y_{n-1}+y_{n-2}=n \quad (当\ n<0\ 时,y_n=0)$$

17. 解微分—差分方程

$$y'(n)+y(n-1)=n^2 \quad (y(n)_{n<0}=0)$$

习题 12 图

第六章 场论初步

6.1 数量场和向量场

化学工程中在研究温度、压力、浓度、流速、应力等物理量在空间的分布及变化规律时，要用到"场"的数学方法。即所谓"场论"。具体地说，若空间某个域内每一点都对应有一个或几个确定值的物理量，这些量值可表示为空间点位置的连续函数，则称此空间域为场。根据物理量的性质，可分为数量场和向量场。

6.1.1 数量场

在容器、塔板或反应罐中，某 M 点的温度、压力、密度、浓度仅仅取决于 M 点的位置，而与方向无关，因此称这些量为数量（纯量）。以温度为例，它可表示 M 点位置的函数，当然与坐标系选取无关，用 $T(M)$ 表示。$T(M)$ 称为数性点函数。抽象到数学上定义空间区域 D 上每一点 M 对应一个数性点函数 $\varphi(M)$，此函数在空间域 D 上就构成一个数量场（或标量场）。显然温度场 $T(M)$，压力场 $P(M)$，密度场 $\rho(M)$，浓度场 $C(M)$ 都是数量场。在直角坐标系中数量场 $\varphi(M)$，可表示为 $\varphi(x,y,z)$。x,y,z 即为 M 的坐标位置。

6.1.2 向量场

管道内流体速度、加速度、流体内部剪应力、塔板上热流速率、传质速率等都是向量（矢量）。如流动液体所占空间的每一点 M，都有一确定的流速 $\bar{v}(M)$，它仅与该点的位置有关，与所在空间坐标系无关。$\bar{v}(M)$ 称为矢量点函数。数学上定义空间区域 D 上每一点 M 对应一个矢量函数值 $\bar{R}(M)$，函数 $\bar{R}$ 在空间区域 D 上就构成一个向量场（矢量场）。当然应力场、速度场、电磁场等都是向量场。

无论数量场或向量场，场内定义的函数都可以随时间变化，于是数量场可表示为 $\varphi = \varphi(M, t)$，向量场可表示为 $\bar{R} = \bar{R}(M, t)$。

例如以角速度 $\bar{\omega} = \bar{\omega}k$ 绕 z 轴旋转的物体 B，其各点的线速度向量 $\bar{v}(M)$ 形成一速度场，见图 6-1，即

$$\bar{v}(M) = \bar{v}(x,y,z) = \bar{\omega}x(x\bar{i} + y\bar{j} + z\bar{k})$$

其中 x,y,z 为 B 上任一点 M 的坐标。如 M 点的位置用矢径 $\bar{r} = x\bar{i} + y\bar{j} + z\bar{k}$ 表示（见图 6-1 中的 $\overline{oM}$）。则

$$\bar{v}(x,y,z) = \bar{\omega} \times \bar{r}$$

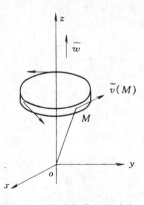

图 6-1 旋转物体的速度场

$$\bar{v} = \begin{vmatrix} \bar{i} & \bar{j} & \bar{k} \\ 0 & 0 & \omega \\ x & y & z \end{vmatrix} = \omega(-y\bar{i} + x\bar{j})$$

6.2 向量的导数

在讨论流速、热流速度、反应速率等向量在时间和空间中的变化率时，要计算向量的导数，本节讨论这些变化率的计算方法。

6.2.1 向量对于一个纯量的导数

假设流速向量 $\bar{v}$ 随时间 t 发生变化，这里自变量 t 是一个纯量。即 $\bar{v} = \bar{v}(t)$，$\bar{v}$ 称为矢函数，当 t 变化一个增量 δt 时，$\bar{v}$ 也相应变化一个增量 $\delta \bar{v}$，$\delta \bar{v}$ 也是一个向量，它并不需要与 $\bar{v}$ 取同一方向，当 δt 趋近于零时，比值 $\dfrac{\delta \bar{v}}{\delta t}$ 趋于一极限值，此极限即为 $\bar{v}$ 对 t 的导数，记作

$$\frac{\mathrm{d}\bar{v}(t)}{\mathrm{d}t} = \lim_{\delta t \to 0} \frac{\bar{v}(t+\delta t) - \bar{v}(t)}{\delta t} \tag{6-1}$$

在直角坐标系中，$\bar{v} = v_x\bar{i} + v_y\bar{j} + v_z\bar{k}$ 则

$$\frac{\mathrm{d}\bar{v}}{\mathrm{d}t} = \frac{\mathrm{d}v_x}{\mathrm{d}t}\bar{i} + \frac{\mathrm{d}v_y}{\mathrm{d}t}\bar{j} + \frac{\mathrm{d}v_z}{\mathrm{d}t}\bar{k} \tag{6-2}$$

因为 v_x, v_y, v_z 是 t 的函数，矢函数的导数仍然是矢函数。

在直角坐标系中，流体质点运动轨迹曲线 C 可用一向量函数 $\bar{r}(t)$ 表示。见图 6-2。

$$\bar{r}(t) = x(t)\bar{i} + y(t)\bar{j} + z(t)\bar{k}$$

曲线上一点 P 的切线可表示为

$$\begin{aligned} \frac{\mathrm{d}\bar{r}(t)}{\mathrm{d}t} &= \lim_{\Delta t \to 0} \frac{\bar{r}(t+\Delta t) - \bar{r}(t)}{\Delta t} \\ &= \lim_{\Delta t \to 0} \Big[\frac{x(t+\Delta t) - x(t)}{\Delta t}\bar{i} + \end{aligned}$$

$$\frac{y(t+\Delta t) - y(t)}{\Delta t}\bar{j} + \frac{z(t+\Delta t) - z(t)}{\Delta t}\bar{k} \Big]$$

$$\frac{\mathrm{d}\bar{r}}{\mathrm{d}t} = \frac{\mathrm{d}x}{\mathrm{d}t}\bar{i} + \frac{\mathrm{d}y}{\mathrm{d}t}\bar{j} + \frac{\mathrm{d}z}{\mathrm{d}t}\bar{k}$$

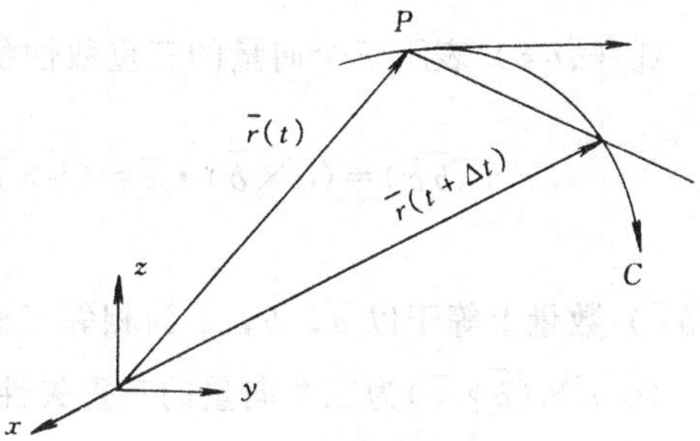

图 6-2 曲线的切线向量

即 $\dfrac{\mathrm{d}\bar{r}}{\mathrm{d}t}$ 为曲线 C 之切线向量。它指向 t 增加的方向。其物理含义即表示流体在该点的速度向量。单位切向量 $\bar{\tau} = \dfrac{\mathrm{d}\bar{r}}{\mathrm{d}t} \Big/ \left| \dfrac{\mathrm{d}\bar{r}}{\mathrm{d}t} \right|$，其中

$$\left| \frac{\mathrm{d}\bar{r}}{\mathrm{d}t} \right| = \sqrt{\frac{(\mathrm{d}x)^2 + (\mathrm{d}y)^2 + (\mathrm{d}z)^2}{(\mathrm{d}t)^2}} = \frac{\mathrm{d}S}{\mathrm{d}t} \tag{6-3}$$

这里 $\mathrm{d}S$ 是 C 上过点 P 的微段弧长，于是

$$\bar{\tau} = \frac{\mathrm{d}\bar{r}}{\mathrm{d}S} = \frac{\mathrm{d}x}{\mathrm{d}S}\bar{i} + \frac{\mathrm{d}y}{\mathrm{d}S}\bar{j} + \frac{\mathrm{d}z}{\mathrm{d}S}\bar{k} \tag{6-4}$$

$\overline{\tau}$ 即表示流速方向的单位向量。

6.2.2 向量的求导公式

一个向量函数对于一个纯量的求导与数量函数的求导法则基本类同。

$$\frac{\mathrm{d}\overline{c}}{\mathrm{d}t}=0 \quad (\overline{c}\ \text{为常向量}) \tag{6-5}$$

$$\frac{\mathrm{d}}{\mathrm{d}t}(k\overline{a})=k\frac{\mathrm{d}\overline{a}}{\mathrm{d}t} \quad (k\ \text{为常数}) \tag{6-6}$$

$$\frac{\mathrm{d}}{\mathrm{d}t}(\overline{a}+\overline{b}+\overline{c})=\frac{\mathrm{d}\overline{a}}{\mathrm{d}t}+\frac{\mathrm{d}\overline{b}}{\mathrm{d}t}+\frac{\mathrm{d}\overline{c}}{\mathrm{d}t} \tag{6-7}$$

$$\frac{\mathrm{d}}{\mathrm{d}t}(\overline{a}\cdot\overline{b})=\frac{\mathrm{d}\overline{a}}{\mathrm{d}t}\cdot\overline{b}+\overline{a}\cdot\frac{\mathrm{d}\overline{b}}{\mathrm{d}t} \tag{6-8}$$

$$\frac{\mathrm{d}}{\mathrm{d}t}(\varphi\overline{a})=\frac{\mathrm{d}\varphi}{\mathrm{d}t}\overline{a}+\varphi\frac{\mathrm{d}\overline{a}}{\mathrm{d}t} \tag{6-9}$$

其中 $\varphi=\varphi(t)$，是数量函数。

$$\frac{\mathrm{d}}{\mathrm{d}t}(\overline{a}\times\overline{b})=\frac{\mathrm{d}\overline{a}}{\mathrm{d}t}\times\overline{b}+\overline{a}\times\frac{\mathrm{d}\overline{b}}{\mathrm{d}t} \quad (\text{顺序不可交换}) \tag{6-10}$$

$$\frac{\mathrm{d}}{\mathrm{d}t}(\overline{a}\,\overline{b}\,\overline{c})=\left(\frac{\mathrm{d}\overline{a}}{\mathrm{d}t}\overline{b}\,\overline{c}\right)+\left(\overline{a}\ \frac{\mathrm{d}\overline{b}}{\mathrm{d}t}\overline{c}\right)+\left(\overline{a}\,\overline{b}\ \frac{\mathrm{d}\overline{c}}{\mathrm{d}t}\right) \tag{6-11}$$

$$\frac{\mathrm{d}}{\mathrm{d}t}\overline{a}[\varphi(t)]=\frac{\mathrm{d}\overline{a}}{\mathrm{d}\varphi}\frac{\mathrm{d}\varphi}{\mathrm{d}t} \tag{6-12}$$

$$\frac{\mathrm{d}}{\mathrm{d}t}[\overline{a}\times(\overline{b}\times\overline{c})]=\frac{\mathrm{d}\overline{a}}{\mathrm{d}t}\times(\overline{b}\times\overline{c})+\overline{a}\times\left(\frac{\mathrm{d}\overline{b}}{\mathrm{d}t}\times\overline{c}\right)+\overline{a}\times\left(\overline{b}\times\frac{\mathrm{d}\overline{c}}{\mathrm{d}t}\right) \tag{6-13}$$

这里有两点需加以说明。

① $(\overline{a}\,\overline{b}\,\overline{c})$ 表示三个向量的三重数性积，即

$$(\overline{a}\,\overline{b}\,\overline{c})=(\overline{a}\times\overline{b})\cdot\overline{c}=(\overline{b}\times\overline{c})\cdot\overline{a}=(\overline{c}\times\overline{a})\cdot\overline{b}=\begin{vmatrix} a_x & a_y & a_z \\ b_x & b_y & b_z \\ c_x & c_y & c_z \end{vmatrix} \tag{6-14}$$

$(\overline{a}\,\overline{b}\,\overline{c})$ 数量上等于以 $\overline{a}$，$\overline{b}$，$\overline{c}$ 为相邻三棱边的平行六面体的体积。

② $\overline{a}\times(\overline{b}\times\overline{c})$ 为三个向量的三重矢性积。

有 $$\overline{a}\times(\overline{b}\times\overline{c})=(\overline{a}\cdot\overline{c})\overline{b}-(\overline{b}\cdot\overline{a})\overline{c} \tag{6-15}$$

有 $$(\overline{a}\times\overline{b})\times\overline{c}=(\overline{a}\cdot\overline{c})\overline{b}-(\overline{b}\cdot\overline{c})\overline{a} \tag{6-16}$$

6.2.3 向量的偏导数

假设流速 $\overline{v}$ 是三个坐标变量 x,y,z 的矢函数，记为 $\overline{v}(x,y,z)$，则流速随着 x,y,z 方向的变化率可用于它对自变量 x,y,z 的偏导数表示，即

$$\left.\begin{aligned} \frac{\partial\overline{v}}{\partial x}&=\lim_{\delta x\to 0}\frac{\overline{v}(x+\delta x,y,z)-\overline{v}(x,y,z)}{\delta x} \\ \frac{\partial\overline{v}}{\partial y}&=\lim_{\delta y\to 0}\frac{\overline{v}(x,y+\delta y,z)-\overline{v}(x,y,z)}{\delta y} \\ \frac{\partial\overline{v}}{\partial z}&=\lim_{\delta z\to 0}\frac{\overline{v}(x,y,z+\delta z)-\overline{v}(x,y,z)}{\delta z} \end{aligned}\right\} \tag{6-17}$$

若 $\overline{v}(x,y,z)=v_x(x,y,z)\overline{i}+v_y(x,y,z)\overline{j}+v_z(x,y,z)\overline{k}$
则

$$\left.\begin{aligned}
\frac{\partial \overline{v}}{\partial x}&=\frac{\partial v_x}{\partial x}\overline{i}+\frac{\partial v_y}{\partial x}\overline{j}+\frac{\partial v_z}{\partial x}\overline{k}\\
\frac{\partial \overline{v}}{\partial y}&=\frac{\partial v_x}{\partial y}\overline{i}+\frac{\partial v_y}{\partial y}\overline{j}+\frac{\partial v_z}{\partial y}\overline{k}\\
\frac{\partial \overline{v}}{\partial z}&=\frac{\partial v_x}{\partial z}\overline{i}+\frac{\partial v_y}{\partial z}\overline{j}+\frac{\partial v_z}{\partial z}\overline{k}
\end{aligned}\right\} \tag{6-18}$$

由于一阶偏导数 $\dfrac{\partial \overline{v}}{\partial x}$，$\dfrac{\partial \overline{v}}{\partial y}$，$\dfrac{\partial \overline{v}}{\partial z}$ 仍为 x,y,z 的矢函数，故可进一步求取各自的偏导数，从而得到二阶、三阶或更高阶偏导数。其二阶偏导数可记为 $\dfrac{\partial^2 \overline{v}}{\partial x^2}$，$\dfrac{\partial^2 \overline{v}}{\partial x\partial y}$，……。若 $\dfrac{\partial^2 \overline{v}}{\partial x\partial y}$ 和 $\dfrac{\partial^2 \overline{v}}{\partial y\partial x}$ 均为连续函数，则 $\dfrac{\partial^2 \overline{v}}{\partial x\partial y}=\dfrac{\partial^2 \overline{v}}{\partial y\partial x}$。

多个自变量的矢函数的全微分可以由下式表示

$$\mathrm{d}\overline{v}(x,y,z)=\frac{\partial \overline{v}}{\partial x}\mathrm{d}x+\frac{\partial \overline{v}}{\partial y}\mathrm{d}y+\frac{\partial \overline{v}}{\partial z}\mathrm{d}z \tag{6-19}$$

多元矢函数的求偏导数的法则可参照多元标函数求导法则，当然要考虑到矢函数乘积与标函数乘积定义的不同。下面给出两个多变量矢函数乘积的求偏导数法则：

若 $\overline{r}=\overline{r}(x,y,z)$，$\overline{S}=\overline{S}(x,y,z)$，则

$$\frac{\partial}{\partial x}(\overline{r}\cdot\overline{S})=\overline{r}\cdot\frac{\partial \overline{S}}{\partial x}+\frac{\partial \overline{r}}{\partial x}\cdot\overline{S} \tag{6-20}$$

$$\frac{\partial}{\partial x}(\overline{r}\times\overline{S})=\overline{r}\times\frac{\partial \overline{S}}{\partial x}+\frac{\partial \overline{r}}{\partial x}\times\overline{S} \tag{6-21}$$

$$\begin{aligned}
\frac{\partial^2}{\partial x\partial y}(\overline{r}\cdot\overline{S})&=\frac{\partial}{\partial x}\left[\frac{\partial}{\partial y}(\overline{r}\cdot\overline{S})\right]\\
&=\frac{\partial}{\partial x}\left[\overline{r}\cdot\frac{\partial \overline{S}}{\partial y}+\frac{\partial \overline{r}}{\partial y}\cdot\overline{S}\right]\\
&=\overline{r}\cdot\frac{\partial^2 \overline{S}}{\partial x\partial y}+\frac{\partial \overline{r}}{\partial x}\cdot\frac{\partial \overline{S}}{\partial y}+\frac{\partial \overline{r}}{\partial y}\cdot\frac{\partial \overline{S}}{\partial x}+\frac{\partial^2 \overline{r}}{\partial x\partial y}\cdot\overline{S} \tag{6-22}
\end{aligned}$$

【例 6-1】 若 $\overline{A}=x^2yz\overline{i}-2xz^3\overline{j}+xz^2\overline{k}$，$\overline{B}=2z\overline{i}+y\overline{j}-x^2\overline{k}$，试求在 $(1,0,-2)$ 处的 $\dfrac{\partial^2}{\partial x\partial y}(\overline{A}\times\overline{B})$。

解：
$$\overline{A}\times\overline{B}=\begin{vmatrix}\overline{i}&\overline{j}&\overline{k}\\ x^2yz&-2xz^3&xz^2\\ 2z&y&-x^2\end{vmatrix}$$

$$=(2x^3z^3-xyz^2)\overline{i}+(2xz^3+x^4yz)\overline{j}+(x^2y^2z+xz^4)\overline{k}$$

$$\frac{\partial}{\partial y}(\overline{A}\times\overline{B})=(-xz^2)\overline{i}+x^4z\overline{j}+2x^2yz\overline{k}$$

$$\frac{\partial^2}{\partial x \partial y}(\overline{A} \times \overline{B}) = \frac{\partial}{\partial x}\left[\frac{\partial}{\partial y}(\overline{A} \times \overline{B})\right] = -z^2 \overline{i} + 4x^3 z \overline{j} + 4xyz \overline{k}$$

$$\frac{\partial^2}{\partial x \partial y}(\overline{A} \times \overline{B})\bigg|_{(1,0,-2)} = -4\overline{i} - 8\overline{j}$$

6.3　数量场的梯度

6.3.1　数量场的等值面

在一固定床反应器内，假设反应是放热过程，因此随着反应物生成的速率，床层内沿层高温度是变化的，为了维持适当的反应温度，器壁夹套中可用冷却水调节温度，于是由于热阻，在同一层高处，不同半径位置的温度也是变化的，所以说反应器内的温度场是不均匀的。为了研究温度场内温度变化速率沿着什么方向增长最快，这里首先引入数量场等值面的概念。所谓等值面与地图上的等高线是类似的，即数量场 $\varphi(M)$ 内，使 $\varphi(M)$ 取定值的所有点 M 组成的曲面，称为等值面。如管式反应器中，如管径较小，可认为同一高度截面为等值面。

6.3.2　方向导数

在不均匀的温度场内，温度沿着各个方向的变化速率是不相同的，方向导数就是描述数量场中，函数沿着某个方向变化速率的大小。

设 M_0 为数量场 $\varphi(M)$ 内一点，自 M_0 出发引任一射线 $\overline{l}$，直线 $\overline{l}$ 的方向余弦为 $\cos\alpha$，$\cos\beta$，$\cos\gamma$。M 为 $\overline{l}$ 上任一点，且 $\overline{MM_0}$ 之距离为 r_0，如图 6-3。若极限 $\lim\limits_{M \to M_0} \dfrac{\varphi(M) - \varphi(M_0)}{M_0 M}$ 存在，则称此极限为 $\varphi(M)$ 在点 M_0 处沿 $\overline{l}$ 的方向导数。记作 $\dfrac{\partial \varphi}{\partial l}\bigg|_{M_0}$。设 M_0 的坐标为 x, y, z，则 M 点的坐标为 $x + r\cos\alpha$，$y + r\cos\beta$，$z + r\cos\gamma$，于是

$$\lim_{M \to M_0} \frac{\varphi(M) - \varphi(M_0)}{M_0 M} = \lim_{r \to 0} \frac{\varphi(x + r\cos\alpha, y + r\cos\beta, z + r\cos\gamma) - \varphi(x, y, z)}{r}$$

若 $\varphi(x, y, z)$ 具有连续偏导数，则对 $\varphi(M)$ 作台劳展开有

$$\varphi(x + r\cos\alpha, y + r\cos\beta, z + r\cos\gamma) = \varphi(x, y, z) + r\cos\alpha \frac{\partial \varphi}{\partial x}(x_1, y_1, z_1) +$$

$$r\cos\beta \frac{\partial \varphi}{\partial y}(x_1, y_1, z_1) + r\cos\gamma \frac{\partial \varphi}{\partial z}(x_1, y_1, z_1)$$

其中 (x_1, y_1, z_1) 为 $\overline{MM_0}$ 上的点，则有

$$\frac{\partial \varphi}{\partial l}\bigg|_{M_0} = \frac{\partial \varphi}{\partial x}\cos\alpha + \frac{\partial \varphi}{\partial y}\cos\beta + \frac{\partial \varphi}{\partial z}\cos\gamma \tag{6-23}$$

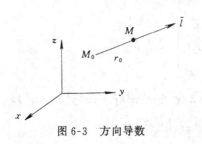

图 6-3　方向导数

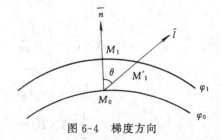

图 6-4　梯度方向

6.3.3 数量场的梯度

在数量场 $\varphi(M)$ 中，由点 M_0 可以引无数条射线 $\bar{l}$，所以对应有无穷多个方向导数。那么这些方向导数之间是否有关系？函数沿着什么方向其变化率为最大？梯度就来回答上述问题。

设 M_0 为数量场 $\varphi(M)$ 中任一点，M_0 所在的等值面为 φ_0，即 $\varphi(M_0)=\varphi_0$，过 M_0 作等值面 φ_0 的法线 $\bar{n}$，$\bar{n}$ 指向 φ 增长的方向。在 $\bar{n}$ 上取一与 M_0 无限接近的点 M_1，M_1 所在等值面为 φ_1，即 $\varphi(M_1)=\varphi_1$，见图 6-4，过 M_0 作任一方向射线 $\bar{l}$ 与等值面 φ_1 交于 M_1' 点，即 $\varphi(M_1')=\varphi_1$。

由前述方向导数定义，可以得到沿法线 $\bar{n}$ 和沿射线 $\bar{l}$ 两个方向导数。

$$\frac{\partial\varphi}{\partial n}=\lim_{M_1\to M_0}\frac{\varphi(M_1)-\varphi(M_0)}{M_0M_1}=\lim_{M_1\to M_0}\frac{\varphi_1-\varphi_0}{M_0M_1}$$

$$\frac{\partial\varphi}{\partial l}=\lim_{M_1'\to M_0}\frac{\varphi(M_1')-\varphi(M_0)}{M_0M_1'}=\lim_{M_1'\to M_0}\frac{\varphi_1-\varphi_0}{M_0M_1'}$$

设 $\overline{M_0M_1}$ 与 $\overline{M_0M_1'}$ 夹角为 θ，则有

$$|\overline{M_0M_1}|=|\overline{M_0M_1'}|(\cos\theta+\varepsilon(M_1M_1'))$$

当 $|\overline{M_0M_1'}|\longrightarrow 0$ 时，$\varepsilon(M_0M_1')\longrightarrow 0$

于是

$$\frac{\partial\varphi}{\partial l}=\lim_{M_1'\to M_0}\frac{\varphi_1-\varphi_0}{M_0M_1'}=\cos\theta\lim_{M_1\to M_0}\frac{\varphi_1-\varphi_0}{M_0M_1}$$

$$\frac{\partial\varphi}{\partial l}=\frac{\partial\varphi}{\partial n}\cos\theta \tag{6-24}$$

由上式可知，M 点任意方向 $\bar{l}$ 上的方向导数，均可表示为该点等值面的法向导数与 $\bar{n}$，$\bar{l}$ 两方向间夹角余弦之乘积。显然 $|\cos\theta|\leqslant 1$，故 $\left|\dfrac{\partial\varphi}{\partial l}\right|\leqslant\left|\dfrac{\partial\varphi}{\partial n}\right|$，即法向导数为诸方向的方向导数之最大值。注意这里 $\dfrac{\partial\varphi}{\partial n}>0$，因此取 $\bar{n}$ 正方向为 φ 值增长方向，即 $\varphi_1>\varphi_0$，换言之，φ 沿 n 方向增长最快。而当 $\theta=90°$ 时，即在等值面的过 M 点的切平面上所有方向的方向导数为零。

定义一个模值为 $\dfrac{\partial\varphi}{\partial n}$，方向为 $\bar{n}$ 的向量，称为数量场 φ 的梯度。

记作

$$\mathrm{grad}\varphi=\frac{\partial\varphi}{\partial n}\bar{n}_0 \tag{6-25}$$

这里 $\bar{n}_0$ 为法线方向的单位向量。

梯度是一个向量，它与坐标系的选择无关。在直角坐标中 $\bar{n}_0=\cos\alpha\,\bar{i}+\cos\beta\,\bar{j}+\cos\gamma\,\bar{k}$（$\cos\alpha$，$\cos\beta$，$\cos\gamma$ 为 $\bar{n}$ 的方向余弦）。由式(6-25) 知

$$\frac{\partial\varphi}{\partial x}=\frac{\partial\varphi}{\partial n}\cos\alpha,\quad \frac{\partial\varphi}{\partial y}=\frac{\partial\varphi}{\partial n}\cos\beta,\quad \frac{\partial\varphi}{\partial z}=\frac{\partial\varphi}{\partial n}\cos\gamma$$

故

$$\mathrm{grad}\varphi=\frac{\partial\varphi}{\partial x}\bar{i}+\frac{\partial\varphi}{\partial y}\bar{j}+\frac{\partial\varphi}{\partial z}\bar{k} \tag{6-26}$$

或者
$$\frac{\partial \varphi}{\partial x}=\text{grad}\varphi \cdot \overline{i} \qquad \frac{\partial \varphi}{\partial y}=\text{grad}\varphi \cdot \overline{j} \qquad \frac{\partial \varphi}{\partial z}=\text{grad}\varphi \cdot \overline{k} \qquad (6-27)$$

从而 $\dfrac{\partial \varphi}{\partial x}$，$\dfrac{\partial \varphi}{\partial y}$，$\dfrac{\partial \varphi}{\partial z}$ 可看作 $\text{grad}\varphi$ 在 x,y,z 轴方向的投影。对于任意方向射线 $\overline{l}$，设其单位向量为 $\overline{a}_0$，则

$$\frac{\partial \varphi}{\partial l}=\frac{\partial \varphi}{\partial n}\cos\theta=\frac{\partial \varphi}{\partial n}(\overline{n}_0 \cdot \overline{a}_0)=\text{grad}\varphi \cdot \overline{a}_0 \qquad (6-28)$$

即 $\overline{l}$ 方向的方向导数等于梯度向量沿 $\overline{l}$ 方向的投影。

总之数量场的梯度是向量场。数量场 $\varphi(M)$ 在某点 M 的梯度是沿该点等值面法线方向的向量，它指向 $\varphi(M)$ 增长方向。函数 φ 沿梯度方向增长最快，梯度的模值就是该点的法向导数。梯度概念在建立微分方程模型及最优化方法中得到广泛应用。

【例 6-2】 室内温度分布 $T=T_0(x^2+y^2+xyz)+273$，试求在点 $(1，1，1)$ 处温度最大变化率。

解：
$$\text{grad}T=T_0[(2x+yz)\overline{i}+(xz-2y)\overline{j}+xy\overline{k}]$$
$$\text{grad}T\big|_{(1,1,1)}=T_0(3\overline{i}+\overline{j}+\overline{k})$$

梯度的模为 $T_0\sqrt{11}$，其法方向 $\overline{n}_0=\dfrac{3\overline{i}-\overline{j}+\overline{k}}{\sqrt{11}}$。

【例 6-3】 在给定区域内压力分布为 $P=P_0xyz^2$，试求在点 $(2，3，1)$ 处方向为 $2\overline{i}+\overline{j}-\overline{k}$ 处的变化率。

解： 只需求方向导数 $\overline{a} \cdot \text{grad}\varphi$，其中 $\overline{a}$ 是指定方向的单位向量，即

$$\overline{a}=\frac{(2\overline{i}+\overline{j}-\overline{k})}{\sqrt{6}}$$

$$\text{grad}\varphi\big|_{(2,3,1)}=P_0(3\overline{i}+2\overline{j}+12\overline{k})$$

所以
$$\frac{\partial \varphi}{\partial l}=\frac{P_0(2\overline{i}+\overline{j}-\overline{k}) \cdot (3\overline{i}+2\overline{j}+12\overline{k})}{\sqrt{6}}=-4P_0/\sqrt{6}$$

6.3.4 梯度的运算性质

在此我们引进一个向量算符 ∇，称为哈密顿算符。在直角坐标系中其表达式为：

$$\nabla=\overline{i}\frac{\partial}{\partial x}+\overline{j}\frac{\partial}{\partial y}+\overline{k}\frac{\partial}{\partial z} \qquad (6-29)$$

这是一个具有向量和微分双重性质的算符。现在我们将梯度 $\text{grad}\varphi$ 用算符 ∇ 表述为

$$\text{grad}\varphi=\nabla\varphi$$
$$\nabla\varphi=\left(\overline{i}\frac{\partial}{\partial x}+\overline{j}\frac{\partial}{\partial y}+\overline{k}\frac{\partial}{\partial z}\right)\varphi=\frac{\partial \varphi}{\partial x}\overline{i}+\frac{\partial \varphi}{\partial y}\overline{j}+\frac{\partial \varphi}{\partial z}\overline{k} \qquad (6-30)$$

注意哈密顿算符只能对位于其右边的函数发生作用，即 $\nabla\varphi$ 称为 φ 的梯度。反之 $\varphi\nabla$ 不是一个有确定意义的量，只能认为是一个新的算符。下面运用 ∇ 算符给出梯度的运算性质：

设 $\quad u=u(x,y,z),v=v(x,y,z),c$ 为常数，

$$\nabla c=\overline{o} \qquad (6-31)$$
$$\nabla(cu)=c\nabla u \qquad (6-32)$$

$$\nabla (u \pm v) = \nabla u \pm \nabla v \tag{6-33}$$

$$\nabla (uv) = u\nabla v + v\nabla u \tag{6-34}$$

$$\nabla \left(\frac{u}{v} \right) = \frac{1}{v^2}(v\nabla u - u\nabla v) \tag{6-35}$$

$$\nabla f(u) = f'(u)\nabla u \tag{6-36}$$

$$\nabla f(u,v) = \frac{\partial f}{\partial u}\nabla u + \frac{\partial f}{\partial v}\nabla v \tag{6-37}$$

以上诸公式的证明只需根据梯度的定义及数量函数求导法则即可证得。下面仅就公式 (6-37) 给出证明。

$$\nabla f(u,v) = \frac{\partial f}{\partial x}\overline{i} + \frac{\partial f}{\partial y}\overline{j} + \frac{\partial f}{\partial z}\overline{k}$$

$$= \left(\frac{\partial f}{\partial u} \cdot \frac{\partial u}{\partial x} + \frac{\partial f}{\partial v} \cdot \frac{\partial v}{\partial x} \right)\overline{i} + \left(\frac{\partial f}{\partial u} \cdot \frac{\partial u}{\partial y} + \frac{\partial f}{\partial v} \cdot \frac{\partial v}{\partial y} \right)\overline{j} + \left(\frac{\partial f}{\partial u} \cdot \frac{\partial u}{\partial z} + \frac{\partial f}{\partial v} \cdot \frac{\partial v}{\partial z} \right)\overline{k}$$

$$= \frac{\partial f}{\partial u}\left(\frac{\partial u}{\partial x}\overline{i} + \frac{\partial u}{\partial y}\overline{j} + \frac{\partial u}{\partial z}\overline{k} \right) + \frac{\partial f}{\partial v}\left(\frac{\partial v}{\partial x}\overline{i} + \frac{\partial v}{\partial y}\overline{j} + \frac{\partial v}{\partial z}\overline{k} \right)$$

$$= \frac{\partial f}{\partial u}\nabla u + \frac{\partial f}{\partial v}\nabla v$$

显然，当 $f(u,v)$ 分别为 $u \pm v, u \cdot v, \dfrac{u}{v}$ 及 $f(u)$ 时，就可得出前面几个公式。

【例 6-4】 已知，$u = x^2 yz^3$，$f(u) = 3u^2 + 5$ 求：(1) ∇u，(2) $\nabla f(u)$。

解：(1) $\nabla u = \dfrac{\partial u}{\partial x}\overline{i} + \dfrac{\partial u}{\partial y}\overline{j} + \dfrac{\partial u}{\partial z}\overline{k} = 2xyz^3\,\overline{i} + x^2 z^3\,\overline{j} + 3x^2 yz^2\,\overline{k}$

(2) $\nabla f(u) = f'_u(u)\nabla u = 6u\nabla u = 12x^3 y^2 z^6\,\overline{i} + 6x^4 yz^6\,\overline{j} + 3x^2 yz^2\,\overline{k}$

【例 6-5】 求函数 $\varphi(M) = r^m$ 的梯度，$m > 0$ 实数，r 是矢径 $\overline{r}$ 的模。

解：(1) 容易看出，等值面 $\varphi(M) = r^m = $ 常数，是中心在原点的一族球面。因此等值面上任一点处的单位法向量 $\overline{n}_0$ 平行于矢径 $\overline{r}$，若以 $\overline{r}_0$ 表示矢径上的单位向量，则由梯度定义知：

$$\nabla \varphi = \frac{\partial \varphi}{\partial n}\overline{n}_0 = \frac{\partial (r^m)}{\partial r}\overline{r}_0 = mr^{m-1}\overline{r}_0 = mr^{m-2}\overline{r}$$

(2) 将函数 $\varphi(M) = r^m$ 看成的 r 函数，而 r 又是 x, y, z 的函数，

所以　　　　　　　　　　　$\nabla \varphi = \varphi'(r)\nabla r = mr^{m-1}\nabla r$

又因　　　　　　　　　　　$r = \sqrt{x^2 + y^2 + z^2}$

则　　　　$\dfrac{\partial r}{\partial x} = \dfrac{x}{\sqrt{x^2 + y^2 + z^2}} = \dfrac{x}{r}$；　$\dfrac{\partial r}{\partial y} = \dfrac{y}{r}$；　$\dfrac{\partial r}{\partial z} = \dfrac{z}{r}$

$$\nabla r = \left\{ \frac{x}{r}, \frac{y}{r}, \frac{z}{r} \right\} = \frac{1}{r}\{x, y, z\} = \frac{1}{r}\overline{r}$$

于是　　　　　　　　　　　$\nabla \varphi = mr^{m-1}\dfrac{1}{r}\overline{r} = mr^{m-2}\overline{r}$。

【例 6-6】 设 $\phi(x, y, z)$ 和 $\phi(x + \Delta x, y + \Delta y, z + \Delta z)$ 是某域内两相邻点 $P(x, y, z)$ 和 $Q(x + \Delta x, y + \Delta y, z + \Delta z)$ 的温度。

(a) 解释量 $\dfrac{\Delta \phi}{\Delta S} = \dfrac{\phi(x + \Delta x, y + \Delta y, z + \Delta z) - \phi(x, y, z)}{\Delta S}$ 的物理意义，其中 ΔS 是 P 和 Q

两点的距离。

　　（b）计算 $\lim\limits_{\Delta S \to 0}\dfrac{\Delta \phi}{\Delta S}=\dfrac{\mathrm{d}\phi}{\mathrm{d}S}$，并解释其物理意义。

　　（c）求证：$\dfrac{\mathrm{d}\phi}{\mathrm{d}S}=\nabla \phi \cdot \dfrac{\mathrm{d}\overline{r}}{\mathrm{d}S}$ 或 $\mathrm{d}\phi=\nabla \phi \cdot \mathrm{d}\overline{r}$。

　　解：（a）因为 $\Delta \phi$ 为 P 与 Q 两点间的温度改变量，而 ΔS 是这两点距离。所以 $\dfrac{\Delta \phi}{\Delta S}$ 表示温度在从 P 到 Q 的方向上单位距离的平均变化率。

　　（b）由台劳展开定理知：

$$\Delta \phi=\frac{\partial \phi}{\partial x}\Delta x+\frac{\partial \phi}{\partial y}\Delta y+\frac{\partial \phi}{\partial z}\Delta z+（关于 \Delta x,\Delta y,\Delta z 的高阶无穷小）$$

于是

$$\lim_{\Delta S \to 0}\frac{\Delta \phi}{\Delta S}=\lim_{\Delta S \to 0}\left(\frac{\partial \phi}{\partial x}\frac{\Delta x}{\Delta S}+\frac{\partial \phi}{\partial y}\frac{\Delta y}{\Delta S}+\frac{\partial \phi}{\partial z}\frac{\Delta z}{\Delta S}\right)$$

$$\frac{\mathrm{d}\phi}{\mathrm{d}S}=\frac{\partial \phi}{\partial x}\frac{\mathrm{d}x}{\mathrm{d}S}+\frac{\partial \phi}{\partial y}\frac{\mathrm{d}y}{\mathrm{d}S}+\frac{\partial \phi}{\partial z}\frac{\mathrm{d}z}{\mathrm{d}S}$$

$\dfrac{\mathrm{d}\phi}{\mathrm{d}S}$ 表示在 P 点沿 PQ 方向温度对距离的变化率，也叫作 ϕ 在 P 点沿 PQ 的方向导数。

　　（c）

$$\frac{\mathrm{d}\varphi}{\mathrm{d}S}=\frac{\partial \varphi}{\partial x}\frac{\mathrm{d}x}{\mathrm{d}S}+\frac{\partial \varphi}{\partial y}\frac{\mathrm{d}y}{\mathrm{d}S}+\frac{\partial \varphi}{\partial z}\frac{\mathrm{d}z}{\mathrm{d}S}$$

$$=\left(\frac{\partial \varphi}{\partial x}\overline{i}+\frac{\partial \varphi}{\partial y}\overline{j}+\frac{\partial \varphi}{\partial z}\overline{k}\right)\cdot\left(\frac{\partial x}{\partial S}\overline{i}+\frac{\partial y}{\partial S}\overline{j}+\frac{\partial z}{\partial S}\overline{k}\right)$$

$$=\nabla \varphi \cdot \frac{\mathrm{d}\overline{r}}{\mathrm{d}S}$$

此公式表明方向导数与梯度间关系

或
$$\mathrm{d}\varphi=\nabla \varphi \cdot \mathrm{d}\overline{r} \tag{6-38}$$

6.4　向量场的散度

6.4.1　向量场的通量

　　在化工中经常遇到计算流体流经某一界面的流量、能量（如热量）的通量。为简便起见，这里以稳定流速场 $\overline{v}(M)=\overline{v}(x,y,z)$ 为例，说明质量通量计算方法。假设物体是不可压缩的，即密度恒定，现在来计算单位时间内流体流经某一光滑曲面 σ（其面积为 σ）的流量 Q，在曲面 σ 上任取一点 M 及包含 M 点的一曲面元素 $\mathrm{d}\sigma$，$\overline{n}$ 为曲面上过点的单位法向量（见图6-5），则单位时间内流体流过曲面 $\mathrm{d}\sigma$ 的流量应为

$$\mathrm{d}Q=\rho \cdot (\overline{v}\cdot \overline{n})\mathrm{d}\sigma=\rho V_n \mathrm{d}\sigma$$

于是沿着曲面 σ 积分，就得到单位时间内流过曲面的总流量 Q

$$Q=\rho\iint\limits_{\sigma}(\overline{v}\cdot \overline{n})\mathrm{d}\sigma$$

$$Q=\rho\iint\limits_{\sigma}V_n \mathrm{d}\sigma$$

　　当 $\overline{v}$ 与 $\overline{n}$ 成锐角时，$\mathrm{d}Q>0$，表示流向与曲面 σ 上 M 点的法向一致，则称为流出；当 $\overline{v}$

与 $\bar{n}$ 成钝角时，$dQ<0$，表示流入。如 σ 是封闭曲面，则一般规定 n 为其外法向，积分表示为

$$Q = \rho \oiint\limits_{\sigma} (\bar{v} \cdot \bar{n}) = \rho \oiint\limits_{\sigma} v_n \mathrm{d}\sigma$$

显然，流体沿法线正向流动，就是流体从曲面 σ 所包围的域 D 内流出，而沿法线反向流动就是流体从 σ 流入域 D。积分式取值即为流体"流入"与"流出" σ 曲面的代数和。当 $Q>0$，表示"流出"大于"流入"，则称域 D 内有"源"；当 $Q<0$，表示"流出"小于"流入"，则称域 D 内有"沟"（或"汇"）。当 $Q=0$，则"流入"＝"流出"。说明域 D 内无"源"无"沟"，保持质量守恒。

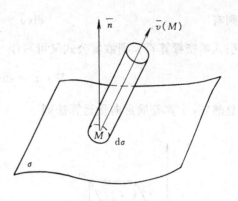

图 6-5　向量场的通量

抽去物理意义，数学上定义一个向量场 $\bar{a}(M)$，沿着场内某有向曲面的面积分

$$\iint\limits_{\sigma} \bar{a} \cdot \bar{n} \mathrm{d}\sigma = \iint\limits_{\sigma} a_n \mathrm{d}\sigma \qquad (6\text{-}39)$$

为向量场 $\bar{a}(M)$ 通过曲面 σ 一侧的通量，当 σ 为封闭的曲面时，积分式表示为

$$\oiint\limits_{\sigma} \bar{a} \cdot \bar{n} \mathrm{d}\sigma = \oiint\limits_{\sigma} a_n \mathrm{d}\sigma \qquad (6\text{-}39\mathrm{a})$$

同样规定，当通量取正值时，称 σ 所包围域 D 中有"源"；当通量为负值时，称域 D 中有"沟"（"汇"）。

6.4.2　向量场的散度

为了进一步描述"源"（或"沟"）的强度，这就引出散度的概念来。设流速向量 $\bar{v}$ 流经闭曲面 σ，σ 所包围域 D 的体积为 τ，则其通量除以体积 τ 就表示域 D 中"源"（或"沟"）的平均强度，或称为单位体积"源"（或"沟"）的强度，其数学表示为

$$\frac{\oiint\limits_{\sigma} \bar{v} \cdot \bar{n} \mathrm{d}\sigma}{\tau}$$

可能域 D 内各部分"源"的强度是不均匀的，数学上希望研究极限状况，也就是说当域 D 不断缩小，以至于缩到一个点 M；取 $\Delta\sigma$ 为包围 M 点的一个微小闭曲面，$\Delta\tau$ 是以 $\Delta\sigma$ 为界面的微元体积，则其极限值记作

$$\mathrm{div}\,\bar{v}(M) = \lim_{\Delta\tau \to M} \frac{\oiint\limits_{\sigma} \bar{v} \cdot \bar{n} \mathrm{d}\sigma}{\Delta\tau} \qquad (6\text{-}40)$$

称为向量场 $\bar{v}(M)$ 在点 M 处的散度。

由此可见，向量场的散度是一个数量场，它不依赖于坐标系的选择，其物理意义表示该向量场在点处"源"（或"沟"）的强度。

散度是一个数量，在不同坐标系下散度的计算公式是不同的，当然不影响其固有取值，这里先给出直角坐标系中计算公式

设向量场 $\bar{a}(x,y,z) = a_x(x,y,z)\bar{i} + a_y(x,y,z)\bar{j} + a_z(x,y,z)\bar{k}$

则有
$$\mathrm{div}\overline{a} = \frac{\partial a_x}{\partial x} + + \frac{\partial a_y}{\partial y} + \frac{\partial a_z}{\partial z} \qquad (6\text{-}41)$$

引入哈密顿算符，则散度公式又可写作
$$\nabla \cdot \overline{a} = \mathrm{div}\overline{a} = \frac{\partial a_x}{\partial x} + \frac{\partial a_y}{\partial y} + \frac{\partial a_z}{\partial z} \qquad (6\text{-}41\mathrm{a})$$

显然 $\nabla \cdot \overline{a}$ 算符满足向量运算法则

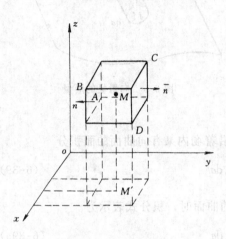

$$\nabla \cdot \overline{a} = \left(\overline{i}\,\frac{\partial}{\partial x} + \overline{j}\,\frac{\partial}{\partial y} + \overline{k}\,\frac{\partial}{\partial z} \right) \cdot \left(a_x\overline{i} + a_y\overline{j} + a_z\overline{k} \right)$$
$$= \frac{\partial a_x}{\partial x} + \frac{\partial a_y}{\partial y} + \frac{\partial a_z}{\partial z}$$

但是不足以证明计算公式满足散度定义。下面从定义出发证明式(6-41)。

证明：设 $M(x,y,z)$ 为向量场 $\overline{a}$ 中任一点，如图 6-6。因为散度定义中对包含 M 点的体元无形状要求，故为方便计算，取以 M 为中心，以 Δx、Δy、Δz 为棱长的长方体为体元，显然其体积 $\Delta\tau = \Delta x \cdot \Delta y \cdot \Delta z$，记流经该体元界面的总通量为

$$\Delta F = \Delta F_x + \Delta F_y + \Delta F_z$$

图 6-6　向量场的散度

式中 ΔF_x 表示通过矩形面 BD 与 AC 的通量；ΔF_y 表示通过矩形面 AB 与 CD 的通量；ΔF_z 表示通过矩形面 AD 与 BC 的通量；

$$\Delta F_x = \iint\limits_{BD} \overline{a} \cdot \overline{i}\,\mathrm{d}y\mathrm{d}z + \iint\limits_{AC} \overline{a} \cdot (-\overline{i})\,\mathrm{d}y\mathrm{d}z$$
$$= \int_{z-\frac{\Delta z}{2}}^{z+\frac{\Delta z}{2}}\int_{y-\frac{\Delta y}{2}}^{y+\frac{\Delta y}{2}} \left[a_x\left(x+\frac{\Delta x}{2},y,z\right) - a_x\left(x-\frac{\Delta x}{2},y,z\right) \right]\mathrm{d}y\mathrm{d}z$$

由面积分中值定理
$$\Delta F_x = \left[a_x\left(x+\frac{\Delta x}{2},y+\varepsilon,z+\eta\right) - a_x\left(x-\frac{\Delta x}{2},y+\varepsilon',z+\eta'\right) \right]\Delta y\Delta z$$

其中
$$y-\frac{\Delta y}{2} \leqslant y+\varepsilon \leqslant y+\frac{\Delta y}{2}, \quad z-\frac{\Delta z}{2} \leqslant z+\eta \leqslant z+\frac{\Delta z}{2}$$
$$y-\frac{\Delta y}{2} \leqslant y+\varepsilon' \leqslant y+\frac{\Delta y}{2}, \quad z-\frac{\Delta z}{2} \leqslant z+\eta' \leqslant z+\frac{\Delta z}{2}$$

于是
$$\lim_{\Delta v \to M} \frac{\Delta F_x}{\Delta v} = \lim_{\substack{\Delta x \to 0 \\ \Delta y \to 0 \\ \Delta z \to 0}} \frac{\left[a_x\left(x+\frac{\Delta x}{2},y+\varepsilon,z+\eta\right) - a_x\left(x-\frac{\Delta x}{2},y+\varepsilon',z+\eta'\right) \right]\Delta y\Delta z}{\Delta x \cdot \Delta y \cdot \Delta z}$$
$$= \lim_{\Delta x \to 0} \frac{a_x\left(x+\frac{\Delta x}{2},y,z\right) - a_x\left(x-\frac{\Delta x}{2},y,z\right)}{\Delta x}$$
$$= \frac{\partial a_x(x,y,z)}{\partial x}$$

类似地，可得到
$$\lim_{\Delta v \to M} \frac{\Delta F_y}{\Delta v} = \frac{\partial a_y}{\partial y} \qquad \lim_{\Delta v \to M} \frac{\Delta F_z}{\Delta v} = \frac{\partial a_z}{\partial z}$$

从而
$$\nabla \cdot \bar{a} = \lim_{\Delta v \to M} \frac{\Delta F}{\Delta v} = \frac{\partial a_x}{\partial x} + \frac{\partial a_y}{\partial y} + \frac{\partial a_z}{\partial z}$$

（证毕）

6.4.3　散度的运算性质

设 $\bar{a}$，$\bar{b}$ 为向量函数，u 为数量函数，$\bar{c}$ 为常向量，d 为常数，则有以下公式成立（对任何坐标系均成立）。

$$\nabla \cdot \bar{c} = 0 \tag{6-42}$$

$$\nabla \cdot (\bar{a} + \bar{b}) = \nabla \cdot \bar{a} + \nabla \cdot \bar{b} \tag{6-43}$$

$$\nabla \cdot (d\bar{a}) = d\nabla \cdot \bar{a} \tag{6-44}$$

$$\nabla \cdot (u\bar{a}) = u(\nabla \cdot \bar{a}) + \bar{a} \cdot \nabla u \tag{6-45}$$

【例 6-7】　矢径 $\bar{r} = x\bar{i} + y\bar{j} + z\bar{k}$，试求 $\mathrm{div}\,\bar{r}$。

解：
$$\mathrm{div}\,\bar{r} = \nabla \cdot \bar{r} = \frac{\partial x}{\partial x} + \frac{\partial y}{\partial y} + \frac{\partial z}{\partial z} = 3$$

【例 6-8】　试求 $\nabla \cdot [f(r)\bar{r}]$

解：
$$\nabla \cdot [f(r)\bar{r}] = f(r)(\nabla \cdot \bar{r}) + \bar{r} \cdot [f'(r)\nabla r]$$
$$= 3f(r) + \bar{r} \cdot [f'(r)\nabla r]$$
$$= 3f(r) + \bar{r} \cdot \left[f'(r)\frac{1}{r} \cdot \bar{r} \right]$$
$$= 3f(r) + rf'(r)$$

6.4.4　散度的应用——流体的连续性方程

考虑一个无"源"又无"沟"的域 D 内的流速场 $\bar{v}(x,y,z)$。可压缩流体的密度是位置和时间的数量函数，表示为 $\rho(x,y,z,t)$。流经垂直于流速方向单位面积的流量 $\bar{Q} = \rho\bar{v}$ 可以看作一向量，它与流速 $\bar{v}$ 方向一致。流体流经有向曲面元素 $\delta\bar{\sigma} = \delta\sigma\bar{n}$ 的流量 $\delta Q = \bar{Q} \cdot \delta\bar{\sigma}$，即为向量 $\bar{Q}$ 通过面元 $\delta\sigma$ 的通量。当 $\delta\sigma$ 为一封闭曲面，包围域的体积为 $\delta\tau$，$\bar{n}$ 定义为 $\delta\sigma$ 的外法线方向，故流体 $\delta\sigma$ 自外法向流出时，$\delta Q > 0$，反之 $\delta Q < 0$，表示流体流入 $\mathrm{d}\tau$ 内。由通量定义知对闭曲面 $\delta\sigma$ 的形状无要求，故不妨设 $\delta\sigma$ 包围一个平行于坐标轴的以 $\mathrm{d}x$，$\mathrm{d}y$，$\mathrm{d}z$ 为棱的长方体。根据散度计算公式(6-41) 可知

$$\nabla \cdot \bar{Q} = \lim_{\delta\tau \to M} \frac{\partial Q}{\partial \tau} = \frac{\partial Q_x}{\partial x} + \frac{\partial Q_y}{\partial y} + \frac{\partial Q_z}{\partial z}$$

即
$$\nabla \cdot \bar{Q} = \frac{\mathrm{d}Q}{\mathrm{d}\tau} \tag{6-46}$$

式(6-46) 说明向量场在点 M 的散度就是该点邻域内单位时间单位体积流出（或流入）的流量。令 $\delta\tau$ 体积不变，若 $\nabla \cdot \bar{Q} > 0$，即流体从 $\delta\tau$ 流出，而 $\delta\tau$ 所在域 D 为无源场。根据质量守恒，$\delta\tau$ 体内的流体单位体积单位时间的质量就会减少，即 $\frac{\partial \rho}{\partial t} < 0$，反之 $\nabla \cdot \bar{Q} < 0$，说明流体流入 $\delta\tau$，于是，有如下关系式成立

$$\nabla \cdot \bar{Q} = -\frac{\partial \rho}{\partial t}$$

此式可改写为

$$\nabla \cdot (\rho\bar{v}) + \frac{\partial \rho}{\partial t} = 0 \qquad (6\text{-}47)$$

$$\rho \nabla \cdot \bar{v} + \bar{v} \cdot \nabla\rho + \frac{\partial \rho}{\partial t} = 0 \qquad (6\text{-}47a)$$

式（6-47）即为可压缩流体的质量守恒的连续性方程。若为稳定流动，即与时间无关 $\frac{\partial \rho}{\partial t}=0$，则式（6-47）简化为

$$\nabla \cdot (\rho\bar{v}) = 0 \qquad (6\text{-}48)$$

如果流体是不可压缩的，即 $\rho=$ 常量

$\nabla\rho=0$，$\frac{\partial \rho}{\partial t}=0$ 于是式（6-47）退化为

$$\nabla \cdot \bar{Q} = \rho \nabla \cdot \bar{v} = 0$$
$$\text{或} \nabla \cdot \bar{v} = 0 \qquad (6\text{-}49)$$

式（6-49）为不可压缩流体的连续性方程。它说明不可压缩流体的流速场具有零散度，即在已知体积内，流入与流出的量相平衡。

6.4.5 散度定理

从数学上看，散度定理给出一个计算体积分与面积分相互转换的有效方法。设 $\bar{v}$ 是连续可微的矢性点函数，σ 是包围域 D 且体积为 τ 的光滑封闭曲面，则散度定理给出

$$\oiint_{\sigma} \bar{v} \cdot \bar{n} \mathrm{d}\sigma = \iiint_{D} \nabla \cdot \bar{v} \mathrm{d}\tau \qquad (6\text{-}50)$$

式中 $\bar{n}$ 为 σ 的外法向单位矢量。式（6-50）为不依赖于坐标系选择的普遍关系式。若在直角坐标系中，

$$\bar{v}(x,y,z) = P(x,y,z)\bar{i} + Q(x,y,z)\bar{j} + R(x,y,z)\bar{k}$$
$$\bar{n} = \cos\alpha\bar{i} + \cos\beta\bar{j} + \cos\gamma\bar{k}$$

则式（6-50）可表示为

$$\oiint_{\sigma} (P\cos\alpha + Q\cos\beta + R\cos\gamma)\mathrm{d}\sigma = \iiint_{D}\left(\frac{\partial P}{\partial x} + \frac{\partial Q}{\partial y} + \frac{\partial R}{\partial z}\right)\mathrm{d}x\mathrm{d}y\mathrm{d}z \qquad (6\text{-}51)$$

式（6-51）即为熟知的奥-高公式。

散度定理的二维形式为

$$\iint_{s} \nabla \cdot \bar{u}\mathrm{d}A = \oint_{c} \bar{u} \cdot \bar{n}\mathrm{d}l \qquad (6\text{-}52)$$

其中 S 为 xoy 平面域内一个域，C 为包含域 S 的封闭曲线，$\bar{n}$ 为 C 的外法线单位向量（图 6-7）。特别对一单连域而言，沿 C 可写为

$$\bar{n} = \frac{\mathrm{d}y}{\mathrm{d}l}\bar{i} - \frac{\mathrm{d}x}{\mathrm{d}l}\bar{j}$$
$$\bar{u} = P\bar{i} + Q\bar{j}$$

所以

$$\iint_{s}\left(\frac{\partial P}{\partial x} + \frac{\partial Q}{\partial y}\right)\mathrm{d}x\mathrm{d}y = \oint_{c}(\rho\mathrm{d}y - Q\mathrm{d}x) \qquad (6\text{-}53)$$

这里简略地叙述一下散度定理的物理意义：

式（6-50）中矢函数 $\bar{v}$ 可看作不可压缩流体的速度向量，σ 为包围域 D 体积 τ 的流速场

内任一封闭曲面。于是 $\rho\overline{v}\cdot\overline{n}\mathrm{d}\sigma$ 代表流体在单位时间流经 $\mathrm{d}\sigma$ 流出的流量,沿曲面 σ 积分,即 $\oiint\limits_{\sigma}\rho\cdot(\overline{v}\cdot\overline{n})\mathrm{d}\sigma$ 表示液体在单位时间流出曲面 σ 的流量。若域 D 内质量守恒,从域 D 内流出的流量必须不断得到补充,因此 D 域内部必定存在产生流体的"源",由式(6-46)知道 $\nabla\cdot\overline{v}$ 就表示单位时间单位体积通过某点的流量,即 $\nabla\cdot\overline{v}$ 是域 D 内某点的不可压缩流体的"源"强度。把域 D 内所有点的"源"加和起来,就是对体积 τ 作积分, $\iiint\limits_{D}\nabla\cdot\overline{v}\mathrm{d}\tau$ 就表示单位时间域 D 内得到内部

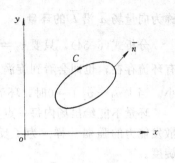

图 6-7 二维散度定理

"源"补充的流量。所以散度定理式(6-50)的实质是质量守恒的一种表达形式。

6.5 向量场的旋度

6.5.1 向量场的环量

由化工原理知,流体流动可分为三种形式:层流,过渡流,湍流。湍流场中就出现流体的旋涡运动,描述流体这种运动形式可以用数学中旋度这一工具。为了描述旋度定义,先引进环量概念。曲线积分

$$\int_{l}P\mathrm{d}x+Q\mathrm{d}y+R\mathrm{d}z$$

其中 $\overline{l}$ 为点 A 到点 B 的有向曲线,P,Q,R 为 $\overline{l}$ 上的连续函数。当 P,Q,R 为某一变力 $\overline{F}$ 在三个坐标轴的投影时,上面积分就表示变力 $\overline{F}$ 沿路径 l 所作的功。例如,假设某河床为一平面流速场,如图 6-8 示。$\overline{l}$ 为有向线段 $ABCD$ 矩形的边界,则流速 $\overline{v}$ 沿 $\overline{l}$ 的曲线积分为

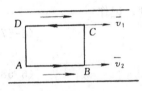

图 6-8 向量场的环量

$$\oint_{l}\overline{v}\mathrm{d}\overline{l}=\int_{\overrightarrow{AB}}\overline{v}\cdot\mathrm{d}\overline{l}+\int_{\overrightarrow{BC}}\overline{v}\cdot\mathrm{d}\overline{l}+\int_{\overrightarrow{CD}}\overline{v}\cdot\mathrm{d}\overline{l}+\int_{\overrightarrow{DA}}\overline{v}\cdot\mathrm{d}\overline{l}$$

因 $\overline{v}$ 与 $\overline{BC}$ 及 $\overline{DA}$ 垂直,故

$$\int_{\overrightarrow{BC}}\overline{v}\cdot\mathrm{d}\overline{l}=\int_{\overrightarrow{DA}}\overline{v}\cdot\mathrm{d}\overline{l}=0$$

于是

$$\oint_{l}\overline{v}\cdot\mathrm{d}\overline{l}=\int_{\overrightarrow{AB}}\cdot\mathrm{d}\overline{l}+\int_{\overrightarrow{CD}}\overline{v}\cdot\mathrm{d}\overline{l}$$

若设 $|\overline{AB}|=|\overline{CD}|=b$

则

$$\oint_{l}\overline{v}\cdot\mathrm{d}\overline{l}=b(v_{2}-v_{1}) \tag{6-54}$$

抽去物理含义,把向量场 $\overline{a}(M)$ 沿有向闭曲线 $\overline{l}$ 的曲线积分

$$\oint_{l}\overline{a}\cdot\mathrm{d}\overline{l} \tag{6-55}$$

称为向量场 $\bar{a}$ 沿 $\bar{l}$ 的环量。

分析式 (6-54)，只要 $v_2 \neq v_1$，则流速场 $\bar{v}$ 沿 $\overline{ABCD}$ 的环量不为零。这时在闭曲线 l 上就有环流存在，也即会看到旋涡。显见，当流速差 $|\bar{v}_2 - \bar{v}_1|$ 较大，环流量也较大，反之就小。当 $|\bar{v}_2 - \bar{v}_1| = 0$ 时，环流量为零，不发生旋涡。

环量不能给出场内每一点处的旋转能力的强弱和方向，正像通量不能给出场内每一点处散发能力的强弱一样。为了反映向量场中各点处旋转能力的强弱和方向，引入向量场的旋度。

6.5.2 向量场的旋度

正像通过通量体密度导出向量场的散度一样，在这里引入环量面密度来导出向量场的旋度。设 M 是向量场 $\bar{a}(M)$ 内任意一点，$\Delta\bar{l}$ 为包围 M 点的无限小的有向封闭曲线，$\Delta\sigma$ 为 $\Delta\bar{l}$

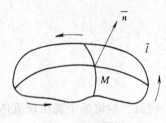

图 6-9　旋度方向

所包围的有向曲面，其法线正方向与 $\Delta\bar{l}$ 的正方向形成右螺旋系统见图 6-9，若向量 $\bar{a}(M)$ 沿封闭曲线 $\bar{l}$ 的线积分（环量）与 $\Delta\bar{l}$ 所围曲面面积 $\Delta\sigma$ 之比，当 $\Delta\sigma \to M$ 时若其极限存在则称为环量面密度，写作

$$\gamma_n(M) = \lim_{\Delta\sigma \to M} \frac{\oint_{\Delta l} \bar{a} \cdot \mathrm{d}\bar{l}}{\Delta\sigma}$$

$\gamma_n(M)$ 是与 σ 所取正法向 $\bar{n}$ 有关的一个数量。我们定义一向量

$$\bar{\gamma}_n(M) = \gamma_n(M)\bar{n}_0 \quad (n_0 \text{ 为 } \bar{n} \text{ 方向单位向量}) \tag{6-56}$$

称 $\bar{\gamma}_n(M)$ 为环量面密度向量，也就是向量场 $\bar{a}(M)$ 在点 M 处的旋度，记作

$$\mathrm{rot}\bar{a}(M) = \bar{r}_n(M) \tag{6-57}$$

$$\mathrm{rot}\bar{a}(M) \cdot \bar{n}_0 = \lim_{\Delta\sigma \to M} \frac{\oint_{\Delta l} \bar{a} \cdot \mathrm{d}\bar{l}}{\Delta\sigma} \tag{6-58}$$

这表明，向量场 $\bar{a}(M)$ 在点 M 处的旋度在 $\bar{n}$ 方向上的投影就是 $\bar{a}(M)$ 在点 M 处沿方向 $\bar{n}$ 的环量面密度。

由旋度定义可知，向量场的旋度是一向量场，它不依赖于坐标系的选择。但与梯度、散度相类似，在不同坐标系下有不同的计算公式。下面给出直角坐标系下的旋度计算公式。设

$$\bar{a}(x,y,z) = P(x,y,z)\bar{i} + Q(x,y,z)\bar{j} + R(x,y,z)\bar{k}$$

$$\mathrm{rot}\bar{a} = \begin{vmatrix} \bar{i} & \bar{j} & \bar{k} \\ \dfrac{\partial}{\partial x} & \dfrac{\partial}{\partial y} & \dfrac{\partial}{\partial z} \\ P & Q & R \end{vmatrix} = \left(\frac{\partial R}{\partial y} - \frac{\partial Q}{\partial z}\right)\bar{i} + \left(\frac{\partial P}{\partial z} - \frac{\partial R}{\partial x}\right)\bar{j} + \left(\frac{\partial Q}{\partial x} - \frac{\partial P}{\partial y}\right)\bar{k} \tag{6-59}$$

引用哈密顿算符 ∇，旋度可表为

$$\mathrm{rot}\bar{a} = \nabla \times \bar{a} \tag{6-60}$$

现在来证明式 (6-59)。

只需证

$$(\mathrm{rot}\overline{a})_x = \frac{\partial R}{\partial y} - \frac{\partial Q}{\partial z} \qquad (1)$$

$$(\mathrm{rot}\overline{a})_y = \frac{\partial P}{\partial z} - \frac{\partial R}{\partial x} \qquad (2)$$

$$(\mathrm{rot}\overline{a})_z = \frac{\partial Q}{\partial x} - \frac{\partial P}{\partial y} \qquad (3)$$

这里只证（1）式，其余类推。

设 $M(x,y,z)$ 为 $\overline{a}(M)$ 场中任一点，过 M 作平行于 yoz 平面小矩形 $MABC$，其边界方向如图 6-10 所示，显见 x 轴的正向就是矩形的法线方向

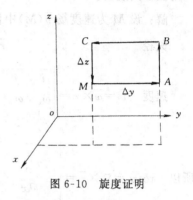

图 6-10　旋度证明

$$(\mathrm{rot}\overline{a})_x = \lim_{\substack{\Delta y \to 0 \\ \Delta z \to 0}} \oint_{MABC} \frac{\overline{a} \cdot \mathrm{d}\overline{l}}{\Delta y \Delta z}$$

$$\oint_{MABC} \overline{a} \cdot \mathrm{d}\overline{l} = \int_{\overrightarrow{MA}} \overline{a} \cdot \mathrm{d}\overline{l} + \int_{\overrightarrow{AB}} \overline{a} \cdot \mathrm{d}\overline{l} + \int_{\overrightarrow{BC}} \overline{a} \cdot \mathrm{d}\overline{l} + \int_{\overrightarrow{CM}} \overline{a} \cdot \mathrm{d}\overline{l}$$

因 $\overline{a}$ 在 $\overline{MA}$ 与 $\overline{BC}$ 上投影分别为 Q 与 $-Q$，$\overline{a}$ 在 $\overline{AB}$ 与 $\overline{CM}$ 上的投影分别为 R 与 $-R$，代入

$$\oint_{MABC} \overline{a} \cdot \mathrm{d}\overline{l} = \left[\int_{\overrightarrow{MA}} Q\mathrm{d}l - \int_{\overrightarrow{CB}} Q\mathrm{d}l\right] + \left[\int_{\overrightarrow{AB}} R\mathrm{d}l - \int_{\overrightarrow{MC}} R\mathrm{d}l\right]$$

$$= \int_y^{y+\Delta y} [Q(x,y,z) - Q(x,y,z+\Delta z)]\mathrm{d}y + \int_z^{z+\Delta z} [R(x,y+\Delta y,z) - R(x,y,z)]\mathrm{d}z$$

由微分中值定理和积分中值定理得

$$\int_y^{y+\Delta y} [Q(x,y,z) - Q(x,y,z+\Delta z)]\mathrm{d}y$$

$$= -\int_y^{y+\Delta y} \frac{\partial}{\partial z}Q(x,y,z+\theta_1\Delta z)\mathrm{d}y$$

$$= -\frac{\partial}{\partial z}Q(x,y+\theta_2\Delta y,z+\theta_1\Delta z)\Delta z\Delta y$$

其中 $\qquad\qquad\qquad 0 < \theta_1,\theta_2 < 1$

同理 $\qquad\qquad \int_z^{z+\Delta z} [R(x,y+\Delta y,z) - R(x,y,z)]\mathrm{d}z$

$$= \frac{\partial}{\partial y}R(x,y+\theta_3\Delta y,z+\theta_4\Delta z)\Delta z\Delta y$$

$$(0 < \theta_3,\theta_4 < 1)$$

所以 $\qquad\qquad \oint_{MABC} \overline{a} \cdot \mathrm{d}\overline{l} = \frac{\partial}{\partial y}R(x,y+\theta_3\Delta y,z+\theta_4\Delta z)\Delta y\Delta z -$

$$\frac{\partial}{\partial z}Q(x,y+\theta_2\Delta y,z+\theta_1\Delta z)\Delta y\Delta z$$

所以 $\qquad (\mathrm{rot}\overline{a})_x = \lim_{\substack{\Delta y \to 0 \\ \Delta z \to 0}} \frac{\oint_{MABC} \overline{a} \cdot \mathrm{d}\overline{l}}{\Delta y \Delta z} = \frac{\partial R(x,y,z)}{\partial y} - \frac{\partial Q(x,y,z)}{\partial z}$

（证毕）

对于平面向量场

$$\overline{a}(x,y)=P(x,y)\overline{i}+Q(x,y)\overline{j}$$

$$\mathrm{rot}\overline{a}=\left(\frac{\partial Q}{\partial x}-\frac{\partial P}{\partial y}\right)\overline{k}$$

【例 6-9】 设不可压缩的流体以角速度 $\overline{\omega}=\omega_x\overline{i}+\omega_y\overline{j}+\omega_z\overline{k}$ 绕 oz 轴旋转，求流体质点的切向速度的旋度。

解： 设 M 为速度场 $\overline{v}(M)$ 中任一点

矢径

$$\overline{r}(M)=\overline{OM}=x\overline{i}+y\overline{j}+z\overline{k}$$

速度

$$\overline{v}=\overline{\omega}\times\overline{r}=\begin{vmatrix}\overline{i}&\overline{j}&\overline{k}\\\omega_x&\omega_y&\omega_z\\x&y&z\end{vmatrix}=(\omega_y z-\omega_z y)\overline{i}+(\omega_z x-\omega_x z)\overline{j}+(\omega_x y-\omega_y x)\overline{k}$$

所以

$$\mathrm{rot}\overline{v}=\nabla\times\overline{v}=\begin{vmatrix}\overline{i}&\overline{j}&\overline{k}\\\dfrac{\partial}{\partial x}&\dfrac{\partial}{\partial y}&\dfrac{\partial}{\partial z}\\\omega_y z-\omega_z y&\omega_z x-\omega_x z&\omega_x y-\omega_y x\end{vmatrix}=2(\omega_x\overline{i}+\omega_y\overline{j}+\omega_z\overline{k})=2\overline{\omega}$$

或

$$\overline{\omega}=\frac{1}{2}\mathrm{rot}\overline{v}$$

可见若流体为一纯旋转，则其速度向量的旋度为一常向量，它等于角速度向量的两倍。

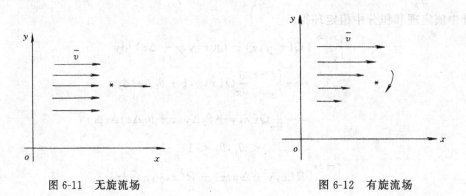

图 6-11　无旋流场　　　　　　　　　　　　　图 6-12　有旋流场

与上例截然相反，当 $\nabla\times\overline{v}\equiv0$ 时，则该流场为无旋场。更一般的流动则为既有平动又

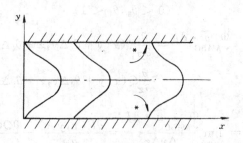

图 6-13　河床流速场

有旋转，以二维平面流动为例，$v_z=0$，若为无旋流动，则要求 $\nabla\times\overline{v}=0$，即有

$$\frac{\partial v_y}{\partial x} - \frac{\partial v_x}{\partial y} = 0$$

如图 6-11 显然满足 $\frac{\partial v_y}{\partial x} = 0$，$\frac{\partial v_x}{\partial y} = 0$，故为无旋流动。而图 6-12，$\frac{\partial v_y}{\partial x} = 0$，$\frac{\partial v_x}{\partial y} \neq 0$ 故为有旋流动。又如不可压缩流体在 $y=0$ 和 $y=1$ 两壁面之间作一维稳定流动，速度分布为 $\overline{v} = 4vy(1-y)\overline{i}$，其中 v 是在 $y = \frac{1}{2}$ 处的速度。＊号表示该位置放一小旋轮。如图 6-13，从宏观看，流体是沿 x 轴作直线流动，但对微小流体质点来说，除了平移外，还以自身为中心作旋转运动，如小轮旋转方向所示。

6.5.3 旋度的运算性质

设 $\overline{a}(M)$，$\overline{b}(M)$ 为矢函数，$u=u(M)$ 为数量函数，$\overline{c}$ 为常向量。则有：

$$\nabla \times \overline{c} = 0 \tag{6-61}$$

$$\nabla \times (\overline{a} \pm \overline{b}) = \nabla \times \overline{a} \pm \nabla \times \overline{b} \tag{6-62}$$

$$\nabla \times (u\overline{a}) = u\nabla \times \overline{a} + (\nabla u) \times \overline{a} \tag{6-63}$$

$$\nabla \times (\nabla u) = 0 \tag{6-64}$$

$$\nabla \cdot (\nabla \times \overline{a}) = 0 \tag{6-65}$$

$$\nabla \times (\nabla \times \overline{a}) = \nabla(\nabla \cdot \overline{a}) - (\nabla \cdot \nabla)\overline{a} \tag{6-66}$$

$$\nabla \cdot (\overline{a} \times \overline{b}) = \overline{b} \cdot (\nabla \times \overline{a}) - \overline{a} \cdot (\nabla \times \overline{b}) \tag{6-67}$$

$$\nabla \times (\overline{a} \times \overline{b}) = (\overline{b} \cdot \nabla)\overline{a} - (\overline{a} \cdot \nabla)\overline{b} + \overline{a}(\nabla \cdot \overline{b}) - \overline{b}(\nabla \cdot \overline{a}) \tag{6-68}$$

$$\nabla(\overline{a} \cdot \overline{b}) = (\overline{a} \cdot \nabla)\overline{b} + (\overline{b} \cdot \nabla)\overline{a} + \overline{a} \times (\nabla \times \overline{b}) + \overline{b} \times (\nabla \times \overline{a}) \tag{6-69}$$

$$\nabla \cdot (\nabla u_1 \times \nabla u_2) = 0 \tag{6-70}$$

其中

$$\overline{a} \cdot \nabla = a_x \frac{\partial}{\partial x} + a_y \frac{\partial}{\partial y} + a_z \frac{\partial}{\partial z}$$

6.5.4 斯托克斯定理

设 σ 为一封闭的有向曲线 $\overline{l}$（不交叉的）所围的双侧空间曲面。$\overline{l}$ 的正向与曲面 σ 的外法线正向成右螺旋系统见图 6-9。$\overline{v}$ 为连续可微的矢函数，则矢函数 $\overline{v}$ 绕 $\overline{l}$ 正向的环流量等于 $\overline{v}$ 在 σ 上的旋度的通量，即

$$\iint\limits_{\sigma} (\nabla \times \overline{v}) \cdot \overline{n} \, d\sigma = \oint_1 \overline{v} \cdot d\overline{l} \tag{6-71}$$

其中 $\overline{n}$ 为 σ 面上任一点的外法向单位向量。

若

$$\overline{v}(x,y,z) = P(x,y,z)\overline{i} + Q(x,y,z)\overline{j} + R(x,y,z)\overline{k}$$

$$\overline{n} = \cos\alpha \overline{i} + \cos\beta \overline{j} + \cos\gamma \overline{k} \quad 则$$

$$\nabla \times \overline{v} = \begin{vmatrix} \overline{i} & \overline{j} & \overline{k} \\ \dfrac{\partial}{\partial x} & \dfrac{\partial}{\partial y} & \dfrac{\partial}{\partial z} \\ P & Q & R \end{vmatrix} = \left(\frac{\partial R}{\partial y} - \frac{\partial Q}{\partial z}\right)\overline{i} + \left(\frac{\partial P}{\partial z} - \frac{\partial R}{\partial x}\right)\overline{j} + \left(\frac{\partial Q}{\partial x} - \frac{\partial P}{\partial y}\right)\overline{k}$$

$$(\nabla \times \overline{v}) \cdot \overline{n} = \left(\frac{\partial R}{\partial y} - \frac{\partial Q}{\partial z}\right)\cos\alpha + \left(\frac{\partial P}{\partial z} - \frac{\partial R}{\partial x}\right)\cos\beta + \left(\frac{\partial Q}{\partial x} - \frac{\partial P}{\partial y}\right)\cos\gamma$$

$$\overline{v} \cdot \mathrm{d}\overline{l} = (P\overline{i} + Q\overline{j} + R\overline{k}) \cdot (\mathrm{d}x\overline{i} + \mathrm{d}y\overline{j} + \mathrm{d}z\overline{k}) = P\mathrm{d}x + Q\mathrm{d}y + R\mathrm{d}z$$

于是式(6-71) 化为

$$\iint_{\sigma}\left[\left(\frac{\partial R}{\partial y} - \frac{\partial Q}{\partial z}\right)\cos\alpha + \left(\frac{\partial P}{\partial z} - \frac{\partial R}{\partial x}\right)\cos\beta + \left(\frac{\partial Q}{\partial x} - \frac{\partial P}{\partial y}\right)\cos\gamma\right]\mathrm{d}\sigma$$

$$= \oint_{1} P\mathrm{d}x + Q\mathrm{d}y + R\mathrm{d}z \tag{6-72}$$

或

$$\iint\left[\left(\frac{\partial R}{\partial y} - \frac{\partial Q}{\partial z}\right)\mathrm{d}y\mathrm{d}z + \left(\frac{\partial P}{\partial z} - \frac{\partial R}{\partial x}\right)\mathrm{d}z\mathrm{d}x + \left(\frac{\partial Q}{\partial x} - \frac{\partial P}{\partial y}\right)\mathrm{d}x\mathrm{d}y\right]$$

$$= \oint_{1} P\mathrm{d}x + Q\mathrm{d}y + R\mathrm{d}z \tag{6-73}$$

将式(6-72) 和式(6-73) 写成行列式形式有

$$\oint_{1} P\mathrm{d}x + Q\mathrm{d}y + R\mathrm{d}z = \iint_{\sigma}\begin{vmatrix} \cos\alpha & \cos\beta & \cos\gamma \\ \frac{\partial}{\partial x} & \frac{\partial}{\partial y} & \frac{\partial}{\partial z} \\ P & Q & R \end{vmatrix}\mathrm{d}\sigma \tag{6-74}$$

$$\oint_{1} P\mathrm{d}x + Q\mathrm{d}y + R\mathrm{d}z = \iint\begin{vmatrix} \mathrm{d}y\mathrm{d}z & \mathrm{d}z\mathrm{d}x & \mathrm{d}x\mathrm{d}y \\ \frac{\partial}{\partial x} & \frac{\partial}{\partial y} & \frac{\partial}{\partial z} \\ P & Q & R \end{vmatrix} \tag{6-75}$$

斯托克斯定理给出了一个线面积分相互转化的关系式。

若 σ 为一平面简单闭曲线 $\overline{l}$ 所围曲面，$\overline{v}$ 为一平面域的矢函数。
则因

$$\overline{v}(x,y) = P(x,y)\overline{i} + Q(x,y)\overline{j}$$

$$\overline{n} = \overline{k}$$

故

$$\oint_{1} P\mathrm{d}x + Q\mathrm{d}y = \iint\left(\frac{\partial Q}{\partial x} - \frac{\partial P}{\partial y}\right)\mathrm{d}x\mathrm{d}y \tag{6-76}$$

式(6-76) 为平面斯托克斯定理。若将式中 P 用 $-Q$ 代换，而 Q 代之以 P，不难看出它就是平面域的散度定理。也称平面上的格林定理。

【例 6-10】 试用斯托克斯定理计算线积分。

$$\oint_{l} \mathrm{e}^{-x}\overline{a} \cdot \mathrm{d}\overline{l}$$

其中 $\overline{a} = (\sin y)\overline{i} + (\cos y)\overline{j}$，而 l 是以 $(0,0,0)$，$(\pi,0,0)$，$(\pi,\frac{\pi}{2},0)$，$(0,\frac{\pi}{2},0)$ 为顶点的矩形。

解：

$$\nabla \times (\mathrm{e}^{-x}\overline{a}) = \begin{vmatrix} \overline{i} & \overline{j} & \overline{k} \\ \frac{\partial}{\partial x} & \frac{\partial}{\partial y} & \frac{\partial}{\partial z} \\ \mathrm{e}^{-x}\sin y & \mathrm{e}^{-x}\cos y & 0 \end{vmatrix} = (-\mathrm{e}^{-x}\cos y - \mathrm{e}^{-x}\cos y)\overline{k}$$

$$= (-2\mathrm{e}^{-x}\cos y)\overline{k}$$

$$\oint_l e^{-x}\overline{a} \cdot d\overline{l} = \iint_\sigma \nabla \times (e^{-x}\overline{a}) \cdot d\overline{\sigma}$$

$$= \int_0^{\pi/2}\int_0^\pi -2e^{-x}\cos y dx dy$$

$$= -2\int_0^{\pi/2}\left[-e^{-x}\right]_0^\pi \cos y dy$$

$$= 2(e^{-\pi}-1)\int_0^{\pi/2}\cos y dy$$

$$= 2(e^{-\pi}-1)$$

【例 6-11】 对于向量函数 $\overline{F} = (2x-y)\overline{i} - yz^2\overline{j} - y^2z\overline{k}$ 验证斯托克斯定理。这里曲面 S 为平面 xoy 上的半球面 $x^2+y^2+z^2=1$，l 是它的边界。

解： 由斯托克斯定理

$$\oint_l \overline{F} \cdot d\overline{l} = \iint_s (\nabla \times \overline{F}) \cdot \overline{n} ds$$

在 $z=0$ 的平面上，半球面的边界 l 是圆 $x^2+y^2=1$

令 $x=\cos t$ $y=\sin t$ $z=0$，$(0 \leqslant t \leqslant 2\pi)$，这便是曲线 l 的圆的参数方程。

于是

$$\oint_l \overline{F} \cdot d\overline{l} = \int_l \left[(2x-y)\overline{i}\right] \cdot (dx\overline{i}+dy\overline{j}+dz\overline{k})$$

$$= \oint_l (2x-y)dx = \int_0^{2\pi}(2\cos t - \sin t)(-\sin t)dt$$

$$= \int_0^{2\pi}(2\sin t\cos t - \sin^2 t)dt$$

$$= \int_0^{2\pi}\left[\sin 2t - \frac{1}{2}(1-\cos 2t)\right]dt$$

$$= \pi$$

另一方面

$$\nabla \times \overline{F} = \begin{vmatrix} \overline{i} & \overline{j} & \overline{k} \\ \dfrac{\partial}{\partial x} & \dfrac{\partial}{\partial y} & \dfrac{\partial}{\partial z} \\ 2x-y & -yz^2 & -y^2z \end{vmatrix} = 0\overline{i}+0\overline{j}+\overline{k} = \overline{k}$$

$$\iint_s (\nabla \times \overline{F}) \cdot \overline{n} ds = \iint_s \overline{k} \cdot \overline{n} ds = \iint_R dx dy \quad (R \text{ 为 } S \text{ 在 } xoy \text{ 平面上的投影})$$

$$\iint_R dx dy = \int_{-1}^{+1}\left(\int_{-\sqrt{1-x^2}}^{\sqrt{1-x^2}}dy\right)dx$$

$$= \int_{-1}^{+1}2\sqrt{1-x^2}dx = \int_0^1 4\sqrt{1-x^2}dx$$

$$= 4\int_0^{\pi/2}\sin^2 t dt = 4\int_0^{\pi/2}\frac{(1-\cos 2t)}{2}dt$$

$$= 4 \times \frac{\pi}{4} = \pi$$

从而验证了斯托克斯定理。

6.6　梯度、散度、旋度在柱、球坐标系的表达式

前面讨论的梯度、散度、旋度有关公式都是以直角坐标系为基础给出的。但是化工用管道设备多以柱体、球体为多，所以有必要引进在柱、球坐标系（属于正交曲线坐标系）下的三个度有关公式的表达式。

6.6.1　球坐标系下梯度、散度、旋度及拉普拉斯算符表达式

球坐标系下三个坐标变量为 ρ,θ,φ，它们与直角坐标变量间的关系为

$$x=\rho\sin\theta\cos\varphi$$
$$y=\rho\sin\theta\sin\varphi$$
$$z=\rho\cos\theta$$

其中 $\rho\geqslant0$，$0\leqslant\varphi\leqslant2\pi$，$0\leqslant\theta\leqslant\pi$，球坐标系是一种特定的正交曲线坐标系。它是由 $\rho=c_1$，$\varphi=c_2$，$\theta=c_3$ 三族曲面两两相交所形成的交点集合。正交曲面交线就是它的坐标曲线，这里分别为从原点出发到球面上某点的射线（半径）以及球面的经线和纬线。于是在球面上点 P 分别引出坐标曲线的切线，方向指向坐标增长方向，取其单位长度，称为坐标曲线上的单位向量，记作 $\overline{e}_\rho$，$\overline{e}_\theta$，$\overline{e}_\varphi$。如图 6-14 所示。三者构成一正交右螺旋系，因为正交，故有

$$\overline{e}_\rho=\overline{e}_\theta\times\overline{e}_\varphi,\quad\overline{e}_\theta=\overline{e}_\varphi\times\overline{e}_\rho,\quad\overline{e}_\varphi=\overline{e}_\rho\times\overline{e}_\theta\tag{6-77}$$

$$\overline{e}_\rho\cdot\overline{e}_\theta=\overline{e}_\theta\cdot\overline{e}_\varphi=\overline{e}_\rho\cdot\overline{e}_\varphi=0\tag{6-78}$$

矢径 $\overline{r}$ 在球坐标系上增量如图 6-15 所示。

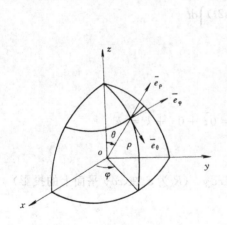

图 6-14　球坐标

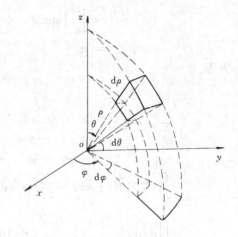

图 6-15　球坐标体元

$$\mathrm{d}\overline{r}=\mathrm{d}\rho\overline{e}_\rho+\rho\mathrm{d}\theta\overline{e}_\theta+\rho\sin\theta\mathrm{d}\varphi\overline{e}_\varphi\tag{6-79}$$

由式(6-38)知：数量函数 T 的全微分可表为　　$\mathrm{d}T=\mathrm{d}\overline{r}\cdot\nabla T$ $\tag{6-80}$

即全微分算符 d 可表为　　$\mathrm{d}=\mathrm{d}\overline{r}\cdot\nabla=\dfrac{\partial}{\partial\rho}\mathrm{d}\rho+\dfrac{\partial}{\partial\theta}\mathrm{d}\theta+\dfrac{\partial}{\partial\varphi}\mathrm{d}\varphi$ $\tag{6-81}$

由此可知，在球坐标下哈密顿算符 ∇ 可表为 $\nabla=\overline{e}_\rho\dfrac{\partial}{\partial\rho}+\dfrac{\overline{e}_\theta}{\rho}\dfrac{\partial}{\partial\theta}+\dfrac{\overline{e}_\varphi}{\rho\sin\theta}\dfrac{\partial}{\partial\varphi}$ $\tag{6-82}$

于是球坐标下梯度就可表示为

$$\nabla T = \overline{e}_\rho \frac{\partial T}{\partial \rho} + \frac{\overline{e}_\theta}{\rho} \frac{\partial T}{\partial \theta} + \frac{\overline{e}_\varphi}{\rho \sin\theta} \frac{\partial T}{\partial \varphi} \tag{6-83}$$

为了导出球坐标下的散度和旋度表达式，先将向量 $\overline{A}$ 表示成球坐标下的分量组合

$$\overline{A} = A_\rho \overline{e}_\rho + A_\theta \overline{e}_\theta + A_\varphi \overline{e}_\varphi \tag{6-84}$$

其中 $A_\rho, A_\theta, A_\varphi$ 分别为 ρ, θ, φ 三坐标曲线方向分量，它们是 (ρ, θ, φ) 的数性函数。于是由梯度、旋度运算性质知

$$\nabla \cdot \overline{A} = \nabla \cdot (A_\rho \overline{e}_\rho) + \nabla \cdot (A_\theta \overline{e}_\theta) + \nabla \cdot (A_\varphi \overline{e}_\varphi) \tag{6-85}$$

$$\nabla \times \overline{A} = \nabla \times (A_\rho \overline{e}_\rho) + \nabla \times (A_\theta \overline{e}_\theta) + \nabla \times (A_\varphi \overline{e}_\varphi) \tag{6-86}$$

而对其中每一分项又可分解为

$$\nabla \cdot (A_\rho \overline{e}_\rho) = A_\rho \nabla \cdot \overline{e}_\rho + \overline{e}_\rho \cdot \nabla A_\rho \tag{6-87}$$

$$\nabla \times (A_\rho \overline{e}_\rho) = A_\rho \nabla \times \overline{e}_\rho + \nabla A_\rho \times \overline{e}_\rho \tag{6-88}$$

等。所以必须找出 $\nabla \cdot \overline{e}_\rho$，$\nabla \times \overline{e}_\rho$ 等单位向量的散度和旋度表达式。

应用式(6-83)，对坐标变量 θ 求梯度。

$$\nabla \theta = \frac{1}{\rho} \overline{e}_\theta \tag{6-89}$$

又因梯度的旋度为零，得

$$\begin{aligned}
0 = \nabla \times \nabla \theta &= \left(\nabla \times \frac{1}{\rho} \overline{e}_\theta\right) \\
&= \frac{1}{\rho} (\nabla \times \overline{e}_\theta) - \overline{e}_\theta \times \nabla \left(\frac{1}{\rho}\right) \\
&= \frac{1}{\rho} (\nabla \times \overline{e}_\theta) - \overline{e}_\theta \times \overline{e}_\rho \frac{\partial}{\partial \rho}\left(\frac{1}{\rho}\right)
\end{aligned}$$

因为 $\overline{e}_\theta \times \overline{e}_\rho = \overline{e}_\varphi$

所以

$$\nabla \times \overline{e}_\theta = \frac{\overline{e}_\varphi}{\rho} \tag{6-90}$$

同样地对坐标变量 ρ, φ 求梯度，再求梯度的旋度可得到

$$\nabla \times \overline{e}_\rho = 0 \tag{6-91}$$

$$\nabla \times \overline{e}_\varphi = (\overline{e}_\rho \cot\theta - \overline{e}_\theta)/\rho \tag{6-92}$$

下面再求各单位向量的散度

$$\begin{aligned}
\nabla \cdot \overline{e}_\rho &= \nabla \cdot (\overline{e}_\theta \times \overline{e}_\varphi) \\
&= \overline{e}_\varphi \cdot (\nabla \times \overline{e}_\theta) - \overline{e}_\theta \cdot (\nabla \times \overline{e}_\varphi) \\
&= \frac{1}{\rho} + \frac{1}{\rho} = \frac{2}{\rho}
\end{aligned} \tag{6-93}$$

同理推得

$$\nabla \cdot \overline{e}_\theta = (\cot\theta)/\rho \tag{6-94}$$

$$\nabla \cdot \overline{e}_\varphi = 0 \tag{6-95}$$

将这些单位向量的旋度、散度公式代入式(6-85)和式(6-86)，并进行整理得

$$\nabla \cdot \overline{A} = \frac{1}{\rho^2} \frac{\partial}{\partial \rho}(\rho^2 A_\rho) + \frac{1}{\rho \sin\theta} \frac{\partial}{\partial \theta}(A_\theta \sin\theta) + \frac{1}{\rho \sin\theta} \frac{\partial A_\varphi}{\partial \varphi} \tag{6-96}$$

$$\nabla \times \overline{A} = \frac{1}{\rho\sin\theta}\left[\frac{\partial}{\partial\theta}(\sin\theta A_\varphi) - \frac{\partial A_\theta}{\partial\varphi}\right]\overline{e}_\rho + \left[\frac{1}{\rho\sin\theta}\frac{\partial A_\rho}{\partial\varphi} - \frac{1}{\rho}\frac{\partial}{\partial\rho}(\rho A_\varphi)\right]\overline{e}_\theta +$$

$$\left[\frac{1}{\rho}\frac{\partial}{\partial\rho}(\rho A_\theta) - \frac{1}{\rho}\frac{\partial A_\rho}{\partial\theta}\right]\overline{e}_\varphi \tag{6-97}$$

我们知道
$$\nabla \cdot \nabla T = \nabla^2 T = \Delta T \tag{6-98}$$

这里 $\Delta(\nabla^2)$ 称为拉普拉斯算符，将梯度公式(6-83) 代入到式(6-96) 中，得到

$$\nabla^2 T = \frac{1}{\rho^2}\frac{\partial}{\partial\rho}\left(\rho^2\frac{\partial T}{\partial\rho}\right) + \frac{1}{\rho^2\sin\theta}\frac{\partial}{\partial\theta}\left(\sin\theta\frac{\partial T}{\partial\theta}\right) + \frac{1}{\rho^2\sin^2\theta}\frac{\partial^2 T}{\partial\varphi^2} \tag{6-99}$$

6.6.2 柱坐标系下梯度、散度、旋度及拉普拉斯算符表达式

柱坐标下三个坐标变量为 ρ,φ,z，它们与直角坐标变量间关系为

$$x = \rho\cos\varphi$$
$$y = \rho\sin\varphi$$
$$z = z$$

其中 $\rho \geqslant 0$，$0 \leqslant \varphi \leqslant 2\pi$，$-\infty < z < +\infty$

柱坐标系也是一种特定的正交曲线坐标系，它是由 $\rho = c_1$，$\varphi = c_2$，$\theta = c_3$ 三族曲面两两相交组成的体系。注意这里坐标曲线 ρ 与球坐标中的 ρ 是有区别的，它是从垂直 z 轴截面与轴交点出发的射线。另外两条坐标曲线分别为平行于轴的圆柱面母线及垂直轴截面与柱面相交的圆周线。在柱面上任一点 M 分别引坐标曲线的切线，方向指向坐标增长方向，取其单位长度，则为其坐标曲线上单位向量，记作 $\overline{e}_\rho, \overline{e}_\varphi, \overline{e}_z$ 如图 6-16 示。这三者也构成一正交右螺旋系，满足两两正交条件，与式(6-77) 和式(6-78) 类同。

矢径 $\overline{r}$ 在柱坐标中增量见图 6-17。

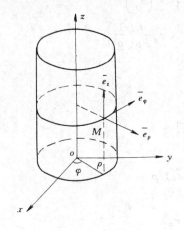

图 6-16　柱坐标

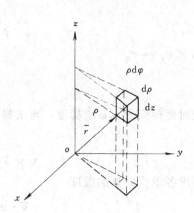

图 6-17　柱坐标体元

$$d\overline{r} = d\rho\overline{e}_\rho + \rho d\varphi\overline{e}_\varphi + dz\overline{e}_z \tag{6-100}$$

由式(6-38) 知全微分
$$d = d\overline{r}\cdot\nabla = \frac{\partial}{\partial\rho}d\rho + \frac{\partial}{\partial\varphi}d\varphi + \frac{\partial}{\partial z}dz \tag{6-101}$$

所以柱坐标中 ∇ 可表为

$$\nabla = \overline{e}_\rho\frac{\partial}{\partial\rho} + \frac{\overline{e}_\varphi}{\rho}\frac{\partial}{\partial\varphi} + \overline{e}_z\frac{\partial}{\partial z} \tag{6-102}$$

从而柱坐标系下梯度可写出

$$\nabla T = \overline{e}_\rho \frac{\partial T}{\partial \rho} + \frac{\overline{e}_\varphi}{\rho} \frac{\partial T}{\partial \varphi} + \overline{e}_z \frac{\partial T}{\partial z} \tag{6-103}$$

运用前述同样方法可导出柱坐标系下散度、旋度以及拉普拉斯算符表达式如下

$$\nabla \cdot \overline{A} = \frac{1}{\rho} \frac{\partial}{\partial \rho}(\rho A_\rho) + \frac{1}{\rho} \frac{\partial A_\varphi}{\partial \varphi} + \frac{\partial A_z}{\partial z} \tag{6-104}$$

$$\nabla \times \overline{A} = \left[\frac{1}{\rho} \frac{\partial A_z}{\partial \varphi} - \frac{\partial A_z}{\partial z} \right] \overline{e}_\rho + \left(\frac{\partial A_\rho}{\partial z} - \frac{\partial A_z}{\partial \rho} \right) \overline{e}_\varphi + \frac{1}{\rho} \left[\frac{\partial}{\partial \rho}(\rho A_\varphi) - \frac{\partial A_\rho}{\partial \varphi} \right] \overline{e}_z \tag{6-105}$$

$$\nabla^2 T = \frac{1}{\rho} \frac{\partial}{\partial \rho}\left(\rho \frac{\partial T}{\partial \rho} \right) + \frac{1}{\rho^2} \frac{\partial^2 T}{\partial \varphi^2} + \frac{\partial^2 T}{\partial z^2} \tag{6-106}$$

6.7　场论在化工中的应用

　　场论在化工中的应用主要是研究流体力学。包括流体流动、流体中的传热和扩散等。这里首先介绍三种常用的矢量场，然后简单地介绍一下用哈密顿算符描述的流体运动方程，传热、传质方程。

6.7.1　三种常用的向量场

6.7.1.1　管形场——无源场

　　对于给定的向量场 $\overline{a}(M)$，若在某定义域 D 中每一点处都有 $\mathrm{div}\overline{a} \equiv 0$，则称 $\overline{a}(M)$ 为管形场（或无源场）。由散度定理知

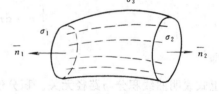

图 6-18　管形场

$$\oiint \overline{a} \cdot \overline{n} \mathrm{d}\sigma = \iiint_D \mathrm{div}\overline{a} \mathrm{d}\tau = 0 \tag{6-107}$$

公式表明无源场内通过任意闭曲面的通量为零。

　　若流速场 $\overline{a}(M)$ 为管形场，则流体流经任一截面的流量为一常量。如图 6-18 示，σ_1, σ_2 为管子两端横截面积，σ_3 为管子的侧面积，于是有

$$\iint_{\sigma_1} \overline{a} \cdot \overline{n}_1 \mathrm{d}\sigma + \iint_{\sigma_2} \overline{a} \cdot \overline{n}_2 \mathrm{d}\sigma + \iint_{\sigma_3} \overline{a} \cdot \overline{n}_3 \mathrm{d}\sigma = 0$$

在侧面 σ_3 上每一点处的流速 $\overline{a}$ 都指向该面上流线的切线方向。因而与 σ_3 上的法向量正交，所以

$$\iint_{\sigma_3} \overline{a} \cdot \overline{n}_3 \mathrm{d}\sigma = 0$$

于是有

$$\iint_{\sigma_1} \overline{a} \cdot \overline{n}_1 \mathrm{d}\sigma + \iint_{\sigma_2} \overline{a} \cdot \overline{n}_2 \mathrm{d}\sigma = 0$$

即

$$\iint_{\sigma_1} \overline{a} \cdot \overline{n}_1 \mathrm{d}\sigma = -\iint_{\sigma_2} \overline{a} \cdot \overline{n}_2 \mathrm{d}\sigma = 常量$$

　　这个性质说明，当不可压缩流体流过管子时，则通过任何横截面的流体通量都应相等。如果管径粗细不均，那只不过管径细处流动的强度大些，管径粗处流动的强度小些而已。由此可见管形场名称的来历。

6.7.1.2 有势场——无旋场

对于一般的矢量场 $\bar{a}(M)$，其旋度不一定为零。但若 $\bar{a}(M)$ 恰好是某一数量场 $\varphi(M)$ 的梯度时，必有 $\text{rot}\bar{a}(M)=0$。此时 $\bar{a}(M)$ 称为有势场（或无旋场，保守场），而称 $\varphi(M)$ 为向量场 $\bar{a}(M)$ 相应的势函数，则有

$$\text{rot}\bar{a}(M)=0 \tag{6-108}$$

$$\bar{a}(M)=\nabla\varphi(M) \tag{6-109}$$

由梯度性质可知

$$\nabla(\varphi+c)=\nabla\varphi \quad (c \text{ 为常数})$$

故势函数有无限多个，它们之间仅差一常量。数学上论述向量场 $\bar{a}(M)$ 为有势场的充要条件是 $\bar{a}(M)$ 的旋度在定义域内处处为零。

有势场在物理学上有很多实例。例如质点运动路径可由 $\bar{a}=\bar{r}$ 表示，$\nabla\times\bar{r}=0$，故其为有势场，势函数为 $\varphi=\dfrac{r^2}{2}+c$。又如引力场 $\bar{F}(M)=\dfrac{-m_0}{r^3}\bar{r}$，不难证明 $\nabla\times\bar{F}=0$，而 $\bar{F}(M)=\text{grad}\dfrac{m}{r}$，因此势函数为 $\dfrac{m}{r}$。与此类似的电力场、磁力场均为有势场。那么对于任意一个有势场怎样来找出它的势函数呢？这里可以利用有势场所具有的一条性质：若 $\bar{a}(M)$ 为有势场，即 $\text{rot}\bar{a}(M)=0$，且 $\varphi(M)$ 为势函数，即 $\bar{a}(M)=\text{grad}\varphi$，由斯托克斯定理

$$\oint_l \bar{a}\cdot\mathrm{d}\bar{r}=\iint_\sigma(\nabla\times\bar{a})\cdot\mathrm{d}\bar{\sigma}=0$$

即

$$\oint_l \bar{a}\cdot\mathrm{d}\bar{r}=0 \tag{6-110}$$

上式说明曲线积分与路径无关。积分值只取决于起点和终点。

设

$$\bar{a}=\text{grad}\varphi=\frac{\partial\varphi}{\partial x}\bar{i}+\frac{\partial\varphi}{\partial y}\bar{j}+\frac{\partial\varphi}{\partial z}\bar{k}$$

$$\mathrm{d}\bar{r}=\mathrm{d}x\bar{i}+\mathrm{d}y\bar{j}+\mathrm{d}z\bar{k}$$

于是

$$\int_l \bar{a}\cdot\mathrm{d}\bar{r}=\int_l\frac{\partial\varphi}{\partial x}\mathrm{d}x+\frac{\partial\varphi}{\partial y}\mathrm{d}y+\frac{\partial\varphi}{\partial z}\mathrm{d}z$$

$$=\int_l\mathrm{d}\varphi=\varphi(M)-\varphi(M_0) \tag{6-111}$$

其中 M_0 为 l 的起点，M 为 l 的终点。显然 M_0 是任选的，故求得的势函数可以相差一常数。

下面举例说明势函数的两种求取方法。

【例 6-12】 有力场 $\bar{F}=y^2\bar{i}+2(xy+z)\bar{j}+2y\bar{k}$。容易验明场内处处有 $\nabla\times\bar{F}=0$，所以 $\bar{F}$ 为有势场。存在势函数 φ，使 $\bar{F}=\nabla\varphi$。试求出势函数 φ。

解：因为

$$F_x=\frac{\partial\varphi}{\partial x}=y^2 \tag{1}$$

$$F_y=\frac{\partial\varphi}{\partial y}=2(xy+z) \tag{2}$$

$$F_y=\frac{\partial\varphi}{\partial z}=2y \tag{3}$$

对式(1) 积分得 $\varphi=xy^2+f(y,z)$ （$f(y,z)$ 为 y,z 的任意函数）

代入式（2）
$$2xy+\frac{\partial f(y,z)}{\partial y}=2xy+2z$$

故
$$\frac{\partial f(y,z)}{\partial y}=2z$$

积分得
$$f(y,z)=2yz+g(z) \quad （g(z)为 z 的任意函数）$$

一并代入式（3）
$$2y+\frac{\mathrm{d}g}{\mathrm{d}z}=2y$$

所以
$$g(z)=c \quad （任意常数）$$

最后
$$\varphi=xy^2+2yz+c$$

【例 6-13】 试求有势场 $\bar{a}=\left(\frac{1}{y}-\frac{y}{x^2}\right)\bar{i}+\left(\frac{1}{x}-\frac{x}{y^2}+\frac{1}{z}\right)\bar{j}-\frac{y}{z^2}\bar{k}$ 的势函数。

解：因为积分 $\int_l \bar{a}\cdot\mathrm{d}l$ 与路径无关，只决定于起点和终点。现令 $\bar{a}=P\bar{i}+Q\bar{j}+R\bar{k}$，起点 (x_0,y_0,z_0)。终点 (x,y,z)。积分路线如图 6-19 所示。

$$\int_l \bar{a}\cdot\mathrm{d}\bar{r}=\int_l P\mathrm{d}x+Q\mathrm{d}y+R\mathrm{d}z$$

或
$$\varphi=\int_{m_0(x_0,y_0,z_0)}^{m(x,y,z)} P\mathrm{d}x+Q\mathrm{d}y+R\mathrm{d}z$$
$$=\int_{x_0}^x P(x,y_0,z_0)\mathrm{d}x+\int_{y_0}^y Q(x,y,z_0)\mathrm{d}y+\int_{z_0}^z R(x,y,z)\mathrm{d}z$$

对于本题有
$$\varphi=\int_{x_0}^x \left(\frac{1}{y_0}-\frac{y_0}{x^2}\right)\mathrm{d}x+\int_{y_0}^y \left(\frac{1}{x}-\frac{x}{y^2}+\frac{1}{z_0}\right)\mathrm{d}y+\int_{z_0}^z \left(-\frac{y}{z^2}\right)\mathrm{d}z$$
$$=\frac{y}{x}+\frac{x}{y}+\frac{y}{z}-\frac{x_0}{y_0}-\frac{y_0}{x_0}-\frac{y_0}{z_0}$$

所以
$$\varphi=\frac{y}{x}+\frac{x}{y}+\frac{y}{z}+c$$

由于 M_0 是任选的，故 φ 可相差一常数。

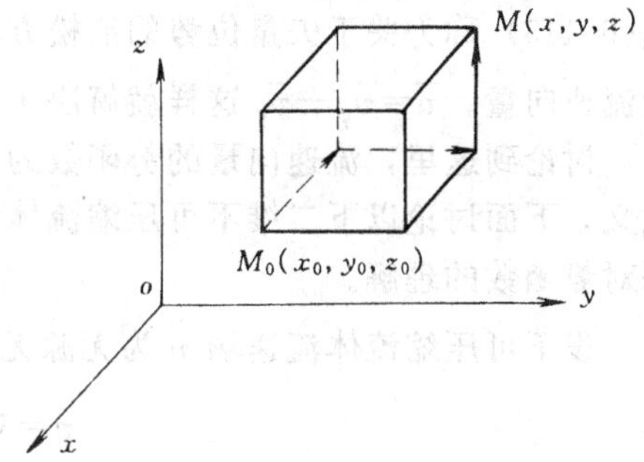

6.7.1.3　调和场——无源无旋场

若向量场 $\bar{a}(M)$ 既为无源场 $\mathrm{div}\bar{a}(M)=0$，又为无旋场 $\mathrm{rot}\bar{a}(M)=0$，则称 $\bar{a}(M)$ 为调和场。

一般情况下，流体流动的流速场总是包含两部分（有旋部分和无旋部分）。设有流速场
$$\bar{v}=\bar{v}_\varphi+\bar{v}_r \tag{6-112}$$

图 6-19　积分路线

其中 $\bar{v}_\varphi$ 是由散度场确定的无旋流速部分，即它为有势场，满足条件
$$\nabla\times\bar{v}_\varphi=0$$

且存在势函数 φ，有
$$\bar{v}_\varphi=\nabla\varphi$$

若 $\bar{v}_\varphi$ 又为无源场，有
$$\nabla\cdot\bar{v}_\varphi=\nabla\cdot\nabla\varphi=0$$

即
$$\nabla^2\varphi=\Delta\varphi=0$$

在直角坐标系中
$$\Delta\varphi=\frac{\partial^2\varphi}{\partial x^2}+\frac{\partial^2\varphi}{\partial y^2}+\frac{\partial^2\varphi}{\partial z^2}=0 \tag{6-113}$$

式(6-113) 称为拉普拉斯方程，"Δ"称为拉普拉斯算符前节已经提及，由此可得出结论：调和场中势函数满足拉普拉斯方程，求解拉氏方程可得到势函数 φ，因而拉氏方程又称调和方程，φ 又称调和函数。求出 φ 后，再由 $\bar{v}_\varphi = \nabla\varphi$ 确定速度的无旋流速部分了。当然对于一般无旋流速部分不一定散度为零。若

$$\nabla \cdot \bar{v}_\varphi = D \neq 0$$

则可导出

$$\nabla \cdot \nabla\varphi = D$$

$$\text{或} \quad \nabla^2\varphi = \Delta\varphi = D \tag{6-114}$$

式(6-114) 称为泊松方程（关于标量位势 φ）。

方程式(6-112) 中的 $\bar{v}_r$ 是由涡度场确定的有旋流速部分，对于不可压缩流体涡旋运动相应的流速向量 $\bar{v}_r$，其旋度不为零，设

$$\bar{\xi} = \nabla \cdot \bar{v}_r \neq 0$$

但它可以是无源场，散度为零即

$$\nabla \cdot \bar{v}_r = 0$$

类似于标量势，我们引进矢量位势 $\bar{A}_r$，它可表示为

$$\bar{v}_r = \nabla \times \bar{A}_r$$

于是

$$\bar{\xi} = \nabla \times (\nabla \times \bar{A}_r)$$

$$D = \nabla \cdot (\nabla \times \bar{A}_r) = 0$$

因为

$$\nabla \times (\nabla \times \bar{A}_r) = \nabla(\nabla \cdot \bar{A}_r) - \nabla^2\bar{A}_r$$

可以证明

$$\nabla^2\bar{A}_r = -\bar{\xi} \tag{6-115}$$

式(6-115) 称为关于矢量位势的泊松方程。求解此方程可得到 $\bar{A}_r$，再由 $\nabla \times \bar{A}_r = \bar{v}_r$ 确定有旋流速向量。$\bar{v} = \bar{v}_\varphi + \bar{v}_r$ 这样就解决了一般流速场的整体分析了。

讨论到这里，流速向量的势函数的概念可能还是抽象的。为了进一步理解势函数的物理意义，下面讨论以下二维不可压缩流体的平面流动，并引出流函数，借助流函数可形象地加深对势函数的理解。

设不可压缩流体流速场 $\bar{v}$ 为无源无旋调和场，则存在势函数 φ，满足拉普拉斯方程，有

$$\bar{v} = \nabla\varphi = \frac{\partial\varphi}{\partial x}\bar{i} + \frac{\partial\varphi}{\partial y}\bar{j} \tag{6-116}$$

$$\nabla^2\varphi = \frac{\partial^2\varphi}{\partial x^2} + \frac{\partial^2\varphi}{\partial y^2} = 0 \tag{6-117}$$

$$\bar{v} = v_x\bar{i} + v_y\bar{j} \tag{6-118}$$

求解拉氏方程，可得到势函数 φ，但势函数不是唯一的，任意两个势函数间相差一个常量。即在 Z 平面上有一簇等势线

$$\varphi(x,y) = c \tag{6-119}$$

对应于不同的 c 值有其相应的曲线。这些曲线与速度向量以及相应的流线相正交。所谓流线是一条假想的曲线，流线上各点的切线方向恰好与那时刻该点流速方向一致。若取流线切线方向上一微小弧段 $\mathrm{d}\bar{S}$，则

$$\mathrm{d}\bar{S} = \mathrm{d}x\bar{i} + \mathrm{d}y\bar{j} + \mathrm{d}z\bar{k}$$

因为流线上任意一点切线方向恰为该点此刻速度方向，故有

$$\overline{v}\times\mathrm{d}\,\overline{S}=0$$

令 $\overline{v}(x,y,z,t)=v_x(x,y,z,t)\overline{i}+v_y(x,y,z,t)\overline{j}+v_z(x,y,z,t)\overline{k}$

则由向量叉积定义导出

$$\frac{\mathrm{d}x}{v_x}=\frac{\mathrm{d}y}{v_y}=\frac{\mathrm{d}z}{v_z} \tag{6-120}$$

式(6-117)为某时刻流线所满足的微分方程组。积分上述两个微分方程得到两个空间曲面，它们的交线就是流线。假设流线方程可表示为

$$\Psi(x,y)=c_2 \tag{6-121}$$

称 $\Psi(x,y)$ 为流函数，流线就是流函数的等值线。因为等流线与等势线相正交，故有

$$\nabla\varphi\cdot\nabla\Psi=0 \tag{6-122}$$

即

$$\frac{\partial\varphi}{\partial x}\cdot\frac{\partial\Psi}{\partial x}+\frac{\partial\varphi}{\partial y}\cdot\frac{\partial\Psi}{\partial y}=0 \tag{6-122a}$$

或

$$\frac{\frac{\partial\Psi}{\partial y}}{\frac{\partial\varphi}{\partial x}}=\frac{-\frac{\partial\Psi}{\partial x}}{\frac{\partial\varphi}{\partial y}}$$

令上式比值为 μ，它可为 x,y 的函数。

于是有

$$\left.\begin{array}{l}\dfrac{\partial\Psi}{\partial x}=-\mu\dfrac{\partial\varphi}{\partial y}\\[2mm]\dfrac{\partial\Psi}{\partial y}=\mu\dfrac{\partial\varphi}{\partial x}\end{array}\right\} \tag{6-123}$$

Ψ 为 x,y 的连续可微函数，故求导次序可交换

$$\frac{\partial^2\Psi}{\partial y\partial x}=\frac{\partial^2\Psi}{\partial x\partial y} \tag{6-124}$$

将式(6-123)代入上式

$$\frac{\partial}{\partial y}\left(\mu\frac{\partial\varphi}{\partial y}\right)+\frac{\partial}{\partial x}\left(\mu\frac{\partial\varphi}{\partial x}\right)=0 \tag{6-125}$$

比较式(6-117)与式(6-125)可知，μ 必须是常数，不妨令 $\mu=1$，于是有

$$\mathrm{d}\Psi=-\frac{\partial\varphi}{\partial y}\mathrm{d}x+\frac{\partial\varphi}{\partial x}\mathrm{d}y \tag{6-126}$$

当 φ 为可知时，利用上式求积可得到 Ψ。如利用速度分量 v_x、v_y，式(6-126)还可写作

$$\mathrm{d}\Psi=-v_y\mathrm{d}x+v_x\mathrm{d}y \tag{6-127}$$

而流函数的梯度可表示为

$$\nabla\Psi=\frac{\partial\Psi}{\partial x}\overline{i}+\frac{\partial\Psi}{\partial y}\overline{j}=-\frac{\partial\varphi}{\partial y}\overline{i}+\frac{\partial\varphi}{\partial x}\overline{j}=-v_y\overline{i}+v_x\overline{j}$$

所以上式可以写作

$$\nabla\Psi=\overline{k}\times\overline{v} \tag{6-128}$$

而

$$\nabla^2\Psi=\nabla\cdot(\overline{k}\times\overline{v})=\overline{v}\cdot(\nabla\times\overline{k})-\overline{k}\cdot(\nabla\times\overline{v})$$

因为流动是无旋的，所以 $\nabla\times\overline{v}=0$，于是有

$$\nabla^2\Psi=0 \tag{6-129}$$

上式说明，流函数 Ψ 也满足拉普拉斯方程。若有某种流动以 $\varphi=c_1$ 为流线，则 $\Psi=c_2$ 就可

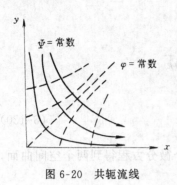

图 6-20 共轭流线

看作该流动的速度势。如此相关的两个流动称为共轭。

下面考察一个具体的势函数与其共轭的流函数。设 $\varphi = x^2 - y^2$ 是二维不可压缩流体流动的速度势。容易验证 φ 满足拉氏方程 $\nabla^2 \varphi = 0$，速度向量 $\overline{v} = \nabla \varphi = 2x\overline{i} - 2y\overline{j}$。

等势线方程为 $x^2 - y^2 = c_1$

故其为 xy 平面上的双曲线如图 6-20 所示。

由式 (6-126) 可确定流函数 Ψ

$$d\Psi = 2ydx + 2xdy = 2d(xy)$$

因而流线方程也是双曲线

$$\Psi = 2xy = c_2$$

其中包括 $x = 0$，$y = 0$ 也属流线。这是一个流经直角拐角处的平面流动。又因 $\Psi = 2xy$ 也满足拉氏方程，故可将 Ψ 看作共轭流动的速度势，这样曲线 $\varphi = x^2 - y^2 = c$ 即为流线，$\varphi = x^2 - y^2$ 为流函数。

6.7.2 流体运动方程

流体力学研究流体（液体和气体）的运动。描述运动流体的状态要用这样几个函数：流体速度分布 $\overline{v}(x, y, z, t)$；压力分布 $P(x, y, z, t)$ 和密度分布 $\rho(x, y, z, t)$。这里涉及五个量，即速度 $\overline{v}$ 的三个分量加上压力 P 和密度 ρ。建立流体动力学的五个方程的依据是质量守恒、动量守恒、能量守恒这些基本定律。根据质量守恒导出的连续性方程就是流体动力学基本方程之一。其余几个方程也都可以应用场论方法导出，这里限于篇幅不予细导，但是应当指出用场论方法推导并引用了哈密顿算符，使方程的结构形式简洁、物理含义明确，而且对于问题选用的坐标系不予考虑，具有通用性质。譬如对于不可压缩流体，描述流体运动的奈维-斯托克斯方程为

$$\frac{\partial \overline{v}}{\partial t} + (\overline{v} \cdot \nabla)\overline{v} = -\frac{1}{\rho}\nabla P + v\nabla^2 \overline{v} + \overline{F} \tag{6-130}$$

这是一个向量方程，如写成 $\overline{v}$ 的分量形式可变为三个方程。而且运用曲线坐标 ∇ 表达式可以把它化为柱、球坐标系下各自表达形式，显然通用向量形式最为简洁。此外方程中五项各自表示随时间变化的外力、惯性力、压力、粘滞力和体积力（重力），所以物理意义明确。这个方程是根据牛顿第二定律导出的。流体动力学还有一个基本方程是关于密度和压力的状态方程，它可由能量守恒导出，对于不同热力学假设可得出不同方程，这里不作详细讨论了。

由于奈维-斯托克斯方程惯性力这一项是非线性的，比较复杂，至今还不能求得一般的解析解，所以通常根据需要作简化处理，譬如假设流速很小，可以略去惯性项，又无外力 $\overline{F}$，方程可简化为

$$\frac{\partial \overline{v}}{\partial t} = -\frac{1}{\rho}\nabla P + v\nabla^2 \overline{v} \tag{6-131}$$

用 $\nabla \times$ 作用于方程得

$$\frac{\partial}{\partial t}(\nabla \times \overline{v}) = -\frac{1}{\rho}\nabla \times \nabla P + v\nabla^2 \nabla \times \overline{v}$$

令 $\bar{\zeta} = \nabla \times \bar{v}$

其中 $\bar{\zeta}$ 即为流速场的涡流强度。由旋度运算性质和梯度的旋度为零即

$$\nabla \times \nabla P = 0$$

于是方程式(6-131)简化为

$$\frac{\partial \bar{\zeta}}{\partial t} = v \nabla^2 \bar{\zeta} \tag{6-132}$$

式(6-132)为一典型的二阶线性抛物型偏微分方程（在第七章要进一步讨论）。它与热传导方程、扩散方程的形式是一样的，只是在这里函数 $\bar{\zeta}$ 是个向量，它可以用三个分量形式表成三个微分方程。对于理想流体，则假设流体黏度很小，即雷诺数很大，可以忽略式(6-130)中的黏滞力一项得

$$\frac{\partial \bar{v}}{\partial t} + (\bar{v} \times \nabla) \bar{v} = -\frac{1}{\rho} \nabla P \tag{6-133}$$

由旋度运算性质式(6-69)可导出

$$\frac{1}{2} \nabla \bar{v}_2 = \bar{v} \times (\nabla \times \bar{v}) + (\bar{v} \times \nabla) \bar{v}$$

于是运动方程可写为

$$\frac{\partial \bar{v}}{\partial t} + \frac{1}{2} \nabla \bar{v}^2 - \bar{v} \times (\nabla \times \bar{v}) + \frac{\nabla P}{\rho} = 0$$

重新整理

$$\nabla \left(\frac{1}{2} \bar{v}^2 + \frac{P}{\rho} \right) = \bar{v} \times (\nabla \times \bar{v}) - \frac{\partial \bar{v}}{\partial t}$$

若是稳定流动且为无旋场，则等式右边为零，从而得到柏努利方程

$$\frac{1}{2} \bar{v}^2 + \frac{P}{\rho} = 常量 \tag{6-134}$$

对于不同的流线，取不同的常数。

6.7.3 热传导方程

建立热传导的偏微分方程，我们在第七章还将详细讨论，这里用场论方法推导可作一比较。

考虑温度场 $T(M,t) = T(x,y,z,t)$ 中，包含点 $M(x,y,z)$ 的任一闭曲面 S，$\bar{n}$ 为 S 上外法向单位矢量。那么在 t 到 $t + \mathrm{d}t$ 的时间间隔内，沿 n 方向流过面积元素 $\mathrm{d}S$ 的热量 $\mathrm{d}Q_1$，根据傅立叶导热定律，数值上它正比于 $\mathrm{d}t \cdot \mathrm{d}S$ 及 $\frac{\mathrm{d}T}{\mathrm{d}n}$ 的乘积，$\frac{\mathrm{d}T}{\mathrm{d}n}$ 为法向导数，比例系数 K_1 为导热系数，由于热量从高温传向低温，所以带有一个负号，即

$$\mathrm{d}Q_1 = -K_1 \mathrm{d}t \mathrm{d}S \frac{\partial T}{\partial n}$$

由梯度定义

$$\frac{\partial T}{\partial n} = \nabla T \cdot \bar{n}$$

所以在 $t \to t + \mathrm{d}t$ 内，经闭曲面 S 流出的总热量为

$$Q_1 = -\,dt \iiint\limits_{D} \nabla \cdot (K_1 \nabla T)\,d\tau$$

由热量守恒知，在体积元 $d\tau$ 内流出的热量将使体内温度下降，所以在 dt 时间间隔内，流出 $d\tau$ 的热量正比于 $\dfrac{\partial T}{\partial t}$

$$dQ_2 = -K_2\,dt\rho\,\frac{\partial T}{\partial t}\,d\tau$$

于是 D 域内散发的总热量为

$$Q_2 = -\,dt \iiint\limits_{D} K_2\rho\,\frac{\partial T}{\partial t}\,d\tau$$

显然 $Q_1 = Q_2$，消去 dt 得

$$\iiint\limits_{D}\left[K_2\rho\,\frac{\partial T}{\partial t} - \nabla \cdot (K_1 \nabla T)\right]d\tau = 0$$

由于 τ 是任意的，所以积分值等于零的充分必要条件是被积函数恒为零。

$$K_2\rho\,\frac{\partial T}{\partial t} = K_1 \nabla \cdot (\nabla T) = 0$$

或

$$\frac{\partial T}{\partial t} = \frac{K_1}{K_2\rho}\nabla^2 T$$

令

$$\frac{K_1}{K_2\rho} = a^2 \qquad 则有$$

$$\frac{\partial T}{\partial t} = a^2 \nabla^2 T \tag{6-135}$$

在直角坐标系中有

$$\frac{\partial T}{\partial t} = a^2\left(\frac{\partial^2 T}{\partial x^2} + \frac{\partial^2 T}{\partial y^2} + \frac{\partial^2 T}{\partial z^2}\right) \tag{6-136}$$

　　与热传导方程相类似，可以导出质量传递的扩散方程

$$\frac{\partial C}{\partial t} = D\nabla^2 C \tag{6-137}$$

式中 C 为物质的浓度，D 为扩散系数。

习　　题

1. 下列各量哪些是纯量，哪些是向量？
   (1) 动能；(2) 电场强度；(3) 熵；(4) 功；(5) 离心力；(6) 温度；(7) 引力位势；(8) 电荷；(9) 剪应力；(10) 频率
2. 向量运算
   (a) $2(3\,\overline{i} - 4\,\overline{j} + \overline{k}) - (\overline{j} + 2\,\overline{i} - 3\,\overline{k})$
   (b) $(\overline{i} + \overline{j}) \cdot (2\,\overline{i} - 2\,\overline{j})$
   (c) $2(3\,\overline{i} - 4\,\overline{j} + \overline{k}) \times (\overline{j} + 2\,\overline{i} - 3\,\overline{k})$
   (d) $\mathrm{grad}[xy(y^2 + z^3)]$
   (e) $\mathrm{div}(y\overline{i} - x\overline{j})$
   (f) $\nabla^2\left(\dfrac{1}{r}\right)$

3. 已知　$\bar{a}=2\bar{i}+\bar{j}-3\bar{k}$，$\bar{b}=\bar{i}-2\bar{j}+\bar{k}$，$\bar{c}=-\bar{i}+\bar{j}-4\bar{k}$

   求：

   (a) $\bar{a}\cdot(\bar{b}\times\bar{c})$

   (b) $\bar{c}\cdot(\bar{a}\times\bar{b})$

   (c) $\bar{a}\times(\bar{b}\times\bar{c})$

   (d) $(\bar{a}\times\bar{b})\times\bar{c}$

4. 求垂直于两个向量 $2\bar{i}+3\bar{j}+4\bar{k}$，$\bar{i}+2\bar{j}-2\bar{k}$ 的单位向量，并确定这两个向量间的夹角。

5. 证明：三个向量共面的充要条件是 $\bar{A}\cdot(\bar{B}\times\bar{C})=0$，并问下述三向量是否共面？
$$\bar{i}+3\bar{j}-2\bar{k},\quad \bar{i}-5\bar{j}+3\bar{k},\quad 2\bar{i}-2\bar{j}+\bar{k}$$

6. 证明：$(\bar{A}\times\bar{B})\cdot(\bar{A}\times\bar{C})=\bar{A}^2(\bar{B}\cdot\bar{C})-(\bar{A}\cdot\bar{B})(\bar{A}\cdot\bar{C})$。

7. 若 $(\bar{A}\times\bar{B})\times(\bar{A}\times\bar{D})=\bar{A}$，求 $(\bar{A}\times\bar{B})\times(\bar{B}\times\bar{D})$。

8. 试建立 Lagrange 恒等式
$$(\bar{a}\times\bar{b})\cdot(\bar{c}\times\bar{d})=\begin{vmatrix}\bar{a}\cdot\bar{c}&\bar{a}\cdot\bar{d}\\\bar{b}\cdot\bar{c}&\bar{b}\cdot\bar{d}\end{vmatrix}.$$

9. 已知　$\bar{R}=x^2y\bar{i}-2y^2z\bar{j}+xy^2z^2\bar{k}$，求在点 $(2,1,-2)$ 处的 $\left|\dfrac{\partial^2\bar{R}}{\partial x^2}\times\dfrac{\partial^2\bar{R}}{\partial y^2}\right|$。

10. 设 $\bar{F}$ 是 t 的函数，求 $\dfrac{\mathrm{d}}{\mathrm{d}t}\left(\bar{F}\cdot\dfrac{\mathrm{d}\bar{F}}{\mathrm{d}t}\times\dfrac{\mathrm{d}^2\bar{F}}{\mathrm{d}t^2}\right)$。

11. 求空间曲线 $x=t$，$y=t^2$，$z=t^3$ 在 $t=1$ 处的单位向量。

12. 在 t 时刻，从原点到一动点的向量为 $\bar{r}=\bar{i}\cos\omega t+\bar{j}\sin\omega t$，其中 ω 为常量。

    (a) 求动点速度 $\bar{v}$，并证明 $\bar{v}$ 垂直于 $\bar{r}$。

    (b) 求加速度 $\bar{a}$，并证明其指向原点，且大小与原点到质点的距离成正比。

    (c) 证明 $\bar{r}\times\bar{v}$ 是一常向量，因此动点的轨迹曲线处于某一平面内。

13. 如果 $\varphi(x,y,z)=xy^2z$ 和 $\bar{A}=xz\bar{i}-xy^2\bar{j}+yz^2\bar{k}$，求在点 $(2,-1,1)$ 的 $\dfrac{\partial^3}{\partial x^2\partial z}(\varphi\bar{A})$。

14. 若 $\bar{R}(u)=(u-u^2)\bar{i}+2u^3\bar{j}-3\bar{k}$，求 (a) $\int\bar{R}(u)\mathrm{d}u$，(b) $\int_1^2\bar{R}(u)\mathrm{d}u$。

15. 设 $\bar{r}=-A\sin\theta\bar{i}+A\cos\theta\bar{j}+B\bar{k}$（其中 A、B 为常数），求 $\dfrac{1}{2}\int_0^{2\pi}(\bar{r}\times\bar{r})\mathrm{d}\theta$。

16. 计算 $\int\bar{A}\times\dfrac{\mathrm{d}^2\bar{A}}{\mathrm{d}t^2}\mathrm{d}t$。

17. 设 $\varphi(x,y,z)=3x^2y-y^3z^2$，求在点 $(1,-2,-1)$ 的 $\nabla\varphi$。

18. 求 $\varphi(x,y,z)=x^2yz+4xz^2$ 于点 $(1,-2,-1)$ 沿 $2\bar{i}-\bar{j}-2\bar{k}$ 方向上的方向导数。

19. 求曲面 $x^2+y^2+z^2=9$ 和 $z=x^2+y^2-3$ 在点 $(2,-1,2)$ 处的夹角。

20. 证明 $\nabla\cdot(U\nabla v-v\nabla U)=U\nabla^2v-v\nabla^2U$。

21. 确定常数 a，使向量 $\bar{v}=(x+3y)\bar{i}+(y-2z)\bar{j}+(x+az)\bar{k}$ 是管形场。

22. 设 $\bar{A}=x^2y\bar{i}-2xz\bar{j}+2yz\bar{k}$，求 rot rot$\bar{A}$。

23. 证明 $\nabla\times(\phi\bar{A})=(\nabla\phi)\times\bar{A}+\phi(\nabla\times\bar{A})$。

24. 竖琴（nabla）算符 ∇ 两次作用于向量 $\bar{A}=Ax\bar{i}+Ay\bar{j}+Az\bar{k}$ 的四种方式是哪些？其结果分别是什么？

25. 求证

    (1) $\nabla \cdot (x\bar{v}) = x\nabla \cdot \bar{v} + \bar{i} \cdot \bar{v}$

    (2) $\nabla \times (x\bar{v}) = x\nabla \times \bar{v} + \bar{i} \times \bar{v}$

    (3) $\nabla \cdot (\nabla\varphi) = (\nabla \cdot \nabla)\varphi \equiv \nabla^2\varphi$

26. (a) 解释符号 $\bar{A} \cdot \nabla$。

    (b) 给 $(\bar{A} \cdot \nabla)\bar{B}$ 以合适的意义。

27. 设 $\bar{A} = 2yz\bar{i} - x^2y\bar{j} + xz^2\bar{k}$, $\bar{B} = x^2\bar{i} + yz\bar{j} + xy\bar{k}$, $\varphi = 2x^2yz^3$,

    求 (a) $(\bar{A} \cdot \nabla)\varphi$; (b) $(\bar{B} \cdot \nabla)\bar{A}$; (c) $(\bar{A} \times \nabla)\varphi$; (d) $\bar{A} \times \nabla\varphi$。

28. 对积分 $\oint_c [(xy + y^2)\mathrm{d}x + x^2\mathrm{d}y]$ 验证平面格林定理, 其中 C 是由 $y = x$ 和 $y = x^2$ 所围区域的闭曲线。

29. 求椭圆 $x = a\cos\theta$, $y = b\sin\theta$ 的面积。

30. 计算 $\oiint_\sigma \bar{F} \cdot \bar{n}\mathrm{d}\sigma$, 其中 $\bar{F} = 4xz\bar{i} - y^2\bar{j} + yz\bar{k}$, 且 σ 为由 $x = 0$, $x = 1$, $y = 0$, $y = 1$, $z = 0$, $z = 1$ 所围的立方体的边界曲面。

31. 设 $\bar{F} = x\bar{i} + y\bar{j} + z\bar{k}$, 边界为 $x = \pm1$, $y = \pm1$, $z = \pm1$ 所围的立方体闭曲面, 验证散度定理。

32. 对 $\bar{A} = (2x - y)\bar{i} - yz^2\bar{j} - y^2z\bar{k}$, 验证斯托克斯定理, 其中 S 是上半球面 $x^2 + y^2 + z^2 = 1$, 而 C 是它的边界。

33. 对 (a) 柱面坐标; (b) 球面坐标, 叙述其坐标曲面和坐标曲线。

34. 设 $\bar{e}_\rho$ 和 $\bar{e}_\varphi$ 是圆柱坐标系中 ρ 和 φ 方向的单位切向量, 证明

$$\bar{i} = \bar{e}_\rho\cos\varphi - \bar{e}_\varphi\sin\varphi$$

$$\bar{j} = \bar{e}_\rho\sin\varphi + \bar{e}_\varphi\cos\varphi$$

35. 设 r, θ, z 为柱坐标系变量, 计算下列各量

(a) $\nabla\theta$; (b) ∇r^n; (c) $\nabla \times \bar{e}_\theta$; (d) $\nabla^2(r^2\cos\theta)$; (e) $\nabla^2(r^n\cos n\theta)$。

36. 设 $\bar{e}_r$, $\bar{e}_\varphi$, $\bar{e}_\theta$ 为球坐标系中与坐标曲线相切的单位向量, 证明

$$\bar{i} = (\bar{e}_r\sin\theta + \bar{e}_\theta\cos\theta)\cos\varphi - \bar{e}_\varphi\sin\varphi$$

$$\bar{j} = (\bar{e}_r\sin\theta + \bar{e}_\theta\cos\theta)\sin\varphi + \bar{e}_\varphi\cos\varphi$$

$$\bar{k} = \bar{e}_r\cos\theta - \bar{e}_\theta\sin\theta$$

37. 设 r, φ 和 θ 为球坐标变量, 计算下列各量

    (a) $\nabla\varphi$; (b) $\nabla\theta$; (c) $\nabla \cdot (\bar{e}_r\mathrm{ctan}\theta - 2\bar{e}_\theta)$; (d) $\nabla^2\left[\left(r + \dfrac{1}{r^2}\right)\cos\theta\right]$。

38. 在柱面坐标系中表示向量 $\bar{A} = z\bar{i} - 2x\bar{j} + y\bar{k}$, 从而确定 A_ρ, A_φ, A_z。

39. 分别画出柱面坐标及球面坐标中的体积元素并给出体元的各边的长及体元的体积。

40. (a) 验证函数 $\varphi(x, y) = x^3 - 3xy^2$ 是速度势;

    (b) 确定速度向量 $\bar{v}$ 及其大小;

    (c) 确定满足条件 $\Psi(0, 0) = 0$ 的流函数 $\Psi(x, y)$, 并求出流线方程;

    (d) 设此流体的均匀密度为 ρ, 确定流经连接点 $(1, 1)$ 和 $(2, 2)$ 的弧 (即流经以这弧为底的单位高的圆柱表面) 的流量。

41. 设一无源且无旋涡的不可压缩流体对 z 轴为轴对称, 故其速度可用柱坐标表示为

$$\bar{v} = v_x\bar{e}_z + \bar{v}_r\bar{e}_r$$

    (a) 令 z, r, θ 为柱坐标变量, 证明

$$v_z = \frac{\partial \varphi}{\partial z} \qquad v_r = \frac{\partial \varphi}{\partial r}$$

其中 $\varphi(z,r)$ 满足方程

$$\frac{1}{r}\frac{\partial}{\partial r}\left(r\frac{\partial \varphi}{\partial r}\right) + \frac{\partial^2 \varphi}{\partial z^2} = 0$$

(b) 证明其流函数 Ψ 可由关系式 $d\Psi = r(-v_r\,dz + v_z\,dr)$ 确定，并验证上式右端为一恰当微分。

(c) 在平面 $\theta =$ 常数中，将连接 P_0 和 P_1 两点的弧 C 绕 z 轴旋转得一曲面，证明流经此曲面的流量可由下式给出

$$2\pi\rho\int_C d\Psi = 2\pi\rho[\Psi(\rho_1) - \Psi(\rho_2)]$$

42. 试写出柱坐标和球坐标下的连续性方程。

第七章 偏微分方程与特殊函数

7.1 引言

常微分方程只能构成集中参数模型，也就是只考虑系统中有一个自变量问题。但实际工程问题常需考虑多个自变量。例如研究系统温度场分布及其随时间的变化规律，温度是时间和空间坐标的函数。同样化学反应过程或分离、传热、传质过程中，随着反应、流动、扩散和传递过程进行，质点浓度也是时间和空间的函数。总之，描述物理量（温度、浓度、振幅、变形等）在时、空域中变化规律的方程，若含有未知函数的偏导数，则构成偏微分方程。方程中出现的偏导数的最高阶数称为方程的阶数。方程经过有理化并消去分式后，若方程中没有未知函数及其偏导数的乘积或幂等非线性项，称该方程为线性的，反之统称为非线性的。在非线性方程中，如仅对未知函数的所有最高阶导数不是非线性的，则称此方程为拟线性的。在线性方程中，不含有未知函数及其偏导数的项称为自由项，自由项为零的方程称为齐次方程，否则称为非齐次方程。

例如

$$a(x,y)\frac{\mathrm{d}z}{\mathrm{d}x}+b(x,y)\frac{\mathrm{d}z}{\mathrm{d}y}=c(x,y) \tag{7-1}$$

（一阶、线性、非齐次）

$$a(x,y)\frac{\partial^2 u}{\mathrm{d}x^2}+\left(\frac{\partial u}{\partial y}\right)^2=0 \tag{7-2}$$

（二阶、拟线性、齐次）

$$\left(\frac{\partial^2 u}{\mathrm{d}x^2}\right)^2+\left(\frac{\partial^2 u}{\partial y^2}\right)^2=f(x,y) \tag{7-3}$$

（二阶、非线性、非齐次）

以上例子都是两个自变量情形，若有更多的自变量，其分类原则是一样的。假设微分方程之解可表示为 $z=f(x,y)$，则将解函数代入微分方程，一定使方程两边恒等。而 $z=f(x,y)$ 在几何上可解释为 x,y,z 三维空间的曲面，因此称为积分曲面。

一般来说，求取 n 阶线性常微分方程的通解，必定包含有 n 个独立的任意函数，若存在 n 个边界条件，则可以确定这 n 个常数，从而获得该方程满足边界条件的一个特定解。在偏微分方程中，通解具有特定形式的任意函数，且看以下例题。

不难验证 $z=f(x^2-y^2)$ 是方程

$$yz_x+xz_y=0$$

的通解，其中 f 是任意函数。如 $z=(x^2-y^2),z=\sin(x^2-y^2),z=4\sqrt{x^2-y^2}+\cos(x^2-y^2)$ 等都是该方程的特解。

$u=x^2-y^2,u=e^x\cos y,u=\ln(x^2+y^2)$ 这些完全不同的函数，都满足

$$\frac{\partial^2 u}{\partial x^2}+\frac{\partial^2 u}{\partial y^2}=0$$

这是二维拉普拉斯方程。而函数 $u=e^{-t}\cos x$，$u=e^{-t}\sin x$ 都可作为一维热传导方程

$$\frac{\partial u}{\partial t}=\frac{\partial^2 u}{\partial x^2}$$

的通解。

由上述事例可以得出两点结论：① 偏微分方程的通解包含有任意函数，或者说其通解形式是不确定的。因此解偏微分方程，一般都不是先求通解，后由定解条件确定特解（只有少数情况例外），而是直接求取特解。② 一个特定形式的偏微分方程可以描述许多物理现象的共性规律，它可以有很多不同形式的特解。所以可称为"泛定方程"。例如热传导方程（泛定方程中的一种典型）既可以描述传热方程，又可表示扩散传质方程。从而对于一个确定的物理过程的描述，除了"泛定方程"外，还需要有定解条件，才是完整地表示该问题的数学模型。定解条件包括初始条件（当方程含有时间变量时）和边界条件（关于空间变量的约束条件）。"泛定方程"加上"定解条件"就构成一个确定的物理过程的"定解问题"。此时问题才可能有确定的特解。

由于化工过程中遇到的主要是二阶偏微分方程。本章重点讨论三种典型的二阶线性偏微分方程建模方法，以及化工中最常用的两种解析求解法——分离变量法和拉普拉斯变换法。涉及柱、球坐标系的问题，分离变量法就引出两种重要的特殊函数——贝塞尔函数和勒让德多项式，这里仅作简要介绍。

7.2 二阶偏微分方程分类

只讨论两个自变量的二阶线性方程。若未知函数 $u(x,y)$ 与它的一阶、二阶偏导数存在关系式

$$F(x,y,u,u_x,u_y,u_{xx},u_{xy},u_{yy})=0 \tag{7-4}$$

式(7-4)为两个自变量二阶偏微分方程。其中导数采用简写形式

$$u_x=\frac{\partial u}{\partial x},\ u_y=\frac{\partial u}{\partial y},\ u_{xx}=\frac{\partial^2 u}{\partial x^2},\ u_{xy}=\frac{\partial^2 u}{\partial x\partial y},\ u_{yy}=\frac{\partial^2 u}{\partial y^2}$$

式(7-4)各项具体写出，可表为

$$Au_{xx}+2Bu_{xy}+Cu_{yy}+Du_x+Eu_y+Gu+f=0 \tag{7-5}$$

若 A，B，C，D，E，F，G 都只是 x，y 的函数，则式(7-5)称为线性二阶偏微分方程。又如系数都为常数，则称常系数线性二阶方程，其中 $f=f(x,y)$ 为已知函数，即自由项。当 $f(x,y)=0$ 时，方程为齐次的，反之为非齐次方程。

方程(7-5)中系数 A，B，C 的取值决定二阶线性方程的分类。

$M=M(x,y)$ 为方程中自变量域内任意一点。分类判别条件如下。

(1) 若在点 M 有：$B^2-AC>0$，则方程在该点处为双曲线型的。例如

$$u_{xx}-u_{yy}=0 \tag{7-6}$$

(2) 若在点 M 有：$B^2-AC=0$，则方程在该点处为抛物线型的。例如

$$u_y-u_{xx}=0 \tag{7-7}$$

(3) 若在点 M 有：$B^2-AC<0$。则方程在该点处为椭圆型的。例如

$$u_{xx} + u_{yy} = 0 \qquad\qquad\qquad (7\text{-}8)$$

由于 A，B，C 可以是 x，y 的函数，所以同一方程，对于不同区域的点 M，可以是不同类型的方程。例如：$xu_{xx} + yu_{yy} + 2yu_x - xu_y = 0$ 的判别式 $B^2 - AC = 0 - xy$，当 $xy < 0$，即 x，y 异号，M 点在二、四象限内，该区域内方程是双曲型的；当 $xy > 0$，即 x，y 同号，M 点在一、三象限内，该区域内方程为椭圆型的。当 x 或 y 为零，方程在 y 或 x 轴上是抛物型。

方程式(7-6)、式(7-7) 和式(7-8) 为三类方程最典型的特例。由于各类方程描述不同范畴的物理现象，所以也常用物理含义来命名方程类别，如

双曲型：$u_{tt} = a^2 (u_{xx} + u_{yy} + u_{zz})$ 称波动方程

抛物型：$u_t = a^2 (u_{xx} + u_{yy} + u_{zz})$ 称热传导方程

椭圆型：$u_{xx} + u_{yy} + u_{zz} = 0$ 称拉普拉斯方程或稳态方程

7.3　典型方程的建立

7.3.1　波动方程

水波、声波、电磁波等各种波动的物理现象，都具有共同的发生、传输、消失的规律，可以用同一类泛定方程来描述，即波动方程（双曲型方程）。与化工有关的波动问题主要出现在流体力学研究中，如可压缩流体通过小孔的超音速流动以及声学方程等，此外研究化工设备与机器振动问题，如研究塔设备共振现象，消振措施，鼓风机、透平压缩机消除噪声等问题都会遇到波动方程。这里为了简化起见，介绍经典的一维波动方程以及流体力学中声波方程。建立偏微分方程机理模型原则包括简化假设、基本方程应用等步骤。从以下具体实例中可加深理解。

【例 7-1】　均匀弦的微小横振动。

解：设有一根均匀柔软的细弦，张紧后两端固定如图 7-1（a）所示。给弦以扰动，使其产生振动。现在来确定弦上各点振动规律。

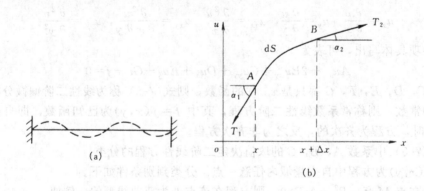

图 7-1　弦的横振动

简化假设：

（1）单位长度弦的质量为 ρ（定值），弦是绝对柔软的，不能抗弯，因此弦上各点张力与该点切线方向一致。

（2）弦的自重相比于张力显得很小，可以忽略。

（3）振动方向与弦长方向相垂直，且振动保持在一固定平面内。

（4）振动是微小的，即弦上各点位移及弦的弯曲斜率很小。

在振动弦上取一微元段 $\overarc{AB}$，弦长为 dS，如图 7-1（b）所示，弦上质点位移是 x、t 的函数，记作 $u(x、t)$。$\overarc{AB}$ 两端所受张力为 T_1、T_2。根据牛顿运动定律 $F=ma$，分析微元段 dS 上受力情况。

由简化假设（3）弦上各点沿 x 轴方向没有运动，所以作用于 dS 微弦段上的 x 方向合力为零，即

$$T_2\cos\alpha_2 - T_1\cos\alpha_1 = 0 \qquad (7\text{-}9)$$

由于振动是微小的，故弧长

$$dS = \sqrt{(dx)^2 + (du)^2} \approx dx$$

于是微元段的质量近似等于 ρdx。沿坐标 u 方向的合力产生垂直于 x 方向的振动，由 $F=ma$ 得

$$T_2\sin\alpha_2 - T_1\sin\alpha_1 = (\rho dx)\frac{\partial^2 u(x,t)}{\partial t^2} \qquad (7\text{-}10)$$

由假设（4）弦的弯曲是微小的，即 $\alpha_1 \approx 0$，$\alpha_2 \approx 0$，于是 $\cos\alpha_1 \approx 1$，$\cos\alpha_2 \approx 1$，$\sin\alpha_1 \approx \tan\alpha_1 = \frac{\partial u(x,t)}{\partial x}$，$\sin\alpha_2 \approx \tan\alpha_2 = \frac{\partial u(x+dx,t)}{\partial x}$ 代入式(7-9)，得 $T_1 = T_2$ 即张力沿弧长各点保持不变，前已指出，$\overarc{AB}$ 长度 $dS \approx dx$，即弧长在振动过程中不随时间伸长或缩短，所以张力不随时间变化，总之张力既与 x 无关，也不随 t 改变，它是定值，记作 T，这样式(7-10)可改写为

$$T\left[\frac{\partial u(x+dx,t)}{\partial x} - \frac{\partial u(x,t)}{\partial x}\right] = \rho dx \frac{\partial^2 u}{\partial t^2}$$

由微分中值定理，上式可表为

$$T\frac{\partial^2 u}{\partial x^2} = \rho \frac{\partial^2 u}{\partial t^2} \qquad (7\text{-}11)$$

因为 T，ρ 均为正常数，不妨令

$$a^2 = T/\rho$$

式(7-11) 改写为

$$\frac{\partial^2 u}{\partial t^2} - a^2 \frac{\partial^2 u}{\partial x^2} = 0 \qquad (7\text{-}12)$$

式(7-12) 即为均匀弦微小横振动方程，亦称一维波动方程。其中 a 就是振动在弦上的传播速度。

假设振动过程中，除了预给的张力 T 外，还有其他外力作用，设单位长度弦上的横向外力为 $F(x,t)$，则式(7-10)改写为

$$T_2\sin\alpha_2 - T_1\sin\alpha_1 + F(x,t)dx = (\rho dx)\frac{\partial^2 u}{\partial t^2}$$

不难推得

$$\frac{\partial^2 u}{\partial t^2} - a^2 \frac{\partial^2 u}{\partial x^2} = F(x,t)/\rho \qquad (7\text{-}13)$$

$$或 \frac{\partial^2 u}{\partial t^2} - a^2 \frac{\partial^2 u}{\partial x^2} = f(x,t) \qquad (7\text{-}14)$$

其中

$$f(x,t) = F(x,t)/\rho$$

式(7-14)称为弦的强迫振动方程,相应地式(7-12)称为自由振动方程,显然自由振动为齐次方程,强迫振动为非齐次方程。

【例 7-2】 声的传播方程。

解: 在第六章中已导出流体连续性方程式(6-47)

$$\frac{\partial \rho}{\partial t}+\nabla \cdot (\rho \overline{v})=0$$

再加上理想流体运动方程

$$\frac{\partial \overline{v}}{\partial t}+(\overline{v} \cdot \nabla)\overline{v}+\frac{1}{\rho}\nabla P=\overline{F} \tag{7-15}$$

和状态方程(假设压力 P 只是密度 ρ 的函数)

$$P=f(\rho) \tag{7-16}$$

式(7-15)中 $\overline{F}$ 为外力。

于是式(6-47)、式(7-15)与式(7-16)就构成了完整的流体力学基本方程组。这是一组非线性的方程组。

现在考虑声波在空气中的传播,不妨设外力 $\overline{F}$ 不存在。同时因为声波的波动也是微小的,在声音传播中,空气流速、压力、密度的改变量都是微小的,可以把方程简化成线性方程,设

$$\rho=\rho_0+\rho' \tag{7-17}$$
$$P=P_0+f'(\rho_0)\rho' \tag{7-18}$$
$$\overline{v}=\overline{v}' \tag{7-19}$$

这里 ρ_0,P_0 为平衡位置取值,是定值,ρ',$\overline{v}'$ 是摄动量。式(7-18)中假设 P 是 ρ' 的线性函数,即 P_0、$f'(\rho_0)$ 都是定值。

将式(7-17)至式(7-19)代入式(6-47)、式(7-15)中,略去高阶小量,有

$$\nabla \cdot (\rho \overline{v})=\rho_0 \nabla \cdot \overline{v}'$$

代入式(6-47)得

$$\frac{\partial \rho'}{\partial t}+\rho_0 \nabla \cdot \overline{v}'=0 \tag{7-20}$$

代入式(7-15)得

$$\frac{\partial \overline{v}'}{\partial t}+(\overline{v}' \cdot \nabla)\overline{v}'+\frac{1}{\rho_0+\rho'}\nabla(P_0+f'(\rho_0)\rho')=0$$

上式第二项为高阶小量,略去。第三项分母中 $\rho' \ll \rho_0$,故将 ρ' 略去,且因 $\nabla P_0=0$,上式可改写为

$$\frac{\partial \overline{v}'}{\partial t}+\frac{f'(\rho_0)}{\rho_0}\nabla \rho'=0 \tag{7-21}$$

式(7-20)、式(7-21)组成的线性方程组就是声的传播方程。若将式(7-20)对 t 求偏导数再减去对式(7-21)求取散度后乘以 ρ_0,得

$$\frac{\partial^2 \rho'}{\partial t^2}=f'(\rho_0)\nabla^2\rho'=a^2(\rho'_{xx}+\rho'_{yy}+\rho'_{zz}) \tag{7-22}$$

其中 $a^2=f'(\rho_0)$,又因为假设 P' 与 ρ' 是线性关系,故又可得

$$\frac{\partial^2 P'}{\partial t^2}=a^2 \nabla^2 P' \tag{7-23}$$

再对式(7-20) 与式(7-21) 进行处理，消去 ρ 可得

$$\frac{\partial^2 \overline{v}'}{\partial t^2} = a^2 \nabla^2 \overline{v}' \tag{7-24}$$

若速度场 $\overline{v}'$ 是有势场，存在速度势 φ，即 $\overline{v}' = \nabla\varphi$，则代入式(7-24) 得

$$\frac{\partial^2 \varphi}{\partial t^2} = a^2 \nabla^2 \varphi \tag{7-25}$$

由式(7-22)、式(7-23) 和式(7-25) 可以看出声波方程组中，密度、压力和速度势均满足三维波动方程，统称为声的传播方程。

7.3.2　热传导方程

在第六章里用向量分析方法已经获得热传导方程式(6-135)，这里再用微元分析法导出一维及三维热传导方程。

【例 7-3】　一维热传导方程。

解：现在考虑一根均匀细杆的热传导问题（见图 7-2）。它的侧面是绝热的，而且其横截面积足够小，以至在任何时刻都可以把断面上所有点的温度看作是相同的，根据傅立叶定律，若物体的温度不是均匀的，那么在它里面就发生热流，其方向是由高温流向低温。设截面积为 S，热量为 Q_1，温度分布函数为 $T(x,t)$，导热系数为 k（常数），则在 x 截面的热量输入速率为

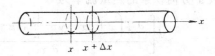

图 7-2　一维热传导

$$\frac{\mathrm{d}Q_1}{\mathrm{d}t} = -kS \frac{\partial T(x,t)}{\partial x} \tag{1}$$

其中负号表示热量流动方向与温度降低方向一致。在 $x+\Delta x$ 截面热量输出速率为

$$\frac{\mathrm{d}Q_2}{\mathrm{d}t} = -kS \frac{\partial T(x+\Delta x,t)}{\partial x} \tag{2}$$

因此微元段的热量积累率为(1)−(2)，即

$$kS\left[\frac{\partial T(x+\Delta x,t)}{\partial x} - \frac{\partial T(x,t)}{\partial x}\right] \tag{3}$$

另一方面，由实验知道，微元段内热量积累率正比于热量变化率和该微元段的质量，即积累率为

$$c\rho S\Delta x \frac{\partial T}{\partial t} \tag{4}$$

其中 c 为比热，ρ 为密度，$\rho S\Delta x$ 为微元段质量。

由(3)和(4)得

$$kS\left[\frac{\partial T(x+\Delta x,t)}{\partial x} - \frac{\partial T(x,t)}{\partial x}\right] = c\rho S\Delta x \frac{\partial T}{\partial t}$$

上式两端除以 $c\rho S\Delta x$，得

$$\frac{kS}{c\rho\Delta x}\left[\frac{\partial T(x+\Delta x,t)}{\partial x} - \frac{\partial T(x,t)}{\partial x}\right] = \frac{\partial T}{\partial t} \tag{5}$$

对式(5)取极限($\Delta x \rightarrow 0$)，并记 $\frac{k}{c\rho} = a^2$，得

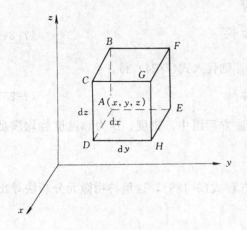

图 7-3　三维热传导

$$\frac{\partial T}{\partial t}=a^2\frac{\partial^2 T}{\partial x^2} \qquad (7\text{-}26)$$

【**例 7-4**】　三维热传导方程。

解：考虑在空间传热问题，取物体中一个微元体是一个平行于坐标平面的六面体，如图 7-3 所示。体元的体积为 $dxdydz$。

在 x 方向流入 $ABFE$ 面的热量流率为

$$\frac{\partial Q}{\partial t}=-k\,\frac{\partial T\left(x,\ y+\dfrac{dy}{2},\ z+\dfrac{dz}{2},\ t\right)}{\partial x}dydz$$

在 x 方向流出 $CDHG$ 面的热量流率为

$$\frac{\partial Q}{\partial t}=-k\,\frac{\partial T\left(x+dx,\ y+\dfrac{dy}{2},\ z+\dfrac{dz}{2},\ t\right)}{\partial x}dydz$$

故 x 方向积累的热量流率为

$$k\left[\frac{\partial T\left(x+dx,\ y+\dfrac{dy}{2},\ z+\dfrac{dz}{2},\ t\right)}{\partial x}-\frac{\partial T\left(x,\ y+\dfrac{dy}{2},\ z+\dfrac{dz}{2},\ t\right)}{\partial x}\right]dydz$$

由微分中值定理可知，上式等于

$$k\,\frac{\partial^2 T\left(x+\theta_1 dx,\ y+\dfrac{dy}{2},\ z+\dfrac{dz}{2},\ t\right)}{\partial x^2}dxdydz \qquad (1)$$

同理 y 方向积累的热量流率为

$$k\,\frac{\partial^2 T\left(x+\dfrac{dx}{2},\ y+\theta_2 dy,\ z+\dfrac{dz}{2},\ t\right)}{\partial y^2}dxdydz \qquad (2)$$

z 方向积累为

$$k\,\frac{\partial^2 T\left(x+\dfrac{dx}{2},\ y+\dfrac{dy}{2},\ z+\theta_3 dz,\ t\right)}{\partial z^2}dxdydz \qquad (3)$$

$x，y，z$ 方向热量流率的总积累就使微元体自身提高温度的速率为

$$c\rho\,\frac{\partial T\left(x+\dfrac{dx}{2},\ y+\dfrac{dy}{2},\ z+\dfrac{dz}{2},\ t\right)}{\partial t}dxdydz \qquad (4)$$

于是 $(1)+(2)+(3)=(4)$，且取当 $dx,dy,dz\to 0$ 时极限，得

$$c\rho\,\frac{\partial T(x,y,z,t)}{\partial t}=k\left[\frac{\partial^2 T(x,y,z,t)}{\partial x^2}+\frac{\partial^2 T(x,y,z,t)}{\partial y^2}+\frac{\partial^2 T(x,y,z,t)}{\partial z^2}\right]$$

令 $\dfrac{k}{c\rho}=a^2$，有式(6-136)

$$\frac{\partial T}{\partial t}=a^2\left[\frac{\partial^2 T}{\partial x^2}+\frac{\partial^2 T}{\partial y^2}+\frac{\partial^2 T}{\partial z^2}\right]$$

写成向量算符形式(6-135)

$$\frac{\partial T}{\partial t}=a^2\,\nabla^2 T=a^2\Delta T$$

若物体内部有一个热流,其分布函数为 $F(x,y,z,t)$,于是

$$\frac{\partial T}{\partial t}=a^2 \nabla^2 T+f(x,y,z,t) \tag{7-27}$$

其中

$$f(x,y,z,t)=\frac{F(x,y,z,t)}{c\rho}$$

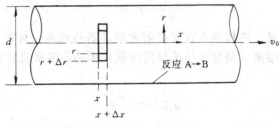

图 7-4　轴对称扩散

【例 7-5】　轴对称扩散方程。

解:在一长管内充满含有 A 组分气体,在管壁发生化学反应 $A \xrightarrow{k} B$。k 为反应速率常数。假设气流为以均匀速率 v_0 流动的柱塞式、无摩擦运动,且不发生涡流现象,设 C_A 为组分 A 的浓度,由于气流主体流动及管壁发生化学反应,管内各点的浓度差异必然导致扩散过程,即 C_A 是位置 x,r 的函数,同时也随时间 t 变化。气流扩散传质是以管轴 x 为对称轴,即浓度与管截面的角度无关。令 D 为扩散系数,管子直径为 d。取如图 7-4 所示环形微元体,对其作物料衡算,通过微元体的垂直 x 轴的表面,因为沿 x 轴气流以 v_0 作匀速流动,所以传质由两种机理产生,主体流动和分子扩散,而在环形微元体的内外圆柱面上,因为径向不发生气体流动,故只有分子扩散传质过程,于是有

输入速率　$\left(v_0 C_A-D\frac{\partial C_A}{\partial x}\right)\cdot 2\pi r\mathrm{d}r\Big|_x -D\frac{\partial C_A}{\partial r}\cdot 2\pi r\mathrm{d}x\Big|_x$　(1)

输出速率　$\left(v_0 C_A-D\frac{\partial C_A}{\partial x}\right)\cdot 2\pi r\mathrm{d}r+\frac{\partial}{\partial x}\left[\left(v_0 C_A-D\frac{\partial C_A}{\partial x}\right)2\pi r\mathrm{d}r\right]\mathrm{d}x-$

$$D\frac{\partial C_A}{\partial r}2\pi r\mathrm{d}x+\frac{\partial}{\partial r}\left(-D\frac{\partial C_A}{\partial x}2\pi r\mathrm{d}x\right)\mathrm{d}r \tag{2}$$

积累速率　　　　　　　　　$2\pi r\mathrm{d}r\mathrm{d}x\frac{\partial C_A}{\partial t}$　(3)

根据物料守恒定律,输入一输出=积累,得

$$-\frac{\partial}{\partial x}\left[\left(v_0 C_A-D\frac{\partial C_A}{\partial x}\right)2\pi r\mathrm{d}r\right]\mathrm{d}x+\frac{\partial}{\partial r}\left(D\frac{\partial C_A}{\partial x}2\pi r\mathrm{d}x\right)\mathrm{d}r$$

$$=2\pi r\mathrm{d}r\mathrm{d}x\frac{\partial C_A}{\partial t}$$

$$\left[-v_0\frac{\partial C_A}{\partial x}+D\frac{\partial^2 C_A}{\partial x^2}\right]2\pi r\mathrm{d}r\mathrm{d}x+D\frac{\partial}{\partial r}\left(r\frac{\partial C_A}{\partial r}\right)2\pi\mathrm{d}x\mathrm{d}r$$

$$=2\pi r\mathrm{d}r\mathrm{d}x\frac{\partial C_A}{\partial t} \tag{4}$$

等式两边同除以微元体积得

$$\frac{\partial C_A}{\partial t}=-v_0\frac{\partial C_A}{\partial x}+D\left[\frac{\partial^2 C_A}{\partial x^2}+\frac{1}{r}\frac{\partial}{\partial r}\left(r\frac{\partial C_A}{\partial r}\right)\right] \tag{7-28}$$

式(7-28)即为柱坐标下轴对称扩散过程。方程右边第二项实质上是$\nabla^2 C_A$在柱坐标中的展开式，只因轴对称，故其中

$$\frac{1}{r^2}\frac{\partial^2 C_A}{\partial \varphi^2}=0$$

如果不考虑主体流动，单纯由分子扩散构成的扩散方程通式为

$$\frac{\partial C}{\partial t}=D\nabla^2 C \tag{7-29}$$

由以上几个例子可见，热传导方程与扩散方程其表达式是一样的，同属于抛物型方程，与此类似的物理问题还很多，例如流体流经固体颗粒床层的洗涤或过滤操作所满足的渗透压方程为

$$a\nabla^2 P=\frac{\partial P}{\partial t} \tag{7-30}$$

a为渗透压参数，P为操作压力。还有不可压缩黏性流体速度满足的运动方程

$$\nu\nabla^2 u=\frac{\partial u}{\partial t} \tag{7-31}$$

其中ν为动力黏度。

7.3.3 稳态方程

【例7-6】 稳定浓度分布。

解： 扩散运动持续进行下去，如果达到稳定状态，浓度的空间分布不再随时间变动，即$\frac{\partial C}{\partial t}=0$，于是式(7-29)变为

$$\nabla^2 C=0 \tag{7-32}$$

式(7-32)称为拉普拉斯方程（椭圆形）

【例7-7】 稳定温度分布。

解： 热传导持续进行下去，如果达到稳定状态，温度的空间分布不再变动，即

$$\frac{\partial T}{\partial t}=0$$

则式(6-135)变为

$$\nabla^2 T=0 \tag{7-33}$$

这也是一个拉普拉斯方程。

【例7-8】 流体的无旋稳恒流动。

解： 把流体的速度分布记作$\overline{u}(x,y,z)$，按照散度的定义

$$\nabla\cdot\overline{u}=\lim_{\Delta v\to 0}\frac{\oiint\overline{u}\cdot d\overline{\sigma}}{\Delta v}$$

上式右边是从单位体积流出的流量，这正是流体的源的强度，把流体的源强度分布记作$f(x,y,z)$，就有

$$\nabla\cdot\overline{u}=f \tag{7-34}$$

既然流动是无旋的，必定存在势函数φ。

$$\overline{u}=\nabla\varphi$$

把上式代入式(7-34)得到流体无旋稳恒流动的速度势满足的泊松方程

$$\nabla^2\varphi=\Delta\varphi=f \tag{7-35}$$

如果某一区域里没有流体的源，则式(7-35)在该区域上简化为拉普拉斯方程

$$V^2 \varphi = 0 \tag{7-36}$$

综上所述，拉普拉斯方程可以描述许多物理现象的稳态过程，还有许多无旋向量场势函数均满足拉普拉斯方程：如不包括吸引物自身的重力场的重力势；不包括电荷自身的均匀电介质内静电场的静电势；没有永久磁铁区域的磁势；固体导体内稳定电流中的电势；通过细纱的不可压缩流体渗透流的速度势等。

7.4 定解条件和定解问题

在引言中已指出，数学物理方程是描述一类具有共性的物理现象的泛定方程。就所论及问题的特性还需对该问题的特定"环境"和起始状态加以限定，即要说明定解条件，有了泛定方程和定解条件，就能确定定解问题的特解。

7.4.1 初始条件

对于随着时间而发生变化的问题，必须考虑研究对象的初始时刻的状态，即初始条件。

对于输运过程（扩散、热传导）、方程中含有对自变量 t 的一阶偏导数，所以需要一个初始条件，即说明因变量 $u(x,y,z,t)$ 的初始分布（初始密度分布、初始温度分布）。因此初始条件是

$$u(x,y,z,t)\big|_{t=0} = \varphi(x,y,z) \tag{7-37}$$

其中 $\varphi(x,y,z)$ 为已知函数。

对于振动过程（弦振动、声波），方程中含有对自变量 t 的二阶偏导数，所以需要两个初始条件，除了给出初始"位移"

$$u(x,y,z,t)\big|_{t=0} = \varphi(x,y,z)$$

外，还需要给出初始"速度"

$$\frac{\partial u}{\partial t}\bigg|_{t=0} = \Psi(x,y,z) \tag{7-38}$$

当然 $\Psi(x,y,z)$ 也是已知函数。

需要注意的是，初始条件给定的是整个系统的状态，而不是某个局部（如入口、出口等）的状态，也就是 φ，Ψ 都可以是位置坐标的函数。如果当 $t=0$ 时，$u(x,y,z,t)\big|_{t=0}=c$（常数），则说明初始时刻空间各点的状态（例如初始温度）都是均匀的。

稳定场问题（稳定浓度分布、稳定温度分布、无旋稳恒流动）根本没有变量 t，所以也就不存在初始条件了。

7.4.2 边界条件

边界条件一般可分为三种类型，此外对于某些复杂情况边界还可加上一种积分—微分边界条件。一般常用边界条件是容易确定的，但对于复杂边界状况有时也难以确定。此时可在边界处取一微元体，与建立微分方程过程取微元体做同样平衡计算有助于确定边界条件。

（1）第一类边界条件——已知函数

直接给出未知函数 $u(M,t)$ 在边界 Γ 上的值。以 S 表示 Γ 上的动点，则这样的边界条件可表示为

$$u(M,t)\big|_{M\in\Gamma} = f(s,t) \tag{7-39}$$

例如一根长为 l 且两端固定的弦，它的边界条件为

$$u(x,t)\big|_{x=0}=0,\ u(x,t)_{x=l}=0 \tag{7-40}$$

又如一个高为 h，半径为 r_0 的圆柱体的稳态导热问题通常采用柱坐标，于是在 $z=0$, $z=h$ 规定两个端面状态，用 $r=r_0$ 规定圆柱侧面状态。这时边界条件可取下列形式

$$\left.\begin{array}{ll} z=0 & T=f_1(r,\theta) \\ z=h & T=f_2(r,\theta) \\ r=r_0 & T=g(z,\theta) \end{array}\right\} \tag{7-41}$$

第一类边界条件又称为狄里赫利（Dirichlet）条件，只具有这类边界条件的问题称为 Dirichlet 问题。

（2）第二类边界条件——已知导数

有不少边界状况不能用第一类边界条件描述。例如杆的导热问题，给定边界面的热流率，需要用第二类边界条件描述。设杆的一端 $x=a$ 处绝热，则从杆外通过杆端流入杆内的热量流率为零

$$-KS\frac{\partial T}{\partial x}\bigg|_{x=a}=0$$

因 K, S 为常数，故有

$$\frac{\partial T}{\partial x}\bigg|_{x=a}=0 \tag{7-42}$$

对于二维或三维问题，温度梯度模型应代之以边界的外法向导数 $\dfrac{\partial T}{\partial n}$。所以第二类边界条件通式为

$$\frac{\partial T}{\partial n}\bigg|_{M\in\Gamma}=f(M,t) \tag{7-43}$$

其中 M 为边界面的点，Γ 为边界面。

对于弦振动问题，如弦在 $x=a$ 端无约束（自由端），则沿着位移方向不受外力，即张力为零

$$T\frac{\partial u}{\partial x}\bigg|_{x=a}=0$$

即

$$\frac{\partial u}{\partial x}\bigg|_{x=a}=0$$

第二类边界条件又称牛曼（Noŭmann）条件，仅含第二类边界条件的问题称为 Noŭmann 问题。

（3）第三类边界条件——混合边界条件

这一类边界条件给出边界上函数值与其法向导数构成的线性关系。如一维导热问题，杆端 $x=a$ 处自由冷却，环境介质温度为 T_0，则有

$$-K\frac{\partial T}{\partial x}\bigg|_{x=a}=h\left(T\big|_{x=a}-T_0\right)$$

其含义是杆端散发的热流率与端点温度与介质温度之差成正比，上式可改写为

$$\left(T+H\frac{\partial T}{\partial x}\right)\bigg|_{x=a}=T_0 \qquad \left(H=\frac{K}{h}\right) \tag{7-44}$$

对于在 $x=0$ 和 $x=l$ 两端都是自由冷却的杆，由于两端外法向分别为 $-x$ 向和 x 向，所以其边界条件分别为

$$\left.\left(T-H\frac{\partial T}{\partial x}\right)\right|_{x=0}=T_0 \\ \left.\left(T+H\frac{\partial T}{\partial x}\right)\right|_{x=l}=T_0 \Bigg\} \tag{7-45}$$

一般地第三类边界条件可表示为

$$\left.\left(u+H\frac{\partial u}{\partial n}\right)\right|_\Gamma=f(M,t) \qquad (M\in\Gamma) \tag{7-46}$$

像 2.3.3 节轴对称扩散方程，如图 7-4 所示，边界上发生一级化学反应，其边界可写为

$$-D\left.\frac{\partial C_A}{\partial r}\right|_{r=\frac{d}{2}}=-kC_A\Big|_{r=\frac{d}{2}}$$

这是第三类边界条件，其中 D 是扩散系数，k 是反应速率常数。

这个问题还有一个自然边界条件。

当 $r=0$ 时，$C_A<\infty$ 或 $\dfrac{\partial C_A}{\partial r}=0$

这是根据 C_A 轴对称的假定导出的条件，在管子轴心 $r=0$ 处，浓度 C_A 是有限值，浓度的径向梯度为 0。前者属第一类边界，后者属第二类边界。

第三类边界条件称为 Robin 条件，具有第三类边界条件的问题称为 Robin 问题。

上述所有边界条件都属线性的。但也有非线性的，例如在热传导问题中，考虑热辐射效应，物体表面按斯蒂芬定律向周围辐射热量，则有

$$-K\left.\frac{\partial T}{\partial x}\right|_{x=a}=C\left(\frac{T}{100}\right)^4 \tag{7-47}$$

式(7-47)即为非线性边界条件了。

在式(7-39)、式(7-43)、式(7-46)中，如 $f\equiv0$，则不论第几类边界条件，都称为齐次边界条件。反之为非齐次边界条件。

（4）积分-微分边界条件

举个实例说明这个条件，如图 7-5 所示搅拌罐内，设有 N 个多孔的含有溶质 A 的小球悬浮在溶剂 B 中，在不断搅拌中溶质 A 逐渐浸出溶入溶剂 B 中。这里可以小球为对象，考虑其溶质在边界（球表面）处扩散过程，建立边界条件。设球半径为 a，扩散系数为 D，小球内溶质的浓度分布为 $C(r,t)$。溶质在每一小球表面$(r=a)$向溶剂扩散的速率为$-4\pi a^2 D\left(\dfrac{\partial C}{\partial r}\right)\Big|_{r=a}$。假设溶剂有效体积为 V，由于搅拌作用，溶剂

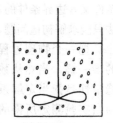

图 7-5　搅拌罐

中含有溶质的浓度 C_A 是均匀的，但由于小球内溶质不断浸出，所以 C_A 是随时间变化的，即 $C_A(t)$。根据物料平衡，N 个小球表面浸入的溶质总和等于溶剂中浓度 C_A 的增长率，即

$$V\frac{\partial C_A}{\partial t}=-4\pi a^2 N\cdot D\left.\frac{\partial C}{\partial r}\right|_{r=a} \tag{1}$$

由于浓度的连续性，$r=a$ 处，$C(a,t)=C_A(t)$，于是对式(1)积分，得

$$C_A(t)=-\int_0^{+\infty}\frac{4\pi a^2 ND}{V}\left.\frac{\partial C(r,t)}{\partial r}\right|_{\tau=a}\mathrm{d}\tau \tag{7-48}$$

式(7-48)称为积分-微分边界条件。

（5）衔接条件

衔接条件也可以看作一种过渡区的边界条件。举例说明这一情况，设有一圆柱形炉体，

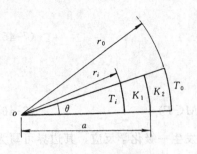

图 7-6　衔接边界条件

内部衬了两层不同材质的保温砖。如图 7-6，假设内外两层材料的热导率，比热容和密度分别为 K_1，c_1，ρ_1 和 K_2，c_2，ρ_2。不妨认为是一轴对称导热问题，内外层可以独立建立一维热传导方程，令内层温度分布函数为 $T_1(r,t)$，外层为 $T_2(r,t)$，于是

$$\begin{cases} \dfrac{\partial T_1}{\partial t}=\dfrac{K_1}{c_1\rho_1}\left(\dfrac{\partial^2 T_1}{\partial r^2}+\dfrac{1}{r}\dfrac{\partial T_1}{\partial r}\right) & (r_i<r<a) \quad (1) \\[4mm] \dfrac{\partial T_2}{\partial t}=\dfrac{K_2}{c_2\rho_2}\left(\dfrac{\partial^2 T_2}{\partial r^2}+\dfrac{1}{r}\dfrac{\partial T_2}{\partial r}\right) & (a<r<r_0) \quad (2) \end{cases}$$

对于方程(1)、(2)可以分别给定初始条件和一个边界条件，即

$$\begin{cases} T_1(r,0)=f_1(r) \\ T_1(r_i,t)=T_i(t) \end{cases} \qquad \begin{cases} T_2(r,0)=f_2(r) \\ T_2(r_0,t)=T_0(t) \end{cases}$$

而对于 $r=a$ 处为第一层之外边界和第二层之内边界，这里需要给出衔接条件(连锁条件)，假设内外层壁是紧密接触的，由温度的连续性可得

$$T_1(a,t)=T_2(a,t) \tag{7-49}$$

当然也可由热量传递的连续性得出

$$-K_1\frac{\partial T_1}{\partial r}\bigg|_{r=a}=-K_2\frac{\partial T_2}{\partial r}\bigg|_{r=a} \tag{7-50}$$

式(7-49)为第一类边界条件，式(7-50)为第二类边界条件，两者皆为衔接条件。

7.4.3　定解问题的提法

　　一般提法是：只有初始条件，没有边界条件的定值问题称为初值问题或始值问题，柯西(Canchy)问题；反之没有初始条件，只有边界条件的定解问题称为边值问题，如前所述；对于第一、二、三类边界条件的问题分别称为 Dirichlet 问题，Noŭmann 问题和 Robin 问题。既有初始条件又有边界条件的定解问题称为混合问题。这样分类关系到求解方法的选择，譬如用拉氏变换法只能求解初值问题，在数值解法中初值问题和边界问题选用计算方法是不同的。

　　把一个物理过程归结为一定解问题是否正确，要看问题是否能解得出一个符合客观实际的唯一解，当然从数学上分析，则要求定解问题存在唯一解，而且要求解具有稳定性，所谓稳定性是指当定解条件发生微小变动时引起解的变化也是微小的，这样的解才是稳定的，因为由实验测定所得的定解条件总免不了有一定的误差，只有稳定解才有实际意义。在数学上认为定解问题存在唯一且稳定的解，则此定解问题是适定的。我们介绍的都是实际上常用的适定性问题，故对于数学理论的适定性就不予讨论了。

7.5　线性迭加原理

　　线性模型满足迭加原理，所谓迭加即几种不同因素综合作用于系统，产生的效果等于各因素独立作用产生的效果的总和。例如若干个点热源作用于系统所产生的温度场分布变化，可以单独考虑每个点热源作用效果，然后把它总和起来，其效果是一样的。也就是说服从迭加原理的物理现象所对应的微分方程是线性的，而线性方程的解可以由许多特解迭加而成。反之不符合迭加原理的自然现象或物理过程，其相应的数学模型或微分方程则不完全是线性的。例如弦的大振动方程，热传导系数 k 为温度的函数时所建立的热传导方程以及流体力学

方程组都是非线性的，非线性方程不能直接利用迭加原理求解。

对于线性方程存在下述迭加原理：

假设函数 $u_i(i=1, 2, \cdots, n, \cdots)$ 是线性齐次微分方程 $L(u)=0$ 的特解。这里 L 是线性微分算子。例如

$$\left.\begin{array}{l} L(u)=\dfrac{\partial^2 u}{\partial t^2}-a^2\dfrac{\partial^2 u}{\partial x^2}=0 \\[3mm] L(u)=\dfrac{\partial u}{\partial t}-a^2\dfrac{\partial^2 u}{\partial x^2}=0 \\[3mm] L(u)=\dfrac{\partial^2 u}{\partial x^2}+\dfrac{\partial^2 u}{\partial y^2}+\dfrac{\partial^2 u}{\partial z^2}=0 \\[3mm] L(u)=\dfrac{\partial^2 u}{\partial x^2}+\dfrac{\partial u}{\partial x}+u=0 \end{array}\right\} \tag{7-51}$$

则级数 $u=\sum\limits_{i=1}^{\infty}c_i u_i$ 也是该方程之解。条件是 $L(u)=0$ 中出现的解函数 u 的导数都可以用逐项微分计算出来。这样的解函数是一个无穷级数。该无穷级数如能逐项微分，那么级数是收敛的（证明从略）。下节解齐次方程的分离变量法，就要用到线性迭加原理。

7.6 分离变量法

多个自变量的偏微分方程的求解是相当复杂的，在可能的情况下，我们总是设法使自变量个数减少。分离变量法就是基于这种想法产生的。

分离变量法是求解偏微分方程常用的方法之一，又称傅立叶方法。它可以用于求解波动方程、热传导方程和拉普拉斯方程这三类典型方程及各种边界条件。步骤是先找出一些满足边界条件的特解，然后利用迭加原理，作出这些解的线性组合，从而得到定解问题的解答。这一方法还可应用于某些变系数的偏微分方程，这时，常常要借助于特殊函数才能找到问题解答。但是这种方法对于所考察问题的区域限制是比较苛刻的，一般地仅适用于规则边界，特别是矩形、柱面、球面域等情况应用比较普遍。下面通过各种类型例题介绍方法具体应用。

【例 7-9】 有界弦的自由振动。

解：弦长为 l 两端张紧固定且无外力作用的弦振动问题，可用下述定解问题表述

$$(A)\begin{cases} \dfrac{\partial^2 u}{\partial t^2}=a^2\dfrac{\partial^2 u}{\partial x^2} \qquad (0<x<l;t>0) & (7\text{-}52) \\[3mm] u(x,t)|_{x=0}=u(x,t)|_{x=l}=0 & (7\text{-}53) \\[3mm] u(x,t)|_{t=0}=\varphi(x) & (7\text{-}54) \\[3mm] \dfrac{\partial u}{\partial t}\bigg|_{t=0}=\Psi(x) & (7\text{-}55) \end{cases}$$

因为无外力作用，故称自由振动，即泛定方程是齐次的。两头固定即边界条件式（7-53）也是齐次的。这样的问题可以运用线性迭加原理，也满足分离变量法所要求的基本条件。这一点在具体求解过程中将得到证实。分离变量法的基本方法大致可以分为如下四步。

（1）分离变量 假设解函数可以表示为各个自变量单元函数的乘积，代入方程后可分离为各自变量的常微分方程。

这里振幅 $u(x,t)$ 是 x, t 的函数，为分离变量，令

$$u(x,t)=X(x)T(t)$$

其中 $X(x)$, $T(t)$ 分别为 x,t 的单元函数。将其代入方程式(7-52)得

$$X(x)T''(t)=a^2 X''(x)T(t)$$

分离变量改写为

$$\frac{X''(x)}{X(x)}=\frac{T''(t)}{a^2 T(t)}$$

上式左端只是 x 的函数，右端仅与变量 t 有关，要使等式成立，只有当它们等于常数时才有可能，不妨令其等于常数 λ。

$$\frac{X''(x)}{X(x)}=\frac{T''(t)}{a^2 T(t)}=\lambda$$

于是可得到两个常微分方程

$$X''(x)-\lambda X(x)=0 \tag{7-56}$$
$$T''(t)-\lambda a^2 T(t)=0 \tag{7-57}$$

由边界条件式(7-53)知

$$u(x,t)\big|_{x=0}=X(0)T(t)=0$$
$$u(x,t)\big|_{x=l}=X(l)T(t)=0$$

因为 $T(t)\neq 0$。只能是 $X(0)=0,X(l)=0$。将此条件与方程式(7-56)结合，构成一个常微分方程的定解问题。

$$\begin{cases} X''(x)-\lambda X(x)=0 \\ X(0)=0,X(l)=0 \end{cases} \tag{7-58}$$

求解此问题，可以得到单元函数 $X(x)$。

（2）解本征值问题 式(7-56)和与(7-58)构成二阶常微边值问题与通常情况不一样。这里还有一个待定系数 λ 需要加以确定。下面分三种情况讨论其取值。

① 设 $\lambda>0$，则方程式(7-56)通解为

$$X(x)=A\exp(\sqrt{\lambda}x)+B\exp(-\sqrt{\lambda}x)$$

由条件式(7-58)得 $\qquad\qquad A+B=0$

及 $\qquad\qquad A\exp(\sqrt{\lambda}l)+B\exp(-\sqrt{\lambda}l)=0$

于是 $\qquad\qquad A=-B=0$

即 $X(x)\equiv 0$，则只有平凡解 $u(x,t)\equiv 0$；

② 设 $\lambda=0$，方程通解为

$$X(x)=A+Bx$$

同样由条件式(7-58)得出 $A=B=0$，也只有平凡解。

③ 设 $\lambda<0$，不妨令 $\lambda=-\beta^2$，此时通解为

$$X(x)=A\cos\beta x+B\sin\beta x$$

由条件式(7-58)得 $\qquad\qquad A=0$

及 $\qquad\qquad B\sin\beta l=0$

B 不能再为零，否则又是 $X(x)\equiv 0$ 平凡解。只能

$$\sin\beta l=0$$

满足上式的 $\beta=\dfrac{n\pi}{l}(n=1,2,3,\cdots)$，即

$$\lambda_n = -\frac{n^2\pi^2}{l^2} \quad (n=1,2,3,\cdots) \tag{7-59}$$

于是
$$X_n(x) = B_n \sin\frac{n\pi}{l}x \quad (n=1,2,3,\cdots) \tag{7-60}$$

上述三种情况的讨论说明，只有当 $\lambda_n = -\frac{n^2\pi^2}{l^2}$（$n=1$，2，3，…）时，定解问题才能得到非零解。这样的 λ 有无穷多个，因此单元函数 $X_n(x)$ 也有无穷多个。这些特定的 λ_n 称为固有值（或本征值），相应的单元函数 $X_n(x)$ 称为固有函数（或本征函数），求解固有值和固有函数的问题称为固有值问题（本征值问题）。

（3）求解不构成本征问题的常微分方程的通解。

对应于每一个 λ_n，式(7-57) 有一相应方程
$$T_n''(t) - \lambda_n a^2 T_n(t) = 0$$

即 $T_n''(t) + \left(\frac{n\pi a}{l}\right)^2 T_n(t) = 0$ 的通解为

$$T_n(t) = C_n'\cos\frac{n\pi a}{l}t + D_n'\sin\frac{n\pi a}{l}t \tag{7-61}$$
$$(n=1,2,3,\cdots)$$

将式(7-60) 与式(7-61) 相乘，得到一组特解

$$u_n(x,t) = \left(C_n\cos\frac{n\pi a}{l}t + D_n\sin\frac{n\pi a}{l}t\right)\sin\frac{n\pi}{l}x \tag{7-62}$$
$$(n=1,\ 2,\ 3,\ \cdots)$$

其中 $C_n = C_n'B_0$，$D_n = D_n'B_n$ 是任意常数。

（4）由傅立叶级数确定系数。

至此可以运用线性迭加原理，将这无穷多个特解 $u_n(x,t)$ 加起来得到级数形式解函数

$$u(x,t) = \sum_{n=1}^{\infty} u_n(x,t)$$
$$= \sum_{n=1}^{\infty}\left(C_n\cos\frac{n\pi a}{l}t + D_n\sin\frac{n\pi a}{l}t\right)\sin\frac{n\pi}{l}x \tag{7-63}$$

最后，利用初始条件式(7-55)与式(7-56)来确定待定系数 C_n, D_n，即

$$u(x,t)\Big|_{t=0} = \sum_{n=1}^{\infty}C_n\sin\frac{n\pi}{l}x = \varphi(x) \tag{7-64}$$

$$\frac{\partial u}{\partial t}\Big|_{t=0} = \sum_{n=1}^{\infty}D_n\frac{n\pi a}{l}\sin\frac{n\pi}{l}x = \Psi(x) \tag{7-65}$$

式(7-64) 和式(7-65) 是将 $\varphi(x)$ 和 $\Psi(x)$ 表为傅立叶正弦级数的展开式，而 $\varphi(x)$，$\Psi(x)$ 是由初始条件给出的定义在 $[0,l]$ 上的连续函数（或只有有限个第一类间断点，且至多有有限个极值点），所以只要选取 C_n 为 Fourier 正弦级数展开式的系数，$D_n\frac{n\pi a}{l}$ 为 $\Psi(x)$ 的 Fourier 正弦级数展开式的系数，即

$$C_n = \frac{2}{l}\int_0^1 \varphi(\xi)\sin\frac{n\pi}{l}\xi\,d\xi$$
$$D_n = \frac{2}{n\pi a}\int_0^1 \Psi(\xi)\sin\frac{n\pi}{l}\xi\,d\xi \tag{7-66}$$

将式(7-66)结果代入式(7-63)就得到定解问题(A)的完整特解。

【例 7-10】 一维导热问题（第三边值条件）。

长为 l 的均匀细杆，其侧面（圆柱面）绝热，杆的一端保持在0℃状态下，另一端则与温度为0℃环境介质进行自由热交换［参见式(7-45)］。假设初始时刻温度分布为 $\varphi(x)$。试确定杆上各点温度随时间变化规律。

解：这个问题可以用下述定解问题描述

$$\frac{\partial T}{\partial \theta} = a^2 \frac{\partial^2 T}{\partial x^2} \quad (0 < x < l, \theta > 0) \tag{7-67}$$

$$T(x,\theta)\Big|_{x=0} = 0 \tag{7-68}$$

$$\left[\frac{\partial T}{\partial x} + hT(x,\theta)\right]_{x=l} = 0 \tag{7-69}$$

$$T(x,\theta)\Big|_{\theta=0} = \varphi(x)$$

这个问题仍然属于齐次泛定方程和齐次边界条件。可用分离变量法求解，仍按四步进行。

(1) 设 $T(x,\theta) = X(x)\Theta(\theta)$，代入式(7-67)并分离变量得两常微分方程

$$X''(x) - \lambda X(x) = 0 \tag{7-70}$$

$$\Theta'(\theta) - \lambda a^2 \Theta(\theta) = 0 \tag{7-71}$$

边界条件式(7-68)知

$$X(0)\Theta(\theta) = 0 \Rightarrow X(0) = 0 \tag{7-72}$$

$$X'(l)\Theta(\theta) + hX(l)\Theta(\theta) = 0 \Rightarrow X'(l) + hX(l) = 0 \tag{7-73}$$

(2) 式(7-70)与式(7-72)、式(7-73)构成本征值问题。用前述同样方法讨论本征值 λ 的取值，这里不予重复。最后确定仅当 $\lambda < 0$ 时才有非零解，不妨令 $\lambda = -\beta^2$，于是方程式(7-70)通解为

$$X(x) = A\cos\beta x + B\sin\beta x$$

由式(7-72) 得 $A = 0$

由式(7-73) 知 $B\beta\cos\beta l + hB\sin\beta l = 0$

$B \neq 0$，$\beta\cos\beta l + h\sin\beta l = 0$

令 $\gamma = \beta l$，并改写上式为

$$\frac{\gamma}{l} + h\tan\gamma = 0$$

$$\tan\gamma = -\frac{1}{hl}\gamma = \alpha\gamma \tag{7-74}$$

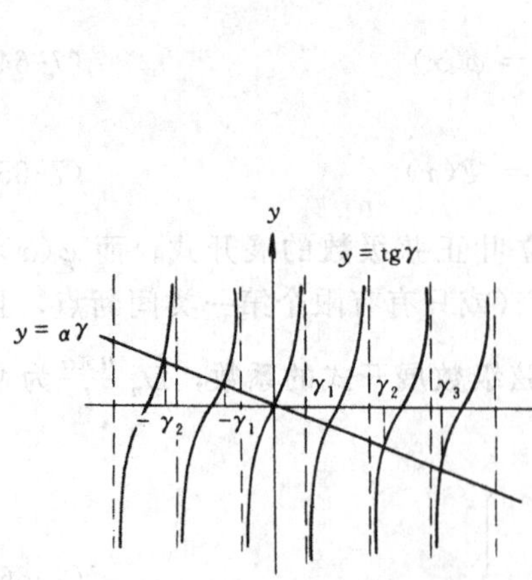

上式是一个三角函数方程，不便于求解。令 $y_1 = \tan\gamma$，$y_2 = -\frac{1}{hl}\gamma$，将此两方程在图 7-7 上画出，其交点即为方程式(7-74)之根，由图可知这样的根有无穷多个，我们取其无穷多个正根为 λ_1，λ_2，$\cdots$，λ_n，$\cdots$，于是有无穷多个本征值。

$$\beta_1 = \frac{\gamma_1}{l}, \ \beta_2 = \frac{\gamma_2}{l}, \ \cdots, \ \beta_n = \frac{\gamma_n}{l}, \ \cdots$$

图 7-7 图解法求本征值

或 $\lambda_n = -\left(\dfrac{\gamma_n}{l}\right)^2 \quad (n=1,2,3,\cdots)$

相应的有无穷多个本征函数

$$X_n(x) = B_n \sin\beta_n x \quad (n=1,2,3,\cdots) \tag{7-75}$$

（3）将本征值 λ_n 代入式(7-71)求得其解为

$$\Theta_n(\theta) = A_n e^{-\beta n^2 a^2 \theta} \tag{7-76}$$

将式(7-75)与式(7-76)相乘，得到满足泛定方程和边界条件的一组特解

$$T_n(x,\theta) = C_n e^{-\beta n^2 a^2 \theta} \sin\beta_n x$$

$$(n=1,2,3,\cdots) \tag{7-77}$$

（4）最后由线性迭加原理得定解问题级数形式解

$$T(x,\theta) = \sum_{n=1}^{\infty} T_n(x,\theta)$$

$$= \sum_{n=1}^{\infty} C_n e^{-\beta n^2 a^2 \theta} \sin\beta_n x \tag{7-78}$$

利用初值条件式(7-69)来确定常数 C_n。

$$T(x,0) = \sum_{n=1}^{\infty} C_n \sin\beta_n x = \varphi(x)$$

只要 $\varphi(x)$ 在区域 $[0,l]$ 上满足狄氏条件就可展成正弦级数，而 C_n 由 Fourier 级数系数公式，求得

$$\int_0^l \varphi(x)\sin\beta_n x \, dx = C_n \int_0^l \sin^2\beta_n x \, dx$$

$$C_n = \frac{\displaystyle\int_0^l \varphi(x)\sin\beta_n x \, dx}{\displaystyle\int_0^l \sin^2\beta_n x \, dx} \tag{7-79}$$

注意，这里因为 β_n 由图解法求得而没有具体表达式，所以模值 $[\int_0^l \sin^2\beta_n x \, dx]^{1/2}$ 不能直接求得。至此定解问题的解就确定了。

【例 7-11】　圆域内的稳态温度分布（二维拉普拉斯方程）。

设一半径为 ρ_0 的金属薄圆盘，上、下底面绝热，圆盘边缘温度分布为已知函数 $f(\varphi)$，试确定稳态下圆盘温度分布。

解：稳定温度分布满足拉普拉斯方程，因是圆盘形物体，需选用柱坐标，但其柱高很小，可以认为沿柱高方向温度均匀，于是由圆域上的拉普拉斯方程，表示为

$$\frac{1}{\rho}\frac{\partial}{\partial\rho}\left(\rho\frac{\partial u}{\partial\rho}\right) + \frac{1}{\rho^2}\frac{\partial^2 u}{\partial\varphi^2} = 0 \tag{7-80}$$

或

$$\frac{\partial^2 u}{\partial\rho^2} + \frac{1}{\rho}\frac{\partial u}{\partial\rho} + \frac{1}{\rho^2}\frac{\partial^2 u}{\partial\varphi^2} = 0 \quad (0<\rho<\rho_0, 0<\varphi<2\pi) \tag{7-81}$$

$$u(\rho_0\varphi) = f(\varphi)$$

此外，因为是圆内问题，根据物理意义，可以补充两条自然边界条件。

① 在 $\rho=0$ 的圆心处，温度有界，即

$$\lim_{\rho\to 0} u < \infty \tag{7-82}$$

② 温度分布函数 $u(\rho,\varphi)$ 具有周期性，即

$$u(\rho,\varphi) = u(\rho,\varphi+2\pi) \tag{7-83}$$

式(7-80)至式(7-83)就构成了圆域内稳定温度分布的定解问题。还是用分离变量法求解。

（1）设 $u(\rho,\varphi)=R(\rho)\Phi(\varphi)$

代入式(7-80)得

$$R''\Phi+\frac{1}{\rho}R'\Phi+\frac{1}{\rho^2}R\Phi''=0$$

$$\frac{\rho^2R''+\rho R'}{R}=-\frac{\Phi''}{\Phi}=\lambda$$

得两常微分方程

$$\begin{cases}\Phi''+\lambda\Phi=0\\ \rho^2R''+\rho R'-\lambda R=0\end{cases}$$

由自然边界条件式(7-82)和式(7-83)得

$$R(0)<\infty$$
$$\Phi(\varphi+2\pi)=\Phi(\varphi)$$

于是构成两个常微分方程定解问题

$$\begin{cases}\Phi''+\lambda\Phi=0\\ \Phi(\varphi+2\pi)=\Phi(\varphi)\end{cases}\tag{7-84}$$

$$\begin{cases}\rho^2R''+\rho R'-\lambda R=0\\ R(0)<\infty\end{cases}\tag{7-85}$$

（2）先考虑式(7-84)的通解,同样可以考虑三种情况:当 $\lambda<0$ 时,Φ 不可能是 2π 的周期函数。$\lambda=0$ 时,$\Phi=$常数,当 $\lambda>0$ 时有解

$$\Phi(\varphi)=a\cos\sqrt{\lambda}\varphi+b\sin\sqrt{\lambda}\varphi$$

由 $\Phi(\varphi+2\pi)=\Phi(\varphi)$ 知

$$a[\cos\sqrt{\lambda}\varphi-\cos\sqrt{\lambda}(\varphi+2\pi)]=0$$
$$b[\sin\sqrt{\lambda}\varphi-\sin\sqrt{\lambda}(\varphi+2\pi)]=0$$

于是 $\sqrt{\lambda}$ 只能为零或正整数。令 $\sqrt{\lambda}=n$ $(n=0,1,2,\cdots)$
即本征值 $\lambda=n^2$,本征函数

$$\Phi_n(\varphi)=a_n\cos n\varphi+b_n\sin n\varphi\quad(n=0,1,2,\cdots)$$

（3）将 λ 代入式(7-85)。

$$\rho^2R''-\rho R'-n^2R=0$$

这是一个 Euler 方程,令 $\rho=e^t$ 可将其转变为常系数方程

$$\frac{d^2R}{dt^2}-n^2R=0$$
$$R_n(t)=C_ne^{nt}+D_ne^{-nt}$$

即
$$R_n(\rho)=C_n\rho^n+D_n\rho^{-n}$$

当 $n=0$ 时
$$\frac{d^2R}{dt^2}=0$$
$$R_0(t)=C_0+D_0t$$
$$R_0(\rho)=C_0+D_0\ln\rho$$

因 $R(0)<\infty$,故只能取 $D_n=0$ $(n=0,1,2,\cdots)$
于是其解归结为

$$R_n(\rho) = C_n \rho^n \quad (n=0,1,2,\cdots)$$

从而　$u_n(\rho,\varphi) = R_n \Phi_n = (A_n \cos n\varphi + B_n \sin n\varphi)\rho^n$

（4）利用迭加原理

$$u(\rho,\varphi) = \sum_{n=0}^{\infty} R_n \Phi_n = A_0 + \sum_{n=1}^{\infty}(A_n \cos n\varphi + B_n \sin n\varphi)\rho^n \tag{7-86}$$

最后由边界条件式(7-81)确定常数 A_0, A_n, B_n

$$f(\varphi) = A_0 + \sum_{n=1}^{\infty}\rho_0^n(A_n \cos n\varphi + B_n \sin n\varphi)$$

显然 A_0, A_n, B_n 为 $f(\varphi)$ 展开成 Fourier 级数的系数

$$A_0 = \frac{1}{2\pi}\int_0^{2\pi} f(\varphi)\,\mathrm{d}\varphi$$

$$A_n = \frac{1}{\rho_0^n \pi}\int_0^{2\pi} f(\varphi)\cos n\varphi\,\mathrm{d}\varphi \quad (n=1,2,\cdots)$$

$$B_n = \frac{1}{\rho_0^n \pi}\int_0^{2\pi} f(\varphi)\sin n\varphi\,\mathrm{d}\varphi \quad (n=1,2,\cdots)$$

【例 7-12】　矩形域的二维热传导问题（三个自变量问题）。

一边长分别为 a,b 的矩形薄板，假设矩形平面上（两侧）没有热损失。初始时刻温度分布为 $\varphi_0(x-y)$，在 $x=0$，$x=a$，$y=0$，$y=b$ 的四周边维持恒温零度，试确定平板内的温度分布随时间的变化规律。

这个问题可归结为如下三个自变量的定解问题

$$\frac{\partial \varphi}{\partial t} = K^2\left(\frac{\partial^2 \varphi}{\partial x^2} + \frac{\partial^2 \varphi}{\partial y^2}\right) \quad (t>0, 0<x<a, 0<y<b) \tag{7-87}$$

$$\varphi(x,y,t)\Big|_{t=0} = \varphi_0(x-y) \tag{7-88}$$

$$\varphi(x,y,t)\Big|_{x=0} = \varphi(x,y,t)\Big|_{x=a} = 0 \tag{7-89}$$

$$\varphi(x,y,t)\Big|_{y=0} = \varphi(x,y,t)\Big|_{y=b} = 0 \tag{7-90}$$

解：（1）设 $\varphi(x,y,t) = X(x)Y(y)T(t)$

代入式(7-87)得 $XYT' = K^2(X''YT + XY''T)$

$$\frac{T'}{K^2 T} = \frac{X''}{X} + \frac{Y''}{Y}$$

（2）上式中等号左边为 t 函数，等号右边分别为 x，y 函数，要使等式成立，只能是

$$\frac{X''}{X} = -p^2 \quad \frac{Y''}{Y} = -q^2$$

从而使

$$\frac{T'}{K^2 T} = -(p^2 + q^2)$$

以上三式分别有通解

$$X = \begin{cases} A\cos px + B\sin px & p\neq 0 \\ A_0 + B_0 x & p=0 \end{cases}$$

$$Y = \begin{cases} C\cos qy + D\sin qy & q\neq 0 \\ C_0 + D_0 y & q=0 \end{cases}$$

$$T = Ee^{-K^2(p^2+q^2)t}$$

然后由齐次边界条件式(7-89)、式(7-90)确定固有值 p,q。

由 $X(0)=0$，故 $A=0,A_0=0$，

由 $X(a)=0$，得 $B\sin pa=0,B_0=0$，

当 $p\neq0$ 时，$B\neq0$，则 $pa=n\pi$　　$p=\dfrac{n\pi}{a}$

$$X_n(x)=B_n\sin\frac{n\pi x}{a}\quad(n=1,2,\cdots)$$

由 $Y_0=0$，得 $C=0,C_0=0$，

由 $Y(b)=0$，得 $D\sin qb=0,D_0=0$，

$D\neq0$ 则　$qb=m\pi,q=\dfrac{m\pi}{b}$，

$$Y_m(g)=D_m\sin\frac{m\pi y}{b}\quad(m=1,2,\cdots)$$

(3) 于是 $T_{m,n}(t)=E_{m,n}\mathrm{e}^{-K^2n^2(n^2/a^2+n^2/b^2)t}$

$$\varphi_{m,n}(x,y,t)=X_n(x)Y_m(y)T_{m,n(t)}$$

(4) 由线性选加原理

$$\varphi(x,y,t)=\sum_{n=1}^{\infty}\sum_{m=1}^{\infty}C_{m,n}\sin\frac{n\pi}{a}x\sin\frac{m\pi}{b}y\mathrm{e}^{-K^2n^2(n^2/a^2+n^2/b^2)t}\tag{7-91}$$

再根据初始条件式(7-88)确定常数 $C_{m,n}$

$$\varphi_0(x-y)=\sum_{n=1}^{\infty}\sum_{m=1}^{\infty}C_{m,n}\sin\frac{n\pi x}{a}\sin\frac{m\pi y}{b}\tag{7-92}$$

因此，式(7-92)中系数 $C_{m,n}$ 是函数 $\varphi_0(x,y)$ 在所述矩形域内的双重傅立叶正弦级数展开式的系数。这些系数可用类似一般傅立叶正弦级数求法推广而得，即在式 (7-92) 两端各乘以

$$\sin\frac{n'\pi x}{a}\sin\frac{m'\pi y}{b}$$

其中 n'，m' 为任意正整数，并在矩形域内积分，则有

$$\int_0^b\int_0^a\varphi_0(x-y)\sin\frac{n'\pi x}{a}\sin\frac{m'\pi y}{b}\mathrm{d}x\mathrm{d}y$$

$$=\sum_{n=1}^{\infty}\sum_{m=1}^{\infty}C_{m,n}\int_0^b\int_0^a\sin\frac{n\pi x}{a}\sin\frac{n'\pi x}{a}\sin\frac{m\pi y}{b}\sin\frac{m'\pi y}{b}\mathrm{d}x\mathrm{d}y\tag{7-93}$$

上式右端的二重积分可以写成如下的乘积

$$\left(\int_0^b\sin\frac{m\pi y}{b}\sin\frac{m'\pi y}{b}\mathrm{d}y\right)\left(\int_0^a\sin\frac{n\pi x}{a}\sin\frac{n'\pi x}{a}\mathrm{d}x\right)$$

$$=\begin{cases}\dfrac{1}{4}ab&m=m'\ \ 和\ \ n=n'\\0&m\neq m'\ \ 或\ \ n\neq n'\end{cases}$$

而 $\displaystyle\int_0^b\int_0^a x\sin\frac{n'\pi x}{a}\sin\frac{m'\pi y}{b}\mathrm{d}x\mathrm{d}y=\left(\int_0^b\sin\frac{m'\pi y}{b}\mathrm{d}y\right)\left(\int_0^a x\sin\frac{n'\pi x}{a}\mathrm{d}x\right)$

$$=\frac{-a^2}{n'\pi}\cos n'\pi\int_0^b\sin\frac{m'\pi y}{b}\mathrm{d}y$$

$$=\frac{ba^2}{n'm'\pi^2}\cos n'\pi(\cos m'\pi-1)$$

同理 $-\displaystyle\int_0^b\int_0^a y\sin\frac{n'\pi x}{a}\sin\frac{m'\pi y}{b}\mathrm{d}x\mathrm{d}y=\frac{-ab^2}{n'm'\pi^2}\cos m'\pi(\cos n'\pi-1)$

于是代入式(7-93)有

$$\frac{\varphi_0 ab}{nm\pi^2}[a\cos n\pi(\cos m\pi-1)-b\cos m\pi(\cos n\pi-1)]=\frac{ab}{4}C_{m,n}$$

$$C_{m,n}=\frac{4\varphi_0}{\pi^2}\cdot\frac{1}{nm}\{a(-1)^n[(-1)^m-1]-b(-1)^m[(-1)^n-1]\}\qquad(7\text{-}94)$$

至此，矩形板内的温度分布就完全确定了。

7.7　非齐次边界条件的处理

由前述五个定解问题用分离变量法求解过程来看，对于固有值（或本征值）λ（或 p，q 等）的确定，除了圆域内问题利用函数的周期性外，都是借助于齐次边界条件（不论是哪一类边界条件）来确定的。因此，一般对于直角坐标系下的定解问题，当边界条件为非齐次时，往往需要经过齐次化处理才能使用分离变量法确定本征值。下面以一维热传导方程问题为例说明非齐次边界条件的处理方法。

$$(\text{A})\begin{cases}\dfrac{\partial u}{\partial t}=a^2\dfrac{\partial^2 u}{\partial x^2}&(0<x<l,t>0)&(7\text{-}95)\\[2mm]u(0,t)=u_1(t),u(l,t)=u_2(t)&&(7\text{-}96)\\[2mm]u(x,0)=\varphi(x)&&(7\text{-}97)\end{cases}$$

为了将定解问题（A）转化为齐次边界问题，作这样的一个代换，令

$$u(x,t)=V(x,t)+W(x,t)\qquad(7\text{-}98)$$

选取适当的且简单的 $W(x,t)$，以使 $V(x,t)$ 满足齐次边界条件，即

$$V(0,t)=V(l,t)=0\qquad(7\text{-}99)$$

由式(7-98)和式(7-96)可以推出

$$W(0,t)=u_1(t),W(l,t)=u_2(t)\qquad(7\text{-}100)$$

于是构造一个简单的满足上述边界条件的 $W(x,t)$ 就可以解决问题的转化目的。不妨设 w 为 x 的一次函数

$$W(x,t)=A(t)x+B(t)$$

由条件式(7-100)确定 $A(t)$，$B(t)$ 得

$$B(t)=u_1(t)\qquad A(t)=\frac{u_2(t)-u_1(t)}{l}$$

于是

$$W(x,t)=u_1(t)+\frac{u_2(t)-u_1(t)}{l}x\qquad(7\text{-}101)$$

将此结果代入原问题（A）

$$(\text{B})\begin{cases}\dfrac{\partial V}{\partial t}-a^2\dfrac{\partial^2 V}{\partial x^2}=f(x,t)&(0<x<l,t>0)\\[2mm]V(0,t)=V(l,t)=0\\[2mm]V(x,0)=\varphi(x)-u_1(0)-\dfrac{x}{l}[u_2(0)-u_1(0)]\end{cases}$$

其中 $f(x,t)=-\dfrac{\partial W}{\partial t}=-\dfrac{\partial u_1}{\partial t}-\dfrac{x}{l}\left[\dfrac{\partial u_2}{\partial t}-\dfrac{\partial u_1}{\partial t}\right]$

这就是说，关于非齐次边界问题（A）的求解可以改造为齐次边界问题（B）的求解过程。由（B）解得 V（x，t），然后加上式(7-101)中的 W（x，t），即为（A）之解 u（x，t）。不过这里出现的（B）问题是一个非齐次方程，对于非齐次方程求解还需要采取特殊的方法（这一点在下一节中讨论）。

如果类似于问题（A）的其他类型的非齐次边界条件如

(a) $u(0,t)=u_1(t)$ $\dfrac{\partial u}{\partial x}\Big|_{x=l}=u_2(t)$

(b) $\dfrac{\partial u}{\partial x}\Big|_{x=0}=u_1(t)$ $u(l,t)=u_2(t)$

(c) $\dfrac{\partial u}{\partial x}\Big|_{x=0}=u_1(t)$ $\dfrac{\partial u}{\partial x}\Big|_{x=l}=u_2(t)$

(d) $u(0,t)=u_1(t)$ $u(l,t)+h\dfrac{\partial u}{\partial x}\Big|_{x=l}=u_2(t)$

则相应的 $W(x,t)$ 就会有不同的结果，读者不妨一试。

【例 7-13】　设一均匀细杆，初始时全杆有一均一温度 u_0，然后使其异端保持不变温度 u_0，另一端则有恒定的热流 q 输入，试求温度分布规律。

问题可由下述数学形式表述

$$\begin{cases} \dfrac{\partial u}{\partial t}=a^2\dfrac{\partial^2 u}{\partial x^2} & (a=K/C\rho),\ (0<x<l,\ t>0) \\[2mm] u(0,t)=u_0,\ \dfrac{\partial u}{\partial x}\Big|_{x=l}=q_0/K & (t>0) \\[2mm] u(x,0)=u_0 & (0<x<l) \end{cases}$$

$$(7\text{-}102)$$
$$(7\text{-}103)$$

解：设 $u(x,t)=V(x,t)+W(x,t)$

为使 $V(0,t)=\dfrac{\partial V}{\partial x}\Big|_{x=l}=0$

必有
$$\left.\begin{array}{l} W(0,t)=u_0 \\[2mm] \dfrac{\partial W}{\partial x}\Big|_{x=l}=q_0/K \end{array}\right\}$$
$$(7\text{-}104)$$

若令 $W(x,t)=A(t)x+B(t)$

则由式(7-104)求得

$$A(t)=q_0/K\qquad B(t)=u_0$$
$$W(x,t)=u_0+q_0/Kx$$

于是 $u(x,t)=V(x,t)+u_0+q_0/Kx$

代入原问题，得

$$\begin{cases} \dfrac{\partial V}{\partial t}-a^2\dfrac{\partial^2 V}{\partial x^2}=-\left(\dfrac{\partial W}{\partial t}-a^2\dfrac{\partial^2 W}{\partial x^2}\right)=0 \\[3mm] V(0,t)=\dfrac{\partial V}{\partial x}\Big|_{x=l}=0 \\[3mm] V(x,0)=u_0-W(x,0)=-q_0/Kx \end{cases}$$

$$(7\text{-}105)$$
$$(7\text{-}106)$$
$$(7\text{-}107)$$

这样求解 $u(x,t)$ 的非齐次边界问题就能转化为求解 $V(x,t)$ 的齐次边界问题了。

令 $V(x,t)=X(x)T(t)$

代入式(7-105)并分离变量,结合齐次边界条件,得

$$T' - a^2\lambda T = 0 \tag{7-108}$$

$$\begin{cases} X'' - \lambda X = 0 & (7\text{-}109) \\ X(0) = 0, X'(l) = 0 & (7\text{-}110) \end{cases}$$

由前面经验,唯有 $\lambda < 0$ 时有解

$$X(x) = C_1 \cos\sqrt{\lambda}x + C_2 \sin\sqrt{\lambda}x$$

由边界,得

$$C_1 = 0$$

$$C_2 \cos\sqrt{\lambda}l = 0$$

$$C_2 \neq 0, \sqrt{\lambda}l = \left(n + \frac{1}{2}\pi\right)$$

$$\lambda = \frac{-\left(n+\frac{1}{2}\right)^2\pi^2}{l^2} = \frac{-(2n+1)^2\pi^2}{4l^2} \quad (n=0,1,2,\cdots)$$

于是固有函数

$$X_n(x) = C_n \sin\frac{(2n+1)\pi x}{2l} \quad (n=0,1,2,\cdots)$$

将 λ 代入式(7-108)解得

$$T_n(t) = D_n e^{-\frac{\left(n+\frac{1}{2}\right)^2\pi^2 a^2}{l^2}}$$

再由迭加原理

$$V(x,t) = \sum_{n=0}^{\infty} X_n(x)T_n(t) = \sum_{n=0}^{\infty} A_n e^{-\frac{\left(n+\frac{1}{2}\right)^2\pi^2 a^2}{l^2}t}\sin\frac{\left(n+\frac{1}{2}\right)\pi}{l}x$$

最后由初始条件式(7-107)定常数 A_n。

$$-\frac{q_0}{K}x = \sum_{n=0}^{\infty} A_n \sin\frac{\left(n+\frac{1}{2}\right)\pi x}{l}$$

上式右边是以 $\sin\frac{\left(n+\frac{1}{2}\right)\pi x}{l}$ 为基本函数族的级数,所以将 $-\frac{q_0}{K}x$ 在 $(0,2l)$ 区间上展开为该函数组的傅立叶正弦级数,A_n 为其傅立叶系数。

$$A_n = \frac{2}{l}\int_0^l -\frac{q_0}{K}\xi\sin\frac{\left(n+\frac{1}{2}\right)\pi\xi}{l}d\xi$$

$$= -\frac{2q_0 l}{K\left(n+\frac{1}{2}\right)^2\pi^2}\left[\sin\frac{\left(n+\frac{1}{2}\right)\pi\xi}{l} - \frac{\left(n+\frac{1}{2}\right)\pi\xi}{l}\cos\frac{\left(n+\frac{1}{2}\right)\pi\xi}{l}\right]_0^l$$

$$= (-1)^{n+1}\frac{2q_0 l}{K\left(n+\frac{1}{2}\right)^2\pi^2}$$

从而

$$u(x,t)=u_0+\frac{q_0}{K}x+\frac{2q_0l}{K\pi^2}\sum_{n=0}^{\infty}(-1)^{n+1}\frac{1}{\left(n+\frac{1}{2}\right)^2}e^{-\frac{\left(n+\frac{1}{2}\right)^2\pi^2a^2}{l^2}t}\sin\frac{\left(n+\frac{1}{2}\right)\pi}{l}x$$

(7-111)

由上述解的结构可以看出随着时间的推延，级数解迅速收敛。当 $t\to\infty$ 时，杆上温度趋于平衡状态

$$u(x,t)=u_0+\frac{q_0}{K}x+\frac{2q_0l}{K\pi^2}\sum_{n=0}^{\infty}(-1)^{n+1}\frac{1}{\left(n+\frac{1}{2}\right)^2}\sin\frac{\left(n+\frac{1}{2}\right)\pi x}{l}$$

其实，只要边界条件相同，不论初始温度如何分布，最终趋于同样的平衡状态。这一题的结果表明随 t 增长，很快趋于稳态。当 $t>0.18l^2/a^2$ 时，若只保留 $n=0$ 的项，略去所有 $n\geqslant1$ 项，其误差不超过 1%。

$$u(x,t)=u_0+\frac{q_0}{K}x-\frac{8q_0l}{K\pi^2}e^{-\frac{\pi^2a^2}{4l^2}t}\sin\frac{\pi x}{2l}$$

(7-112)

7.8 非齐次的泛定方程

当有外力作用时，导出弦的强迫振动方程式(7-14)是一个非齐次的泛定方程。当有外加热源条件下的热传导方程式(7-27)也是非齐次泛定方程。

为了使讨论问题简单起见，不妨先设边界条件为齐次的。因为即使对于非齐次边界条件非齐次方程问题，总可以用 7.7 节所述方法把问题处理为齐次边界条件下的非齐次方程问题。

此外，同时把初始条件也设为零值，由于泛定方程和定解条件都是线性的，可以把一个问题拆成两个问题的迭加。以有外加热源的两端绝热的一维热传导方程为例说明这一点。

$$(\text{A})\begin{cases}\dfrac{\partial u}{\partial t}-a^2\dfrac{\partial^2 u}{\partial x^2}=f(x,t) & (0<x<l,t>0)\\[2mm]\dfrac{\partial u}{\partial x}\Big|_{x=0}=\dfrac{\partial u}{\partial x}\Big|_{x=l}=0\\[2mm]u(x,0)=\varphi(x)\end{cases}$$

令
$$u(x,t)=u_1(x,t)+u_2(x,t)$$

而 u_1 和 u_2 分别满足如下两个定解问题

$$(\text{I})\begin{cases}\dfrac{\partial u_1}{\partial t}-a^2\dfrac{\partial^2 u_1}{\partial x^2}=0 & (0<x<l,t>0)\\[2mm]\dfrac{\partial u_1}{\partial x}\Big|_{x=0}=\dfrac{\partial u_1}{\partial x}\Big|_{x=l}=0\\[2mm]u_1(x,0)=\varphi(x)\end{cases}$$

$$（\text{II}）\begin{cases} \dfrac{\partial u_2}{\partial t} - a^2 \dfrac{\partial^2 u_2}{\partial x^2} = f(x,t) & (0 < x < l,\ t > 0) \\[2mm] \dfrac{\partial u_2}{\partial x}\Big|_{x=0} = \dfrac{\partial u_2}{\partial x}\Big|_{x=l} = 0 \\[2mm] u_2(x,0) = 0 \end{cases}$$

问题（Ⅰ）方程是齐次的，齐次边界，初值不为零，用一般分离变量法可以获解。问题（Ⅱ）方程是非齐次的，但齐次边界，且初值为零，这就是本节讨论的问题，最后将两个解迭加就是上述问题（A）之解 $u(x,t)$。

【例 7-14】　两端固定的弦的强迫振动问题

$$\frac{\partial^2 u}{\partial t^2} - a^2 \frac{\partial^2 u}{\partial x^2} = \sin\frac{2\pi}{l}x\sin\frac{2a\pi}{l}t \tag{7-113}$$

$$u(0,t) = u(l,t) = 0 \tag{7-114}$$

$$u(x,0) = \frac{\partial u}{\partial t}\Big|_{t=0} = 0 \tag{7-115}$$

解：求解非齐次方程的方法主要有两种，一种为冲量定理法，另一种为按本征函数系展开的方法。后者比较简单，这里只讨论后者。所谓按本征函数系展开方法，其基本思路是：如果式(7-113)右端为零，则是一个表示自由振动的齐次方程。由例 7-9 结果知，方程最终解的形式是关于函数系 $\left\{\sin\dfrac{n\pi}{l}x\right\}$ 的傅立叶正弦级数。于是设想对于两端固定弦的强迫振动问题，即式(7-113)右端项非零时，方程的解不妨也试设为关于齐次问题本征函数 $\left\{\sin\dfrac{n\pi}{l}x\right\}$ 的傅氏正弦级数，具体表示为

$$u(x,t) = \sum_{n=1}^{\infty} T_n(t)\sin\frac{n\pi}{l}x \tag{7-116}$$

其中 $T_n(t)$ 是待定函数。由式(7-113)知，非齐次右端项也需按本征函数展为傅氏级数

$$\sin\frac{n\pi}{l}x\sin\frac{2a\pi}{l}t = \sum_{n=1}^{\infty} f_n(t)\sin\frac{n\pi}{l}x \tag{7-117}$$

这里 $f_n(t)$ 是级数的傅立叶系数。

$$f_n(t) = \frac{2}{l}\int_0^l f(\xi,t)\sin\frac{n\pi}{l}\xi\,\mathrm{d}\xi \tag{7-118}$$

$$f_n(t)\begin{cases} \sin\dfrac{2a\pi}{l}t & n = 2 \\[2mm] 0 & n \geqslant 1,\text{且}\,n \neq 2 \end{cases} \tag{7-119}$$

将式(7-116)，式(7-117)代入式(7-113)，有

$$\sum_{n=1}^{\infty}\left[T_n''(t) + \left(\frac{an\pi}{l}\right)^2 T_n(t) - f_n(t)\right]\sin\frac{n\pi}{l}x = 0$$

容易看出，由上式可知

$$T_n''(t) + \left(\frac{an\pi}{l}\right)^2 T_n(t) = f_n(t) \tag{7-120}$$

由式(7-115)可得出上式的初始条件

$$T_n(0) = 0,\ T_n''(0) = 0 \tag{7-121}$$

式(7-120)、式(7-121)构成一个非齐次常微分方程的初值问题。可用拉氏变换法求解。设

$$L\left[T_n\ (t)\right]=\theta_n\ (P)$$
$$L\left[f_n\ (t)\right]=F_n\ (P)$$

代入方程式(7-120)，得

$$P^2\theta_n\ (P)+\left(\frac{an\pi}{l}\right)^2\theta_n\ (P)=F_n\ (P)$$

$$\theta_n\ (P)=\frac{1}{P^2+\left(\frac{an\pi}{l}\right)^2}F_n\ (P)$$

因为已知

$$L^{-1}\left[\frac{1}{P^2+\left(\frac{an\pi}{l}\right)^2}\right]=\frac{l}{an\pi}\sin\frac{an\pi}{l}t$$
$$L^{-1}\left[F_n\ (P)\right]=f_n\ (t)$$

由卷积定理知

$$T_n(t)=L^{-1}[\theta_n(P)]=\frac{l}{an\pi}\int_0^t f_n(\tau)\sin\frac{an\pi}{l}(t-\tau)\mathrm{d}\tau$$

将式(7-119)结果代入

$$T_n(t)=0\quad (当\ n\neq2)$$

$$T_2(t)=\frac{l}{2\pi a}\int_0^t\sin\frac{2a\pi}{l}\tau\sin\frac{2a\pi(t-\tau)}{l}\mathrm{d}x$$
$$=\frac{l}{4\pi a}\left(\frac{l}{2a\pi}\sin\frac{2a\pi}{l}t-t\cos\frac{2a\pi}{l}t\right)$$

最后将上述结果代入式(7-116)，得

$$u\ (x,\ t)=\frac{l}{4\pi a}\left(\frac{l}{2a\pi}\sin\frac{2a\pi}{l}t-t\cos\frac{2a\pi}{l}t\right)\sin\frac{2\pi}{l}x \tag{7-122}$$

显然，当 $t\rightarrow\infty$ 时，$|u\ (x,\ t)|$ 无界。说明随时间无限增加，振幅趋于无穷大，即出现共振现象。

【例 7-15】 用本征函数系展开法解非齐次热传导方程。

$$\frac{\partial u}{\partial t}-a^2\frac{\partial^2 u}{\partial x^2}=A\sin\omega t \tag{7-123}$$

$$\frac{\partial u}{\partial x}\bigg|_{x=0}=\frac{\partial u}{\partial x}\bigg|_{x=l}=0 \tag{7-124}$$

$$u|_{t=0}=0 \tag{7-125}$$

解：本题对应的齐次泛定方程在第二类齐次边界条件式(7-124)下的本征函数为 $\cos\frac{n\pi}{l}x(n=0,1,2,\cdots)$，故解函数要设成傅立叶余弦级数形式。

$$u(x,t)=\sum_{n=0}^{\infty}T_n(t)\cos\frac{n\pi}{l}x \tag{7-126}$$

方程式(7-123)中非齐次项只是 t 的函数,将其展为 x 的傅氏余弦级数有

$$A\sin\omega t=\sum_{n=0}^{\infty}f_n(t)\cos\frac{n\pi}{l}x$$

$$f_0(t)=\frac{1}{l}\int_0^l A\sin\omega t\mathrm{d}\xi=A\sin\omega t \tag{7-127}$$

$$f_n(t)=\frac{2}{l}\int_0^l A\sin\omega t\cos\frac{n\pi\xi}{l}\mathrm{d}\xi=0\quad (n\neq0)$$

代入方程式(7-123)得

$$T'_0(t) = A\sin\omega t$$

$$T'_n(t) + \left(\frac{n\pi a}{l}\right)^2 T_n(t) = 0 \quad (n \neq 0)$$

由初始条件式(7-125)知 $T_n(0)=0$
于是方程有解为

$$T_0(t) = \frac{A}{\omega}(1-\cos\omega t) \tag{7-128}$$

$$T_n(0) = 0 \quad (n \neq 0)$$

代入式(7-126)得最终解形式为

$$u(x,t) = \frac{A}{\omega}(1-\cos\omega t) \tag{7-129}$$

7.9　特殊函数及其在分离变量法中的应用

前面讨论的分离变量法求解二阶线性偏微分方程中，几乎都采用直角坐标系，唯有例7-11圆域内稳态温度分布使用了平面极坐标系，注意凡在直角坐标中应用分离变量法，得出的结果均为常系数二阶（或一阶）常微分方程，而在平面极坐标系分离变量法结果得到一个变系数常微分方程如式(7-85)所示，这是一个欧拉方程，容易转化成常系数方程求解。事实上工程问题常用柱坐标和球坐标系，在柱、球坐标下分离变量法求解拉普拉斯方程、热传导方程、波动方程，都将得到变系数的常微分方程。这样的方程多数与特殊函数有关。求解这类方程的通用方法是级数解法。由于篇幅有限，这里介绍应用最广的两种特殊函数的方程——贝塞尔方程和勒让德方程。

7.9.1　贝塞尔方程及其解法

形如

$$x^2 y'' + xy' + (x^2 - m^2)y = 0 \tag{7-130}$$

或

$$y'' + \frac{1}{x}y' + \left(1 - \frac{m^2}{x^2}\right)y = 0 \tag{7-131}$$

的二阶变系数常微分方程称为 m 阶贝塞尔方程，这种变系数方程有一种较通用的级数解法。具体地说就是设解函数可用一无穷级数表示，代入方程，确定各幂项系数间的递推关系，这样便可找到级数形式的解。当然既然是级数，就要判断级数是否收敛，收敛半径如何。因为解函数 $y(x)$ 用级数形式表示，所以要求方程中系数也都可用级数展开。一般以式(7-131)为方程标准形式，这里 y' 项系数为 $\frac{1}{x}$，则 $x=0$ 点是它的一阶奇点；y 项系数为 $\left(1-\frac{m^2}{x^2}\right)$，$x=0$ 点是它的二阶奇点。于是这两项系数不能以 $x=0$ 为中心展为泰勒级数，而要展成罗朗级数。这种情形称 $x=0$ 点是方程的奇点。$y(x)$ 的级数解形式不能表示为幂次从零开始的泰勒级数，而要求设成

$$y(x) = \sum_{k=0}^{\infty} a_k x^{k+r}$$

于是有

$$y'(x) = \sum_{k=0}^{\infty} a_k (K+r) x^{k+r-1}$$

$$y''(x) = \sum_{k=0}^{\infty} a_k (K+r)(K+r-1)x^{k+r-2}$$

代入方程式(7-130)有

$$\sum_{k=0}^{\infty} a_k(K+r)(K+r-1)x^{k+r} + \sum_{k=0}^{\infty} a_k(K+r)x^{k+r} + \sum_{k=0}^{\infty} a_k x^{k+r+2}$$

$$- m^2 \sum_{k=0}^{\infty} a_k x^{k+r} = 0$$

比较和号中各项 x 的幂次可看出唯第三项比其他各项高二次幂,所以将除第三项外每项中 $K=0$,$K=1$ 的项拿到和号外,就使所有项的幂相等了,即

$$\sum_{k=0}^{\infty} [a_k(K+r)(K+r-1) + a_k(K+r) + a_{K-2} - m^2 a_k]x^{k+r}$$

$$+ a_0 r(r-1)x^r + a_0 r x^r - m^2 a_0 x^r + a_1 r(r+1)x^{r+1} + a_1(r+1)x^{r+1} - m^2 a_1 x^{r+1} = 0$$

化简得

$$\sum_{k=0}^{\infty} \{a_k[(K+r)^2 - m^2] + a_{K-2}\}x^{k+r} + a_0(r^2 - m^2)x^r + a_1(r^2 + 2r + 1 - m^2)x^{r+1} = 0$$

为使上述等式成立,必使 x 各项幂系数为零。

设 $a_0 \neq 0$(因为若 a_0 为零,则可令 a_1 为 a_0)

由第二项得判定方程

$r^2 - m^2 = 0$,$r_{1,2} = \pm m$(称为判定方程之根)

因为 x^{r+1} 的系数必为零,则有 $a_1 = 0$。再由 x^{k+r} 系数为零,由和号中可导出系数的递推公式当 $r_1 = +m$ 时

$$a_k = \frac{-a_{k-2}}{K(K+2m)} \quad K = 2,3,\cdots$$

我们来计算一下前几项的系数

$K=2$ $\qquad a_2 = \dfrac{-a_0}{2^2(m+1)}$

$K=4$ $\qquad a_4 = \dfrac{-a_2}{2^3(m+2)} = \dfrac{a_0}{2^4 \times 2(m+1)(m+2)}$

$K=6$ $\qquad a_6 = \dfrac{-a_4}{2^2 3(m+3)} = \dfrac{-a_0}{2^6 \times 3!\ (m+1)(m+2)(m+3)}$

而 $a_1 = a_3 = a_5 = a_7 = \cdots = 0$

其通式为

$$a_{2K} = \frac{(-1)^K a_0}{2^{2K} K!\ (m+1)(m+2)\cdots(m+K)} \quad K = 1,2,3,\cdots$$

这样就得到 m 阶贝塞尔方程的一个特解

$$y_1(x) = a_0 \sum_{k=0}^{\infty} \frac{(-1)^k x^{2k+m}}{2^{2k} \times K!(m+1)(m+2)\cdots(m+K)}$$

$$= 2^m m! a_0 \sum_{k=0}^{\infty} \frac{(-1)^k}{K!(K+m)!} \left(\frac{x}{2}\right)^{2K+m}$$

这个级数的收敛半径为

$$R = \lim_{K \to \infty} |a_{2K}/a_{2K+2}| = \lim_{K \to \infty} 4(K+1)(m+K+1) = \infty$$

即只要 x 有限，级数收敛。

通常取

$$a_0 = \frac{1}{2^m m!} = \frac{1}{2^m \Gamma(m+1)}$$

则这一特解就定义为 m 阶贝塞尔函数（第一类贝塞尔函数）。记作 $J_m(x)$，

$$J_m(x) = \sum_{k=0}^{\infty} \frac{(-1)^k}{K! \Gamma(K+m+1)} \left(\frac{x}{2}\right)^{2K+m} \tag{7-132}$$

再看当 $r_1 = -m$ 时，系数的递推公式为

$$a_k = \frac{-a_{k-2}}{K(K-2m)} \quad K = 2,3,\cdots$$

$K=2$ 　　　　 $a_2 = \dfrac{-a_0}{2^2(-m+1)}$

$K=4$ 　　　　 $a_4 = \dfrac{-a_2}{2^3(-m+2)} = \dfrac{a_0}{2^4 \times 2(-m+1)(-m+2)}$

$K=6$ 　　　　 $a_6 = \dfrac{-a_4}{2^2 \times 3(-m+3)} = \dfrac{-a_0}{2^6 \times 3!\,(-m+1)(-m+2)(-m+3)}$

$$a_1 = a_3 = a_5 = a_7 = \cdots = 0$$

递推公式通式为

$$a_{2k} = \frac{(-1)^k a_0}{2^{2k} \cdot K! \,(-m+1)(-m+2)\cdots(-m+K)}$$

于是另一特解为

$$y_2(x) = a_0 \sum_{k=0}^{\infty} \frac{(-1)^k x^{2k-m}}{2^{2k} \cdot K!(-m+1)(-m+2)\cdots(-m+K)}$$

$$= 2^m(-m+1)a_0 \sum_{k=0}^{\infty} \frac{(-1)^k}{K! \Gamma(-m+K+1)} \left(\frac{x}{2}\right)^{2k-m}$$

容易证明这个级数收敛半径也是无穷大，只要 x 有限，级数收敛。取 $a_0 = \dfrac{1}{2^{-m}\Gamma(-m+1)}$，

这个特解定义为 $-m$ 阶贝塞尔函数，记作

$$J_{-m}(x) = \sum_{k=0}^{\infty} (-1)^k \frac{1}{K! \Gamma(-m+K+1)} \left(\frac{x}{2}\right)^{2k-m} \tag{7-133}$$

当 m 不为整数时，m 阶贝塞尔函数的通解可由这两个特解的线性组合构成，即

$$y(x) = C_1 J_m(x) + C_2 J_{-m}(x)$$

$-m$ 阶贝塞尔函数含有 x 的负幂项，所以有

$$\lim_{x \to \infty} J_{-m}(x) = \infty$$

因而当所讨论问题的区域包含 $x=0$ 点时，就要排除 $J_{-m}(x)$ 这一特解。

当 m 为整数 n 时，式(7-130) 可写为

$$x^2 y'' + xy' + (x^2 - n^2)\,y = 0 \tag{7-134}$$

由上述结果容易确定 $r_1 = n$，$r_2 = -n$，对应于 $r_1 = n$ 有特解

$$J_n(x) = \sum_{k=0}^{\infty} (-1)^k \frac{1}{K!(n+K)!} \left(\frac{x}{2}\right)^{2k+n} \tag{7-135}$$

特别当 $n=0$，1 时有

$$J_0(x) = 1 - \left(\frac{x}{2}\right)^2 + \frac{1}{(2!)^2}\left(\frac{x}{2}\right)^4 - \frac{1}{(3!)^2}\left(\frac{x}{2}\right)^6 + \cdots \cdots \qquad (7\text{-}136)$$

$$J_1(x) = \frac{x}{2} - \frac{1}{2!}\left(\frac{x}{2}\right)^3 + \frac{1}{2!\,3!}\left(\frac{x}{2}\right)^5 - \frac{1}{3!\,4!}\left(\frac{x}{2}\right)^7 + \cdots \cdots \qquad (7\text{-}137)$$

至于第二个特解，就不能使用 $J_{-n}(x)$ 了，因为

$$J_{-n}(x) = \sum_{k=0}^{\infty} (-1)^k \frac{1}{K!\,\Gamma(-n+K+1)}\left(\frac{x}{2}\right)^{-n+2K}$$

n 为整数，只要 $K<n$，$-n+K+1$ 为负值，而负整数的 Γ 函数为无限大。于是上述级数中，K 要从 n 值开始

$$J_{-n}(x) = \sum_{k=n}^{\infty} (-1)^k \frac{1}{K!\,\Gamma(-n+K+1)}\left(\frac{x}{2}\right)^{-n+2K}$$

令 $l = K - n$，则

$$J_{-n}(x) = \sum_{l=0}^{\infty} (-1)^{1+n} \frac{1}{(l+n)!\,\Gamma(l+1)}\left(\frac{x}{2}\right)^{n+2l}$$

$$= (-1)^n \sum_{l=0}^{\infty} (-1)^l \frac{1}{(l+n)!\,l!}\left(\frac{x}{2}\right)^{n+2l}$$

$$= (-1)^n J_n(x)$$

即
$$J_{-n}(x) = (-1)^n J_n(x)$$

说明 $J_{-n}(x)$ 与 $J_n(x)$ 线性相关，$J_{-n}(x)$ 不能成为第二个特解。这个问题还不是整数阶贝塞尔方程所特有的。只要 x_0 是微分方程的正则齐点，且判定方程的两根之差 $r_1 - r_2$ 是整数，这里假设 $r_1 > r_2$，$r_1 - r_2 = d > 0$，假设第二特解不成立。可以证明，第二特解 $y_2(x)$ 可以用下述形式表示

$$y_2(x) = A y_1(x)\ln(x - x_0) + \sum_{k=r_2}^{\infty} a_k (x - x_0)^K$$

其中 $y_1(x)$ 是对应于 r_1 的第一个特解。把这个 $y_2(x)$ 代入微分方程，确定常数 A 和各系数 a_K，这样来求取第二个特解。根据这一原则，整数阶贝塞尔方程的第二个特解可表示为

$$y_2(x) = A J_n(x)\ln x + \sum_{k=0}^{\infty} a_{-n+k} x^{-n+K}$$

将上式代入方程，合并同幂项加以整理求出 A 和 a_K。由于过程冗长，这里不作推导，直接给出结果

$$y_2(x) = \frac{a_{-n}}{(n-1)!\,2^n}\left\{(-2\ln x)J_n(x) + \sum_{k=0}^{n-1} \frac{(n-K-1)!}{K!}\left(\frac{x}{2}\right)^{-n+2k}\right.$$

$$+ \sum_{k=n}^{\infty} \frac{1}{K!\,(K-n)!}\left[\left(1 + \frac{1}{2} + \cdots + \frac{1}{K-n}\right)\right.$$

$$\left.\left. + \left(\frac{1}{n+1} + \frac{1}{n+2} + \cdots + \frac{1}{K}\right)\right] \times \left(\frac{x}{2}\right)^{-n+2k}\right\}$$

在数学理论中，通常取 $a_{-n} = -(n-1)!\,2^n/\pi$，并把这个特解与 $\left[\frac{2}{\pi}(C - \ln 2) - \frac{1}{\pi}\left(1 + \frac{1}{2} + \cdots + \frac{1}{n}\right)\right]J_n(x)$ 的和叫做 n 阶诺埃曼（Neŭmann）函数，或第二类贝塞尔函数。记作 $N_n(x)$。其中 C 代表尤拉常数。

$$C = \lim_{k \to \infty} \left(1 + \frac{1}{2} + \frac{1}{3} + \cdots + \frac{1}{K} - \ln K \right) = 0.577216\cdots$$

$$N_n(x) = \frac{2}{\pi} \left(\ln \frac{x}{2} + C \right) J_n(x) - \frac{1}{\pi} \sum_{k=0}^{n-1} \frac{(n-K-1)!}{K!} \left(\frac{x}{2} \right)^{-n+2k}$$

$$- \frac{1}{\pi} \sum_{k=n}^{\infty} \frac{(-1)^{K-n}}{K!(K-n)!} \left[\left(1 + \frac{1}{2} + \cdots + \frac{1}{K-n} \right) + \left(1 + \frac{1}{2} + \cdots + \frac{1}{K} \right) \right] \left(\frac{x}{2} \right)^{-n+2k}$$

$$(7\text{-}138)$$

于是整数阶贝塞尔方程的通解为

$$y(x) = C_1 J_n(x) + C_2 N_n(x) \tag{7-139}$$

其中 C_1，C_2 为任意常数。

当 $m = \frac{1}{2}$ 时，式(7-130) 变为

$$x^2 y'' + xy' + \left[x^2 - \left(\frac{1}{2} \right)^2 \right] y = 0 \tag{7-140}$$

由前知判定方程根为 $r_1 = \frac{1}{2}$，$r_2 = -\frac{1}{2}$，对应有一组特解

$$J_{1/2}(x) = \sum_{k=0}^{\infty} (-1)^k \frac{1}{K! \Gamma \left(K + \frac{3}{2} \right)} \left(\frac{x}{2} \right)^{\frac{1}{2}+2K}$$

$$= \sum_{k=0}^{\infty} \frac{(-1)^k}{K! \left(K + \frac{1}{2} \right) \left(K + \frac{1}{2} - 1 \right) \cdots\cdots \frac{1}{2} \Gamma \left(\frac{1}{2} \right)} \left(\frac{x}{2} \right)^{\frac{1}{2}+2K}$$

$$= \sum_{k=0}^{\infty} \frac{(-1)^k}{K!(2K+1)(2K-1)\cdots\cdots 5 \times 3 \times 1 \sqrt{\pi}} \left(\frac{1}{2} \right)^{K-\frac{1}{2}} \left(\frac{x}{2} \right)^{\frac{1}{2}+2K}$$

$$= \sqrt{\frac{2x}{\pi}} \sum_{k=0}^{\infty} \frac{(-1)^k}{2K(2K-2)\cdots 4 \times 2 \times (2K+1)(2K-1)\cdots 5 \times 3 \times 1} x^{2K}$$

$$= \sqrt{\frac{2x}{\pi}} \sum_{k=0}^{\infty} (-1)^k \frac{1}{(2K+1)!} x^{2K} = \sqrt{\frac{2}{\pi x}} \sum_{k=0}^{\infty} (-1)^k \frac{1}{(2K+1)!} x^{2K+1}$$

$$J_{1/2}(x) = \sqrt{\frac{2}{\pi x}} \sin x \tag{7-141}$$

这里判定方程两根之差 $r_1 - r_2 = 1$ 是整数，第二个特解的形式是

$$y_2(x) = A J_{1/2}(x) \ln x + \sum_{K=-\frac{1}{2}}^{\infty} a_K x^K$$

把上式代入式(7-140) 得

$$A \left[x^2 J_{1/2}'' + x J_{1/2}' + \left(x^2 - \frac{1}{4} \right) J_{1/2} \right] + 2A x J_{1/2}' + \sum_{K=-\frac{1}{2}}^{\infty} K(K-1) a_K x^K$$

$$+ \sum_{K=-\frac{1}{2}}^{\infty} K a_K x^K + \sum_{K=-\frac{1}{2}}^{\infty} a_K x^{K+2} + \sum_{K=-\frac{1}{2}}^{\infty} \frac{1}{4} a_K x^K = 0$$

因为 $J_{1/2}$ 是方程式(7-140) 之解，所以上式的 [ ]＝0，加以适当归并，上式变为

$$2A x J_{1/2}' + \sum_{K=-\frac{1}{2}}^{\infty} \left(K^2 - \frac{1}{4} \right) a_K x^K + \sum_{K=-\frac{1}{2}}^{\infty} a_K x^{K+2} = 0$$

合并同幂次项，求出 a_K 的递推公式，最后获得第二特解为

$$y_2\ (x) = a^{-\frac{1}{2}} x^{-\frac{1}{2}} \left(1 - \frac{x^2}{2!} + \frac{x^4}{4!} - \frac{x^6}{6!} + \cdots\right) = a^{-\frac{1}{2}} \frac{1}{\sqrt{x}} \cos x$$

通常取 $a^{-\frac{1}{2}} = \sqrt{\dfrac{2}{\pi}}$，于是第二个特解为

$$J_{1/2}\ (x) = \sqrt{\frac{2}{\pi x}} \cos x \tag{7-142}$$

$\dfrac{1}{2}$ 阶贝塞尔方程的通解为

$$y\ (x) = C_1 J_{1/2}\ (x) + C_2 J_{-1/2}\ (x) \tag{7-143}$$

贝塞尔方程还有一种修正形式为

$$x^2 y'' + x y' - (x^2 + m^2) = 0 \tag{7-144}$$

式(7-144) 称为 m 阶修正贝塞尔方程或虚宗量贝塞尔方程，它和 m 阶贝塞尔方程只有一项的符号有差别。

令 $x = -it$ $(i = \sqrt{-1})$，则

$$\frac{\mathrm{d}y}{\mathrm{d}x} = \frac{-1}{i} \frac{\mathrm{d}y}{\mathrm{d}t} \qquad \frac{\mathrm{d}^2 y}{\mathrm{d}x^2} = \frac{\mathrm{d}^2 y}{\mathrm{d}t^2}$$

于是方程式(7-144) 变为

$$t^2 \frac{\mathrm{d}^2 y}{\mathrm{d}t^2} + t \frac{\mathrm{d}y}{\mathrm{d}t} + (t^2 - m^2)\ y = 0 \tag{7-145}$$

这就变为贝塞尔方程形式了。于是有解

$$y\ (t) = A J_m\ (t) + B j_{-m}\ (t) \qquad (\text{当} \ m \neq 0, \ 1, \ 2, \ \cdots)$$

返回原变量 x，则

$$y\ (x) = A J_m\ (ix) + B J_{-m}\ (ix)$$

这里

$$J_m(ix) = i^m \sum_{K=0}^{\infty} \frac{1}{K!\,\Gamma(m + K + 1)} \left(\frac{x}{2}\right)^{m+2K}$$

$$J_{-m}(ix) = i^{-m} \sum_{K=0}^{\infty} \frac{1}{K!\,\Gamma(-m + K + 1)} \left(\frac{x}{2}\right)^{-m+2K}$$

将以上两式分别乘以 i^{-m} 后，我们就定义它为第一类虚宗量贝塞尔函数(或称第一类修正贝塞尔函数)，并记作 I_m 和 I_{-m}

$$I_{\pm m}(x) = \sum_{K=0}^{\infty} \frac{1}{K!\,\Gamma(\pm m + K + 1)} \left(\frac{x}{2}\right)^{\pm m + 2K} \tag{7-146}$$

当 $x \to 0$ 时，$I_{-m}(x) \to \infty$，所以在研究圆柱内部问题时，应舍弃 $I_{-m}(x)$，只用 $I_m(x)$。注意 $I_m(x)$ 和 $J_m(x)$ 的差别只在于 $J_m(x)$ 的级数展开式中各项交替取正号和负号，$I_m(x)$ 的级数展开式中一律取正号。正因为 $I_m(x)$ 的各项均为正值，所以 $I_m(x)$ 没有实零点。

此时方程式(7-144) 的通解为

$$y = C_1 I_m\ (x) + C_2 I_{-m}\ (x)$$

当 m 为整数时，方程通解为

$$y = A J_m\ (ix) + B N_m\ (ix)$$

定义第二类虚宗量贝塞尔函数形如

$$K_m(X) = \left(\frac{\pi}{2}\right)(i)^{m+1}[J_m(ix) + iN_m(ix)] \tag{7-147}$$

于是通解可表为

$$y = C_1 I_m(x) + C_2 K_m(x) \tag{7-148}$$

表 7-1 给出贝塞尔方程和修正贝塞尔方程解的表示式关系。

表 7-1　贝塞尔方程和修正贝塞尔方程的解

方　程　形　式		$x^2 y'' + xy' + (x^2 - m^2)y = 0$	$x^2 y'' + xy' - (x^2 + m^2)y = 0$
一般解	m 不为整数	$y = AJ_m(x) + BJ_{-m}(x)$	$y = AI_m(x) + BI_{-m}(x)$
	$m = 0$	$y = AJ_0(x) + BN_0(x)$	$y = AI_0(x) + BK_0(x)$
	$m = 1, 2, 3 \cdots$	$y = AJ_m(x) + BN_m(x)$	$y = AI_m(x) + BK_m(x)$

7.9.2　贝塞尔函数

这里给出贝塞尔函数的一些重要性质，它是求解贝塞尔方程所必须具备的基础知识。

7.9.2.1　微分性质

（1）
$$\frac{\mathrm{d}}{\mathrm{d}x}[x^m z_m(ax)] = \begin{cases} ax^m z_{m-1}(ax) & (z = J, N, I) \\ -ax^m z_{m-1}(ax) & (z = K) \end{cases} \tag{7-149}$$

证明其中之一,当 $z_m = J_m$ 时,有

$$\begin{aligned}
\frac{\mathrm{d}}{\mathrm{d}x}[x^m J_m(ax)] &= \frac{\mathrm{d}}{\mathrm{d}x}\sum_{k=0}^{\infty}\frac{(-1)^K a^{2K+m} x^{2K+2m}}{2^{2K+m} K!(K+m)!} \\
&= \sum_{k=0}^{\infty}\frac{(-1)^K a^{2K+m} x^{2K+2m-1}}{2^{2K+m-1} K!(K+m-1)!} \\
&= ax^m \sum_{k=0}^{\infty}\frac{(-1)^K (ax/2)^{2K+m-1}}{K!(K+m-1)!} \\
&= ax^m J_{m-1}(ax)[\text{证毕}]
\end{aligned}$$

（2）
$$\frac{\mathrm{d}}{\mathrm{d}x}[x^{-m} z_m(ax)] = \begin{cases} -ax^{-m} z_{m+1}(ax) & (z = J, N, K) \\ ax^{-m} z_{m-1}(ax) & (z = I) \end{cases} \tag{7-150}$$

对式(7-149)求导可得

$$\frac{\mathrm{d}}{\mathrm{d}x}[x^m z_m(ax)] = mx^{m-1} z_m(ax) + x^m \frac{\mathrm{d}}{\mathrm{d}x}[z_m(ax)]$$

于是有
$$\frac{\mathrm{d}}{\mathrm{d}x}[z_m(ax)] = \begin{cases} az_{m-1}(ax) - \dfrac{m}{x}z_m(ax) & (z = J, N, I) \\ -az_{m-1}(ax) - \dfrac{m}{x}z_m(ax) & (z = K) \end{cases} \tag{7-151}$$

对式(7-150)求导可得

$$\frac{\mathrm{d}}{\mathrm{d}x}[z_m(ax)] = \begin{cases} -az_{m+1}(ax) + \dfrac{m}{x}z_m(ax) & (z = J, N, K) \\ az_{m+1}(ax) + \dfrac{m}{x}z_m(ax) & (z = I) \end{cases} \tag{7-152}$$

由式(7-151)、式(7-152) 相加与相减，又得出有用的递推公式

$$z_m(ax) = \frac{ax}{2m}[z_{m+1}(ax) + z_{m-1}(ax)] \quad (z = J, N) \tag{7-153}$$

$$I_m(ax) = -\frac{ax}{2m}[I_{m+1}(ax) - I_{m-1}(ax)] \tag{7-154}$$

$$K_m(ax) = \frac{ax}{2m}[K_{m+1}(ax) - K_{m-1}(ax)] \tag{7-155}$$

已知 $m-1$、m 阶贝塞尔函数，可以由上述三个递推公式求得 $m+1$ 阶贝塞尔函数。即已知零阶和一阶函数可求出二阶函数。所以贝塞尔函数表只给出零阶和一阶之值就够了。

已知 $m = \pm\frac{1}{2}$ 时，有

$$J_{1/2}(x) = \sqrt{\frac{2}{\pi x}}\sin x \tag{7-156}$$

$$J_{-\frac{1}{2}}(x) = \sqrt{\frac{2}{\pi x}}\cos x \tag{7-157}$$

$$I_{1/2}(x) = \sqrt{\frac{2}{\pi x}}\text{sh}x \tag{7-158}$$

$$I_{-\frac{1}{2}}(x) = \sqrt{\frac{2}{\pi x}}\text{ch}x \tag{7-159}$$

则由递推公式可导出 $m = n - \frac{1}{2}$ ($n = \cdots, -2, -1, 0, 1, 2, \cdots$) 的所有半整数阶 J_m 和 I_m 的函数值

$$J_{n+\frac{1}{2}}(x) = \frac{2n-1}{x}J_{n-\frac{1}{2}}(x) - J_{n-\frac{3}{2}}(x) \tag{7-160}$$

$$I_{n+\frac{1}{2}}(x) = -\frac{2n-1}{x}I_{n-\frac{1}{2}}(x) + I_{n-\frac{3}{2}}(x) \tag{7-161}$$

7.9.2.2　积分性质

积分是微分的逆运算，故由微分性质式(7-149)、式(7-150)、式(7-151) 和式(7-152)可导出积分公式，例如

对式(7.149) 求积得

$$\int ax^m z_{m-1}(ax)\mathrm{d}x = x^m z_m(ax) \qquad (z = J, N, I) \tag{7-162}$$

$$\int ax^m z_{m-1}(ax)\mathrm{d}x = -x^m z_m(ax) \quad (z = K) \tag{7-163}$$

如 $m=1$，有

$$\int axJ_0(ax)\mathrm{d}x = J_1(ax) \tag{7-164}$$

为下一节贝塞尔函数的正交性与模值的需要，这里给出几个重要的积分公式。由于在原点 $x=0$ 处只有 $J_m(x)$ 和 $I_m(x)$ 是有限的，也就是在 $x=0$ 处只有这两个函数才有使用价值，所以正交积分仅针对于这两个函数讲的。下面我们不加证明给出结果。

$$\int_0^x J_m(\alpha\xi)J_m(\beta\xi)\xi\mathrm{d}\xi = \frac{x}{\alpha^2 - \beta^2}[\alpha J_m(\beta x)J_{m+1}(\alpha x) - \beta J_m(\alpha x)J_{m+1}(\beta x)] \tag{7-165}$$

$$\int_0^x [J_m(\alpha\xi)]^2\xi\mathrm{d}\xi = \frac{x^2}{2}[J_m^2 ax - J_{m-1}(\alpha x)J_{m+1}(\alpha x)] \tag{7-166}$$

$$\int_0^x I_m(\alpha\xi)I_m(\beta\xi)\xi\mathrm{d}\xi = \frac{x}{\alpha^2 - \beta^2}[\alpha I_m(\beta x)I_{m+1}(\alpha x) - \beta I_m(\alpha x)I_{m+1}(\beta x)] \tag{7-167}$$

$$\int_0^x [I_m(\alpha\xi)]^2 \xi d\xi = \frac{x^2}{2}[I_m^2(\alpha x) - I_{m-1}(\alpha x)I_{m+1}(\alpha x)] \tag{7-168}$$

7.9.2.3　一些常用公式

当 n 为正整数时，有

$$J_{-n}(\alpha x) = (-1)^n J_n(\alpha x) \tag{7-169}$$

$$N_{-n}(\alpha x) = (-1)^n N_n(\alpha x) \tag{7-170}$$

$$I_{-n}(\alpha x) = I_n(\alpha x) \tag{7-171}$$

$$K_{-n}(\alpha x) = K_n(\alpha x) \tag{7-172}$$

当 $x \to 0$ 时，由各级数中保留前几项得出近似式有

$$J_0(x) \approx 1 - \frac{1}{4}x^2 \tag{7-173}$$

$$N_0(x) \approx \frac{2}{\pi}\left(\ln\frac{x}{2} + c\right) \tag{7-174}$$

$$I_0(x) \approx 1 + \frac{1}{4}x^2 \tag{7-175}$$

$$K_0(x) \approx \ln\frac{x}{2} \tag{7-176}$$

当 $m > 0$ 时，有

$$J_m(x) \approx \frac{1}{\Gamma(m+1)}\left(\frac{x}{2}\right)^m \tag{7-177}$$

$$J_{-m}(x) \approx \frac{1}{\Gamma(-m+1)}\left(\frac{x}{2}\right)^{-m} \tag{7-178}$$

$$N_m(x) \approx \frac{-\Gamma(m)}{\pi}\left(\frac{2}{x}\right)^m \tag{7-179}$$

$$I_m(x) \approx \frac{1}{\Gamma(m+1)}\left(\frac{x}{2}\right)^m \tag{7-180}$$

$$I_{-m}(x) \approx \frac{1}{\Gamma(-m+1)}\left(\frac{x}{2}\right)^{-m} \tag{7-181}$$

$$K_m(x) \approx \frac{\Gamma(m)}{2}\left(\frac{2}{x}\right)^m \tag{7-182}$$

当 $x \to \infty$ 时也有如下渐进公式

$$J_m(x) \approx \sqrt{\frac{2}{\pi x}}\cos\left(x - \frac{m\pi}{2} - \frac{\pi}{4}\right) \tag{7-183}$$

$$J_{-m}(x) \approx \sqrt{\frac{2}{\pi x}}\cos\left(x + \frac{m\pi}{2} - \frac{\pi}{4}\right) \tag{7-184}$$

$$N_m(x) \approx \sqrt{\frac{2}{\pi x}}\sin\left(x - \frac{m\pi}{2} - \frac{\pi}{4}\right) \tag{7-185}$$

$$I_m(x) \approx \frac{e^x}{\sqrt{2\pi x}} \tag{7-186}$$

$$K_m(x) \approx \frac{e^{-x}}{\sqrt{2x/\pi}} \tag{7-187}$$

比较一下 $J_0(x)$，$J_1(x)$ 与 $\cos x$，$\sin x$ 间的相似性，对于帮助记忆有好处。

$$J_0(x) = 1 - \frac{x^2}{2} + \frac{x^4}{2^2 \times 4^2} - \frac{x^6}{2^2 \times 4^2 \times 6^2} + \cdots \tag{7-188}$$

$$J_1(x) = \frac{x}{2} - \frac{x^3}{2^2 \times 4} + \frac{x^5}{2^2 \times 4^2 \times 6} - \frac{x^7}{2^2 \times 4^2 \times 6^2 \times 8} \cdots \tag{7-189}$$

$$\cos x = 1 - \frac{x^2}{2!} + \frac{x^4}{4!} - \frac{x^6}{6!} + \cdots \tag{7-190}$$

$$\sin x = x - \frac{x^3}{3!} + \frac{x^5}{5!} - \frac{x^7}{7!} + \cdots \tag{7-191}$$

$$J_0(0) = 1 \qquad \cos 0 = 1 \tag{7-192}$$

$$J_0(-x) = J_0(x) \qquad \cos(-x) = \cos x \tag{7-193}$$

$$J_0'(0) = 0 \qquad \frac{d}{dx}(\cos x)\big|_{x=0} = 0 \tag{7-194}$$

$$J_1(0) = 0 \qquad \sin 0 = 0 \tag{7-195}$$

$$J_1(-x) = -J_1(x) \qquad \sin(-x) = -\sin x \tag{7-196}$$

$$J_0'(x) = -J_1(x) \qquad \frac{d}{dx}(\cos x) = -\sin x \tag{7-197}$$

7.9.2.4　零点、正交性与模值

从渐近公式(7-183)至式(7-187)可看出，函数 $J_m(x)$ 和 $N_m(x)$ 本质上都是振荡的，其振幅是围绕零值以 $\sqrt{\dfrac{2}{\pi x}}$ 逐渐减少；函数 $I_m(x)$ 和 $K_m(x)$ 都不振荡，实质上 I_m 是随 x 按指数规律递增的，而 $K_m(x)$ 是按指数规律递减。图 7-8 至图 7-10 给出这些函数的图形。

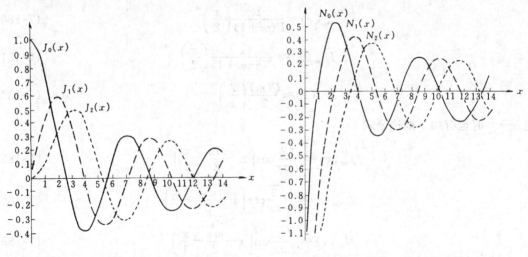

图 7-8　第一类贝塞尔函数　　　　　　图 7-9　第二类贝塞尔函数

（1）贝塞尔函数的零点

在求解贝塞尔方程的物理问题时利用齐次边界条件，就必须知道贝塞尔函数的零点，以及有关贝塞尔函数零点的几个重要结论。

① $J_n(x)$ 有无穷多个单重实零点。且这无穷多个零点在 x 轴上关于原点是对称分布的。因而 $J_n(x)$ 必有无穷多个正零点。

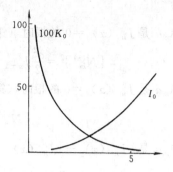

图 7-10　虚宗量贝塞尔函数

② $J_n(x)$ 的零点与 $J_{n+1}(x)$ 的零点是彼此相间分布的，即 $J_n(x)$ 的任意两个相邻零点之间必存在一个且仅有一个 $J_{n+1}(x)$ 的零点。

③ 以 $\mu_m^{(n)}$ 表示 $J_n(x)$ 的第 m 个正零点 $(m=1,2,\cdots)$，则 $\mu_{m+1}^{(n)}-\mu_m^{(n)}$ 当 $m\to\infty$ 时无限地接近于 π，即 $J_n(x)$ 几乎是以 2π 为周期的周期函数。这一点从 $x\to\infty$ 时 $J_n(x)$ 的渐近公式可显见。

为了便于工程技术上的应用，贝塞尔函数的零点已有表可查考。下面给出 $J_n(x)(n=0,1,2,\cdots,5)$ 的前九个正零点 $\mu_m^{(n)}(m=1,2,\cdots,9)$ 的近似值。如表 7-2 所示。

表 7-2　贝塞尔函数的零点

n \ m	0	1	2	3	4	5
1	2.405	3.832	5.136	6.380	7.588	8.771
2	5.520	7.016	8.417	9.761	11.065	12.339
3	8.654	10.173	11.620	13.015	14.373	15.700
4	11.792	13.324	14.796	16.223	17.616	18.980
5	14.931	16.471	17.960	19.409	20.827	22.218
6	18.071	19.616	21.117	22.583	24.019	25.430
7	21.212	22.760	24.270	25.748	27.199	28.627
8	24.352	25.904	27.421	28.908	30.371	31.812
9	27.493	29.047	30.569	32.065	33.537	34.989

（2）贝塞尔函数的正交性与模值

若两个函数乘积 $\varphi_m(x)\cdot\varphi_n(x)$ 在区间 (a,b) 上积分为零，即

$$\int_a^b r(x)\varphi_m(x)\varphi_n(x)\mathrm{d}x = 0 \quad (m\neq n) \tag{7-198}$$

则说这两个函数 $\varphi_m(x)$ 和 $\varphi_n(x)$ 在区间 (a,b) 上对权函数 $r(x)$ 为正交。例如熟知的三角函数 $\sin nx$，$\sin mx$ 在区间 $(0,2\pi)$ 上对于权函数 1 为正交，这里 m，n 均为整数

$$\int_0^{2\pi}\sin nx\cdot\sin mx\,\mathrm{d}x = 0 \quad (m\neq n) \tag{7-199}$$

当 $m=n$ 时，得模值

$$\int_0^{2\pi}\sin^2 nx\,\mathrm{d}x = \pi \tag{7-200}$$

所谓贝塞尔函数正交性是指：若 λ_m 和 λ_k 分别为 n 阶贝塞尔方程的两个不同的本征值，则

$$\int_0^a xJ_n(\lambda_m x)J_n(\lambda_k x)\mathrm{d}x = 0 \quad (\text{当 } m\neq K) \tag{7-201}$$

即 $J_n(\lambda_m x)$ 和 $J_n(\lambda_k x)$ 在区间 $(0,a)$ 上对权函数 $r(x)=x$ 为正交（证明从略）。

当 $m=n$ 时，定义贝塞尔函数的模值为

$$N_m^{(n)} = \left[\int_0^a x J_n^2(\lambda_m x) \mathrm{d}x \right]^{1/2} \tag{7-202}$$

当 $\lambda_m a$ 是 $J_n(x) = 0$ 的根时（第一类边界条件）

$$[N_m^{(n)}]^2 = \frac{a^2}{2} J_{n-1}^2(\lambda_m a) = \frac{a^2}{2} J_{n+1}^2(\lambda_m a) = \frac{a^2}{2} [J_n'(\lambda_m a)]^2 \tag{7-203}$$

当 $\lambda_m a$ 是 $J_n'(x) = 0$ 的根时（第二类边界条件）

$$[N_m^{(n)}]^2 = \frac{1}{2}\left(a^2 - \frac{n^2}{\lambda_m^2}\right)[J_n(\lambda_m a)]^2 \tag{7-204}$$

当 $\lambda_m a$ 是 $h J_n(x) + x J_n'(x) = 0$ 的根时（第三类边界条件）

$$[N_m^{(n)}]^2 = \frac{(\lambda_m a^2 - n^2 + h^2)}{2\lambda_m^2} J_n^2(\lambda_m a) \tag{7-205}$$

7.9.2.5　傅立叶-贝塞尔级数

若函数 $f(\rho)$ 在 $[0, a]$ 上满足狄里赫莱条件，即在 $[0, a]$ 上连续或有有限个第一类间断点，并且至多有有限个极值点，则可将 $f(\rho)$ 展开为 $J_p\left(\dfrac{\mu_m^{(p)}}{a}\rho\right)$ 的傅立叶-贝塞尔级数，即

$$f(\rho) = \sum_{m=1}^{\infty} A_m J_p\left(\frac{\mu_m^{(p)}}{a}\rho\right) \quad (P > -1) \tag{7-206}$$

其中 $\mu_m^{(p)}$ 是 $J_p(\rho)$ 的第 m 个零点，系数 A_m 利用 Bessel 函数的正交性求出，即上式两边同乘以 $\rho J_p\left(\dfrac{\mu_m^{(p)}}{a}\rho\right)$，并对 ρ 从 0 到 a 积分，得

$$\int_0^a \rho f(\rho) J_p\left(\frac{\mu_m^{(p)}}{a}\rho\right)\mathrm{d}\rho = A_m \int_0^a \rho J_P^2\left(\frac{\mu_m^{(p)}}{a}\rho\right)\mathrm{d}\rho$$

$$A_m = \frac{\displaystyle\int_0^a \rho f(\rho) J_p\left(\frac{\mu_m^{(p)}}{a}\rho\right)\mathrm{d}\rho}{[N_m^{(P)}]^2} \tag{7-207}$$

傅立叶-贝塞尔级数又称广义傅立叶级数，有与傅立叶三角级数相同的收敛定理。因此根据狄里赫莱收敛定理：如果 $f(\rho)$ 在 $[0,a]$ 上满足狄里赫莱条件，则当 $0 < \rho < a, P \geqslant \dfrac{1}{2}$ 时，它的傅立叶-贝塞尔级数收敛，并且它的和在连续点处等于 $f(\rho)$，在间断点处等于

$$\frac{f(\rho+0) + f(\rho-0)}{2}$$

【例 7-16】 将函数 $f(x) = \begin{cases} 1 & 0 < x < 1 \\ 0 & 1 < x < 2 \end{cases}$ 展为 $J_0(\lambda_j x)$ 的级数，其中 $\lambda_j (j=1,2,3,\cdots)$ 是 $J_0(2x) = 0$ 的正根。并问 $x=1$ 处级数和为何值。

解：显然 $f(x)$ 满足狄氏条件，$\mu_j^{(0)} = 2\lambda_j$ 是 $J_0(x)$ 的第 j 个零点，$f(x)$ 可展为 $J_0(\lambda_j x)$ 的傅立叶-贝塞尔级数

$$f(x) = \sum_{j=1}^{\infty} A_j J_0(\lambda_j x)$$

$$A_j = \frac{\displaystyle\int_0^1 x J_0(\lambda_j x)\mathrm{d}x}{\frac{2^2}{2} J_1^2(2\lambda_j)}$$

其中

$$\int_0^1 x J_0(\lambda_j x)\,\mathrm{d}x = \frac{1}{\lambda_j^2}\int_0^1 (\lambda_j x)J_0(\lambda_j x)\,\mathrm{d}J(\lambda_j x) = \frac{J_1(\lambda_j)}{\lambda_j}$$

故

$$A_j = \frac{J_1(\lambda_j)}{2\lambda_j J_1^2(2\lambda_j)}$$

$$f(x) = \sum_{j=1}^{\infty} \frac{J_1(\lambda_j)}{2\lambda_j J_1^2(2\lambda_j)} J_0(\lambda_j x)$$

当 $x=1$ 时,级数和 $= \dfrac{f(1+0)+f(1-0)}{2} = \dfrac{1}{2}$

7.9.3　贝塞尔函数化工应用实例

【例 7-17】　管法兰的热损失问题。

设有两根外径为 2.5cm 的薄壁管用直径为 10cm,厚 1.25cm 的法兰连接。管内走120℃蒸汽。法兰的导热系数为 $K=400\mathrm{W/m \cdot ℃}$,法兰的侧面和环面与周围空气进行自由热交换。环境温度 $T_1=15℃$,按总传热系数 $h=12\mathrm{W/m^2 \cdot ℃}$ 计算,试求法兰的热损失及法兰侧面周边的热损失占法兰热损失的百分比。

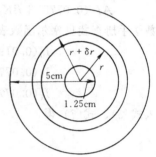

图 7-11　法兰

解:这是一个稳定热传导问题。由于是薄壁管,所以管壁温度及法兰内侧面温度近似蒸汽温度,按120℃计。又法兰厚度相对于直径很小,所以认为沿厚度方向无温度梯度。于是就简化为平面极坐标系问题,同时又是轴对称问题,则法兰上点的温度仅仅是半径 r 的函数,问题可归结为一常微分方程。考虑一个法兰侧面和环面的散热情况。取半径 $r[m]$ 的坐标,对环带 δr 微元面作热量衡算,如图 7-11 所示。

输入 $= -K(2\pi r \cdot 0.0125)\dfrac{\mathrm{d}T}{\mathrm{d}r} = -0.025\pi Kr\dfrac{\mathrm{d}T}{\mathrm{d}r}$

输出 $= -0.025\pi Kr\dfrac{\mathrm{d}T}{\mathrm{d}r} + \dfrac{\mathrm{d}}{\mathrm{d}r}\Big[-0.025\pi Kr\dfrac{\mathrm{d}T}{\mathrm{d}r}\Big] + 2\pi rh\delta r(T-T_1)$

积累 $=0$

化简热量衡算,得

$$r\frac{\mathrm{d}^2 T}{\mathrm{d}r^2} + \frac{\mathrm{d}T}{\mathrm{d}r} - \frac{80h}{K}r(T-T_1) = 0 \tag{1}$$

令 $y=T-T_1$ 及 $x=r\sqrt{\dfrac{80h}{K}}$,得方程的标准形式

$$x^2\frac{\mathrm{d}^2 y}{\mathrm{d}x^2} + x\frac{\mathrm{d}y}{\mathrm{d}x} - x^2 y = 0 \tag{2}$$

这是一个零阶虚宗量贝塞尔方程,它的通解可写作

$$y(x) = AI_0(x) + BK_0(x) \tag{3}$$

由题意边界条件为

$$T(r)\big|_{r=0.0125} = 120 \tag{4}$$

$$-K\frac{\mathrm{d}T}{\mathrm{d}r}\Big|_{r=0.05} = h(T\big|_{r=0.05} - T_1)$$

或

$$\Big[T + \frac{K}{h}\frac{\mathrm{d}T}{\mathrm{d}r}\Big]_{r=0.05} = T_1 = 15 \tag{5}$$

做了变量代换后的边界条件为

$$y(x)\big|_{x=0.0194}=120-15=105 \tag{4a}$$

$$\left[y+\frac{K}{h}\frac{\mathrm{d}y}{\mathrm{d}x}\cdot\sqrt{\frac{80h}{K}}\right]_{x=0.0775}=0$$

$$\left[y+51.64\frac{\mathrm{d}y}{\mathrm{d}x}\right]_{x=0.0775}=0 \tag{5a}$$

将式(4a)代入式(3),得

$$AI_0(0.0194)+BK_0(0.0194)=105 \tag{6}$$

由贝塞尔函数微分性质(2),令 $m=0$ 得

$$\frac{\mathrm{d}y}{\mathrm{d}x}=AI_1(x)-BK_1(x)$$

代入式(5a)得

$$AI_0(0.0775)+BK_0(0.0775)+51.64[AI_1(0.0775)-BK_1(0.0775)]=0 \tag{7}$$

从数学手册查找贝塞尔函数表得

$$I_0(0.0194)=1.000 \qquad K_0(0.0194)=4.06958$$
$$I_0(0.0775)=1.00175 \qquad K_0(0.0775)=2.68025$$
$$I_1(0.0775)=0.03875 \qquad K_1(0.0775)=12.82$$

代入式(5)、式(7) 得

$$A+4.06958B=105$$
$$3.0028A-659.34B=0$$
$$A=103.09$$
$$B=0.46949$$

于是

$$y(x)=103.09I_0(x)+0.46949K_0(x)$$

回到原变量 r,T

$$T(r)=15+103.09I_0(1.549r)+0.46949K_0(1.549r)$$

管子通过法兰总散失的热量为

$$Q_1=-2\pi(0.0125)^2K\left(\frac{\mathrm{d}T}{\mathrm{d}r}\right)\big|_{r=0.0125}$$
$$=+0.3927\times1.549[BK_1(0.0194)-AI_1(0.0194)]$$
$$=0.60829(0.46949\times52.95-103.09\times0.0097)$$
$$=14.51\text{W}$$

从法兰周边散失的热量为

$$Q_2=-2\pi(0.05)(0.0125)K\left(\frac{\mathrm{d}T}{\mathrm{d}r}\right)\big|_{r=0.05}$$
$$=1.5708\times1.549[BK_1(0.0775)-AI_1(0.0775)]$$
$$=2.4332(0.46949\times12.82-103.09\times0.03875)$$
$$=4.925\text{W}$$

这里求 Q_1,Q_2 公式中应用了微分性质

$$\frac{\mathrm{d}I_0(ax)}{\mathrm{d}x}=aI_1(ax),\qquad \frac{\mathrm{d}K_0(ax)}{\mathrm{d}x}=-aK_1(ax)$$

所以

$$\frac{dT}{dr}=A\frac{dI_0(1.549r)}{dr}+B\frac{dK_0(1.549r)}{dr}$$
$$=1.549[AI_1(1.549r)-BK_1(1.549r)]$$

从 $Q_1=14.51\text{W},Q_2=4.925\text{W}$ 得出

$$\frac{Q_1}{Q_2}=\frac{4.925}{14.51}=0.339=33.9\%$$

可见通过法兰周边的热损失约占整个法兰散失热量的三分之一。

【例 7-18】 圆柱体内稳态传热问题。

设一半径为 c，高度为 b 的均匀圆柱体，其底面绝热，侧面保持0℃，顶部处于100℃加热条件下，试确定柱内稳定的温度分布。

柱坐标系下拉普拉斯方程为

$$\frac{1}{\rho}\frac{\partial}{\partial\rho}\left(\rho\frac{\partial u}{\partial\rho}\right)+\frac{1}{\rho^2}\frac{\partial^2 u}{\partial\varphi^2}+\frac{\partial^2 u}{\partial z^2}=0$$

这里边界条件与 φ 无关，所以问题是轴对称的，方程可简化为

P. D. E：
$$\frac{\partial^2 u}{\partial\rho^2}+\frac{1}{\rho}\frac{\partial u}{\partial\rho}+\frac{\partial^2 u}{\partial z^2}=0 \quad (0<\rho<c,0<z<b) \tag{1}$$

B. C：
$$u(c,z)=0 \tag{2}$$
$$\left.\frac{\partial u}{\partial z}\right|_{z=0}=0 \tag{3}$$
$$u(\rho,b)=100 \tag{4}$$

解：设 $u(\rho,z)=R(\rho)z(z)$
代入方程(1)得

$$zR''+\frac{1}{\rho}zR'+Rz''=0$$

或
$$\frac{R''}{R}+\frac{R'}{\rho R}=-\frac{z''}{z}=-\lambda^2$$

我们设一负常数是为了使 z 不是周期函数[因若常数为 λ^2，则 $Z(z)=A\sin\lambda z+B\cos\lambda z$]于是得到两个常微分方程，结合边界条件（3）、（2）有

$$z''-\lambda^2 z=0 \tag{5}$$
$$z'(0)=0 \tag{6}$$
$$R''+\frac{1}{\rho}R'+\lambda^2 R=0 \tag{7}$$
$$R(c)=0 \tag{8}$$

方程(7)是零阶贝塞尔方程,有解为

$$R(\rho)=EJ_0(\lambda\rho)+FN_0(\lambda\rho) \tag{9}$$

因 $\rho=0,R(0)<\infty$,所以令 $F=0$
由(8)
$$R(c)=0,\Rightarrow J_0(\lambda c)=0$$
故 λc 是 $J_0(r)$ 的零点,设 μ_m^0 为其正零点,$m=1,2,\cdots$
则 $\lambda_m=\frac{\mu_m^{(0)}}{c}$ 代入(9)

$$R_m(\rho)=E_mJ_0\left(\frac{\mu_m^{(0)}}{c}\rho\right)$$

代入(6)
$$z'' - \left(\frac{\mu_m^{(0)}}{c}\right)^2 z = 0$$

通解为
$$z_m(z) = A_m e^{\frac{\mu_m^{(0)}}{c}z} + B_m e^{-\frac{\mu_m^{(0)}}{c}z} = A_m' \cosh\left(\frac{\mu_m^{(0)}}{c}z\right)$$

$$u(\rho, z) = \sum_{m=1}^{\infty} f_m' \cosh\left(\frac{\mu_m^{(0)}}{c}z\right) J_0\left(\frac{\mu_m^{(0)}}{c}\rho\right)$$

由 $u(\rho, b) = 100$, $\Rightarrow \sum_{m=1}^{\infty} f_m' \cosh\left(\frac{\mu_m^{(0)}}{c}b\right) J_0\left(\frac{\mu_m^{(0)}}{c}\rho\right) = 100$

上式表示 $f(\rho) = 100$ 要在 $0 < \rho < c$ 区间上展成傅立叶-贝塞尔级数,其系数

$$f_m = f_m' \cosh\left(\frac{\mu_m^{(0)}}{c}b\right) = \frac{2}{c^2 [J_0'(\mu_m^{(0)})]^2} \int_0^c 100 x J_0\left(\frac{\mu_m^{(0)}}{c}x\right) dx$$

$$= \frac{200 c^2}{c^2 [J_1(\mu_m^{(0)})]^2 [\mu_m^{(0)}]^2} \int_0^{\mu_m^{(0)}} S J_0(S) dS$$

$$= \frac{200}{\mu_m^{(0)} J_1(\mu_m^{(0)})}$$

$$u(\rho, z) = 200 \sum_{m=1}^{\infty} \frac{J_0\left(\frac{\mu_m^{(0)}}{c}\rho\right) \cosh\left(\frac{\mu_m^{(0)}}{c}z\right)}{\mu_m^{(0)} \cosh\left(\frac{\mu_m^{(0)}}{c}b\right) J_1(\mu_m^{(0)})}$$

【例 7-19】 均质圆盘内的不稳态导热问题。

设一半径为 c 的均匀圆盘,侧面与上下底均绝热。初始时刻圆盘内温度分布为 $f(\rho)$。试确定时刻 t 时盘内温度分布。

解:因圆盘很薄,故沿厚度方向认为没有温度梯度,而且是轴对称的,所以方程退化为圆域内的热传导方程。

P. D. E:
$$\frac{\partial u}{\partial t} = a^2 \left(\frac{\partial^2 u}{\partial \rho^2} + \frac{1}{\rho}\frac{\partial u}{\partial \rho}\right) \quad (0 < \rho < c, t > 0) \tag{1}$$

B. C. 1:
$$\left.\frac{\partial u}{\partial \rho}\right|_{\rho=c} = 0 \quad (t > 0) \tag{2}$$

I. C:
$$u(\rho, 0) = f(\rho) = 1 - \left(\frac{\rho}{c}\right)^2 \quad (0 < \rho < c) \tag{3}$$

这里只有一个边界条件,还需根据物理含义补上一个自然边界条件,即

B. C. 2:
$$\lim_{\rho \to 0} u(\rho, t) < \infty \tag{4}$$

或
$$\lim_{\rho \to 0} \frac{\partial u}{\partial \rho} = 0 \tag{4a}$$

设 $u(\rho, t) = R(\rho) T(t)$

$$RT' = a^2 T\left(R'' + \frac{1}{\rho}R'\right)$$

$$\frac{T'}{a^2 T} = \frac{R''}{R} + \frac{1}{\rho}\frac{R'}{R} = -\lambda^2$$

$$T' + a^2 \lambda^2 T = 0 \tag{5}$$

$$R'' + \frac{1}{\rho}R' + \lambda^2 R = 0 \tag{6}$$

$$R'(c)=0 \tag{7}$$

$$R(0)<\infty \tag{8}$$

这次又定分离常数为负值$(-\lambda^2)$，原因是要使 $t\to\infty$ 时，$u_\rho(\rho,t)\to0$，方程(6)又是一个零阶贝塞尔方程，有解为

$$R(\rho)=AJ_0(\lambda\rho)+BN_0(\lambda\rho) \tag{9}$$

由 B.C.1 决定 $B=0$

因为

$$R'(c)=0, \quad AJ_0'(\lambda c)=-A\lambda J_1(\lambda c)=0$$

$$A\neq0, \quad \lambda\neq0, \quad J_1(\lambda c)=0$$

即 λc 是 $J_1(x)$ 的零点，设 $\mu_m^{(1)}$ 是其正零点 $m=1,2,\cdots$

则

$$\lambda_m=\frac{\mu_m^{(1)}}{c} \quad (m=1,2,\cdots)$$

代入式(9)

$$R_m(\rho)=A_mJ_0\left(\frac{\mu_m^{(1)}}{c}\rho\right) \quad (m=1,2,\cdots)$$

代入式(5)有

$$T'+\left(\frac{a\mu_m^{(1)}}{c}\right)^2T=0$$

$$T_m(t)=B_m\exp\left[-\left(\frac{a\mu_m^{(1)}}{c}\right)^2t\right]$$

$$u(\rho,t)=\sum_{m=1}^{\infty}D_m\exp\left[-\left(\frac{a\mu_m^{(1)}}{c}\right)^2t\right]J_0\left(\frac{\mu_m^{(1)}}{c}\rho\right)$$

由初始条件(3)

$$f(\rho)=\sum_{m=1}^{\infty}D_mJ_0\left(\frac{\mu_m^{(1)}}{c}\rho\right)$$

因为 $\mu_m^{(1)}$ 是 $J_0'(x)$ 的零点，而 $J_0'(x)$ 的第一个零点在 $x=0$ 上。

因此 $\mu_1^{(1)}=0$，而 $J_0(0)=1$，于是系数

$$D_1=\frac{2}{c^2}\int_0^c xf(x)\mathrm{d}x=\frac{2}{c^2}\int_0^c x\left(1-\frac{x^2}{c^2}\right)\mathrm{d}x=\frac{1}{2}$$

$$D_m=\frac{2}{c^2[J_0(\mu_m^{(1)})]^2}\int_0^c xf(x)J_0\left(\frac{\mu_m^{(1)}}{c}x\right)\mathrm{d}x \quad (m=2,3,\cdots)$$

$$D_m=\frac{2}{c^2J_0^2(\mu_m^{(1)})}\int_0^c x\left(1-\frac{x^2}{c^2}\right)J_0\left(\frac{\mu_m^{(1)}}{c}x\right)\mathrm{d}x$$

$$=\frac{2}{c^2J_0^2(\mu_m^{(1)})}\left[\int_0^c xJ_0\left(\frac{\mu_m^{(1)}}{c}x\right)\mathrm{d}x-\int_0^c \frac{x^3}{c^2}J_0\left(\frac{\mu_m^{(1)}}{c}x\right)\mathrm{d}x\right]$$

第一项积分

$$\int_0^c xJ_0\left(\frac{\mu_m^{(1)}}{c}x\right)\mathrm{d}x=\frac{c}{\mu_m^{(1)}}xJ_1\left(\frac{\mu_m^{(1)}}{c}x\right)\bigg|_0^c=0$$

第二项积分

$$\int_0^c x^3J_0\left(\frac{\mu_m^{(1)}}{c}x\right)\mathrm{d}x$$

$$=\int_0^c x^2\mathrm{d}\left[\frac{xJ_1\left(\frac{\mu_m^{(1)}}{c}x\right)}{\frac{\mu}{c}}\right]$$

$$= \frac{c}{\mu_m^{(1)}} x^3 J_1\left(\frac{\mu_m^{(1)}}{c}x\right)\bigg|_0^c - \frac{2c}{\mu_m^{(1)}} \int_0^c x^2 J_1\left(\frac{\mu_m^{(1)}}{c}x\right)\mathrm{d}x$$

$$= 0 - \frac{2c^2}{[\mu_m^{(1)}]^2}\left[x^2 J_2\left(\frac{\mu_m^{(1)}}{c}x\right)\bigg|_0^c\right]$$

$$= -\frac{2c^4}{[\mu_m^{(1)}]^2} J_2(\mu_m^{(1)})$$

所以
$$D_m = \frac{4}{[\mu_m^{(1)}]^2 J_0^2(\mu_m^{(1)})} J_2(\mu_m^{(1)})$$

$$u(\rho,t) = \frac{1}{2} + \sum_{m=2}^{\infty} \frac{4J_2(\mu_m^{(1)})}{[\mu_m^{(1)}]^2 J_0^2(\mu_m^{(1)})} \exp\left[-\left(\frac{a\mu_m^{(1)}}{c}\right)^2 t\right] J_0\left(\frac{\mu_m^{(1)}}{c}\rho\right)$$

7.9.4 勒让德方程及其解法

形如
$$(1-x^2)y'' - 2xy' + l(l+1)y = 0 \tag{7-208}$$

或
$$y'' - \frac{2x}{1-x^2}y' + \frac{l(l+1)}{1-x^2}y = 0 \tag{7-209}$$

二阶变系数常微分方程称为 l 阶勒让德方程，其中 l 为常数。

这里式(7-209)中 y' 的系数为 $\frac{-2x}{1-x^2}$，在 $x_0=0$ 处等于零，y 的系数 $\frac{l(l+1)}{1-x^2}$ 在 $x=0$ 处等于 $l(l+1)$，两者都为有限定值，所以它们在 $x_0=0$ 点为解析的，称 $x_0=0$ 是方程的常点。于是可设 $y(x)$ 的级数解形式为

$$y = \sum_{k=0}^{\infty} a_K x^K$$

而
$$y' = \sum_{k=1}^{\infty} a_K K x^{K-1}$$

$$y'' = \sum_{k=2}^{\infty} a_K K(K-1) x^{K-2}$$

代入方程式(7-208)得到

$$\sum_{k=2}^{\infty} a_K K(K-1)x^{K-2} - \sum_{k=2}^{\infty} a_K K(K-1)x^K - 2\sum_{k=1}^{\infty} a_K K x^K + l(l+1)\sum_{k=0}^{\infty} a_K x^K = 0$$

在第一个和号中用 $K+2$ 代替 K，得到

$$\sum_{k=0}^{\infty} a_{K+2}(K+2)(K+1)x^K - \sum_{k=2}^{\infty} a_K K(K-1)x^K - 2\sum_{k=1}^{\infty} a_K K x^K + l(l+1)\sum_{k=0}^{\infty} a_K x^K = 0$$

再把所有和号中 $K=0$，1 项拿出和号外，得

$$\sum_{k=2}^{\infty}\left[a_{K+2}(K+2)(K+1) - a_K K(K-1) - 2a_K K + a_K l(l+1)\right]x^K + 2a_2 + 6a_3 x$$
$$-2a_1 x + l(l+1)a_0 + l(l+1)c_0 x = 0$$

令上式中所有同样 x 幂的系数和为零，得到

$$2a_2 + l(l+1)a_0 = 0 \qquad a_2 = \frac{-l(l+1)a_0}{2} \quad (a_0 \text{ 为任意常数})$$

$$6a_3 - 2a_1 + l(l+1)a_1 = 0 \qquad a_3 = \frac{[2-l(l+1)]a_1}{6} \quad (a_1 \text{ 为任意常数})$$

递推公式的通式为

$$a_{k+2}(K+2)(K+1)-[K(K-1)+2K-l(l+1)]a_K=0$$

$$a_{k+2}=\frac{K(K+1)-l(l+1)}{(K+2)(K+1)}a_k$$

$$a_{k+2}=\frac{(K-l)(K+l+1)}{(K+2)(K+1)}a_k$$

按递推公式计算前几个系数的递推关系

$$a_2=\frac{-l(l+1)}{2!}a_0 \qquad\qquad a_3=\frac{(1-l)(l+2)}{3!}a_1$$

$$a_4=\frac{(2-l)(l+3)}{4\times3}a_2 \qquad a_4=\frac{(2-l)(-l)\times(l+1)(l+3)}{4!}a_0$$

$$a_5=\frac{(3-l)(l+4)}{5\times4}a_3 \qquad a_5=\frac{(3-l)(1-l)\times(l+2)(l+4)}{5!}a_1$$

$$a_{2k}=\frac{(2K-2-l)(2K-4-l)\cdots(2-l)(-l)\times(l+1)(l+3)\cdots(l+2K-1)}{(2K)!}a_0$$

$$a_{2k+1}=\frac{(2K-1-l)(2K-3-l)\cdots(1-l)\times(l+2)(l+4)\cdots(l+2K)}{(2K+1)!}a_1$$

这样得到 l 阶勒让德方程的解

$$y(x)=a_0y_0(x)+a_1y_1(x) \tag{7-210}$$

$$y_0(x)=1+\frac{(-l)(l+1)}{2!}x^2+\frac{(2-l)(-l)(l+1)(l+3)}{4!}x^4+\cdots+$$

$$\frac{(2K-2-l)(2K-4-l)\cdots(-l)(l+1)(l+3)\cdots(l+2K-1)}{(2K)!}x^{2k}+\cdots \tag{7-211}$$

$$y_1(x)=x+\frac{(1-l)(l+2)}{3!}x^3+\frac{(3-l)(1-l)(l+2)(l+4)}{5!}x^5+\cdots+$$

$$\frac{(2K-1-l)(2K-3-l)\cdots(1-l)\times(l+2)(l+4)\cdots(l+2K)}{(2K+1)!}x^{2k+1}+\cdots$$

$$\tag{7-212}$$

如果方程中常数 l 是某个偶数，比如说是 $2K$，则 $y_0(x)$ 只到 x^{2k} 项为止，以后各项的系数都含有因子 $(2K-l)$，因而为零。于是 $y_0(x)$ 不再是无穷级数，而是 $2K$ 次多项式，并且式中只有偶次幂项。至于 $y_1(x)$ 仍是无穷级数。

如果方程中常数 l 是某个奇数，比如说是 $2K+1$，则 $y_1(x)$ 只到项 x^{2k+1} 为止，以后各项的系数都含有因子 $(2K+1-l)$，因而为零。于是 $y_1(x)$ 不再是无穷级数，而是 $2K+1$ 次多项式，并且式中只有奇次幂。至于 $y_0(x)$ 仍是无穷级数。

现在来看 $y_0(x)$，$y_1(x)$ 两个级数的收敛半径。按照幂级数的收敛半径

$$R=\lim_{K\to\infty}|a_k/a_{k+2}|$$

即

$$R=\lim_{K\to\infty}\left|\frac{(K+2)(K+1)}{(K-l)(K+l+1)}\right|=\lim_{K\to\infty}\left|\frac{\left(1+\frac{2}{K}\right)\left(1+\frac{1}{K}\right)}{\left(1-\frac{l}{K}\right)\left(1+\frac{l+1}{K}\right)}\right|=1$$

说明 $y_0(x)$ 与 $y_1(x)$ 收敛于 $|x|<1$，而发散于 $|x|\geqslant1$。勒让德方程是由球域中的拉普拉斯方程分解得出的，其中 x 代表 $\cos\theta$，它的绝对值不会大于 1，因而满足级数收敛条件。不过在 $\theta=0$、π 时（即 $x=\pm1$）级数解是发散的。而实际问题中要求解在一切方向 $0\leqslant\theta\leqslant\pi$，即 $1\leqslant x\leqslant-1$ 上保持有限，这种限制叫做自然边界条件。怎么来解决实际问题有限解

与数学解在 $\theta=0$、π 发散这一矛盾呢?

前已指出,当 l 为整数时,两个特解之一转化为有限多项式,这一多项式不存在发散问题,而另一特解仍是无穷级数,它在 $x=\pm1$(即 $\theta=0$,π)时是发散的,可以舍弃它,这就是说使勒让德方程满足自然边界条件。总之勒让德方程和自然边界条件构成本征值问题,它决定了分离变量过程中引入的常数必须取下列值

$$l(l+1) \quad (l\ \text{为整数})$$

当 l 为整数时,为将 l 阶多项式(或奇或偶次幂)表示成统一形式,对 $y_0(x)$[或 $y_1(x)$]作一点改造,使多项式在 $x=1$ 时取值为 1,令最高幂项 x^l 系数为

$$a_l=\frac{(2l)!}{2^l(l!)^2}=\frac{1\times3\times5\cdots\times(2l-1)}{l!} \quad (l=1,2,3,\cdots)$$

根据递推公式

$$a_k=\frac{(K+2)(K+1)}{(K-l)(K+l+1)}a_{K+2}$$

可将其他系数推算出来

$$a_{l-2}=\frac{l(l-1)}{(-2)(2l-1)}a_l=\frac{-l(l-1)\times(2l)!}{2(2l-1)2^l l!\ l!}$$

$$=-\frac{1}{2(2l-1)}\frac{(2l)!}{2^l l\times(l-1)!\ (l-2)!}$$

$$=(-1)^1\frac{(2l-2)!}{2^l(l-1)!\ (l-2)!}$$

$$a_{l-4}=(-1)^2\frac{(2l-4)!}{2^l\times2!\ (l-2)!\ (l-4)!}$$

$$a_{l-2n}=(-1)^n\frac{(2l-2n)!}{2^l\times n!\ (l-n)!\ (l-2n)!} \quad (l\geqslant2n\ \text{时})$$

当 l 为偶数时

$$y_0(x)=\sum_{n=0}^{\frac{l}{2}}(-1)^n\frac{(2l-2n)!}{2^l\times n!(l-n)!(l-2n)!}x^{l-2n}$$

当 l 为奇数时

$$y_1(x)=\sum_{n=0}^{\frac{l-1}{2}}(-1)^n\frac{(2l-2n)!}{2^l\times n!(l-n)!(l-2n)!}x^{l-2n}$$

把两者写成统一形式,称为 l 阶勒让德多项式(或第一类勒让德函数)记作

$$P_l(x)=\sum_{n=0}^{\frac{l}{2}\text{或}\frac{l-1}{2}}(-1)^n\frac{(2l-2n)!}{2^l\times n!(l-n)!(l-2n)!}x^{l-2n} \tag{7-213}$$

例如当 $l=0,1,2,3,4,5$ 时,分别有

$$\left.\begin{array}{ll} P_0(x)=1 & P_1(x)=x \\ P_2(x)=\frac{1}{2}(3x^2)-1 & P_3(x)=\frac{1}{2}(5x^3-3x) \\ P_4(x)=\frac{1}{8}(35x^4-30x^2+3) & P_5(x)=\frac{1}{8}(63x^5-70x^3+15x) \end{array}\right\} \tag{7-214}$$

不论 l 为奇或偶数,勒让德方程有一个特解是 $P_l(x)$,而另一特解是无穷级数,称它为第二类勒让德函数,记作 $Q_l(x)$,于是 l 阶勒让德方程通解为

$$y(x)=C_1P_l(x)+C_2Q_l(x) \quad (7\text{-}215)$$

$Q_l(x)$ 在 $[-1,1]$ 边界上是无界的(当 $x\to\pm1$,$Q_l(x)\to\infty$),故在实际问题中常被舍弃,所以这里不予描述。

7.9.5　勒让德多项式

为了说明勒让德多项式的性质和计算公式,这里引出式(7-214)的另一种等价的微分表达式

$$P_l(x)=\frac{1}{2^l l!}\frac{\mathrm{d}^l}{\mathrm{d}x^l}(x^2-1)^l \quad (7\text{-}216)$$

称洛德利格斯(Rodrigues)公式。

从式(7-217)可以导出所有 $P_l(x)$ 的零点均为实数且不重复,并位于区间 $-1<x<+1$ 内。另一个重要的事实是在 $-1\le x\le1$ 区间内,每个勒让德多项式在端点处取最大值,所以当 $|x|\le1$ 时,$|P_l(x)|\le1$,在区间 $(-1,1)$ 外,每个 $P_l(x)$ 则是稳定地增长或减少,而没有极值和拐点,如图 7-12 所示。

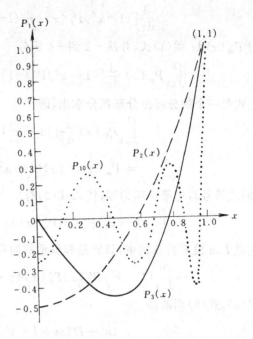

图 7-12　勒让德多项式

在解球域内边值问题时,要用到勒让德多项式的某些性质,这里给出一些常用公式。

$$\left.\begin{array}{ll}
\text{(a)} & P_{2n+1}(0)=0 \\
\text{(b)} & P_{2n}(0)=(-1)^n\dfrac{(2n)!}{2^n\times n!\,2^n n!}=(-1)^n\dfrac{1\times3\times5\cdots\times(2n-1)}{2\times4\times6\cdots\times2n} \\
\text{(c)} & P_n(1)=1 \\
\text{(d)} & P_n(-1)=(-1)^n \\
\text{(e)} & P'_{n+1}(x)-xP'_{n-1}(x)=(n+1)P_n(x) \quad n=1,2,\cdots \\
\text{(f)} & xP'_n(x)-P'_{n-1}(x)=nP_n(x) \quad n=1,2,\cdots \\
\text{(g)} & P'_{n+1}(x)-P'_{n-1}(x)=(2n+1)P_n(x) \quad n=1,2,\cdots \\
\text{(h)} & (n+1)P_{n+1}(x)-(2n+1)xP_n(x)+nP_{n-1}(x)=0 \quad n=1,2,\cdots
\end{array}\right\} \quad (7\text{-}217)$$

当 l 为奇数 $2n+1$ 时,$P_l(x)$ 只含奇次幂,故有式(a)成立。当 l 为偶数 $2n$ 时,$P_{2n}(0)=P_{2n}(x)$ 的常数项(0 次幂系数),故有式(b)。式(g)是式(e)和式(f)之和。而式(e)和式(f)根据 $P_l(x)$ 定义式是不难证明的,留给读者自己完成。式(h)为递推公式。

7.9.5.1　勒让德多项式的正交性和模值

不同阶的勒让德多项式在区间 $(-1,1)$ 上正交

$$\int_{-1}^1 P_m(x)P_l(x)\mathrm{d}x=0 \quad (m\ne l) \quad (7\text{-}218)$$

或将 $x=\cos\theta$ 代入

$$\int_0^\pi P_m(\cos\theta)P_l(\cos\theta)\sin\theta\mathrm{d}\theta=0 \quad (m\ne l) \quad (7\text{-}219)$$

下面证明这个结论的正确性。$P_l(x)$ 满足下述形式的勒让德方程

$$\frac{d}{dx}\big[(1-x^2)P_l'(x)\big]+l(l+1)P_l(x)=0 \quad (l=0,1,2,\cdots) \tag{1}$$

用 $P_m(x)dx$ 乘(1)式,并从 -1 到 $+1$ 积分

$$\int_{-1}^{1}P_m(x)\frac{d}{dx}\big[(1-x^2)P_l'(x)\big]dx+l(l+1)\int_{-1}^{1}P_l(x)P_m(x)=0 \tag{2}$$

上式第一个积分可由分部积分求出,即

$$\int_{-1}^{1}P_m(x)\frac{d}{dx}\big[(1-x^2)P_l'(x)\big]dx$$

$$=P_m(x)P_l'(x)(1-x^2)\big|_{-1}^{1}-\int_{-1}^{1}(1-x^2)P_l'(x)P_m'(x)dx \tag{3}$$

(3)式等号右边第一项为零,代入式(2)有

$$-\int_{-1}^{1}(1-x^2)P_l'(x)P_m'(x)dx+l(l+1)\int_{-1}^{1}P_l(x)P_m(x)dx=0 \tag{4}$$

这里 l,m 没有特殊约束,只要是非负整数即可,所以将 l 与 m 标号互换,上式仍成立

$$-\int_{-1}^{1}(1-x^2)P_m'(x)P_l'(x)dx+m(m+1)\int_{-1}^{1}P_m(x)P_l(x)dx=0 \tag{5}$$

式(4)、式(5)相减得

$$(m-l)(m+l+1)\int_{-1}^{1}P_m(x)P_l(x)dx=0 \tag{6}$$

现在假设 $m\neq l$,则 $m-l\neq0$,当然 $m+l+1\neq0$

因此有 $\qquad\qquad \int_{-1}^{1}P_m(x)P_l(x)dx=0 \qquad$ [证毕]

下面来计算 $P_l(x)$ 的模值 N_l

$$N_l^2=\int_{-1}^{1}\big[P_l(x)\big]^2dx \tag{7-220}$$

将 Rodrigues 公式代入

$$\int_{-1}^{1}\big[P_l(x)\big]^2dx=\int_{-1}^{1}P_l(x)\frac{1}{2^l l!}\frac{d^l}{dx^l}(x^2-1)^l dx \tag{7}$$

分部积分得

$$\int_{-1}^{1}\big[P_l(x)\big]^2dx=\frac{1}{2^l l!}\Big[P_l(x)\frac{d^{l-1}}{dx^{l-1}}(x^2-1)^l\big|_{-1}^{1}-\int_{-1}^{1}P_l'(x)\frac{d^{l-1}}{dx^{l-1}}(x^2-1)^l dx\Big] \tag{8}$$

(8)式右边第一项由于 $(x^2-1)^l$ 求导 $l-1$ 次后仍有 (x^2-1) 因子,则代入上下限后结果为零。这样反复经过 $l-1$ 次分部积分得

$$\int_{-1}^{1}\big[P_l(x)\big]^2dx=\frac{(-1)^l}{2^l l!}\int_{-1}^{1}P_l^{(l-1)}(x)\frac{d}{dx}(x^2-1)^l dx \tag{9}$$

再求一次分部积分得

$$\int_{-1}^{1}\big[P_l(x)\big]^2dx=\frac{(-1)^l}{2^l l!}\int_{-1}^{1}P_l^{(l)}(x)\cdot(x^2-1)^l dx \tag{10}$$

而 $\qquad\qquad\qquad P_l^{(l)}(x)=\frac{(2l)!}{2^l l!} \tag{11}$

查积分表有这么一个归约公式

$$\int x^m(ax^n+b)^p dx=\frac{1}{m+np+1}\Big[x^{m+1}(ax^n+b)^p+npb\int x^m(ax^n+b)^{p-1}dx\Big]$$

于是利用这一积分公式,求得

$$\int_{-1}^{1}(x^2-1)^l\mathrm{d}x=\frac{1}{2l+1}\Big[x(x^2-1)^l\big|_{-1}^{1}-2l\int_{-1}^{1}(x^2-1)^{l-1}\mathrm{d}x\Big] \tag{12}$$

上式右边第一项为零,并连续作 l 次分部积分,得

$$\int_{-1}^{1}(x^2-1)^l\mathrm{d}x=\frac{(-1)^l2l(2l-2)(2l-4)\cdots6\times4\times2}{(2l+1)(2l-1)(2l-3)\cdots7\times5\times3}\int_{-1}^{1}\mathrm{d}x$$

$$=2\times\frac{(-1)^l2^l\times l!\times2l\times(2l-2)\cdots4\times2}{(2l+1)(2l-1)(2l-3)\cdots7\times5\times3\times2l(2l-2)\cdots4\times2} \tag{13}$$

$$=\frac{(-1)^l2^{2l+1}(l!)^2}{(2l+1)!}$$

代入式(7)得

$$\int_{-1}^{1}[P_l(x)]^2\mathrm{d}x=\frac{(-1)^l(2l)!}{2^l\times l!2^ll!}\times\frac{(-1)^l2^{2l+1}(l!)^2}{(2l+1)!} \tag{7-221}$$

$$(N_l)^2=\|P_l(x)\|^2=\frac{2}{2l+1}\qquad(l=0,1,2,\cdots)$$

7.9.5.2　傅立叶-勒让德级数

若 $f(x)$ 在 $[-1,1]$ 上满足狄里赫莱条件,则 $f(x)$ 可展成勒让德多项式所组成的无穷级数,称为傅立叶-勒让德级数,即

$$f(x)=\sum_{l=0}^{\infty}f_lP_l(x)\qquad-1\leqslant x\leqslant1 \tag{7-222}$$

系数

$$f_l=\frac{2l+1}{2}\int_{-1}^{1}f(x)P_l(x)\mathrm{d}x \tag{7-223}$$

或写作

$$f(\cos\theta)=\sum_{l=0}^{\infty}f_lP_l(\cos\theta) \tag{7-222a}$$

$$f_l=\frac{2l+1}{2}\int_{0}^{\pi}f(\cos\theta)P_l(\cos\theta)\sin\theta\mathrm{d}\theta \tag{7-223a}$$

根据傅立叶级数收敛定理,在连续点处,该级数收敛于函数值,在 $f(x)$ 的不连续点 x_0 处,级数则收敛于 $\dfrac{f(x_0-0)+f(x_0+0)}{2}$。

【例 7-20】　将函数 $f(x)=\begin{cases}-1&-1<x<0\\1&0<x<1\end{cases}$ 展开为勒让德级数。

解:
$$f(x)=\sum_{l=0}^{\infty}f_lP_l(x)$$

$$f_0=\frac{1}{2}\int_{-1}^{0}(-1)\mathrm{d}x+\frac{1}{2}\int_{0}^{1}\mathrm{d}x=-\frac{1}{2}+\frac{1}{2}=0$$

$$f_1=\frac{3}{2}\int_{-1}^{0}(-1)x\mathrm{d}x+\frac{3}{2}\int_{0}^{1}x\mathrm{d}x=\frac{3}{4}+\frac{3}{4}=\frac{3}{2}$$

$$f_2=\frac{5}{2}\int_{-1}^{0}(-1)\frac{1}{2}(3x^2-1)\mathrm{d}x+\frac{5}{2}\int_{0}^{1}\frac{1}{2}(3x^2-1)\mathrm{d}x=0$$

$$f_3=\frac{7}{2}\int_{-1}^{0}(-1)\frac{1}{2}(5x^3-3x)\mathrm{d}x+\frac{7}{2}\int_{0}^{1}\frac{1}{2}(5x^3-3x)\mathrm{d}x=-\frac{7}{8}$$

$$f_4=\frac{9}{4}\int_{-1}^{0}(-1)\frac{1}{8}(35x^4-30x^2+3)\mathrm{d}x+\frac{9}{4}\int_{0}^{1}\frac{1}{8}(35x^4-30x^2+3)\mathrm{d}x=0$$

$$f_5=\frac{11}{2}\int_{-1}^{0}(-1)\frac{1}{8}(63x^5-70x^3+15x)\mathrm{d}x+\frac{11}{2}\int_{0}^{1}\frac{1}{8}(63x^5-70x^3+15x)\mathrm{d}x=\frac{11}{16}$$

......

所以

$$f(x)=\frac{3}{2}P_1(x)+\left(-\frac{8}{7}\right)P_3(x)+\frac{11}{16}P^5(x)+\cdots\cdots \quad (-1<x<1)$$

这是 $f(x)$ 在 $[-1,1]$ 上的傅立叶-勒让德级数。该级数在 $x=0$ 处收敛于

$$\frac{f(-0)+f(+0)}{2}=0$$

7.9.6 勒让德函数化工应用实例

【例 7-21】 球体内轴对称稳态温度分布。

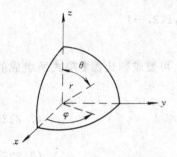

图 7-13 球内稳态分布

由于是轴对称问题，温度只是 r 和 θ 的函数，与 φ 无关（图 7-13）。球坐标下拉普拉斯方程如下

P. D. E:$\dfrac{\partial^2 u}{\partial r^2}+\dfrac{2}{r}\dfrac{\partial u}{\partial r}+\dfrac{1}{r^2}\dfrac{\partial^2 u}{\partial\theta^2}+\dfrac{\text{ctan}\theta}{r^2}\dfrac{\partial u}{\partial\theta}=0$

$$(0<r<b) \quad (0<\theta<\pi)$$

B. C:1 $\quad u(b,\theta)=f(\cos\theta) \quad (0<\theta<\pi)$

B. C:2 $\quad u(0,\theta)<\infty$

B. C. 2 也是自然边界条件。

解：设 $u(r,\theta)=R(r)\Theta(\theta)$

$$\Theta\frac{\mathrm{d}^2 R}{\mathrm{d}r^2}+\frac{2}{r}\Theta\frac{\mathrm{d}R}{\mathrm{d}r}+\frac{R}{r^2}\frac{\mathrm{d}^2\Theta}{\mathrm{d}\theta^2}+\frac{R\text{ctan}\theta}{r^2}\frac{\mathrm{d}\Theta}{\mathrm{d}\theta}=0$$

或

$$\frac{r^2}{R}\frac{\mathrm{d}^2 R}{\mathrm{d}r^2}+\frac{2r}{R}\frac{\mathrm{d}R}{\mathrm{d}r}=-\frac{1}{\Theta}\frac{\mathrm{d}^2\Theta}{\mathrm{d}\theta^2}-\frac{\text{ctan}\theta}{\Theta}\frac{\mathrm{d}\Theta}{\mathrm{d}\theta}=l(l+1)$$

得

$$r^2 R''+2r R'-l(l+1)R=0$$

$$R_l(r)=C_l r^l+D_l r^{-(l+1)} \quad l=0,1,2,\cdots$$

第二个常微分方程

$$\frac{\mathrm{d}^2\Theta}{\mathrm{d}\theta^2}+\text{ctan}\theta\frac{\mathrm{d}\Theta}{\mathrm{d}\theta}+l(l+1)\Theta=0$$

这是 l 阶勒让德方程，其通解为

$$\Theta(\cos\theta)=E_l P_l(\cos\theta)+F_l Q_l(\cos\theta) \quad l=0,1,2,\cdots$$

因为 $u(0,\theta)<\infty$，所以 $D_l=0$

又因 $u(r,\theta)\big|_{\theta=0,\pi}<\infty$，所以取 $F_l=0$

$$u(r,\theta)=\sum_{l=0}^{\infty}u_l(r,\theta)=\sum_{l=0}^{\infty}A_l r^l P_l(\cos\theta)$$

由 $u(b,\theta)=f(\cos\theta)\Rightarrow f(\cos\theta)=\sum_{l=0}^{\infty}A_l b^l P_l(\cos\theta)$

这是将 $f(\cos\theta)$ 展成勒让德级数，其系数

$$A_l b^l=\frac{2l+1}{2}\int_{-1}^{1}f(x)P_l(x)\mathrm{d}x \quad (l=0,1,2,\cdots)$$

于是
$$u(r,\theta) = \frac{1}{2}\sum_{l=0}^{\infty}\left(\frac{r}{b}\right)^l (2l+1) P_l(\cos\theta)\int_{-1}^{1} f(x) P_l(x)\,\mathrm{d}x$$

【例 7-22】 绕球体的理想流体流动。

解：我们讨论一下在不可压缩的理想流体（黏性力为零）的初始为均匀的（速度为 u_0）流动中，放有一个半径为 a 的静止球的效应。如图 7-14 所示，引用球坐标，且在 r 很大时，该流动平行于 z 轴（反向）。设流动的速率为 $\bar{u}$，其速度势函数为 $\phi(r,\theta)$。在第六章中已经讨论过速度势满足拉普拉斯方程。因为流动关于 z 轴对称，所以 ϕ 与圆周角无关。速度 $\bar{u}$ 可表示为

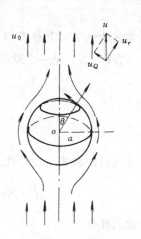

$$\bar{u}=\nabla\phi = \frac{\partial\phi}{\partial r}\bar{e}_r + \frac{1}{r}\frac{\partial\phi}{\partial\theta}\bar{e}_\theta = u_r\,\bar{e}_r + u_\theta\,\bar{e}_\theta \tag{1}$$

且
$$\nabla^2\phi = 0 \tag{2}$$

写成球坐标形式为
$$\frac{\partial}{\partial r}\left(r^2\frac{\partial\phi}{\partial r}\right) + \frac{1}{\sin\theta}\frac{\partial}{\partial\theta}\left(\sin\theta\frac{\partial\phi}{\partial\theta}\right) = 0 \tag{3}$$

图 7-14 绕球流动

在球表面（$r=a$）处，必定不会有任何垂直于球面的 $\bar{u}$ 的分量，这就是说 $u_r = \dfrac{\partial\phi}{\partial r}$ 必为零，即

$$r=a: \qquad u_r = \frac{\partial\phi}{\partial r} = 0 \tag{4}$$

当 $r\to\infty$，速度向量必趋于 $-U_0\bar{k}$，$\bar{k}$ 是 z 轴上的单位向量，它与半径方向和 θ 角方向的单位向量之间有如下关系式

$$\bar{k} = \bar{e}_r\cos\theta - \bar{e}_\theta\sin\theta \tag{5}$$

可知当 $r\to\infty$ 时，必有 $\bar{u}\to +U_0\bar{e}_r\cos\theta - U_0\bar{e}_\theta\sin\theta$。参照（1）得出当 $r\to\infty$ 时，径向速度必须满足下列条件

$$r=\infty: \qquad u_r = \frac{\partial\phi}{\partial r} = +U_0\cos\theta \tag{6}$$

假设方程（3）有形如这样的解

$$\phi(r,\theta) = R(r)\Theta(\theta) \tag{7}$$

代入式（3）得

$$\frac{(r^2 R')'}{R} = -\frac{1}{\Theta\sin\theta}(\Theta'\sin\theta)' = l(l+1) \tag{8}$$

其中 $l(l+1)$ 为分离常数。上式左半部和右半部可建立如下方程

$$(r^2 R')' - l(l+1)R = r^2 R'' + 2rR' - l(l+1)R = 0 \tag{9}$$

$$\frac{1}{\sin\theta}\cdot\frac{\mathrm{d}}{\mathrm{d}\theta}\left(\sin\theta\frac{\mathrm{d}\Theta}{\mathrm{d}\theta}\right) + l(l+1)\Theta = 0 \tag{10}$$

上式等价于

$$\frac{\mathrm{d}^2\Theta}{\mathrm{d}\theta^2}+\cos\theta\,\frac{\mathrm{d}\Theta}{\mathrm{d}\theta}+l\ (l+1)\ \Theta=0 \tag{10a}$$

这是一个 l 阶勒让德方程，它有通解。

$$\Theta_l=C_1P_l\ (\cos\theta)\ +C_2Q_l\ (\cos\theta) \tag{11}$$

因为在 $\theta=0$，π 上 Θ 有界，所以必须 $C_2=0$。

方程（9）是一个欧拉方程，令 $r=\mathrm{e}^t$ 可转化为

$$\frac{\mathrm{d}^2R}{\mathrm{d}t^2}+\frac{\mathrm{d}R}{\mathrm{d}t}-l(l+1)R=0$$

$$R_l(t)=A_l\mathrm{e}^{lt}+B_l\mathrm{e}^{(-l-1)t}$$

$$R_l(r)=A_lr^l+B_lr^{-l-1} \tag{12}$$

将式（11）和式（12）代入式（7）得

$$\phi(r,\theta)=\sum_{l=0}^{\infty}\Theta_lR_l=\sum_{l=0}^{\infty}\left[(A_lr^l+B_lr^{-l-1})P_l(\cos\theta)\right] \tag{13}$$

对此同样有

$$\frac{\partial\phi}{\partial t}=\sum_{l=0}^{\infty}\{[lA_lr^{l-1}-(l+1)B_lr^{-l-2}]P_l(\cos\theta)\} \tag{14}$$

为了防止 $r\to\infty$ 时的速度无限大，与条件（6）相一致，必须有

$$A_l=0\qquad(l=2,\ 3,\ \cdots) \tag{15}$$

最后，为了满足式（4），则必定有

$$lA_lr^{l-1}-\ (l+1)\ B_lr^{-l-2}=0$$

或

$$B_l=\frac{l}{l+1}a^{2l+1}A_l \tag{16}$$

因此，应用式(15)和式(16)方程，方程(13)和方程(14)化为

$$\phi=A_0P_0(\cos\theta)+A_1\left(r+\frac{a^3}{2r^2}\right)P_1(\cos\theta) \tag{17}$$

和

$$\frac{\partial\phi}{\partial r}=A_1\left(1-\frac{a^3}{r^3}\right)P_1(\cos\theta) \tag{18}$$

根据式(7-211)有

$$P_0(\cos\theta)=0\qquad P_1(\cos\theta)=\cos\theta$$

则由此得出，当 $A_1=U_0$ 时便满足条件式(6)，所以速度势为

$$\phi=U_0\left(r+\frac{a^3}{2r^2}\right)\cos\theta+A_0 \tag{19}$$

式中 A_0 是可以等于零的一个不相关的常数。根据（1）式速度向量具有如下形式

$$\overline{u}=\left[U_0\left(1-\frac{a^3}{r^3}\right)\cos\theta\right]\overline{e}_r+\left[U_0\left(1+\frac{a^3}{2r^3}\right)\sin\theta\right]\overline{e}_\theta \tag{20}$$

为了求得流线，可应用第五章式(5-126)并将它改为球坐标系

$$\mathrm{d}\Psi=-\frac{\partial\phi}{\partial\theta}\sin\theta\mathrm{d}r+\frac{\partial\phi}{\partial r}r^2\sin\theta\mathrm{d}\theta$$

$$=-U_0\left[\left(r+\frac{a^3}{2r^2}\right)\sin^2\theta\mathrm{d}r+\left(r^2-\frac{a^3}{r}\right)\sin\theta\cos\theta\mathrm{d}\theta\right]$$

积分后，得流函数

$$\Psi = -\frac{U_0}{2}\left(r^2 - \frac{a^3}{r}\right)\sin^2\theta + c \tag{21}$$

其中 c 为任意常数。因此流线是曲面 $\Psi=$ 常数，或等价于

$$r^2\left(1 - \frac{a^3}{r^3}\right)\sin^2\theta = 常数 \tag{22}$$

流线就是在直径平面 $\theta=$ 常数中的迹。

7.10 拉普拉斯变换法

在第五章中已指出，通过拉氏变换，可将两个自变量的偏微分方程转化为常微分方程。由于拉氏变换包括变量从零到无穷的积分，所以仅对从零到无穷有意义的自变量才有可能进行拉氏变换。一般地说只适用于解初值问题。下面通过几个实例来说明整个求解过程。

【例 7-23】 半无限介质中线性热传导方程，端点温度恒定为 T_1，初始时刻温度均一为 T_0。求其温度分布。

解：这个问题可归结为下列定解问题

$$\begin{cases} \frac{\partial u}{\partial t} = a^2\frac{\partial^2 u}{\partial x^2} & (x>0,\ t>0) \tag{1}\\ u|_{t=0} = T_0 \tag{2}\\ u|_{x=0} = T_1 \tag{3} \end{cases}$$

用拉氏变换法求解，首先要确定对哪一个自变量施行拉氏变换，就本例而言，对 x 与 t 都能行，但由于在 $x=0$ 处未给出 $\frac{\partial u}{\partial x}$ 的值，故不能对 x 取拉氏变换。而对 t，由于方程（1）中只出现关于 t 的一阶偏导数，只要知道 $t=0$ 时 u 的值就够了。故采用 t 的拉氏变换。

用 $U(x,p)$ 表示函数 $u(x,t)$ 关于 t 的拉氏变换。即

$$U(x,p) = \int_0^\infty u(x,t)\mathrm{e}^{-pt}\,\mathrm{d}t$$

首先对方程(1)的两端作拉氏变换，并利用条件(2)，可得新方程，过程如下

$$L\left[\frac{\partial u}{\partial x}\right] = pU(x,p) - T_0$$

$$L\left[\frac{\partial^2 u}{\partial x^2}\right] = \int_0^\infty \frac{\partial^2 u}{\partial x^2}\mathrm{e}^{-pt}\,\mathrm{d}t = \frac{\mathrm{d}^2}{\mathrm{d}x^2}\int_0^\infty u(x,t)\mathrm{e}^{-pt}\,\mathrm{d}t = \frac{\mathrm{d}^2 U(x,p)}{\mathrm{d}x^2}$$

这样方程(1)变换为

$$\frac{\mathrm{d}^2 U(x,p)}{\mathrm{d}x^2} - \frac{P}{a^2}U(x,p) + \frac{T_0}{a^2} = 0 \tag{4}$$

同时对边界条件(3)作拉氏变换

$$U(x,p)|_{x=0} = \frac{T_1}{p} \tag{5}$$

方程(4)是二阶线性常微分方程，其解为

$$U(x,p) = A\mathrm{e}^{-\frac{\sqrt{p}}{a}x} + B\mathrm{e}^{\frac{\sqrt{p}}{a}x} + \frac{T_0}{p} \tag{6}$$

由于 $x \to \infty$ 时，$u(x, t)$ 应该有界，所以 $U(x, p)$ 也应有界，故 $B = 0$。再由条件 (5) 得

$$\frac{T_1}{p} = A + \frac{T_0}{p}$$

$$A = \frac{T_1 - T_0}{p} \tag{7}$$

代入式(6) 得

$$U(x, p) = \frac{T_1 - T_0}{p} e^{-\frac{\sqrt{p}}{a}x} + \frac{T_0}{p} \tag{8}$$

参照附录二的表Ⅱ进行拉氏逆变换得

$$u(x, t) = (T_1 - T_0) \, erfc \, [x/2a\sqrt{t}] + T_0 \tag{9}$$

这里符号 $erfc(y)$，称为余误差函数。

积分

$$erf(y) = \frac{2}{\sqrt{\pi}} \int_0^y e^{-\xi^2} \, d\xi$$

称为误差函数。而余误差函数为

$$erfc(y) = 1 - erf(y) = \frac{2}{\sqrt{\pi}} \int_y^\infty e^{-\xi^2} \, d\xi$$

由上例可以看出，用拉氏变换解偏微分方程的要点是：

(1) 首先确定对哪个自变量作拉氏变换。要求该自变量变化范围 $(0, \infty)$，而且根据拉氏变换的微分性质

$$L[f^{(n)}(t)] = p^n L[f(t)] - p^{(n-1)}f(0) - \cdots - f^{(n-1)}(0)$$

对该自变量必须具备上式有关的初值条件。如若有两个自变量都满足要求，那应取决于对哪个自变量求变换求解过程最简单为准。

(2) 除对方程作拉氏变换外，还要对凡在方程变换中没用到的定解条件都要作拉氏变换，使其作为变换后新方程的定解条件。

(3) 最后得到定解问题的解的关键是对新方程之解作拉氏逆变换。这往往是较困难的，当象函数较复杂时，运用查表和第五章介绍的几种求逆方法也不得其解时，就只能运用拉氏变换的反演公式，通常用复变函数的围道积分法求解。

【例 7-24】 用拉氏变换法求解不可压缩流体在半径为 R 管长为 L 的管道中作层流流动时速度分布方程。

解：流速方程为

$$\frac{\partial V_z}{\partial t} = \frac{\mu}{\rho} \frac{1}{r} \frac{\partial}{\partial r} \left(r \frac{\partial V_z}{\partial r} \right) - \frac{\Delta p}{\rho L}$$

初始条件为

$$V_z(r, 0) = 0$$

边界条件为

$$V_z(r, t)|_{r=R} = 0$$

$$V_z(r, t)|_{r=0} < \infty$$

设

$$\varphi = \frac{-V_z}{\dfrac{\Delta p R^2}{4\mu L}}, \quad \xi = \frac{r}{R}, \quad \tau = \frac{\mu t}{\rho R^2}$$

其中

$$\Delta p = p_L - p_0$$

则方程式可转化为

$$\frac{\partial \varphi}{\partial \tau}=\frac{\partial^2 \xi}{\partial \xi^2}+\frac{1}{\xi}\frac{\partial \varphi}{\partial \xi}+4 \tag{1}$$

定解条件为

$$\varphi(\xi, \tau)\Big|_{\tau=0}=0 \tag{2}$$

$$\varphi(\xi, \tau)\Big|_{\xi=0}<\infty \tag{3}$$

$$\varphi(\xi, \tau)\Big|_{\xi=1}=0 \tag{4}$$

对方程（1）关于 τ 作拉氏变换得

$$\frac{\partial^2 \Phi(\xi, P)}{\partial \xi^2}+\frac{1}{\xi}\frac{\partial \Phi(\xi, P)}{\partial \xi}-P\Phi(\xi, P)=-\frac{4}{P}$$

等号两边同乘以 ξ^2 得

$$\xi^2 \frac{\partial^2 \Phi}{\partial \xi^2}+\xi \frac{\partial \Phi}{\partial \xi}-(\xi^2 P+0)\Phi=-\frac{4}{P}\xi^2$$

等式右端为零阶虚宗量贝塞尔方程，其齐次通解为

$$\Phi_1=C_1 I_0(\sqrt{P}\xi)+C_2 K_0(\sqrt{P}\xi)$$

设非齐次特解为 $\Phi_2=A\xi^2+B\xi+C$，代入方程得

$$4A\xi^2+B\xi-2AP\xi^4-BP\xi^3-CP\xi^2=-\frac{4}{P}\xi^2$$

比较等号两边 ξ 同幂项系数，可得

$$A=0,\ B=0,\ C=\frac{4}{P^2}$$

因此

$$\Phi_2=\frac{4}{P^2}$$

于是非齐次通解为

$$\Phi(\xi, P)=\Phi_1+\Phi_2=C_1 I_0(\sqrt{P}\xi)+C_2 K_0(\sqrt{P}\xi)+\frac{4}{P^2}$$

由边界条件（3），可知 $C_2=0$，由边界条件（4）得

$$C_1=-\frac{4}{P^2 I_0(\sqrt{P})}$$

因此

$$\Phi(\xi, P)=4\left[\frac{1}{P^2}-\frac{I_0(\sqrt{P}\xi)}{P^2 I_0(\sqrt{P})}\right]$$

查表得

$$L^{-1}\left[\frac{I_0(\sqrt{P}\xi)}{P^2 I_0(\sqrt{P})}\right]=\frac{1}{4}(\xi-1)^2+\tau+2\sum_{n=1}^{\infty}\frac{J_0(\lambda_n\xi)}{\lambda_n^3 J_1(\lambda_n)}\exp(-\lambda_n^2\tau)$$

其中 λ_n 为 $J_0(\xi)=0$ 的第 n 个正根。于是

$$\Phi(\xi,\tau)=L^{-1}[\Phi(\xi,P)]=(1-\xi)^2-8\sum_{n=1}^{\infty}\frac{J_0(\lambda_n\xi)}{\lambda_n^3 J_1(\lambda_n)}\exp(-\lambda_n^2\tau)$$

　　由以上两例可以看出，跟分离变量法不同，拉普拉斯变换法并不要求边界条件是齐次的，也不管泛定方程是否齐次的，拉普拉斯变换法用同样的方法处理它们。例 7-23 具有非齐次边界条件，例 7-24 是一个非齐次泛定方程，但都不需作任何处理就可直接用拉氏变换法求解。

习 题

1. 求解下列一阶偏微分方程

(a) $\begin{cases} u_x + 2xu_y = y \\ u(0,y) = 1 + y^2 \qquad 1 < y < 2 \end{cases}$

(b) $\begin{cases} xu_x + yu_y = 1 + y^2 \\ u(x,1) = x + 1 \end{cases}$

(c) $\begin{cases} z_x - 4z_t = z \\ z(x,0) = 2e^{-2x} \end{cases}$

(d) $\begin{cases} 3z_x + 4z_y = 2 + 3z \\ z(x,0) = x^2 \end{cases}$

2. 考虑一无限长的充满吸附剂粒子的柱子,令含有单一可吸收组分的溶液以恒定流率通过。如第七章习题2图,溶液中被吸附组分浓度为 C,吸附剂粒子上被吸附组分浓度为 n,假设在瞬间 C 与 n 达到平衡,$n = bC$ (b 为常数),v 为通过床层溶液的速度,α 是床层空隙率,则由微元段物料衡算可建立如下方程

$$v\frac{\partial C}{\partial x} + \frac{\partial C}{\partial t} + \frac{1}{\alpha}\frac{\partial n}{\partial t} = 0$$

初始条件为

$$\begin{cases} x = 0, C = C_0 \\ t \leqslant \dfrac{x}{v}, n = 0 \end{cases}$$

作变量代换

$$y = \alpha\left(t - \frac{x}{v}\right)$$

$$z = \frac{x}{v}$$

上述问题归结为

$$\begin{cases} b\dfrac{\partial C}{\partial y} + \dfrac{\partial C}{\partial z} = 0 \\ z = 0, C = C_0 \\ y = 0, C = 0 \end{cases}$$

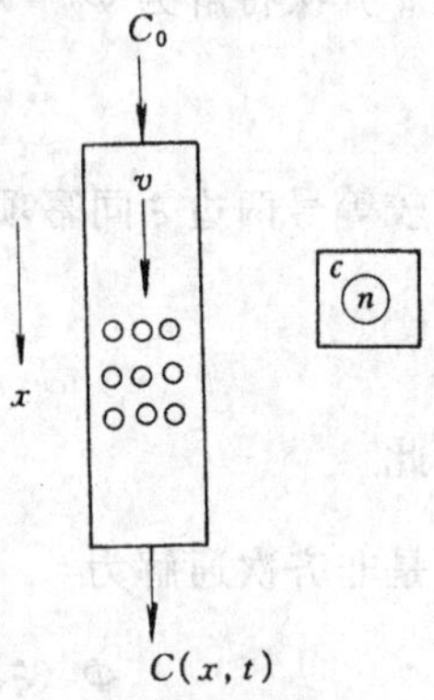

习题 2 图

试用拉氏变换求解此问题(提示:对 z 作拉氏变换)。

3. 对下述偏微分方程判别类型(双曲,抛物,椭圆),并指出相应的自变量取值范围

(a) $u_{xx} + 4u_{xy} + 3u_{yy} + 4u_x - 3u = xy$

(b) $xu_{xx} + u_{yy} - 2x^2 u_y = 0$

(c) $u_{xy} - u_x = x\sin y$

(d) $(y^2 - 1)u_{xx} - 2xyu_{xy} + (x^2 - 1)u_{yy} + e^x u_x + u_y = 0$

(e) $x^2 u_{xx} - y^2 u_{yy} = 0$

(f) $u_{xx} + (x + y)^2 u_{yy} = 0$

(g) $u_{xx} + xyu_{yy} = 0$

(h) $\text{sgn}y\, u_{xx} + 2u_{xy} + \text{sgn}x\, u_{yy} = 0$

$$\text{sgn}x = \begin{cases} 1 & x > 0 \\ 0 & x = 0 \\ -1 & x < 0 \end{cases}$$

4. 指出下列方程的阶数,并说明是线性还是非线性,如果是非线性,说明理由

(a) $xu_x + yu_y = u$

(b) $u(u_{xx}) + (u_y)^2 = 0$

(c) $u_{xx} - u_{xy} - 2u_{yy} = 1$

(d) $u_{xx} - 2u_y = 2x - e^u$

(e) $(u_x)^2 - xu_{xy} = \sin y$

5. 证明下列函数满足拉普拉斯方程

(a) $\arctan \dfrac{y}{x}$ (b) $e^x \sin y$

(c) $\lg \sqrt{x^2 + y^2}$ (d) $\sin x \sinh y$

6. 证明下列函数满足一维热传导方程 $\dfrac{\partial u}{\partial t} = C^2 \dfrac{\partial^2 C}{\partial x^2}$ （并指出相适应的 C 值）。

(a) $u = e^{-2t} \cos x$

(b) $u = e^{-t} \sin 3x$

(c) $u = e^{-4t} \cos \omega x$

7. 证明下列函数是一维波动方程 $\left(\dfrac{\partial^2 u}{\partial t^2} = C^2 \dfrac{\partial^2 u}{\partial x^2} \right)$ 之解。

(a) $u = x^2 + 4t^2$

(b) $u = x^3 + 3xt^2$

(c) $u = \sin \omega ct \sin \omega x$

8. 证明下列每个函数都是势函数。

(a) $u = \dfrac{c}{r}$，其中 $r = \sqrt{x^2 + y^2 + z^2}$，c 为常数

(b) $u = c \lg r + k$ （r 同上，c，k 为常数）

(c) $u = \arctan \dfrac{2xy}{x^2 - y^2}$

9. 细杆（或弹簧）受某种外界原因而产生纵向振动，以 $u(x,t)$ 表示静止时在 x 处的点，在 t 时刻离开原来位置的偏移，假设振动过程中所发生的张力服从虎克定律，试证明 $u(x,t)$ 满足方程

$$\frac{\partial}{\partial t} \left(\rho(x) \frac{\partial u}{\partial t} \right) = \frac{\partial}{\partial x} \left(E \frac{\partial u}{\partial x} \right)$$

其中 ρ 为杆的密度，E 为杨氏弹性模量。

10. 在杆纵向振动时，假设（1）端点固定，（2）端点自由，（3）端点固定在弹簧支承上，试分别导出这三种情况下所对应的边界条件。

11. 绝对柔软而均匀的弦线上端固定，在它本身重力作用下，此线处于铅垂的平衡位置，试导出此线的微小横振动方程。

12. 一均匀细杆直径为 l，假设它在同一截面上的温度是相同的，杆的表面和周围介质发生热交换，服从于对流传热规律

$$dQ = k_1 (u - u_1) dS dt$$

其中 k_1 为传热系数，u_1 为周围介质温度。又设杆的密度为 ρ，比热为 c，导热系数为 k，试导出此杆温度 $u(x,t)$ 满足的方程。

13. 设一均匀导线处在周围介质温度为 u_0（常数）的环境中，试证明：在常电流作用下导线的温度满足微分方程

$$\frac{\partial u}{\partial t} = \frac{k}{c\rho} \frac{\partial^2 u}{\partial x^2} - \frac{k_1 p}{c\rho w} (u - u_0) + \frac{0.24 i^2 r}{c\rho w^2}$$

其中 i 和 r 分别为导体的电流强度和电阻系数，p 为导线横截面周长，w 为横截面面积，而 k_1 为导线对介质的热交换系数。

14. 长为 l 的均匀杆，侧面绝热，一端温度为零，另一端有恒定热流 q 进入（即单位时间内通过单位截面积

流入的热量为 q），杆的初始温度分布为 $0.5x(l-x)$，试写出相应的定解问题。

15. 设物体表面的绝对温度为 u，此时它向外界辐射出去的热量依斯蒂芬-波尔兹曼定律正比于 u^4，即 $dQ=\sigma u^4 dSdt$，今假设物体和周围介质之间只有热辐射而没有热传导，且周围介质的绝对温度为已知函数 $f(x,y,z,t)$，问此时该物体热传导问题的边界条件应如何描述。

16. 用分离变量法解下列振动问题

$$\frac{\partial^2 u}{\partial t^2}=a^2\frac{\partial^2 u}{\partial x^2} \qquad (0<x<l,t>0)$$

初始条件分别如下：
① 两端固定，初始速度为零，初始位移如习题 16 图。
② 两端固定

   I. C. $u|_{t=0}=\sin\frac{3\pi}{l}x$ $u_t|_{t=0}=x(l-x)$

③   B. C. $u(0,t)=0$ $\frac{\partial u}{\partial x}(l,t)=0$

   I. C. $u(x,0)=\frac{h}{l}x$ $\frac{\partial u}{\partial t}(x,0)=0$

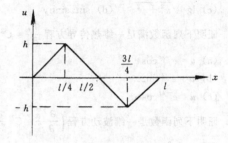

习题 16 图

17. 设弹簧一端固定，一端在外力作用下作周期振动，此问题归结为

$$\begin{cases} \dfrac{\partial^2 u}{\partial t^2}=a^2\dfrac{\partial^2 u}{\partial x^2} & (0<x<l,t>0) \\ u(0,t)=0,u(l,t)=A\sin\omega t \\ u(x,0)=\dfrac{\partial u}{\partial t}(x,0)=0 \end{cases}$$

试用分离变量法求解之。

18. 用分离变量法解下述强制振动问题

$$\begin{cases} \dfrac{\partial^2 u}{\partial t^2}=a^2\dfrac{\partial^2 u}{\partial x^2}+b\sinh x & (0<x<l,\ t>0) \\ u|_{t=0}=\dfrac{\partial u}{\partial t}|_{t=0}=0 \\ u|_{x=0}=u|_{x=l}=0 \end{cases}$$

19. 用分离变量法求解一维热传导方程

$$u_t=u_{xx} \qquad (0<x<l,\quad t>0)$$

初始条件分别如下

① B. C. $\begin{cases} -u_x(0,t)=0 \\ u(l,t)=0 \end{cases} \qquad (t>0)$

  I. C. $u(x,0)=f(x)$ $(0<x<l)$

② B. C. $\begin{cases} u(0,t)=0 \\ u_x(l,t)=0 \end{cases} \qquad (t>0)$

  I. C. $u(x,0)=f(x)=\begin{cases} 0 & \left(0\le x<\dfrac{l}{2}\right) \\ l-x & \left(\dfrac{1}{2}\le x\le l\right) \end{cases}$

③ B. C. $\left.\begin{cases} u(0,t)=0 \\ u_x(l,t)=hu(l,t) \quad h>0 \end{cases}\right\} \qquad (t>0)$

  I. C. $u(x,0)=A\sin x$ $(0<x<l)$

20. 假设有热量以恒定速率 c 从宽度为 l，半无限长的薄板释放出来，此时的一维热传导方程为有热源的形式 $u_t=u_{xx}+c$ $(c>0)$ $(0<x<l,t>0)$，假设在 $x=0$ 和 $x=l$ 的薄板两边都保持零度，薄板表面是绝热的，初始温度分布为 $f(x)=0$，求此定解问题。又问当 $f(x)=0$ 时其解释如何？（此题的具体物理意义

为制造胶合板时用高频加热情况)

21. 长为 l 的杆，两端绝热，只有初始温度分布 $f(x)$，如果杆表面与环境间有热交换，则方程为

$$u_t(x,t)=kv_{xx}(x,t)-hv(x,t)$$

其中 h 是正的常数，求解此方程。

提示：作一代换 $v(x,t)=\exp(-ht)u(x,t)$，则可转换为关于 $u(x,t)$ 的热传导方程，可用分离变量法求解 $v(x,0)=f(x)$。

22. 将上题中的两端改为保持零度，而不是绝热，求解此问题。

23. 求解细杆导热问题。杆长 l，初始温度分布为均匀 u_0，两端分别保持温度 u_1 和 u_2。

24. 求定解问题 (用分离变量法)

$$\text{P. D. E.}\quad u_t=u_{xx}\quad(0<x<d,t>0)$$

$$\text{B. C.}\quad\begin{cases}u(0,t)=a\\u(d,t)=a\end{cases}\quad(t>0)$$

$$\text{I. C.}\quad u(x,0)=a+b\sin\left(\frac{\pi}{d}x\right)\quad(0<x<d)$$

25. 如 φ_1 和 φ_2 是 x,y 的调和函数，则证明函数 $\Psi(x,y)=x\varphi_1(x,y)+\varphi_2(x,y)$ 满足双调和方程

$$\frac{\partial^4 u}{\partial x^4}+2\frac{\partial^4 u}{\partial x^2\partial y^2}+\frac{\partial^4 u}{\partial y^4}=0$$

26. 解下列矩形域的拉普拉斯方程。

① $\text{P. D. E.}\quad u_{xx}+u_{yy}=0\quad(0<x<\pi,0<y<b)$

$\text{B. C.}\quad u(0,y)=u(\pi,y)=0\quad(0<y<b)$

$\qquad\qquad u(x,b)=0,u(x,0)=3\sin x\quad(0<x<\pi)$

② $\text{P. D. E.}\quad u_{xx}+u_{yy}=0\quad(0<x<\pi,0<y<b)$

$$\text{B. C.}\quad\begin{cases}u_x(0,y)=0\\u_x(a,y)=0\end{cases}(0<y<b)$$

$$\quad\begin{cases}u(x,b)=0\\u(x,0)=\dfrac{10}{a}(a-x)\end{cases}(0<x<a)$$

27. 求习题 27 图示边界条件的稳态温度分布。

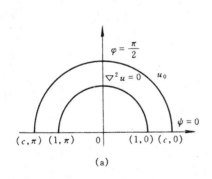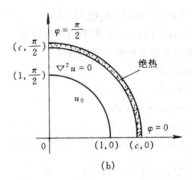

(a) 　　　　　　　　　　(b)

习题 27 图

(a) 在 $1<\rho<c$, $0<\varphi<\pi$ 区间内，当 $\rho=c$ 时，$u=u_0$ 其余边界保持零度；

(b) 在 $1<\rho<c$, $0<\varphi<\pi/2$ 区间内，在 $\varphi=0$，$\varphi=\pi/2$ 处保持零度。$\rho=c$ 处绝热，其余边界为温度 u_0。

28. 进行适当的变量置换，化下列方程为某种特殊函数方程，然后求其通解。

(a) $4xy''+4y'+y=0$

(b) $\dfrac{d^2 y}{dx^2} + y e^x = 0$ (Let $u = e^x$)

(c) $(Ax+B)\dfrac{d^2 y}{dx^2} + A\dfrac{dy}{dx} + A^2(Ax+B)y = 0$

(d) $\begin{cases} y + t\dfrac{dx}{dt} = 0 \\ \dfrac{dy}{dt} - tx = 0 \end{cases}$ （提示：合并成二阶方程）

29. Bessel 微分方程有许多隐匿形式，证明下列方程每一个都是 Bessel 方程。

(a) $\dfrac{dy}{dx} + ay^2 + \dfrac{1}{x}y + \dfrac{1}{a} = 0$ $\left(\text{这是黎卡提方程，作代换 } y = \dfrac{1}{az}\dfrac{dz}{dx}\right)$

(b) $r^2\dfrac{d^2 R}{dr^2} + 2r\dfrac{dR}{dr} + [\lambda^2 r^2 - n(n+1)]R = 0$（这方程是由分离变量法解球坐标下的 Helmholtz 方程时得

出的，作代换 $R(\lambda r) = \dfrac{z(\lambda r)}{\sqrt{\lambda r}}$）;

(c) $\dfrac{d^2 y}{dx^2} + \dfrac{1}{x}\dfrac{dy}{dx} + \dfrac{n}{k}y = 0$ （这是 Fourier 方程，作代换 $x\sqrt{\dfrac{n}{k}} = z$）

30. 在 1/2 阶贝赛尔方程中，作代换 $y = \dfrac{u}{\sqrt{x}}$ 得到 $\dfrac{d^2 u}{dx^2} + u = 0$，于是解出

$$y = C_1\dfrac{\sin x}{\sqrt{x}} + C_2\dfrac{\cos x}{\sqrt{x}}$$

试详细导出求解过程，并解释 $J_{1/2}(x)$ 这函数的衰减振幅有何特征。

31. 证明下列微分方程具有所指出的通解。

(a) $\dfrac{d^2 y}{ds^2} + \dfrac{dy}{ds}\coth s - n(n+1)y = 0$

$y = C_1 P_n(\cosh s) + C_2 Q_n(\cosh s)$

(b) $(1-x^2)\dfrac{d^2 y}{dx^2} - 4x\dfrac{dy}{dx} + (n+2)(n-1) = 0$

$y = C_1 P_n'(x) + C_2 Q_n'(x)$

(c) $x(1-x^2)\dfrac{d^2 y}{ds^2} + (1-2x)\dfrac{dy}{dx} + n(n+1)y = 0$

$y = C_1 P_n(1-2x) + C_2 Q_n(1-2x)$

32. 写出 $J_0(x)$，$J_1(x)$，$J_n(x)$ 级数的前五项和。

33. 用贝赛尔级数定义证明下列关系式

(a) $J_0'(0) = 0$

(b) $J_1(0) = 0$

(c) $J_1(-x) = -J_1(x)$

(d) $J_0'(-x) = -J_1(x)$

(e) $xJ_n'(x) = -nJ_n(x) + xJ_{n-1}(x)$ $n = 1, 2, \cdots$

(f) $\dfrac{d}{dx}[x^\nu J_p(ax)] = -ax^{-\nu}J_{p+1}(ax)$

34. 用贝赛尔函数性质证明：若 $G_p(x) = [J_p(x)]^2$，则

$$\dfrac{dG_p(x)}{dx} = \dfrac{x}{2p}[G_{p-1}(x) - G_{p+1}(x)]$$

35. 证明

(a) $J_{3/2}(x) = \sqrt{\dfrac{2}{\pi x}}\left[\dfrac{1}{x}\cos\left(x - \dfrac{\pi}{2}\right) + \sin\left(x - \dfrac{\pi}{2}\right)\right]$

(b) $J_{5/2}(x) = \sqrt{\dfrac{2}{\pi x}} \left[\left(1 - \dfrac{3}{x^2}\right) \sin(x-\pi) + \dfrac{3}{x} \cos(x-\pi) \right]$

36. 若 $J_0(\lambda_j) = 0$，求证

 (a) $\displaystyle\int_0^1 J_1(\lambda_j s) \mathrm{d}s = \dfrac{1}{\lambda_j}$

 (b) $\displaystyle\int_0^{\lambda_j} J_1(s) \mathrm{d}s = 1$

 (c) $\displaystyle\int_0^\infty J_1(\lambda_j s) \mathrm{d}s = 0$

37. 求证

 (a) $\displaystyle\int_0^x J_0(s) J_1(s) \mathrm{d}s = -\dfrac{1}{2}\left[J_0(x)\right]^2$

 (b) $\displaystyle\int_0^x s^2 J_0(s) J_1(s) \mathrm{d}s = \dfrac{1}{2}x^2\left[J_1(x)\right]^2$

38. 利用贝赛尔函数的微分性，并作分部积分，导出下列归纳公式。

 (a) $\displaystyle\int x^m J_n(x) \mathrm{d}x = x^m J_{n+1}(x) - (m-n-1)\int x^{m-1} J_{n+1}(x) \mathrm{d}x$

 (b) $\displaystyle\int x^m J_n(x) \mathrm{d}x = -x^m J_{n-1}(x) + (m+n-1)\int x^{m-1} J_{n-1}(x) \mathrm{d}x$

39. 计算下列积分

 (a) $\displaystyle\int x^3 J_0(x) \mathrm{d}x$ （利用 $xJ_0 = (xJ_1)', J_1 = -J_0'$ 作分部积分）

 (b) $\displaystyle\int x^4 J_1(x) \mathrm{d}x$ （利用 $J_1 = -J_0', xJ_0 = (xJ_1)', x^2 J_1 = (x^2 J_2)'$ 作分部积分）

 (c) $\displaystyle\int J_3(x) \mathrm{d}x$ （利用 $x^{-2}J_3 = -(x^{-2}J_2)', (x^{-1}J_2) = -(x^{-1}J_1)'$ 作分部积分）

40. 将下列函数展成在 $0 < x < c$ 区间的 $J_0(\lambda_j x)$ 的 Fourier-Bessel 级数，且 $J_0(\lambda_j c) = 0$

 (a) $f(x) = 1$

 (b) $f(x) = x^2$

41. 将 $f(x) = \begin{cases} 0 & 0 < x < 1 \\ \dfrac{1}{x} & 1 \leqslant x \leqslant 2 \end{cases}$ 展成 $J_1(\lambda_j x)$ 的 Fourier-Bessel 函数，使满足 $J_1(2\lambda_j) = 0$，并问当 $x = 1$ 时级数收敛于什么值，为什么？

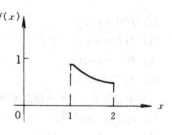

习题 41 图

42. 证明 Legendre 多项式下列性质

 (a) $P_{2n+1} = 0$

 (b) $P_n(-x) = (-1)^n P_n(x), P_n'(-x) = (-1)^{n+1} P_n'(x)$

 (c) $P_n'(0) = \begin{cases} 0 & \text{（当 } n \text{ 为偶数）} \\ (-1)^{\frac{n-1}{2}} \dfrac{(1,3,5,\cdots,n)^2}{n!} & \text{（当 } n \text{ 为奇数）} \end{cases}$

43. 证明下列积分恒等式

 (a) $\displaystyle\int_{-1}^1 P_n(x) \mathrm{d}x = \begin{cases} 2 & (n=0) \\ 0 & (n \neq 0) \end{cases}$

 (b) $\displaystyle\int_0^{-1} P_n(x) \mathrm{d}x = \begin{cases} 1 & (n=0) \\ 0 & (n = \text{偶数}) \\ (-1)^{\frac{n+1}{2}} \dfrac{1}{n(n+1)} \dfrac{(1,3,5,\cdots,n)^2}{n!} & (n = \text{奇数}) \end{cases}$

44. 直接以 $P_n(x)$ 的标准形式，求 $n = 0,1,2,3$ 时的模值。

45. 用 Legendre 多项式表示下列多项式。

(a) $ax+b$

(b) ax^2+bx+c

(c) ax^3+bx^2+cx+d

46. 求下列函数 Legendre 级数的前三个非零系数。

(a) $f(x)=\begin{cases} 0 & (-1<x<0) \\ 1 & (0<x<1) \end{cases}$

(b) $f(x)=\begin{cases} 0 & (-1<x<0) \\ x & (0<x<1) \end{cases}$

(c) $f(x)=|x| \quad (-1<x<1)$

47. 求解空心柱体的稳态温度分布问题

$$\text{P. D. E.} \quad \nabla^2 u=0 \quad (b<\rho<c, -\pi<\varphi<\pi, -\infty<z<\infty)$$

$$\text{B. C.} \quad \begin{cases} u(b,\varphi,z)=f(\varphi) \\ u(c,\varphi,z)=0 \end{cases} (-\pi<\varphi<\pi, -\infty<z<\infty)$$

48. 如果 $u\mid_{r=R}=0$，求出半径为 R，中心在坐标原点的圆内的泊松方程 $\Delta u=-Axy$（A 为常数）之解。

提示：令 $u=V+W$，这里 $V=-\dfrac{Axy}{12}(x^2+y^2)=\dfrac{-Ar^4\sin2\varphi}{24}$ 是泊松方程的特解，而 W 是拉普拉斯方程

满足条件 $W\mid_{r=R}=\dfrac{A}{24}R^4\sin2\varphi$ 之解。

49. 求出底圆半径为 R，高为的圆柱体内稳态温度分布 $u(r,z)$，假定

(a) 圆柱的下底和侧面温度等于零，而上底的温度是 r 的函数 $f(r)$；

(b) 下底温度为零，圆柱侧面绝热，上底温度是 r 的函数 $f(r)$；

(c) 上下底温度均为零，侧面温度是该点到下底距离 z 的函数 $f(z)$；

(d) 向下底 $z=0$ 输送固定热流 q，侧面 $r=R$ 上与周围环境温度为零的介质自由热交换，上底 $z=h$ 为零度。

50. 求出半径为 R，中心在原点球内调和函数 u，且满足

$$u\mid_{r=R}=f(\theta)$$

(a) $f(\theta)=\cos\theta$；

(b) $f(\theta)=\cos^2\theta$；

(c) $f(\theta)=\cos2\theta$；

(d) $f(\theta)=\sin^2\theta$。

51. 求出半径为 R，中心在原点球外调和函数 u，边界分别满足

(a) $u_r\mid_{r=R}=\sin^2\theta \ (R<r<\infty)$；

(b) $(u-u_r)\mid_{r=R}=\sin^2\theta$。

52. 两个半径分别为 $a[\text{m}]$ 和 $b[\text{m}]$（$a<b$）的同心金属球壳，用导热系数为 $\sigma(\text{m}^2/\text{s})$ 的固体隔开，内壳外表温度保持 $T_0℃$，外壳内表面为 $T_1℃$，试导出固体夹层内非稳态温度分布随时间和径向坐标变化的微分方程，并证明该问题之解为

$$T(r,t)=\frac{T_1b-T_0a}{b-a}+\frac{ab}{r}\frac{T_0-T_1}{b-a}+\sum_{n=1}^{\infty}\frac{B_n}{r}\sin[\beta(r-a)]e^{-\beta^2at}$$

式中 $\beta=\dfrac{n\pi}{b-a}$，进而说明如何由任意的初始温度分布求出系数 B。

53. 用拉普拉斯变换法求解下列定解问题

(a) $\begin{cases} u_t=u_{xx} & (x>0,t>0) \\ u(0,t)=u_0 & (t>0) \\ u(x,0)=0 & (x>0) \end{cases}$

(b) $\begin{cases} u_t = u_{xx} & (0 < x < d, t > 0) \\ \left.\begin{array}{l} u(0,t) = a \\ u(d,t) = a \end{array}\right\} (t > 0) \\ u(x,0) = a + b \sin\left(\dfrac{\pi}{d}x\right) & (0 < x < d) \end{cases}$

(c) $\begin{cases} u_t = a^2 u_{xx} & (x > 0, t > 0) \\ u(x,0) = 0 \\ -k u_x(0,t) = q \end{cases}$

(d) $\begin{cases} u_{tt} = u_{xx} & (0 < x < c, t > 0) \\ \left.\begin{array}{l} u(0,t) = 0 \\ u(c,t) = 0 \end{array}\right\} (t > 0) \\ \left.\begin{array}{l} u(x,0) = b \sin\left(\dfrac{\pi}{c}x\right) \\ u_t(x,0) = -b \sin\left(\dfrac{\pi}{c}x\right) \end{array}\right\} (0 < x < c) \end{cases}$

第八章 偏微分方程数值解

由第七章知，偏微分方程可分为抛物型、椭圆型和双曲型三大类。化学工程中三传一反过程中均可能涉及偏微分方程模型，其中描述传热、传质过程的主要是抛物型方程（热传导方程）和椭圆型方程（稳态方程），而关于流体流动方程多数为双曲型方程。

在第七章中讨论的偏微分方程的解析求解方法，只有在定解问题比较简单，求解域比较规则的条件下才有可能应用。实际工程问题中遇到的情况都比较复杂，或由于边界不规则，求解析解很困难，因此大多数问题均需采用数值解法。

数值解法与解析解法不同，它不能得到在整个域 Ω 所有点（无限维）均能满足的解的表达式，而只能得到在域 Ω 内网格化后离散节点（有限维）上解的近似值。

常用的偏微分方程的数值解法有差分法、变分法和有限元法。本章主要介绍抛物型和椭圆型方程的差分解法。

8.1 抛物型方程的差分解法

最简单的抛物型方程是一维扩散方程

$$\begin{cases} \dfrac{\partial u}{\partial t} = D\,\dfrac{\partial^2 u}{\partial x^2} \\ u(a,t) = u_a \\ u(b,t) = u_b \\ u(x,0) = u_0 \end{cases} \tag{8-1}$$

此问题所考察的域为 $a < x < b$，$t > 0$，即为一条带状域，如图 8-1 所示。

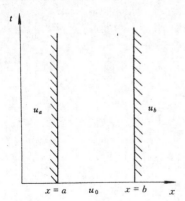

图 8-1 一维扩散方程的边界条件

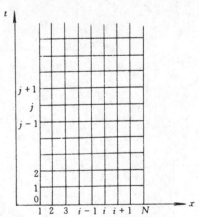

图 8-2 一维扩散方程的矩形网格

为了建立差分格式，首先将区域划分成矩形网格，若是等间距的划分，设沿 x 轴的步长为

$$h = x_{i+1} - x_i \qquad i = 1, 2, \cdots, N$$

沿时间坐标的步长取为

$$\Delta t = t_{j+1} - t_j \qquad j = 0, 1, 2, \cdots$$

此处 h 与 Δt 不一定相同。我们把所有网格的交点称为节点，在域内的节点称为内节点，在边界上的节点称为边界节点，如图 8-2 所示。

差分法实质是将微分方程离散化，即将其转化为在一系列节点处的差分方程，由于离散化处理的不同，就引出不同类型（显式、隐式等）差分格式。求解差分方程组，便得出微分方程在节点上的近似解。

8.1.1 显式格式

将式(8-1)中的导数离散化，用二阶中心差商来近似对 x 的二阶导数，用一阶向前差商近似对 t 的导数，则对 (x_i, t_j) 点，方程变为

$$\frac{u_{i,j+1} - u_{i,j}}{\Delta t} = \frac{D}{h^2}(u_{i+1,j} - 2u_{i,j} + u_{i-1,j}) \tag{8-2}$$

或

$$u_{i,j+1} = (1 - 2\tau)u_{i,j} + \tau(u_{i+1,j} + u_{i-1,j}) \tag{8-3}$$
$$(i = 1, 2, \cdots, N), \quad (j = 0, 1, 2, \cdots)$$

其中

$$\tau = \frac{\Delta t}{h^2}D \tag{8-4}$$

由第二章差商近似微商的知识，可以推断此差分方程的逼近误差是 $0(\Delta t + h^2)$。即此逼近关于 Δt 是一阶的，关于 h 是二阶的。

式(8-3)为一线性代数方程组，但这里不必联立求解此线性方程组，因为，对点 (x_i, t_j) 列方程时，需要用到 (x_{i+1}, t_j)，(x_{i-1}, t_j) 和 (x_i, t_{j+1}) 三个点的函数值，因此，第 $j+1$ 层上的任一内节点处的函数值 $u_{i,j+1}$ 均可由第 j 层的三个相邻节点处的函数值 $u_{i-1,j}$、$u_{i,j}$ 及 $u_{i+1,j}$ 求出，见图 8-3。由初始条件出发，即 $t=0$（$j=0$）时，所有的 $u_{i,0}$ 是已知的，此处 $u_{i,0} = u_0$，从 $i=2$ 至 $i=N-1$，反复应用式(8-3)，即可求出 $j=1$ 层上所有节点函数值 $u_{i,1}$，依次类推，即可逐层求解方程组节点处函数值了。

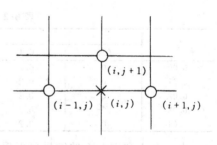

图 8-3 显式格式

此种差分格式称为显式差分格式。显式差分格式求解最简便，但不稳定，这可用下例来说明。

【例 8-1】 对定解问题

$$\frac{\partial u}{\partial t} = D \frac{\partial^2 u}{\partial x^2} \qquad \text{其中 } D = 1$$
$$u(0, t) = 0$$
$$u(1, t) = 0$$
$$u(x, 0) = f(x)$$

其中

$$f(x) = \begin{cases} 2x & 0 \leqslant x \leqslant \dfrac{1}{2} \\ 2(1-x) & \dfrac{1}{2} \leqslant x \leqslant 1 \end{cases}$$

令 $h=0.1$，Δt 分别为 0.001 和 0.01，试求其数值解。

解： 当 $h=0.1$，$\Delta t=0.001$ 时，方程式(8-3) 变为

$$u_{i,j+1}=0.8u_{i,j}+0.1(u_{i+1,j}+u_{i-1,j}) \quad (\tau=0.1)$$

上述方程在 $x=0.1$ 和 $t=0.001$ 时的解为

$$u_{2,1}=0.8u_{2,0}+0.1(u_{3,0}+u_{1,0})$$

由初始条件得到

$$u_{2,0}=2h$$
$$u_{3,0}=2(2h)$$
$$u_{1,0}=0$$

因此，$u_{2,1}=0.16+0.04=0.2$

同样，可由 $u_{2,0}, u_{3,0}$ 和 $u_{4,0}=2(3h)$ 求出

$$u_{3,1}=0.32+0.08=0.4$$

用 $u_{3,1}, u_{2,1}, u_{1,1}=0$，又可求出

$$u_{2,2}=0.2$$

如此继续下去，就可求出各节点上值，现将得到的部分结果列于表 8-1 中。

表 8-1　例 8-1 当 $\tau=0.1$ 时的部分解

t	有限差分解（$x=0.3$ 时）	分析解（$x=0.3$）	t	有限差分解（$x=0.3$ 时）	分析解（$x=0.3$）
0.005	0.5971	0.5966	0.02	0.5373	0.5334
0.01	0.5822	0.5799	0.10	0.2472	0.2444

若用 $h=0.1$，$\Delta t=0.01$ 时，此时 $\tau=1$，所得结果列于表 8-2 中。

表 8-2　例 8-2 当 $\tau=1$ 时的部分解

t	x					
	0.0	0.1	0.2	0.3	0.4	0.5
0.00	0	0.2	0.4	0.6	0.8	1.0
0.01	0	0.2	0.4	0.6	0.8	0.6
0.02	0	0.2	0.4	0.6	0.4	1.0
0.03	0	0.2	0.4	0.2	1.2	-0.2
0.04	0	0.2	0.0	1.4	-1.2	2.6

由表 8-1 和表 8-2 的结果可以看出，当 τ 的取值不同时，虽然步长 h 相同，但所得结果相差很大，而且，当 $\tau=1$ 时，数值解出现了不稳定的情况。我们称 τ 为方程式(8-3) 的模，它的大小可作为一种方法是否稳定和收敛的判据。对显式法只有当

$$\tau \leqslant \frac{1}{2} \tag{8-5}$$

时，数值结果才是稳定的。

可以证明当 $\tau>\frac{1}{2}$ 时，显式格式不稳定。当 $\tau\leqslant\frac{1}{2}$ 后，若 h 确定以后，Δt 必须满足 $\Delta t\leqslant\frac{h^2}{2\tau}$。由此可见，若 h 取值很小时，Δt 的取值必须更小，这对数值计算来说是很不利的，因为，计算量大得惊人，以致不可取的地步。

8.1.2　隐式格式

若将方程式(8-1) 对点 (x_i, t_{j+1}) 进行离散化，关于 t 的导数用一阶向后差商表达式近似，用二阶中心差商近似 $\dfrac{\partial^2 u}{\partial x^2}$，则有

$$\frac{u_{i,j+1}-u_{i,j}}{\Delta t}=\frac{D}{h^2}[u_{i+1,j+1}-2u_{i,j+1}+u_{i-1,j+1}] \tag{8-6}$$

或

$$u_{i,j}=-\tau u_{i+1,j+1}+(1+2\tau)u_{i,j+1}-\tau u_{i-1,j+1} \tag{8-7}$$

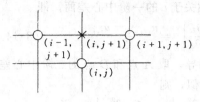

图 8-4　隐式格式

方程式(8-7)的逼近误差仍然是 $0(\Delta t+h^2)$。但是在 (x_i,t_{j+1}) 处建立方程时，涉及点 (x_{i-1},t_{j+1})、(x_{i+1},t_{j+1}) 和 (x_i,t_j) 三个点处的函数值 $u_{i-1,j+1}$、$u_{i+1,j+1}$ 和 $u_{i,j}$，从 $j=0$ 出发，则 $u_{i-1,j+1}$ 和 $u_{i+1,j+1}$ 也是未知的，见图 8-4。所以，不能从 $t=0$ 开始逐步求解，需联立求解方程式(8-7)，即从 $j=0$ 开始，建立关于 $i=1$，2，…，N 的所有内节点上的差分方程，求解这一组方程，得到 $j=1$ 这一排节点的函数值 $u_{i,1}$，然后，依次类推。

将式(8-7)的一组方程写成矩阵形式，则为

$$\begin{bmatrix} 1+2\tau & -\tau & & & \\ -\tau & \ddots & \ddots & & \\ & \ddots & \ddots & \ddots & \\ & & \ddots & \ddots & -\tau \\ & & & -\tau & 1+2\tau \end{bmatrix}\bar{u}_{j+1}=\bar{u}_j+\tau\begin{bmatrix} u_{i,j+1} \\ 0 \\ \vdots \\ 0 \\ u_{N,j+1} \end{bmatrix} \tag{8-8}$$

其中 $\bar{u}_j=[u_{2,j},u_{3,j},\cdots,u_{N-1,j}]^T$，$\bar{u}_{j+1}=[u_{2,j+1},u_{3,j+1},\cdots,u_{N-1,j+1}]^T$。

式(8-8)的系数矩阵为三对角阵，可用追赶法求解。隐式格式计算量较大，但它的优点是对步长没有附加限制，格式是恒稳的，而且是收敛的（证明从略）。

8.1.3　六点格式(Crank-Nicolson 法)

显式格式和隐式格式由于关于 t 的一阶偏导数用一阶向前和一阶向后差商近似，所以，其误差量级均为 $0(\Delta t)$，为了使其精确到二阶精度，即达到误差量级为 $0((\Delta t)^2)$，这里设计了一个新的差分格式。

把式(8-3)和式(8-4)重写如下

$$u_{i,j+1}-(1-2\tau)u_{i,j}-\tau(u_{i+1,j}+u_{i-1,j})=0 \tag{8-9}$$

$$-\tau u_{i+1,j+1}+(1+2\tau)u_{i,j+1}-\tau u_{i-1,j+1}-u_{i,j}=0 \tag{8-10}$$

对显式格式(8-9)和隐式格式(8-10)作加权 θ 平均，即

$$\theta*(8\text{-}9)+(1-\theta)*(8\text{-}10)=0 \tag{8-11}$$

具体为

$$-\theta\tau u_{i-1,j}-(1-\theta)\tau u_{i-1,j+1}+(2\tau\theta-1)u_{i,j}+(1+2\tau-2\tau\theta)u_{i,j-1}-\theta\tau u_{i+1,j}$$
$$-(1-\theta)\tau u_{i+1,j+1}=0 \tag{8-12}$$

特别当 $\theta=\dfrac{1}{2}$ 时（一般地 $0\leqslant\theta\leqslant1$），就得到克兰克-尼克尔森差分格式。

$$(1+\tau)u_{i,j+1}-\frac{1}{2}\tau(u_{i+1,j+1}+u_{i-1,j+1})$$

$$=(1-\tau)u_{i,j}+\frac{1}{2}\tau(u_{i+1,j}+u_{i-1,j}) \tag{8-13}$$

为什么式(8-13)关于 Δt 具有二阶精度呢？我们可以利用图 8-5 直接建立差分格式(8-13)。由前知，显式格式关于 t 的一阶偏导用 A 点一阶向前差商近似，对于 x 的二阶偏导，

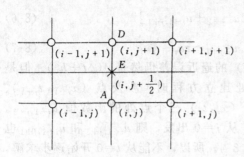

图 8-5 六点格式

用 A 点的二阶中心差商近似，而隐式格式关于 t 的一阶偏导用 D 点一阶向后差商近似，关于 x 的二阶偏导用 D 点二阶中心差商近似。现在六点格式中，取 E 点做关于 t 的一阶中心差商，即

$$\left.\frac{\partial u}{\partial t}\right|_E = \frac{u_{i,j+1}-u_{i,j}}{\Delta t} \tag{8-14}$$

关于 x 的二阶偏导，取 A 点和 D 点的二阶中心差商的平均值来近似，则

$$\left.\frac{\partial^2 u}{\partial x^2}\right|_E = \frac{1}{2}\left[\left.\frac{\partial^2 u}{\partial x^2}\right|_A + \left.\frac{\partial^2 u}{\partial x^2}\right|_D\right]$$

$$= \frac{1}{2}\left[\frac{u_{i-1,j}-2u_{i,j}+u_{i+1,j}+u_{i-1,j+1}-2u_{i,j+1}+u_{i+1,j+1}}{h^2}\right] \tag{8-15}$$

代入方程式(8-1) 得

$$\frac{u_{i,j+1}-u_{i,j}}{\Delta t} = \frac{D}{2h^2}\left[u_{i-1,j}-2u_{i,j}+u_{i+1,j}+u_{i-1,j+1}-2u_{i,j+1}+u_{i+1,j+1}\right] \tag{8-16}$$

令 $\tau = \dfrac{D\Delta t}{h^2}$ 将上式整理即得式(8-13)。由于关于 t 的一阶导数使用了一阶中心差商近似，所以，其精度为二阶，即 $(\Delta t)^2$ 量级。可以证明六点格式对任意 τ 都是稳定的。

由式(8-13) 可见，此种差分格式涉及第 j 层的三个点和第 $j+1$ 层的三个点，故称为六点格式，它也是一种隐式格式。若第 j 层节点的函数为已知，求解第 $j+1$ 层各内节点值时需联立求解方程式(8-13)。若将式(8-13) 写成矩阵形式，则

$$\begin{bmatrix} 1+\tau & -\frac{\tau}{2} & & & & \\ -\frac{\tau}{2} & \ddots & \ddots & & & \\ & \ddots & \ddots & \ddots & & \\ & & \ddots & \ddots & \ddots & \\ & & & \ddots & \ddots & -\frac{\tau}{2} \\ & & & & -\frac{\tau}{2} & 1+\tau \end{bmatrix} \begin{bmatrix} u_{2,j+1} \\ u_{3,j+1} \\ \vdots \\ \vdots \\ \vdots \\ u_{N-1,j+1} \end{bmatrix}$$

$$= \begin{bmatrix} 1-\tau & \frac{\tau}{2} & & & & \\ \frac{\tau}{2} & \ddots & \ddots & & & \\ & \ddots & \ddots & \ddots & & \\ & & \ddots & \ddots & \ddots & \\ & & & \ddots & \ddots & \frac{\tau}{2} \\ & & & & \frac{\tau}{2} & 1-\tau \end{bmatrix} \begin{bmatrix} u_{2,j} \\ u_{3,j} \\ \vdots \\ \vdots \\ \vdots \\ u_{N-1,j} \end{bmatrix} + \begin{bmatrix} \frac{\tau}{2}(u_{1,j+1}+u_{1,j}) \\ 0 \\ \vdots \\ \vdots \\ 0 \\ \frac{\tau}{2}(u_{N,j}+u_{N,j+1}) \end{bmatrix} \tag{8-17}$$

式(8-17) 为三对角方程组，可用追赶法求解。

关于求解式(8-13) 的方程组，除了上述方法外，还可以用第三章介绍的迭代法求解。为了便于迭代计算，将式(8-13) 作以下两点改进。

(1) 为了对每一时间间隔 Δt 避免多次计算式(8-13) 中关于第 j 行的信息，为此定义一个新的数组 $F_{i,j}$

$$(1+\tau)F_{i,j}=(1-\tau)u_{i,j}+\frac{1}{2}\tau(u_{i-1,j}+u_{i+1,j}) \tag{8-18}$$

于是式(8-13) 变为

$$u_{i,j+1}=F_{i,j}+\frac{\tau}{2(1+\tau)}\tau(u_{i+1,j+1}+u_{i-1,j+1}) \tag{8-19}$$

将式(8-19) 写成迭代格式

$$u_{i,j+1}^{(k+1)}=F_{i,j}+C(u_{i+1,j+1}^{(k)}+u_{i-1,j+1}^{(k)}) \tag{8-20}$$

其中

$$C=\frac{\tau}{2\ (1+\tau)} \tag{8-21}$$

(2) 对全部未知量用新算得的近似值，也就是将式(8-20) 的 Jacobi 迭代改进为 Siedel 迭代

$$u_{i,j+1}^{(k+1)}=F_{i,j}+C(u_{i+1,j+1}^{(k)}+u_{i-1,j+1}^{(k+1)}) \tag{8-22}$$

因为 Siedel 迭代收敛得更快。

【例 8-2】 用六点差分格式解一维非稳态热传导方程

$$\frac{\partial T}{\partial t}=K\frac{\partial^2 T}{\partial t^2}$$

$$x=0,\ T=100℃,\ t\geq 0$$
$$x=10cm,\ T=0℃,\ t\geq 0$$
$$t=0,\ T=0℃,\ 0<x<10$$

式中 $K=2.0cm/s$

解： 由式(8-13) 知本题差分格式为

$$(1+\tau)T_{i,j+1}=(1-\tau)T_{i,j}+\frac{1}{2}\tau(T_{i+1,j}+T_{i-1,j})+\frac{1}{2}\tau(T_{i+1,j+1}+T_{i-1,j+1}) \tag{1}$$

为了便于迭代计算定义一个新的数组 $F_{i,j}$，由式(8-18) 得

$$(1+\tau)F_{i,j}=(1-\tau)T_{i,j}+\frac{1}{2}\tau(T_{i+1,j}+T_{i-1,j}) \tag{2}$$

方程 (1) 即变为

$$T_{i,j+1}=F_{i,j}+\frac{1}{2(1+\tau)}(T_{i+1,j+1}+T_{i-1,j+1}) \tag{3}$$

用高斯-赛德尔迭代法解上述方程组，由式(8-22) 得

$$T_{i,j+1}^{(k+1)}=F_{i,j}+C(T_{i+1,j+1}^{(k)}+T_{i-1,j+1}^{(k+1)}) \tag{4}$$

其中

$$C=\frac{\tau}{2\ (1+\tau)}$$

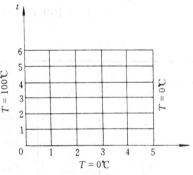

例 8-2　网格图

使用式(4) 的计算机程序比直接用式(1) 方便得多。用式(1) 需要三个一维数组：前一次时间步长的已知温度，第 k 次迭代的温度和 $(k+1)$ 次迭代的温度。而用式(4) 只需两个数组：一个为前一次时间步长的 $F_{i,j}$，一个为 $T_{i,j+1}$ 的最后的值。

此题选 $h=2\text{cm}$，$\tau=\dfrac{2}{3}$，所以

$$\Delta t=\frac{\tau h^2}{K}=\frac{(2/3)\times 2^2}{2}=\frac{4}{3}$$

根据题意和 h、Δt 的取值，将域 Ω 划分成差分网格，将已知值代入式(2)、式(3)，得

$$F_{i,j}=0.2(T_{i,j}+T_{i+1,j}+T_{i-1,j})$$

$$T_{i,j+1}^{(k+1)}=F_{i,j}+0.2(T_{i+1,j+1}^{(k)}+T_{i-1,j+1}^{(k+1)})$$

当 $t=0$ 时，$T_{0,0}=100℃$

$$T_{1,0}=T_{2,0}=T_{3,0}=T_{4,0}=T_{5,0}=0℃$$

所以

$$F_{1,0}=0.2(T_{1,0}+T_{2,0}+T_{0,0})=20$$

$$F_{2,0}=0.2(T_{2,0}+T_{3,0}+T_{1,0})=0$$

$$F_{3,0}=0.2(T_{3,0}+T_{4,0}+T_{2,0})=0$$

$$F_{4,0}=0.2(T_{4,0}+T_{5,0}+T_{3,0})=0$$

令 $j=0$，且设 $T_{i+1,j+1}^{(k)}=0$，从 $k=0$ 开始迭代

$$T_{1,1}^{(1)}=F_{1,0}+0.2(T_{2,1}^{(0)}+T_{0,1}^{(1)})$$

$$T_{1,1}^{(1)}=20+0.2(0+100)=40$$

$$T_{2,1}^{(1)}=F_{2,0}+0.2(T_{3,1}^{(0)}+T_{1,1}^{(1)})=0+0.2(0+40)=8.0$$

$$T_{3,1}^{(1)}=F_{3,0}+0.2(T_{4,1}^{(0)}+T_{2,1}^{(1)})=0+0.2(0+8.0)=1.6$$

$$T_{4,1}^{(1)}=F_{4,0}+0.2(T_{5,1}^{(0)}+T_{3,1}^{(1)})=0+0.2(0+1.6)=0.32$$

$$T_{1,1}^{(2)}=F_{1,0}+0.2(T_{2,1}^{(1)}+T_{0,1}^{(2)})=20+0.2(8.0+100)=41.6$$

$$T_{2,1}^{(2)}=F_{2,0}+0.2(T_{3,1}^{(1)}+T_{1,1}^{(2)})=0+0.2(1.6+41.6)=8.64$$

$$T_{3,1}^{(2)}=F_{3,0}+0.2(T_{4,1}^{(1)}+T_{2,1}^{(2)})=0+0.2(0.32+8.64)=1.792\approx1.8$$

$$T_{4,1}^{(2)}=F_{4,0}+0.2(T_{5,1}^{(1)}+T_{3,1}^{(2)})=0+0.2(0+1.792)=0.3584\approx0.36$$

如此反复迭代，直到 $|T_{i,1}^{(k+1)}-T_{i,1}^{(k)}|<\varepsilon$ 为止。计算结果见表 8-3，最后一行为 $t=8s$ 时解析解。

$$T=100.0-10x-\frac{200}{\pi}\sum_{n=1}^{\infty}\frac{1}{n}\sin\frac{n\pi x}{10}\exp\left(\frac{-n^2\pi^2a^2t}{100}\right) \tag{5}$$

表 8-3 例 8-2 计算结果

t	i	0	1	2	3	4	5
0	$T_{i,0}$	100.0	0.0	0.0	0.0	0.0	0.0
$1\frac{1}{3}$	$T_{i,1}$	100.0	41.74	8.71	1.82	0.36	0.0
$2\frac{1}{3}$	$T_{i,2}$	100.0	54.65	22.80	7.12	1.86	0.0
4	$T_{i,3}$	100.0	61.89	32.03	13.67	4.53	0.0
$5\frac{1}{3}$	$T_{i,4}$	100.0	66.52	38.58	19.29	7.50	0.0
$6\frac{2}{3}$	$T_{i,5}$	100.0	69.76	43.61	23.83	10.13	0.0
8	$T_{i,6}$	100.0	72.13	47.35	27.44	12.28	0.0
	解析解	100.0	72.24	47.47	27.47	12.24	0.0

8.1.4 边界条件

前面几个例题中见到的均是第一类边界条件，即未知函数在边界取值为已知函数，如

$$u(a,t)=u_a(t)$$
$$u(b,t)=u_b(t)$$

在用差分法求解定解问题时，只要将边界条件改写成

$$u_{1,j}=u_a(t_j) \qquad j=0,1,2,\cdots$$
$$u_{N,j}=u_b(t_j)$$

对含有导数项的边界条件，即第二、第三类边界条件，仍可采用在第四章中已经介绍过的"虚拟"边界条件法。如以第二类边界条件为例，即

$$\frac{\partial u}{\partial n}\Big|_{M\in\Gamma}=f(M,t)$$

当用中心差商进行近似时，有

$$\frac{u_{i+1,j}-u_{i-1,j}}{2h}=f(M,t)$$

从上式可以看出，在计算边界上的导数值时，需要 $u_{i-1,j}$ 和 $u_{i+1,j}$。当 $u_{i-1,j}$ 或 $u_{i+1,j}$ 在边界以外时。需假想在边界之外建立一排虚拟点与边界内一排相应点对称。在建立差分方程时，在边界点上增加一个差分方程，这样就可把边界上的点也可看作是内部节点，而用一般的公式计算。

例如，研究绝缘的金属棒的热传导问题，假定在 $x=0$ 处有热量对流传入，而在 $x=1$ 处有热量对流传出，则定解问题为

$$\rho c_\rho \frac{\partial T}{\partial t}=k\frac{\partial^2 T}{\partial x^2}$$

$$t=0 \text{ 时}, T=T_0, 0<x<1$$

$$x=0 \text{ 时}, -k\frac{\partial T}{\partial x}=h_1(T_1-T)$$

$$x=1 \text{ 时}, -k\frac{\partial T}{\partial x}=h_2(T-T_2)$$

式中　T——无量纲温度；

　　　T_0——无量纲初始温度；

　　　ρc_ρ——密度乘以金属棒的热容；

　h_1,h_2——对流传热系数；

　　　k——金属棒的导热系数。

在 $x=0$ 处，用虚拟点边界条件定理，即

$$-k\frac{u_{2,j}-u_{0,j}}{2\Delta x}=h_1(T_1-u_{1,j})$$

解之,得

$$u_{0,j}=\frac{2h_1}{k}\Delta x(T_1-u_{1,j})+u_{2,j} \tag{1}$$

在 $x=1$ 处也可以进行类似处理，则

$$u_{N+1,j}=\frac{2h_2}{k}\Delta x(T_2-u_{N,j})+u_{N-1,j} \tag{2}$$

应用六点格式，对方程进行离散化时，对于 $i=1, 2, \cdots, N$，N 个节点（包括边界点

$i=1$，及 $i=N$）按式(8-13)建立差分方程

$$\begin{cases} (1+\tau)\,u_{1,j+1}-\dfrac{1}{2}\tau\,(u_{2,j+1}+u_{0,j+1}) = (1-\tau)\,u_{1,j}+\dfrac{1}{2}\tau\,(u_{2,j}+u_{0,j}) \\[2mm] (1+\tau)\,u_{2,j+1}-\dfrac{1}{2}\tau\,(u_{3,j+1}+u_{1,j+1}) = (1-\tau)\,u_{2,j}+\dfrac{1}{2}\tau\,(u_{3,j}+u_{1,j}) \\[2mm] \qquad\qquad\qquad\vdots \\[2mm] (1+\tau)\,u_{N,j+1}-\dfrac{1}{2}\tau\,(u_{N+1,j+1}+u_{N-1,j+1}) = (1-\tau)\,u_{N,j}+\dfrac{1}{2}\tau\,(u_{N+1,j}+u_{N-1,j}) \end{cases}$$

$$(8\text{-}23)$$

把经离散化的边界条件 (1)、(2) 代入上述方程组的第一和最后两个方程，则此两式变为

$$\left(1+\tau+\tau\Delta x\frac{h_1}{k}\right)u_{1,j+1}-\tau u_{2,j+1}=\left(1-\tau-\tau\Delta x\frac{h_1}{k}\right)u_{1,j}+\tau u_{2,j}+2\tau\Delta x\frac{h_1}{k}T_1$$

$$-\tau u_{N-1,j+1}+\left(1+\tau+\tau\Delta x\frac{h_2}{k}\right)u_{N,j+1}=\tau u_{N-1,j}+\left(1-\tau-\tau\Delta x\frac{h_2}{k}\right)u_{N,j}+2\tau\Delta x\frac{h_2}{k}T_2$$

写成矩阵形式

$$\left(I+\frac{\tau}{2}A\right)\overline{u}_{j+1}=\left(I-\frac{\tau}{2}A\right)\overline{u}_j+\overline{f} \tag{8-24}$$

或

$$\overline{u}_{j+1}=\left(I+\frac{\tau}{2}A\right)^{-1}\left(I-\frac{\tau}{2}A\right)\overline{u}_j+\left(I+\frac{\tau}{2}A\right)^{-1}\overline{f}$$

其中

$$A=\begin{bmatrix} 2\left(1+\Delta x\dfrac{h_1}{k}\right) & -2 & & & \\ -1 & 2 & -1 & & \\ & \ddots & \ddots & \ddots & \\ & & -1 & 2 & -1 \\ & & & -2 & 2\left(1+\Delta x\dfrac{h_2}{k}\right) \end{bmatrix}$$

$$\overline{u}_{j+1}=[u_{1,j+1},\,u_{2,j+1},\,\cdots,\,u_{N,j+1}]^T$$

$$\overline{u}_j=[u_{1,j},\,u_{2,j},\,\cdots,\,u_{N,j}]^T$$

$$\overline{f}=\left[2\tau\Delta x\frac{h_1}{k}T_1,\,0,\,\cdots,\,0,\,2\tau\Delta x\frac{h_2}{k}T_2\right]^T$$

$$\tau=\frac{k\Delta t}{\rho c_\rho\,(\Delta x)^2}$$

这里已将边界条件两个方程代入差分方程组。

8.1.5　联立方程组

在反应器设计中经常会遇到两个相互联系的初值问题的联立偏微分方程组。由于引入第二个因变量，除了计算量增加一倍以外，没有什么困难发生。虽然前边讲过的方法均可用来求解，但是由于非线性项的存在，可能会引起数值解的不稳定性。为此，用六点格式还是比较合适的。下面将结合具体实例说明方程组的解法。

【例 8-3】　乙苯脱氢反应在固定床列管换热式反应器中进行，原料为乙苯和水蒸气的气相混合物。反应速率可用下式表示

$$r_c = k\left(p_E - \frac{p_s p_H}{K}\right) \quad \text{mol/(s·kg 催化剂)} \tag{1}$$

式中　　p_E——乙苯分压，MPa；

　　　　p_s——苯乙烯分压，MPa；

　　　　p_H——氢的分压，MPa。

　　反应速率常数为

$$k = 12600\exp(-11000/T) \tag{2}$$

平衡常数为

$$K = 0.027\exp[0.021(T-773)] \tag{3}$$

式中　　T——温度，K。

　　反应管内径 $2a = 0.1\text{m}$，乙苯和水蒸气在 600℃ 的条件下，分别以 0.069（$\times 10^3$ mol/h）和 0.69（$\times 10^3$ mol/h）的流率送入反应器，相当于总的质量流率 G 是 $2500\text{kg/(h·m}^2)$。反应管外用与反应物逆流的烟道气加热，其流速为 $R = 130(\text{kg/h})$，离开反应器时的温度为 620℃。此外，还提供了下列数据：

　　催化剂堆密度 $\rho = 1440\text{kg/m}^3$；

　　操作压力 $P = 1.2\text{MPa}$；

　　乙苯反应热 $\Delta H = 140000\text{J/mol}$；

　　床层有效导热系数 $k_E = 0.45\text{W/(m·K)}$；

　　有效扩散系数与线速度之比 $D_E/u = 0.000427\text{m}$；

　　反应化合物比热 $c_\rho' = 1.0\times 10^3\text{J/(kg·K)}$。

试求当反应器出口乙苯转化率为 45% 时所需反应管的长度。

　　解：通过对反应器体积微元对乙苯的质量流量进行物料衡算和对体积微元的热量衡算，建立起的传热和传质方程为

$$\frac{\partial T}{\partial Z} - \frac{K_E}{Gc_\rho}\left(\frac{\partial^2 T}{\partial r^2} + \frac{1}{r}\frac{\partial T}{\partial r}\right) + \frac{\Delta H \rho r_c}{Gc_\rho} = 0 \tag{4}$$

$$\frac{\partial x}{\partial Z} - \frac{D_E}{u}\left(\frac{\partial^2 x}{\partial r^2} + \frac{1}{r}\frac{\partial x}{\partial r}\right) - \frac{\rho r_c}{u_0 C_0} = 0 \tag{5}$$

其中 x 表示乙苯的转化率，$x = \dfrac{u_0 C_0 - uC}{u_0 C_0}$。

将已知数据代入后，可得

$$\frac{\partial T}{\partial Z} - 0.000297\left(\frac{\partial^2 T}{\partial r^2} + \frac{1}{r}\frac{\partial T}{\partial r}\right) + 37000 r_c = 0 \tag{6}$$

$$\frac{\partial x}{\partial Z} - 0.000427\left(\frac{\partial^2 x}{\partial r^2} + \frac{1}{r}\frac{\partial x}{\partial r}\right) - 164 r_c = 0 \tag{7}$$

　　反应混合物通过床层一段距离 Z 后，乙苯的转化率为 x，因此，反应混合物的组成为

　　　　10　　　　摩尔水蒸气

　　　　$1-x$　　　摩尔乙苯

　　　　x　　　　摩尔苯乙烯

　　　　x　　　　摩尔氢

总计　　　$11+x$　　摩尔混合物

因为总压是 1.2MPa，所以

$$乙苯分压 \quad p_E = \frac{1.2(1-x)}{11+x}$$

$$苯乙烯和氢分压 \quad p_s = p_H = \frac{1.2x}{11+x} \tag{8}$$

将式(2)和式(8)代入式(1)后，得到

$$r_C = 15120\exp(-11000/T)\left[\frac{1-x}{11+x} - \frac{1.2x^2}{K(11+x)^2}\right] \tag{9}$$

传热方程的边界条件为

$$Z = 0, \quad T = 873 \tag{10}$$

$$r = 0, \quad \frac{\partial T}{\partial r} = 0 \tag{11}$$

第三个边界条件表示烟道气通过管壁传给反应混合物的热量，可取管长微元 δZ 作热量衡算

$$\delta Z R c_p' \frac{\partial T}{\partial Z} = 2\pi a \delta Z k_E \frac{\partial T}{\partial r}\Big|_{r=a}$$

或

$$\frac{\partial T}{\partial Z} = \frac{2\pi a k_E}{R c_p'}\frac{\partial T}{\partial r}\Big|_{r=a} \tag{12}$$

将具体数值代入后为

$$\frac{\partial T}{\partial Z} = 0.0039\frac{\partial T}{\partial r}\Big|_{r=a} \tag{13}$$

传质方程的相应边界条件为

$$Z = 0, \quad x = 0 \tag{14}$$

$$r = 0, \quad \frac{\partial x}{\partial r} = 0 \tag{15}$$

$$r = a, \quad \frac{\partial x}{\partial r} = 0 \tag{16}$$

下面用六点格式解此题，首先将式(6)和式(7)写成差分格式，此处 $Z_n = n\Delta Z$，$r_m = m\Delta r$。

$$\frac{T_{m,n+1} - T_{m,n}}{\Delta Z} - \frac{0.000297}{2}\left[\frac{T_{m+1,n} - 2T_{m,n} + T_{m-1,n}}{(\Delta r)^2}\right.$$

$$+ \frac{T_{m+1,n} - T_{m-1,n}}{2m(\Delta r)^2} + \frac{T_{m+1,n+1} - 2T_{m,n+1} + T_{m-1,n+1}}{(\Delta r)^2}$$

$$\left.+ \frac{T_{m+1,n+1} - 2T_{m-1,n+1}}{2m(\Delta r)^2}\right] + 18500[r_{C(n+1)} + r_{C(n)}] = 0 \tag{17}$$

$$\frac{x_{m,n+1} - x_{m,n}}{\Delta Z} - \frac{0.000427}{2}\left[\frac{x_{m+1,n} - 2x_{m,n} + x_{m-1,n}}{(\Delta r)^2} + \frac{x_{m+1,n} - x_{m-1,n}}{2m(\Delta r)^2}\right.$$

$$\left.+ \frac{x_{m+1,n+1} - 2x_{m,n+1} + x_{m-1,n+1}}{(\Delta r)^2} + \frac{x_{m+1,n+1} - x_{m-1,n+1}}{2m(\Delta r)^2}\right] - 82[r_{C(n+1)} + r_{C(n)}] = 0 \tag{18}$$

由于两方程系数不等，定义各自的模值为

$$M = 0.000297\Delta Z/(\Delta r)^2 \tag{19}$$

$$M' = 0.000427\Delta Z/(\Delta r)^2 \tag{20}$$

将式(19)、式(20) 分别代入式(17)、式(18) 并改写成

$$(1+M)T_{m,n+1}=\frac{1}{2}M\left[\left(1+\frac{1}{2m}\right)(T_{m+1,n}+T_{m+1,n+1})\right.$$
$$\left.+\left(1-\frac{1}{2m}\right)(T_{m-1,n}+T_{m-1,n+1})\right]+(1-M)T_{m,n}$$
$$-18500[r_{C(n+1)}+r_{C(n)}]\Delta Z \tag{21}$$

$$(1+M')\ x_{m,n+1}=\frac{1}{2}M'\left[\left(1+\frac{1}{2m}\right)(x_{m+1,n}+x_{m+1,n+1})+\left(1-\frac{1}{2m}\right)(x_{m-1,n}+x_{m-1,n+1})\right]+$$
$$(1-M')\ x_{m,n}+82\left[r_{C(n+1)}+r_{C(n)}\right]\Delta Z \tag{22}$$

由方程（21）和（22）可以看出，当 $m=0$ 时，即在中心轴位置，上二式中的四个系数将变成无穷大，因此，需找出能表示中心轴的方程。根据边界条件（11）、（15），可以看出，当 $r=0$ 时，式(6) 和式(7) 中将出现不确定的成分，因此，需用洛比塔法则来处理这些项，即

$$\lim_{r\to0}\frac{\partial T/\partial r}{r}=\frac{\partial^2 T}{\partial r^2},\ \lim_{r\to0}\frac{\frac{\partial x}{\partial r}}{r}=\frac{\partial^2 x}{\partial r^2}$$

从而得到在中心轴处的传热和传质方程为

$$\frac{\partial T}{\partial Z}-0.000297\times2\frac{\partial^2 T}{\partial r^2}+37000r_C=0 \tag{23}$$

$$\frac{\partial x}{\partial Z}-0.000427\times2\frac{\partial^2 x}{\partial r^2}+164r_C=0 \tag{24}$$

将其写成差分格式，则

$$\frac{T_{0,n+1}-T_{0,n}}{\Delta Z}-2\times0.000297\times\frac{1}{2}\left[\frac{T_{1,n}-2T_{0,n}+T_{-1,n}}{(\Delta r)^2}+\right.$$
$$\left.\frac{T_{1,n+1}-2T_{0,n+1}+T_{-1,n+1}}{(\Delta r)^2}\right]+18500[r_{C(n+1)}+r_{C(n)}]=0$$

由于轴对称，所以

$$T_{-1,n}=T_{1,n},\quad T_{-1,n+1}=T_{1,n+1}$$

上式整理后，得

$$(1+2M)T_{0,n+1}=2M(T_{1,n}+T_{1,n+1})+(1-2M)T_{0,n}-18500[r_{C(n+1)}+r_{C(n)}]\Delta Z \tag{25}$$

同理，可得

$$(1+2M')x_{0,n+1}=2M'(x_{1,n}+x_{1,n+1})+(1-2M')x_{0,n}+82[r_{C(n+1)}+r_{C(n)}]\Delta Z \tag{26}$$

因为 $M'>M$，所以选择合适 M' 的值，以保证迭代过程的收敛，此处，取 $M'=0.25$，则 $M=0.174$，取 $\Delta r=1\text{cm}$，那么 $\Delta Z=0.0585\text{m}$。

定义两个新变量

$$F_{m,n}=0.0741\left[\left(1+\frac{1}{2m}\right)T_{m+1,n}+\left(1-\frac{1}{2m}\right)T_{m-1,n}\right]+0.7036T_{m,n}-922r_{C(n)} \tag{27}$$

$$G_{m,n}=0.1\left[\left(1+\frac{1}{2m}\right)x_{m+1,n}+\left(1-\frac{1}{2m}\right)x_{m-1,n}\right]+0.6x_{m,n}+3.84r_{C(n)} \tag{28}$$

$$F_{0,n}=0.258T_{1,n}+0.484T_{0,n}-803r_{C(n)} \tag{29}$$

$$G_{0,n}=0.333x_{1,n}+0.334x_{0,n}+3.20r_{C(n)} \tag{30}$$

从而得到在 $m=1$，2，3，4 各内节点的迭代方程为

$$T_{m,n+1}=F_{m,n}+0.0741\left[\left(1+\frac{1}{2m}\right)T_{m+1,n+1}+\left(1-\frac{1}{2m}\right)T_{m-1,n+1}\right]-922r_{C(n+1)} \tag{31}$$

$$x_{m,n+1}=G_{m,n}+0.1\left[\left(1+\frac{1}{2m}\right)x_{m+1,n+1}+\left(1-\frac{1}{2m}\right)x_{m-1,n+1}\right]+3.84r_{C(n+1)} \tag{32}$$

在中心轴上的迭代方程为

$$T_{0,n+1}=F_{0,n}+0.258T_{1,n+1}-803r_{C(n+1)} \tag{33}$$

$$x_{0,n+1}=G_{0,n}+0.333x_{1,n+1}+3.20r_{C(n+1)} \tag{34}$$

由于此例为导数边界条件（12）和（16），故需"虚拟"一排点，与 $m=4$ 处的一排点对称，对边界条件（16）来说为使 $r=a$ 时，$\dfrac{\mathrm{d}x}{\mathrm{d}r}=0$，只要令 $x_{6,n}=x_{4,n}$ 即可，故将其代入式（32），即可得出在边界上的迭代方程

$$x_{5,n+1}=G_{5,n}+0.1\left[\left(1+\frac{1}{2m}\right)x_{6,n+1}+\left(1-\frac{1}{2m}\right)x_{4,n+1}\right]+3.84r_{C(n+1)}$$

$$=G_{5,n}+0.2x_{4,n+1}+3.84r_{C(n+1)} \tag{35}$$

而对边界条件（12）来说，情况较为复杂，除引入一排"虚拟"点外，尚需将其写成差分格式，用中心差商及差商的平均值代入，可得

$$\frac{T_{5,n+1}-T_{5,n}}{\Delta Z}=\frac{0.0039}{2}\left[\frac{T_{6,n+1}+T_{6,n}-T_{4,n+1}-T_{4,n}}{2\Delta r}\right] \tag{36}$$

从中解出

$$T_{6,n+1}=T_{4,n+1}+T_{4,n}-T_{6,n}+\frac{4\Delta r}{0.0039\Delta Z}(T_{5,n+1}-T_{5,n})$$

$$=T_{4,n+1}+T_{4,n}-T_{6,n}+175.3(T_{5,n+1}-T_{5,n}) \tag{37}$$

将上式代入式（21），得到

$$(1+M)T_{5,n+1}=\frac{1}{2}M\left\{\left(1+\frac{1}{10}\right)[T_{4,n+1}+T_{4,n}+175.3(T_{5,n+1}-T_{5,n})]\right.$$

$$\left.+\left(1-\frac{1}{10}\right)(T_{4,n+1}+T_{4,n})\right\}+(1-M)T_{5,n}-18500[r_{C(n-1)}+$$

$$r_{C(n)}]\Delta Z$$

代入数值，并整理后，得

$$T_{5,n+1}=1.0224T_{5,n}-0.0112(T_{4,n}+T_{4,n+1})+69.4[r_{C(n+1)}+r_{C(n)}] \tag{38}$$

再定义变量

$$F_{5,n}=1.0224T_{5,n}-0.0112T_{4,n+1}+69.4r_{C(n)} \tag{39}$$

最后得到迭代方程为

$$T_{5,n+1}=F_{5,n}-0.0112T_{4,n+1}+69.4r_{C(n+1)} \tag{40}$$

因此，联立求解式（31）至式（35），式（40）方程，可用追赶法，亦可用迭代法求解，其初值为

$$T_{5,0}=893$$

$$T_{m,0}=873 \quad (0\leqslant m\leqslant 4)$$

$$x_{m,0}=0 \quad (0\leqslant m\leqslant 6)$$

需要求的是当反应器出口转化率为 45% 时的反应器长度，而在反应器任意长度处的平均转化率为

$$\overline{x}=\int_0^a rx\,\mathrm{d}r\Big/\int_0^a r\,\mathrm{d}r$$

因为选了五个增量，所以不能用辛普森规则，而用梯形规则

$$\overline{x}=\frac{2}{a^2}\frac{a^2}{50}(2x_{1,n}+4x_{2,n}+6x_{3,n}+8x_{4,n}+5x_{5,n})$$

所以

$$\overline{x}=\frac{1}{25}(2x_{1,n}+4x_{2,n}+6x_{3,n}+8x_{4,n}+5x_{5,n}) \tag{41}$$

计算机程序见数学资源库，计算结果见表 8-4。

表 8-4　温度分布 $T_{m,n}$ 与转化率分布 $x_{m,n}$

温度分布 $T_{m,n}$

n	Z	$m=0$	1	2	3	4	5
1	0.0585	863.8	863.8	863.8	864.1	867.8	894.3
2	0.1170	856.0	856.1	856.2	857.3	864.3	895.8
3	0.1755	849.4	849.4	849.8	851.9	861.9	897.3
4	0.2340	843.7	843.7	844.5	847.7	860.3	898.8
5	0.2925	838.6	838.8	840.0	844.6	859.4	900.4
6	0.3510	834.2	834.5	836.2	842.0	859.0	902.0
7	0.4095	830.4	830.9	833.1	840.1	859.0	903.7
8	0.4680	827.0	827.7	830.6	838.8	859.4	905.3
9	0.5265	824.2	825.1	828.5	837.9	859.9	907.0
10	0.5850	821.8	822.8	826.9	837.4	860.7	908.6
11	0.6345	819.7	821.0	825.7	837.2	861.7	910.3
12	0.7020	818.1	819.5	824.9	837.3	862.8	912.0
13	0.7605	816.8	818.4	824.3	837.6	864.1	913.6
14	0.8190	815.8	817.6	824.1	838.2	865.4	915.3
15	0.8775	815.1	817.1	824.1	838.9	866.8	917.0
16	0.9360	814.6	816.9	824.3	839.8	868.3	918.6
17	0.9945	814.5	816.9	824.7	840.8	869.9	920.2
18	1.0530	814.5	817.1	825.4	842.0	871.5	921.9

转化率分布 $x_{m,n}$

n	$\overline{x}$	$m=0$	1	2	3	4	5
1	0.0445	0.0408	0.0408	0.0408	0.0411	0.0433	0.0548
2	0.0839	0.0752	0.0752	0.0755	0.0770	0.0839	0.1026
3	0.1196	0.1049	0.1050	0.1059	0.1095	0.1217	0.1453
4	0.1524	0.1310	0.1314	0.1332	0.1397	0.1569	0.1841
5	0.1828	0.1543	0.1551	0.1584	0.1680	0.1898	0.2197
6	0.2111	0.1757	0.1769	0.1819	0.1947	0.2207	0.2526
7	0.2378	0.1955	0.1973	0.2041	0.2201	0.2497	0.2832
8	0.2630	0.2142	0.2166	0.2253	0.2444	0.2770	0.3118
9	0.2869	0.2319	0.2350	0.2456	0.2675	0.3029	0.3386
10	0.3097	0.2491	0.2528	0.2652	0.2897	0.3274	0.3639
11	0.3314	0.2657	0.2700	0.2481	0.3110	0.3507	0.3877
12	0.3523	0.2818	0.2867	0.3024	0.3314	0.3729	0.4103
13	0.3722	0.2976	0.3031	0.3203	0.3512	0.3940	0.4317
14	0.3914	0.3132	0.3191	0.3376	0.3702	0.4143	0.4521
15	0.4098	0.3284	0.3348	0.3545	0.3885	0.4336	0.4716
16	0.4276	0.3434	0.3502	0.3709	0.4062	0.4522	0.4901
17	0.4447	0.3581	0.3653	0.3870	0.4233	0.4700	0.5079
18	0.4613	0.3727	0.3801	0.4026	0.4399	0.4872	0.5248

用内插法求出所需反应器长度为

$$L=17.3\Delta Z=1.012\mathrm{m}$$

8.1.6　高阶近似法

如果只是将方程式(8-1)中关于 x 的导数用差商来近似，则可得到一个差分-微分方程，如

$$\frac{\mathrm{d}u_i}{\mathrm{d}t}=\frac{D}{h^2}[u_{i+1}-2u_i+u_{i-1}] \tag{8-25}$$

此方程若用尤拉法求解即为前述的显式法；若用隐式尤拉法求解就是前述的隐式法；若用梯形法则求解即为六点格式。因此，上述三种解法对 t 来说是一阶或二阶精度的。如果想进一步提高精度，即可用第四章讲过的高阶的或多步的常微分方程的求解方法，常用的有四阶龙格-库塔法、吉尔法等，根据微分方程的刚性（Stiff）程度可选择适宜的算法。

【例 8-4】 用镍/硅藻土作催化剂的苯加氢反应

$$C_6H_6+3H_2=C_6H_{12}$$

对球形催化剂颗粒的物料和能量平衡方程为

$$\varepsilon\frac{\partial C_B}{\partial t}=\frac{D_e}{r^2}\frac{\partial}{\partial r}\left(r^2\frac{\partial C_B}{\partial r}\right)-R_B \quad (苯)$$

$$\varepsilon\frac{\partial C_H}{\partial t}=\frac{D_e}{r^2}\frac{\partial}{\partial r}\left(r^2\frac{\partial C_H}{\partial r}\right)-3R_B \quad (氢) \tag{1}$$

$$\rho c_p\frac{\partial T}{\partial t}=\frac{k_e}{r^2}\frac{\partial}{\partial r}\left(r^2\frac{\partial T}{\partial r}\right)+(-\Delta H)R_B$$

其定解条件为

$$r=0 \quad \frac{\partial C_B}{\partial r}=\frac{\partial C_H}{\partial r}=\frac{\partial T}{\partial r}=0$$

$$r=1 \quad \begin{cases} D_e\dfrac{\partial C_B}{\partial r}=k_g\left[C_B^0(t)-C_B\right] \\[2mm] D_e\dfrac{\partial C_H}{\partial r}=k_g\left[C_H^0(t)-C_H\right] \\[2mm] k_e\dfrac{\partial T}{\partial r}=h_g\left[T^0(t)-T\right] \end{cases}$$

$$t=0 \quad \begin{cases} C_B=0 & 0\leqslant r\leqslant r_p \\ C_H=0 & 0\leqslant r\leqslant r_p \\ T=T^0(0) & 0\leqslant r\leqslant r_p \end{cases}$$

其中　　ΔH——反应热；

　　　　　ε——催化剂颗粒的孔隙率；

C_B, C_H——苯、氢的浓度；

　　　　　T——温度；

　　　　D_e——扩散系数（假设氢与苯的二者相等）；

　　　　k_e——有效导热系数；

　　　　ρ——流-固体系的密度；

　　　　c_p——流-固体系的热容；

　　　　r——径向坐标；

　　　　r_p——颗粒半径；

　　　　t——时间；

k_g——传质系数；

h_g——传热系数；

R_B——苯的反应速率，$R_B = R_B(C_B, C_H, T)$。

上标"0"代表环境条件，其中 C_B^0，C_H^0 和 T^0 是时间的函数，即它们随着反应器内的扰动而变化。

定义下列无量纲参数

$$y_B = \frac{C_B}{C_B^0(0)}$$

$$y_H = \frac{C_H}{C_H^0(0)} \tag{2}$$

$$\theta = \frac{T}{T^0(0)}$$

$$x = \frac{r}{r_p}$$

解：将上述参数代入传递方程，则

$$\frac{\partial y_B}{\partial \tau} = \frac{1}{x^2} \frac{\partial}{\partial x}\left(x^2 \frac{\partial y_B}{\partial x}\right) - \phi^2 R$$

$$\frac{\partial y_H}{\partial \tau} = \frac{1}{x^2} \frac{\partial}{\partial x}\left(x^2 \frac{\partial y_H}{\partial x}\right) - 3\phi^2 \frac{C_B^0(0)}{C_H^0(0)} R \tag{3}$$

$$L_e \frac{\partial \theta}{\partial \tau} = \frac{1}{x^2} \frac{\partial}{\partial x}\left(x^2 \frac{\partial \theta}{\partial x}\right) + \beta\phi^2 R$$

相应的定解条件为

$$x = 0 \quad \frac{\partial y_B}{\partial x} = \frac{\partial y_H}{\partial x} = \frac{\partial \theta}{\partial x} = 0$$

$$x = 1 \quad \begin{cases} \dfrac{\partial y_B}{\partial x} = B_{im}\left[\dfrac{C_B^0(t)}{C_B^0(0)} - y_B\right] \\[3mm] \dfrac{\partial y_H}{\partial x} = B_{im}\left[\dfrac{C_H^0(t)}{C_H^0(0)} - y_H\right] \\[3mm] \dfrac{\partial \theta}{\partial x} = B_{im}\left[\dfrac{T^0(t)}{T^0(0)} - \theta\right] \end{cases}$$

$$\tau = 0 \quad \begin{cases} y_B = 0 & 0 \leqslant x \leqslant 1 \\ y_H = 0 & 0 \leqslant x \leqslant 1 \\ \theta = 0 & 0 \leqslant x \leqslant 1 \end{cases}$$

其中 $\quad \phi^2 = \dfrac{r_p^2}{C_B^0(0) D_e} R_B(C_B^0(0), C_H^0(0), T^0(0)) \qquad$ （Thiele 模数平方）；

$\beta = \dfrac{D_e(-\Delta H) C_B^0(0)}{k_e T^0(0)} \quad$ （Practer 准数）；

$R = \dfrac{R_B}{R_B(C_B^0(0), C_H^0(0), T^0(0))}$；

$$L_e = \frac{D_e \rho C_p}{k_e \varepsilon} \quad \text{(Lewis 准数)};$$

$$\tau = \frac{D_e t}{r_p^2 \varepsilon} \quad \text{(无量纲时间)};$$

$$B_{i,m} = \frac{r_p k_e}{D_e} \quad \text{(传质 Biot 准数)};$$

$$B_{i,h} = \frac{r_p h_g}{k_e} \quad \text{(传热 Biot 准数)}。$$

对于苯加氢反应的反应速率函数为

$$R_B = \frac{\rho_{cat} k K \exp\left(\dfrac{Q-E}{R_g T}\right) p_H p_B}{1 + K \exp\left(\dfrac{Q}{R_g T}\right) p_B}$$

其中　　k——3207mol/(s・atm・g 催化剂);

　　　　K——3.207×10^{-8} atm^{-1};

　　　　Q——16.470cal/mol;

　　　　E——13.770cal/mol;

　　　　R_g——1.9872cal/(mol・K);

　　　　ρ_{cat}——1.88×10^3 kg/m^3;

　　　　p_i——组分 i 的分压, Pa。

再有
$$y_i = \frac{C_i}{C_i^0(0)} = \frac{p_i}{p_i^0(0)}\left(\frac{T^0(0)}{T}\right)$$

$$R = \exp\left[a_2\left(\frac{1}{\theta}-1\right)\right]\theta^2 y_B y_H \frac{[1 + K p_B^0(0)\exp(a_1)]}{\left[1 + K p_B^0(0)\exp\left(\dfrac{a_1}{\theta}\right)y_B \theta\right]}$$

其中
$$a_1 = \frac{Q}{R_g T^0(0)}$$

$$a_2 = \frac{Q-E}{R_g T^0(0)}$$

首先将方程组(3)离散化,只将空间导数写成差分格式,则

$$\frac{\partial y_{B,1}}{\partial \tau} = \frac{6}{h^2}[y_{B,2} - y_{B,1}] - \phi^2 R_1 \quad \text{(用虚拟边界)}$$

$$\frac{\partial y_{H,1}}{\partial \tau} = \frac{6}{h^2}[y_{H,2} - y_{H,1}] - 3\phi^2 \frac{C_B^0(0)}{C_H^0(0)} R_1$$

$$L_e \frac{\partial \theta_1}{\partial \tau} = \frac{6}{h^2}[\theta_2 - \theta_1] - \beta\phi^2 R_1$$

$$\frac{\partial y_{B,i}}{\partial \tau} = \frac{1}{h^2}\left\{\left[1 + \frac{1}{(i-1)}\right]y_{B,i+1} - 2y_{B,i} + \left[1 - \frac{1}{(i-1)}\right]y_{B,i-1}\right\} - \phi^2 R_i$$

$$\frac{\partial y_{H,i}}{\partial \tau} = \frac{1}{h^2}\left\{\left[1 + \frac{1}{(i-1)}\right]y_{H,i+1} - 2y_{H,i} + \left[1 - \frac{1}{(i-1)}\right]y_{H,i-1}\right\} - 3\phi^2 \frac{C_B^0(0)}{C_H^0(0)} R_i$$

$$L_e \frac{\partial \theta_i}{\partial \tau} = \frac{1}{h^2}\left\{\left[1+\frac{1}{(i-1)}\right]\theta_{i+1}-2\theta_i+\left[1-\frac{1}{(i-1)}\right]\theta_{i-1}\right\}+\beta\phi^2 R_i$$

$$\frac{\partial y_{B,N+1}}{\partial \tau} = \frac{1}{h^2}\left\{2y_{B,N}-2\left[1+\left(1+\frac{1}{N}\right)B_{i,m}h\right]y_{B,N+1}+2B_{i,m}h\frac{C_B^0(t)}{C_B^0(0)}\left[1+\frac{1}{N}\right]\right\}-\phi^2 R_{N+1}$$

$$\frac{\partial y_{H,N+1}}{\partial \tau} = \frac{1}{h^2}\left\{2y_{H,N}-2\left[1+\left(1+\frac{1}{N}\right)B_{i,m}h\right]y_{H,N+1}+2B_{i,m}h\frac{C_H^0(t)}{C_H^0(0)}\left[1+\frac{1}{N}\right]\right\}-3\phi^2\frac{C_B^0(0)}{C_H^0(0)}R_{N+1}$$

$$L_e \frac{\partial \theta_{N+1}}{\partial \tau} = \frac{1}{h^2}\left\{2\theta_N-2\left[1+\left(1+\frac{1}{N}\right)B_{i,h}h\right]\theta_{N+1}+2B_{i,h}h\frac{T^0(t)}{T^0(0)}\left[1+\frac{1}{N}\right]\right\}+\beta\phi^2 R_{N+1}$$

其中　$h=\Delta x$

$$y_{B,i} \approx y_B(x_i)$$
$$R_i = R(y_{B,i}, y_{H,i}, \theta_i)$$

上述差分-微分方程组,可用吉尔法求解,若给定开工参数值为

$\phi=1.0$ $C_B^0(0)/C_H^0(0)=0.025/0.975$

$\beta=0.04$ $C_B^0(t)=C_B^0(0)$ $t \geqslant 0$

$L_e=80$ $C_H^0(t)=C_H^0(0)$ $t \geqslant 0$

$B_{i,m}=350$ $T^0(t)=T^0(0)$ $t \geqslant 0$

$B_{i,h}=20$ $T^0(0)=373.15\text{K}$

则求得 $\tau=0.1$ 时苯的浓度分布 y_B 为

x	$h_1=0.125$	$h_2=\dfrac{h_1}{2}$	$h_3=\dfrac{h_2}{2}$
0.00	0.2824	0.2773	0.2760
0.25	0.3379	0.3341	0.3331
0.50	0.4998	0.4987	0.4983
0.75	0.7405	0.7408	0.7408
1.00	0.9973	0.9973	0.9973

8.2　双曲型方程差分格式

此处只讨论一维弦振动方程第一边值问题

$$\begin{cases} \dfrac{\partial^2 u}{\partial t^2}=a^2\dfrac{\partial^2 u}{\partial x^2} & 0<x<1, 0<t & (8\text{-}26) \\[2mm] u|_{t=0}=\varphi(x) & 0<x<1 & (8\text{-}27) \\[2mm] \dfrac{\partial u}{\partial t}\Big|_{t=0}=\Psi(x) & 0<x<1 & (8\text{-}28) \\[2mm] u|_{x=0}=u|_{x=1}=0 & & \end{cases}$$

与抛物型方程一样,首先将自变量域划分成矩形网格,见图 8-6。

用二阶中心差商近似对时间和空间的二阶导数

$$\frac{\partial^2 u}{\partial t^2}\Big|_{i,j} = \frac{u_{i,j+1}-2u_{i,j}+u_{i,j-1}}{(\Delta t)^2} \tag{8-29}$$

$$\frac{\partial^2 u}{\partial x^2}\Big|_{i,j} = \frac{u_{i+1,j}-2u_{i,j}+u_{i-1,j}}{(\Delta x)^2} \tag{8-30}$$

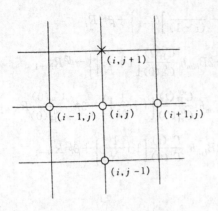

图 8-6　双曲型方程的差分格式

将式(8-29)、式(8-30)代入式(8-26)得显式差分格式

$$u_{i,j+1}=\omega^2(u_{i-1,j}+u_{i+1,j})+2(1-\omega^2)u_{i,j}-u_{i,j-1} \tag{8-31}$$

$$(i=1,2,\cdots,N-1,j=1,2,\cdots)$$

其中

$$\omega=\frac{a\Delta t}{\Delta x} \tag{8-32}$$

将边界条件和初始条件化为边界节点上的值

$$\begin{cases} u_{i,0}=\varphi(x_i) & i=1,2,\cdots,N-1 \\ u_{i,1}-u_{i,0}=\Psi(x_i)\Delta t & \\ u_{0,j}=u_{N,j}=0 & j=0,1,\cdots \end{cases} \tag{8-33}$$

由图 8-6 可以看出,求$(i,j+1)$点的值,可由其以下两排的四个点的值提供信息。整个计算步骤仍按 t 增加的方向进行。只是当 $j=0$ 时,要用到 $j=-1$ 的一排上的点,为此,我们利用初始导数已知条件有

$$\frac{\partial u}{\partial t}\bigg|_{i,0}=\frac{u_{i,1}-u_{i,-1}}{2\Delta t}=\Psi(x_i)$$

$$u_{i,-1}=u_{i,1}-2\Psi(x_i)\Delta t \tag{8-34}$$

代入(8-31)得

$$u_{i,1}=\frac{\omega^2}{2}(u_{i-1,0}+u_{i+1,0})+(1-\omega^2)u_{i,0}-\Psi(x_i)\Delta t \tag{8-35}$$

可以证明,当 $\omega=\dfrac{a\Delta t}{\Delta x}\leqslant 1$ 时,式(8-31)显式格式是收敛的,而且是稳定的。

类似于抛物型方程的隐式格式建立方法,我们对方程式(8-26)中关于 x 的二阶导数取作

$$\frac{\partial^2 u}{\partial x^2}\bigg|_{i,j+1}=\frac{u_{i+1,j+1}-2u_{i,j+1}+u_{i-1,j+1}}{(\Delta x)^2} \tag{8-36}$$

将其代入式(8-26)就可以得到隐式格式。同样,求解时要建立一个三对角方程组,用追赶法求解。

如果取

$$\frac{\partial^2 u}{\partial x^2}\bigg|_{i,j}=\frac{1}{2}\left[\frac{\partial^2 u}{\partial x^2}\bigg|_{i,j-1}+\frac{\partial^2 u}{\partial x^2}\bigg|_{i,j+1}\right] \tag{8-37}$$

还可得到类似于克兰克-尼克尔森格式的双曲型方程的平均隐式格式。与抛物型方程隐式格式一样,双曲型隐式和平均隐式格式也是恒稳的。由于在化工中应用较少,在此不再赘述。

8.3　椭圆型方程的差分解法

8.3.1　五点差分格式

考虑二维拉普拉斯方程

$$\frac{\partial^2 u}{\partial x^2}+\frac{\partial^2 u}{\partial y^2}=0 \qquad 0\leqslant x\leqslant 1,\ 0\leqslant y\leqslant 1 \tag{8-38}$$

首先用平行与 x 轴和 y 轴的直线将矩形域划分成矩形网格,若 $\Delta x=\Delta y=h$,则得到正方形网格,各网格的交点称为节点。若 $Nh=1$,则内部节点的数目为 $(N-1)^2$ 个。然后将

方程式(8-38) 在任一内节点处离散化，若用二阶中
心差商代替式(8-38) 中的偏导数，则

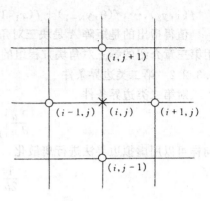

$$\frac{1}{(\Delta x)^2}[u_{i+1,j}-2u_{i,j}+u_{i-1,j}]$$

$$+\frac{1}{(\Delta y)^2}[u_{i,j+1}-2u_{i,j}+u_{i,j-1}]=0$$

其中

$$u_{i,j}\approx u(x_i,y_j)$$
$$x_i=ih \quad (i=1,2,\cdots,N-1)$$
$$y_i=jh \quad (j=1,2,\cdots,N-1)$$

因为 $\Delta x=\Delta y$，所以，上式可简化为

$$u_{i,j-1}+u_{i+1,j}-4u_{i,j}+u_{i-1,j}+u_{i,j+1}=0$$

$$(8-39)$$

图 8-7　五点格式

方程式(8-39)的误差为 $0(h^2)$。

由式(8-39)可以看出，当求任一内节点上的值 $u_{i,j}$ 时，需要用到 $(i,j-1)$，$(i,j+1)$，$(i+1,j)$ 和 $(i-1,j)$ 四个节点上的值 $u_{i,j-1}$，$u_{i,j+1}$，$u_{i+1,j}$ 和 $u_{i-1,j}$，因此，称式(8-39)为五点差分格式，见图 8-7 所示。

8.3.2　边界条件的处理

8.3.2.1　第一类边界条件

$$u\mid_\Gamma=f(x,y) \qquad \Gamma\in R \tag{8-40}$$

那么，对边界上的任一点 (x_i,y_j) 取值为

$$u_{i,j}=f(x_i,y_j) \tag{8-41}$$

由式(8-39) 和式(8-41)将拉普拉斯方程完全离散化以后，得到的矩阵形式为

$$A\overline{u}=\overline{f} \tag{8-42}$$

其中

$$A=\begin{bmatrix} J & -I & & 0 \\ -I & \ddots & \ddots & \\ & \ddots & \ddots & -I \\ 0 & & -I & J \end{bmatrix}_{(N-1)^2\times(N-1)^2}$$

$$I=单位矩阵(N-1)\times(N-1)$$

$$J=\begin{bmatrix} 4 & -1 & & & \\ -1 & \ddots & \ddots & & \\ & \ddots & \ddots & \ddots & \\ & & \ddots & \ddots & -1 \\ & & & -1 & 4 \end{bmatrix}_{(N-1)\times(N-1)}$$

$$\overline{u}=[u_{1,1},\cdots,u_{N-1,1},u_{1,2},\cdots,u_{N-1,2},\cdots,u_{1,N-1},\cdots,u_{N-1,N-1}]^T$$

$$\overline{f}=[f(0,y_1)+f(x_1,0),f(x_2,0),\cdots,f(x_{N-1},0)+f(1,y_1),f(0,y_2),0,\cdots,0,$$

$$f(1,y_2),\cdots,f(0,y_{N-1})+f(x_1,1),f(x_1,1),f(x_2,1),\cdots,f(x_{N-1},1)+f(1,y_{N-1})]^T$$

值得指出的是矩阵 A 是块三对角矩阵，其中许多元素为零，因此，在解此问题时，可选用第三章介绍的解三对角块方程组的方法，即调用程序 BAND (J)。

8.3.2.2 第二类边界条件

对第二类边界条件

$$\frac{\partial u}{\partial n}\bigg|_{\Gamma}=g\ (x,\ y)\qquad \Gamma\in R \tag{8-43}$$

同样可以用虚拟边界法进行离散化，即

$$\frac{1}{2h}\ [u_{-1,j}-u_{1,j}]=g_{0,j} \tag{8-44}$$

或

$$\frac{1}{2h}\ [u_{i,-1}-u_{i,1}]=g_{i,0}$$

其中

$$g_{0,j}=g\ (0,\ jh)$$

将式(8-44) 与式(8-39) 联立求解，用矩阵表示成

$$A\bar{u}=2h\bar{g} \tag{8-45}$$

$$A=\begin{bmatrix} K & -2I & & & \\ -I & \ddots & \ddots & & \\ & \ddots & \ddots & \ddots & \\ & & \ddots & \ddots & -I \\ & & & 2I & K \end{bmatrix}_{(N+1)^2\times(N+1)^2}$$

$$K=\begin{bmatrix} 4 & -2 & & & \\ -1 & 4 & -1 & & \\ & \ddots & \ddots & \ddots & \\ & & -1 & 4 & -1 \\ & & & -2 & 4 \end{bmatrix}_{(N+1)\times(N+1)}$$

$I=$ 单位矩阵，$(N+1)\times(N+1)$

$$\bar{u}=[u_{0,0},\cdots,u_{N,0},u_{0,1},\cdots,u_{N,1},\cdots,u_{0,N},\cdots,u_{N,N}]^T$$

$$\bar{g}=[2g_{0,0},g_{1,0},\cdots,2g_{N,0},g_{0,1},0,\cdots,0,g_{N,1},\cdots,2g_{0,N},g_{1,N},\cdots g_{N-1,N},2g_{N,N}]^T$$

对第二类边界条件，矩阵 A 是奇异的。因为，矩阵 A 中只有 $N-1$ 行是线性独立的，式(8-45)的解包括一个任意常数，这就是第二类边值问题的特点。

8.3.2.3 第三类边界条件

对第三类边界条件

$$\left.\begin{aligned} \frac{\partial u}{\partial x}-\phi_1 u=f_0(y)\quad x=0 \\ \frac{\partial u}{\partial x}-\eta_1 u=f_1(y)\quad x=1 \end{aligned}\right\}0\leqslant y\leqslant1$$

$$\left.\begin{aligned} \frac{\partial u}{\partial y}-\phi_2 u=g_0(x)\quad y=0 \\ \frac{\partial u}{\partial y}-\eta_2 u=g_1(x)\quad y=1 \end{aligned}\right\}0\leqslant x\leqslant1 \tag{8-46}$$

其中 ϕ 和 η 是常数，f 和 g 是已知函数。方程式(8-46) 同样可以用虚拟边界法进行离散化。在离散化过程中要注意使边界离散化和方程式(8-38) 的离散化保持同样的精度，得到的矩

阵阶数仍为 $(N+1)^2\times(N+1)^2$，矩阵 A 的形式与方程式(8-46)的形式无关。

通常遇到的问题，其边界条件可能是上述三种情况的联合，那么，离散化的方法仍然与上述方法相同。

【例 8-5】　对一个矩形板 $R=\{(x,y)\colon 0\leqslant x\leqslant1,0\leqslant y\leqslant1\}$ 的热传导方程为

$$\frac{\partial^2 T}{\partial x^2}+\frac{\partial^2 T}{\partial y^2}=0$$

用下列边界条件建立此方程的有限差分矩阵问题。

$$T(x,y)\big|_{x=0}=T(0,y)=T_1 \quad\text{（固定温度）}$$

$$T(1,y)=T_2 \quad\text{（固定温度）}$$

$$\frac{\partial T}{\partial y}(x,0)=0 \quad\text{（绝缘的表面）}$$

$$\frac{\partial T}{\partial y}(x,1)=k[T(x,1)-T_2] \quad\text{（在 $y=1$ 处,热对流出去）}$$

其中，T_1，T_2 和 k 是常数，而且 $T_1\geqslant T(x,y)\geqslant T_2$。

解： 首先将域划分成网格，令 $x_i=ih$，$y_j=jh$，即 $\Delta x=\Delta y=h$，且 $Nh=1$。对任一内节点有

$$u_{i,j-1}+u_{i+1,j}-4u_{i,j}+u_{i-1,j}+u_{i,j+1}=0$$

其中 $u_{i,j}\approx T(x_i,y_j)$

在边界 $x=0$ 和 $x=1$ 处是第一类边界条件,因此

$$u_{0,j}=T_1 \quad (j=0,1,\cdots,N)$$

$$u_{N,j}=T_2 \quad (j=0,1,\cdots,N)$$

在边界 $y=0$ 处为第二类边界条件,可用虚拟边界法离散化为

$$u_{i,-1}-u_{i,1}=0 \quad (i=1,2,\cdots,N-1)$$

在边界 $y=1$ 处为第三类边界条件,用虚拟边界法离散化为

$$\frac{u_{i,N-1}-u_{i,N+1}}{2h}=k[u_{i,N}-T_2] \quad (i=1,2,\cdots,N-1)$$

如果 $N=4$,则网格如图所示。得到的矩阵如下：

$$
\begin{bmatrix}
-4 & 1 & & 2 & & & & & & & & & & & \\
1 & -4 & 1 & & 2 & & & & & & & & & & \\
& 1 & -4 & & & 2 & & & & & & & & & \\
1 & & & -4 & 1 & & 1 & & & & & & & & \\
& 1 & & 1 & -4 & 1 & & 1 & & & & & & & \\
& & 1 & & 1 & -4 & & & 1 & & & & & & \\
& & & 1 & & & -4 & 1 & & 1 & & & & & \\
& & & & 1 & & 1 & -4 & 1 & & 1 & & & & \\
& & & & & 1 & & 1 & -4 & & & 1 & & & \\
& & & & & & 1 & & & -4 & 1 & & 1 & & \\
& & & & & & & 1 & & 1 & -4 & 1 & & 1 & \\
& & & & & & & & 1 & & 1 & -4 & & & 1 \\
& & & & & & & & & 2 & & & (4+2hk) & 1 & \\
& & & & & & & & & & 2 & & 1 & -(4+2hk) & 1 \\
& & & & & & & & & & & 2 & & 1 & -(4+2hk)
\end{bmatrix}
$$

$$
\begin{bmatrix}
u_{1,0} \\
u_{2,0} \\
u_{3,0} \\
u_{1,1} \\
u_{2,1} \\
u_{3,1} \\
u_{1,2} \\
u_{2,2} \\
u_{3,2} \\
u_{1,3} \\
u_{2,3} \\
u_{3,3} \\
u_{1,4} \\
u_{2,4} \\
u_{3,4}
\end{bmatrix}
=
\begin{bmatrix}
-T_1 \\
0 \\
-T_2 \\
-T_1 \\
0 \\
-T_2 \\
-T_1 \\
0 \\
-T_2 \\
-T_1 \\
0 \\
-T_2 \\
-(T_1+2hkT_2) \\
-2hkT_2 \\
-(T_2+2hkT_2)
\end{bmatrix}
$$

由此可以看出，用有限差分法离散化得到的是稀疏矩阵，要使用适宜的线性代数方程组求解方法，其中以迭代法为宜。因为，用差分近似的误差为 $o(h^2)$，当 $N=4$ 时，则误差为 $o(0.0625)$。为了得到较小的误差，就必须进一步减小步长，则又会导致矩阵容量的增加。

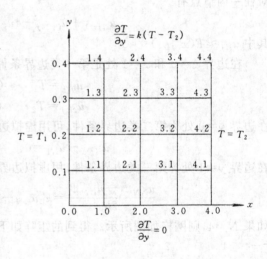

例 8-5 网格图

【例 8-6】 求在高、宽比为 2：1 的矩形管内稳态不可压缩层流的速度分布，并求在该矩形管中的平均流速与相同流体在同样压力梯度下流过具有相同截面积的圆管时的平均流速之比。

解： Navier-Stokes 方程控制流体速度，并取矩形截面的边为 x，y 坐标，以管道的轴向为 z 坐标，则流速仅有一个用 u 表示的 z 分量。速度只是 x 和 y 的函数，所以，由 $\bar{u} \cdot \nabla \bar{u}$ 产生的所有的项将为零。因为没有外力作用，流体流动是稳定的，所以，Navier-Stokes 方程变为

$$-\frac{1}{\rho}\nabla p + u \nabla^2 \bar{u} = 0 \tag{1}$$

因为 $\bar{u}$ 只有一个 z 分量，方程 (1) 的 x 和 y 分量变为

$$\frac{\partial p}{\partial x} = 0, \quad \frac{\partial p}{\partial y} = 0 \tag{2}$$

而方程 (1) 的 z 分量给出

$$\frac{\partial^2 u}{\partial x^2} + \frac{\partial^2 u}{\partial y^2} + a = 0 \tag{3}$$

其中 a 是由下式给出的常数

$$a = -\frac{1}{\mu}\frac{\partial p}{\partial z} \qquad (4)$$

方程（3）是 Poisson 方程，用二阶中心差商代替方程（3）中的偏导数，则

$$\frac{u_{i+1,j}-2u_{i,j}+u_{i-1,j}}{(\Delta x)^2}+\frac{u_{i,j+1}-2u_{i,j}+u_{i,j-1}}{(\Delta y)^2}+a=0 \qquad (5)$$

由于管道边长呈简单的比例关系，为了方便起见，选择 $\Delta x = \Delta y$，方程（5）即简化为

$$u_{i,j}=\frac{1}{4}a(\Delta x)^2+\frac{1}{4}(u_{i+1,j}+u_{i-1,j}+u_{i,j+1}+u_{i,j-1}) \qquad (6)$$

若用 L 表示矩形短边的长度，选择 $\Delta x = \frac{1}{8}L$，则在矩形管内将产生 7×15 个网格节点。

为了计算方便令 $aL^2=256$，这样，可使方程（6）中的常数项为 1.0，因此

$$u_{i,j}=1.0+\frac{1}{4}(u_{i+1,j}+u_{i-1,j}+u_{i,j+1}+u_{i,j-1}) \qquad (7)$$

上述 aL^2 的数值意味着导致流体流动是单位长度上的总作用力可以由下式给出

$$-2L^2\frac{\partial p}{\partial z}=2\mu L^2=512\mu \qquad (8)$$

沿着具有相同截面积的圆管长度施加同样的力，则将产生的平均流速可由上式求出

$$-2L^2\frac{\partial p}{\partial z}=8\pi\mu\bar{u}_c=512\mu$$

所以

$$\bar{u}_c=\frac{64}{\pi}=20.37 \qquad (9)$$

此数值即可用来与矩形管内的平均流速进行比较。

由于矩形管是对称的，只需在矩形管的四分之一截面上进行计算就可以了。用 $i=0$ 和 $j=0$ 表示管壁，对称的平面将由 $i=4$ 和 $j=8$ 给出，因此，边界条件变为

$$u_{i,0}=u_{0,j}=0 \qquad (10)$$
$$u_{5,j}=u_{3,j} \qquad (11)$$
$$u_{i,9}=u_{i,7} \qquad (12)$$

方程（10）的含义是在固体边界上没有滑移。方程（11）和（12）利用了在 $i=4$ 和 $j=8$ 处的对称平面。用迭代法求解，计算出的速度分布列于下表中。

i＼j	0	1	2	3	4	5	6	7	8
0	0	0	0	0	0	0	0	0	0
1	0	4.963	7.990	9.926	11.186	11.999	12.501	12.774	12.861
2	0	7.863	13.070	16.529	18.819	20.308	21.233	21.737	21.896
3	0	9.419	15.900	20.303	23.253	25.185	26.388	27.044	27.252
4	0	9.912	16.810	21.530	24.707	26.792	28.092	28.801	29.026

最后，求矩形管内的平均流速。由于辛普森规则比有限差分的精度还高，所以，可以用辛普森规则进行积分求平均流速。当 j 固定不变时，穿过任一行的流速为

$$\bar{u}_r=\frac{1}{24}(4\bar{u}_1+2\bar{u}_2+4\bar{u}_3+2\bar{u}_4+4\bar{u}_5+2\bar{u}_6+4\bar{u}_7+\bar{u}_8) \qquad (13)$$

得到矩形管中的平均流速为

$$\bar{u}_r=15.54$$

与以前计算的圆形管道中的平均流速相比低于 28.6%，若在同样流速下，则压力梯度将增加 40%。

8.3.3 不规则边界条件

椭圆型方程的定解条件在工程技术问题中经常会遇到不规则的边界。若为第一类边界条件可用以下两种方法处理。

第一种方法是用非等距的网格。例如，在图 8-8（a）中的情况，从节点 B 到边界 Γ 的距离在垂直方向为 βh，水平方向为 αh，则可将边界上的两个点参加到在 B 点处的离散化中。

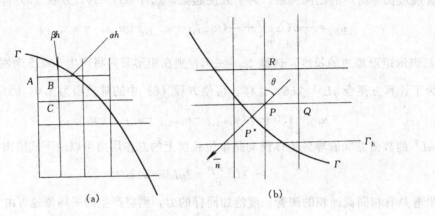

图 8-8　不规则边界

另一种方法是用均一的网格处理边界条件，此法包括选择一个新的边界。如图 8-8（a）所示，可以选择一个新的边界，使其通过 B 点，即通过 (x_B, y_B)。在原来边界 Γ 上 $u = f(x, y)$，用边界上点 $(x_B, y_B + \beta h)$ 或 $(x_B + \alpha h, y_B)$ 处的值 $f(x_B, y_B + \beta h)$ 或 $f(x_B + \alpha h, y_B)$ 来代替 u_B，这相当于在 B 点处用一个零阶多项式，用 $(x_B, y_B + \beta h)$ 或 $(x_B + \alpha h, y_B)$ 处的 $f(x_B, y_B + \beta h)$ 或 $f(x_B + \alpha h, y_B)$ 进行零阶内插。为了得到更精确的近似，可以用点 B 和点 C 处的和进行一阶内插，即

$$\frac{u_B - f(x_B, y_B + \beta h)}{\beta h} = \frac{u_C - u_B}{h}$$

或

$$u_B = \left(\frac{\beta}{\beta + 1}\right) u_C + \left(\frac{1}{\beta + 1}\right) f(x_B, y_B + \beta h) \tag{8-47}$$

另外，我们也可以在 x 方向进行内插，得到

$$u_B = \left(\frac{\alpha}{\alpha + 1}\right) u_A + \left(\frac{1}{\alpha + 1}\right) f(x_B + \alpha h, y_B) \tag{8-48}$$

若为第二、第三类边界条件，其中包含有法向导数项，此时，必须将边界条件离散化成相应的差分方程，然后令其与内节点处的差分方程一起联立求解。

现在以第三类边界条件为例，说明如何列出相应的差分方程。

第三类边界条件为

$$\frac{\partial u}{\partial n} + \sigma u \Big|_\Gamma = f(x, y) \tag{8-49}$$

其中 σ 和 f 是 Γ 上的已知函数（$\sigma \geqslant 0$），$\dfrac{\partial u}{\partial n}$ 为外法向导数。

由图 8-8（b），在网格边界曲线 Γ_h 上任一节点 P 出发作曲线的法线 $\bar{n}$，此法线交 Γ 于 P^* 点。$\overline{PP^*}$ 方向即为 P 点外法向矢量 $\vec{n}$，$\vec{n}$ 与 x 轴交角为 θ。

由于外法向导数

$$\frac{\partial u}{\partial n}\Big|_P = \frac{\partial u}{\partial x}\cos(n,x) + \frac{\partial u}{\partial y}\cos(n,y)$$

$$= \frac{\partial u}{\partial x}\cos(\theta+\pi) + \frac{\partial u}{\partial y}\cos\left(\theta+\frac{\pi}{2}\right)$$

$$= -\frac{\partial u}{\partial x}\cos\theta - \frac{\partial u}{\partial y}\sin\theta \tag{8-50}$$

将其中偏导数 $\dfrac{\partial u}{\partial x}$，$\dfrac{\partial u}{\partial y}$ 用差商近似，则

$$\frac{\partial u}{\partial x}\Big|_P \approx \frac{u_Q - u_P}{\Delta x}$$

$$\frac{\partial u}{\partial y}\Big|_P \approx \frac{u_R - u_P}{\Delta y}$$

并以 $f(P^*)$ 近似 $f(P)$，以 $\sigma(P^*)$ 近似 $\sigma(P)$，于是式(8-50) 变为

$$\frac{u_P - u_Q}{\Delta x}\cos\theta + \frac{u_P - u_R}{\Delta y}\sin\theta + \sigma(P^*)u_P = f(P^*) \tag{8-51}$$

若 $\Delta x = \Delta y = h$，则

$$u_P = \frac{u_Q\cos\theta + u_R\sin\theta + hf(P^*)}{\cos\theta + \sin\theta + h\sigma(P^*)} \tag{8-52}$$

习　　题

1. 用显式差分格式解

$$\begin{cases} \dfrac{\partial^2 u}{\partial x^2} = \dfrac{\partial u}{\partial y} \\ u(0,y)=200 \quad u(1,y)=200 \quad u(x,0)=0 \end{cases}$$

取 $\Delta x = 0.2$，若 Δy 取 0.04 和 0.015 时，所得结果有何不同？

2. 写出下式的隐式差分格式。

$$\begin{cases} \dfrac{\partial^2 u}{\partial x^2} = \dfrac{\partial u}{\partial y} \\ u(0,y)=10 \quad \dfrac{\partial u}{\partial x}(1,y)=7 \quad u(x,0)=0 \end{cases}$$

3. 写出下列非线性抛物型方程的差分格式。

$$\frac{\partial^2 u}{\partial x^2} = u\frac{\partial u}{\partial y}$$

4. 写出下列 Poisson 方程的差分格式。

$$\frac{\partial^2 u}{\partial x^2} + \frac{\partial^2 u}{\partial y^2} = -10$$

$$u(0,y)=0 \quad u(x,0)=0 \quad u(1,y)=0 \quad u(x,1)=0$$

5. 就图中所给边界条件解 Laplace 方程。用高斯-赛德尔迭代法求解，两个方向的网格尺寸均为 0.25。

6. 物质 A 从气相到溶剂 I，然后到溶剂 II 的传质过程如图所示。假设两种溶剂完全不互溶。设 A 的浓度相当小，可用 Fick 定律描述其在溶剂中的扩散问题，得到下列微分方程：

$$\frac{\partial C_A^{\mathrm{I}}}{\partial t} = D_1 \frac{\partial^2 C_A^{\mathrm{I}}}{\partial z^2} \qquad \text{(溶剂 I)}$$

$$\frac{\partial C_A^{\mathrm{II}}}{\partial t} = D_2 \frac{\partial^2 C_A^{\mathrm{II}}}{\partial z^2} \qquad \text{(溶剂 II)}$$

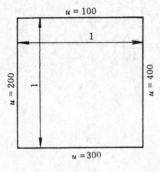

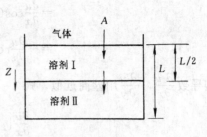

习题 5 图　　　　　　　　　　　习题 6 图

此处　　C_A^i——在区域 i 中 A 的浓度，mol/m^3；

　　　　D_i——在区域 i 中的扩散系数，m^2/s；

　　　　t——时间，s。

定解条件为

$$t=0 \text{ 时}, \quad C_A^{\mathrm{I}}=C_A^{\mathrm{II}}=0$$

$$z=L \text{ 时}, \quad \frac{\partial C_A^{\mathrm{II}}}{\partial z}=0$$

$$z=\frac{1}{2}L \text{ 时}, \quad -D_1\frac{\partial C_A^{\mathrm{I}}}{\partial z}=-D_2\frac{\partial C_A^{\mathrm{II}}}{\partial z}$$

$$z=\frac{1}{2}L \text{ 时}, \quad C_A^{\mathrm{I}}=C_A^{\mathrm{II}} \text{（分配系数为 1）}$$

$$Z=0 \text{ 时}, \quad p_A=HC_A^{\mathrm{I}} \text{（p_A 为 A 在气相中的分压）}$$

当 $p_A=1atm$，$H=10^{10} atm/(mol \cdot m^3)$，$D_1/D_2=1.0$ 时，求 A 从 $t=0$ 至稳态时在液相中的浓度分布。

7. 在理想化的孔内扩散和吸附问题，可以用下述方程描述：

$$\frac{\partial C}{\partial t}=D\frac{\partial^2 C}{\partial x^2}-[k_a(1-f)C-k_d f] \quad 0<x<1, t>0$$

$$\frac{\partial f}{\partial t}=\beta[k_a(1-f)C-k_d f]$$

$$t>0 \text{ 时}, \quad C(0, t)=1$$

$$t>0 \text{ 时}, \quad \frac{\partial C}{\partial x}(1, t)=0$$

$$0<x<1 \text{ 时}, C(x,0)=f(x,0)=0$$

式中　　C——在孔内流体中吸附质的无量纲浓度；

　　　　f——孔被吸附质覆盖的分率；

　　　　x——无量纲空间坐标；

　　　　k_a——吸附速率常数；

　　　　k_d——脱附速率常数。

现令 $D=\beta=k_a=1$，$k_a/k_d=0.1$，解上述问题。

8. 在固定床反应器中进行邻二甲苯氧化制苯酐的催化反应，其反应历程为

$$\underset{\text{邻二甲苯}}{\overset{\text{(A)}}{\quad}} \xrightarrow{k_1} \underset{\text{苯酐}}{\overset{\text{(B)}}{\quad}} \xrightarrow{k_2} \underset{CO_2,CO,H_2O}{\overset{\text{(C)}}{\quad}}$$

$$\xrightarrow{\qquad} \underset{\text{(C)}}{CO_2,CO,H_2O}$$

其稳态的物料和能量平衡方程为

$$\frac{\partial x_1}{\partial z} = P_e \left[\frac{\partial^2 x_1}{\partial r^2} + \frac{1}{r} \frac{\partial x_1}{\partial r} \right] + \beta_1 R_1 \quad 0 < r < 1 \quad 0 < z < 1$$

$$\frac{\partial x_2}{\partial z} = P_e \left[\frac{\partial^2 x_2}{\partial r^2} + \frac{1}{r} \frac{\partial x_2}{\partial r} \right] + \beta_1 R_2 \quad 0 < r < 1 \quad 0 < z < 1$$

$$\frac{\partial \theta}{\partial z} = B_0 \left[\frac{\partial^2 \theta}{\partial r^2} + \frac{1}{r} \frac{\partial \theta}{\partial r} \right] + \beta_2 R_1 + \beta_3 R_2$$

$z = 0$, $0 < r < 1$ 时，$x_1 = x_2 = 0$，$\theta = \theta_0$

$r = 0$, $0 < z < 1$ 时，$\dfrac{\partial x_1}{\partial r} + \dfrac{\partial x_2}{\partial r} + \dfrac{\partial \theta}{\partial r} = 0$

$r = 1, 0 < z < 1$ 时，$\dfrac{\partial x_1}{\partial r} + \dfrac{\partial x_2}{\partial r} = 0$，$\quad \dfrac{\partial \theta}{\partial r} = B_1 (\theta - \theta_w)$

式中　　x_1——转化为 B 的分率；

　　　　x_2——转化成 C 的分率；

　　　　θ——无量纲温度；

　　　　z——无量纲轴向坐标；

　　　　r——无量纲径向坐标；

　　　　R_1——$k_1 (1 - x_1 - x_2) - k_2 x_1$；

　　　　R_2——$k_2 x_1 + k_3 (1 - x_1 - x_2)$；

　P_e，B_0——常数；

　　　　β_i——常数，$i = 1$, 2, 3；

　　　　B_1——Biot 准数；

　　　　θ_w——无量纲壁温。

若 $P_e = 5.76$，$B_0 = 10.97$，$B_1 = 2.5$，$\beta_1 = 5.106$，$\beta_2 = 3.144$，$\beta_3 = 11.16$

$$k_i = \exp \left[a_i + \gamma_i \left(1 - \frac{1}{\theta} \right) \right], \quad i = 1, 2, 3$$

$$a_1 = -1.74, \quad a_2 = -4.24, \quad a_3 = -3.89$$

$$\gamma_1 = 21.6, \quad \gamma_2 = 25.1, \quad \gamma_3 = 22.9$$

令 $\theta_w = \theta_0 = 0$，试解上述反应器方程。

第九章 概率论与数理统计

9.1 概率论基础

9.1.1 随机事件及其概率

自然界发生的现象多种多样。其中有一类现象完全可以预言它们在一定条件下必然出现，例如："在760mm汞柱下，水被加热到100℃时必然会沸腾"，"同性相斥，异性相吸"等等。我们称在一定条件下，一定发生的现象为必然现象；称在一定条件下，一定不发生的现象为不可能现象；这类由实验条件决定实验结果的现象统称为确定性现象。微积分、微分方程等是研究确定性现象的数学学科。

然而，自然界还有许多现象，人们不能预言在一定条件下某些结果是否会出现，例如："掷硬币时，不能肯定得正面或反面"，又如，"我们知道气体是由无数个气体分子组成的，每个分子在不停地运动，但不知道它们在一定时刻的精确位置、速度、方向"等等。称在一定条件下，可能发生，也可能不发生的现象为随机现象。这种现象的特点是：表面看个别现象是无规律的，但分析大量的现象却存在一定的规律性，即统计规律。概率论与数理统计学就是专门研究随机现象中数学规律的学科。

为了研究并掌握随机现象的数学规律，必须对随机现象进行深入观察。我们把在一定条件下，对随机现象的一次观察称为随机试验。在随机试验中每一种可能出现的结果称为随机事件。例如，掷硬币是随机试验，得正面或反面都是随机事件。在大量重复试验中，某个随机事件出现的可能性有大有小，称随机事件 A 在大量的重复试验中出现的可能性大小为该事件发生的概率，记作：

$$\text{Prob}\{A\} = P(A) \tag{9-1}$$

例如，将一个质量均匀的硬币抛掷一次虽不能肯定它将是正面或反面，但大量重复试验则出现正面的次数大约为总抛掷次数的一半，也就是说，出现正面的可能性大小为1/2。如果用 A 表示"出现正面"这个随机事件，则其概率 $P(A) = 0.5$。

根据概率的定义，必然事件 S 的概率应为1；而不可能事件的概率 Φ 必为0。如果两个事件 A_1 和 A_2 在随机试验中不可能同时出现，我们称它们为不相容事件或独立事件，那么，出现 A_1 或 A_2 的概率 $P(A_1 + A_2)$ 应为 $P(A_1)$ 与 $P(A_2)$ 之和。综上所述，概率具有以下性质：

① 对于任意事件 A，$0 \leqslant P(A) \leqslant 1$； $\tag{9-2}$

② 对于必然事件 S，$P(S) = 1$； $\tag{9-3}$

③ 对于不可能事件 Φ，$P(\Phi) = 0$； $\tag{9-4}$

④ 对于不相容事件 A_1，A_2，$\cdots$，A_m，则

$$P(A_1 + A_2 + \cdots + A_m) = P(A_1) + P(A_2) + \cdots + P(A_m) \tag{9-5}$$

9.1.2　随机变量及分布函数

9.1.2.1　随机变量

为了更好地描述、分析、研究随机现象，可以将随机现象的结果数量化，如下例。

【**例 9-1**】　在掷硬币试验中，可以用变量 X 表示出现正面的次数，则 X 有两个可能的取值。可令 $\{X=1\}$ 表示事件出现；$\{X=0\}$ 表示事件不出现。由于 X 的取值是依试验的结果而变化，且取 1 或 0 都有一定的概率 0.5，于是变量 X 就简单、完整地描述了这个随机试验的结果。

【**例 9-2**】　检查灯泡的寿命，如用 Y 表示任抽一只的寿命（小时），那么对应每次检查的结果 Y 都对应着一个数值，这个数值显然是随机的，并且是区间 $[0, +\infty]$ 中的一个数。Y 的取值依试验的结果不同而变化，但 Y 取值落在某个区间的概率是一定的。

因此，对于任意一随机试验，可以用一个变量来表示它的一切可能的结果，此变量具有如下特性：

（1）随机性——它取什么值，试验前不能预先确定；

（2）统计规律性——大量重复试验时，它在取得各个数值上，反映出一定的统计规律。我们称这样的变量为随机变量。随机变量常用大写字母 X，Y，Z，…或希腊字母 ξ，η，ζ，μ，ϕ，…来表示。其可能值用相应的小写字母 x，y，z，…来表示。

随机变量大致可分为两种类型：离散型随机变量与非离散型随机变量或连续型随机变量。如果随机变量 X 的一切可能取值可以一一列举出来（有限个或可列无穷多个），则称 X 为离散型随机变量，如例 9-1 中引入的随机变量 X。反之，如果随机变量的一切可能取值不能一一列举出来，则称之为非离散型随机变量或连续型随机变量，如例 9-2 中引入的随机变量 Y。

9.1.2.2　随机变量的分布函数

1. 随机变量的概率分布

定义：对于离散型随机变量 X，设它的所有可能取值为 x_j，$j=1, 2, \cdots, n, \cdots$，如果 X 取各可能值的概率为

$$P(X=x_j)=p_j \quad (j=1,2,\cdots,n,\cdots) \tag{9-6}$$

且满足

$$0 \leqslant p_j \leqslant 1 \tag{9-7}$$

$$\sum_{j=1}^{\infty} p_j = 1 \tag{9-8}$$

则称式(9-6)为离散型随机变量 X 的概率分布。因为 （0-1） 分布很常用，在此给出其定义。

定义：如果随机变量 X 只可能有二个取值 0 和 1，它的概率分布为

$$P\{X=1\}=p, \quad P\{X=0\}=1-p \quad (0<p<1)$$

则称 X 服从 （0-1） 分布，或称 X 具有 （0-1） 分布。例 9-1 就是具有离散型随机变量的 (0-1)分布。

对于连续型随机变量，因为其可能取值不能一一列举出来，所以不能研究每一事件的概率 $P(X=x_j)$，但能研究 X 在某个区间的概率 $P(x_j \leqslant X \leqslant x_{j+1})$，为此，引入概率密度函数 $f(x)$ 的概念。

定义：设 X 是连续型随机变量，如果 X 出现在 $(x \leqslant X \leqslant x+\mathrm{d}x)$ 区间的概率可表示为

$$f(x)\mathrm{d}x=P(x \leqslant X \leqslant x+\mathrm{d}x) \tag{9-9}$$

且 $f(x)$ 满足如下性质

$$0 \leqslant f(x) \leqslant 1 \tag{9-10}$$

$$\int_{-\infty}^{\infty} f(x) \mathrm{d}x = 1 \tag{9-11}$$

则称 $f(x)$ 为 X 在此范围内的概率密度。

概率密度有以下性质：

(1) $f(x) \geqslant 0$　　　　（非负性）

(2) $\int_{-\infty}^{+\infty} f(x) \mathrm{d}x = 1$　（归一性）

反之，如果一个函数 $f(x)$ 满足（1）、（2），那么这个函数可作某个随机变量的概率密度函数。

2. 随机变量的分布函数

由概率分布的概念可知，无论随机变量 X 是离散型还是连续型，概率 $P(X<x)$ 的大小取决于 x 的取值，即 $P(X<x)$ 是 x 的函数，我们称这种函数为 X 的累积分布函数，或简称分布函数，记作

$$F(x) = P(X<x) \tag{9-12}$$

下面讨论一下分布函数 $F(x)$ 的计算方法及性质。

对于离散型随机变量，根据其概率分布的性质，则

$$F(x) = \sum_{x_j \leqslant x} P(X = x_j) \tag{9-13}$$

由此可见，当 x 在相邻两个可能取值之间变化时，$F(x)$ 的值保持不变。当经过 X 的任何一个可能值 x_j 时，$F(x)$ 的值总是跳跃式地增加，其跃度就等于 $P(X=x_j)$。所以，用数学语言来说，离散型随机变量 X 的分布函数是单调不减函数。其分布函数图形是一个阶跃曲线，如图 9-1 所示。

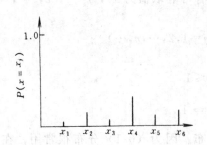
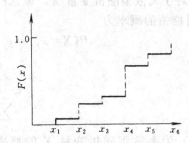

图 9-1　离散随机变量的概率分布和分布函数

对于连续型随机变量，其分布函数可通过对概率密度积分求得，即

$$F(x) = \int_{-\infty}^{x} f(x) \mathrm{d}x \tag{9-14}$$

所以，$F(x)$ 应具有以下性质

(1) $0 \leqslant F(x) \leqslant 1$　　　$-\infty < x < +\infty$ \tag{9-15}

(2) $\lim\limits_{x \to -\infty} F(x) = 0$ 且 $\lim\limits_{x \to +\infty} F(x) = 1$ \tag{9-16}

$$P(x_1 < X \leqslant x_2) = F(x_2) - F(x_1) \tag{9-17}$$

(3) $F(x)$ 是 x 的不减函数

从性质(3)可以得出

$$P(X\leqslant x_2)=P(X\leqslant x_1)+P(x_1<X\leqslant x_2) \tag{9-18}$$

因此,对于连续型随机变量,有

$$F(x_2)-F(x_1)=\int_{x_1}^{x_2}f(x)\mathrm{d}x \tag{9-19}$$

这样,如果在点 x 处存在 $F(x)$ 的导数,那么,此导数就等于在该点处的概率密度,即

$$f(x)=\frac{\mathrm{d}F(x)}{\mathrm{d}x} \tag{9-20}$$

连续型随机变量的概率密度和分布函数的曲线如图 9-2 所示。

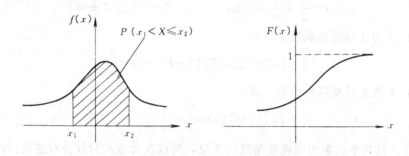

图 9-2　连续型随机变量的概率密度和分布函数曲线

【例 9-3】　设一口袋中有分别标有 -1,2,2,2,3,3 数字的 6 个球,从这个口袋中任取一个球,如果用 X 表示取得的球上的数值,求随机变量 X 的分布函数 $F(x)$,并画出图形。

解:根据题意,X 的可能取值为 -1,2,3,并且取各值的概率如下

$$P\{X=-1\}=\frac{1}{6},P\{X=2\}=\frac{1}{2},P\{X=3\}=\frac{1}{3}$$

所以,当 $x\leqslant-1$ 时,$\{X<x\}$ 是不可能事件,$F(x)=P\{X<x\}=P(\Phi)=0$;当 $-1<x\leqslant2$时,$P\{X<x\}=P\{X=-1\}$,所以,$F(x)=\frac{1}{6}$;当 $2<x\leqslant3$ 时,$P\{X<x\}=P\{X=-1$ 或 $X=2\}$,所以,$F(x)=\frac{1}{6}+\frac{1}{2}=\frac{2}{3}$;当 $x>3$ 时,$\{X<x\}$ 为必然事件,所以 $F(x)=1$。因此,$F(x)$ 的表达式为

$$F(x)=\begin{cases}0 & x\leqslant-1\\ \dfrac{1}{6} & -1<x\leqslant2\\ \dfrac{2}{3} & 2<x\leqslant3\\ 1 & x>3\end{cases}$$

$F(x)$ 的图形如图 9-3 所示。

【例 9-4】　设随机变量 X 的分布函数为

$$F(x)=A+B\mathrm{arctan}x(-\infty<x<+\infty)$$

求:(1) 系数 A,B;

(2) X 落在区间 $(-1,1)$ 内的概率;

(3) X 的概率密度函数 $f(x)$。

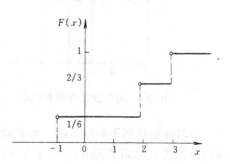

图 9-3　例 9-3 随机变量 x 的分布函数

解：（1）由 $F(-\infty)=0,F(+\infty)=1$ 得

$$\lim_{x \to -\infty}(A+Barctgx)=0,即，A+B\left(-\frac{\pi}{2}\right)=0$$

$$\lim_{x \to +\infty}(A+Barctanx)=1,即，A+B\left(\frac{\pi}{2}\right)=1$$

于是有

$$A=\frac{1}{2},B=\frac{1}{\pi}$$

所以

$$F(x)=\frac{1}{2}+\frac{1}{\pi}arctanx \qquad (-\infty < x < +\infty)$$

（2）由于 X 为连续型随机变量，故

$$P(-1 < x < 1)=F(1)-F(-1)=\frac{1}{2}$$

（3）由于 X 为连续型随机变量，故

$$f(x)=F'(x)=\frac{1}{\pi(1+x^2)}$$

由于在化工过程中经常出现连续型随机变量，所以在此重点对其分布进行讨论。下面给出几种常用的连续型随机变量的分布。

1. 均匀分布

定义：如果随机变量 X 的概率密度函数为

$$f(x)=\begin{cases} \dfrac{1}{b-a} & a \leqslant x \leqslant b \\ 0 & 其他 \end{cases} \tag{9-21}$$

则称 X 在 $[a,b]$ 上服从均匀分布，或称 X 服从参数 a，b 的均匀分布。

显然 $f(x)$ 具有非负性与归一性。

如果 X 在 $[a,b]$ 上服从均匀分布，则对于任何 $a \leqslant c < d \leqslant b$ 有

$$P(c < X < d)=\int_c^d \frac{1}{b-a}dx=\frac{d-c}{b-a} \tag{9-22}$$

均匀分布的概率密度及概率函数如图 9-4 和图 9-5 所示，图 9-4 中阴影部分即为上述所求概率。

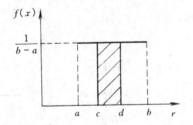

图 9-4　均匀分布的概率密度

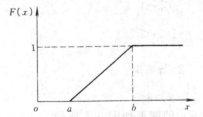

图 9-5　均匀分布的概率函数

均匀分布的例子是很多的，如在数值计算中，由于四舍五入，小数点后第一位小数所引起的误差 X 可以看作是在 $[-0.5,0.5]$ 上服从均匀分布的随机变量。

2. 指数分布

定义：如果随机变量 X 的概率密度函数为

$$f(x) = \begin{cases} \lambda e^{-\lambda x} & x \geqslant 0 \\ 0 & \end{cases} \qquad (\lambda > 0 \text{ 为常数}) \qquad (9\text{-}23)$$

则称 X 服从参数为 λ 的指数分布。

指数分布有重要的应用，常用它来表示"寿命"随机变量的近似分布。

3. 正态分布

定义：如果随机变量 X 的概率密度函数为

$$f(x) = \frac{1}{\sigma\sqrt{2\pi}} e^{-\frac{(x-\mu)^2}{2\sigma^2}} \qquad -\infty < x < +\infty \qquad (9\text{-}24)$$

其中 μ, σ 为常数，则称 X 服从参数为 μ, σ 的正态分布或高斯（Gauss）分布，记作 $X \sim N(\mu, \sigma^2)$，如图 9-6。

当 $\mu = 0, \sigma = 1, X$ 的概率密度函数成为

$$f(x) = \frac{1}{\sqrt{2\pi}} e^{-\frac{x^2}{2}} \qquad -\infty < x < +\infty \qquad (9\text{-}25)$$

这时，称 X 服从标准正态分布，记作 $X \sim N(0, 1)$。

对于正态分布，如果直接利用来计算概率一般是很困难的，因此，为了便于计算分布函数 $F(x)$ 值，前人已经绘制了标准正态分布 $X \sim N$（0，1）分布函数表，所以通过查表即可得到其不同 X 取值时的 $F(x)$ 值（见附录 4 表 4-1）。

正态分布是概率论中最重要的一种分布。这是因为它经常出现在各个领域，诸如测量误差、同龄人的身高、海洋波浪的高度等等。在化工过程中，一些现象，如反应器内物料的停留时间、结晶过程中晶体粒度分布等也服从正态分布。

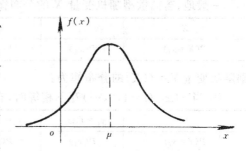

图 9-6 正态分布概率
密度函数曲线

以上是比较常用的几种概率分布，另外还有几个重要统计量的分布，它们在数理统计中很常用，这类分布有 F 分布，χ^2 分布，t 分布，我们将在第二节中结合统计量概念加以讨论。其他分布函数，请参阅有关专著。

9.1.2.3 随机变量函数的分布

在许多问题中，所考虑的随机变量常常依赖于另一个随机变量。例如，设 X 是圆柱的直径，为随机变量，那么其横截面积 Y 也是随机变量。在该实验中，当 X 取得可能值 x 时，Y 就取得可能值 y。不过 y 不是直接实验结果，而是通过普通的函数关系 $y = \frac{\pi}{4} x^2$ 而得。这时我们说随机变量 Y 是随机变量 X 的函数，记成 $Y = \frac{\pi}{4} X^2$。一般地，若 X 是随机变量，则函数 $Y = f(X)$ 也是随机变量，它也有一定的分布规律。下面通过例题来说明不同类型随机变量函数的分布规律求取方法。

1. X 是离散型

当 X 是离散型随机变量时，随机变量 $Y = f(X)$ 也是离散型随机变量。这时由已知 X 的

分布律求 $Y=f(X)$ 的分布律并不困难。下面举例说明一下计算方法。

【例 9-5】 设 X 的分布律为

X	-2	-1	0	1	2
$P(X=x_i)$	0.25	0.1	0.2	0.2	0.25

分别求 $Y_1=2X-1$ 与 $Y_2=X^2$ 的分布律。

解：(1) 当 X 取可能值 -2，-1，0，1，2 时，由 $Y_1=2X-1$ 相应地取 -5，-3，-1，1，3，它们是随机变量 Y 的不同取值，其对应的概率应为相应 X 的概率，即 $P\{Y_1=2x_i-1\}=P\{X=x_i\}$，所以可得 Y_1 的分布律如下

Y_1	-5	-3	-1	1	3
$P(Y_1=y_i)$	0.25	0.1	0.2	0.2	0.25

(2) 由 $Y_2=X^2$，当 X 取可能值 -2，-1，0，1，2 时，Y_2 相应的取值为 0，1，4，故 Y_2 在各取值的概率应等于所有对应 X 取值的概率之和，即 $P\{Y_2=0\}=P\{X=0\}$，$P\{Y_2=1\}=P\{X=-1\}+P\{X=1\}$，以此类推，故可得 Y_1 的分布律为

Y_2	0	1	4
$P(Y_2=y_i)$	0.2	0.3	0.5

一般地，若离散型随机变量 X 的分布律为

X	x_1	x_2	$\cdots$	x_i	$\cdots$
$P(X=x_i)$	$P(x_1)$	$P(x_2)$	$\cdots$	$P(x_i)$	$\cdots$

则随机变量 $Y=f(X)$ 的分布律为：

① 当 $f(x_i)(i=1,2,\cdots)$ 互不相等时，有 $P\{Y=f(x_i)\}=P\{X=x_i\}$。因此 Y 的分布律为

Y	$y_1=f(x_1)$	$y_2=f(x_2)$	$\cdots$	$y_i=f(x_i)$	$\cdots$
$P(Y=y_i)$	$P(x_1)$	$P(x_2)$	$\cdots$	$P(x_i)$	$\cdots$

② 当 $f(x_i)(i=1,2,\cdots)$ 中某些取值相等时，则把那些相等的值合并起来，并根据概率的可加性，把对应的概率相加，就可以得到 Y 的分布律，如例 9-5。

2. X 是连续型随机变量

当 X 为连续型随机变量时，如何从已知 X 的概率密度求函数 $Y=f(X)$ 的概率密度呢？下面给出两种情况下求函数 $Y=f(X)$ 的方法。

(1) 当 $f(x)$ 是单调且处处可微的函数，则存在如下定理。

【定理 9-1】 设 X 是具有概率密度函数 $f_X(x)$ 的连续型随机变量，又设 $f(x)$ 是单调且处处可微的函数(即 $f'(x)>0$ 或 $f'(x)<0$)，则 $Y=f(X)$ 是连续型随机变量，且 Y 的概率密度函数为

$$f_Y(y)=\begin{cases} f_X[h(y)]|h'(y)| & \alpha<y<\beta \\ 0 & \text{其他} \end{cases} \tag{9-26}$$

其中 $x=h(y)$ 是 $y=f(x)$ 的反函数，α 是 $y=f(x)$ 的最小值，β 是 $y=f(x)$ 的最大值，证明从略。

(2) 当 $f(x)$ 不是单调函数时，就不能用上述定理求 $Y=f(X)$ 的概率密度函数，但只要 $y=f(x)$ 分段单调(如图 9-7)，那么 Y 在 $(-\infty,y]$ 上取值的概率等于 X 在若干个区间上取值的概率之和，下面通过例子来作一下说明。

【例 9-6】 设随机变量 X 在区间 $\left[-\dfrac{\pi}{2}, \dfrac{\pi}{2}\right]$ 上服从均匀分布，求 $Y = \cos X$ 的分布密度。

解： 由题意知随机变量 X 的概率密度函数为

$$f_X(x) = \begin{cases} \dfrac{1}{\pi} & -\dfrac{\pi}{2} \leqslant x \leqslant \dfrac{\pi}{2} \\ 0 & x < -\dfrac{\pi}{2} \text{ 或 } x > \dfrac{\pi}{2} \end{cases}$$

因为 $y = \cos x$ 不是单调函数，所以不能直接用定理 9-1 来求解，但 $y = \cos x$ 是分段单调，如图 9-8。所以当 $0 < y \leqslant 1$ 时，Y 的分布函数为

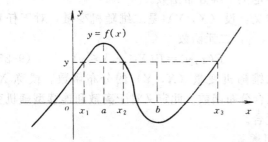

图 9-7 分段单调函数

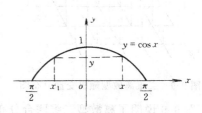

图 9-8 函数 $\cos x$

$$F_Y(y) = P\{Y \leqslant y\} = P\{\cos X \leqslant y\}$$

$$= P\left\{-\dfrac{\pi}{2} < X < -\arccos y\right\} + P\left\{\arccos y < X < \dfrac{\pi}{2}\right\}$$

即

$$F_Y(y) = \int_{-\frac{\pi}{2}}^{-\arccos y} \dfrac{1}{\pi} \mathrm{d}x + \int_{\arccos y}^{\frac{\pi}{2}} \dfrac{1}{\pi} \mathrm{d}x$$

$$= 1 - \dfrac{2\arccos y}{\pi}$$

当 $y > 1$ 时，因为 X 在 $\left[-\dfrac{\pi}{2}, \dfrac{\pi}{2}\right]$ 取任何值，Y 都小于 y，即 $\{Y < y\}$ 是必然事件，故有

$$F_Y(y) = P\{Y \leqslant y\} = P\{\cos X \leqslant y\} = 1$$

所以，Y 的分布密度函数为

$$f_Y(y) = F_Y'(y) = \begin{cases} \dfrac{2}{\pi} \dfrac{1}{\sqrt{1-y^2}} & 0 < y < 1 \\ 0 & \text{其他} \end{cases}$$

9.1.2.4 联合分布

上面讨论均为一维分布问题，即随机变量只有一个。但有时试验结果需要用两个或两个以上的随机变量来描述，或者为了某一目的需要研究两个或两个以上随机变量之间的关系，因此，就有必要讨论二维或多维分布问题。下面主要讨论二维分布问题，多维分布可做类似处理。

1. 二维离散型随机变量的联合分布函数

定义：如果二维随机变量 (X, Y) 所有可能取值 (x, y) 只有有限个或可列多个，则

称 (X,Y) 为二维离散型随机变量。

例如，在试验过程中同时测定两个量，如温度和压力，即观测两个随机变量 X 和 Y。假设此时的随机变量是离散的，即 X 可以有 N_1 个可能值，Y 可以有 N_2 个可能值，则 (X, Y) 可以有 $N_1 \cdot N_2$ 个可能的结果，(X, Y) 是二维离散型随机变量。

下面我们研究一下如何求取二维随机变量 (X,Y) 每一个可能取值的概率。与一维随机变量 X 类似，定义二维随机变量 (X,Y) 概率分布为

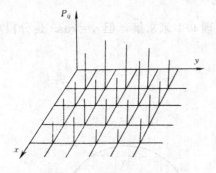

$$p_{ij}=P(X=x_i,Y=y_j)$$

即表示当 X 取 x_i，同时 Y 取 y_j 时的概率。

为了描述二维随机变量的全面情况，我们也像前面一样定义二维分布函数。

定义：设 (X,Y) 是二维随机变量，对于任意实数 x，y，二元函数

$$F(x,y)=P(X\leqslant x,Y\leqslant y) \qquad (9\text{-}27)$$

称为二维随机变量 (X, Y) 的分布函数。或称 X，Y 的联合分布函数。此定义对于离散和连续型随机变量均适合。

图 9-9　二维离散型随机变量分布图

图 9-9 说明了离散型二维联合分布的几何意义。

如果将二维随机变量 (X,Y) 看成是平面上随机点的坐标，那么分布函数 $F(x,y)$ 在 (x,y) 点处的函数值就是二维随机变量 (X,Y) 在以 (x,y) 为顶点，位于该点左下方的无穷矩形域内取值的概率，如图9-10。

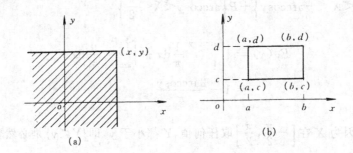

图 9-10　二维随机变量的平面坐标

由上述定义并参看图 9-10 可知，二维随机变量 (X,Y) 在半开矩形域 $(a<x\leqslant b,\ c<y\leqslant d)$ 内取值的概率为

$$P(a<X\leqslant b,c<Y\leqslant d)=F(b,d)-F(b,c)-F(a,d)+F(a,c) \qquad (9\text{-}28)$$

2. 二维连续型随机变量的概率密度函数

和一维情形相似，我们定义二维连续型随机变量的概率密度函数为：

如果对于二维连续型随机变量 (X,Y) 的分布函数 $F(x,y)$，存在非负可积函数 $f(x,y)$，使对于任何实数 x，y 有

$$F(x,y)=\int_{-\infty}^{x}\int_{-\infty}^{y}f(x,y)\mathrm{d}x\mathrm{d}y$$

则称 $f(x,y)$ 为二维连续型随机变量 (X,Y) 的概率密度函数，也称 X,Y 的联合密度函数或联合密度。

由定义，并应用式(9-28)，二维连续型随机变量 (X,Y) 在图[9-10(b)]中矩形域 $(a<x\leqslant$

$b,c < y \leqslant d$）上取值的概率为

$$P(a < X \leqslant b, c < Y \leqslant d) = \int_a^b \int_c^d f(x,y)\mathrm{d}x\mathrm{d}y$$

类似于一维随机变量的概率密度函数，二维随机变量的联合密度函数 $f(x,y)$ 也有如下性质：

(1) $f(x,y) \geqslant 0$ 　　　　（非负性）　　　　　　　　　　　　　　　　(9-29)

(2) $\int_{-\infty}^{+\infty} \int_{-\infty}^{+\infty} f(x,y)\mathrm{d}x\mathrm{d}y = 1$ 　　　　（归一性）　　　　　　　　(9-30)

(3) 在 $f(x,y)$ 的连续点处有 $\dfrac{\partial^2 F(x,y)}{\partial x \partial y} = f(x,y)$ 　　　　　　　(9-31)

(4) $P\{(X,Y) \in D\} = \iint\limits_D f(x,y)\mathrm{d}\sigma$ 　　　　　　　　　　　　(9-32)

二维连续型随机变量 (X,Y) 联合密度函数 $f(x,y)$ 在 (x_0, y_0) 点的值 $f(x_0, y_0)$ 描述了二维随机变量 (X,Y) 在 (x_0, y_0) 点附近取值的概率大小，这和一维随机变量的概率密度函数是类似的。

【例 9-7】　设二维连续型随机变量 (X,Y) 的概率密度函数为

$$\varphi(x,y) = \begin{cases} Axy, & 0 \leqslant y < x \leqslant 2 \\ 0, & \text{其他} \end{cases}$$

求常数 A 和概率 $P(Y > 1)$。

解：由概率密度的性质（2），

$$\int_{-\infty}^{+\infty} \int_{-\infty}^{+\infty} f(x,y)\mathrm{d}x\mathrm{d}y = 1$$

则有

$$\int_0^2 \int_0^x Axy\,\mathrm{d}x\mathrm{d}y = \int_0^2 A\frac{x^2}{2}\mathrm{d}x = 1$$

所以　　$A = \dfrac{1}{2}$

故有　　$\varphi(x,y) = \begin{cases} \dfrac{xy}{2}, & 0 \leqslant y < x \leqslant 2 \\ 0, & \text{其他} \end{cases}$

又因 $P(Y > 1)$ 就等于 (X,Y) 落在图 9-11 中区域 B 内的概率，由式性质(4) 得

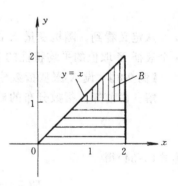

图 9-11　例 9-7 概率密度函数

$$P(Y > 1) = P\{(X,Y) \in B\} = \iint\limits_B \varphi(x,y)\mathrm{d}x\mathrm{d}y$$

$$= \int_1^2 \left(\int_1^x \frac{xy}{2}\mathrm{d}y \right)\mathrm{d}x = \frac{9}{16}$$

9.1.3　随机变量的数字特征

对于随机变量 X，如果知道了它的概率分布，便知道了 X 的取值的全面情况。但在许多问题中，更希望概略地掌握随机变量取值的某些重要特性。例如，在测量某物体长度时，测量结果是一个随机变量。在实际工作中，常用多次测量值的平均值作为物体的长度，并通过测量值的参差不齐的程度来衡量测量的离散程度（工程上称精度）。随机变量取值的平均值与离散程度是随机变量的重要数字特征。下面对随机变量的一些重要数字特征进行数学描述。

9.1.3.1 随机变量的数学期望

1. 一维随机变量的数学期望

在讨论随机变量的数学期望之前,首先引出加权平均值的概念。在求混合气体的平均分子量时,实际已经使用了加权平均值的概念。如已知混合气体中各组分的摩尔百分数为 x_i,各组分的分子量为 M_i,则混合气体的平均分子量为

$$\bar{M} = \sum_i M_i x_i$$

此处 x_i 为各组分分子量的权。有了加权平均值的概念就容易理解数学期望的概念了。

定义:设随机变量 X 的概率分布为

$$P(X = x_k) = p_k, \qquad k = 1, 2, 3, \cdots$$

若级数 $\sum\limits_{k=1}^{\infty} x_k p_k$ 绝对收敛,则称级数 $\sum\limits_{k=1}^{\infty} x_k p_k$ 为随机变量 X 的数学期望或均值,记作 $E(X)$,即

$$E(X) = \sum_{k=1}^{\infty} x_k p_k \tag{9-33}$$

上述定义也适合连续型随机变量,只是 $f(x)\mathrm{d}x$ 的作用类似于离散型随机变量 X 的概率分布 p_k,则有如下定义。

定义:设连续型随机变量 X 的概率密度函数为 $f(x)$,若积分 $\int_{-\infty}^{\infty} xf(x)\mathrm{d}x$ 绝对收敛,则称

积分 $\int_{-\infty}^{\infty} xf(x)\mathrm{d}x$ 为 X 的数学期望或均值,记作 $E(X)$,即

$$E(X) = \int_{-\infty}^{\infty} xf(x)\mathrm{d}x \tag{9-34}$$

从定义看到,随机变量 X 的数学期望 (也简称期望) 是对 X 取值的平均的描述,它是一个表征 X 取值的平均特性的常数。

【例 9-8】 设 X 服从指数分布,$\lambda = 0.020$,求随机变量 X 的数学期望 $E(X)$。

解:由前知,指数分布的概率密度函数为

$$f(x) = \begin{cases} \lambda\mathrm{e}^{-\lambda x}, & x > 0 \\ 0, & x \leqslant 0 \end{cases}$$

由式(9-34)得

$$E(X) = \int_{-\infty}^{+\infty} xf(x)\mathrm{d}x = \int_{0}^{+\infty} \lambda\mathrm{e}^{-\lambda x}\mathrm{d}x = \frac{1}{\lambda}$$

代入 λ 的值,所以

$$E(X) = 500$$

数学期望的物理意义在力学上可以解释为:对于离散型随机变量可以看成有一个总质量为 1 的质点系分布在 ox 轴上,各质点位置坐标为 $x_1, x_2, \cdots, x_k, \cdots$,各质点的质量分别为 p_1, $p_2, \cdots, p_k, \cdots$,由于 $\sum\limits_{k=1}^{\infty} p_k = 1$,$X$ 的数学期望 $E(X) = \sum\limits_{k=1}^{\infty} x_k p_k = \sum\limits_{k=1}^{\infty} x_k p_k \Big/ \sum\limits_{k=1}^{\infty} p_k$ 便是质点系重心的坐标;对于连续型随机变量 X,可以解释为:在 ox 轴上有总质量为 1 的质量连续分布,其密度为 $f(x)$。由于 $\int_{-\infty}^{\infty} f(x)\mathrm{d}x = 1$,于是 X 的数学期望

$$E(X) = \int_{-\infty}^{+\infty} xf(x)\mathrm{d}x = \int_{-\infty}^{+\infty} xf(x)\mathrm{d}x \Big/ \int_{-\infty}^{+\infty} f(x)\mathrm{d}x$$

便是质量重心的坐标。因此,随机变量 X 的数学期望实际上可以说成是 X 取值中心的坐标。

2. 随机变量函数的数学期望

在实际问题与理论研究中,常遇到求随机变量函数的数学期望问题。例如弹着点(X,Y)是二维随机变量,它到命中目标中心(原点)的距离$D = \sqrt{X^2 + Y^2}$是二维随机变量的函数,求距离D的平均值便是求随机变量函数的数学期望的问题。

【定理 9-2】　设连续型随机变量X有概率密度函数$f_X(x)(-\infty < x < +\infty)$,且$Y = g(X)$,如果$E(Y) = E[g(X)]$存在,则

$$E[g(x)] = \int_{-\infty}^{+\infty} g(x) f_X(x) \mathrm{d}x \tag{9-35}$$

很好的是,这个定理的结论还可以推广到二维(或二维以上)随机变量的情况。例如:

设二维随机变量(X,Y)的联合概率密度函数为$f(x,y)$,对于$Z = g(X,Y)$,$E[g(X,Y)]$存在,则

$$E[g(X,Y)] = \int_{-\infty}^{+\infty} \int_{-\infty}^{+\infty} g(x,y) f(x,y) \mathrm{d}x \mathrm{d}y \tag{9-36}$$

特别,当$g(X,Y) = X$,$g(X,Y) = Y$时,分别有:

$$E(X) = \int_{-\infty}^{+\infty} \int_{-\infty}^{+\infty} x f(x,y) \mathrm{d}x \mathrm{d}y$$

$$E(Y) = \int_{-\infty}^{+\infty} \int_{-\infty}^{+\infty} y f(x,y) \mathrm{d}x \mathrm{d}y$$

式(9-35)及式(9-36)是两个十分重要的公式。有了这两个公式,求随机变量函数(无论是一维还是二维)的数学期望时,都不必先求出随机变量的概率密度函数,而直接利用这两个公式,便可以求得函数的数学期望。

【例 9-9】　设X,Y相互独立,且$X \sim N(0,\sigma^2)$,$Y \sim N(0,\sigma^2)$,求$E\left(\sqrt{X^2 + Y^2}\right)$。

解:利用式(9-36),且$g(X,Y) = \sqrt{X^2 + Y^2}$,则

$$\begin{aligned} E\left(\sqrt{X^2 + Y^2}\right) &= \int_{-\infty}^{+\infty} \int_{-\infty}^{+\infty} \sqrt{x^2 + y^2} \frac{1}{2\pi\sigma^2} \mathrm{e}^{-\frac{x^2+y^2}{2\sigma^2}} \mathrm{d}x \mathrm{d}y \\ &= \frac{1}{2\pi\sigma^2} \int_0^{2\pi} \int_0^{+\infty} r^2 \mathrm{e}^{-\frac{r^2}{2\sigma^2}} \mathrm{d}r \mathrm{d}\theta \\ &= \frac{1}{\sigma^2} \int_0^{+\infty} r^2 \mathrm{e}^{-\frac{r^2}{2\sigma^2}} \mathrm{d}r = \frac{\sqrt{2\pi}\sigma}{2} \end{aligned}$$

3. 数学期望的性质

① 若c为常数,则$E(c) = c$。　　　　　　　　　　　　　　　　　　　　　(9-37)

② 若c为常数,X为随机变量,则$E(CX) = CE(X)$。

③ 若X,Y为任意两个随机变量,则$E(X+Y) = E(X) + E(Y)$。　　　　　　(9-38)

若n个随机变量X_1,X_2,$\cdots$,X_n,则

$$E(X_1 + X_2 + \cdots + X_n) = E(X_1) + E(X_2) + \cdots + E(X_n) \tag{9-39}$$

④ 若X,Y相互独立,则$E(XY) = E(X)E(Y)$。　　　　　　　　　　　　(9-40)

9.1.3.2　随机变量的方差

1. 方差的概念及计算

【例 9-10】　当三个人分别测定某物质的熔点时,得到了如下三组数据,如表 9-1 所示。

表 9-1　例 9-10 实验数据

$T_1/℃$	P_1	$T_2/℃$	P_2	$T_3/℃$	P_3
28	0.10	28	0.15	27	0.10
29	0.15	29	0.20	28	0.15
30	0.50	30	0.30	29	0.15
31	0.15	31	0.20	30	0.20
32	0.10	32	0.15	31	0.15
				32	0.15
				33	0.10

其中，T_i 为三人所测的熔点值，是随机变量；P_i 为某个测量值时的概率，近似等于 n_i/n（n_i 为测得某个值的次数，n 为总实验次数）。

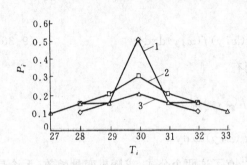

图 9-12　例 9-10 实测数据图

通过计算，这三组数据的数学期望值都为 30，即说明每个人的所测的熔点平均值是一样的。但从图 9-12 不难看出他们所测数据的分散程度并不同，第一组数据可能更好一些。也就是说，对于一个随机变量 X 的概况了解，除了要知道它的数学期望外，还需要有描述它的离散程度的指标，这个指标就是随机变量的另一个数字特征——方差。

因为 $E(X)$ 表示 X 的取值的平均数，也可以说是 X 取值所围绕的中心。因此，所谓的"离散程度"无非是说 X 的可能值与 $E(X)$ 的偏差大小程度。为了使偏差值的正负不被抵消和方便起见，选择 $[x_k - E(X)]^2$ 作为衡量离散程度的数学形式。

定义　设 X 是随机变量，若 $E[X - E(X)]^2$ 存在，则称 $E[X - E(X)]^2$ 为 X 的方差，记作 $D(X)$，即

$$D(X) = E[X - E(X)]^2 \tag{9-41}$$

从定义看，方差 $D(X)$ 是一个非负常数。方差的大小反映 X 离散程度的情况，方差值大，则表示 X 取值较分散；方差值小，则表示 X 取值集中。在上例中，三组数据的方差分别为：$D(T_1) = 1.10$，$D(T_2) = 1.60$，$D(T_3) = 3.30$。显然第一组数据的方差值最小，说明该组数据最集中，这一点与图 9-12 是相同的。

由数学期望的性质，并注意到 $E(X)$ 为一个常数，所以

$$D(X) = E[X - E(X)]^2 = E\{X^2 - 2E(X)X + [E(X)]^2\}$$
$$= E(X^2) - 2E(X)E(X) + [E(X)]^2 = E(X^2) - [E(X)]^2$$

即

$$D(X) = E(X^2) - [E(X)]^2 \tag{9-42}$$

由方差的定义，如果随机变量 X 服从单点分布：$P(X = a) = 1$，则

$$D(X) = E[X - E(X)]^2 = E(X - a)^2 = (a - a)^2 \times 1 = 0$$

对于离散型随机变量，方差的计算式为

$$D(X) = E[X - E(X)]^2 = \sum_{k=1}^{\infty} [x_k - E(X)]^2 p_k \tag{9-43}$$

对于连续型随机变量，根据数学期望的定义式，有

$$D(X) = E[X - E(X)]^2 = \int_{-\infty}^{+\infty} [x - E(X)]^2 f(x) \mathrm{d}x \tag{9-44}$$

方差能够很好描述 X 取值的离散程度,但它的量纲与 X 是不同的,因此,再引入一个与 X 有相同量纲的量。

定义 称 $D(X)$ 的正方根 $\sqrt{D(X)}$ 为随机变量 X 的标准差或均方差。记作

$$\sigma(X) = \sqrt{D(X)} \tag{9-45}$$

$\sigma(X)$ 也是描述随机变量 X 取值的离散程度的指标,一般简记为 σ,所以 $D(X)$ 也可以写为 σ^2。

2. 方差的性质

① 若 C 为常数,则 $D(C)=0$,反之,若 $D(C)=0$,则存在常数 C,使 $P(X=C)=1$。

② 若 X 为随机变量,C 为常数,则 $D(CX)=C^2D(X)$。

③ 若 X_1,X_2 是任意两个随机变量,则

$$D(X_1 \pm X_2) = D(X_1) + D(X_2) \pm 2E\{[X_1 - E(X_1)][X_2 - E(X_2)]\}。$$

④ 若 X_1,X_2 是相互独立的两个随机变量,则

$$D(X_1 \pm X_2) = D(X_1) + D(X_2)$$

推广到 n 个相互独立的随机变量,便有

$$D(X_1 + X_2 + \cdots + X_n) = D(X_1) + D(X_2) + \cdots + D(X_n)$$

随机变量的数学期望和方差(或标准差)是随机变量最重要的数字特征。它们的性质在理论研究中有重要的作用。在化工过程中,尤其在化学反应及结晶分离过程应用较广。

9.1.3.3 协方差、相关系数和矩

1. 协方差和相关系数的概念

对于二维随机变量 (X,Y),除了关心 X,Y 的分布、数字特征外,还要研究 X 与 Y 的关系。下面只给出表现它们关系的协方差、相关系数的概念。

定义 对于二维随机变量 (X,Y),若 $E\{[X-E(X)][Y-E(Y)]\}$ 存在,则称它为 X 与 Y 的协方差,记作 $COV(X,Y)$,或 σ_{XY},即

$$\sigma_{XY} = COV(X,Y) = E\{[X-E(X)][Y-E(Y)]\} \tag{9-46}$$

如果 $D(X)>0,D(Y)>0$,则称 $\dfrac{COV(X,Y)}{\sqrt{D(X)D(Y)}}$ 为 X,Y 的相关系数,记作 ρ_{XY},即

$$\rho_{XY} = \frac{COV(X,Y)}{\sqrt{D(X)D(Y)}} 或 \rho_{XY} = \frac{\sigma_{XY}}{\sqrt{\sigma_{XX}\sigma_{YY}}}$$

$\rho_{XY}=0$,则表示 X 与 Y 不相关,反之 $\rho_{XY} \neq 0$,则说 X 与 Y 相关。

协方差有如下基本性质:

① $COV(X,Y)=COV(Y,X)$,即协方差满足交换律;

② $COV(aX,Y)=aCOV(X,Y)$,$COV(X,bY)=bCOV(X,Y)$,其中 a,b 为常数;

③ $COV(X_1+X_2,Y)=COV(X_1,Y)+COV(X_2,Y)$;

④ $COV(X,Y)=E(XY)-E(X)E(Y)$。

上述性质都可以通过协方差的定义和数学期望性质证明。

相关系数 ρ_{XY} 只与协方差 $COV(X,Y)$ 相差一个常数,因此它们有相似的性质。由相关系数与协方差的关系可以知道,"X 与 Y 不相关"等价于 $COV(X,Y)=0$。另外,需要指出的是,相关系数 ρ_{XY} 实际阐明了 X,Y 取值间的线性相关的密切程度。为说明这个问题,下面另外给出两个关于相关系数的 ρ_{XY} 的性质。

性质1 对于任意两个随机变量 X,Y 有 $|\rho_{XY}| \leqslant 1$,即 ρ_{XY} 在 -1 和 1 之间;

性质 2   如果随机变量 X,Y 满足 $Y=a+bX,a,b$ 为常数,且 $b\neq0$,则 $|\rho_{XY}|=1$ 即 $\rho_{XY}=1$ 或 $\rho_{XY}=-1$;反之,如果随机变量 X,Y 满足 $|\rho_{XY}|=1$,则 X 与 Y 具有线性关系,即 $Y=a+bX$。

证明   由相关系数定义知

$$\rho_{XY}=\frac{COV(X,Y)}{\sqrt{D(X)D(Y)}}$$

$$=\frac{COV(X,a+bX)}{\sqrt{D(X)D(a+bX)}}$$

由协方差性质 3、4 及方差性质:$D(bX)=b^2D(X),D(a)=0$,则

$$\rho_{XY}=\frac{COV(X,a)+COV(X,bX)}{\sqrt{D(X)}\sqrt{D(a)+D(bX)}}$$

$$=\frac{bD(X)}{\sqrt{D(X)}\sqrt{b^2D(X)}}=\frac{b}{|b|}=\begin{cases}1, & b>0\\-1, & b<0\end{cases}\qquad\text{(得证性质 1)}$$

对于性质 2,当 $\rho_{XY}=1$ 时,由方差的性质 2

$$D\left(\frac{Y}{\sqrt{D(Y)}}-\frac{X}{\sqrt{D(X)}}\right)=0$$

又由方差性质 1 知,存在常数 C,使

$$P\left(\frac{Y}{\sqrt{D(Y)}}-\frac{X}{\sqrt{D(X)}}=C\right)=1$$

即

$$P\left(Y=\frac{\sqrt{D(Y)}}{\sqrt{D(X)}}X+C\sqrt{D(Y)}\right)=1$$

这里 $\frac{\sqrt{D(Y)}}{\sqrt{D(X)}},C\sqrt{D(Y)}$ 均为常数,分别设为 b,a,则有 $P\{Y=a+bX\}=1$,即 X 与 Y 的取值具有线性关系的概率为 1,可以说 X 与 Y 几乎成线性关系。$\rho_{XY}=-1$ 时,同样可以得到相同的结果,所以

当 $|\rho_{XY}|=1$ 时,存在 a,b 使 $Y=a+bX$,即 X 与 Y 成线性关系。

2. 矩

矩是随机变量的另一个重要的数字特征,这里只介绍一下它的概念。

定义   设 X 为随机变量,如果 $E(X^k)(k=1,2,\cdots)$ 存在,则称之为随机变量 X 的 k 阶原点矩。设 $\mu=E(X)$,如果 $E((X-\mu)^k)(k=1,2,\cdots)$ 存在,则称为 k 阶中心矩。

显然,随机变量 X 的数学期望就是 X 的一阶原点矩,X 的方差为 X 的二阶中心矩。

定义   设 X,Y 是随机变量,如果 $E(X^kY^l)$ 存在(k,l 为正整数),则称之为 X 与 Y 的 $k+l$ 阶混合原点矩。如果设 $\mu_1=E(X),\mu_2=E(Y)$ 存在,而且 $E([X-\mu_1]^k[Y-\mu_2]^l)$ 存在,则称为 X 与 Y 的 $k+l$ 阶混合中心矩。

显然,X 与 Y 的协方差是 $1+1$ 阶混合中心矩。实际上,一阶矩和二阶矩是常用的,而高阶矩则较少用。

9.1.4   化工过程应用实例

在连续流动系统中,物料在系统内,由于流体的返混、死区、沟流和短路,使得其在系统内停留的时间是不同的。例如,在连续操作的搅拌釜式反应器中,加入反应釜中的新鲜的具有高浓度的反应物料,一旦进入反应釜后,就与存留在那里的已反应的物料发生混合而使浓度降低了。其中有的物料粒子在激烈搅拌下,可能迅速达到出口位置而排出釜外;而另一

些物料粒子，由于有返混现象存在，则有可能停留较长时间才能排出，这就造成了停留时间的分布。在反应过程中，停留时间分布会直接影响产量和产品质量，因此对它的研究是非常重要的。由于粒子在系统内停留时间的长短完全是一个随机过程，即停留时间 t 是一个随机变量，它的分布情况可以用概率密度函数及分布函数来描述。

9.1.4.1　停留时间分布函数

定义　在同时进入的 N 个流体粒子中，停留时间在 t 和 $t+\mathrm{d}t$ 间的流体粒子为 $\mathrm{d}N$ 个，则称其所占的分率 $\mathrm{d}N/N$ 为停留时间密度函数，记作 $f(t)$。由概率密度函数与分布函数的关系，则停留时间分布函数 $F(t)$ 的定义为

$$F(t) = \int_0^t f(t)\,\mathrm{d}t \tag{9-47}$$

$f(t)$ 及 $F(t)$ 的意义如图 9-13 及图 9-14 所示。

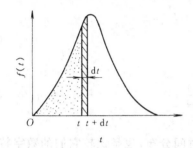

图 9-13　停留时间密度函数　　　　图 9-14　停留时间分布函数

根据定义，并参考图 9-13，很容易看出 $f(t)$ 满足归一化性质，即

$$\int_0^{+\infty} f(t)\,\mathrm{d}t = 1$$

$f(t)$ 是有因次的量，它的量纲为（时间）$^{-1}$。有时为了方便，常常使用无因次停留时间 θ，其定义为

$$\theta = \frac{t}{\overline{t}} \tag{9-48}$$

式中 $\overline{t}$ 为平均停留时间，对于在闭式系统中流动的不可压缩流体，其平均停留时间等于系统的体积与流量的比，即

$$\overline{t} = \frac{V_r}{Q} \tag{9-49}$$

如果一个流体粒子的停留时间介于 t 与 $t+\mathrm{d}t$ 之间，则它的无因次停留时间也一定介于 θ 与 $\theta+\mathrm{d}\theta$ 之间。这是因为所指的是同一事件，所以和 θ 介于这些区间的概率一定相等，于是有

$$f(t)\,\mathrm{d}t = f(\theta)\,\mathrm{d}\theta \tag{9-50}$$

将式（9-48）代入上式，化简后可得 $f(t)$ 与 $f(\theta)$ 的关系式为

$$f(\theta) = \overline{t}\,f(t) \tag{9-51}$$

根据随机事件变量概率性质及式（9-50），有

$$F(t) = F(\theta) \tag{9-52}$$

显然，无因次停留时间的概率密度函数也满足如下条件，即

$$\int_0^\infty f(\theta)\,\mathrm{d}\theta = 1 \tag{9-53}$$

$$F(\theta) = \int_0^\theta f(\theta)\,\mathrm{d}\theta \tag{9-54}$$

停留时间分布可以通过实验来测定。目前有三种方法:脉冲法,阶跃法及周期输入法,最常用的为前两种方法。

脉冲法就是在极短的时间内、在系统入口处,向流进系统的流体加入一定量的示踪剂,并测出口的示踪剂的浓度 $C(t)$。该方法可直接测定停留时间分布密度函数,即

$$f(t) = \frac{C(t)}{\displaystyle\int_0^\infty C(t)\,\mathrm{d}t} \tag{9-55}$$

至于 $F(t)$,则可根据式(9-47)求出。

阶跃法就是在系统中将稳态流动的流体切换为流量相同的含示踪剂的流体,或者相反。一般称前一种叫升阶法,后一种叫降阶法。阶跃法可直接测定停留时间分布函数。

对于升阶法,停留时间分布函数 $F(t)$ 可表示为

$$F(t) = \frac{C(t)}{C(\infty)} \tag{9-56}$$

对于降阶法,停留时间分布函数 $F(t)$ 可表示为

$$1 - F(t) = \frac{C(t)}{C(0)} \tag{9-57}$$

9.1.4.2 停留时间分布的数字特征

与其他随机变量分布一样,为了比较不同的停留时间分布,也是比较它们的数字特征。在这,只讨论常用的数学期望和方差。

从物理意义上讲,数学期望实际也就是均值,所以可用平均停留时间来表示其数学期望。根据式(9-34)得

$$\overline{t} = \int_0^{+\infty} t f(t)\,\mathrm{d}t \tag{9-58}$$

根据方差的定义式(9-44),则停留时间的方差为

$$\sigma_t^2 = \int_0^{+\infty} (t - \overline{t})^2 f(t)\,\mathrm{d}t$$
$$= \int_0^{+\infty} t^2 f(t)\,\mathrm{d}t - \overline{t}^2 \tag{9-59}$$

式(9-58)及式(9-59)的积分下限为 0,是因为停留时间的取值不能为负所决定的。

若采用无因次时间,可将其定义式(9-48)分别代入式(9-58)及式(9-59),则可得无因次平均停留时间 $\overline{\theta}$ 及无因次方差 σ_θ^2,即

$$\overline{\theta} = \int_0^{+\infty} \theta f(\theta)\,\mathrm{d}\theta \tag{9-60}$$

$$\sigma_\theta^2 = \frac{\sigma_t^2}{\overline{t}^2}$$
$$= \int_0^{+\infty} \theta^2 f(\theta)\,\mathrm{d}\theta - \overline{\theta}^2 \tag{9-61}$$

【例 9-11】 用脉冲法测定一流动反应器的停留时间分布,得到出口中示踪剂的浓度 $C(t)$ 与时间 t 的关系如下表:

t/min	0	2	4	6	8	10	12	14	16	18	20	22	24
$C(t)$/g/m³	0	1	4	7	9	8	5	2	1.5	1	0.6	0.2	0

试求平均停留时间及方差。

解： 将式(9-55)代入式(9-58)及式(9-59)，得平均停留时间及方差为

$$\overline{t} = \frac{\displaystyle\int_0^{+\infty} tC(t)\,\mathrm{d}t}{\displaystyle\int_0^{+\infty} C(t)\,\mathrm{d}t} \tag{9-62}$$

$$\sigma_t^2 = \frac{\displaystyle\int_0^{+\infty} t^2 C(t)\,\mathrm{d}t}{\displaystyle\int_0^{+\infty} C(t)\,\mathrm{d}t} - \overline{t}^2 \tag{9-63}$$

上两式中的积分值可用复化辛普生求积公式求得。被积函数 $tC(t)$ 及 $t^2C(t)$ 计算结果如表 9-2。

表 9-2　例 9-11 计算结果

t/min	$C(t)$/(g/m³)	$tC(t)$/(g·min/m³)	$t^2C(t)$/(min²·g/m³)	t/min	$C(t)$/(g/m³)	$tC(t)$/(g·min/m³)	$t^2C(t)$/(min²·g/m³)
0	0	0	0	14	2	28	392
2	1	2	4	16	1.5	24	384
4	4	16	64	18	1	18	324
6	7	42	432	20	0.6	12	240
8	9	72	576	22	0.2	44	96.8
10	8	80	800	24	0	0	0
12	5	60	720				

将所计算的被积函数值代入复化辛普生求积公式，得

$$\int_0^{+\infty} C(t)\,\mathrm{d}t = \int_0^{24} C(t)\,\mathrm{d}t = 78 \text{ g/m}^3$$

$$\int_0^{+\infty} tC(t)\,\mathrm{d}t = \int_0^{24} tC(t)\,\mathrm{d}t = 710.4 \text{ min}^2 \text{ g/m}^3$$

$$\int_0^{+\infty} t^2 C(t)\,\mathrm{d}t = \int_0^{24} t^2 C(t)\,\mathrm{d}t = 7628.8 \text{ min}^3 \text{ g/m}^3$$

将计算结果代入式(9-62)及式(9-63)，即得平均停留时间及方差

$$\overline{t} = \frac{710.4}{78} = 9.11\text{min}$$

$$\sigma_t^2 = \frac{7628.8}{78} - 9.11^2 = 14.81$$

9.2　统计基础

到现在为止，我们总是从已给的随机变量 X 出发来研究 X 的种种性质，这时 X 的分布函数是已知的。然而，在实际问题中，大多是不知道 $F(x)$。如在化工生产中，由于原料和生产过程中各种随机因素的影响，产品的收率和质量是有波动的，将如何求产品收率或质量的分布呢？若要确切地回答上述问题，就必须收集产品收率或质量的全部可能取值。然而，现实是不允许这样做的，只能计算或检验少量的结果。如果我们想用相对少量的检验结果代

表生产情况，这就需要用数理统计的知识。

9.2.1 总体和样本

简单地说，总体就是研究对象的全体，也是随机变量 X 所有可能取值的集合。组成总体的每个基本单元叫个体。从数学意义上看，总体是一个随机变量 X，个体是这个随机变量 X 的一个取值。为了方便起见，今后，我们将总体与随机变量 X 等同起来，那么总体的概率分布也就是随机变量 X 的分布。

样本就是从总体中随机地抽取 n 个独立的可能取值（即做 n 次试验） X_1，X_2，$\cdots$，X_n 组成的集合。样本也称子样，其中 n 称为样本的容量。组成样本的个体叫样品。

对于 X_1，X_2，$\cdots$，X_n 来说，在抽样前，它是泛指容量为 n 的样本，表示随机抽取 n 个个体。究竟取得一组什么值，抽样前，不能准确预言，因而是 n 个随机变量；但在抽样后，得到 n 个样品的试验结果，即样本值 x_1，x_2，$\cdots$，x_n，它是一组常数。为了明确起见，规定：X_1，X_2，$\cdots$，X_n 表示随机变量，用 x_1，x_2，$\cdots$，x_n 表示样本值。

综上所述，从数学意义上讲，总体应是一个随机变量 X。而样本 X_1，X_2，$\cdots$，X_n 是 n 个互相独立，且与总体 X 同分布的随机变量，从整体上看，是 n 维随机变量 $(X_1$，X_2，$\cdots$，$X_n)$。因此，如果总体 X 有概率密度函数 $f(x)$，那么 $(X_1$，X_2，$\cdots$，$X_n)$ 有联合概率密度函数 $f(x_1, x_2, \cdots, x_n) = f(x_1) f(x_2) \cdots f(x_n)$。

9.2.2 样本的数字特征

下面只就样本的均值和方差进行讨论。

1. 样本均值

样本均值是表示样本集中位置的数字特征，一般可用下式表示

$$\bar{X} = \frac{1}{n} \sum_{i=1}^{n} X_i \qquad (9\text{-}64)$$

当 n 较大时，可按区间分组，然后按下式计算

$$\bar{X} = \frac{1}{n} \sum_{j=1}^{l} f_j \mu_j \qquad (9\text{-}65)$$

其中 l 为组数，f_j 为组频数。这里，f_j 是指 j 组样本数目，μ_j 为 j 组样本的中值。很显然，这样计算的平均值与分组情况有很大关系。

【例 9-12】 测定汽油中四乙铅的含量，得到一组数据如下：

n_i	1	2	3	4	5	6	7	8	9	10	11	12	13	14	15	16	17	18	19	20
x_i	4.20	4.28	4.45	4.17	4.30	4.22	4.24	4.14	4.08	4.26	4.23	4.18	4.31	4.23	4.38	4.21	4.12	4.25	4.33	4.26

求其平均含量。

解：首先将数据按区间分组，求出各区间的频数及组中值：

区 间	4.06~4.10	4.11~4.15	4.16~4.20	4.21~4.25	4.26~4.30	4.31~4.35	4.36~4.40	4.41~4.45
组频数	1	2	3	6	4	2	1	1
组中值	4.08	4.13	4.18	4.23	4.28	4.33	4.38	4.43

将上表中的数据代入式(9-65)，得

$$\bar{x} = \frac{1}{20}(4.08 + 4.13 \times 2 + 4.18 \times 3 + 4.23 \times 6 + 4.28 \times 4 + 4.33 \times 2 + 4.38 + 4.43) = 4.24$$

2. 样本的方差

样本方差是表示样本分散程度的数字特征，其定义为

$$S_X^2 = \frac{1}{n-1}\sum_{i=1}^{n}(X_i - \bar{X})^2 \tag{9-66}$$

为了计算方便,将 X_i 用其取值 x_i 代替,则上式可以写成

$$S_X^2 = \frac{1}{n-1}\left(\sum_{i=1}^{n}x_i^2 - \frac{\left(\sum_{i=1}^{n}x_i\right)^2}{n}\right) \tag{9-67}$$

容易看出，样本数字特征是样本 X_1，X_2，$\cdots$，X_n 的函数，为了充分利用样本来认识总体，还将用到样本的其他函数，为此引入统计量。

9.2.3　统计量

数学统计学讨论的重要课题是如何由样本去推断总体，样本是总体的一部分，是总体的代表，为了使由样本对总体所作的推断具有一定的可靠性，在抽样之后，并不直接利用样本的 n 个观测值进行推断，而必须对这些观测值进行加工处理，提炼筛选，把样本中所包含的我们关心事物的主要信息集中起来。为此，在数理统计学中，为了不同的推断目的，要对样本进行不同的加工，构造出许多不同的样本函数。我们把这些样本函数叫做统计量。

定义：设 X_1，X_2，$\cdots$，X_n 是总体 X 的样本，$\phi(X_1$，X_2，$\cdots$，$X_n)$ 是连续函数，如果其中不包含未知参数，则称 $\phi(X_1$，X_2，$\cdots$，$X_n)$ 为一个统计量。

例如，样本的均值及方差都是统计量，另外，所有的样本矩也是统计量。

统计量 $\phi(X_1$，X_2，$\cdots$，$X_n)$ 是 n 维随机变量的函数，和其他随机变量的函数一样，它也应该有其概率分布。我们称统计量的概率分布为抽样分布。

首先，给出两个重要的结论：设 X_1，X_2，$\cdots$，X_n 是总体 X 的样本，$\bar{X}=\frac{1}{n}\sum_{i=1}^{n}X_i$ 是样本的平均值，则无论 X 服从什么分布都有

$$E(\bar{X})=E(X) \tag{9-68}$$

$$D(\bar{X})=\frac{D(X)}{n} \tag{9-69}$$

然后，介绍几个来自正态分布的样本所构成的统计量的分布。

1. 样本均值的分布

【定理 9-3】　设总体 $X \sim N(\mu, \sigma^2)$ 分布，X_1，X_2，$\cdots$，X_n 是 X 的样本，$\bar{X}=\frac{1}{n}\sum_{i=1}^{n}X_i$ 是样本均值，则

$$\bar{X} \sim N(\mu, \sigma^2) \tag{9-70}$$

或

$$Z=\frac{\bar{X}-\mu}{\sqrt{\sigma^2/n}} \sim N(0,1^2) \tag{9-71}$$

在讨论正态分布总体 X 的有关问题时，经常用到标准正态分布"上 100_α 百分位点"这个名称，因此，有必要给出其定义。

定义　设 $Z \sim N(0,1)^2$，对给定 α $(0<\alpha<1)$ 称满足

$$P[Z>Z_\alpha]=\int_{Z_\alpha}^{+\infty}\frac{1}{\sqrt{2\pi}}e^{-\frac{t^2}{2}}dt=\alpha$$

或
$$P[Z < Z_\alpha] = \int_{-\infty}^{Z_\alpha} \frac{1}{\sqrt{2\pi}} e^{-\frac{t^2}{2}} dt = 1-\alpha$$

的点 Z_α 为标准正态分布的"上 100α 百分位点",如图 9-15 所示的阴影部分。

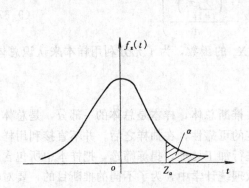

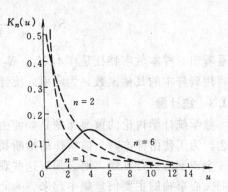

图 9-15 正态分布概率密度函数   图 9-16 χ^2 分布变量的概率密度

对于给定的 α,算出 $1-\alpha$,查标准正态分布表(附录 4 附表 4-1)便可求得 Z_α 值。例如,$\alpha=0.025$,则 $1-\alpha=0.975$,查表得 $Z_\alpha=1.96$。

2. χ^2 分布

定义:设随机变量列 X_1,X_2,$\cdots$,X_n 相互独立,且同服从 $N(0,1^2)$,则称随机变量

$$\chi^2 = X_1^2 + X_2^2 + \cdots + X_n^2$$

为自由度是 n 的 χ^2 分布,记作 $\chi^2 \sim \chi^2(n)$,其中 n 是参数,表示相互独立的随机变量的个数,这里称其为自由度。

χ^2 分布变量的概率密度函数为

$$K_n(u) = \begin{cases} \dfrac{1}{2^{\frac{n}{2}} \Gamma(\frac{n}{2})} u^{\frac{n}{2}-1} e^{-\frac{u}{2}}, & u > 0 \\ 0, & u \leqslant 0 \end{cases}$$

$K_u(u)$ 图形的形状与 n 有关,如图 9-16 所示。

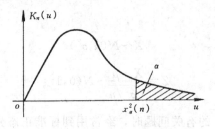

图 9-17 χ^2 分布的"上 100_α 百分点"

χ^2 分布的"上 100_α 百分位点"的定义与标准正态分布类似,如图 9-17 所示。只要给定 α 及 n 值,通过查表(附录 4 附表 4-3)即可得到 $\chi^2_{\alpha(n)}$。

【定理 9-4】　设总体 $X \sim N(\mu, \sigma^2)$ 分布，X_1，X_2，$\cdots$，X_n 是 X 的样本，$\bar{X} = \dfrac{1}{n}\sum\limits_{i=1}^{n} X_i$ 是样本均值，$S_X^2 = \dfrac{1}{n-1}\sum\limits_{i=1}^{n}(X_i - \bar{X})^2$ 是样本方差，则

$$\frac{\sum\limits_{i=1}^{n}(X_i - \bar{X})^2}{\sigma^2} = \frac{(n-1)S_X^2}{\sigma^2} \sim \chi^2(n-1) \tag{9-72}$$

3. F 分布

定义：$X \sim \chi^2(n_1), Y \sim \chi^2(n_2), X, Y$，相互独立，则称随机变量

$$F = \frac{X/n_1}{Y/n_2}$$

服从自由度是 (n_1, n_2) 的 F 分布，记作 $F \sim F(n_1, n_2)$。

随机变量 F 的概率密度函数为

$$f_F(y) = \begin{cases} \dfrac{\Gamma\left(\dfrac{n_1+n_2}{2}\right)}{\Gamma\left(\dfrac{n_1}{2}\right)\Gamma\left(\dfrac{n_2}{2}\right)}\left(\dfrac{n_1}{n_2}\right)\left(\dfrac{n_1}{n_2}y\right)^{\frac{n_1}{2}-1}\left(1+\dfrac{n_1}{n_2}y\right)^{-\frac{n_1+n_2}{2}}, & y > 0 \\ 0, & y \leqslant 0 \end{cases}$$

则称 X 服从自由度是 (n_1, n_2) 的 F 分布，记作 $F \sim F(n_1, n_2)$，其图形如图 9-18 所示。

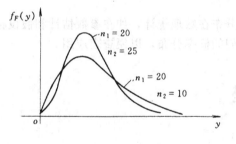

图 9-18　F 分布的概率密度

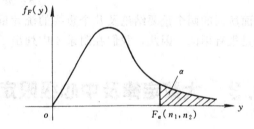

图 9-19　F 分布的"上 100_α 百分位点"

F 分布的"上 100_α 百分位点"$F_\alpha(n_1, n_2)$ 是指满足

$$\int_{F_\alpha(n_1, n_2)}^{+\infty} f_F(y)\mathrm{d}y = \alpha, (0 < \alpha < 1)$$

的点，即 $P[F(n_1, n_2) > F_\alpha(n_1, n_2)] = \alpha$，如图 9-19 所示。并有性质：$F_{1-\alpha}(n_1, n_2) = \dfrac{1}{F_\alpha(n_1, n_2)}$。

【定理 9-5】　设总体 $X \sim N(\mu_1, \sigma_1^2), Y \sim N(\mu_2, \sigma_2^2)$，$X$，$Y$ 相互独立，X_1，X_2，$\cdots$，X_{n_1}；Y_1，Y_2，$\cdots$，Y_{n_2} 分别是 X，Y 的样本，S_1^2，S_2^2 分别是它们的样本方差，则

$$\frac{S_1^2/\sigma_1^2}{S_2^2/\sigma_2^2} \sim F(n_1-1, n_2-1)$$

4. t 分布

定义：设 $X \sim N(0, 1^2), Y \sim \chi^2(n)$，且 X 与 Y 相互独立，则称随机变量

$$T = \frac{X}{\sqrt{Y/n}}$$

为服从自由度为 n 的 t 分布，记作 $T \sim t(n)$。其概率密度函数为

$$f(t) = \frac{\Gamma\left(\frac{n+1}{2}\right)}{\sqrt{n\pi}\,\Gamma\left(\frac{n}{2}\right)}\left(1+\frac{t^2}{n}\right)^{-\frac{n+1}{2}} \qquad -\infty < t < +\infty$$

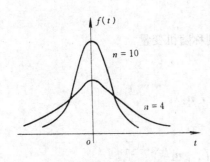

图 9-20　t 分布的概率密度

它的图形如图 9-20，其形状与 n 有关，且类似标准正态分布变量的概率密度函数图形，特别是当 $n \to \infty$ 时，t 分布以标准正态分布为极限。

对于给定的 $0 < \alpha < 1$，称满足条件

$$\int_{t_\alpha(n)}^{+\infty} f(t)\,\mathrm{d}t = \alpha$$

的横坐标 $t_\alpha(n)$ 为 $t \sim t(n)$ 的分布的"上 100α 百分位点"，其图形与图 9-15 类似。例如，给定 $\alpha = 0.025$，$n = 15$，查 t 分布表（附录 4 附表 4-2）得 $t_{0.025}(15) = 2.1315$。当 $n > 45$ 时，如无详细表可查，则可用标准正态分布表近似。

【定理 9-6】 设总体 $X \sim N(\mu, \sigma^2)$ 分布，$X_1, X_2, \cdots, X_n$，是 X 的样本，则

$$\frac{\bar{X}-\mu}{\sqrt{S_X^2/n}} \sim t(n-1) \tag{9-73}$$

上面所列的两个重要结论及几个重要的统计量的分布在数理统计，如在参数估计和假设检验中是很有用的，因此，我们在附录 4 中列出了它们的概率分布，以便查表应用。

9.3　大数定律及中心极限定理

9.3.1　切比雪夫不等式

设随机变量 X 存在 $E(X)$ 与 $D(X)$，则对于任意 $\varepsilon > 0$，都有下面的不等式成立

$$P[|X-E(X)| \geqslant \varepsilon] \leqslant \frac{D(X)}{\varepsilon^2} \tag{9-74}$$

该式称切比雪夫不等式，它的等价不等式是

$$P[|X-E(X)| < \varepsilon] \leqslant 1 - \frac{D(X)}{\varepsilon^2} \tag{9-75}$$

图 9-21 有助于理解该不等式。

切比雪夫不等式说明，随机变量的方差 $D(X)$ 越小，事件 $[|X-E(X)| < \varepsilon]$ 的概率越大 [从式(9-75) 看]。从而，X 在 $E(X)$ 附近取值的概率也越大。这就说明方差是随机变量取值程度的数字特征。切比雪夫不等式不但是大数定律的理论基础，而且，对随机变量落在有限区间上的概率的估算的也有重要意义。例如，对未知分布的随机变量 X，记 $E(X) = \mu$，$D(X) = \sigma^2$，取 $\varepsilon = 3\sigma$。由切比雪夫不等式有

$$P[\,|X-\mu|<3\sigma]\geqslant1-\frac{\sigma^2}{3\sigma^2}=\frac{8}{9}\approx0.89$$

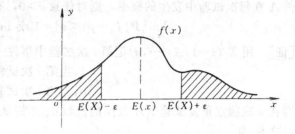

这就是说，无论 X 服从什么分布，它落在区域 D：$|X-\mu|<3\sigma$ 内的概率的不小于 0.88。这种估计在质量管理中形成所谓 3σ 原理：在一次试验中，如果随机变量 X（产品的某质量指标）取值于 $[\mu-3\sigma,\mu+3\sigma]$ 之外，则认为生产处于非管理状态。这是因为当不存在系统误差时，无论 X 服

图 9-21　切比雪夫不等式的理解

从什么分布都有 $P[\mu-3\sigma\leqslant X\leqslant\mu3\sigma]\geqslant0.88$。当 $[X\sim N(\mu,\sigma)^2$ 时，$P[\mu-3\sigma\leqslant X\leqslant\mu+3\sigma]=0.9973]$。可见，当生产处于管理状态时，产品质量指标 X 的取值绝大多数落入 $[\mu-3\sigma,\mu+3\sigma]$ 内。因此，任何一件产品，可以认为其质量指标 X 的取值应落入 $[\mu-3\sigma,\mu+3\sigma]$ 内，否则，认为生产处于非管理状态。

9.3.2　大数定律

一般说，事件发生的频率具有稳定性的事实，即随机试验次数 n 增多，随机事件 A 出现的频率稳定于某一常数 p。即当试验次数 n 很大时，频率 $\frac{\mu}{n}$ 稳定地在某一数值 p 附近摆动，而且一般地说 n 越大，摆动的幅度越小。例如，对于一个物理量，多次测量值的平均值也具有稳定性，据此，我们给出了概率的统计定义。大数定律是对这种稳定性的数学描述。在此我们只考虑最基本的情况。

定义：设 X_1，X_2，$\cdots$，X_n，$\cdots$ 是随机变量列。如果对于任何 $n\geqslant2$，X_1，X_2，$\cdots$，X_n，$\cdots$ 相互独立，且都服从相同的分布，则称 X_1，X_2，$\cdots$，X_n，$\cdots$ 独立同分布。

例如，在一定条件下，某射手对靶射击，单发命中率为 p。现独立重复射击 n 发，记 X_i（$i=1$，2，$\cdots$，n）为第 i 发命中次数，显然，X_i（$i=1$，2，$\cdots$，n）都服从（0-1）分布，从而 X_1，X_2，$\cdots$，X_n，$\cdots$（这里 n 为有限）独立同分布。

【定理 9-7】　（切比雪夫定理的特殊情况）设 X_1，X_2，$\cdots$，X_n，$\cdots$ 独立同分布，且 $E(X_1)$、$D(X_1)$ 存在，记 $\bar{X}_n=\sum\limits_{i=1}^{n}X_i/n$，则对于任意 $\varepsilon>0$ 有

$$\lim_{n\to\infty}P[\,|\bar{X}_n-E(X_1)|\,]\geqslant\varepsilon=0 \tag{9-76}$$

或

$$\lim_{n\to\infty}P[\,|\bar{X}_n-E(X_1)|\,]<\varepsilon=1 \tag{9-77}$$

这个定理表明，在定理条件下，当 n 无限增大时，n 个随机变量的算术平均值 $\bar{X}_n$ 几乎等于各随机变量的均值 $E(X_i)$。因此，当 n 充分大时，$\bar{X}_n$ 与 $E(X_i)$ 误差很小，这一点可以从理论上解释我们在测量中常使用的算术平均值法的正确性。假定欲对物理量 μ 进行测量。在相同条件下，独立重复测量 n 次，得到结果 x_1，x_2，$\cdots$，x_n。这些数值可看成独立同分布为随机变量 X_1，X_2，$\cdots$，X_n 的 n 个取值。由定理 9-7 可知，取 x_1，x_2，$\cdots$，x_n 的算术平均值作为物理量 μ 的近似值是合适的。这一点我们在数理统计中常会用到。在物理中，定理 9-7 也有实际的背景。例如，在一个容器内有很多气体分子，它们不断地运动，每一个气体分子的运动是随机的，对每个单一分子而言，不能准确预言它在指定时刻的动能。但在一定温度下，对于容器内的这一部分或那一部分气体分子动能的算术平均值却几乎是一个常数。

【定理 9-8】　（贝努里定律）设 f_n 是 n 次独立重复试验中事件 A 发生的频率，p 是事

件 A 在每次试验中发生的概率，则对任意 $\varepsilon>0$，有

$$\lim_{n\to\infty}[P|f_n-p|<\varepsilon]=1 \text{ 或 } \lim_{n\to\infty}[P|f_n-p|\geqslant\varepsilon]=0 \tag{9-78}$$

[证] 用 $X_i(i=1,2,\cdots,n)$ 记第 i 次试验中事件 A 发生的次数，即

$$X_i=\begin{cases}1,\text{当第 } i \text{ 次试验事件发生}\\0,\text{当第 } i \text{ 次试验事件不发生}\end{cases}$$

则在 n 次独立重复试验中 A 发生的次数 μ_n 正好是各次试验中 A 发生的次数 $X_i(i=1,2,\cdots,n)$ 之和，即

$$\mu_n=\sum_{i=1}^n X_i,\quad f_n=\frac{\mu_n}{n}=\frac{1}{n}\sum_{i=1}^n X_i=\bar{X}_n$$

由于 $X_i(i=1,2,\cdots,n)$ 相互独立，且都服从参数 p 的 $(0,1)$ 分布，则存在 $E(X_i)=p(i=1,2,\cdots,n)$，并由式(9-43) 知

$$D(X_i)=(1-p)^2 p+(0-p)^2 q=pq(p+q)=pq(i=1,2,\cdots,n)$$

故将 $\bar{X}_n$ 及 $E(X_i)$ 代入式(9-77)，有

$$\lim_{n\to\infty}P[|f_n-p|<\varepsilon]=1 \text{ 或 } \lim_{n\to\infty}[P|f_n-p|\geqslant\varepsilon]=0$$

本定理以数学形式刻画了频率稳定性规律。它表明，当独立重复试验次数 n 无限增大时，事件 A 发生的频率 f_n 与概率 p 有一定偏差的可能性可任意小。因此，当试验次数 n 很大时，实际上可以用事件发生的频率 f_n 代替事件发生的概率 p。这就提供了估算随机事件在一定条件下发生的概率的一种方法。读者也许有过这种实践：为了估计批量很大的一批产品的次品率，从这批产品中随机抽取 n 件，当 n 足够大时(例如 $n=100$，或 $n=1000\cdots$)，次品出现的频率 f_n 可以作为该批产品次品率(概率) p 的近似值。

9.3.3　中心极限定理

我们知道，许多随机变量，如同一批炮弹的初速度、弹重量，同年龄儿童身高，测量误差等均服从正态分布。那么，为什么有这么多的随机变量具有服从正态分布这一统计规律呢？长期以来，人们对这个问题作了大量深入研究。对服从正态分布的随机变量有了本质的了解，即这种随机变量可看成是由大量相互独立随机因素的影响总和而形成的，其中每个因素所起的作用都有一定的限度，作为总和这个随机变量便服从了正态分布。例如测量误差这个随机变量，由于在测量过程中，不可避免地受到温度、湿度、大气压力、视差、人的心理状态等因素的影响。这些微小因素相互独立，每一个因素对测量结果的影响都是微小的，甚至是感觉不到的，但它们累积起来，其总和对测量结果有明显的影响，致使测量结果具有随机性，且服从正态分布。中心极限定理从理论上证明了上述事实，在相当广泛的条件下都是正确的。中心极限定理的内容很丰富，有各种各样的形式，这里只概述同分布的中心极限定理。

【定理 9-9】 设随机变量列 $X_1,X_2,\cdots,X_n,\cdots$ 独立同分布，且具有有限的数学期望和方差：$E(X_k)=\mu,D(X_k)=\sigma^2\neq0(k=1,2,\cdots,n\cdots)$ 则随机变量

$$Y_n=\frac{\sum_{k=1}^n X_k-n\mu}{\sqrt{n\sigma^2}} \tag{9-79}$$

的分布函数 $F_n(x)$ 对于任意 x，满足

$$\lim_{n\to+\infty}F_n(x)=\lim_{n\to+\infty}\left[\frac{\sum_{k=1}^n X_k-n\mu}{\sqrt{n\sigma^2}}\leqslant x\right]=\int_{-\infty}^x\frac{1}{\sqrt{2\pi}}e^{\frac{-t^2}{2}}dt \tag{9-80}$$

定理的证明超出了本书的要求,且过程较长,这里不证。不过我们愿意对照正态随机变量形成的背景作些解释。从定理 9-9 的结论可知,当 n 充分大时,近似地有

$$Y_n = \frac{\sum\limits_{k=1}^{n} X_k - n\mu}{\sqrt{n\sigma^2}} \sim N(0,1)$$

或者说,当 n 充分大时,近似地有

$$\sum_{k=1}^{n} X_k \sim N(n\mu, n\sigma^2) \tag{9-81}$$

如果用 X_1, X_2, $\cdots$, X_n, $\cdots$ 表示相互独立的各随机因素。假定它们都服从相同的分布(不论服从什么分布),且有有限的期望与方差(每个因素的影响有一定限度)、则式(9-81)说明,作为总和 $\sum\limits_{k=1}^{n} X_k$ 这个随机变量,当 n 充分大时,便服从正态分布。这就是说,无论各随机变量 X_1, X_2, $\cdots$, X_n, $\cdots$ 服从怎样的分布,只要它们中每一个所起的影响有一定的限度,那么它们的总和 $\sum\limits_{k=1}^{n} X_k$,当 n 充分大时,就近似地服从正态分布。在许多问题中,虽然所考虑的随机变量各式各样,但所服从的分布却常常的近似于正态分布,其理论根据就是中心极限定理。

9.4　参数估计

数理统计的基本问题是根据样本所提供的信息,对总体的分布以及分布的数字特征作出统计推断的问题。统计推断的主要内容分为两大类:总体参数估计和统计假设检验。这里我们先讨论参数估计。

通常,当被研究的随机变量(总体)的分布类型为已知时,还需要确定分布函数中的参数是什么值,这样随机变量的分布函数才能完全确定。另外一类问题是在某些具体问题中,事先并不知道总体的分布类型,而所关心的仅仅是总体的某些数字特征。所有这些都需进行估计。那么如何得到所需要的总体的参数呢?这需要由样本提供的信息作出估计。我们称这类统计问题为参数估计问题。对参数 θ 进行估计有两种方式,即点估计和区间估计。点估计可以用样本数据计算得到总体参数的最好估值,但不能给出包括在估计过程中的误差大小的概念。区间估计是设想用一个随机区间去包含未知参数,而且又能计算出这个区间能包含它的概率。

9.4.1　数学期望与方差的点估计

9.4.1.1　矩估计法

定义:用样本矩作为相应总体矩的估计量,从而求出未知参数的估计值的方法称为矩估计法。如用数理统计中样本的均值和方差 $\bar{X}$ 及 S_X^2 来估计总体的数学期望和方差。为了区别起见,以下我们用一个统计量 θ 来表示总体参数 θ 的估计值。

【例 9-13】　设总体 X 的概率密度函数为

$$f(x,\theta) = \begin{cases} \theta x^{\theta-1}, & 0 < x < 1 \\ 0, & \text{其他} \end{cases}$$

用矩估计法求未知参数 θ。

解：总体 X 的数学期望为：

$$E(X) = \int_0^1 x\theta x\theta^{-1}\mathrm{d}\theta = \frac{\theta}{\theta+1}$$

由矩估计法知，总体 X 的数学期望 $E(X)=\bar{X}$，所以

$$\frac{\theta}{\theta+1} = \bar{X}$$

$$\theta = \frac{\bar{X}}{1-\bar{X}}$$

9.4.1.2 极大似然法

定义 设总体 X 的概率密度函数为 $f\ (x;\ \theta_1,\ \theta_2,\ \cdots,\ \theta_m)$，其中 $\theta_1,\ \theta_2,\ \cdots,\ \theta_m$ 是未知参数，$x_1,\ x_2,\ \cdots,\ x_n$ 为 X 的样本。对于给定的 $x_1,\ x_2,\ \cdots,\ x_n$，称函数 $L = L(x_1,$ $x_2,\cdots,x_n;\theta_1,\theta_2,\cdots,\theta_m) = \prod_{i=1}^{n} f(x_i;\theta_1,\theta_2,\cdots,\theta_m)$ 为关于样本值 $x_1,\ x_2,\ \cdots,\ x_n$ 的似然函数。如果存在 $\hat{\theta}_1,\ \hat{\theta}_2,\ \cdots,\ \hat{\theta}_m$，使 $L = L(x_1,x_2,\cdots,x_m;\theta_1,\theta_2,\cdots,\theta_m)$ 达到最大，则称 $\hat{\theta}_1,\ \hat{\theta}_2,\ \cdots,\ \hat{\theta}_m$ 分别是 $\theta_1,\ \theta_2,\ \cdots,\ \theta_m$ 的最大似然估计。

由于 $\ln L$ 与 L 在同一点 $(\hat{\theta}_1,\ \hat{\theta}_2,\ \cdots,\ \hat{\theta}_m)$ 上达到最大值，所以利用最大似然估计法只要解方程组

$$\frac{\partial\ (\ln L)}{\partial\theta_i} = 0 \qquad i = 1,2,3\cdots,k$$

从中确定所要求的 $\theta_1,\theta_2,\cdots,\theta_m$。

【例 9-14】 设总体服从正态分布 $N(\mu,\sigma^2)$，其中参数 μ 与 σ^2 未知，试求其最大似然估计值。

解：因为总体 X 的概率密度函数为

$$f(x,\mu,\sigma) = \frac{1}{\sigma\sqrt{2\pi}}\mathrm{e}^{-\frac{(x-\mu)^2}{2\sigma^2}}$$

所以，X 的似然函数 $\ln L$ 为

$$\ln L(x,\mu,\sigma) = -\frac{1}{2\sigma^2}\sum_{i=1}^{n}(x_i-\mu)^2 - \frac{n}{2}\ln\sigma^2 - \frac{n}{2}\ln 2\pi$$

这里有两个参数 μ 与 σ^2，则根据最大似然法，有

$$\begin{cases} \dfrac{\partial L}{\partial\mu} = -\dfrac{1}{\sigma^2}\sum_{i=1}^{n}(x_i-\mu) = 0 \\[3mm] \dfrac{\partial L}{\partial\sigma^2} = \dfrac{1}{2\sigma^4}\sum_{i=1}^{n}(x_i-\mu)^2 - \dfrac{n}{2\sigma^2} = 0 \end{cases}$$

解上述方程组，可得 μ 与 σ^2 的极大似然估计值

$$\hat{\mu} = \frac{1}{n}\sum_{i=1}^{n}x_i$$

$$\hat{\sigma}^2 = \frac{1}{n}\sum_{i=1}^{n}(x_i-\hat{\mu})^2$$

9.4.2　估计量的评选标准

总体 X 的同一未知参数可用不同的方法估计，那么，对于该参数可得不同的估计量。如何选取合适的值呢？这就涉及到估计量的好坏的标准问题。通常采用下列三个标准来衡量。

1. 无偏差性

定义：若估计值 $\hat{\theta}$ 的数学期望 $E(\hat{\theta})$ 等于总体的未知参数 θ，则称 $\hat{\theta}$ 为 θ 的无偏差估计量。这就是说，如果随机变量 $\hat{\theta}$ 的数学期望是 θ，那么 $\hat{\theta}$ 是 θ 的无偏差估计量。从数学期望的意义知，如果 $\hat{\theta}$ 满足无偏差性，那么，虽然 $\hat{\theta}$ 的取值由于随机变量而偏离参数 θ 的真值，但 $\hat{\theta}$ 取值的数学期望却等于未知参数 θ 的真值。无偏性的意义是：用 $\hat{\theta}$ 估计 θ 时，没有系统偏差。

现在，让我们再看看样本均值和方差是否可以作为总体数学期望和方差的无偏估计值。

设总体 X 的数学期望为 μ 与方差为 σ^2，X_1，X_2，$\cdots$，X_n 是 X 的样本，其平均值 $\bar{X} = \frac{1}{n}\sum_{i=1}^{n}X_i$，则由式(9-66) 知样本方差为 $S_X^2 = \sum_{i=1}^{n}\frac{(X_i-\bar{X})^2}{n-1}$。

下面证明 $E(\bar{X})=\mu, E(S_X^2)=\sigma^2$。

证明：(1) 由式(9-68)知，$E(\bar{X})=E(X)=\mu$，所以，由定义知 $\bar{X}$ 是 μ 的无偏估计。

(2)
$$E(S_X^2) = E\Big[\frac{1}{n-1}\sum_{i=1}^{n}(X_i-\bar{X})^2\Big]$$
$$= \frac{1}{n-1}E\Big[\sum_{i=1}^{n}X_i^2 - n\bar{X}^2\Big]$$
$$= \frac{1}{n-1}\Big[\sum_{i=1}^{n}E(X_i^2) - nE(\bar{X}^2)\Big]$$

由式(9-42)，$D(X)=E(X^2)-[E(X)]^2$，并利用式(9-69) $D(\bar{X})=\dfrac{D(X)}{n}$ 及 (1) 的结果，有

$$E(S_X^2) = \frac{1}{n-1}\Big\{\sum_{i=1}^{n}\big[D(X_i)+E^2(X_i)\big] - n\big[D(\bar{X})+E^2(\bar{X})\big]\Big\}$$
$$= \frac{1}{n-1}\Big\{n\sigma^2 + n\mu^2 - n\Big(\frac{\sigma^2}{n}+\mu^2\Big)\Big\} = \sigma^2$$

以上推导说明样本方差的数学期望等于总体方差，所以，样本的方差可以作为总体方差的无偏估计值。

2. 有效性

用 $\hat{\theta}$ 估计 θ 仅具有无偏性是不够的，还希望 $\hat{\theta}$ 的取值密集在 θ 附近，而且密集程度越高越好，因此定义有效性如下

定义：如果 θ 与 $\hat{\theta}$ 为无偏估计，即 $E(\hat{\theta})=\theta$，若存在

$$D(\hat{\theta}_1) \leqslant D(\hat{\theta}_2) \tag{9-82}$$

则称 $\hat{\theta}_1$ 较 $\hat{\theta}_2$ 有效。

有效性的意义是说，用 $\hat{\theta}$ 估计 θ 时，除了无系统偏差外，还要考虑精度的高低。

3. 一致性

上面讨论的是无偏性和有效性，是假设样本容量 n 确定的。但我们很容易体会到，容量越大越能精确地估计未知参数。例如对同一估计量，用容量为 1000 的样本比容量为 100 的样本作出的估计要好。显然，一个好的估计量，当样本容量 n 增大时，$\hat{\theta}$ 的取值与参数 θ 的真值任意接近的可能性应该更大，于是引入一致性的概念。

定义如果对任意给定的正数 ε，总有

$$\lim_{n \to \infty} P(|\hat{\theta}_n - \theta| < \varepsilon) = 1 \tag{9-83}$$

则 θ 与估计值 $\hat{\theta}_n$ 是一致的。

例如，当样本容量增加时，样本平均值 $\overline{X}$ 接近总体的平均值 μ，因此，我们可以说 $\overline{X}$ 是 μ 的一致性估值。

对于估计量的评选，以上三条标准，对于一个具体的统计量而言不一定三条都满足。例如无偏性在直观上比较合理，但并非每一个参数都能找到它的无偏估计量。有效性在直观上理论上都是合理的，因此使用较多。估计量 $\hat{\theta}$ 的方差越小越好，这是从要求来考虑的。但实际上 $\hat{\theta}$ 的方差 $D(\hat{\theta})$ 并非可以任意小，而是有下界的，即

$$D(\hat{\theta}) \geqslant \frac{1}{nE\left[\left(\frac{\partial}{\partial \theta}\ln(x, \theta)\right)^2\right]} \tag{9-84}$$

式(9-84) 称为克拉美-罗（Cramer-Rao）不等式，它的证明可查阅有关专著。在此，顺便提醒读者，在实际工作中估计总体方差 σ^2 时，如果获得的 $\hat{\sigma}^2$ 值异常小，则要考察一下是否测试粗糙或精度太低，使数据差异体现不出来。用一致性衡量估计量好坏，由于要求样本容量很大，实际上不容易办到。衡量估计量好坏，还有其他标准。

9.4.3　参数的区间估计

由前面可以看出，点估计只可得到一个关于总体参数估计的单值 $\hat{\theta}$，而且也只能是未知参数 θ 的近似值，而不是 θ 的真值。并且样本不同所得到的估计值也不同。那么 θ 的真值在什么范围呢？能不能通过样本寻求一个区间，以一定把握包含总体参数 θ 呢？这就是总体未知参数的区间估计问题。

定义设 θ 是总体 X 的未知参数，若存在随机区间 $[\theta_1, \theta_2]$，使对于给定的 α（$0 < \alpha < 1$）满足

$$P(\theta_1 \leqslant \theta \leqslant \theta_2) = 1 - \alpha \tag{9-85}$$

则称随机变量区间 $[\theta_1, \theta_2]$ 是 θ 的置信区间。α 称为置信度，$1-\alpha$ 称为置信水平（或置信概率），通常 α 取为 0.05 或 0.01。

9.4.3.1　数学期望的置信区间

假设 $(X_1, X_2, \cdots, X_n, \cdots)$ 是具有均值为 μ 和方差 σ 的正态分布的总体中随机抽取的样本，由式(9-68) 及式(9-69) 知样本均值 $\overline{X}$ 的数学期望及方差与总体的关系是：$E(\overline{X}) = \mu, S_{\overline{X}}^2 = \sigma^2/n$。下面分几种情况来讨论总体平均值 μ 的估计。

1. 已知总体的方差 σ^2，估计总体的平均值 μ

由定理 9-3 知，如果总体服从正态分布，则样本的均值 $\overline{X}$ 也服从正态分布，而随机变量

$$Z = \frac{\overline{X} - \mu}{\sigma/\sqrt{n}} \tag{9-86}$$

服从标准正态分布 $N(0,1)$。由正态分布的"上 100α 百分位点"定义知，对于给定的 $\alpha(0<\alpha<1)$，存在 $Z_{1-\frac{\alpha}{2}}$ 使

$$P(-Z_{1-\frac{\alpha}{2}}<Z<Z_{1-\frac{\alpha}{2}})=1-\alpha \tag{9-87}$$

将 Z 值代入式(9-87)，得

$$P\left(-Z_{1-\frac{\alpha}{2}}<\frac{\overline{X}-\mu}{\sigma/\sqrt{n}}<Z_{1-\frac{\alpha}{2}}\right)=1-\alpha \tag{9-88}$$

上式经过变换后，可得

$$P\left(\overline{X}-Z_{1-\frac{\alpha}{2}}\frac{\sigma}{\sqrt{n}}<\mu<\overline{X}+Z_{1-\frac{\alpha}{2}}\frac{\sigma}{\sqrt{n}}\right)=1-\alpha \tag{9-89}$$

从而可得数学期望 μ 的置信区间为

$$(\theta_1,\theta_2)=\left(\overline{X}-Z_{1-\frac{\alpha}{2}}\frac{\sigma}{\sqrt{n}},\overline{X}+Z_{1-\frac{\alpha}{2}}\frac{\sigma}{\sqrt{n}}\right) \tag{9-90}$$

【例 9-15】 连续标定重铬酸钾溶液的浓度（用摩尔浓度×10^{-4}表示）得到如下结果：

$$1.22,\quad 1.23,\quad 1.18,\quad 1.31,\quad 1.25,\quad 1.22,\quad 1.24$$

若总体方差为 $49\times10^{-10}M^2$，试求置信水平为 95％时，平均值 μ 的置信区间。

解： 样本平均值 $\overline{X}=\dfrac{1}{7}(1.22+1.23+1.18+1.31+1.25+1.22+1.24)\times10^{-4}$

$$=1.236\times10^{-4}$$

样本平均值的标准差 $S_{\overline{X}}=\sqrt{\sigma^2/n}=\sqrt{\dfrac{49\times10^{-10}}{7}}=2.646\times10^{-5}$

在 95％置信水平时，查附录 4 标准正态分布表，得

$$Z_{1-\frac{\alpha}{2}}=Z_{0.975}=1.96$$

所以，在 95％置信水平时，由式(9-90)，μ 的置信区间为

$$12.36\times10^{-5}-2.646\times10^{-5}\times1.96\leqslant\mu\leqslant12.36\times10^{-5}+2.646\times10^{-5}\times1.96$$

即

$$7.17\times10^{-5}\leqslant\mu\leqslant17.55\times10^{-5}$$

2. 总体方差 σ^2 未知，估计总体平均值 μ

当总体方差 σ^2 未知时，如果我们还希望用式(9-90)估计总体数学期望的置信区间，则 σ^2 要用其估计值 $S_X^2=\dfrac{1}{n-1}\sum_{i=1}^{n}(X_i-\overline{X})^2$ 来代替。但此时随机变量 Z 不再是正态分布，所以由式(9-90)表示的置信区间不再有效，必须改用其他的随机变量表示。由定理 9-6 知，随机变量 $T=\dfrac{\overline{X}-\mu}{S_X/\sqrt{n}}\sim t(n-1)$。由于 t 分布只与样本方差有关，而与总体方差无关，因此可由其求得总体分布数学期望 μ 的置信区间。

对于给定 α 及 n，由 t 分布表可查得 $t_{1-\frac{\alpha}{2}}$ 的值，使得

$$P\left(-t_{n-1,1-\frac{\alpha}{2}}\leqslant\frac{\overline{X}-\mu}{S_X/\sqrt{n}}\leqslant t_{n-1,1-\frac{\alpha}{2}}\right)=1-\alpha \tag{9-91}$$

对上式整理得

$$P\left(\overline{X}-t_{n-1,1-\frac{\alpha}{2}}\frac{S_X}{\sqrt{n}}\leqslant\mu\leqslant\overline{X}+t_{n-1,1-\frac{\alpha}{2}}\frac{S_X}{\sqrt{n}}\right)=1-\alpha \tag{9-92}$$

所以，μ 的置信区间为

$$\left(\overline{X}-t_{n-1,1-\frac{\alpha}{2}}\frac{S_X}{\sqrt{n}}, \overline{X}+t_{n-1,1-\frac{\alpha}{2}}\frac{S_X}{\sqrt{n}}\right) \tag{9-93}$$

【例 9-16】 测得换热器的总体传热系数为

$$60, \quad 63, \quad 60, \quad 68, \quad 70, \quad 72, \quad 65, \quad 61, \quad 69, \quad 67$$

试求在 99% 置信水平时，总体平均值 μ 的置信区间。

解：样本平均值 $\overline{X}=\sum_{i=1}^{n}\frac{X_i}{n}=65.5$

样本标准差由式(9-67)计算，即 $S_X=\sqrt{S_X^2}=\left(\frac{43073-42903}{9}\right)^{1/2}=4.347$

所以，$\dfrac{S_X}{\sqrt{10}}=\dfrac{4.347}{\sqrt{10}}=1.375$

在 99% 置信水平时，$\dfrac{\alpha}{2}=0.005$

此处，自由度为 $10-1=9$，查附录 $4t$ 分布表，得 $t_{9,0.995}=3.250$

在 99% 置信水平时，由式(9-93)，总体平均值 μ 的置信区间为

$$65.5-3.25\times1.375\leqslant\mu\leqslant65.5+3.25\times1.375$$
$$66.03\leqslant\mu\leqslant69.97$$

9.4.3.2 方差的置信区间

1. 方差置信区间的估计

设 $(X_1, X_2, \cdots, X_n)$ 仍是服从平均值为 μ、方差为 σ^2 的正态分布的总体 X 的样本。由定理 9-4，随机变量

$$\chi^2=\sum_{i=1}^{n}\left(\frac{X_i-\overline{X}}{\sigma}\right)^2=(n-1)\frac{S_X^2}{\sigma^2} \tag{9-94}$$

服从 χ^2 分布，且自由度为 $n-1$。由于该分布是已知的，因此

对于给定的 $\alpha(0<\alpha<1)$，有

$$P\left(-\chi^2_{n-1,\frac{\alpha}{2}}\leqslant\frac{(n-1)S_X^2}{\sigma^2}\leqslant\chi^2_{n-1,1-\frac{\alpha}{2}}\right)=1-\alpha \tag{9-95}$$

整理上式，得

$$P\left(\frac{(n-1)S_X^2}{\chi^2_{n-1,1-\frac{\alpha}{2}}}\leqslant\sigma^2\leqslant\frac{(n-1)S_X^2}{\chi^2_{n-1,\frac{\alpha}{2}}}\right)=1-\alpha$$

所以，总体方差的置信区间为

$$\left(\frac{(n-1)S_X^2}{\chi^2_{n-1,1-\frac{\alpha}{2}}}, \frac{(n-1)S_X^2}{\chi^2_{n-1,\frac{\alpha}{2}}}\right) \tag{9-96}$$

【例 9-17】 五次标定吸收塔的吸收液流量（m^3/hr）为

$$5.84, \quad 5.76, \quad 6.03, \quad 5.90, \quad 5.87$$

试求在 95% 置信水平时，总体方差 σ^2 的置信区间。

解：样本的平均值为

$$\overline{X}=\sum_{i=1}^{n}\frac{X_i}{n}=5.88$$

样本方差为 $S_X^2=\left(\sum_{i=1}^{n}X_i^2-n\overline{X}^2\right)/(n-1)=0.00975$

因为，$n=5$，所以，当 $\alpha=0.05$ 时，查附录 $4\chi^2$ 分布表，得

$$\chi^2_{4,0.025}=0.484, \qquad \chi^2_{4,0.975}=11.1$$

因此，当置信水平为 95% 时，由式(9-96)，总体方差 σ^2 的置信区间为

$$\frac{4\times0.00975}{11.1}\leqslant\sigma^2\leqslant\frac{4\times0.00975}{0.484}$$

$$0.00351\leqslant\sigma^2\leqslant0.08057$$

上例是在总体平均值 μ 未知的情况下，用样本平均值 $\bar{X}$ 作为 μ 的估计值。如果总体的均值 μ 已知，则可将 μ 直接代入，此时

$$\chi^2=\sum_{i=1}^{n}\left(\frac{X_i-\mu}{\sigma}\right)^2 \tag{9-97}$$

这里，χ^2 是具有 n 个自由度的 χ^2－分布的随机变量。与式(9-94)比较，在式(9-96)中用 $(X_i-\mu)^2$ 代替 $(n-1)S_X^2$，则总体方差 σ^2 的置信区间为

$$\left(\frac{(X_i-\mu)^2}{\chi^2_{n-1,1-\frac{\alpha}{2}}},\ \frac{(X_i-\mu)^2}{\chi^2_{n-1,\frac{\alpha}{2}}}\right) \tag{9-98}$$

2. 两种方差的比较

假设两个独立的样本 X_{11}，X_{12}，$\cdots$，X_{1n_1} 和 X_{21}，X_{22}，$\cdots$，X_{2n_2} 的方差为 S_1^2 和 S_2^2，它们的总体都为正态分布，且平均值和方差分别为 μ_1，σ_1^2，μ_2，σ_2^2。由定理 9-5 知

$$\frac{S_1^2/\sigma_1^2}{S_2^2/\sigma_2^2}\sim F(n_1-1,n_2-1) \tag{9-99}$$

因此

$$P(F_{n_1-1,n_2-1,\alpha/2}<F<F_{n_1-1,n_2-1,1-\alpha/2})=1-\alpha \tag{9-100}$$

将式(9-99)代入，则

$$P(F_{n_1-1,n_2-1,\alpha/2}<\frac{\sigma_2^2}{\sigma_1^2}\cdot\frac{S_1^2}{S_2^2}<F_{n_1-1,n_2-1,1-\alpha/2})=1-\alpha$$

或

$$P(\frac{S_2^2}{S_1^2}F_{n_1-1,n_2-1,\alpha/2}<\frac{\sigma_2^2}{\sigma_1^2}<\frac{S_2^2}{S_1^2}F_{n_1-1,n_2-1,1-\alpha/2})=1-\alpha$$

因此，对于 $\dfrac{\sigma_2^2}{\sigma_1^2}$ 的 $(1-\alpha)$% 的置信区间为

$$\frac{S_2^2}{S_1^2}F_{n_1-1,n_2-1,\alpha/2}<\frac{\sigma_2^2}{\sigma_1^2}<\frac{S_2^2}{S_1^2}F_{n_1-1,n_2-1,1-\alpha/2}$$

【例 9-18】 两种催化剂的反应温度分别为

X_1	308.23	308.94	311.59	309.46	311.15	311.29	309.16	310.68	311.86	310.98	312.29	311.21	309.98
X_2	310.95	308.86	312.80	309.74	311.03	311.89	310.93	310.39	310.24	311.89	309.65	311.85	310.73

求：$\dfrac{\sigma_2^2}{\sigma_1^2}$ 的置信区间，$\alpha=0.02$。

解：(1) 求样本的平均值和方差

$$\bar{X}_1=310.52℃ \qquad \bar{X}_2=310.84℃$$

$$S_1^2=1.5757 \qquad S_2^2=1.1867$$

（2）由于 $n_1-1=12$，$n_2-1=12$，查附录 4F 分布表得

$$F_{12,12,0.01}=0.241 \qquad F_{12,12,0.99}=4.16$$

所以，$\dfrac{\sigma_2^2}{\sigma_1^2}$ 的置信区间为

$$\frac{1.1867}{1.5757}(0.241)<\frac{\sigma_2^2}{\sigma_1^2}<\frac{1.1867}{1.5757}(4.16)$$

即

$$0.18104<\frac{\sigma_2^2}{\sigma_1^2}<3.13300$$

所以 σ_2/σ_1 98% 的置信区间为

$$0.4225<\sigma_2/\sigma_1<1.7700$$

由于此置信区间包括 1.0000，所以认为 σ_1 与 σ_2 有可能相等。

9.5　假设检验

统计推断的第二个领域就是假设检验。它仍然是根据随机样本的特性而对总体的情况作出某种判断，只是所用的方法不同。另外，与参数估计不同，它除了可以假设总体有某参数以外，还可以假设总体遵从某种分布，然后根据样本对原假设进行判断（或检验）。因此，所谓的假设检验就是先假设总体具有某种统计特性（如具有某种参数，或遵从某种已知总体的分布函数），而未知的是分布参数，那么，这一类检验问题就叫做参数的假设检验。在此我们主要讨论的是参数的假设检验问题。

在生产实际与科学研究中经常会遇到两种状态存在，如产品质量是否合格，生产条件变化以后，产品收率有无变化等等，这些情况均可借助于数理统计方法做出明确的判断。因为，不同状态的产生可以看做是随机现象所遵从的统计规律不同，而统计假设就是对随机变量的概率分布所做的一种假定。

如果我们假设两种状态具有相同的分布，只是其参数值不同，则可以认为随机变量的概率密度函数为二者之一，便可以得到两种假设

$$H_0:f(x)=p(x,\theta) \qquad \theta\in\omega$$
$$H_1:f(x)=p(x,\theta) \qquad \theta\in\Omega-\omega$$

其中 Ω 为参数可能取值的全体，称为参数空间，而 ω 为 Ω 的某个子集。我们称 H_0 为原假设，H_1 为对立假设（备择假设）。选择何种状态作为原假设要根据具体情况来确定。如某工厂原来使用催化剂 A 生产某种产品，收率 80%，现因某种原因需用催化剂 B 来取代催化剂 A，此时，当然希望所得产品收率起码应与原来产品收率相同，而原来产品收率的平均值为 μ_1，假设用催化剂 B 代替催化剂 A 后的产品收率的平均值为 μ_2，则 $\mu_1=\mu_2$ 作为原假设，而取 $\mu_1\neq\mu_2$ 作为对立假设。有了原假设 H_0 之后，要根据样本情况对其进行检验，然后决定是拒绝原假设 H_0，还是接受 H_0。根据某种方法进行判断时，可能会犯错误，如果 H_0 为真，而我们判断结果接受 H_0，则为正确的；若判断结果拒绝 H_0，则称为犯第一类错误。如 H_0 为不真，判断结果拒绝 H_0，则正确的；若判断结果接受 H_0，则称为犯第二类错误。数理统计的目的就在于控制犯这样错误的概率。因此，要选择一种好的检验法，要使得当 H_0 为真时，弃真的概率 α 很小，而且当 H_0 不真时，要能以很大的概率来拒绝它。

统计假设通常分为两种情况，一种是简单假设，另一种是复合假设。如果当一个统计假

设给定以后，分布函数的所有参数均随之而定，则称为简单假设，否则称之为复合假设。如某随机变量的分布符合正态分布，其概率密度函数为

$$f(x,\theta_1,\theta_2)=\frac{1}{\sqrt{2\pi\theta_2}}\mathrm{e}^{-\frac{1}{2}\left(\frac{x-\theta_1}{\theta_2}\right)^2}$$

如果假设 H：$\theta_1=5$，$\theta_2=1$，便是一个简单假设。如果 $\theta_1=5$ 或 $\theta_2=1$，或 $\theta_1=5\theta_2<1$，均为复合假设。

9.5.1　单尾检验与双尾检验

根据原假设 H_0 和对立假设 H_1 的情况，通常可分为单尾对立假设和双尾对立假设。所谓双尾对立假设就是原假设 H_0：$\mu=\mu_0$，它的对立的复合假设为 H_1：$\mu\neq\mu_0$。若 H_0：$\mu=\mu_0$，而对立的复合假设为 H_1：$\mu>\mu_0$ 或 H_1：$\mu<\mu_0$，则后二者均称为单尾对立假设。那么，在开始检验之前，如何确定用何种对立假设呢？同样要根据所要研究的问题的性质来决定。如前边所说的用催化剂 B 来取代催化剂 A 的问题，如果我们希望的是二者的收率最好相同，则可使用双尾的 H_1：$\mu\neq\mu_0$ 作为对立假设。如果我们希望的是后者的收率要高于原来使用催化剂 A 时的收率，则可用单尾对立假设 H_1：$\mu<\mu_0$ 等等。

假设样本是由具有已知方差 σ^2 的正态分布总体中随机取出的，设原假设 H_0：$\mu=\mu_0$，对立假设 H_1：$\mu\neq\mu_0$。我们当然希望选取一个以样本平均值为 $\overline{X}$ 为基础的统计量，因为 $\overline{X}$ 是 μ 的最好的估值。另外，如果 $\overline{X}$ 与原假设的 μ_0 的值差别很大，我们自然会拒绝原假设 H_0。所以，我们可以用统计量

$$Z=\frac{(\overline{X}-\mu_0)}{\sigma/\sqrt{n}}$$

由于 $\overline{X}$ 为具有平均值 μ_0（如果 H_0 是真的）和方差 σ^2/n 的正态分布，所以，Z 具有标准的正态分布。根据上述信息，我们可以在规定犯一类错误的概率 α 条件下，由标准正态分布表求出 $z_{\alpha/2}$ 和 $z_{1-\alpha/2}$ 的值，使

$$P(Z>z_{1-\alpha/2} \text{ 或 } Z<z_{\alpha/2})=\alpha$$

因为标准正态分布关于零对称的，所以拒绝 H_0 的临界值也可以选择对零对称的。即

$$P(Z>z_{1-\alpha/2})=\frac{\alpha}{2}=P(Z<z_{\alpha/2})$$

对 H_0：$\mu=\mu_0$，H_1：$\mu\neq\mu_0$ 的双尾拒绝的区域于图 9-22 中的阴影部分。

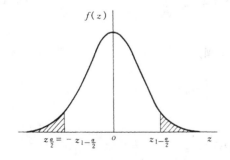
图 9-22　双尾检验的拒绝区

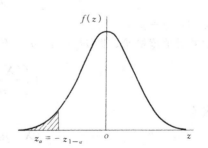
图 9-23　单尾检验的拒绝区

如果总体仍为正态分布，而原假设为 H_0：$\mu=\mu_0$，对立假设为 H_1：$\mu<\mu_0$ 总体方差 σ^2 仍为已知。此时，如果 $\overline{X}>\mu_0$，我们将接受 H_0，而只有当 $\overline{X}<\mu_0$ 才拒绝 H_0。因此，规定

α，使这样拒绝区域在标准正态分布曲线的左尾端，即为单尾检验。其临界区域如图 9-23 所示阴影部分。

$$P(Z < z_\alpha) = \alpha$$

类似地，如果 H_0：$\mu = \mu_0$，而 H_1：$\mu > \mu_0$，则拒绝区域将在标准正态分布曲线的右尾端。

如果样本来自未知方差 σ^2 的正态总体，则不能再使用 $Z = (\bar{X} - \mu_0)/(\sigma/\sqrt{n})$ 的作为统计量了，只能用 $T = (\bar{X} - \mu_0)/(S_X/\sqrt{n})$ 作为统计量，从前面知 T 是服从具有 $(n-1)$ 个自由度的 t 分布。

9.5.2 关于平均值的检验

上述两种情况主要用于对总体的平均值的检验或比较两个总体的平均值。而且，适用正态分布的总体或总体近似于正态分布的情况。

设容量为 n 的随机样本来自具有平均值为 $\mu = \mu_0$ 的总体，假设总体方差是已知时，即可使用统计量

$$Z = \frac{(\bar{X} - \mu_0)}{\sigma/\sqrt{n}}$$

当检验 H_0：$\mu = \mu_0$ 及双尾对立假设 H_1：$\mu \neq \mu_0$ 时，如果 Z 的观测值太大或太小均可拒绝 H_0。由于 Z 具有标准的正态分布，所以，如果 $Z = (\bar{X} - \mu)/(\sigma/\sqrt{n}) > z_{1-\alpha/2}$ 或 $Z < z_{\alpha/2} = -z_{1-\alpha/2}$，即可拒绝 H_0：$\mu = \mu_0$。这种检验一般叙述为，显著水平 α 使

$$P\left(\frac{(\bar{X} - \mu_0)}{\sigma/\sqrt{n}} > z_{1-\alpha/2} \text{ 或 } \frac{(\bar{X} - \mu_0)}{\sigma/\sqrt{n}} < -z_{1-\alpha/2}\right) = \alpha \tag{9-101}$$

式(9-101)中的概率意味着当 H_0：$\mu = \mu_0$ 是真时，而拒绝它的概率临界区为

$$\frac{(\bar{X} - \mu_0)}{\sigma/\sqrt{n}} > z_{1-\alpha/2} \text{ 或 } \frac{(\bar{X} - \mu_0)}{\sigma/\sqrt{n}} < -z_{1-\alpha/2}$$

上式也可以写成

$$\bar{X} - z_{1-\alpha/2}\frac{\sigma}{\sqrt{n}} > \mu_0 \text{ 或 } \bar{X} + z_{1-\alpha/2}\frac{\sigma}{\sqrt{n}} < \mu_0 \tag{9-102}$$

如果满足式(9-102)中的两个不等式，则将拒绝 H_0：$\mu = \mu_0$。反之，如果 μ_0 包含在 μ 的 $(1-\alpha)$％的置信区间内，即

$$\bar{X} - z_{1-\alpha/2}\frac{\sigma}{\sqrt{n}} < \mu_0 < \bar{X} + z_{1-\alpha/2}\frac{\sigma}{\sqrt{n}} \tag{9-103}$$

即接受 H_0：$\mu = \mu_0$。

如果对单尾检验，即 H_0：$\mu \leq \mu_0$，H_1：$\mu > \mu_0$，则

$$P\left(\frac{(\bar{X} - \mu_0)}{\sigma/\sqrt{n}} > z_{1-\alpha}\right) = \alpha$$

临界区为

$$(\bar{X} - \mu_0)/(\sigma/\sqrt{n}) > z_{1-\alpha}$$

可以写成

$$\bar{X} - z_{1-\alpha}\frac{\sigma}{\sqrt{n}} > \mu_0$$

其相应的单边的$(1-\alpha)$％的置信区间为

$$\left(\overline{X}-z_{1-\alpha}\frac{\sigma}{\sqrt{n}},\infty\right)$$

如果被检验的 μ_0 落在上述置信区间内，那么，$(\overline{X}-\mu_0)/(\sigma/\sqrt{n})>z_{1-\alpha}$，即接受 H_0。

另外一种单尾检验也类似。可将上述情况总结于表 9-3 中。

表 9-3　当 σ^2 已知时对平均值 μ 的检验

原　假　设	统计量 $Z=\dfrac{(\overline{X}-\mu_0)}{\sigma/\sqrt{n}}$ 对立假设	拒　绝　区
$H_0: \mu=\mu_0$	$H_1: \mu\neq\mu_0$	$z>z_{1-\alpha/2}$ 或 $z<-z_{1-\alpha/2}$
$H_0: \mu\leqslant\mu_0$	$H_1: \mu>\mu_0$	$z>z_{1-\alpha}$
$H_0: \mu\geqslant\mu_0$	$H_1: \mu<\mu_0$	$z<-z_{1-\alpha}$

【**例 9-19**】　同例 9-15 若总体方差 $\sigma^2=49\times10^{-10}\,M^2$，分析 7 个样品的均值为 $\overline{X}=12.36\times10^{-4}\,M$，而

$$\frac{\sigma}{\sqrt{n}}=\sqrt{\frac{49\times10^{-10}}{7}}=2.646\times10^{-5}\,M$$

试问可否假设 $K_2Cr_2O_7G$ 溶液浓度的平均值 μ 为 $10\times10^{-4}\,M$？

解：可以假设检验的程序分成七步。

① 假设数据来自已知方差的正态总体

② 原假设和对立假设为

$$H_0: \mu=10\times10^{-4}\,M, \quad H_1: \mu\neq10\times10^{-4}\,M$$

③ 选择统计量

$$Z=\frac{\overline{X}-10^{-3}}{\sigma/\sqrt{n}}$$

④ 给出显著性水平 $\alpha=0.05$

⑤ 求临界区，由表 9-3 及附录四表 1

$$|Z|>z_{1-\alpha/2}=z_{0.975}=1.96$$

⑥ 计算统计量

$$Z=\frac{12.36\times10^{-4}-10\times10^{-4}}{2.464\times10^{-5}}=0.47$$

⑦ 统计推断：因为 $Z=0.47<z_{0.975}=1.96$，故接受 $H_0: \mu=10\times10^{-4}\,M$

若当方差 σ^2 未知时，则用 $T=(\overline{X}-\mu_0)/(S_X/\sqrt{n})$ 作为统计量，并用样本方差 S_X^2 代替 σ^2。未知方差 σ^2 时各种检验情况总结在表 9-4 中。

表 9-4　当 σ^2 已知时对平均值 μ 的检验

原　假　设	统计量 $T=\dfrac{(\overline{X}-\mu_0)}{S/\sqrt{n}}$ $(n-1)$ 自由度 对立假设	拒　绝　区
$H_0: \mu=\mu_0$	$H_1: \mu\neq\mu_0$	$T>t_{n-1,1-\alpha/2}$ 或 $T<-t_{n-1,1-\alpha/2}$
$H_0: \mu\leqslant\mu_0$	$H_1: \mu>\mu_0$	$T>t_{n-1,1-\alpha}$
$H_0: \mu\geqslant\mu_0$	$H_1: \mu<\mu_0$	$T<-t_{n-1,1-\alpha}$

【**例 9-20**】　用 BurnettP-V-T 装置标定 Ruska 静重仪，在 $70\,kg/cm^2$ 的负载下，得到如下表观质量：

26.03570	26.03575	26.03599
26.03581	26.03551	26.03533
26.03529	26.03588	26.03570
26.03573	26.03586	

可以说表观质量 μ 不超过 26.5 吗？

解：同上例一样分七步进行假设检验。

① 假设近似于正态分布。

② H_0：$\mu \geqslant 26.5$，H_1：$\mu < 26.5$。

③ 因未知方差 σ^2，故用 $T = (\bar{X} - 26.5)/(S_X/\sqrt{n})$。　　　　　　(9-104)

④ 令 $\alpha = 0.05$。

⑤ T 是具为 $11-1=10$ 自由度的 t 分布。

由表 9-4 及附录 4 附表 4-2 知临界区

$$\frac{\bar{X} - 26.5}{S_X/\sqrt{n}} < -t_{10, 0.95} = -1.8125$$

⑥ 计算 X 的均值为 $\bar{X} = 26.03578$，及 $n = 10$ 代入上式得

$$S_X/\sqrt{10} = 6.741 \times 10^{-5}$$　　　　　　(9-105)

将式(9-105)代入式(9-104)得　　$T = \dfrac{26.03568 - 26.5}{6.741 \times 10^{-5}} = -\dfrac{0.46432}{6.741} \times 10^5 = -6888$

⑦ 由于 $T < t_{10, 0.95} = -1.8125$，所以，拒绝 H_0：$\mu \geqslant 26.5$，即可以说平均表观质量值 μ 不超过 26.5。

9.5.3　两个平均值差别的检验

有时为了比较两个总体的平均值需要进行此种检验，通常分三种情况。

1. σ_1^2 和 σ_2^2 已知

假设从分别具有 σ_1^2 和 σ_2^2 的两个不同的总体中抽取两个随机样本，而 σ_1^2 和 σ_2^2 是已知的。此时统计检验使用的是标准正态随机变量。

$$Z = \frac{\bar{X}_1 - \bar{X}_2 - (\mu_1 - \mu_2)}{\sqrt{\dfrac{\sigma_1^2}{n_1} + \dfrac{\sigma_2^2}{n_2}}}$$　　　　　　(9-106)

其中 n_1 和 n_2 分别为两个样本的容量。

此时，设原假设为 H_0：$\mu_1 - \mu_2 = d$，d 是一指定的数，但通常感兴趣的是 $\mu_1 - \mu_2 = 0$，那么，对立假设即为 H_0：$\mu_1 \neq \mu_2$。如果 $Z > z_{1-\alpha/2}$ 或 $Z < z_{\alpha/2} = -z_{1-\alpha/2}$。就拒绝原假设，其他各种可能的结果列于表 9-5。

表 9-5　σ_1^2 和 σ_2^2 已知时，检验 $\mu_1 - \mu_2$

原 假 设	统计量 $Z = \dfrac{(\bar{X}_1 - \bar{X}_2) - (\mu_1 - \mu_2)}{\sqrt{\dfrac{\sigma_1^2}{n_1} + \dfrac{\sigma_2^2}{n_2}}}$ 对立假设	拒 绝 区
H_0：$\mu_1 - \mu_2 = 0$	H_0：$\mu_1 - \mu_2 \neq 0$	$Z > z_{1-\alpha/2}$ 或 $Z < -z_{1-\alpha/2}$
H_0：$\mu_1 - \mu_2 \leqslant 0$	H_0：$\mu_1 - \mu_2 > 0$	$Z > z_{1-\alpha}$
H_0：$\mu_1 - \mu_2 \geqslant 0$	H_0：$\mu_1 - \mu_2 < 0$	$Z < -z_{1-\alpha}$

2. σ_1^2 和 σ_2^2 未知，但假设二者相等

通常未知的方差用下式估计

$$S_p^2 = \frac{\sum_{i=1}^{n_1}(X_{1i}-\bar{X}_1)^2 + \sum_{i=1}^{n_2}(X_{2i}-\bar{X}_2)^2}{n_1+n_2-2}$$

统计量为

$$T = \frac{\bar{X}_1 - \bar{X}_2 - (\mu_1-\mu_2)}{S_p\sqrt{\frac{1}{n_1}+\frac{1}{n_2}}}$$

它服从 n_1+n_2-2 个自由度 t 分布。

各种检验判断结果总结于表 9-6 中。

表 9-6　σ_1^2 和 σ_2^2 未知，但相等时，检验 $\mu_1-\mu_2$

原　假　设	统计量 $T=\dfrac{\bar{X}_1-\bar{X}_2-(\mu_1-\mu_2)}{S_p\sqrt{\frac{1}{n_1}+\frac{1}{n_2}}}$, 自由度 $k=n_1+n_2-2$ 对立假设	拒绝区
$H_0:\mu_1-\mu_2=0$	$H_0:\mu_1-\mu_2\neq0$	$T>t_{k,1-\alpha/2}$ 或 $T<-t_{k,1-\alpha/2}$
$H_0:\mu_1-\mu_2\leq0$	$H_0:\mu_1-\mu_2>0$	$T>t_{k,1-\alpha}$
$H_0:\mu_1-\mu_2\geq0$	$H_0:\mu_1-\mu_2<0$	$T<-t_{k,1-\alpha}$

【例 9-21】 连续标定两瓶盐酸的浓度，当量数据如下表：

N_1	15.75	15.64	15.92
N_2	15.58	15.49	15.72

若两瓶盐酸标定浓度的方差均为 0.016，试问根据所标定的结果是否可以认为两瓶盐酸是同一批生产的？

解： 首先确定两瓶盐酸的浓度平均值 $\bar{N}_1$，$\bar{N}_2$

$$\bar{N}_1 = (15.57+15.64+15.92)/3 = 15.770$$
$$\bar{N}_2 = (15.58+15.49+15.72)/3 = 15.597$$

假定两瓶盐酸是同一批生产的，则

$$H_0:\mu_1=\mu_2$$
$$H_1:\mu_1\neq\mu_2$$

根据两个样本方差 $\sigma_1^2=\sigma_2^2=0.016$，故为第一种情况，因此从表 9-5 选择统计量为 Z，即

$$Z = \frac{15.770-15.597-(\mu_1-\mu_2)}{\sqrt{0.016}\,(\sqrt{1/3+1/3})}$$

如果假设成立，则 $\mu_1=\mu_2$，上式即变为

$$Z = \frac{15.770-15.597}{\sqrt{0.016}\,(\sqrt{1/3+1/3})} = 1.675$$

如果选取 $\alpha=0.05$，由表 9-3 及查附录 4 附表 4-1 知临界区域，$|z|<z_{1-\alpha}=z_{0.975}=1.96$。

因为 $-1.96<1.675=Z<1.96$，所以，不能拒绝原假设 $H_0:\mu_1=\mu_2$。

【例 9-22】 为了确定催化剂中组分 A 的含量对 NO_2 的还原的影响，分别测定了含组分 A 为 0.5% 和 1% 的两种催化剂的试验数据各三组，其中每组数据又由五次重复试验组成，其结果如下表：

组别	重复试验平均值			组平均
	A	B	C	
1	5.18	5.52	5.42	$\bar{X}_2=5.37$
2	5.58	5.62	5.82	$\bar{X}_1=5.67$

试问能够认为平均值 μ_1 和 μ_2 之间没有显著差别吗？

解：根据题意 $n_1=n_2=3$。

假设 $\sigma_1^2=\sigma_2^2$，且方差未知，故属于第二种情况。此时，根据表 9-6 只能选择 T 为统计量。根据已给数据可以计算出

$$S_p^2=\frac{\sum_{i=1}^{n_1}(X_{1i}-\bar{X}_1)^2+\sum_{i=1}^{n_2}(X_{2i}-\bar{X}_2)^2}{n_1+n_2-2}=0.07875$$

所以

$$T=\frac{\bar{X}_1-\bar{X}_2-(\mu_1-\mu_2)}{S_p\sqrt{\frac{1}{3}+\frac{1}{3}}}=\frac{5.37-5.67-(\mu_1-\mu_2)}{\sqrt{0.07875}\sqrt{\frac{2}{3}}}$$

若原假设为 H_0：$\mu_1=\mu_2$，则

$$T=\frac{5.37-5.67}{\sqrt{0.07875}\sqrt{\frac{2}{3}}}=-1.309$$

如果选 $\alpha=0.05$，查附录 4 附表 4-2 那么，$t_{4,0.025}=-2.776$，由表 9-6 知临界区域为 $T>t_{k,1-\alpha/2}=-2.776$，而本题所计算的统计量 $T=-1.309>-2.776$，故接受原假设 H_0：$\mu_1=\mu_2$。

3. 第三种情况是 σ_1^2 和 σ_2^2 是未知的且不相等，此时，统计量用

$$T_f=\frac{\bar{X}_1-\bar{X}_2-(\mu_1-\mu_2)}{\sqrt{\frac{S_1^2}{n_1}+\frac{S_2^2}{n_2}}}$$

此处 n_1 和 n_2 是样本容量，S_1^2 和 S_2^2 是样本方差。

统计量 T_f 的自由度为 f

$$f=\frac{\left(\frac{S_1^2}{n_1}+\frac{S_2^2}{n_2}\right)}{\frac{\left(\frac{S_1^2}{n_1}\right)^2}{n_1-1}+\frac{\left(\frac{S_2^2}{n_2}\right)^2}{n_2-1}}$$

由于此种情况与前两种情况相比不经常遇到，所以，在此不详细叙述。

9.5.4 关于方差 σ^2 的检验

如果需要检验总体方差的 σ^2 是否等于已知的常数 σ_0^2，即可双边检验

$$H_0: \sigma^2 = \sigma_0^2 \qquad H_1: \sigma^2 \neq \sigma_0^2$$

假设 H_0 正确，统计量将用随机变量

$$\chi^2 = (n-1)S_X^2/\sigma_0^2$$

χ^2 是具有 $(n-1)$ 个自由度的 χ^2 分布。当 $H_0: \sigma^2 = \sigma_0^2$ 是真的，临界区是在 χ^2 分布的两个尾端处，即

$$\chi^2 = (n-1)S_X^2/\sigma_0^2 \leqslant \chi_{n-1,\alpha/2}^2 \text{ 或 } \chi^2 > \chi_{n-1,1-\alpha}^2$$

如果显著性水平为 α，则其临界区由下式

$$P(\chi_{n-1,\alpha/2}^2 \leqslant \chi^2 \leqslant \chi_{n-1,1-\alpha/2}^2) = 1-\alpha$$

来确定。

如果我们需要检验样本方差是否超过一定给定值，则可用单边检验，$H_0: \sigma^2 \leqslant \sigma_0^2$，$H_1: \sigma^2 > \sigma_0^2$ 相应的拒绝 H_0 的单边临界区为

$$\chi^2 = (n-1)S_X^2/\sigma_0^2 \geqslant \chi_{n-1,1-\alpha}^2$$

另外一个单边检验是 $H_0: \sigma^2 = \sigma_0^2$，$H_1: \sigma^2 < \sigma_0^2$。相应的拒绝 H_0 的临界区为

$$\chi^2 = (n-1)S^2/\sigma_0^2 \geqslant \chi_{n-1,\alpha}^2$$

表 9-7 总结了上述三种情况。

表 9-7　方差 σ^2 的检验

原　假　设	统计量 $\chi^2 = (n-1) S_X^2/\sigma_0^2$　　$(n-1)$ 自由度 对立假设	拒　绝　区
$H_0: \sigma^2 = \sigma_0^2$	$H_1: \sigma^2 \neq \sigma_0^2$	$\chi^2 > \chi_{n-1,1-\alpha/2}^2$ 或 $\chi^2 < \chi_{n-1,\alpha/2}^2$
$H_0: \sigma^2 \leqslant \sigma_0^2$	$H_1: \sigma^2 > \sigma_0^2$	$\chi^2 > \chi_{n-1,1-\alpha}^2$
$H_0: \sigma^2 \geqslant \sigma_0^2$	$H_1: \sigma^2 < \sigma_0^2$	$\chi^2 < \chi_{n-1,\alpha}^2$

【**例 9-23**】　同例 9-17 五次标定吸收塔吸收液流量为 5.84，5.76，6.03，5.90，和 5.87 m^3/h，我们是否可以保证每次测定的方差小于 0.01？

解：

① 假定为正态总体。

② $H_0: \sigma^2 \geqslant 0.01$，$H_1: \sigma^2 < 0.01$。

③ 选择统计量 $\chi^2 = (n-1)S_X^2/\sigma_0^2$。

④ 令 $\alpha = 0.025$。

⑤ χ^2 具有 $5-1=4$ 个自由度的统计量，由附录 4 附表 4-3 及表 9-7 知临界区域为，$\chi^2 < \chi_{4,0.025}^2 = 0.484$。

⑥ 由例 9-17 知样本方差 $S_X^2 = 0.00975$，故计算统计量

$$\chi^2 = \frac{4(0.00975)}{0.01} = 3.900$$

⑦ 由上述计算知 $\chi^2 = 3.9 > \chi_{4,0.025}^2 = 0.484$，故我们不能拒绝 $H_0: \sigma^2 \geqslant 0.01$，因此，结论是不能相信 $\sigma^2 < 0.01$。

9.5.5　比较两个总体的方差

假设 σ_1^2 和 σ_2^2 两个正态总体的方差，检验共分为三种情况：$H_0: \sigma_1^2 = \sigma_2^2$，$H_1: \sigma_1^2 \neq \sigma_2^2$，以及 $H_1: \sigma_1^2 > \sigma_2^2$，或 $H_1: \sigma_1^2 < \sigma_2^2$。也可以表示成 $H_0: \sigma_1^2/\sigma_2^2 = 1$，对立假设为 $H_1: \sigma_1^2/\sigma_2^2 \neq$

1；$H_1: \sigma_1^2/\sigma_2^2 > 1$ 或 $H_1: \sigma_1^2/\sigma_2^2 < 1$。

如果 X_1，X_2，$\cdots$，X_{n1} 和 Y_1，Y_2，$\cdots$，Y_{n2} 是分别从两个正态分布总体中抽出的样本，检验方差使用统计量为

$$F = \frac{S_1^2/\sigma_1^2}{S_2^2/\sigma_2^2} \tag{9-107}$$

在 $H_0: \sigma_1^2/\sigma_2^2 = 1$ 情况下，式(9-107) 中的统计量变为

$$F = S_1^2/S_2^2$$

如果 $H_0: \sigma_1^2/\sigma_2^2 = 1$ 是真的，F 是具有（$n_1 - 1$）和（$n_2 - 1$）自由度的 F 分布。因此，如果 S_1^2/S_2^2 充分地不同于 1，则拒绝 H_0。当显著水平 α 使得

$$P(F_{n_1-1,n_2-1,\alpha/2} \leqslant F \leqslant F_{n_1-1,n_2-1,1-\alpha/2}) = 1 - \alpha$$

如果计算值 $F = S_1^2/S_2^2$ 落在 F 分布的两个尾端内，则支持 $H_1: \sigma_1^2 \neq \sigma_2^2$ 而拒绝 H_0。上述三种检验及临界区列于表 9-8 中。

表 9-8 $\sigma_1^2 = \sigma_2^2$ 检验

原　假　设	统计量 $F = S_1^2/S_2^2$，自由度为 n_1-1，n_2-1 对立假设	拒　绝　区
$H_0: \sigma^2 = \sigma_0^2$	$H_1: \sigma^2 \neq \sigma_0^2$	$F < F_{n_1-1,n_2-1,1-\alpha/2}$ 或 $F > F_{n_1-1,n_2-1,\alpha/2}$
$H_0: \sigma^2 \leqslant \sigma_0^2$	$H_1: \sigma^2 > \sigma_0^2$	$F > F_{n_1-1,n_2-1,1-\alpha}$
$H_0: \sigma^2 \geqslant \sigma_0^2$	$H_1: \sigma^2 < \sigma_0^2$	$F < F_{n_1-1,n_2-1,\alpha}$

【例 9-24】 同例 9-18 每种催化剂有 13 个观测值，即 $n_1 = n_2 = 13$。试问两种催化剂相应的温度方差是否不同？

解： 从例 9-18 已知 $\overline{X}_1 = 310.84℃$，　　　　$\overline{X}_2 = 310.52℃$

$$S_1^2 = 1.1867 \qquad\qquad S_2^2 = 1.5757$$

原假设 $H_0: \sigma_1^2 = \sigma_2^2$，对立假设 $H_1: \sigma_1^2 \neq \sigma_2^2$。所用统计量为 $F = S_1^2/S_2^2$，查附录四表 4 临界区为

$$F > F_{12,12,0.99} = 4.16 \text{ 和 } F < F_{12,12,0.01} = 0.241$$

而计算　　　　　　　　$F = S_1^2/S_2^2 = 1.1867/1.5757 = 1.3$

即 $0.241 < F = 1.3 < 4.16$，所以，不能拒绝原假设 H_0。也就是说，在 2% 显著水平下，使用两种催化剂相应的温度方差没有显著的区别。

习　题

1. 举例说明随机变量与普通变量的不同。

2. 离散型与连续型随机变量的概率分布表示有何不同？

3. 设随机变量 X 的概率分布为

X	-1	0	1	2	3
$P(X = x_k)$	0.1	0.3	0.4	0.1	0.1

求 X 的分布函数 $F(x)$，并画出其图形。

4. 设 X 在（1，4）服从均匀分布，如果 $P(X < C) = 1/3$，求 C。

5. 设随机变量 X 的概率密度函数 $f(x)$ 为

$$f(x)=\begin{cases}x, & 0\leqslant x<1\\2-x, & 1\leqslant x\leqslant 2\\0, & 其他\end{cases}$$

求 X 的分布函数 $F(x)$，并画出其图形。

6. 某人欲从某地乘公交车去火车站有两条路线可走，第一条路线较短，但交通拥挤，所需时间（单位为分）服从正态分布 $N(40,81)$，第二条路线较长，但意外阻塞较少，所需时间服从正态分布 $N(50,25)$，问若有 60 分钟可用，你建议选哪条路线。

7. 对于习题 3，求 (1) $Y=2X+1$；(2) $Y=X^2+1$ 的概率分布。

8. 如果连续型随机变量 X 的概率密度函数为

$$f(x)=\begin{cases}\dfrac{2x}{\pi^2}, & 0<x<\pi\\0, & 其他\end{cases}$$

求 $Y=\sin X$ 的概率密度函数。

9. 设 $X\sim N(0,1)$，求 $Y=e^X$ 的概率密度函数。

10. 设二维随机变量 (X,Y) 的联合密度函数为

$$f(x,y)=\begin{cases}e^{-(x+y)}, & 0\leqslant x<+\infty,0\leqslant y<+\infty\\0, & 其他\end{cases}$$

求分布函数 $F(x,y)$。

11. 对于习题 8，求 $E(X),D(X)$。

12. 设 $X\sim N(\mu,\sigma^2)$ 分布，证明方差 $D(X)=\sigma^2$。

13. 用脉冲法实验测某一均相反应器的停留时间分布，得到下列一组数据：

t/min	0	5	10	15	20	25	30	35	40	45	50
$C(t)\times10^3/(\text{g/ml})$	0	0	0	0.113	0.863	2.210	3.340	3.720	3.520	2.840	2.270

t/min	55	60	65	70	75	80	85	90	95	100
$C(t)\times10^3/(\text{g/ml})$	1.755	1.275	0.910	0.619	0.413	0.300	0.207	0.131	0.094	0.075

如果实验采用 $v=40.2\text{mL/min}$，示踪剂的加入量 $Q=4.95\text{g}$，实验完毕测得反应器内存料量 $V=1785\text{mL}$，求平均停留时间及方差。

14. 实验测得 CO_2 在 100℃于 1.3176～66.43atm 范围内的压缩因子 Z 为：

n	1	2	3	4	5	6	7	8	9	10	11	12	13	14	15	16
Z	0.9966	0.9969	0.9971	0.9556	0.9957	0.9873	0.9388	0.9122	0.9966	0.9447	0.9971	0.9371	0.9215	0.9873	0.9029	0.9829

n	17	18	19	20	21	22	23	24	25	26	27	28	29	30	31	32
Z	0.9234	0.9454	0.9758	0.9022	0.9141	0.9380	0.9042	0.9223	0.9606	0.9747	0.9810	0.9500	0.9115	0.9303	0.9129	0.9621

求 CO_2 在上述条件下压缩因子的平均值，及其实验值的方差。

15. 从反应器出口测定尾气中反应物的浓度得到如下数据（摩尔组成）：

n	1	2	3	4	5	6	7	8	9	10
x	0.249	0.230	0.255	0.245	0.253	0.260	0.267	0.240	0.250	0.255

试问今后再测定数据的 90%落在什么范围内？

16. 用色谱测定混合物中丙酮含量时，气体的最佳流量的区间估计值为 $1136<\mu<14014$ 那么，根据下列的气体流量 v 值($\text{m}^3\times10^6/\text{s}$)：

n	1	2	3	4	5	6
v	0.1667	0.1750	0.2000	0.2500	0.2167	0.2667

问估值的置信水平为多少?

17. 从两批原料随机取样进行分析,由第一批原料取 20 个样分析其中组分 A 的平均含量为 46.0%,方差为 120。从第二批原料取 18 个样分析组分 A 的平均含量为 39.1%,方差为 180。能否以 95% 的概率水平说第一批原料中组分 A 的含量高于第二批原料的?

18. 某厂用原来的原料生产铸铁,其中硅含量的总体平均值为 0.85%,改用新原料后,第一个月测定的硅含量的百分数为:

n	1	2	3	4	5	6	7	8	9	10	11	12	13	14	15	16
C	1.13	0.80	0.85	0.60	0.97	0.92	0.94	0.72	0.87	1.17	0.36	0.68	0.73	0.82	0.79	0.87

n	17	18	19	20	21	22	23	24	25	26	27	28	29	30
C	0.92	0.81	0.97	0.48	0.92	1.00	0.61	0.81	0.71	0.97	0.89	1.16	0.68	1.00

若 $\alpha = 0.02$,请判断用新原料时的硅含量和用老原料时的硅含量相同吗?

19. 为了测定苯甲酸中的碳含量,10 名技术员每人分析一对样品,得到如下结果:

n	1	2	3	4	5	6	7	8	9	10	11	12	13	14	15	16	17	18	19	20
C	69.03	69.18	69.58	68.79	69.23	69.14	68.86	68.80	69.14	68.96	69.22	69.43	69.18	68.98	69.17	69.42	68.73	68.81	68.83	69.40

已知理论碳含量为 68.84%,问最高显著性水平为多少时,可以说理论值和实验的平均值之间没有差别?

第十章 数据校正技术

10.1 绪论

10.1.1 化工过程数据校正的意义及其应用范围

化工厂生产过程中测量的全部工艺数据，包括物料流率、组成、温度、压力等统称为化工过程数据。由于测量存在误差，从生产车间获取的报表数据往往不能精确地满足系统物料平衡、热量平衡以及化学反应计量关系，这种现象称之为测量数据的不平衡性。另外，由于某些装置某个部位不允许采样或不便于安装测试仪表；又因分析技术所限某些成分分析不出来等原因，从化工装置采集到的测量数据不可能完整，这称之为不完整性。不平衡性和不完整性的数据给过程分析和设计研究等工作带来困难。数据校正工作的基本任务就是对不平衡的数据进行处理，给出校正值以提高其精确性和平衡性，对残缺的未能测量的数据，运用物理化学规律尽可能地给出估计值。需要指出，测量误差包含随机误差和过失误差两大类，前者由于随机因素而产生，服从统计规律，可以设法校正，后者由于仪表失灵、操作失误或设备泄漏等原因产生严重偏差，不可以校正，此时数据校正技术作用是发现它并究其原因而剔除它。

经过校正处理的数据对以下诸方面工作具有重要实用价值。

（1）生产计划的统计管理——校正处理后的完整平衡数据对于生产统计报表和经济效益分析等生产计划管理工作提供可靠的依据。

（2）生产过程监测管理——应用数据校正技术商品化软件在线分析过程数据，考察生产过程是否稳定安全，如仪表测试有无失灵状态、装置管线有无严重泄漏现象都可以通过数据分析找出问题所在。另外数据校正软件还可用来考查设备和装置工作性能如催化剂活性、压缩机效率以及换热器污垢因子等。

（3）过程模拟及优化控制——检验一个系统流程模拟软件中数学模型的可靠性以及各种物性参数选用的合理性，需要将过程模拟计算结果与生产现场实测数据相比较，看其是否吻合。而这里需要现场提供的是一整套经过数据校正技术处理后的平衡数据，这样的比较才有意义。如将数据校正技术，流程模拟软件和优化控制装置联合起来便可对生产过程实现有效的优化控制。

10.1.2 数据校正技术的发展与近况

1961 年 Kuehn 和 Davidson 首先提出化工测量数据需要校正。校正的原则是：在满足物料平衡和热量平衡条件下使校正值与对应的测量值的偏差平方和最小，当时并未认识过失误差的存在以及鉴别方法。1972 年 Nogita 提出对测量数据进行正态统计量检验一致性准则，从而对线性物料平衡方程情况下建立了侦破和识别过失误差的算法。1977 年 Madron 等人又进一步处理了非线性物料平衡方程。1980 年 Knepper 等人将测量数据的校正和参数估计融汇成一个整体进行处理，约束方程允许线性、非线性，也可含待估的参数。

对单一化工单元设备问题，由于涉及物料流股数目不多，解题规模较小，可以直接使用拉格朗日乘子法求解。对于复杂的化工过程问题，物流多，解题规模庞大，直接求解需要耗费大量 CPU 时间和占有大量存储单元。因此在校正计算前，先要做缩小解题规模工作。这又必须对过程数据进行分类。数据分类可使两个或两个以上单元合并操作，从而流程规模相应缩小。1969 年 Vaclavek 提出单组分流股情况下数据分类法，1976 年又提出多组分流股情况下数据分类法。1981 年 Mah 等人以图论为工具探讨单组分下复杂化工过程分类理论与算法。1987 年又给出多组分分类法。

另外对于大型复杂流程计算大矩阵求逆时，往往会出现病态（Stiff）问题。1992 年袁永根开发的序贯模块法用于求解线性问题解析解时，可以沿流程逐个模块顺序计算，从而避免病态问题出现。

关于复杂流程的测量数据过失误差侦破和识别方法的研究早期用统计假设检验方法只能查出测量数据中有无过失误差，不能定位。直到 1987 年 Mah 等人提出广义似然比法，则可广泛识别包括仪表失灵和系统泄漏在内的过失误差。

判断一组测量数据是否在系统处于稳态下采集的具有十分重要的意义。1986 年 Mah 用统计检验方法检验相邻二区间的测量数据的数学期望值是否相等来判断系统是否处于稳态。

对于非稳态亦即是动态系统的数据校正技术直到 20 世纪 90 年代初才有实质性的发展。1991 年 Darouach 对线性动态系统校正问题给出了解析解。对于动态系统的过失误差识别工作也有了好的开端。至于非线性系统复杂过程动态数据校正技术尚有待于进一步研究。

本章所介绍的内容仅仅是作为数据校正技术的一些入门知识。

10.1.3　预备知识

10.1.3.1　空间

这里讨论 n 维实空间，当 $n=2$ 时，就是欧氏平面，当 $n=3$ 时，就是立体的三维空间。

【定义 10-1】　一个 n 维向量 X 是一组按顺序排列的实数 x_1，x_2，$\cdots$，x_n，

$$X = \begin{bmatrix} x_1 & x_2 & \cdots & x_n \end{bmatrix}^T$$

数 x_1，x_2，$\ldots$，x_n，叫做 X 的分量。

当 n 固定时，用 R^n 表示全体 n 维向量的集合，称为向量空间 R^n 或称 n 维空间。

向量空间 R^1 就是一维空间实数域，R^2 中一个向量 X 与平面上坐标 x 和 y 的点相对应，同样 R^3 中的向量 X 与三维空间中坐标 x，y，z 的点相对应。

【定义 10-2】　设 φ 是 R^n 的非空子集，如果

① 子集 φ 中任意二个元素 X，Y 之和 $X+Y$ 仍然属于 φ；

② 子集 φ 中任意一个元素 X 和实数 α 的乘积 αX 仍然属于 φ。

则称子集 φ 为 R^n 的子空间。

例如无限平面是三维空间的子空间。

10.1.3.2　线性变换和矩阵

【定义 10-3】　从 R^n 到 R^m 的线性变换是一个函数，写作 $f: R^n \rightarrow R^m$，这个函数对所有的 X，$Y \in R^n$ 和 α，$\beta \in R$ 满足

$$f(\alpha X + \beta Y) = \alpha f(X) + \beta f(Y)$$

【例 10-1】　由 $f[(x_1, x_2, x_3)^T] = (x_1, x_2)^T$ 所定义的函数（或叫映射）$f: R^3 \rightarrow R^2$ 是一个线性变换。f 的值域是由 x_1 轴和 x_2 轴所张成的平面。从几何的角度看，f 把点 (x_1, x_2, x_3) 沿着 x_3 轴方向投影到 (x_1, x_2) 平面上去。如图 10-1 所示。

虽然一个线性变换 $f: R^n \rightarrow R^m$ 可以不是变成整个 R^m，但是它的值域必须是 R^m 的一个子空间。其有关定理可以从矩阵和线性变换之间的对应关系中推出来。

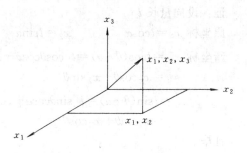

【定理 10-1】　设 $f: R^n \rightarrow R^m$ 是线性变换，则存在唯一的 $m \times n$ 矩阵 A_f，使对所有 $X \in R^n$ 有

$$f(X) = A_f(X) \qquad (10\text{-}1)$$

反过来，如果 A_f 是 $m \times n$ 矩阵，则由式(10-1)
定义的函数 f 是从 R^n 到 R^m 的线性变换（证略）。

图 10-1　$f: R^3 \rightarrow R^2$ 线性变换

我们称定理 10-1 中的矩阵 A_f 为表示线性变换 f 的矩阵，而称 f 为由矩阵 A_f 所导出的线性变换。

【例 10-2】　例 10-1 中线性变换矩阵为

$$A_f = \begin{bmatrix} 1 & 0 & 0 \\ 0 & 1 & 0 \end{bmatrix}$$

容易验证

$$A_f X = \begin{bmatrix} 1 & 0 & 0 \\ 0 & 1 & 0 \end{bmatrix} \begin{bmatrix} x_1 \\ x_2 \\ x_3 \end{bmatrix} = \begin{bmatrix} x_1 \\ x_2 \end{bmatrix}$$

反过来，矩阵可视为作用在向量上的线性变换。

【例 10-3】　$A = \begin{bmatrix} 1 & 0 & 0 \\ 0 & 1 & 0 \\ 0 & 0 & -1 \end{bmatrix}$ 就是向量 X 关于 x_1 轴和 x_2 轴所张成的平面的反射（图
10-2）。

即 $f[(x_1, x_2, x_3)^T] = (x_1, x_2, -x_3)^T$

【例 10-4】　设 $A = \begin{bmatrix} \cos\theta & -\sin\theta \\ \sin\theta & \cos\theta \end{bmatrix}$ 容易验证向量 AX 可以从向量 X 出发，把 X 围绕原点旋转 θ 角得到，因此矩阵 A 叫做旋转（图 10-3）。

$$AX = \begin{bmatrix} \cos\theta & -\sin\theta \\ \sin\theta & \cos\theta \end{bmatrix} \begin{bmatrix} x_1 \\ x_2 \end{bmatrix} = \begin{bmatrix} x_1\cos\theta - x_2\sin\theta \\ x_1\sin\theta + x_2\cos\theta \end{bmatrix}$$

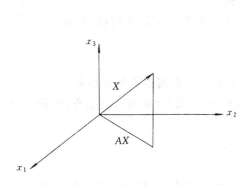

图 10-2　平面反射

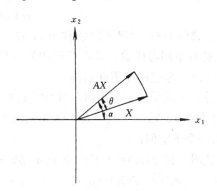

图 10-3　平面旋转

证：设向量长 l

原坐标 $x_1 = l\cos\alpha \qquad\qquad x_2 = l\sin\alpha$

新坐标 $x_1' = l\cos(\theta+\alpha) = l[\cos\theta\cos\alpha - \sin\theta\sin\alpha]$

$\qquad\qquad = x_1\cos\theta - x_2\sin\theta$

$\qquad\quad x_2' = l\sin(\theta+\alpha) = l[\sin\theta\cos\alpha + \cos\theta\sin\alpha]$

$\qquad\qquad = x_1\sin\theta + x_2\cos\theta$

证毕。

由线性代数知道,矩阵由和、纯量积和乘积运算,将矩阵运算与线性变换矩阵表达式联系起来,就可以定义线性变换的和、纯量积和乘积。一个线性变换的值域可以用表示它的矩阵来确定。

【定理 10-2】 设 $f: R^n \to R^m$ 是线性变换,则 f 的值域是由 A_f 的列向量所张成的 R^m 的子空间。

证明：设 $A_f = [a_1, a_2, \cdots, a_n]$ 是按列分块的 $m \times n$ 矩阵。如果 $X \in R^n$ 则

$$A_f X = [a_1, a_2, \cdots, a_n] \begin{bmatrix} x_1 \\ x_2 \\ \cdots \\ \cdots \\ x_n \end{bmatrix} = x_1 a_1 + x_2 a_2 + \cdots + x_n a_n$$

因此 $A_f X$ 是 A_f 的各列的线性组合。反过来,如果 Y 是 A 的所有列的线性组合,譬如

$$Y = x_1 a_1 + x_2 a_2 + \cdots + x_n a_n$$

则 $\qquad\qquad\qquad\qquad Y = AX$

其中 $X = (x_1, x_2, \cdots, x_n)^T$。因此所有的乘积 AX 的集合和 A 的各列的线性组合的集合相同。这个集合是 R^m 的子空间,它由 A 的各列所张成,称为 A 的列空间,记为 $S(A)$（证毕）。

于是,由一个矩阵的列所张成的空间有一个自然的解释,它是相应的线性变换的值域,这个空间很重要,下面给它一个名称。

【定义 10-4】 设 A 是一个 $m \times n$ 矩阵,A 的列空间是由 A 的所有列所张成的 R^m 的子空间,记为 $S(A) \in R^m$。A 的行空间是 $S(A^T) \in R^n$,A 的秩是 $S(A)$ 的维数,记作 $rank(A)$,即

$$rank(A) = \dim[S(A)] \tag{10-2}$$

把式(10-2)所定义的数称为 A 的"列秩"似乎更自然,而定义行秩为 $\dim[S(A^T)]$,即 A 的行空间的维数,所以行秩和列秩是相等的。

10.1.3.3 　零空间和零度矩阵

另一个重要的空间可以与线性变换联系起来,因此也可以与矩阵联系起来。

【定理 10-3】 设 $f: R^n \to R^m$ 是线性变换,则使得 $f(X) = 0$ 的所有 $X \in R^n$ 的集合是 R^n 的一个子空间。

证明：设 $f(X) = f(Y) = 0$ 且 $\alpha, \beta \in R^1$

则 $f(\alpha X + \beta Y) = \alpha f(X) + \beta f(Y) = \alpha \times 0 + \beta \times 0 = 0$

因此,使得 $f(X) = 0$ 的所有 $X \in R^n$ 是一个子空间。因为 $f(X) = 0$ 当且仅当 $A_f(X) = 0$,所以可得如下定义。

【定义 10-5】 设 A 是 $m \times n$ 矩阵，A 的零空间是使 $AX = 0$ 的所有 X 的空间，记作 $N(A)$。A 的零度是 $\dim[N(A)]$，记作 $null(A)$。

【例 10-5】 设 $A = \begin{bmatrix} 1 & 0 & 1 \\ 0 & 1 & 1 \end{bmatrix}$ 容易验证 $rank(A) = 2$，$null(A) = 1$，$rank(A^T) = 2$，$null(A^T) = 0$。特别要注意 $null(A) \neq null(A^T)$

验证：$null(A) = 1$：$AX = 0$ $\begin{bmatrix} 1 & 0 & 1 \\ 0 & 1 & 1 \end{bmatrix} \begin{bmatrix} x_1 \\ x_2 \\ x_3 \end{bmatrix} = \begin{bmatrix} x_1' \\ x_2' \end{bmatrix} = \begin{bmatrix} 0 \\ 0 \end{bmatrix}$

$x_1' = x_1 + x_3 = 0$ $x_1 = -x_3$
$x_2' = x_2 + x_3 = 0$ $x_2 = -x_3$

所以 $x_1 = x_2$，$x_1' = x_2'$，$\begin{bmatrix} x_1' \\ x_2' \end{bmatrix}$ 是一个一维空间。

验证 $null(A^T) = 0$，$A^T X = 0$ $\begin{bmatrix} 1 & 0 \\ 0 & 1 \\ 1 & 1 \end{bmatrix} \begin{bmatrix} x_1 \\ x_2 \end{bmatrix} = \begin{bmatrix} x_1' \\ x_2' \\ x_3' \end{bmatrix} = \begin{bmatrix} 0 \\ 0 \\ 0 \end{bmatrix}$，$\begin{bmatrix} x_1 \\ x_2 \\ x_1 + x_2 \end{bmatrix} = \begin{bmatrix} x_1' \\ x_2' \\ x_3' \end{bmatrix} = \begin{bmatrix} 0 \\ 0 \\ 0 \end{bmatrix}$

即 $\begin{cases} x_1 = 0 \\ x_2 = 0 \\ x_1 + x_2 = 0 \end{cases}$

所以 $\begin{bmatrix} x_1' \\ x_2' \\ x_3' \end{bmatrix} = \begin{bmatrix} 0 \\ 0 \\ 0 \end{bmatrix}$ 是零维空间。

矩阵的秩和零度有一个重要关系：

【定理 10-4】 设 $A \in R^{m \times n}$，则

(1) $rank(A) = rank(A^T)$

(2) $rank(A) + unll(A) = n$

【定理 10-5】 设 $A \in R^{m \times n}$（这里 $m < n$）存在零空间，则总能找到一个 $n \times null(A)$ 阶矩阵 P，满足

$$AP = 0 \tag{10-3}$$

矩阵 P 的列向量张成 $N(A)$ 空间，称 P 为 A 的零度矩阵。

【例 10-6】 求矩阵 $A = \begin{bmatrix} 1 & 1 & 0 & -1 \\ 0 & 1 & 1 & 1 \end{bmatrix}$ 的零度矩阵。

矩阵 A 的前二个列向量构成最大线性独立列，所以 A 的秩为 2，又 $rank(A) + null(A) = 4$，所以 $null(A) = 2$，零度矩阵 P 为 4×2 阶。矩阵 P 可定义为

$P = \begin{bmatrix} P_{11} & P_{12} \\ P_{21} & P_{22} \\ 1 & 0 \\ 0 & 1 \end{bmatrix}$，$AP = 0$ 即

$$\begin{bmatrix} 1 & 1 & 0 & -1 \\ 0 & 1 & 1 & 1 \end{bmatrix} \begin{bmatrix} P_{11} & P_{12} \\ P_{21} & P_{22} \\ 1 & 0 \\ 0 & 1 \end{bmatrix} = \begin{bmatrix} 0 & 0 \\ 0 & 0 \end{bmatrix} \quad \begin{cases} P_{11}+P_{21}=0 \\ P_{12}+P_{22}-1=0 \\ P_{21}+1=0 \\ P_{22}+1=0 \end{cases}, \quad P = \begin{bmatrix} 1 & 2 \\ -1 & -1 \\ 1 & 0 \\ 0 & 1 \end{bmatrix}$$

需要指出，在下文引用零度矩阵时，常常是零度矩阵左乘某一矩阵。实际上可以将式 (10-3) 作一转置，即因为 $AP=0$，所以 $P^T A^T=0$，不妨验证一下例 10-6

$$\begin{bmatrix} P_{11} & P_{21} & 1 & 0 \\ P_{21} & P_{22} & 0 & 1 \end{bmatrix} \begin{bmatrix} 1 & 0 \\ 1 & 1 \\ 0 & 1 \\ -1 & 1 \end{bmatrix} = \begin{bmatrix} 0 & 0 \\ 0 & 0 \end{bmatrix} \quad \text{同样得出} \quad P^T = \begin{bmatrix} 1 & -1 & 1 & 0 \\ 2 & -1 & 0 & 1 \end{bmatrix}$$

10.1.3.4 梯度运算

【定义 10-6】 纯量 φ 对 n 维向量 X 的微商为 φ 的梯度也是一个 n 维向量

$$\frac{\partial \varphi}{\partial X} = \begin{bmatrix} \dfrac{\partial \varphi}{\partial x_1} \\ \dfrac{\partial \varphi}{\partial x_2} \\ \cdot \\ \cdot \\ \cdot \\ \dfrac{\partial \varphi}{\partial x_n} \end{bmatrix}$$

若向量 c 和 X 是同阶的，则有

$$\frac{\partial (C^T X)}{\partial X} = C, \quad \frac{\partial (C^T X)}{\partial X^T} = C^T, \quad \frac{\partial (X^T C)}{\partial X} = C, \quad \frac{\partial (X^T C)}{\partial X^T} = C^T$$

证明：设 $C^T = (C_1, C_2, C_3), X = \begin{bmatrix} x_1 \\ x_2 \\ x_3 \end{bmatrix}$

$$C^T X = C_1 x_1 + C_2 x_2 + C_3 x_3$$

所以

$$\frac{\partial (C^T X)}{\partial X} = \begin{bmatrix} c_1 \\ c_2 \\ c_3 \end{bmatrix}$$

10.1.3.5 测量数据的冗余性

测量数据的校正和过失误差的侦破所采用各种方法实质上都是统计方法。统计方法所需要的信息必须尽可能多，对于同一位置同一物理量需要重复多次测量，于是根据测量误差满足某个统计分布，然后加以处理。这里称其为数据的冗余 (redundancy)，就是为了准确地确定系统的状态，实际测量的数据比不存在测量误差时所需测量的数据要多出一部分。冗余数据可以分成两类：时间冗余和空间冗余。

1. 时间冗余

如果不存在测量误差，每个测量点的每个物理量只需一个测量值 x 就可决定系统在该

点的状态。但实际上总是存在测量误差的。一个测量点某一物理量要进行 n 次测量，其中 $n-1$ 个测量值就是冗余数据。一般选用 n 次测量值的平均值

$$\bar{x} = \sum_{i=1}^{n} x_i / n$$

作为真值的估计值，或用测量值 x_i 的校正值来表征系统在该点的真实状态，因为平均值或校正值都比单个测量值的精度高。统计理论表明，当 n 越大，平均值 $\bar{x}$ 越接近真值。定义 $(n-1)$ 为时间冗余度。显然，冗余度越大，冗余数据越多，平均值的精度越高。

2. 空间冗余

如下图所示流程中，在没有测量误差时，只需要一个测量值 x_1

和三个平衡方程

$$x_1 = x_2 = x_3 = x_4$$

就能决定系统的状态。但实际上存在测量误差，而且四股物流在同一时刻的测量值不满足平衡方程。此时它的冗余数据有 3 个。可以告知：四股物流的校正值

$$\hat{x}_1 = \hat{x}_2 = \hat{x}_3 = \hat{x}_4 = \frac{x_1 + x_2 + x_3 + x_4}{4}$$

由此可见，在冗余数据个数和校正值上，空间冗余与时间冗余是相似的。这里称由于网络内部的联结（表现为平衡方程）导致的冗余，称为空间冗余。而把独立的平衡方程数减去未测量值和待估计的参数的个数，定义为空间冗余度。上述流程平衡方程为 3，未测量值为 0，也没有待估计参数，所以它的空间冗余度为 3。一般讲冗余度愈高，校正值的精度也愈高。所以数据的时间冗余性和空间冗余性都能提高校正值的精度。

10.1.3.6 测量误差的方差估计

在数据校正技术中最常用到的统计参数是测量误差的方差-协方差矩阵 Q。一般说来工厂中测量误差的方差数据不易得到。流程中仪表安装后，并不去测定它的随机误差的方差，校核仪表时也不会去校核它的统计性能。所以在进行测量数据的校正计算时，最好也同时估算测量误差的 Q 矩阵。估算方差和协方差方法有两种，一种是直接法，它是利用数据的时间冗余性而求得，它要求系统处于稳定条件下。另一种间接法，它利用平衡方程的空间冗余性来估算方差—协方差。它不受系统是否稳定的约束，但是后者方法较复杂，这里仅介绍直接方法。

设 x_i 是一组测量变量的第 i 个测量点，对 x_i 做 K 次重复测量，就是说对同一测量点在不同时刻多次测量，它的样本方差为

$$Var(X_i) = \frac{1}{K-1} \sum_{k=1}^{K} (X_{ik} - \bar{X}_i)^2$$

两个不同测量点 x_i 和 x_j 的协方差为

$$CoVar(X_i, X_j) = \frac{1}{K-1} \sum_{k=1}^{K} (X_{ik} - \bar{X}_i)(X_{jk} - \bar{X}_j)$$

其中 $\bar{x}_i$，$\bar{x}_j$ 是平均值，$\bar{X}_i = \frac{1}{K} \sum_{k=1}^{K} X_{ik}$，$x_{ik}$ 为第 i 点第 k 次测量值。它要求在作 K 次重复测量时间内，系统处于稳定状态，这样估出的方差和协方差才能比较正确。

10.2　稳态过程的数据校正

10.2.1　稳态过程的数学模型

　　首先假设化工过程在稳态下运行。其次要指出，化工过程各流股的数据按测量点的位置划分为已测数据和未测数据。已测数据中有些能通过平衡方程和其他已测数据计算的被称为可校正型已测数据，否则为不可校正型已测数据。在未测数据中能由平衡方程和已测数据计算出来的称为可估计型未测数据，否则为不可估计型未测数据。只有可校正型已测数据和可估计型未测数据可以通过数据校正技术得到校正值和估计值。所以本节讨论中认为所有测量值都是可校正型，未测量值都是可估计型的。校正的目的是要获得一组既满足平衡关系又精确的化工过程数据。因此校正处理后的数据必须满足物料平衡、热量平衡、化学反应计量关系等化学物理规律。把这些关系统一表示为

$$F(\hat{X}, U) = 0 \tag{10-4}$$

　　其中 $\hat{X}$ 是已测数据的校正值组成的向量；U 是未测数据或待估参数组成的向量；F 是函数向量，代表应该满足的所有物理化学关系式。应当相信多数测量值有一定的可靠性（只是存在随机误差）。所以，不仅要使已测数据的校正值和未测数据的估计值满足式(10-4)，而且要使已测数据校正值与测量值的偏差最小。用数学形式表示为

$$\min_{\hat{x}_i} \sum_{i=1}^{n} \frac{(\hat{x}_i - x_i)^2}{\sigma_i^2} \tag{10-5}$$

其中 x_i 是测量值；$\hat{x}_i$ 是校正值；σ_i 是它的测量误差的方差。式(10-5)的矩阵表达式为

$$\min_{\hat{x}} [(\hat{X} - X)^T Q^{-1} (\hat{X} - X)] \tag{10-6}$$

其中 Q 是测量误差的方差-协方差矩阵，它的对角线元素为 σ_i^2。

　　这是一个带等式约束方程的最小二乘方问题。若约束方程式(10-4)对 $\hat{X}$ 和 U 是线性的，可写作

$$A\hat{X} + BU + C = 0 \tag{10-7}$$

则称为线性问题。它有解析解。

10.2.2　线性问题求解

　　线性问题的数学形式如下

$$\begin{cases} \min_{\hat{x}} [(\hat{X} - X)^T Q^{-1} (\hat{X} - X)] \\ A\hat{X} + BU + C = 0 \end{cases} \tag{10-8}$$

用拉格朗日乘子法解式(10-8)。定义拉格朗日函数为

$$L = (\hat{X} - X)^T Q^{-1} (\hat{X} - X) - 2\lambda^T (A\hat{X} + BU + C)$$

其中 λ 为拉格朗日乘子向量。利用代数学的公式

$$\frac{\partial (Z^T A Z)}{\partial Z} = 2AZ$$

其中 A 为对称矩阵。求 L 对 X，U 和 λ^T 的偏导数，并令它们等于零得

$$\begin{cases} \dfrac{\partial L}{\partial \hat{X}} = 2Q^{-1}(\hat{X}-X) - 2A^T\lambda = 0 & (1) \\[3mm] \dfrac{\partial L}{\partial U} = -2B^T\lambda = 0 & (2) \\[3mm] \dfrac{\partial L}{\partial \lambda^T} = A\hat{X} + BU + C = 0 & (3) \end{cases}$$

自式(3)
$$A\hat{X} = -(BU+C) \tag{4}$$

自式(1)
$$Q^{-1}\hat{X} - Q^{-1}X - A^T\lambda = 0$$
$$\hat{X} - X - QA^T\lambda = 0 \tag{5}$$
$$A\hat{X} - AX - AQA^T\lambda = 0$$
$$\lambda = (AQA^T)^{-1}A\hat{X} - (AQA^T)^{-1}AX \tag{6}$$

式(6) 代入式(5)　　$\hat{X} = X + QA^T[(AQA^T)^{-1}A\hat{X} - (AQA^T)^{-1}AX]$
$$\hat{X} = \{I - QA^T(AQA^T)^{-1}A\}X + QA^T(AQA^T)^{-1}A\hat{X} \tag{7}$$

再将式(4)代入式(7)
$$X = \{I - QA^T(AQA^T)^{-1}A\}X - QA^T(AQA^T)^{-1}(BU+C) \tag{10-9a}$$

其中 I 是单位矩阵，将式(6) 代入式(2)
$$B^T\lambda = B^T(AQA^T)^{-1}A\hat{X} - B^T(AQA^T)^{-1}AX = 0 \tag{8}$$

将式(4) 代入式(8)
$$B^T(AQA^T)^{-1}(-BU-C) = B^T(AQA^T)^{-1}AX$$
$$-B^T(AQA^T)^{-1}BU = B^T(AQA^T)^{-1}C + B^T(AQA^T)^{-1}AX$$
$$B^T(AQA^T)^{-1}BU = B^T(AQA^T)^{-1}(-AX-C)$$
$$U = \{B^T(AQA^T)^{-1}B\}^{-1}B^T(AQA^T)^{-1}(-AX-C) \tag{10-9b}$$

如果式(10-8) 问题中不含未测数据或参数 $B=0$，$C=0$ 则解式(10-9a) 简化为
$$\hat{X} = \{I - QA^T(AQA^T)^{-1}A\}X \tag{10-10}$$

如果式(10-8) 问题只是未测数据或参数 U 的估计问题，这时 $A=-I$，代入式(10-9b) 得
$$U = (B^TQB)^{-1}B^TQ^{-1}(X-C) \tag{10-11}$$

需要指出，解式(10-9)只有在 A 和 B 为满秩时才成立。否则因 $(AQA^T)^{-1}$ 和 $[B^T(AQA^T)^{-1}B]^{-1}$ 不存在而无解。只要测量数据都是可校正型的，就能保证 A 为满秩，同样要求未测数据都是可估算型的，就能保证 B 为满秩。

　　下面介绍一个借助零度矩阵的求解方法。对于行数大于列数（也就是约束方程数多于待估算的未测数据的数目）的矩阵 B。按前文提出的零度矩阵方法，构造一个 P，使满足
$$PB = 0$$

将 P 左乘式(10-7)，得
$$PA\hat{X} + PC = 0$$

令 $A_1 = PA$ 和 $C_1 = PC$，则得

$$A_1 \hat{X} + C_1 = 0 \tag{10-12}$$

用零度矩阵 P 左乘约束方程的结果相当于把约束方程的未测数据 U 消去。所以式(10-12)只有 $m - rank(B)$ 个方程，m 为约束方程数。解式(10-9a) 可表示为

$$\hat{X} = X - Q A_1^T (A_1 Q A_1^T)^{-1} (A_1 X + C_1) \tag{10-13a}$$

又因 $A \hat{X} + BU + C = 0$

对上式左乘 B^T，则

$$B^T A \hat{X} + B^T BU + B^T C = 0$$

$$B^T BU = -B^T (A \hat{X} + C)$$

$$U = -(B^T B)^{-1} B^T (A \hat{X} + C) \tag{10-13b}$$

这种方法比式(10-9b) 要简便得多了。

当 B 为满秩的方阵时，式(10-8) 的解为

$$\hat{X} = X$$

$$U = -B^{-1}(AX + C) \tag{10-14}$$

这时，约束方程只能用于决定未测数据 U，对测量值 X 无约束作用，称为无约束问题。

10.2.2.1 满足化学元素平衡的校正数据法

在化工单元设备中，属于多股进料和出料的设备是不少的，例如精馏塔反应器等都可以有多股进料和多股出料。假设有 I 股进料 $Y^{(1)}$，$Y^{(2)}$，Λ，$Y^{(I)}$ 和 J 股出料 $Z^{(1)}$，$Z^{(2)}$，$\cdots$，$Z^{(J)}$。假设每股进料有 r 个组分，则 Y，Z 都是 r 维向量，每一向量元素表示一个组分。又设涉及 s 种化学元素。要求数据的校正值能满足化学元素平衡。没有参数需要估计。

首先建立一个化学元素矩阵 E。如系统有 r 个组分 s 种化学元素，则 E 为 $r \times s$ 阶矩阵，其中矩阵元素 e_{ij} 表示第 i 个组分的分子式中含有第 j 个原子的个数。假设有一反应器发生如下反应

$$3C + 2O_2 \longrightarrow 2CO + CO_2$$

系统涉及 4 组分 2 种元素，则 E 矩阵为 4×2 阶矩阵，即

组分	C	O
C	1	0
O_2	0	2
CO	1	1
CO_2	1	2

$$E = \begin{bmatrix} 1 & 0 \\ 0 & 2 \\ 1 & 1 \\ 1 & 2 \end{bmatrix}$$

进出料流股 $\hat{Y}$，$\hat{Z}$ 为

组分	$\hat{Y}$	$\hat{Z}$
C	$\times$	$\times$
O_2	$\times$	$\times$
CO	0	$\times$
CO_2	0	$\times$

$$\hat{Y} = \begin{bmatrix} \times \\ \times \\ 0 \\ 0 \end{bmatrix} \qquad \hat{Z} = \begin{bmatrix} \times \\ \times \\ \times \\ \times \end{bmatrix}$$

反应可能不完全，出料流股 $\hat{Z}$ 中还有 C 和 O_2。

进料流股中化学元素统计由下式表出

$$
E^T\hat{Y} = \begin{array}{c}\\ C\\ O\end{array}\overset{E^T}{\begin{bmatrix} 1 & 0 & 1 & 1 \\ 0 & 2 & 1 & 2 \end{bmatrix}}\overset{\hat{Y}}{\begin{bmatrix} \times \\ \times \\ 0 \\ 0 \end{bmatrix}}\begin{array}{l}C\\O_2\\CO\\CO_2\end{array} = \begin{bmatrix} \Sigma C \\ \Sigma O \end{bmatrix}
$$

出料流股中化学元素统计由下式表出

$$
E^T\hat{Z} = \begin{array}{c}\\ C\\ O\end{array}\overset{E^T}{\begin{bmatrix} 1 & 0 & 1 & 1 \\ 0 & 2 & 1 & 2 \end{bmatrix}}\overset{\hat{Z}}{\begin{bmatrix} \times \\ \times \\ \times \\ \times \end{bmatrix}}\begin{array}{l}C\\O_2\\CO\\CO_2\end{array} = \begin{bmatrix} \Sigma C \\ \Sigma O \end{bmatrix}
$$

于是入出化学元素平衡应有

$$
E^T\hat{Y} = E^T\hat{Z}
$$

对于多股进出料的化学元素的守恒律表为

$$
\sum_{i=1}^{I} E^T\hat{Y}^{(i)} = \sum_{j=1}^{J} E^T\hat{Z}^{(j)} \tag{10-15}
$$

或简写为
$$
A\hat{X} = 0
$$
其中

$$
A = (E^T, -E^T)
$$

$$
\hat{X} = \begin{bmatrix} \hat{Y}^{(1)} \\ \vdots \\ \hat{Y}^{(I)} \\ \hat{Z}^{(1)} \\ \vdots \\ \hat{Z}^{(J)} \end{bmatrix}, \quad Q = \begin{bmatrix} Q_Y^{(1)} & & & & & \\ & \ddots & & & & \\ & & Q_Y^{(I)} & & & \\ & & & Q_Z^{(1)} & & \\ & & & & \ddots & \\ & & & & & Q_Z^{(J)} \end{bmatrix}
$$

Q 是块对角矩阵，子矩阵 $Q_Y^{(1)}$ 是 $Y^{(1)}$ 的测量误差的方差-协方差矩阵。直接使用如式（10-10）的结果得

$$
\hat{Y}^{(i)} = Y^i - Q_Y^{(i)}E\left[E^T\left(\sum_{k=1}^{I}Q_y^{(k)} + \sum_{l=1}^{J}Q_Z^{(l)}\right)E\right]^{-1}E^T\left(\sum_{k=1}^{I}Y^{(k)} - \sum_{l=1}^{J}Z^{(l)}\right) \tag{10-16a}
$$

$$
\hat{Z}^{(j)} = Z^{(j)} + Q_Z^{(j)}E\left[E^T\left(\sum_{k=1}^{I}Q_y^{(k)} + \sum_{l=1}^{J}Q_Z^{(l)}\right)E\right]^{-1}E^T\left(\sum_{k=1}^{I}Y^{(k)} - \sum_{l=1}^{J}Z^{(l)}\right)
$$

$$
\tag{10-16b}
$$

用于一股进料和一股出料的设备 $K=l=1$，为了醒目起见，这里将 $K=l=1$ 的情况直接使用式(10-10)结果再写一遍。

$$\begin{bmatrix} \hat{Y} \\ \hat{Z} \end{bmatrix} = \begin{bmatrix} Y \\ Z \end{bmatrix} - \begin{bmatrix} Q_Y & \\ & Q_Z \end{bmatrix} \begin{bmatrix} E \\ -E \end{bmatrix} (E^T, -E^T) \begin{bmatrix} Q_Y & \\ & Q_Z \end{bmatrix} \begin{bmatrix} E \\ -E \end{bmatrix}^{-1} (E^T, -E^T) \begin{bmatrix} Y \\ Z \end{bmatrix}$$

$$\begin{bmatrix} \hat{Y} \\ \hat{Z} \end{bmatrix} = \begin{bmatrix} Y \\ Z \end{bmatrix} - \begin{bmatrix} Q_Y E \\ -Q_Z E \end{bmatrix} (E^T Q_Y, -E^T Q_Z) \begin{bmatrix} E \\ -E \end{bmatrix}^{-1} (E^T Y - E^T Z)$$

$$\begin{bmatrix} \hat{Y} \\ \hat{Z} \end{bmatrix} = \begin{bmatrix} Y \\ Z \end{bmatrix} - \begin{bmatrix} Q_Y E \\ -Q_Z E \end{bmatrix} (E^T Q_Y E + E^T Q_Z E)^{-1} (E^T Y - E^T Z)$$

$$\hat{Y} = Y - Q_Y E [E^T (Q_Y + Q_Z) E]^{-1} E^T (Y - Z) \tag{10-16c}$$

$$\hat{Z} = Z - Q_Y E [E^T (Q_Y + Q_Z) E]^{-1} E^T (Y - Z) \tag{10-16d}$$

在计算时，Q 矩阵中的测量数据误差方差 σ_i^2 要事先给出。它可以取自测量仪器的精度或一组测量数据的样本进行估计。如果这些数据都没有的话，可按下述方式选取 σ_i^2 的值。当测量值 x_i 的数值属于同一数量级时，

$$\sigma_i^2 = \begin{cases} 1 & x_i > 0 \\ \text{充分小的正数} & x_i = 0 \end{cases} \tag{10-17}$$

当测量值 x_i 的数值具有不同的数量级时，

$$\sigma_i^2 = \begin{cases} x_i^2 & x_i > 0 \\ \text{充分小的正数} & x_i = 0 \end{cases} \tag{10-18}$$

【例 10-7】 设某一反应器中进行甲烷氯化反应，只有一股进料和出料，即 $k=l=1$。它有 7 个组分，进和出反应器的组分流率的测量数据列于表 10-1。它的 E 矩阵见表 10-2。按式(10-17)选取方差 σ_i^2。将它们代入式(10-16)。

表 10-1 甲烷氯化反应器算例的结果

组 分	测 量 值		校 正 值		组 分	测 量 值		校 正 值	
	Y	Z	Y	Z		Y	Z	Y	Z
Cl_2	1.60	0.04	1.5806394	0.0593606	CH_2Cl_2	0.02	0.63	0.0159819	0.6340181
HCl	0.00	1.50	0.0000000	1.5212783	$CHCl_3$	0.01	0.12	0.0078996	0.1221004
CH_4	0.70	0.04	0.6921465	0.047853	CCl_4	0.00	0.01	0.0000000	0.0101827
CH_3Cl	0.28	0.17	0.2740642	0.1759358					

表 10-2 化学元素矩阵

组分	C	H	Cl	组分	C	H	Cl
Cl_2	0	0	2	CH_2Cl_2	1	2	2
HCl	0	1	1	$CHCl_3$	1	1	3
CH_4	1	4	0	CCl_4	1	0	4
CH_3Cl	1	3	1				

具体计算过程如下

$$E=\begin{bmatrix} 0 & 0 & 2 \\ 0 & 1 & 1 \\ 1 & 4 & 0 \\ 1 & 3 & 1 \\ 1 & 2 & 2 \\ 1 & 1 & 3 \\ 1 & 0 & 4 \end{bmatrix} \qquad X=\begin{bmatrix} Y \\ Z \end{bmatrix} \qquad Q=\begin{bmatrix} Q_Y & \\ & Q_Z \end{bmatrix}$$

$$Y=\begin{bmatrix} 1.60 \\ 0.00 \\ 0.70 \\ 0.28 \\ 0.02 \\ 0.01 \\ 0.00 \end{bmatrix} \qquad Z=\begin{bmatrix} 0.04 \\ 1.50 \\ 0.04 \\ 0.17 \\ 0.63 \\ 0.12 \\ 0.01 \end{bmatrix}$$

$$Q_Y=\begin{bmatrix} 1 & & & & & & \\ & 0.00001 & & & & & \\ & & 1 & & & & \\ & & & 1 & & & \\ & & & & 1 & & \\ & & & & & 1 & \\ & & & & & & 0.00001 \end{bmatrix} \qquad Q_Z=\begin{bmatrix} 1 & & & & & & \\ & 1 & & & & & \\ & & 1 & & & & \\ & & & 1 & & & \\ & & & & 1 & & \\ & & & & & 1 & \\ & & & & & & 1 \end{bmatrix}$$

$$Q_YE=\begin{bmatrix} 0 & 0 & 2 \\ 0 & 0.00001 & 0.00001 \\ 1 & 4 & 0 \\ 1 & 3 & 1 \\ 1 & 2 & 2 \\ 1 & 1 & 3 \\ 0.00001 & 0 & 0.0001 \end{bmatrix} \qquad Q_ZE=E$$

$$Q_Y+Q_Z=\begin{bmatrix} 2 & & & & & & \\ & 1.00001 & & & & & \\ & & 2 & & & & \\ & & & 2 & & & \\ & & & & 2 & & \\ & & & & & 2 & \\ & & & & & & 1.00001 \end{bmatrix}$$

$$E^T(Q_Y+Q_Z)=\begin{bmatrix} 0 & 0 & 2 & 2 & 2 & 2 & 1.00001 \\ 0 & 1.00001 & 8 & 6 & 4 & 2 & 0 \\ 4 & 1.00001 & 0 & 2 & 4 & 6 & 4.00004 \end{bmatrix}$$

$$E^T(Q_Y+Q_Z)E=\begin{bmatrix} 9.00001 & 20 & 16.00004 \\ 20 & 61.00001 & 21.00001 \\ 16.00004 & 21.00001 & 53.00017 \end{bmatrix}$$

$$E^T(Y-Z)=\begin{bmatrix} 0.04 \\ 0.14 \\ 0.14 \end{bmatrix}$$

$$[E^T(Q_Y+Q_Z)E]^{-1}=\begin{bmatrix} 1.5935992 & -0.4132392 & -0.3173501 \\ -0.4132397 & 0.1261407 & 0.0747713 \\ -0.3173502 & 0.0747712 & 0.0850453 \end{bmatrix}$$

$$[E^T(Q_Y+Q_Z)E]^{-1}E^T(Y-Z)=\begin{bmatrix} -0.0385385 \\ 0.011598 \\ 0.0096803 \end{bmatrix}$$

$$Q_YE[E^T(Q_Y+Q_Z)E]^{-1}E^T(Y-Z)=\begin{bmatrix} 0.0193606 \\ 0.000000 \\ 7.8535\times10^{-3} \\ 5.9358\times10^{-3} \\ 4.0181\times10^{-3} \\ 2.1004\times10^{-3} \\ 0.00000000 \end{bmatrix} \qquad \hat{Y}=\begin{bmatrix} 1.5806394 \\ 0.000000 \\ 0.6921465 \\ 0.2740642 \\ 0.0159819 \\ 0.0078996 \\ 0.0000000 \end{bmatrix}$$

$$Q_ZE[E^T(Q_Y+Q_Z)E]^{-1}E^T(Y-Z)=\begin{bmatrix} 0.0193606 \\ 0.0212783 \\ 7.5835\times10^{-3} \\ 5.9358\times10^{-3} \\ 4.0181\times10^{-3} \\ 2.1004\times10^{-3} \\ 1.827\times10^{-4} \end{bmatrix} \qquad \hat{Z}=\begin{bmatrix} 0.0593606 \\ 1.5212783 \\ 0.047853 \\ 0.1759358 \\ 0.6340181 \\ 0.1221004 \\ 0.0101827 \end{bmatrix}$$

10.2.2.2　满足物料平衡的数据校正法

要求设备的过程数据满足化学元素平衡，这是最起码的要求。更重要的是希望流程中各流股满足物料平衡。一些主要化工设备的物料平衡方程如下。

（1）混合器（两个输入流 1 和 2，一个输出流 3）

$$X_3=X_1+X_2 \tag{10-19}$$

（2）分混器（一个输入流 1 被分成两个输出流 2 和 3）

$$\begin{cases} X_2=\lambda X_1 \\ X_3=(1-\lambda)\ X_1 \end{cases} \tag{10-20}$$

其中 λ 为分流系数。

（3）换热器（一股流 1，3 和另一股流 2，4 换热）

$$\begin{cases} X_3=X_1 \\ X_4=X_2 \end{cases} \tag{10-21}$$

（4）反应器（输入流 1 和输出流 2）

$$X_2=X_1+V^T\xi \tag{10-22}$$

其中 V 是化学反应计量系数矩阵，它的元素 ν_{ij} 表示第 i 个反应中第 j 组分的计量系数。ξ 是各反应计量式的转化程度向量，它是参数。

（5）精馏塔（一个输入流 1 和两个输出流 2 和 3）

$$\begin{cases} X_2 = \lambda X_1 \\ X_3 = (I-\lambda)X_1 \end{cases} \tag{10-23}$$

其中 λ 是对角矩阵，每一对角线上元素表示相应组分的分离指数。它是参数矩阵，I 是单位矩阵。

现以反应器为例说明计算方法。一般说来事先知道所发生的化学计量式，也知道哪些反应是不可逆的，哪些组分是惰性的。校正后的物料平衡数据必须满足上述要求。式(10-22)能反映出这些要求，把它作为约束方程，并化成式(10-7)那样的标准形式为

$$AX + V^T \xi = 0$$

其中 $A=(I,\ -I)$ 　　　　$X=(X_1,\ X_2)^T$

$$Q = \begin{bmatrix} Q_1 & \\ & Q_2 \end{bmatrix} \qquad AX = (I,\ -I)\begin{bmatrix} X_1 \\ X_2 \end{bmatrix} = X_1 - X_2$$

这是一个既要校正测量值 X，又要估计参数 ξ 的问题。由式(10-9b)，其中 $C=0$ 时，U 的计算式为 $U = \{B^T(AQA^T)^{-1}B\}^{-1}B^T(AQA^T)^{-1}(-AX)$

这里 V^T 相当于 B，ξ 相当于 U

$$AQA^T = (I,\ -I)\begin{bmatrix} Q_1 & \\ & Q_2 \end{bmatrix}\begin{bmatrix} I \\ -I \end{bmatrix} = [Q_1,\ -Q_2]\begin{bmatrix} I \\ -I \end{bmatrix} = Q_1 + Q_2,$$

所以　$\xi = \{V(Q_1+Q_2)^{-1}V^T\}^{-1}V(Q_1+Q_2)^{-1}(X_2-X_1)$

又由式(10-9a)，其中 $C=0$ 时，X 的计算式为

$$X = \{I - QA^T(AQA^T)^{-1}\}X - QA^T(AQA^T)^{-1}(BU)$$

$$\begin{bmatrix} \hat{X}_1 \\ \hat{X}_2 \end{bmatrix} = \left(I - \begin{bmatrix} Q_1 & \\ & Q_2 \end{bmatrix}\begin{bmatrix} I \\ -I \end{bmatrix}[Q_1+Q_2]^{-1}[I\ -I]\right)\begin{bmatrix} X_1 \\ X_2 \end{bmatrix} - \begin{bmatrix} Q_1 & \\ & Q_2 \end{bmatrix}\begin{bmatrix} I \\ -I \end{bmatrix}[Q_1+Q_2]^{-1}V^T\xi$$

$$\begin{bmatrix} \hat{X}_1 \\ \hat{X}_2 \end{bmatrix} = \begin{bmatrix} X_1 \\ X_2 \end{bmatrix} - \begin{bmatrix} Q_1 \\ -Q_2 \end{bmatrix}[Q_1+Q_2]^{-1}[X_1-X_2] - \begin{bmatrix} Q_1 \\ -Q_2 \end{bmatrix}[Q_1+Q_2]^{-1}V^T\xi$$

$$\hat{X}_1 = X_1 - Q_1(Q_1+Q_2)^{-1}X_1 + Q_1(Q_1+Q_2)^{-1}X_2 - Q_1(Q_1+Q_2)^{-1}V^T\xi \tag{10-24a}$$

$$\hat{X}_2 = X_2 + Q_2(Q_1+Q_2)^{-1}X_1 - Q_2(Q_1+Q_2)^{-1}X_2 + Q_2(Q_1+Q_2)^{-1}V^T\xi \tag{10-24b}$$

或由原式 $\hat{X}_1 - \hat{X}_2 + V^T\xi = 0$ 得出 $\hat{X}_2 = \hat{X}_1 + V_T\xi$ 　　　　　　　　　$\tag{10-24c}$

【例 10-8】 设在气固相催化反应器中进行氨氧化反应。该系统有 6 个组分，而化学元素矩阵 E 的秩是 3，所以最多有三个独立反应计量式。在无催化剂存在时的反应有

$$4NH_3 + 5O_2 =\!=\!= 4NO + 6H_2O \tag{a}$$

$$4NH_3 + 7O_2 =\!=\!= 4NO_2 + 6H_2O \tag{b}$$

$$4NH_3 + 3O_2 =\!=\!= 2N_2 + 6H_2O \tag{c}$$

催化剂能抑制反应（c）的进行，所以存在催化剂下的反应只有前两个独立方程。它们的化学计量系数矩阵

$$V=\begin{bmatrix} N_2 & O_2 & NO & NO_2 & H_2O & NH_3 \\ 0 & -5 & 4 & 0 & 6 & -4 \\ 0 & -7 & 0 & 4 & 6 & -4 \end{bmatrix} \quad \begin{matrix} (a) \\ (b) \end{matrix}$$

ξ_1 和 ξ_2 分别表示 (a) 和 (b) 的反应转化程度。进、出反应器的组分流率测量值和校正值以及参数 ξ_1 和 ξ_2 的估计值列于表 10-3。

表 10-3 例 10-8 计算结果

组 分	测量值		校 正 值			
			元素平衡方法		组分平衡方法	
	X_1	X_2	X_1	X_2	X_1	X_2
N_2	80.0	79.0	79.530	79.470	79.500	79.500
O_2	20.0	6.0	19.964	6.036	19.9395	6.061
NO	0.0	8.2	0.0000	8.453	0.0000	8.400
NO_2	0.0	1.7	0.0000	1.971	0.0000	1.931
H_2O	0.0	15.8	0.0000	15.458	0.00000	15.496
NH_3	10.0	0.0	10.305	0.0000	10.331	0.00000
		$\xi_1=2.100$		$\xi_2=0.483$		

下面将组分平衡法计算过程表述一下

$$Q_1=\begin{bmatrix} 1 & & & & & \\ & 1 & & & & \\ & & 0.00001 & & & \\ & & & 0.00001 & & \\ & & & & 0.00001 & \\ & & & & & 1 \end{bmatrix} \qquad Q_2=\begin{bmatrix} 1 & & & & & \\ & 1 & & & & \\ & & 1 & & & \\ & & & 1 & & \\ & & & & 1 & \\ & & & & & 0.00001 \end{bmatrix}$$

$$Q_1+Q_2=\begin{bmatrix} 2 & & & & & \\ & 2 & & & & \\ & & 1.00001 & & & \\ & & & 1.00001 & & \\ & & & & 1.00001 & \\ & & & & & 1.00001 \end{bmatrix}$$

$$(Q_1+Q_2)^{-1}=\begin{bmatrix} 0.5 & & & & & \\ & 0.5 & & & & \\ & & 0.99999 & & & \\ & & & 0.99999 & & \\ & & & & 0.99999 & \\ & & & & & 0.99999 \end{bmatrix}$$

$$(X_2-X_1)=\begin{bmatrix} -1 \\ -14 \\ 8.2 \\ 1.7 \\ 15.8 \\ -10.0 \end{bmatrix} \qquad (Q_1+Q_2)^{-1}(X_2-X_1)=\begin{bmatrix} -0.5 \\ -7 \\ 8.2 \\ 1.7 \\ 15.8 \\ -10.0 \end{bmatrix}$$

$$V(Q_1+Q_2)^{-1}(X_2-X_1)=\begin{bmatrix} 202.6 \\ 190.6 \end{bmatrix}$$

$$V(Q_1+Q_2)^{-1}=\begin{bmatrix} 0 & -2.5 & 4 & 0 & 6 & -4 \\ 0 & -3.5 & 0 & 4 & 6 & -4 \end{bmatrix}$$

$$V(Q_1+Q_2)^{-1}(X_2-X_1)=\begin{bmatrix} 202.6 \\ 190.6 \end{bmatrix}$$

$$[V(Q_1+Q_2)^{-1}V^T]^{-1}=\begin{bmatrix} 0.0353592 & -0.0265672 \\ -0.026572 & 0.0307721 \end{bmatrix}$$

$$\xi=[V(Q_1+Q_2)^{-1}V^T]^{-1}V(Q_1+Q_2)^{-1}(X_2-X_1)=\begin{bmatrix} 2.1000656 \\ 0.4826475 \end{bmatrix}$$

$$Q_1(Q_1+Q_2)^{-1}=\begin{bmatrix} 0.5 \\ & 0.5 \\ & & 0.00001 \\ & & & 0.00001 \\ & & & & 0.00001 \\ & & & & & 1 \end{bmatrix}$$

$$V^T\xi=\begin{bmatrix} 0 & 0 \\ -5 & -7 \\ 4 & 0 \\ 0 & 4 \\ 6 & 6 \\ -4 & -4 \end{bmatrix}\begin{bmatrix} 2.1000656 \\ 0.4826475 \end{bmatrix}=\begin{bmatrix} 0 \\ -13.879 \\ 8.4 \\ 1.93043 \\ 15.496 \\ -10.3309 \end{bmatrix}$$

$$Q_1(Q_1+Q_2)^{-1}X_1=\begin{bmatrix} 40 \\ 10 \\ 0 \\ 0 \\ 0 \\ 10 \end{bmatrix} \qquad Q_1(Q_1+Q_2)^{-1}X_2=\begin{bmatrix} 39.5 \\ 3.0 \\ 0.000082 \\ 0.000017 \\ 0.000158 \\ 0 \end{bmatrix}$$

$$Q_1(Q_1+Q_2)^{-1}V^T\xi=\begin{bmatrix} 0 \\ -6.9395 \\ 0.000084 \\ 0.0000193043 \\ 0.00015496 \\ -10.3309 \end{bmatrix}$$

$$\hat{X}_1=X_1-Q_1(Q_1+Q_2)^{-1}X_1+Q_1(Q_1+Q_2)^{-1}X_2-Q_1(Q_1+Q_2)^{-1}V^T\xi=$$

$$\begin{bmatrix} 80.0 \\ 20.0 \\ 0 \\ 0 \\ 0 \\ 10.0 \end{bmatrix}-\begin{bmatrix} 40 \\ 10 \\ 0 \\ 0 \\ 0 \\ 10 \end{bmatrix}+\begin{bmatrix} 39.5 \\ 3.0 \\ 0.000082 \\ 0.000017 \\ 0.000158 \\ 0 \end{bmatrix}-\begin{bmatrix} 0 \\ -6.9395 \\ 0.000084 \\ 0.00001930 \\ 0.00015496 \\ -10.3309 \end{bmatrix}=\begin{bmatrix} 79.5 \\ 19.9395 \\ 0 \\ 0 \\ 0 \\ 10.3309 \end{bmatrix}$$

$$\hat{X}_2 = \hat{X}_1 + V^T\xi = \begin{bmatrix} 79.5 \\ 19.9395 \\ 0 \\ 0 \\ 0 \\ 10.3309 \end{bmatrix} + \begin{bmatrix} 0 \\ -13.879 \\ 8.4 \\ 1.930 \\ 15.496 \\ -10.3309 \end{bmatrix} = \begin{bmatrix} 79.5 \\ 6.0605 \\ 8.4 \\ 1.930 \\ 15.496 \\ 0 \end{bmatrix}$$

10.2.3 化工过程数据的分类

已提到化工过程数据可分为已测数据和未测数据。已测数据又可分为可校正型和不可校正型；未测数据可分为可估计型和不可估计型。前面介绍的稳态数据的校正技术是以数据全部为可校正型和可估计型为前提的，所以在进行数据校正计算之前，必须将数据进行分类，从而将不可校正型和不可估计型数据删除。如果不将已测数据中不可校正型数据消去，则式(10-9) 中 (AQA^T) 不满秩，而无法求逆。同理，不将未测数据中的不可估计型数据分出去，也会使 $\{B^T(AQA^T)^{-1}B\}$ 矩阵不满秩，而无法求逆。

数据分类法分为两类。一种是从约束方程组出发，运用矩阵论进行数据分类，称为面向方程法，另一种从化工流程结构出发，运用图论工具进行数据分类称为面向流程法，这里只介绍面向方程法中线性系统的简单情况的分类法。

线性系统的约束方程为

$$AX + BU = 0 \tag{10-25}$$

其中 X 为已测数据，U 为未测数据。

1. 未测数据分类

将 B 矩阵分解成最大线性独立列组成的子矩阵 B_I 和其余部分 B_{II}

$$B = [B_{II} \mid B_{II}]$$

将 B_{II} 的零度矩阵 P_2 左乘 B，得矩阵 (P_2B)，它的全零列对应的为不可估计型的未测数据，其余为可估计型。

2. 已测数据分类

设 (P_2B) 的零度矩阵为 P_1，以 (P_1P_2) 左乘式(10-25) 得

$$P_1P_2AX = 0 \tag{10-26}$$

矩阵 (P_1P_2A) 的全零列对应非校正型已测数据，其余为可校正型已测数据。于是可以将矩阵 A 分为 A_1 和 A_2 两部分。A_1 是校正型已测数据所对应的流程关联矩阵部分，A_2 是不可校正型已测数据所对应的流程关联矩阵部分，测量数据也分成可校正型 X_1 和不校正型 X_2，于是式(10-25) 可改写

$$P_2A_1X_1 + P_2B_1U_1 + P_2A_2X_2 = 0 \tag{10-27}$$

U_1 为可估计的未测数据，B_1 是它对应的关联矩阵。对式(10-25) 左乘 P_2，实质上是将不可估计型未测变量 U_2 消去，于是式(10-27) 中约束方程数小于式(10-25) 中的方程个数。式(10-27) 中的 $P_2A_2X_2$ 项是不可校正项，也就是常数项，相当于式(10-7) 中 C。于是可按式(10-9) 作校正和估计运算。若式(10-26) 的系数矩阵 P_1P_2A 是块三角的，系统就得到分解和降维，每个块矩阵就对应一个能独立处理的子流程，缩小了解题规模。

综上分析，可以看出线性问题的数据分类，完全由反映流程结构的矩阵 A 和 B 决定，也就是说，与流程的结构和测量点的位置有关，与测量值的大小无关。

【例 10-9】 试用零度矩阵法分类图 10-4 (a) 中的数据。

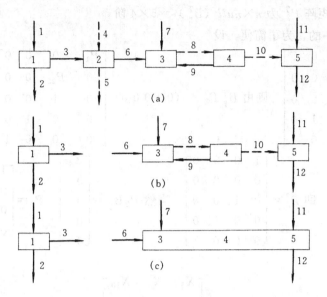

图 10-4　网络流程
→表示已测数据；┈→表示未测数据

图 10-4(a) 的平衡方程式(10-25) 中的 A 和 B 关联矩阵分别为

$$A=\begin{array}{c}\begin{array}{cccccccc}X_1 & X_2 & X_3 & X_6 & X_7 & X_9 & X_{11} & X_{12}\end{array}\\\left[\begin{array}{cccccccc}1 & -1 & -1 & & & & & \\ & & 1 & -1 & & & & \\ & & & 1 & 1 & 1 & & \\ & & & & & -1 & & \\ & & & & & & 1 & -1\end{array}\right]\begin{array}{c}1\\2\\3\\4\\5\end{array}\end{array}$$

$$B=\begin{array}{c}\begin{array}{cccc}X_4 & X_5 & X_8 & X_{10}\end{array}\\\left[\begin{array}{cccc}1 & -1 & & \\ & -1 & & \\ & & 1 & -1 \\ & & & 1\end{array}\right]\begin{array}{c}2\\3\\4\\5\end{array}\end{array}$$

其中元素 1 表示流入设备流股，-1 表示流出设备流股。

$$B=\begin{bmatrix}B_{\mathrm{I}} & \vdots & B_{\mathrm{II}}\end{bmatrix}$$

$$B_{\mathrm{I}}=\begin{array}{c}\begin{array}{ccc}X_5 & X_8 & X_{10}\end{array}\\\left[\begin{array}{ccc}0 & 0 & 0 \\ -1 & 0 & 0 \\ 0 & -1 & 0 \\ 0 & 1 & -1 \\ 0 & 0 & 1\end{array}\right]\begin{array}{c}1\\2\\3\\4\\5\end{array}\end{array}\qquad B_{\mathrm{II}}=\begin{array}{c}\begin{array}{c}X_4\end{array}\\\left[\begin{array}{c}0 \\ 1 \\ 0 \\ 0 \\ 0\end{array}\right]\end{array}$$

为了便于与零度矩阵定理 10-5 取得一致，我们把 B_{II} 转置 $B_{\mathrm{II}}^T=(0,1,0,0,0)$，它是 1×5 阶矩阵即 $m=1$，$n=5$，显然 $rank\,(B_{\mathrm{II}}^T)=1$，$null\,(B_{\mathrm{II}}^T)=n-rank\,(B_{\mathrm{II}}^T)=5-1=$

4，所以 B_{II}^T 的零度矩阵 P_2^T 为 $n \times null\,(B_{\mathrm{II}}^T) = 5 \times 4$ 阶。

实际上 P_2^T 不是唯一的，为了简便，设

$$P_2^T = \begin{bmatrix} P_{11} & 0 & 0 & 0 \\ 0 & P_{22} & 0 & 0 \\ 0 & 1 & 0 & 0 \\ 0 & 0 & 1 & 0 \\ 0 & 0 & 0 & 1 \end{bmatrix} \quad \text{则由 } B_{\mathrm{II}}^T P_2^T \quad (0\,1\,0\,0\,0) \begin{bmatrix} P_{11} & 0 & 0 & 0 \\ 0 & P_{22} & 0 & 0 \\ 0 & 1 & 0 & 0 \\ 0 & 0 & 1 & 0 \\ 0 & 0 & 0 & 1 \end{bmatrix} = (0\,0\,0\,0)$$

$$P_{11} = 1 \quad P_{22} = 0 \quad \text{即 } P_2^T = \begin{bmatrix} 1 & 0 & 0 & 0 \\ 0 & 0 & 0 & 0 \\ 0 & 1 & 0 & 0 \\ 0 & 0 & 1 & 0 \\ 0 & 0 & 0 & 1 \end{bmatrix} \quad \text{当然 } P_2 B_{\mathrm{II}} = \begin{bmatrix} X_4 \\ 0 \\ 0 \\ 0 \\ 0 \end{bmatrix} \quad P_2 = \begin{bmatrix} 1 & 0 & 0 & 0 & 0 \\ 0 & 0 & 1 & 0 & 0 \\ 0 & 0 & 0 & 1 & 0 \\ 0 & 0 & 0 & 0 & 1 \end{bmatrix}$$

同时求出

$$P_2 B_{\mathrm{I}} = \begin{bmatrix} X_5 & X_8 & X_{10} & \\ 0 & 0 & 0 & 1 \\ 0 & -1 & 0 & 3 \\ 0 & 1 & -1 & 4 \\ 0 & 0 & 1 & 5 \end{bmatrix}$$

由此可看出 X_8 和 X_{10} 为估计型未测数据，X_4，X_5 为不可估计型未测数据。

再将 P_2 左乘 A，得

$$P_2 A = \begin{bmatrix} X_1 & X_2 & X_3 & \vdots & X_6 & X_7 & X_9 & X_{11} & X_{12} & \\ 1 & -1 & -1 & \vdots & & & & & & 1 \\ \cdots & \cdots & \cdots & \vdots & \cdots & \cdots & \cdots & & & \\ & & & \vdots & 1 & 1 & 1 & & & 3 \\ & & & \vdots & & & -1 & & & 4 \\ & & & \vdots & & & & 1 & -1 & 5 \end{bmatrix}$$

矩阵 A 经过 P_2 作用后分裂成两个块对角矩阵，对应了两个子流程，如图 10-4（c）所示。

先把 $P_2 B$ 完整地写出来

$$P_2 B = \begin{bmatrix} X_8 & X_{10} & \\ 0 & 0 & 1 \\ -1 & 0 & 3 \\ 1 & -1 & 4 \\ 0 & 1 & 5 \end{bmatrix}$$

$(P_2 B)^T$ 为 2×4 阶矩阵，$rank$ 为 2，由定理 10-4 知 $null\,[(P_2 B^T)] = 2$，由定理 10-5 知它的零度矩阵 P_1^T 为 4×2 阶。

设

$$P_1^T = \begin{bmatrix} 1 & 0 \\ 0 & 1 \\ P_{31} & P_{32} \\ P_{41} & P_{42} \end{bmatrix}$$

由 $(P_2B)^T P_1^T = 0 \Rightarrow \begin{pmatrix} 0 & -1 & 1 & 0 \\ 0 & 0 & -1 & 1 \end{pmatrix} \begin{pmatrix} 1 & 0 \\ 0 & 1 \\ P_{31} & P_{32} \\ P_{41} & P_{42} \end{pmatrix} = \begin{pmatrix} 0 & 0 \\ 0. & 0 \end{pmatrix}$

$$P_{31} = 0$$
$$-1 + P_{32} = 0 \qquad P_{32} = 1$$
$$-P_{31} + P_{41} = 0 \qquad P_{41} = 0$$
$$-P_{32} + P_{42} = 0 \qquad P_{42} = 1$$

$$P_1^T = \begin{pmatrix} 1 & 0 \\ 0 & 1 \\ 0 & 1 \\ 0 & 1 \end{pmatrix}$$

则　　　　　　　　　$P_1 = \begin{pmatrix} 1 & 0 & 0 & 0 \\ 0 & 1 & 1 & 1 \end{pmatrix}$　　当然有 $P_1 P_2 B = 0$

再将 P_1 左乘 $P_2 A$ 得

$$P_1 P_2 A = \begin{bmatrix} X_1 & X_2 & X_3 & X_6 & X_7 & X_9 & X_{11} & X_{12} \\ 1 & -1 & -1 & 0 & 0 & 0 & 0 & 0 \\ 0 & 0 & 0 & 1 & 1 & 0 & 1 & -1 \end{bmatrix} \begin{matrix} 1 \\ 3+4+5 \end{matrix}$$

由此看出 X_9 为非校正型已测数据，其他都是校正型的，矩阵 $(P_1 P_2 A)$ 对应的流程见图 10-4(b)，数据分类结果列表于表 10-4。

表 10-4　例 10-9 的数据分类结果

已测数据	校正型	1, 2, 3, 6, 7, 11, 12	未测数据	估计型	8, 10
	非校正型	9		非估计型	4, 5

第十一章 图   论

图论是应用十分广泛的数学分支，已广泛地应用在物理学、化学化工、控制论、信息论、科学管理、电子计算机等各个领域。

在实际生活、生产和科学研究中，有很多问题可以用图论的理论和方法来解决。例如，在组织生产中，为完成某项生产任务，各工序之间怎样衔接，才能使生产任务完成的既快又好。一个邮递员送信，要走完他负责投递的全部街道，完成任务后回到邮局，应该按照怎样的路线走，所走的路程最短。再例如，各种通信网络的合理架设，交通网络的合理分布等问题，应用图论的方法求解，都很简便。

在化学工程与化工生产管理中，也有许多问题可通过图论方法解决。例如，通过图论方法描述化工过程，可有效地对化工过程进行分析及计算机模拟，进而实现过程的优化设计与优化操作；在设备维修时，应用图论方法可有效地安排修理工序与工时，使设备维修所用时间最短，费用最低。

11.1   图的基本概念

图论所研究的图与人们通常所熟悉的图，例如圆、椭圆、函数图是不同的。图论的研究对象是自然界和人类社会中包含二元关系的系统，它所研究的图是指由若干个点和连接这些点中的某些"点对"的连线所组成的图形，它将系统中的事物或对象抽象为点，将这些事物或对象之间的关系用边来描述，系统的性质再通过图的性质来分析。

例如，哥尼斯堡七桥问题：哥尼斯堡城中有一条河叫普雷格尔河，该河中有两个岛，河上有七座桥。如图 11-1(a) 所示。当时那里的居民热衷于这样的问题：一个散步者能否走过七座桥，且每座桥只走过一次，最后回到出发点。欧拉在 1736 年发表图论方面的第一篇论文，解决了这个问题。欧拉将此问题归结为如图 11-1(b) 所示图形的一笔画问题。即能否从其一点开始一笔画出这个图形，最后回到原点，而不重复。欧拉证明了这是不可能的，因为图 11-1 (b) 中的每个点都只与奇数条线相关联，不可能将这个图不重复地一笔画成。这是古典图论中的一个著名问题。

又如，用点表示城市，用边表示城市之间的公路；用点表示电话机，用边表示电话线路；用点表示电子元件，用边表示导线；用点表示化工设备，用边表示它们之间的联系等，都可以用图来描述。

综上所述，所谓图是离散对象之间结构关系的数学抽象，离散对象可表示成点，离散对象之间的关系可表示成边。记之为 $G=(V,E)$，其中 V 代表点集合，E 代表边集合。$V=\{v_1,v_2,\cdots,v_n\}$，$E=\{e_1,e_2,\cdots,e_m\}$，如果边 e_k 与点对 (v_i,v_j) 对应，则称 v_i、v_j 为边 e_k 的端点，称点 v_i 或 v_j 与边 e_k 彼此关联，而称 v_i 和 v_j 彼此相邻。如果两条边 e_1 和 e_2 关联相同的点，则 e_1 和 e_2 称为相邻边。

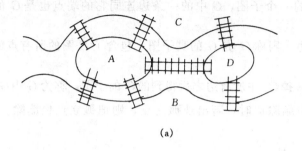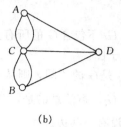

(a)　　　　　　　　　　(b)

图 11-1　哥尼斯堡七桥问题

关于图论的几个重要概念如下。

自环：两端点重合为一点的边称为自环。

并行边：如果两条或更多条边与同一对端点关联，则这些边称为并行边。

简单图：既无自环又无并行边的图称为简单图。

有向图与无向图：如果图中点对 (v_i, v_j) 是有序的，即边 (v_i, v_j) 与 (v_j, v_i) 是 E 中不同的元素，则此图称为有向图。否则，称为无向图。在有向图中，边的方向用箭头表示，对有向边而言，点 v_i 是起点，点 v_j 是终点。

【例 11-1】　设 $G=(V, E)$，其中 $V=\{v_1, v_2, v_3\}$，$E=\{a, b, c, d, e, f\}$，如图 11-2（a）所示。边 a 和 f 都是自环，边 c 和 d、a 和 f 是并行边。这是无向图。如果在图的各边上添上箭头表示方向，则得一有向图，如图 11-2（b）所示。

点的次数（度）：与一个点 v_i 关联的边的数目称为 v_i 的次数，或称为 v_i 的度（若 v_i 上有一个自环，自环对 v_i 提供的次数为 2），记为 $d(v_i)$。例如图 11-2 中，$d(v_1)=6$，$d(v_2)=3$，$d(v_3)=3$。若 $d(v_i)$ 是偶数（包括零），则点 v_i 称为偶点，例如图 11-2 中

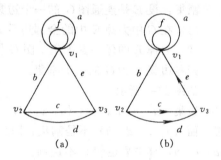

图 11-2　例 11-1 的无向图和有向图

点 v_1 是偶点。若 $d(v_i)$ 是奇数，则点 v_i 称为奇点，例如图 11-2 中点 v_2 和 v_3 是奇点。因为每一条边对点提供的次数都是 2，所以图中所有点的次数的总和是边数的 2 倍，即

$$\sum_{i=1}^{n_v} d(v_i) = 2n_e \tag{11-1}$$

式中　n_v 为图 G 的点数，n_e 为图 G 的边数。

【定理 11-1】　一个图中奇点的数目总是偶数。

孤立点、悬挂点和悬挂边：如果点 v_i 不与任何边关联，即 $d(v_i)=0$，则称点 v_i 为孤立点，如果点 v_i 仅与一条边关联，即 $d(v_i)=1$，则称点 v_i 为悬挂点，与悬挂点关联的边，称为悬挂边。

图的同构：若两个图 G 和 G' 的点和边之间的关联关系保持一对一的对应关系，则称这两个图同构。显然，同构的两个图不仅点数相同，边数相同，而且点与边的关联关系也完全相同，根据图的定义，这两个图是一样的，只不过是同一图的不同画法。

子图：如果图 G_i 的所有点和边都属于一个图 G，且 G_i 的每一条边的端点正是 G 的同一端点，则称 G_i 是 G 的子图，记为 $G_i \subset G$。显然，每一个图是它自己的子图，G 的子图的子

图是 G 的子图，G 的一个点是 G 的一个子图，G 中的一条边连同它的端点也是 G 的一个子图。

如果 G_i 不包含 G 的所有点或边，则称 G_i 是 G 的真子图，包含了 G 图的所有点的子图称为生成子图。

若 G_i 是 G 的子图，则从 G 中去掉 G_i 中所有边之后得到的 G 的子图，称为 G 中 G_i 的补图，记为 $\overline{G_i}$。需注意的是，从 G 中删除边时，若出现孤立点，则把孤立点也删除。显然，G_i 和 $\overline{G_i}$ 没有公共边。

【例 11-2】　图 11-3 中，（b）是（a）的子图，（c）是（a）的生成子图。

连通性与割集：若 G 中任一点对之间至少有一条路径，则称 G 图为连通图，否则称为非连通图。一个非连通图 G 至少含有两个以上的连通子图，这些连通子图称为图 G 的成分。例如

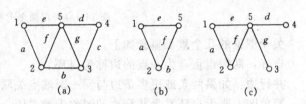

图 11-3　例 11-2 的图、子图和生成子图

图 11-4 中，G_1、G_2、G_3 都是连通图，若把 G_1、G_2、G_3 视为一图 G 的三个子图，则图 G 是非连通图，G_1、G_2、G_3 是非连通图 G 的三个成分。

割集：设 E 是连通图 G 的一个边集，若

（1）在 G 中去掉 E 中的全部边后，G 变成了非连通图；

（2）去掉 E 的任一真子集，图 G 仍然连通。

则称边集 E 为 G 的一个割集。

如图 11-5 所示。

边集 $\{a, c, d, f\}$、$\{b, c, d, e\}$、$\{a, b, q\}$、$\{a, b, e, f\}$、$\{d, f, h\}$ 等都是割集，而 $\{a, c, d, h\}$ 不是割集，因为这个边集不符合割集定义的第（2）条，即其真子集 $\{a, c, h\}$ 移去后也使 G 不连通。

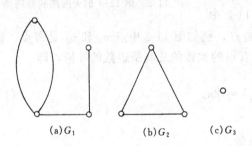

图 11-4　连通图及非连通图

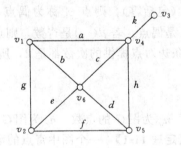

图 11-5　割集

11.2　图的矩阵表示

用图形表示一个图，非常直观，便于看出图的一些性质。但如果用矩阵表示图，就有利于用计算机来解决图论问题，而且可以从代数角度利用矩阵性质来研究图的结构。

图的矩阵表示方法很多，这里仅介绍化工中常用的关联矩阵和邻接矩阵。

11.2.1 关联矩阵

将图的边对应于矩阵的列，点对应于矩阵的行，令点与边相关联的矩阵元素为 1，其余为 0，就得到图的关联矩阵。

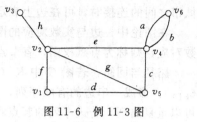

图 11-6 例 11-3 图

【例 11-3】 设图 $G=(V,E)$ 如图 11-6 所示。

关联矩阵为

$$
\begin{array}{c}
 \begin{array}{ccccccccc} a & b & c & d & e & f & g & h \end{array} \\
\begin{array}{c} v_1 \\ v_2 \\ v_3 \\ v_4 \\ v_5 \\ v_6 \end{array}
\left[
\begin{array}{cccccccc}
0 & 0 & 0 & 1 & 0 & 1 & 0 & 0 \\
0 & 0 & 0 & 0 & 1 & 1 & 1 & 1 \\
0 & 0 & 0 & 0 & 0 & 0 & 0 & 1 \\
1 & 1 & 1 & 0 & 1 & 0 & 0 & 0 \\
0 & 0 & 1 & 1 & 0 & 0 & 1 & 0 \\
1 & 1 & 0 & 0 & 0 & 0 & 0 & 0
\end{array}
\right]
\end{array}
$$

关联矩阵有如下性质：

（1）由于每条边仅和两个点相关联，所以关联矩阵的每一列只能包含两个 1。

（2）每一行 1 的个数等于这一行所对应顶点的度数。

（3）所有元素都是 0 的行表示一个孤立点。

（4）图中的并行边具有相同的列。

（5）连通图的秩为"行数－1"。

11.2.2 邻接矩阵

将关联矩阵中边的位置用点表示，即矩阵的列也表示图中的点，令相关联的点所对应的矩阵元素为 1，其余为 0，就得到图的邻接矩阵。

【例 11-4】 对图 11-6，邻接矩阵为

$$
\begin{array}{c}
 \begin{array}{cccccc} v_1 & v_2 & v_3 & v_4 & v_5 & v_6 \end{array} \\
\begin{array}{c} v_1 \\ v_2 \\ v_3 \\ v_4 \\ v_5 \\ v_6 \end{array}
\left[
\begin{array}{cccccc}
0 & 1 & 0 & 0 & 1 & 0 \\
1 & 0 & 1 & 1 & 1 & 0 \\
0 & 1 & 0 & 0 & 0 & 0 \\
0 & 1 & 0 & 0 & 1 & 1 \\
1 & 1 & 0 & 1 & 0 & 0 \\
0 & 0 & 0 & 1 & 0 & 0
\end{array}
\right]
\end{array}
$$

（1）若点 v_i 无自环，则其对应的主对角线元素为 0。

（2）若点 v_i 无自环，则其度数对应于行或列中 1 的个数。

（3）行和列必须安排相同的顺序。

（4）对于赋权图（参见下节），元素 1 可用两点之间边的权数值表示。

11.3 赋权图与赋权图中的最短路径

把实际问题抽象为图时，有时需在图的节点或边上标注一些附加信息，例如，用图表示

城市之间的连接时，可在边上表示城市之间的距离，在节点上标注该城市的人口。

在图论中，边与实数对应的图称为边赋权图，各边对应的实数称为该边的权；若点与实数对应，则称为点赋权图，各节点对应的实数称为该节点的权。

路径与回路：若图 G 中 K（$\geqslant 2$）条边依次排列为 $e_1(v_1, v_2), e_2(v_2, v_3), \cdots, e_k(v_k, v_{k+1})$，形成一串边的有限序列，称为边序列，其中边的数目 K 称为它的长度。边序列中边可以重复出现，若边序列的起点和终点不同，则称为开边序列，否则称为闭边序列。没有重复边（即边只出现一次）的边序列，称为边列，也称为行走或链，起点和终点重合的边列称为闭边列，否则称为开边列。一个开边列，若其中点也不重复（即每个点只出现一次），则称为路径，点 v_i 到点 v_j 的一条路径记为 P_{ij}，显然，路径中内部各点的次数均为 2，而起点和终点的次数均为 1。闭合的路径称为回路，也称圈，回路中每个点的次数都是 2，回路必是闭边列，但闭边列不一定是回路。如图 11-7 中 (a, b, c, b, e) 是一开边序列，(a, b, d, d, g) 是一闭边序列，它们的长度都是 5。(b, c, d, e) 是一闭边列，(b, c, d) 是一开边列，它们的长度分别是 4 和 3。(a, f, h) 和 (g, b, e) 是由点 v_1 到 v_4 的两条路径，长度均为 3。(e, f, h) 是一个回路，它也可用 (v_4, v_2, v_5, v_4) 表示。(b, c, d, e) 只是一个闭边列，不是回路，因为其中点 v_3 的次数为 4。

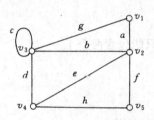

图 11-7　路径与回路

实际中经常遇到求解赋权图中的最短路径问题，例如，某厂编制一个 5 年设备更新计划时，用节点 v_i 表示"第 i 年年初购进一台新设备"这种状态，边 (v_i, v_j) 表示第 i 年年初购进设备一直用到第 j 年年初，边 (v_i, v_j) 上的权表示设备购置费与维修费的总和。这样，编制 5 年设备更新计划，就变为一个求解从节点 v_1 到节点 v_6 的最短路径问题。

已知数据如下：

设备购置费

年限	第一年	第二年	第三年	第四年	第五年
价格（千元）	20	21	21	22	23

维修费

使用年限（年）	0～1	1～2	2～3	3～4	4～5
维修费（千元）	7	9	11	15	20

每条边的权计算如下

$$w(v_1, v_2) = 20 + 7 = 27$$
$$w(v_1, v_3) = 20 + 7 + 9 = 36$$
$$w(v_1, v_4) = 20 + 7 + 9 + 11 = 47$$
$$w(v_1, v_5) = 20 + 7 + 9 + 11 + 15 = 62$$
$$w(v_1, v_6) = 20 + 7 + 9 + 11 + 15 + 20 = 82$$
$$w(v_2, v_3) = 21 + 7 = 28$$
$$w(v_2, v_4) = 21 + 7 + 9 = 37$$
$$w(v_2, v_5) = 21 + 7 + 9 + 11 = 48$$
$$w(v_2, v_6) = 21 + 7 + 9 + 11 + 15 = 63$$
$$w(v_3, v_4) = 21 + 7 = 28$$
$$w(v_3, v_5) = 21 + 7 + 9 = 37$$

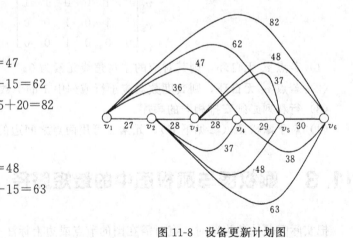

图 11-8　设备更新计划图

$w(v_3,v_6)=21+7+9+11=48$

$w(v_4,v_5)=22+7=29$

$w(v_4,v_6)=22+7+9=38$

$w(v_5,v_6)=23+7=30$

设备更新计划图如图 11-8 所示。

应用计算赋权图最短路径的 Digkstra（狄克斯特略）算法[53]的计算机程序，计算得到费用最小的设备更新 5 年计划为：第 1 年购置设备后，一直使用到第 6 年，费用为 82 千元。

11.4 树

定义：没有回路的连通图称为树。树中的任一边称为树的树枝，若树枝的两个端点的次数都大于或等于 2，则称该树枝为树干，与悬挂点相关联的树枝称为树尖，树中的悬挂点称为树叶。树可以用它的全部树枝所组成的边集表示。

【例 11-5】 某工厂的组织机构如图 11-9(a)所示，该厂的组织机构图［图 11-9(b)］就是一棵树。

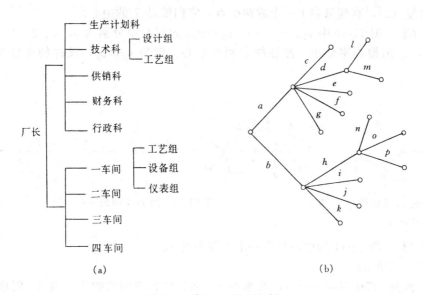

(a)   (b)

图 11-9 例 11-5 的图与树

该树可表示为 $T=(a,b,c,d,e,f,g,h,i,j,k,l,m,n,o,p)$，树中 a、b、d、h 为树干，其余边为树枝。

树的性质有：

(1) 在树中，任一两顶点之间必有一条且仅有一条路径。

(2) 在树中去掉任一条边，则树成为不连通图。

(3) 在树中不相邻的两个顶点间添上一条边，恰好得到一个回路。

(4) 树中至少有 2 个悬挂点。

(5) 树中树枝数等于点数－1。

树的距离和中心。

　　树中任意两点 v_i 和 v_j 之间的唯一路径的段数（即边数）称为树中点 v_i 和 v_j 之间的距离，记为 $d(v_i,v_j)$。$d(v_iv_j)$ 具有下述性质：

(1) $d(v_i,v_j)>0,v_i\neq v_j;d(v_i,v_i)=0$。

(2) $d(v_i,v_j)=d(v_j,v_i)$。

(3) $d(v_i,v_j)\leqslant d(v_i,v_k)+d(v_k,v_j)\ \forall v_k$。

　　关于两点之间距离的概念不但适用于树，也适用于其他任何连通图，若该连通图不是树，则在两点之间一般有几条路径，必须将其中最短一条路径的边数作为两点之间的距离。

　　在连通图 G 中，从点 v 到距 v 最远的那个点 v_i 的距离称为点 v 的偏心率，记为 $E(v)$。连通图 G 中有最小偏心率的那个点称为图 G 的中心；同样，树 T 中有最小偏心率的那个点称为树 T 的中心。树的中心的偏心率称为树的半径，树中最长路径的段数称为树的直径。在图论中，树的半径不一定是它直径的一半。

　　【定理 11-2】　每一棵树有一个或两个中心。

　　推论：如果一棵树有两个中心，这两个中心一定是相邻的。

　　树的中心可按下述步骤找出：

(1) 找出 T 的所有悬挂点；

(2) 把所有悬挂点连同与它关联的悬挂边一起删去；

(3) 重复（2），直到只剩下一个或两个点，它们就是 T 的中心。

　　【例 11-6】　图 11-10 中 v_1，v_2，$\cdots$，v_8 8 个点的偏心率分别为 5、4、3、4、3、4、5、4，其中 v_3，v_5 的偏心率最小，故该树有两个中心，即为 v_3，v_5，该树的半径为 3，直径为 5。

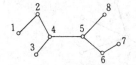

图 11-10　例 11-6 树的
　　　　距离和中心

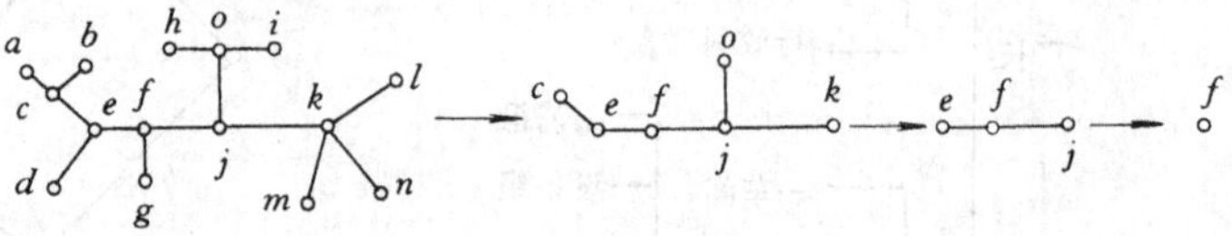

图 11-11　例 11-7 树的中心

　　【例 11-7】　图 11-11 的中心只有一个，即为点 f。

二叉树（二元树）

　　如果一棵树，其中只有一个点的次数是 2，而其他各点的次数为 1 或 3，则该树称为二叉树。这个与众不同的点，称为二叉树的树根。如图 11-12 所示。

　　二叉树的性质：

　　(1) 二叉树的点数 n 总是奇数。这是因为树中只有一个点的次数是偶数，而其他 $n-1$ 个点的次数是奇数，由定理 11-1，一个图中奇点的点数是偶数，即 $n-1$ 是偶数，故 n 为奇数。

　　(2) 设 p 为二元树 T 的悬挂点数，那么 $n-p-1$ 是次数为 3 的点数，由式(11-1) 得

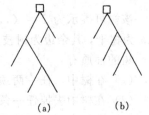

图 11-12　二叉树

$$1\times P+3\times (n-p-1)+2\times 1=2(n-1)$$

所以 T 中得悬挂点数 p 为

$$p=\frac{1}{2}(n+1)$$

树中的非悬挂点称为内部点，一棵二元树的内部点的数目为

$$n-p=\frac{1}{2}(n-1)=p-1$$

可见，在二元树中，内部点数比悬挂点数少1。

化工中典型的二叉树的例子是多组分混合物的分离序列。为简单起见，假设存在一含 A、B、C、D、$\cdots I$ 组分的混合物，各组分相对挥发度按降序排列，假设可用精馏塔对其分离，要求得到 I 个纯组分，则需 $I-1$ 个精馏塔。现以二叉树表示此分离问题，将精馏塔对应于二叉树的内部点（点的次数为2或3），最终产品用悬挂点表示，共有 I 个悬挂点，$I-1$ 个内部点。

分离序列显然不唯一，对4组分混合物，有5个分离序列，示于图11-13。一般情况下，对 I 组分混合物，共有

$$A_1=\frac{[2(I-1)]\,!}{I\,!\,(I-1)\,!}$$

个分离序列，其中含 $\dfrac{I(I+1)}{2}$ 个子序列及 $\dfrac{I(I+1)(I-1)}{6}$ 种分离。

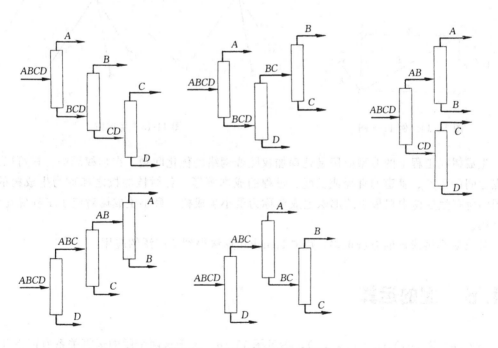

图 11-13　四组分混合物分离序列

另一种计算分离序列数的方法是

$$A_n=\sum_{i=1}^{n-1}A_iA_{n-i}\qquad n=2,3,\cdots,I\ \text{且}\ A_1=1$$

生成树（也称支撑树）

含有连通图 G 全部点的树称为 G 的生成树，用 T 表示。生成树显然是其所对应的连通图的一个子图。

【**例 11-8**】 图 11-14 中，边 a、b、c、d、h 以及相关的点构成一棵生成树。

图 G 中在其生成树 T 中出现的边称为 T 的枝，而不在 T 中出现的边称为 T 的连枝。含有 N 个点，S 条边的连通图仅有 $S-N+1$ 条连枝。由于生成树中每两个点之间仅有一条路径，因而，在生成树中添加一条连枝后会得到一个回路，这个回路称为基本回路。需指出的是，这里所说的枝、连枝、基本回路等概念均是针对给定的生成树而言，而一个连通图可以含有多棵生成树。

通过增加和删除连枝，可以得到 $S-N+1$ 个基本回路。例如在图 11-14 中，基本回路有 $\{c, d, e\}$ $\{b, d, f\}$ 和 $\{b, d, h, g\}$，回路 $\{f, g, h\}$ $\{b, c, e, h, g\}$ 不是基本回路。尽管对一给定的连通图可以有多棵生成树以及相对应的多个基本回路，但每棵生成树中枝的数目总是 $N-1$，而基本回路的个数也总是 $S-N+1$。

参见图 11-15，在 T_1 中添加一条连枝得到一个回路，如果删去该回路中的一条枝，则得到新的生成树 T_2，T_2 显然与 T_1 不同。通过这一方法可以得到给定连通图的所有生成树，例如图 11-14 中含有 12 棵不同的生成树。利用这一方法还可得到不同生成树之间的结构关系，如 T_1 与 T_2 之间的关系（二者相邻，可以相互得到）。

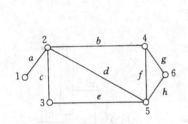

图 11-14 例 11-8 图

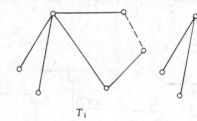

图 11-15 生成树

生成树在工程上的典型应用是处理加权图或网络的优化问题。在加权图中，权可以表示两点之间的距离、管道的直径或长度、过程的成本等等。各树枝的权之和称为生成树的权。G 图的所有生成树中权最小的那棵生成树称为最小生成树。最小生成树对应于工程优化中的最优解。

寻找最小生成树的方法很多，其中 Kruskal 算法得到了广泛的应用。

11.5   图的运算

设 $G_1=(V_1, E_1)$，$G_2=(V_2, E_2)$，参见图 11-16。关于这两个图的运算关系有以下几种。

(1) 两图的并 $G_1 \bigcup G_2$：由 G_1 和 G_2 中所有边组成的图。在构造两个图的并时，等同的点和边在并中只能出现一次。

(2) 两图的交 $G_1 \bigcap G_2$：由 G_1 和 G_2 中的公共边所组成的图。

(3) 两图的差 $G_1 - G_2$：由 G_1 去掉 G_2 中所有的边组成的图。

(4) 两图的环和 $G_1 \oplus G_2$：由 G_1 或 G_2 中特有的边组成的图。

$$G_1 \oplus G_2 = (G_1 \bigcup G_2) - (G_1 \bigcap G_2)$$

或

$$G_1 \oplus G_2 = (G_1 - G_2) \bigcup (G_2 - G_1)$$

（5）若 G 和它的子图 g_1，g_2 有下列关系

$$g_1 \bigcup g_2 = G$$
$$g_1 \bigcap g_2 = \varphi$$

则称 G 分解为两个子图 g_1，g_2。见图 11-17。

（6）从图中移去一些点或边的方法称为删除。注意，由于点表示事物，边表示事物之间的联系，所以删除一个点就意味着也删除以它为端点的边。如图 $G_2 - k$（删除边），$G_2 - v_6$（删除点）。

（7）把一个图 G_2 中的两个点结合在一起成为新点，并且把原来关联到这两个点或其中任何一点的边都关联到这个新点，这称为两个点的溶化，或称为两个点的合并。两个点的溶化不变更图的边数，而使图 G 的点数减少 1。

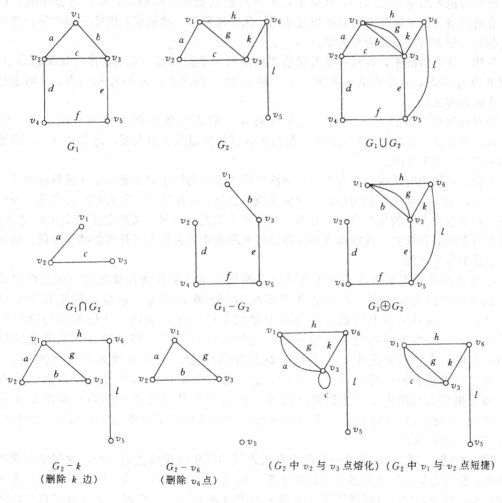

图 11-16 图的运算

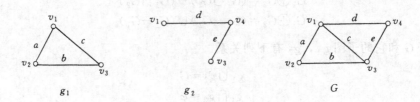

图 11-17　图的分解

(8) 把图 G_2 中的一条边移去，同时把该边的两个端点结合成为一新点，这称为边的短捷。短捷一条边时，图的点数和边数都减少 1。

11.6　有向图

前面讨论的图都是无向图，实际上，许多对象或现象之间的联系都是有方向的，如电网、管道网络、有单向街道的城市街道地图、化工流程图、功能模块的输入输出等。这些每条边都有一定方向的图称为有向图。

显然，在有向图中，与每一条有向边关联的两个端点具有一定的次序，如果顶点 v_i 和 v_j 都和边 e_k 关联，且箭头从 v_i 指向 v_j，则称 v_i 是 e_k 的起点，v_j 是 e_k 的终点。有时也把有向图中的边称为弧。

在有向图中，和顶点 v 关联，且方向离开 v 的边的数目称为顶点 v 的出度，记作 $d^+(v)$；和顶点 v 关联，且方向指向 v 的边的数目称为顶点 v 的入度，记作 $d^-(v)$。显然有 $d(v)=d^+(v)+d^-(v)$。

对化工系统进行结构分析常采用有向图的形式，有向图中的点表示模块流程图中的一个单元模块，边表示系统中的物料流、能量流或信息流，其方向则由边上的箭头表示。为便于区分，给予有向图上的每个点一个号码，对每条边也进行编号，或在每条边上用向量 X_I 表示该边所载的各种信息。这样构成的有向图可充分表达原来的化工过程的结构特征。这种有向图也成为信息流图。

信息流图的特点是直观，但更直接地反映化工系统中各物理量之间的相互作用的不是信息流图中的几何回路，而是存在于系统内部的物理回路。物理回路比几何回路复杂得多，只有对每条边上所载的信息均为单信息的单回路系统，几何回路与物理回路才会完全对应。物理回路的展示需将信息流图展开成信号流图的形式。信号流图也是一种有向图，在信号流图中，点表示系统的状态变量，边表示状态变量之间的关系。信号流图可由信息流图转化而成，其方法是，先将系统中的每个变量作为信号流图的点，再根据信息流图中点与边的联结关系（即状态变量间的交互影响）画出点间的有向联结线——边，并在每条边上赋以边特性，这样就构成了每条边上只有一个边特性的有向图——信号流图。

【例 11-9】　图 11-18 为某一处理含有机废气的催化燃烧装置的流程。为保证有机物完全燃烧，反应器进口气流的温度不能低于某一温度（如 200℃），为了防止因温度过高而烧坏催化剂，反应器的出口温度不能高于某一温度（如 600℃）。因此，反应器进口气流的温度和可燃性有机物的浓度均应满足一定的要求，这可通过控制循环烟气量和补充空气来实现。

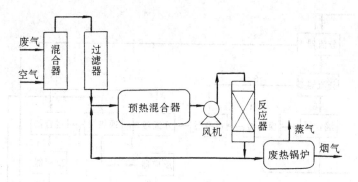

图 11-18 废气催化燃烧流程

该流程的信息流图示于图 11-19。

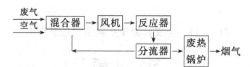

图 11-19 废气催化燃烧流程信息流图

【例 11-10】 合成氨加压变换装置。

某合成氨厂加压变换装置流程图参见图 11-20。来自造气工段的半水煤气与高压蒸气在蒸气煤气混合器 A 中混合，通过换热器 B、C 调节到适当温度后进入变换炉 D 进行变换反应得到变换气。为了调节进料与反应温度，半水煤气通过调节阀 V1 和 V2，分别进入 C 和 D。调节阀 V3 的作用也是调节进料温度。变换气的热量通过换热器 B、C、E 回收。图 11-21 给出了该装置的信息流图。

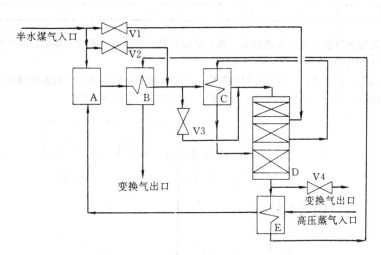

图 11-20 合成氨加压变换装置流程图

A—蒸气煤气混合器；B—煤气换热器；C—中间换热器；D—变换炉；

E—蒸气预热器；V1—变换炉冷激器调节阀；V2—煤气换热器副线调节阀；

V3—中间换热器副线调节阀；V4—变换炉出口支路阀

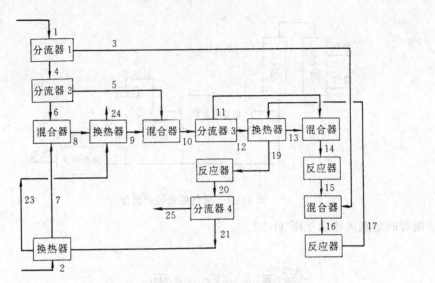

图 11-21　合成氨加压变换装置信息流图

习　题

1. 某厂需编制一个 5 年设备更新计划，已知数据如下：

设备购置费

年限	第一年	第二年	第三年	第四年	第五年
价格/千元	20	18	16	15	14

维　修　费

使用年限/年	0～1	1～2	2～3	3～4	4～5
维修费/千元	7	9	11	15	20

试帮助该厂确定设备更新计划（参考答案：第 1 年初购置 1 台设备，使用 3 年后，即在第 4 年初更新设备。总费用为 78 千元）。

2. 如图所示轻烃储槽冷却系统，来自轻烃储槽的液态烃进入闪蒸器后，液相出料返回储槽，气相出料则经换热、压缩、冷凝、过冷，然后和储槽来料混合。画出该系统的信息流图。

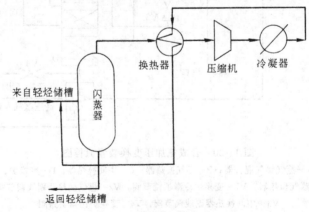

习题 2 图

第十二章　人工智能与专家系统

随着社会的进步和科学技术的发展，人类积累了丰富的知识。有了这些知识，人类就具有了分析问题和解决问题的能力。

近年来，人工智能、专家系统等概念已经渗透到许多科技领域。在化工中，人工智能、专家系统已在故障诊断、过程控制、过程设计、计划与操作、建模与模拟、产品开发等领域展现出良好的应用前景，成为工程师分析和解决实际问题的有力工具。

本章简要介绍了人工智能、专家系统的基本概念和原理。

12.1　基本概念

12.1.1　人工智能

至今尚无关于人工智能的确切定义。从概念上理解，人工智能是把人的某些智能赋予机器，让机器模仿、延伸和扩展人的智能，实现某些"机器思维"或脑力劳动自动化。所以，人工智能也称机器智能。

采用符号的、非算法的方法求解问题是人工智能的重要特点，几乎所有的人工智能程序都使用规则和经验。下面给出了人工智能与常规程序之间的简单比较：

$$人工智能＝符号＋搜索$$

$$常规程序＝数据＋算法$$

利用符号和搜索工具，可更好地将智能模型化，进而可求解更为复杂的问题。

人工智能是计算机科学、控制论、信息论、神经生理学、心理学、语言学等多种学科相互渗透而发展起来的一门交叉性边缘学科。主要包括以下几项内容。

（1）自然语言处理：使计算机能够理解人类的语言、改善人机联系条件。如语音识别、同声翻译。

（2）智能机器人：使机器人具有人的手、眼、脑功能，会做、会看、还会思考，并能根据环境条件决定自己的行为。智能机器人已在航天、核工业、冶金、机械、化工等领域开始部分代替人类的工作。

（3）理论证明：使计算机具有数学公式识别与推理能力，如用于数学定理的证明。

（4）专家系统：使计算机具有专门处理领域内深层的、专门的知识的能力，试图使计算机在特定的领域中与人类专家的能力相匹敌。这方面的例子可举出许多，如医疗诊断系统、地质勘测系统、设备故障诊断系统、分离序列合成系统等。

（5）机器学习：使计算机在专门的方面提取有用的数据，对系统知识库中的数据和信息进行推理并利用这些信息做新的事情或适应新的情况。

（6）人工神经网络：是一种由高度互联的节点形成的网络，可以将复杂的输入、输出模式关联起来。

（7）遗传算法：是基于生物进化原理的一种具有鲁棒性的自适应优化方法。通过维持一组可行解，并通过对可行解的重新组合，改进可行解在多维空间内的移动轨迹或趋向，最终将其导向最优解。其求解过程（进化）是基于外部的力量，就向生物适应外界环境一样。它的理论基础是三种遗传操作，即基于评价函数的繁殖、交叉和变异。

12.1.2　知识

如果要使计算机模仿智能行为，那么专门的知识是必要的。

在人工智能中，知识是进行推理和求解程序所要求的事实、规则和经验的迭加：

$$知识＝事实＋规则＋经验$$

近年来，出现一门以知识为研究对象的新兴学科，即知识工程，它是人工智能的理论基础，为人工智能系统的建立提供原理和方法。

知识工程的核心内容是：研究人类知识的表达、知识的应用和知识的获取方法，还涉及智能系统知识库以及推理机的建造原理。

12.1.3　专家系统

专家系统是人工智能中最成功和最有效的分支，它实质上是一个基于知识的计算机程序系统。这个系统存储着某一领域人类专家大量的知识和经验，并能像专家一样运用这些知识和经验，对用户提出的该领域范畴内的问题，通过推理、判断，然后作出结论性的解答。

专家系统实质上突破了简单的逻辑运算，它把知识和推理结合起来，将逻辑思维和形象思维结合起来，成功而有效地运用专家的知识和经验解决迄今只有专家才能解决的问题，因而对于那些难于建立数学模型的学科领域，专家系统有着广泛的应用前景。

一个专家系统通常具有以下一些功能。

（1）咨询功能：能回答用户提出的某一领域的问题，解释其决策过程；

（2）学习功能：在专家的训练下，系统能不断扩充和完善自己的知识；

（3）教育功能：系统能回答用户的提问，达到培训新手的目的。

一个理想的专家系统包括：

（1）知识库；

（2）推理机；

（3）人机界面。

知识库：知识库包括所处理问题的专门的、深层的信息，这些知识由事实、规则和经验构成。要在计算机中建立一个知识库，首先要从领域专家获取知识，其次是将专家的知识用适当的方式表示出来，并用人工智能语言（如 Lisp 语言、Prolog 语言）书写，送入计算机。

推理机：推理机是专家系统运用知识的工具，它采用推理机制来处理和得出结论。

人机界面：即专家系统与用户之间交互的界面。

推理机与人机界面合起来称做专家系统的外壳，或简单地称做外壳。从概念上讲，外壳应：

（1）回答结论是如何得到的；

（2）回答为什么需要某种信息；

（3）具有将知识加入知识库的能力。

显然，外壳的作用是运用和更新知识，如果没有知识库，外壳将只是一个空壳。

专家系统在化学工业中的应用表现在以下几个方面：

(1) 过程设计；

(2) 过程模拟和优化；

(3) 支持确定工厂布局；

(4) 培训；

(5) 过程故障诊断；

(6) 过程控制；

(7) 机械和结构设计；

(8) 计划和调度；

(9) 开车和停车分析；

(10) 评价设计的柔性、可靠性和安全性；

(11) 监视和评估过程发展趋势的起因；

(12) 自动编程。

12.2　知识的表示

建立知识库的关键是如何准确、简明、有效地表示专家的知识。知识表示的准确性就是要能确切地反映专家的知识，不能走样。知识表示的简明性就是既要便于用户理解，又要方便改进，不能烦琐。知识表示的有效性是使用起来既方便调用，又确实可用。

常用的知识表示方法有许多种，如逻辑模式、产生式系统、框架结构、语义网络等。本节介绍一种被认为最有用的表示方式：产生式系统。

12.2.1　产生式系统的基本结构

产生式系统由规则库、推理机和事实库三个部分构成，如图 12-1 所示。

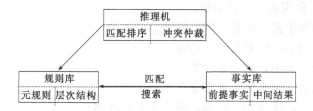

图 12-1　产生式系统的基本结构

1. 规则库

规则库中的规则主要用于描述有关问题的状态转移，性质变化以及因果关系等过程知识。每一条规则都是一个由条件"产生"行动或由证据"产生"结论，所以叫产生式。其规则的表达形式是

如果（IF）A，则（THEN）B

式中 A 表示规则的条件（前提）部分，B 表示规则的行动（结论）部分。它表明在什么条件下会产生什么样的结果，或满足了什么样的前提（证据），会得到什么样的结论。凡是有直接因果关系的知识，都可以用产生式规则来表示。

例如：若某物质为石油衍生物，则该物质易燃。

如果下雨，那么地皮湿。

如果甲到 A 地，且 A 地下雨，且甲未带雨具，则甲被淋湿。

此外，已知的事实可以看作不需要条件的产生式，如：中国的首都是北京。

2. 事实库

事实库主要用来存放有关问题的状态、性质等事实的陈述性知识，用于"激活"规则库中的规则。例如，如果某一规则的事实前提在事实库中存在，则该规则被"激活"，或说被"匹配"，并会把它的结论部分当成新的事实加到事实库中，从而又去激活另一相关的规则，直到找到问题的解答为止。

事实库的这种动态特性反映了问题的求解过程，这个过程可以理解为：事实库从问题的初始状态开始，通过规则匹配，转移到目标状态，即找到问题的答案。

3. 推理机

推理机的任务是对规则集与事实库的匹配过程进行控制，使系统有效地、快速地对问题求解。

设计一个推理机通常要注意以下几个问题：

(1) 推理方法的组织；

(2) 规则匹配的顺序；

(3) 规则的"冲突仲裁"。

这些问题处理得当，将使系统的效率提高。

12.2.2 问题求解过程

本节通过两个实例说明产生式系统的问题求解过程。

【例 12-1】 动物识别系统。

下面以一个供娱乐和示教用的动物识别系统，来说明如何用产生式系统来进行问题的求解。

设机器人具有机器感知能力，通过机器视觉可以辨认动物有关特征和外貌，如颜色、花纹、体态、动作等。在机器人的知识库中储存 15 条规则，供识别老虎、金钱豹、斑马、长颈鹿、企鹅、鸵鸟、信天翁等 7 种动物。

规则 1：若动物有毛发，则它是哺乳动物；

规则 2：若动物有奶，则它是哺乳动物；

规则 3：若动物有羽毛，则它是鸟类；

规则 4：若动物会飞且生蛋，则它是鸟类；

规则 5：若动物是哺乳动物且吃肉，则它是食肉动物；

规则 6：若动物是哺乳动物且有犬齿、有爪、眼盯前方，则它是食肉动物；

规则 7：若动物是哺乳动物且反刍食物，则它是有蹄类且是偶蹄动物；

规则 8：若动物是哺乳动物且有蹄，则它是有蹄类动物；

规则 9：若动物是食肉类、黄褐色、有黑色斑点，则它是金钱豹；

规则 10：若动物是食肉类、黄褐色、有黑色条纹，则它是老虎；

规则 11：若动物是有蹄类、有长腿、长脖子、黄褐色暗斑点，则它是长颈鹿；

规则 12：若动物是有蹄类、白色有黑条纹，则它是斑马；

规则 13：若动物是鸟、不会飞、长腿、长脖子、具有黑白二色，则它是鸵鸟；

规则 14：若动物是鸟、不会飞、会游泳、具有黑白二色，则它是企鹅；

规则 15：若动物是鸟、善飞，则它是信天翁。

现在，假设所要识别的动物是金钱豹，要求"机器人"利用知识进行机器思维，将其识别出来。首先，机器人根据一个动物有毛发的特征，由规则1确定它是哺乳动物；看到它吃肉，可由规则5确定该哺乳动物是食肉动物（或者由规则6，看到该动物有犬齿、有爪、眼盯前方，判断其为食肉动物）；再由规则9，看到它的毛色是黄褐色且有黑色斑点，确定它是金钱豹。图12-2给出金钱豹的推理树。

上述推理过程是一个向前的推理过程，也叫正向推理，即根据给定的事实（机器人看到的，或通过人机界面输入计算机的，如动物有毛发。这种事实在计算机的事实库中可找到）。在规则库中寻找合适的规则（其条件为这种事实，如规则1，有毛发的动物是哺乳动物）或产生式，由产生式产生新的事实（如该动物是哺乳动物），再找产生式直到得出结论为止。

金钱豹的识别过程也可利用向后的推理（即反向推理）进行，这种推理过程是先假定结论成立，然后利用产生式往回做一个支持假设的事实枚举。例如，机器人首先假定它所看到的动物是金钱豹，由规则9，金钱豹应该是食肉动物、黄褐色、有黑色的斑点，机器人需一个一个地验证这些事实：首先验证它是食肉动物，须利用规则5或规则6。先试规则5，它要求动物是哺乳动物，又有规则1或规则2可以判定哺乳动物。先试规则1，机器人发现该动物有毛发，它无疑是哺乳动物了。于是回到规则5，它要求动物吃肉，不巧这时动物没有吃东西，找不到证据，只好放弃规则5，使用规则6。规则6要求动物是哺乳动物、有犬齿、有爪、眼盯前方。哺乳动物在规则1时已得到证实，机器人的视觉系统发现了犬齿、爪和眼盯前方的事实，于是该动物是食肉动物无疑了。机器人又回到规则9，它的视觉系统又发现动物是黄褐色且有黑的斑点，于是该动物是金钱豹的假设得到完全的证实。

通过此例，我们可简要的总结出一般的产生式系统求解问题的过程，如图12-3所示。

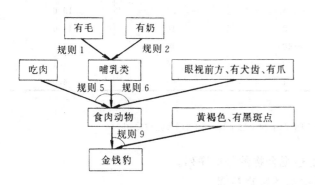

图12-2 金钱豹的推理树

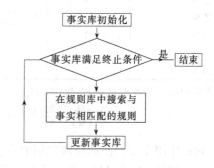

图12-3 产生式系统求解问题的过程

【例12-2】 化工分离序列的合成。如图12-4为分离序列。

分离序列的合成是化工系统合成中的重要内容之一。在11.4中已经给出一些基本概念，此处不再赘述。

分离序列的合成是建立在一些规则基础上的，这些规则在有关的化工专业书上均可找到，它们是：

（1）M1，优先选用常规精馏，并首先除去质量分离剂。

（2）M2，避免真空精馏和冷冻。

（3）D1，优先选择最小的产品集合。

（4）S1，首先除去有腐蚀性的和危险性的组分。

（5）S2，最后进行困难的分离。

（6）C1，首先分离量最多的产品。

（7）C2，优先进行 50/50 的分离，如果难以判断哪一步是 50/50 分离，难以判断分离因子（如相对挥发度），则可先执行最高 CES 值的分离。CES 为易分离系数，定义为 $CES = f \times \Delta$，f 为本次分离得到的两个产品（如精馏塔的塔顶馏分与塔底产品）的摩尔流率的比例，若以 M_B 与 M_D 分别表示塔顶馏分与塔底产品的摩尔流率，则取 M_B/M_D 还是 M_D/M_B，取决于哪一比例更接近于 1。$\Delta = \Delta T$ 是两欲分离组分的沸点差，或者 $\Delta = (\alpha - 1) \times 100$，$\alpha$ 是两欲分离组分的相对挥发度。

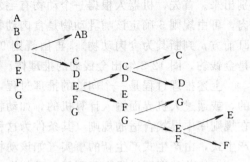

图 12-4　例 12-2 的分离序列

这些规则是无条件的专家规则，其中，M1、M2 为方法规则，即决定所选用的分离方法。D1 为设计规则，S1、S2 为物性规则，C1、C2 为组成规则。

下面根据上述规则确定烃类热裂解产物的分离顺序：待分离的混合物的组成如表 12-1 所示，要求将混合物分离为 6 个产品：AB、C、D、E、F 和 G。

表 12-1　待分离的混合物的组成

组　　　分	mol/h	正常沸点/℃	沸点差/℃	CES①
A 氢	18	-253		
B 甲烷	5	-161	92	23.0
C 乙烯	24	-104	57	19.6
D 乙烷	15	-88	16	14.6
E 丙烯	14	-48	40	18.1
F 丙烷	6	-42	6	1.1
G 重组分	8	-1	41	4.0

①对本例题，分离 A/BCDEFG 的 CES 值为。

$$CES = \left(\frac{M_D}{M_B} \text{ or } \frac{M_B}{M_D}\right) \times \Delta T = [18/(5+24+15+14+6+8)] \times 92 = 23.0。$$

解：应用专家给出的分离规则确定上述混合物的分离序列。

（1）应用 M1 和 M2：采用高压下带冷冻的常规精馏。

（2）应用 D1：避免分离 AB 为单组分产物。

（3）应用 S1：不需考虑。

（4）应用 S2：由于 C/D 和 E/F 具有较小的 ΔT，分别为 6℃ 和 16℃，所以放在最后分离。

（5）应用 C1：不需考虑。

（6）应用 C2：最好的分离是 AB/CDEFG，它的 CES 值为 19.6，而且满足 AB 作为一个产品的要求。至于 CDEFG 的分离，若考虑最后做 C/D 和 E/F 的分离，则可能的分离顺序为 CD/EFG 和 CDEF/G。经分析，应首先进行 CD/EFG 的分离，因为它的 CES 值为 28.7，而 CDEF/G 的 CES 值为 5.6。最后做 C/D 和 E/F 的分离。

这样，得到的分离顺序为：

由于 ABCD/EFG 的 CES 值（18.1）仅次于 AB/CDEFG 的 CES 值（19.6），且其值也较大，故也可首先做 ABCD/EFG 的分离，其他考虑同前，则可产生一新的分离顺序，示于

图12-5。

12.2.3　对产生式系统的应用与评价

产生式系统是当前最容易、最常用的知识表示方式，著名的化学专家系统 DENDRAL、医学专家系统 MYCIN、地质探矿专家系统 PROSPECTOR 都采用了产生式结构。

产生式系统的优缺点如下。

优点：

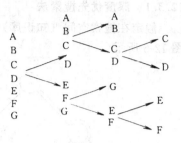

图 12-5　例 12-2 的数的分离序列

（1）以"如果（IF）…则（THEN）"的格式表示专家的知识与经验，易于理解，又由于这种一致的格式，使得建立与管理专家系统变得容易；

（2）一条规则就是专家的一条经验，这些规则或经验是通过事实库实现联络通信、彼此之间并不直接调用，因而具有明显的模块性，便于修改；

（3）产生式规则不仅可表示专家的知识和经验，还可表示书本知识，因而具有通用性。

缺点：

（1）效率低。各条规则彼此独立，按顺序搜索，效率较低；

（2）表达能力有限。仅以"如果（IF）…则（THEN）"的格式表示知识，对复杂问题不方便。

12.3　知识推理技术

所谓推理，就是根据一个或几个已知的判断，推导出另一个新判断的思维过程。

知识推理的方法很多，且与知识表示方式相对应。本节将介绍基于规则的推理方式，其他推理方法可参考有关专著。

基于规则的推理方法的基础是数理逻辑，它是根据已知的事实，借助一套公理系统或规则，推导出结论。这种推理方式称为演绎推理，即从一般到特殊的推理。

演绎推理过程中不会产生新的知识，如果已知事实为真，则得到的结论也一定为真，不会与已知的事实发生矛盾。所以，演绎推理是一种"单调推理"。

推理方式确定以后，要得到问题的解答，还必须经历一个推理过程。推理过程进行的快慢取决于目标知识的搜索路线和选用知识的冲突仲裁。在人工智能中，搜索目标知识的方式有两种：盲目搜索和启发式搜索，这两种搜索方式在专家系统中均有应用。

所谓盲目搜索，是指在知识库中，遍历所有知识寻求求解目标。显然，盲目搜索是低效率的。

启发式搜索是指在问题求解过程中，运用与问题有关的启发性知识，如专家解决问题的策略、技巧、对解的特性及规律的估计等实践经验和知识，以避免访问那些与问题求解无关的知识，加快推理过程，提高搜索效率。

冲突仲裁是指在推理过程中，遇到有多条可用的知识（规则），或遇到多条可能的推理路线时，需决定优先选用哪一条知识（或规则）和哪一条路线继续进行推理才能保证系统的高效性。简单的冲突仲裁策略是按优先级排序：特殊知识优先、新知识优先、差异性知识优先等等。此外还有随机排序法：先识别哪条知识可用，就用哪条知识；和并行推理法：把所有可用的知识都同时加以选用。

12.3.1 深度优先搜索法

假定在搜索空间（知识库）中，存在包括初始状态 a 和目标状态 k 在内的树形结构，如图 12-6 所示。

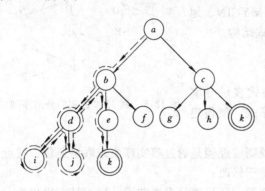

图 12-6 深度优先搜索法

从图中可以看出，从 a 出发到达 k 有多条可能的路线，并要经历一些中间状态过程，如 b、c、d、e 等。按不同的搜索路线进行搜索，从初始状态 a 到目标状态 k 的耗时是不同的。

所谓深度优先搜索策略，是从初始状态 a 开始，按照从父节点向子节点、自顶向下的方向进行纵深搜索，如图 12-6 中虚线所示，并逐一检验这些节点是否为目标点，当达到最后一个节点尚未发现目标时，又依次返回上层父节点的另一子节点继续搜索，直到找到目标节点。

深度优先搜索倾向于快速贯穿状态空间，它总是试图将一个节点的继任者（子节点）作为它的第一个选择，当一个节点失败，且没有剩余的继任者时，才试探其他的途径。如图 12-6所示，搜索从 a 开始沿深层方向前进，直到节点 i，而节点 i 失败，于是，系统回溯到节点 d，这一节点还有一个子节点 j，所以系统试探节点 j，节点 j 也失败。由于节点 d 没有其他的继任者，系统回到节点 b，进而继续搜索，找到节点 k，停止搜索。

需指出的是，当自顶向下进行搜索时，深度优先总是倾向于搜索树的"左侧"。因而，这种方法不能保证最快地找到目标节点。如图 12-6 中，从 a 到 k 的最快路径是 $a \rightarrow c \rightarrow k$。如果节点 e 后面不存在节点 k，则要从 a 找到 k 需经漫长的过程。

深度优先搜索方法的特点是：易于实现，但很冒险。当树形结构层次较多，而目标节点又不在层的左侧时，这种方法会错过目标所在的层次而深入到下面去搜索。

12.3.2 广度优先搜索法

所谓广度优先搜索法，就是从初始状态 a 开始，依次按层（状态节点在树形图中的层次）从左向右逐一搜索，直到找到目标状态为止。如图 12-7 所示。

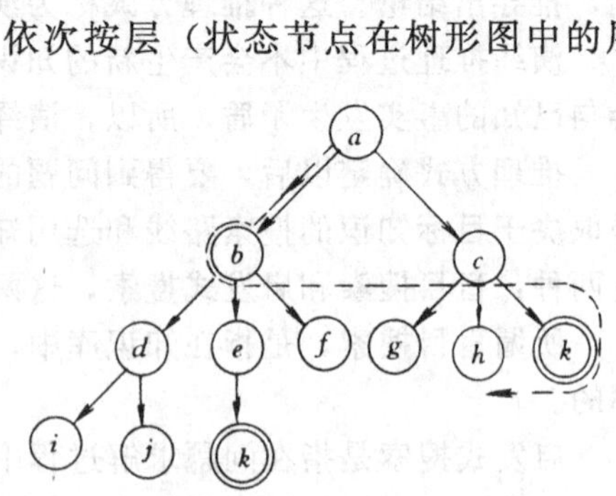

广度优先搜索的特点是：保守、可靠。即使在树形结构较复杂的情况下，它也能通过逐层遍历测试的方式获得目标状态，但耗时可能会很多，因而适合于某些搜索空间不大的场合。

12.3.3 最佳优先搜索

深度优先和广度优先均属于盲目搜索，当求解空间较大时耗时多、效率低。

图 12-7 广度优先搜索

如果赋予搜索路线上每个中间状态节点一个"估价函数值"，用以评估这些中间节点的优劣，然后根据估价函数值的大小来选择通往目标状态的路线，从而可加速求解过程。这种根据估价函数指引搜索方向的搜索方式是"启发式"搜索。这种求解思路若与深度优先搜索相结合，就构成局部择优搜索；若与广度优先搜索相结合，就构成最佳优先搜索。

　　估价函数的定义不是唯一的，尼尔逊（N Nilson）在 1968 年曾提出一种称为"最佳优先"的启发式算法——A 算法，该法对估价函数的定义为

$$f(n) = g(n) + h(n)$$

式中　　n——节点 n；

　　$g(n)$——节点 n 在搜索树上所处的深度，这个值可由节点 n 所在的层数决定；

　　$h(n)$——从节点 n 到达目标状态节点距离的估计值，一般由领域专家根据经验估计给出；

　　$f(n)$——节点 n 的估价函数，$f(n)$ 越小，表明节点 n 距离目标节点越近。

　　最佳优先搜索可描述为：在搜索空间的每个节点上给出一个估价函数值 $f(n)$，然后，以广度优先为基础，选择估价函数最小的节点展开，从而使搜索路径集中在目标状态节点的方向上。

附录 1　Γ 函数

在第五章中计算 t^n 的拉氏变换时，遇到一种特殊函数——Γ 函数，这里介绍一下该函数的重要性质。

一、定义

$$\Gamma(n) = \int_0^\infty e^{-x} x^{n-1} dx \qquad (n > 0,\text{不一定是整数})$$

若令 $x = pt$，则

$$\Gamma(n) = p^n \int_0^\infty t^{n-1} e^{-pt} dt$$

于是有

$$L[t^{n-1}] = \int_0^\infty t^{n-1} e^{-pt} dt = \frac{\Gamma(n)}{p^n}$$

上式即为熟知的拉氏变换式。

二、基本性质

1. 递推公式：$\Gamma(n+1) = n\Gamma(n)$

证明：由定义

$$\Gamma(n+1) = \int_0^\infty e^{-x} x^n dx$$

分步积分，上式 $= -\left. x^n e^{-x} \right|_0^\infty + n\int_0^\infty e^{-x} x^{n-1} dx$

当 $n > 0$ 时，$\lim\limits_{x \to \infty} \dfrac{x_n}{e^x} = \lim\limits_{x \to \infty} \dfrac{nx^{n-1}}{e^x} = \cdots = \lim\limits_{x \to \infty} \dfrac{n!}{e^x} = 0$

所以有 $\qquad\qquad\qquad \Gamma(n+1) = n\Gamma(n)$

重复使用递推公式

$$\Gamma(n) = (n-1)\Gamma(n-1) = (n-1)(n-2)\Gamma(n-2)$$
$$= \cdots = (n-1)\cdots(n-m)\Gamma(n-m)$$

注意，这里必须为 $n-m > 0$。当 n 为整数时

$$\Gamma(n+1) = n\Gamma(n) = \cdots = n(n-1)\cdots 3 \cdot 2 \cdot 1\Gamma(1)$$

而

$$\Gamma(1) = \int_0^\infty e^{-x} x^0 dx = 1$$

所以 $\qquad\qquad \Gamma(n+1) = n!, \quad \Gamma(2) = 1!, \quad \Gamma(1) = 0! = 1$

因此 Γ 函数又称为广义阶乘函数。

2. 定义域的延拓

由于当 $n < 0$ 时 $\Gamma(n)$ 不存在，然而利用递推公式，可以将 $\Gamma(n)$ 的定义域扩大到不含整数的负数域上去。例如，对于 $-1 < n < 0$，可定义

$$\Gamma(n) = \frac{\Gamma(n+1)}{n}$$

因为 $n+1 > 0$，所以 $\Gamma(n+1)$ 有定义，从而上式右端有确定值。

依次类推，对于 $-2 < n < -1$，可定义

$$\Gamma(n) = \frac{\Gamma(n+2)}{n(n+1)}$$

对于 $-N < n < -N+1$，定义

$$\Gamma(n) = \frac{\Gamma(n+N)}{n(n+1)\cdots(n+N-1)}$$

那么当 n 为零或负整数时又怎么样呢？

$$\lim_{n \to 0}\Gamma(n) = \lim_{n \to 0}\frac{\Gamma(n+1)}{n} = \infty$$

同样，当 $n \to -1$，$n \to -2$，$\cdots$，$n \to N$（N 为正整数）时，都有 $\Gamma(n) \to \infty$，从而规定当 $n=0$，-1，-2，$\cdots$，$-N$ 时，$\frac{1}{\Gamma(n)}=0$。Γ函数的图形如附图 1-1 所示。由图可见，当 $n>0$ 时，$\Gamma(n)$ 为 n 的连续函数，且当 $n=1.4616$ 处有一个最小值 0.8856。当 $n<0$ 时，$\Gamma(n)$ 在 n 的连续的负整数之间交替地正负变化。

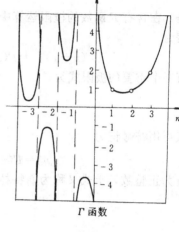

附图 1-1

3. 半整数的 Γ 函数

首先来确定 $\Gamma\left(\frac{1}{2}\right)$ 取值，由定义

$$\Gamma\left(\frac{1}{2}\right) = \int_0^\infty e^{-z} z^{-\frac{1}{2}} \, \mathrm{d}z$$

作变换，令 $z = x^2$ 则有

$$\Gamma\left(\frac{1}{2}\right) = 2\int_0^\infty e^{-x^2} \, \mathrm{d}x$$

上式两端相乘，且将其中一个因子积分变量用 y 代换，得

$$\left[\Gamma\left(\frac{1}{2}\right)\right]^2 = 4\left(\int_0^\infty e^{-x^2} \, \mathrm{d}x\right)\left(\int_0^\infty e^{-y^2} \, \mathrm{d}y\right) = 4\int_0^\infty\int_0^\infty e^{-(x^2+y^2)} \, \mathrm{d}x\mathrm{d}y$$

上式二重积分表示曲面 $\varphi = e^{-(x^2+y^2)}$ 在第一象限内的体积。变换成极坐标，则可写为

$$\left[\Gamma\left(\frac{1}{2}\right)\right]^2 = 4\int_0^{\pi/2}\int_0^\infty e^{-r^2} r\mathrm{d}r\mathrm{d}\theta$$

$$= 4 \times \frac{\pi}{2} \times \left.\frac{e^{-r^2}}{-2}\right|_0^\infty$$

$$= \pi$$

于是

$$\Gamma\left(\frac{1}{2}\right) = \sqrt{\pi}$$

利用递推公式还可得出 $\Gamma\left(n+\frac{1}{2}\right) = \frac{2n-1}{2} \times \frac{2n-3}{2} \cdots \frac{1}{2}\Gamma\left(\frac{1}{2}\right)$

$$= \frac{(2n-1)!!}{2^n}\sqrt{\pi}$$

同时注意到一个有用的积分值

$$\int_0^\infty e^{-x^2} \, \mathrm{d}x = \frac{\sqrt{\pi}}{2}$$

4. 其他性质：这里不加证明给出如下有用的公式

$$\Gamma(x)\Gamma(1-x) = \frac{\pi}{\sin\pi x}$$

可以证明，上式对非整数 x 的值是正确的。它具有很好应用价值。

Γ 函数也可用下列极限来定义，即

$$\Gamma(x) = \lim_{n \to \infty} \frac{n!}{x(x+1)\cdots(x+n)} n^x$$

由递推公式，还可得出

$$\lim_{n \to \infty} \frac{n! n^x}{\Gamma(x+n+1)} = 1$$

于是，在含有 Γ 函数的极限运算中，当 $n \to \infty$ 时，$\Gamma(x+n+1)$ 可用其近似值 $n! \, n^x$ 来代替。可表为

$$(n+x)! = \Gamma(x+n+1) \sim n! n^x \qquad (n \to \infty)$$

另有一个重要的极限式为

$$\lim_{n \to \infty} = \frac{\Gamma(n+1)}{\sqrt{2\pi} n^{n+1/2} \mathrm{e}^{-n}} = 1$$

上式可用符号记为

$$n! = \Gamma(n+1) \sim \sqrt{2\pi n} (n/\mathrm{e})^n \qquad (n \to \infty)$$

若 n 为正整数，上式又称为斯特林（Stirling）阶乘公式。

附录 2　拉普拉斯变换表

拉普拉斯变换表（Ⅰ）

序号	$f(t)$	$F(p)$	序号	$f(t)$	$F(p)$
1	$\delta(t)=\begin{cases}0 & t\neq0\\\infty & t=0\end{cases}$	1	22	$\dfrac{\exp(-a^2/4t)}{\sqrt{t}}$ $(a>0)$	$\sqrt{\dfrac{\pi}{p}}\exp(-a\sqrt{p})$
2	$\delta(t-\tau)$ $(\tau>0)$	$\exp(-\tau p)$	23	$\dfrac{\sin at}{t}$	$\arctan\dfrac{a}{p}$
3	1	$\dfrac{1}{p}$	24	$\dfrac{\sin^2 at}{t}$	$\dfrac{1}{4}\ln\left(1+\dfrac{4a^2}{p^2}\right)$
4	t^n $(n=0,1,2,\cdots)$	$\dfrac{n!}{p^{n+1}}=\dfrac{\Gamma(n+1)}{p^{n+1}}$	25	$\sin a\sqrt{t}$	$\dfrac{a}{2}\sqrt{\dfrac{\pi}{p^3}}\exp(a^2/4p)$
5	t^v $(\mathrm{Re}v>-1)$	$\dfrac{\Gamma(v+1)}{p^{v+1}}$	26	$\dfrac{1-\cos at}{t}$	$\dfrac{1}{2}\ln\left(1+\dfrac{a^2}{p}\right)$
6	$\sqrt{t}$	$\dfrac{\sqrt{\pi}}{2}\cdot\dfrac{1}{p^{3/2}}$	27	$\mathrm{sh}\,at$	$\dfrac{a}{p^2-a^2}$
7	$\dfrac{1}{\sqrt{t}}$	$\sqrt{\dfrac{\pi}{p}}$	28	$\dfrac{\mathrm{sh}\,at}{t}$	$\dfrac{1}{2}\ln\dfrac{p+a}{p-a}$
8	$u(t-a)=\begin{cases}1 & t\geqslant a\\0 & 0<t<a\end{cases}$ $(a>0)$	$\dfrac{1}{p}\exp(-ap)$	29	$\mathrm{ch}\,at$	$\dfrac{p}{p^2-a^2}$
9	$\dfrac{1}{\sqrt{1+at}}$ $(a>0)$	$\sqrt{\dfrac{\pi}{ap}}\,e^{p/a}\mathrm{erfc}\left(\sqrt{\dfrac{p}{a}}\right)$	30	$\ln t$	$-\dfrac{1}{p}(\ln p+\gamma)$ $\gamma=0.5772$（欧拉常数）
10	$\dfrac{1}{\sqrt{t}(1+at)}$	$\dfrac{\pi}{a}e^{p/a}\mathrm{erfc}\left(\sqrt{\dfrac{p}{a}}\right)$	31	$\mathrm{erf}(at)$ $(a>0)$	$\dfrac{1}{p}\exp\left(\dfrac{p^2}{4a^2}\right)\mathrm{erfc}\left(\dfrac{p}{2a}\right)$
11	e^{at}	$\dfrac{1}{p-a}$	32	$\mathrm{erf}(a\sqrt{t})$ $(a>0)$	$\dfrac{a}{p\;\sqrt{a^2+p}}$
12	te^{at}	$\dfrac{1}{(p-a)^2}$	33	$\mathrm{erfc}(a\sqrt{t})$ $(a>0)$	$\dfrac{\sqrt{a^2+p}-a}{p\;\sqrt{a^2+p}}$
13	$t^n e^{at}$ $(n=0,1,2,\cdots)$	$\dfrac{n!}{(p-a)^{n+1}}$	34	$\mathrm{erf}\left(\dfrac{a}{\sqrt{t}}\right)$ $(a>0)$	$\dfrac{1}{p}(1-\exp(-2a\sqrt{p}))$
14	$\dfrac{e^{at}}{\sqrt{t}}$	$\sqrt{\dfrac{\pi}{p-a}}$	35	$\mathrm{erfc}\left(\dfrac{a}{\sqrt{t}}\right)$ $(a>0)$	$\dfrac{1}{p}\exp(-2a\sqrt{p})$
15	$\dfrac{1-e^{-at}}{t}$	$\ln\left(1+\dfrac{a}{p}\right)$	36	$J_0(at)$	$\dfrac{1}{\sqrt{p^2+a^2}}$
16	$\sin at$	$\dfrac{a}{p^2+a^2}$	37	$I_0(at)$	$\dfrac{1}{\sqrt{p^2-a^2}}$
17	$\cos at$	$\dfrac{p}{p^2+a^2}$	38	$J_v(at)$ $(\mathrm{Re}v>-1)$	$\dfrac{a^v}{\sqrt{a^2+p^2}}\times\left(\dfrac{1}{p+\sqrt{p^2+a^2}}\right)^v$
18	$\begin{cases}\sin t & (2n-2)\pi<t(2n-1)\pi\\0 & (2n-1)\pi<t<2n\pi\end{cases}$	$\dfrac{1}{(p^2+1)(1-e^{-\pi p})}$	39	$I_v(at)$ $(\mathrm{Re}v>-1)$	$\dfrac{(p-\sqrt{p^2-a^2})^v}{a^v\;\sqrt{p^2-a^2}}$ $(R_e p>\lvert R_e a\rvert)$
19	$\lvert\sin at\rvert$ $(a>0)$	$\dfrac{a}{p^2+a^2}\mathrm{cth}\dfrac{\pi p}{2a}$	40	$S_i(at)=\displaystyle\int_{at}^{\infty}-\dfrac{\sin\tau}{\tau}\mathrm{d}\tau$	$-\dfrac{1}{p}\arctan\dfrac{p}{a}$
20	$\lvert\cos at\rvert$ $(a>0)$	$\dfrac{1}{p^2+a^2}\left(p+a\,\mathrm{csch}\dfrac{\pi p}{2a}\right)$	41	$C_i(at)=\displaystyle\int_{at}^{\infty}-\dfrac{\cos\tau}{\tau}\mathrm{d}\tau$	$-\dfrac{1}{2p}\ln\left(1+\dfrac{p^2}{a^2}\right)$
21	$\dfrac{\exp(-2a\sqrt{t})}{\sqrt{t}}$ $(a>0)$	$\sqrt{\dfrac{\pi}{p}}\exp(a^2/p)\mathrm{erfc}\left(\dfrac{a}{\sqrt{p}}\right)$	42	$E_i(at)=\displaystyle\int_{-\infty}^{-at}-\dfrac{e^{\tau}}{\tau}\mathrm{d}\tau$	$-\dfrac{1}{p}\ln\left(1+\dfrac{p}{a}\right)$

拉普拉斯变换表（Ⅱ）

序号	$F(p)$	$f(t)$
1	$\dfrac{1}{(p-a)(p-a)}$ $(a\neq b)$	$\dfrac{1}{a-b}(\exp(at)-\exp(bt))$
2	$\dfrac{p}{(p-a)(p-a)}$ $(a\neq b)$	$\dfrac{1}{a-b}(a\exp(at)-b\exp(bt))$
3	$\dfrac{1}{(p-a)(p-b)(p-c)}$ $(a,b,c$ 不等$)$	$-\dfrac{(b-c)e^{at}+(c-a)e^{bt}+(a-b)e^{ct}}{(a-b)(b-c)(c-a)}$
4	$\dfrac{1}{p^n}$ $(n=1,2,3,\cdots)$	$\dfrac{1}{(n-1)!}t^{n-1}$
5	$\dfrac{1}{(p+a)^n}$ $(n=1,2,3,\cdots)$	$\dfrac{1}{(n-1)!}t^{n-1}e^{-at}$
6	$\dfrac{1}{(p^2+a^2)^2}$	$\dfrac{1}{2a^3}(\sin at-at\cos at)$
7	$\dfrac{p}{(p^2+a^2)(p^2+b^2)}$ $(a^2\neq b^2)$	$\dfrac{\cos at-\cos bt}{b^2-a^2}$
8	$\dfrac{1}{p(p^2+a^2)}$	$\dfrac{1}{a^2}(1-\cos at)$
9	$\dfrac{p}{(p^2+a^2)^2}$	$\dfrac{t}{2a}\sin at$
10	$\dfrac{1}{p^2(p^2+a^2)}$	$\dfrac{1}{a^3}(at-\sin at)$
11	$\dfrac{p^2}{(p^2+a^2)^2}$	$\dfrac{1}{2a}(\sin at+at\cos at)$
12	$\dfrac{p^2-a^2}{(p^2+a^2)^2}$	$t\cos at$
13	$\dfrac{1}{(p-a)^2+b^2}$	$\dfrac{1}{b}\exp(at)\sin bt$
14	$\dfrac{p-a}{(p-a)^2+b^2}$	$\exp(at)\cos bt$
15	$\dfrac{4a^3}{p^4+4a^4}$	$\sin at\cosh at-\cos at\sinh at$
16	$\dfrac{p}{p^4+4a^4}$	$\dfrac{1}{2a^2}\sin at\sinh at$
17	$\dfrac{1}{p^4-a^4}$	$\dfrac{1}{2a^3}(\sinh at-\sin at)$
18	$\dfrac{p}{p^4-a^4}$	$\dfrac{1}{2a^2}(\cosh at-\cos at)$
19	$\dfrac{1}{p}\left(\dfrac{p-1}{p}\right)^n$	$\dfrac{e^t}{n!}\dfrac{d^n}{dt^n}(t^n e^{-t})$
20	$\sqrt{p-a}-\sqrt{p-b}$	$\dfrac{1}{2\sqrt{\pi t^3}}(e^{bt}-e^{at})$
21	$\dfrac{1}{\sqrt{p}+a}$	$\dfrac{1}{\sqrt{\pi t}}-a\exp(a^2 t)\,\mathrm{erf}(a\sqrt{t})$
22	$\dfrac{\sqrt{p}}{p-a^2}$	$\dfrac{1}{\sqrt{\pi t}}+a\exp(a^2 t)\,\mathrm{erf}(a\sqrt{t})$
23	$\dfrac{\sqrt{p}}{p+a^2}$	$\dfrac{1}{\sqrt{\pi t}}-\dfrac{2a}{\sqrt{\pi}}\exp(-a^2 t)\displaystyle\int_0^{a\sqrt{t}}\exp(\tau^2)\,d\tau$
24	$\dfrac{1}{\sqrt{p}(p-a^2)}$	$\dfrac{1}{a}\exp(a^2 t)\,\mathrm{erf}(a\sqrt{t})$

续表

序号	$F(p)$	$f(t)$
25	$\dfrac{1}{\sqrt{p}\,(p+a^2)}$	$\dfrac{2}{a\sqrt{\pi}}\exp(-a^2t)\displaystyle\int_0^{a\sqrt{t}}\exp(\tau^2)\mathrm{d}\tau$
26	$\dfrac{1}{\sqrt{p}\,(\sqrt{p}+a)}$	$\exp(a^2t)\,\mathrm{erfc}(a\sqrt{t})$
27	$\ln\dfrac{p^2+a^2}{p^2}$	$\dfrac{2}{t}(1-\cos at)$
28	$\ln\dfrac{p-a}{p-b}$	$\dfrac{1}{t}[\exp(-bt)-\exp(at)]$
29	$\ln\dfrac{p^2-a^2}{p}$	$\dfrac{2}{t}(1-\cosh at)$
30	$\ln\dfrac{p^2+a^2}{p^2+b^2}$	$\dfrac{2}{t}(\cos bt-\cos at)$
31	$\dfrac{1}{p^v}\exp(k/p)\ (Rev>0)$	$\left(\dfrac{t}{k}\right)^{\frac{v-1}{2}}I_{v-1}(2\sqrt{kt})$
32	$\dfrac{1}{\sqrt{p}}\exp(-k/p)$	$\dfrac{1}{\sqrt{\pi t}}\cos 2\sqrt{kt}$
33	$\dfrac{1}{p^{3/2}}\exp(k/p)$	$\dfrac{1}{\sqrt{\pi k}}\sinh 2\sqrt{kt}$
34	$\dfrac{1}{p}\ln p$	$-\ln t-\gamma\ (\gamma\approx 0.5772)$
35	$\dfrac{1}{p}\exp(-k/p)$	$J_0(2\sqrt{kt})$
36	$\dfrac{1}{p^2}\exp(-k/p)$	$\begin{cases} 0 & 0<t<k \\ t-k & t>k \end{cases}$

附录3 向量和矩阵的范数

向量范数和矩阵范数在研究数值迭代法的收敛性、稳定性和误差分析中起着重要作用。这里就范数（或称模）的概念作一简介。

1. 向量范数（向量模）

与常用的二维、三维空间中向量的长度概念相似，对于 n 维空间的向量也可定义一个非负实数来描述向量的"大小"，称此实数为向量范数（或模值）。同时称此 n 维空间为赋范空间。

设 X 为复数域 C 上 n 维空间向量，即 $X \in E^n(C)$，则定义 X 的范数有下列几种形式：

$$\|X\|_2 \equiv (X^H X)^{1/2} = \Big(\sum_{i=1}^{n} |x_i|^2\Big)^{1/2}$$

$$\|X\|_1 \equiv \sum_{i=1}^{n} |x_i|$$

$$\|X\|_\infty = \max_i |x_i|$$

$\|X\|_2$ 称为 X 的欧几里得范数（Euclid Norm），或称为 2-范数；

$\|X\|_1$ 称为 X 的 1-范数；

$\|X\|_\infty$ 称为 X 的 ∞-范数。

这三种范数是最常用的形式，它们都是由下式

$$\|X\|_p = \Big(\sum_{i=1}^{n} |x_i|^P\Big)^{1/P} \qquad (1 \leqslant p < \infty)$$

定义的 P-范数的几种特定形式。所有形式的向量范数都满足如下条件。

(1) 非负性。对于 $X \in E^n$，恒有 $\|X\| \geqslant 0$，当且仅当 $X=0$ 时，等式成立。

(2) 齐次性。对于 $X \in E^n$，$a \in R$（a 为纯量），恒有

$$\|aX\| = |a| \|X\|$$

(3) 三角不等式。对于任意 $X, Y \in E^n$ 恒有

$$\|X+Y\| \leqslant \|X\| + \|Y\|$$

当且仅当 X 与 Y 线性相关时等号成立。

同一向量不同形式的向量范数取值不等，如 $X=(1,1,\cdots,1)^T$，有 $\|X\|_1=n$，$\|X\|_2=\sqrt{n}$，$\|X\|_\infty=1$。尽管如此，但在不同模值间存在相互关联的转换式。设 $\|X\|_\alpha$，$\|X\|_\beta$ 为 $E^n(C)$ 上任意两种范数，则总存在常数 $k_2 > k_1 > 0$，使一切 $X \in E^n(C)$ 都有

$$k_1 \|X\|_\beta \leqslant \|X\|_\alpha \leqslant k_2 \|X\|_\beta$$

上式称为范数嵌入不等式。具体对三种常用的向量范数有如下嵌入不等式

$$\|X\|_\infty \leqslant \|X\|_1 \leqslant n\|X\|_\infty$$

$$\|X\|_\infty \leqslant \|X\|_2 \leqslant n\|X\|_\infty$$

$$\frac{1}{\sqrt{n}} \|X\|_1 \leqslant \|X\|_2 \leqslant \|X\|_1$$

称满足嵌入不等式的两个向量范数是等价的，或者说 $E^n(C)$ 上任何两种不同的向量范数都是等价的。

在讨论迭代法收敛性时可用向量范数来描述。例如在 $E^n(C)$ 中，由迭代法生成向量序列 $\{X^{(m)}\},(m=0,1,2,\cdots)$，其中

$$X^{(m)}=(x_j^{(m)}) \qquad (j=0,1,2,\cdots,n)$$

如果存在 $\lim\limits_{m\to\infty} x_j^{(m)}=x_j^*$ （对所有 $1\leqslant j\leqslant n$ 成立），则称此向量序列收敛于向量 $X^*=(x_j^*)$。这一收敛概念用向量范数表述，则向量序列 $\{X^{(m)}\}$ 收敛于 X^* 的充要条件是

$$\lim\limits_{m\to\infty} \| X^{(m)}-X^* \|=0$$

因此在实际迭代运算中，采用的迭代收敛准则为相邻两次迭代向量差的范数小于给定精度 ε，即

$$\| X^{(m+1)}-X^{(m)} \|\leqslant\varepsilon$$

2. 矩阵的谱半径

若 $A=(a_{i,j})$ 为 $n\times n$ 复矩阵，有特征值 $\lambda_i(i=1,2,\cdots,n)$，则称模值最大的那个特征值的模为矩阵 A 的谱半径，记作

$$\rho(A)=\max\limits_i|\lambda_i|$$

在几何上，如把 A 的所有特征值 λ_i 都画在复平面上，则 $\rho(A)$ 是中心在原点并包含 A 的所有特征值的最小圆半径。

3. 矩阵的范数

前已指出，用向量范数可描述迭代收敛过程。假设线性系统的解向量 X^*，迭代向量序列 $\{X^{(m)}\}$ 第 m 次迭代误差为 $X^{(m)}-X^*$，假设迭代格式为

$$X^{(m+1)}-X^*=A(X^{(m)}-X^*)$$

其中 A 为线性系统迭代矩阵。考察迭代向量序列 $\{X^{(m)}\}$ 是否收敛于 X^* 的问题，实质上就是向量 $(X^{(m)}-X^*)$ 经过 A 作用变换后的向量 $A(X^{(m)}-X^*)$ 的范数是否缩小的问题。为此定义一个非零向量 X 在 A 作用变换后的向量范数与 X 的范数之比的上确界，称为矩阵 A 的范数，记作

$$\| A \|=\mathop{SUP}\limits_{x\neq 0}\frac{\| AX \|}{\| X \|}$$

SUP 为精确上界符号。当 $\| X \|=1$ 时，有

$$\| A \|=\mathop{SUP}\limits_{\| X \|=1}\| AX \|$$

由定义可知，对于 E^n 中任一 $X\neq 0$ 的向量都有

$$\| AX \|\leqslant\| A \|\ \| X \|$$

如果 $\| A \|<1$，则迭代格式

$$X^{(m+1)}-X^*=A(X^{(m)}-X^*) \qquad (m=1,2,\cdots)$$

必定收敛。

与向量范数相似，矩阵范数也有多种等价形式：

$\| A \|_1=\max\limits_j\sum\limits_{i=1}^n| a_{ij} |$ ——称为 A 的 1-范数（列和范数）；

$\| A \|_2=[\rho(A^H A)]^{1/2}$ —— 称为 A 的 2-范数（谱范数）；

$\| A \|_\infty=\max\limits_i\sum\limits_{j=1}^n(a_{ij})$ ——称为 A 的 ∞-范数（行和范数）；

$$\|A\|_F = \Big[\sum_i \sum_j |a_{ij}|^2\Big]^{1/2}\quad\text{——称为 } A \text{ 的 Frobenius 范数。}$$

所有矩阵范数均满足以下条件。

设 A、B 均为 $n \times n$ 复矩阵

(1) 非负性。$\|A\| \geqslant 0$，当且仅当 $A \equiv 0$ 时等式成立；

(2) 齐次性。a 为纯量，则 $\|aA\| = |a|\|A\|$；

(3) 三角不等式。$\|A+B\| \leqslant \|A\| + \|B\|$；

(4) 乘法不等式 $\|A \cdot B\| \leqslant \|A\| \cdot \|B\|$；

(5) 与向量范数的向容性。对于 $X \in E^n(C)$，恒有

$$\|AX\|_a \leqslant \|A\|_a \|X\|_a$$

仅当 $\|X\| = 1$ 时，上式中等号成立。凡满足条件（5）的矩阵范数 $\|A\|_a$ 与对应的向量范数 $\|X\|_a$ 相容，或称矩阵范数 $\|A\|_a$ 从属于向量范数 $\|X\|_a$。因此 $\|A\|_1$、$\|A\|_2$ 和 $\|A\|_\infty$ 分别从属于向量 1-、2-、和 ∞-范数。Frobenius 范数不是由向量 2-范数导出的，但它与向量 2-范数相容。

与向量范数类似的另一点是，矩阵范数也存在嵌入不等式，即

$$k_1 \|X\|_a \leqslant \|X\|_\beta \leqslant k_2 \|X\|_a$$

具体有 $\|A\|_2 \leqslant \|A\|_F \leqslant \sqrt{n}\|A\|_2$

$$\|A\|_2 \leqslant [\|A\|_1 \cdot \|A\|_\infty]^{1/2}$$

由条件（5）可得两条推论：

【推论 1】 对任意 $n \times n$ 复矩阵 A，都有

$$\|A\| \geqslant \rho(A)$$

证明：设 λ 是 A 的任一特征值，X 为对应于 λ 的特征向量，则有

$$AX = \lambda X$$

等式两边取范数并应用条件（2）和（5）

$$|\lambda|\|X\| = \|AX\| \leqslant \|A\|\|X\|$$

所以　　　　　　　　　　　　　$|\lambda| \leqslant \|A\|$

对于 A 的所有特征值 λ 上式均成立，因此对于按模最大的特征值 $\rho(A)$ 上式要成立，即有

$$\rho(A) \leqslant \|A\|\qquad\qquad\text{［证毕］}$$

【推论 2】 若 A 为 $n \times n$ Hermit 矩阵，则有

$$\rho(A) = \|A\|$$

证明：因为 A 是 Hermit 矩阵，即 $A^H = A$

$$\|A\|_2^2 = \rho(A^H A) = \rho(A^2) = \rho^2(A)\qquad\qquad\text{［证毕］}$$

此外关于矩阵序列收敛定理为：矩阵序列 $\{A^{(m)}\}$ 收敛于 A^* 的充要条件为

$$\lim_{m \to \infty} \|A^{(m)} - A^*\| = 0$$

关于矩阵幂次收敛于零的定理有：对任一 $n \times n$ 矩阵 A，A 的 k 次幂 A^k，当 $k \to \infty$ 时，收敛于零阵的充要条件是

$$\rho(A) < 1$$

附录4 概率函数分布表

附表 4-1 标准正态分布表

$$\phi(z) = \int_{-\infty}^{z} \frac{1}{\sqrt{2\pi}} e^{-u^2/2} \mathrm{d}u = P(Z \leqslant z)$$

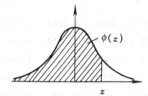

z	0	1	2	3	4	5	6	7	8	9
−3.0	0.0013	0.0010	0.0007	0.0005	0.0003	0.0002	0.0002	0.0001	0.0001	0.0000
−2.9	0.0019	0.0018	0.0017	0.0017	0.0016	0.0016	0.0015	0.0015	0.0014	0.0014
−2.8	0.0026	0.0025	0.0024	0.0023	0.0023	0.0022	0.0021	0.0021	0.0020	0.0019
−2.7	0.0035	0.0034	0.0033	0.0032	0.0031	0.0030	0.0029	0.0028	0.0027	0.0026
−2.6	0.0047	0.0045	0.0044	0.0043	0.0041	0.0040	0.0039	0.0038	0.0037	0.0036
−2.5	0.0062	0.0060	0.0059	0.0057	0.0055	0.0054	0.0052	0.0051	0.0049	0.0048
−2.4	0.0082	0.0080	0.0078	0.0075	0.0073	0.0071	0.0069	0.0068	0.0066	0.0064
−2.3	0.0107	0.0104	0.0102	0.0099	0.0096	0.0094	0.0091	0.0089	0.0087	0.0084
−2.2	0.0139	0.0136	0.0132	0.0129	0.0126	0.0122	0.0119	0.0116	0.0113	0.0110
−2.1	0.0179	0.0174	0.0170	0.0166	0.0162	0.0158	0.0154	0.0150	0.0146	0.0143
−2.0	0.0228	0.0222	0.0217	0.0212	0.0207	0.0202	0.0197	0.0192	0.0188	0.0183
−1.9	0.0287	0.0281	0.0274	0.0268	0.0262	0.0256	0.0250	0.0244	0.0238	0.0233
−1.8	0.0359	0.0352	0.0344	0.0336	0.0329	0.0322	0.0314	0.0307	0.0300	0.0294
−1.7	0.0446	0.0436	0.0427	0.0418	0.0409	0.0401	0.0392	0.0384	0.0375	0.0367
−1.6	0.0548	0.0537	0.0526	0.0516	0.0505	0.0495	0.0485	0.0475	0.0465	0.0455
−1.5	0.0668	0.0655	0.0643	0.0630	0.0618	0.0606	0.0594	0.0582	0.0570	0.0559
−1.4	0.0808	0.0793	0.0778	0.0764	0.0749	0.0735	0.0722	0.0708	0.0694	0.0681
−1.3	0.0968	0.0951	0.0934	0.0918	0.0901	0.0885	0.0859	0.0853	0.0838	0.0823
−1.2	0.1151	0.1131	0.1112	0.1093	0.1075	0.1056	0.1038	0.1020	0.1003	0.0985
−1.1	0.1375	0.1335	0.1314	0.1292	0.1271	0.1251	0.1230	0.1210	0.1190	0.1170
−1.0	0.1587	0.1562	0.1539	0.1515	0.1492	0.1469	0.1446	0.1423	0.1401	0.1379
−0.9	0.1841	0.1814	0.1788	0.1762	0.1736	0.1711	0.1685	0.1660	0.1635	0.1611
−0.8	0.2119	0.2090	0.2061	0.2033	0.2005	0.1977	0.1949	0.1922	0.1894	0.1867
−0.7	0.2420	0.2389	0.2358	0.2327	0.2297	0.2266	0.2236	0.2206	0.2177	0.2148
−0.6	0.2743	0.2709	0.2676	0.2643	0.2611	0.2578	0.2546	0.2514	0.2483	0.2451

续表

z	0	1	2	3	4	5	6	7	8	9
−0.5	0.3085	0.3050	0.3015	0.2981	0.2946	0.2912	0.2877	0.2843	0.2810	0.2776
−0.4	0.3446	0.3409	0.3372	0.3336	0.3300	0.3264	0.3228	0.3192	0.3156	0.3121
−0.3	0.3821	0.3783	0.3745	0.3707	0.3669	0.3632	0.3594	0.3557	0.3520	0.3483
−0.2	0.4207	0.4168	0.4129	0.4090	0.4052	0.4013	0.3974	0.3936	0.3897	0.3859
−0.1	0.4602	0.4562	0.4522	0.4483	0.4443	0.4404	0.4364	0.4325	0.4286	0.4247
−0.0	0.5000	0.4960	0.4920	0.4880	0.4840	0.4801	0.4761	0.4721	0.4681	0.4641
0	0.5000	0.5040	0.5080	0.5120	0.5160	0.5199	0.5239	0.5227	0.5319	0.5359
0.1	0.5398	0.5438	0.5478	0.5517	0.5557	0.5596	0.5636	0.5675	0.5714	0.5753
0.2	0.5793	0.5832	0.5871	0.5910	0.5948	0.5987	0.6026	0.6064	0.6103	0.6141
0.3	0.6179	0.6217	0.6255	0.6293	0.6331	0.6368	0.6406	0.6443	0.6480	0.6517
0.4	0.6554	0.6591	0.6628	0.6664	0.6700	0.6736	0.6772	0.6808	0.6844	0.6879
0.5	0.6915	0.5950	0.6985	0.7019	0.7054	0.7088	0.7123	0.7157	0.7190	0.7224
0.6	0.7257	0.7291	0.7324	0.7357	0.7389	0.7422	0.7454	0.7486	0.7517	0.7549
0.7	0.7580	0.7611	0.7642	0.7673	0.7703	0.7734	0.7764	0.7794	0.7823	0.7852
0.8	0.7881	0.7910	0.7939	0.7967	0.7995	0.8023	0.8051	0.8078	0.8106	0.8133
0.9	0.8159	0.8186	0.8212	0.8238	0.8264	0.8289	0.8315	0.8340	0.8365	0.8389
1.0	0.8413	0.8438	0.8461	0.8485	0.8508	0.8531	0.8554	0.8577	0.8599	0.8621
1.1	0.8643	0.8665	0.8686	0.8708	0.8729	0.8749	0.8770	0.8790	0.8810	0.8830
1.2	0.8849	0.8869	0.8888	0.8907	0.8925	0.8944	0.8962	0.8980	0.8997	0.9015
1.3	0.9032	0.9049	0.9066	0.9082	0.9099	0.9115	0.9131	0.9147	0.9162	0.9177
1.4	0.9192	0.9207	0.9222	0.9236	0.9251	0.9265	0.9278	0.9292	0.9306	0.9319
1.5	0.9332	0.9345	0.9357	0.9370	0.9382	0.9394	0.9406	0.9418	0.9430	0.9441
1.6	0.9452	0.9463	0.9474	0.9784	0.9495	0.9505	0.9515	0.9525	0.9535	0.9545
1.7	0.9554	0.9564	0.9573	0.9582	0.9591	0.9599	0.9608	0.9616	0.9625	0.9633
1.8	0.9641	0.9648	0.9856	0.9664	0.9671	0.9678	0.9686	0.9693	0.9700	0.9706
1.9	0.9713	0.9719	0.9726	0.9732	0.9738	0.9744	0.9750	0.9756	0.9762	0.9767
2.0	0.9772	0.9778	0.9783	0.9788	0.9793	0.9798	0.9803	0.9808	0.9812	0.9817
2.1	0.9821	0.9826	0.9830	0.9834	0.9838	0.9842	0.9846	0.9850	0.9854	0.9857
2.2	0.9861	0.9864	0.9868	0.9871	0.9874	0.9878	0.9881	0.9884	0.9887	0.9890
2.3	0.9893	0.9896	0.9898	0.9901	0.9904	0.9906	0.9909	0.9911	0.9913	0.9916
2.4	0.9918	0.9920	0.9922	0.9925	0.9927	0.9929	0.9931	0.9932	0.9934	0.9936
2.5	0.9938	0.9940	0.9941	0.9943	0.9945	0.9946	0.9948	0.9949	0.9951	0.9952
2.6	0.9953	0.9955	0.9956	0.9957	0.9959	0.9960	0.9961	0.9962	0.9963	0.9964
2.7	0.9965	0.9966	0.9967	0.9968	0.9969	0.9970	0.9971	0.9972	0.9973	0.9974
2.8	0.9974	0.9975	0.9976	0.9977	0.9977	0.9978	0.9979	0.9979	0.9980	0.9981
2.9	0.9981	0.9982	0.9982	0.9983	0.9984	0.9984	0.9985	0.9985	0.9986	0.9986
3.0	0.9987	0.9990	0.9993	0.9995	0.9997	0.9998	0.9998	0.9999	0.9999	1.0000

附表 4-2 t 分布表

$$P\{t(n) > t_0(n)\} = \alpha$$

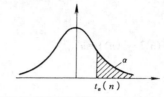

n	$\alpha = 0.25$	0.10	0.05	0.025	0.01	0.005
1	1.0000	3.0777	6.3138	12.7062	31.8207	63.6574
2	0.8165	1.8856	2.9200	4.3027	6.9646	9.9248
3	0.7649	1.6377	2.3534	3.1824	4.5407	5.8409
4	0.7407	1.5332	2.1318	2.7764	3.7469	4.6041
5	0.7267	1.4759	2.0150	2.5706	3.3649	4.0322
6	0.7176	1.4398	1.9432	2.4469	3.1427	3.7074
7	0.7111	1.4149	1.8946	2.3646	2.9980	3.4995
8	0.7064	1.3968	1.8595	2.3060	2.8965	3.3554
9	0.7027	1.3830	1.8331	2.2622	2.8214	3.2498
10	0.6998	1.3722	1.8125	2.2281	2.7638	3.1693
11	0.6974	1.3634	1.7959	2.2010	2.7181	3.1058
12	0.6955	1.3562	1.7823	2.1788	2.6810	3.0545
13	0.6938	1.3502	1.7709	2.1604	2.6503	3.0123
14	0.6924	1.3450	1.7613	2.1448	2.6245	2.9768
15	0.6912	1.3406	1.7531	2.1315	2.6025	2.9467
16	0.6901	1.3368	1.7459	2.1199	2.5835	2.9208
17	0.6892	1.3334	1.7396	2.1098	2.5669	2.8982
18	0.6884	1.3304	1.7341	2.1009	2.5524	2.8784
19	0.6876	1.3277	1.7291	2.0930	2.5395	2.8609
20	0.6870	1.3253	1.7247	2.0860	2.5280	2.8453
21	0.6864	1.3232	1.7207	2.0796	2.5177	2.8314
22	0.6858	1.3212	1.7171	2.0739	2.5083	2.8188
23	0.6853	1.3195	1.7139	2.0687	2.4999	2.8073
24	0.6848	1.3178	1.7109	2.0639	2.4922	2.7969
25	0.6844	1.3163	1.7081	2.0595	2.4851	2.7874
26	0.6840	1.3150	1.7056	2.0555	2.4786	2.7787
27	0.6837	1.3137	1.7033	2.0518	2.4727	2.7707
28	0.6834	1.3125	1.7011	2.0484	2.4671	2.7633
29	0.6830	1.3114	1.6991	2.0452	2.4620	2.7564
30	0.6828	1.3104	1.6973	2.0423	2.4573	2.7500
31	0.6825	1.3095	1.6955	2.0395	2.4528	2.7440
32	0.6822	1.3086	1.6939	2.0369	2.4487	2.7385
33	0.6820	1.3077	1.6924	2.0345	2.4448	2.7333
34	0.6818	1.3070	1.6909	2.0322	2.4411	2.7284
35	0.6816	1.3062	1.6896	2.0301	2.4377	2.7238
36	0.6814	1.3055	1.6883	2.0281	2.4345	2.7195
37	0.6812	1.3049	1.6871	2.0262	2.4314	2.7154
38	0.6810	1.3042	1.6860	2.0244	2.4286	2.7116
39	0.6808	1.3036	1.6849	2.0227	2.4258	2.7079
40	0.6807	1.3031	1.6839	2.0211	2.4233	2.7045
41	0.6805	1.3025	1.6829	2.0195	2.4208	2.7012
42	0.6804	1.3020	1.6820	2.0181	2.4185	2.6981
43	0.6802	1.3016	1.6811	2.0167	2.4163	2.6951
44	0.6801	1.3011	1.6802	2.0154	2.4141	2.6923
45	0.6800	1.3006	1.6794	2.0141	2.4121	2.6896

附表 4-3　χ² 分布表

$$P\{\chi^2(n) > \chi_\alpha^2(n)\} = \alpha$$

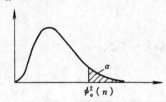

n	α=0.995	0.990	0.975	0.950	0.900	0.750
1	—	—	0.001	0.004	0.016	0.102
2	0.010	0.020	0.051	0.103	0.211	0.575
3	0.072	0.115	0.216	0.352	0.584	1.213
4	0.207	0.297	0.484	0.711	1.064	1.923
5	0.412	0.554	0.831	1.145	1.610	2.675
6	0.676	0.872	1.237	1.635	2.204	3.455
7	0.989	1.239	1.690	2.167	2.833	4.255
8	1.344	1.646	2.180	2.733	3.490	5.071
9	1.735	2.088	2.700	3.325	4.168	5.899
10	2.156	2.558	3.247	3.940	4.865	6.737
11	2.603	3.053	3.816	4.575	5.578	7.584
12	3.074	3.571	4.404	5.226	6.304	8.438
13	3.565	4.107	5.009	5.892	7.042	9.299
14	4.075	4.660	5.629	6.571	7.790	10.165
15	4.601	5.229	6.262	7.261	8.547	11.037
16	5.142	5.812	6.908	7.962	9.312	11.912
17	5.697	6.408	7.564	8.672	10.085	12.792
18	6.265	7.015	8.231	9.390	10.865	13.675
19	6.844	7.633	8.907	10.117	11.651	14.562
20	7.434	8.260	9.591	10.851	12.443	15.452
21	8.034	8.897	10.283	11.591	13.240	16.344
22	8.643	9.542	10.982	12.338	14.042	17.240
23	9.260	10.196	11.689	13.091	14.848	18.137
24	9.886	10.856	12.401	13.848	15.659	19.037
25	10.520	11.524	13.120	14.611	16.473	19.939
26	11.160	12.198	13.844	15.379	17.292	20.843
27	11.808	12.879	14.573	16.151	18.114	21.749
28	12.461	13.565	15.308	16.928	18.936	22.657
29	13.121	14.257	16.047	17.708	19.768	23.567
30	13.787	14.954	16.791	18.493	20.599	24.478
31	14.458	15.655	17.539	19.281	21.434	25.390
32	15.134	16.362	18.291	20.072	22.271	26.304
33	15.815	17.074	19.047	20.867	23.110	27.219
34	16.501	17.789	19.806	21.664	23.952	28.136
35	17.192	18.509	20.569	22.465	24.797	29.054
36	17.887	19.233	21.336	23.269	25.643	29.973
37	18.586	19.960	22.106	24.075	26.492	30.893
38	19.289	20.691	22.878	24.884	27.343	31.815
39	19.996	21.426	23.654	25.695	28.196	32.737
40	20.707	22.164	24.433	26.509	29.051	33.660
41	21.421	22.906	25.215	27.326	29.907	34.585
42	22.138	23.650	25.999	28.144	30.765	35.510
43	22.859	24.398	26.785	28.965	31.625	36.436
44	23.584	25.148	27.575	29.787	32.487	37.363
45	24.311	25.901	28.366	30.612	33.350	38.291

n	$\alpha=0.25$	0.10	0.05	0.025	0.01	0.005
1	1.323	2.706	3.841	5.024	6.635	7.879
2	2.773	4.605	5.991	7.378	9.210	10.597
3	4.108	6.251	7.815	9.348	11.345	12.838
4	5.385	7.779	9.488	11.143	13.277	14.860
5	6.626	9.236	11.071	12.833	15.086	16.750
6	7.841	10.645	12.592	14.449	16.812	18.548
7	9.037	12.017	14.067	16.013	18.475	20.278
8	10.219	13.362	15.507	17.535	20.090	21.955
9	11.389	14.684	16.919	19.023	21.666	23.589
10	12.549	15.987	18.307	20.483	23.209	25.188
11	13.701	17.275	19.675	21.920	24.725	26.757
12	14.845	18.549	21.026	23.337	26.217	28.299
13	15.984	19.812	22.362	24.736	27.688	29.819
14	17.117	21.064	23.685	26.119	29.141	31.319
15	18.245	22.307	24.996	27.488	30.578	32.801
16	19.369	23.542	26.296	28.845	32.000	34.267
17	20.489	24.769	27.587	30.191	33.409	35.718
18	21.605	25.989	28.869	31.526	34.805	37.156
19	22.718	27.204	30.144	32.852	36.191	38.582
20	23.828	28.412	31.410	34.170	37.566	39.997
21	24.935	29.615	32.671	35.479	38.932	41.401
22	26.039	30.813	33.924	36.781	40.289	42.796
23	27.141	32.007	35.172	38.076	41.638	44.181
24	28.241	33.196	36.415	39.364	42.980	45.559
25	29.339	34.382	37.652	40.646	44.314	46.928
26	30.435	35.563	38.885	41.923	45.642	48.290
27	31.528	36.741	40.113	43.194	46.936	49.645
28	32.620	37.916	41.337	44.461	48.278	50.993
29	33.711	39.087	42.557	45.722	49.588	52.336
30	34.800	40.256	43.773	46.979	50.892	53.672
31	35.887	41.422	44.985	48.232	52.191	55.003
32	36.973	42.585	46.194	49.480	53.486	56.328
33	38.058	43.745	47.400	50.725	54.776	57.648
34	39.141	44.903	48.602	51.966	56.061	58.964
35	40.223	46.059	49.802	53.203	57.342	60.275
36	41.304	47.212	50.998	54.437	58.619	61.581
37	42.383	48.363	52.192	55.668	59.892	62.883
38	43.462	49.513	53.384	56.896	61.162	64.181
39	44.539	50.660	54.572	58.120	62.428	65.476
40	45.616	51.805	55.758	59.342	63.691	66.766
41	46.692	52.949	56.942	60.561	64.950	68.053
42	47.766	54.090	58.124	61.777	66.206	69.336
43	48.840	55.230	59.304	62.990	67.459	70.616
44	49.913	56.369	60.481	64.201	68.710	71.893
45	50.985	57.505	61.656	65.410	69.957	73.166

附表 4-4　F 分布表

$$P\ \{F\ (n_1,\ n_2)\ >F_\alpha\ (n_1,\ n_2)\}\ =\alpha$$

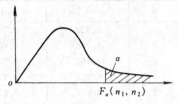

$\alpha=0.1$

n_2\\n_1	1	2	3	4	5	6	7	8	9	10	12	15	20	24	30	40	60	120	∞
1	39.86	49.50	53.59	55.83	57.24	58.20	58.91	59.44	59.86	60.19	60.71	61.22	61.74	62.00	62.26	62.53	62.79	63.06	63.33
2	8.35	9.00	9.16	9.24	9.29	9.33	9.35	9.37	9.38	9.39	9.41	9.42	9.44	9.45	9.46	9.47	9.47	9.48	9.49
3	5.54	5.46	5.39	5.34	5.31	5.28	5.27	5.25	5.24	5.23	5.22	5.20	5.18	5.18	5.17	5.16	5.15	5.14	5.13
4	4.54	4.32	4.19	4.11	4.05	4.01	3.98	3.95	3.94	3.92	3.90	3.87	3.84	3.83	3.82	3.80	3.79	3.78	3.76
5	4.06	3.78	3.62	3.52	3.45	3.40	3.37	3.34	3.32	3.30	3.27	3.24	3.21	3.19	3.17	3.16	3.14	3.12	3.10
6	3.78	3.46	3.29	3.18	3.11	3.05	3.01	2.89	2.96	2.94	2.90	2.87	2.84	2.82	2.80	2.78	2.76	2.74	2.12
7	3.59	3.26	3.07	2.96	2.88	2.83	2.78	2.75	2.72	2.70	2.67	2.63	2.59	2.58	2.56	2.54	2.51	2.49	2.47
8	3.46	3.11	2.92	2.81	2.73	2.67	2.62	2.59	2.56	2.54	2.50	2.46	2.42	2.40	2.38	2.36	2.34	2.32	2.29
9	3.36	3.01	2.81	2.69	2.61	2.55	2.51	2.47	2.44	2.42	2.38	2.34	2.30	2.28	2.25	2.23	2.21	2.18	2.16
10	3.29	2.92	2.73	2.61	2.52	2.46	2.41	2.38	2.35	2.32	2.28	2.24	2.20	2.18	2.16	2.13	2.11	2.08	2.06
11	3.23	2.86	2.66	2.54	2.45	2.39	2.34	2.30	2.27	2.25	2.21	2.17	2.12	2.10	2.08	2.05	2.03	2.00	1.97
12	3.18	2.81	2.61	2.48	2.39	2.33	2.28	2.24	2.21	2.19	2.15	2.10	2.06	2.04	2.01	1.99	1.96	1.93	1.90
13	3.14	2.76	2.56	2.43	2.35	2.28	2.23	2.20	2.16	2.14	2.10	2.05	2.01	1.98	1.96	1.93	1.90	1.88	1.85
14	3.10	2.73	2.52	2.39	2.31	2.24	2.19	2.15	2.12	2.10	2.05	2.01	1.96	1.94	1.91	1.89	1.86	1.83	1.80
15	3.07	2.70	2.49	2.36	2.27	2.21	2.16	2.12	2.09	2.06	2.02	1.97	1.92	1.90	1.87	1.85	1.82	1.79	1.76
16	3.05	2.67	2.46	2.33	2.24	2.18	2.13	2.09	2.06	2.03	1.99	1.94	1.89	1.87	1.84	1.81	1.78	1.75	1.72
17	3.03	2.64	2.44	2.31	2.22	2.15	2.10	2.06	2.03	2.00	1.96	1.91	1.86	1.84	1.81	1.78	1.75	1.72	1.69
18	3.01	2.62	2.42	2.29	2.20	2.13	2.08	2.04	2.00	1.98	1.93	1.89	1.84	1.81	1.78	1.75	1.72	1.69	1.66
19	2.99	2.61	2.40	2.27	2.18	2.11	2.06	2.02	1.98	1.96	1.91	1.86	1.81	1.79	1.76	1.73	1.70	1.67	1.63
20	2.97	2.59	2.38	2.25	2.16	2.9	2.04	2.00	1.96	1.94	1.89	1.84	1.79	1.77	1.74	1.71	1.68	1.64	1.61
21	2.96	2.57	2.36	2.23	2.14	2.08	2.02	1.98	1.95	1.92	1.87	1.83	1.78	1.75	1.72	1.69	1.66	1.62	1.59
22	2.95	2.56	2.35	2.22	2.13	2.06	2.01	1.97	1.93	1.90	1.86	1.81	1.76	1.73	1.70	1.67	1.64	1.60	1.57
23	2.94	2.55	2.34	2.21	2.11	2.05	1.99	1.95	1.92	1.89	1.84	1.80	1.74	1.72	1.69	1.66	1.62	1.59	1.55
24	2.93	2.54	2.33	2.19	2.10	2.04	1.98	1.94	1.91	1.88	1.83	1.78	1.73	1.70	1.67	1.64	1.61	1.57	1.53
25	2.92	2.53	2.32	2.18	2.09	2.02	1.97	1.93	1.89	1.87	1.82	1.77	1.72	1.69	1.66	1.63	1.59	1.56	1.52
26	2.91	2.52	2.31	2.17	2.08	2.01	1.96	1.92	1.88	1.86	1.81	1.76	1.71	1.68	1.65	1.61	1.58	1.54	1.50
27	2.90	2.51	2.30	2.17	2.07	2.00	1.95	1.91	1.87	1.85	1.80	1.75	1.70	1.67	1.64	1.60	1.57	1.53	1.49
28	2.89	2.50	2.29	2.16	2.06	2.00	1.94	1.90	1.87	1.84	1.79	1.74	1.69	1.66	1.63	1.59	1.56	1.52	1.48
29	2.89	2.50	2.28	2.15	2.06	1.99	1.93	1.89	1.86	1.83	1.78	1.73	1.68	1.65	1.62	1.58	1.55	1.51	1.47
30	2.88	2.49	2.28	2.14	2.05	1.98	1.93	1.88	1.85	1.82	1.77	1.72	1.67	1.64	1.61	1.57	1.54	1.50	1.46
40	2.84	2.44	2.23	2.09	2.00	1.93	1.87	1.83	1.79	1.76	1.71	1.66	1.61	1.57	1.54	1.51	1.47	1.42	1.38
60	2.79	2.39	2.18	2.04	1.95	1.87	1.82	1.77	1.74	1.71	1.66	1.60	1.54	1.51	1.48	1.44	1.40	1.35	1.29
120	2.75	2.35	2.13	1.99	1.90	1.82	1.77	1.72	1.68	1.65	1.60	1.55	1.48	1.45	1.41	1.37	1.32	1.26	1.19
∞	2.71	2.30	2.08	1.94	1.85	1.77	1.72	1.67	1.63	1.60	1.55	1.49	1.42	1.38	1.34	1.30	1.24	1.17	1.00

续表

$\alpha = 0.05$

n_2＼n_1	1	2	3	4	5	6	7	8	9	10	12	15	20	24	30	40	60	120	∞
1	161.4	199.5	215.7	224.6	230.2	234.0	236.8	238.9	240.5	241.9	243.9	245.9	248.0	249.1	250.1	251.1	252.2	253.3	254.3
2	18.51	19.00	19.16	19.25	19.30	19.33	19.35	19.37	19.38	19.40	19.41	19.43	19.45	19.45	19.46	19.47	19.48	19.49	19.50
3	10.13	9.55	9.28	9.12	9.01	8.94	8.89	8.85	8.81	8.79	8.74	8.70	8.66	8.64	8.62	8.59	8.57	8.55	8.53
4	7.71	6.94	6.59	6.39	6.26	6.16	6.09	6.04	6.00	5.96	5.91	5.86	5.80	5.77	5.75	5.72	5.69	5.66	5.63
5	6.61	5.79	5.41	5.19	5.05	4.95	4.88	4.82	4.77	4.74	4.68	4.62	4.56	4.53	4.50	4.46	4.43	4.40	4.36
6	5.99	5.14	4.76	4.53	4.39	4.28	4.21	4.15	4.10	4.06	4.00	3.94	3.87	3.84	3.81	3.77	3.74	3.70	3.67
7	5.59	4.74	4.35	4.12	3.97	3.87	3.79	3.73	3.68	3.64	3.57	3.51	3.44	3.41	3.38	3.34	3.30	3.27	3.23
8	5.32	4.46	4.07	3.84	3.69	3.58	3.50	3.44	3.39	3.35	3.28	3.22	3.15	3.12	3.08	3.04	3.01	2.97	2.93
9	5.12	4.26	3.86	3.63	3.48	3.37	3.29	3.23	3.18	3.14	3.07	3.01	2.94	2.90	2.86	2.83	2.79	2.75	2.71
10	4.96	4.10	3.71	3.48	3.33	3.22	3.14	3.07	3.02	2.98	2.91	2.85	2.77	2.74	2.70	2.66	2.62	2.58	2.54
11	4.84	3.98	3.59	3.36	3.20	3.09	3.01	2.95	2.90	2.85	2.79	2.72	2.65	2.61	2.57	2.53	2.49	2.45	2.40
12	4.75	3.89	3.49	3.26	3.11	3.00	2.91	2.85	2.80	2.75	2.69	2.62	2.54	2.51	2.47	2.43	2.38	2.34	2.30
13	4.67	3.81	3.41	3.18	3.03	2.92	2.83	2.77	2.71	2.67	2.60	2.53	2.46	2.42	2.38	2.34	2.30	2.25	2.21
14	4.60	3.74	3.34	3.11	2.96	2.85	2.76	2.70	2.65	2.60	2.53	2.46	2.39	2.35	2.31	2.27	2.22	2.18	2.13
15	4.54	3.68	3.29	3.06	2.90	2.79	2.71	2.64	2.59	2.54	2.48	2.40	2.33	2.29	2.25	2.20	2.16	2.11	2.07
16	4.49	3.63	3.24	3.01	2.85	2.74	2.66	2.59	2.54	2.49	2.42	2.35	2.28	2.24	2.19	2.15	2.11	2.06	2.01
17	4.45	3.59	3.20	2.96	2.81	2.70	2.61	2.55	2.49	2.45	2.38	2.31	2.23	2.19	2.15	2.10	2.06	2.01	1.96
18	4.41	3.55	3.16	2.93	2.77	2.66	2.58	2.51	2.46	2.41	2.34	2.27	2.19	2.15	2.11	2.06	2.02	1.97	1.92
19	4.38	3.52	3.13	2.90	2.74	2.63	2.54	2.48	2.42	2.38	2.31	2.23	2.16	2.11	2.07	2.03	1.98	1.93	1.88
20	4.35	3.49	3.10	2.87	2.71	2.60	2.51	2.45	2.39	2.35	2.28	2.20	2.12	2.08	2.04	1.99	1.95	1.90	1.84
21	4.32	3.47	3.07	2.84	2.68	2.57	2.49	2.42	2.37	2.32	2.25	2.18	2.10	2.05	2.01	1.96	1.92	1.87	1.81
22	4.30	3.44	3.05	2.82	2.66	2.55	2.46	2.40	2.34	2.30	2.23	2.15	2.07	2.03	1.98	1.94	1.89	1.84	1.78
23	4.28	3.42	3.03	2.80	2.64	2.53	2.44	2.37	2.32	2.27	2.20	2.13	2.05	2.01	1.96	1.91	1.86	1.81	1.76
24	4.26	3.40	3.01	2.78	2.62	2.51	2.42	2.36	2.30	2.25	2.18	2.11	2.03	1.98	1.94	1.89	1.84	1.79	1.73
25	4.24	3.39	2.99	2.76	2.60	2.49	2.40	2.34	2.28	2.24	2.16	2.09	2.01	1.96	1.92	1.87	1.82	1.77	1.71
26	4.23	3.37	2.98	2.74	2.59	2.47	2.39	2.32	2.27	2.22	2.15	2.07	1.99	1.95	1.90	1.85	1.80	1.75	1.69
27	4.21	3.35	2.96	2.73	2.57	2.46	2.37	2.31	2.25	2.20	2.13	2.06	1.97	1.93	1.88	1.84	1.79	1.73	1.67
28	4.20	3.34	2.95	2.71	2.56	2.45	2.36	2.29	2.24	2.19	2.12	2.04	1.96	1.91	1.87	1.82	1.77	1.71	1.65
29	4.18	3.33	2.93	2.70	2.55	2.43	2.35	2.28	2.22	2.18	2.10	2.03	1.94	1.90	1.85	1.81	1.75	1.70	1.64
30	4.17	3.32	2.92	2.69	2.53	2.42	2.33	2.27	2.21	2.16	2.09	2.01	1.93	1.89	1.84	1.79	1.74	1.68	1.62
40	4.08	3.23	2.84	2.61	2.45	2.34	2.25	2.18	2.12	2.08	2.00	1.92	1.84	1.79	1.74	1.69	1.64	1.58	1.51
60	4.00	3.15	2.76	2.53	2.37	2.25	2.17	2.10	2.04	1.99	1.92	1.84	1.75	1.70	1.65	1.59	1.53	1.47	1.39
120	3.92	3.07	2.68	2.45	2.29	2.17	2.09	2.02	1.96	1.91	1.83	1.75	1.66	1.61	1.55	1.50	1.43	1.35	1.25
∞	3.84	3.00	2.26	2.37	2.21	2.10	2.01	1.94	1.88	1.83	1.75	1.67	1.57	1.52	1.46	1.39	1.32	1.22	1.00

$\alpha=0.025$

n_2 \ n_1	1	2	3	4	5	6	7	8	9	10	12	15	20	24	30	40	60	120	∞
1	647.8	799.5	864.2	899.6	921.8	937.1	948.2	956.7	963.3	968.6	976.7	984.9	993.1	997.2	1001	1006	1010	1014	1018
2	38.51	39.00	39.17	39.25	39.30	39.33	39.36	39.37	39.39	39.40	39.41	39.43	39.45	39.46	39.46	39.47	39.48	39.49	39.50
3	17.44	16.04	15.44	15.10	14.88	14.73	14.62	14.54	14.47	14.42	14.34	14.25	14.17	14.12	14.08	14.04	13.99	13.95	13.90
4	12.22	10.65	9.98	9.60	9.36	9.20	9.07	8.98	8.90	8.84	8.75	8.66	8.56	8.51	8.46	8.41	8.36	8.31	8.26
5	10.01	8.43	7.76	7.39	7.15	6.98	6.85	6.76	6.68	6.62	6.52	6.43	6.33	6.28	6.23	6.18	6.12	6.07	6.02
6	8.81	7.26	6.60	6.23	5.99	5.82	5.70	5.60	5.52	5.46	5.37	5.27	5.17	5.12	5.07	5.01	4.96	4.90	4.85
7	8.07	6.54	5.89	5.52	5.29	5.12	4.99	4.90	4.82	4.76	4.67	4.57	4.47	4.42	4.36	4.31	4.25	4.20	4.14
8	7.57	6.06	5.42	5.05	4.82	4.65	4.53	4.43	4.36	4.30	4.20	4.10	4.00	3.95	3.89	3.84	3.78	3.73	3.67
9	7.21	5.71	5.08	4.72	4.48	4.32	4.20	4.10	4.03	3.96	3.87	3.77	3.67	3.61	3.56	3.51	3.45	3.39	3.33
10	6.94	5.46	4.83	4.47	4.24	4.07	3.95	3.85	3.78	3.72	3.62	3.52	3.42	3.37	3.31	3.26	3.20	3.14	3.08
11	6.72	5.26	4.63	4.28	4.04	3.88	3.76	3.66	3.59	3.53	3.43	3.33	3.23	3.17	3.12	3.06	3.00	2.94	2.88
12	6.55	5.10	4.47	4.12	3.89	3.73	3.61	3.51	3.44	3.37	3.28	3.18	3.07	3.02	2.96	2.91	2.85	2.79	2.72
13	6.41	4.97	4.35	4.00	3.77	3.60	3.48	3.39	3.31	3.25	3.15	3.05	2.95	2.89	2.84	2.78	2.72	2.66	2.60
14	6.30	4.89	4.24	3.89	3.66	3.50	3.38	3.29	3.21	3.15	3.05	2.95	2.84	2.79	2.73	2.67	2.61	2.55	2.49
15	6.20	4.77	4.15	3.80	3.58	3.41	3.29	3.20	3.12	3.06	2.96	2.86	2.76	2.70	2.64	2.59	2.52	2.46	2.40
16	6.12	4.69	4.08	3.73	3.50	3.34	3.22	3.12	3.05	2.99	2.89	2.79	2.68	2.63	2.57	2.51	2.45	2.38	2.32
17	6.04	4.62	4.01	3.66	3.44	3.28	3.16	3.06	2.98	2.92	2.82	2.72	2.62	2.56	2.50	2.44	2.38	2.32	2.25
18	5.98	4.56	3.95	3.61	3.38	3.22	3.10	3.01	2.93	2.87	2.77	2.67	2.56	2.50	2.44	2.38	2.32	2.26	2.19
19	5.92	4.51	3.90	3.56	3.33	3.17	3.05	2.96	2.88	2.82	2.72	2.62	2.51	2.45	2.39	2.33	2.27	2.20	2.13
20	5.87	4.46	3.86	3.51	3.29	3.13	3.01	2.91	2.84	2.77	2.68	2.57	2.46	2.41	2.35	2.29	2.22	2.16	2.09
21	5.38	4.42	3.82	3.48	3.25	2.09	2.97	2.87	2.80	2.73	2.64	2.53	2.42	2.37	2.31	2.25	2.18	2.11	2.04
22	5.79	4.38	3.78	3.44	3.22	3.05	2.93	2.84	2.76	2.70	2.60	2.50	2.39	2.33	2.27	2.21	2.14	2.08	2.00
23	5.57	4.35	3.75	3.41	3.18	3.02	2.90	2.81	2.73	2.67	2.57	2.47	2.36	2.30	2.24	2.18	2.11	2.04	1.97
24	5.72	4.32	3.72	3.38	3.15	2.99	2.87	2.78	2.70	2.64	2.54	2.44	2.33	2.27	2.21	2.15	2.08	2.01	1.94
25	5.69	4.29	3.69	3.35	3.13	2.97	2.85	2.75	2.68	2.61	2.51	2.41	2.30	2.24	2.18	2.12	2.05	1.98	1.91
26	5.66	4.27	3.67	3.33	3.10	2.94	2.82	2.73	2.65	2.59	2.49	2.39	2.28	2.22	2.16	2.09	2.03	1.95	1.88
27	5.63	4.24	3.65	3.31	3.08	2.92	2.80	2.71	2.63	2.57	2.47	2.36	2.25	2.19	2.13	2.07	2.00	1.93	1.85
28	5.61	4.22	3.63	3.29	3.06	2.90	2.78	2.69	2.61	2.55	2.45	2.34	2.23	2.17	2.11	2.05	1.98	1.91	1.83
29	5.59	4.20	3.61	3.27	3.04	2.88	2.76	2.67	2.59	2.53	2.43	2.32	2.21	2.15	2.09	2.03	1.96	1.89	1.81
30	5.57	4.18	3.59	3.25	3.03	2.87	2.75	2.65	2.57	2.51	2.41	2.31	2.20	2.14	2.07	2.01	1.94	1.87	1.79
40	5.42	4.05	3.46	3.13	2.90	2.74	2.62	2.53	2.45	2.39	2.29	2.18	2.07	2.01	1.94	1.88	1.80	1.72	1.64
60	5.29	3.93	3.43	3.01	2.79	2.63	2.51	2.41	2.33	2.27	2.17	2.06	1.94	1.88	1.82	1.74	1.67	1.58	1.48
120	5.15	3.80	3.23	2.89	2.67	2.52	2.39	2.30	2.22	2.16	2.05	1.94	1.82	1.76	1.69	1.61	1.53	1.43	1.31
∞	5.02	3.69	3.12	2.79	2.57	2.41	2.29	2.19	2.11	2.05	1.94	1.93	1.71	1.64	1.57	1.48	1.39	1.27	1.00

续表

$\alpha=0.01$

n_2＼n_1	1	2	3	4	5	6	7	8	9	10	12	15	20	24	30	40	60	120	∞
1	4052	4999.5	5403	5625	5764	5859	5928	5982	6022	6056	6106	6157	6209	6235	6261	6287	6313	6339	6366
2	98.50	99.00	99.17	99.25	99.30	99.33	99.36	99.37	99.39	99.40	99.42	99.43	99.45	99.46	99.47	99.47	99.48	99.49	99.50
3	34.12	38.82	29.46	28.71	28.24	27.91	27.67	27.49	27.35	27.23	27.05	26.87	26.69	26.60	26.50	26.41	26.32	26.22	26.13
4	21.20	18.00	16.69	15.98	15.52	15.21	14.98	14.80	14.66	14.55	14.37	14.20	14.02	13.93	13.84	13.75	13.65	13.56	13.46
5	16.26	13.27	12.06	11.39	10.97	10.67	10.46	10.29	10.16	10.05	9.89	9.72	9.55	9.47	9.38	9.29	9.20	9.11	9.02
6	13.75	10.92	9.78	9.15	8.75	8.47	8.26	8.10	7.98	7.87	7.72	7.56	7.40	7.31	7.23	7.14	7.06	6.97	6.88
7	12.25	9.55	8.45	7.85	7.46	7.19	6.99	6.84	6.72	6.62	6.47	6.31	6.16	6.07	5.99	5.91	5.82	5.74	5.65
8	11.26	8.64	7.59	7.01	6.63	6.37	6.18	6.03	5.91	5.81	5.67	5.52	5.36	5.28	5.20	5.12	5.03	4.95	4.86
9	10.56	8.02	6.99	6.42	6.06	5.80	5.61	5.47	5.35	5.26	5.11	4.96	4.81	4.73	4.65	4.57	4.48	4.40	4.31
10	10.04	7.56	6.55	5.99	5.64	5.39	5.20	5.06	4.94	4.85	4.71	4.56	4.41	4.33	4.25	4.17	4.08	4.00	3.91
11	9.65	7.21	6.22	5.67	5.32	5.07	4.89	4.74	4.63	4.54	4.40	4.25	4.10	4.02	3.94	3.86	4.78	3.69	3.60
12	9.33	6.93	5.95	5.41	5.06	4.82	4.64	4.50	4.39	4.30	4.16	4.01	3.86	3.78	3.70	3.62	3.54	3.45	3.36
13	9.07	6.70	5.74	5.21	4.86	4.62	4.44	4.30	4.19	4.10	3.96	3.82	3.66	3.59	3.51	3.43	3.34	3.25	3.17
14	8.86	6.51	5.56	5.04	4.69	4.46	4.28	4.14	4.03	3.94	3.80	3.66	3.51	3.43	3.35	3.27	3.18	3.09	3.00
15	8.68	6.36	5.42	4.89	4.56	4.32	4.14	4.00	3.89	3.80	3.67	3.52	3.37	3.29	3.21	3.13	3.05	2.96	2.87
16	8.53	6.23	5.29	4.77	4.44	4.20	4.03	3.89	3.78	3.69	3.55	3.41	3.26	3.18	3.10	3.02	2.93	2.84	2.75
17	8.40	6.11	5.18	4.67	4.34	4.10	3.93	3.79	3.68	3.59	3.46	3.31	3.16	3.08	3.00	2.92	2.83	2.75	2.65
18	8.29	6.01	5.09	4.58	4.25	4.01	3.84	3.71	3.60	3.51	3.37	3.23	3.08	3.00	2.92	2.84	2.75	2.66	2.57
19	8.18	5.93	5.01	4.50	4.17	3.94	3.77	3.63	3.52	3.43	3.30	3.15	3.00	2.92	2.84	2.76	2.67	2.58	2.49
20	8.10	5.85	4.94	4.43	4.10	3.87	3.70	3.56	3.46	3.37	3.23	3.09	2.94	2.86	2.78	2.69	2.61	2.52	2.42
21	8.02	5.78	4.87	4.37	4.04	3.81	3.64	3.51	3.40	3.31	3.17	3.03	2.88	2.80	2.72	2.64	2.55	2.46	2.36
22	7.59	5.72	4.82	4.31	3.99	3.76	3.59	3.45	3.35	3.26	3.12	2.98	2.83	2.75	2.67	2.58	2.50	2.40	2.31
23	7.88	5.66	4.76	4.26	3.94	3.71	3.54	3.41	3.30	3.21	3.07	2.93	2.78	2.70	2.62	2.54	2.45	2.35	2.26
24	7.82	5.61	4.72	4.22	3.90	3.67	3.50	3.36	3.26	3.17	3.03	2.89	2.74	2.66	2.58	2.49	2.40	2.31	2.21
25	7.77	5.57	4.68	4.18	3.85	3.63	3.46	3.32	3.22	3.13	2.99	2.85	2.70	2.62	2.54	2.45	2.36	2.27	2.17
26	7.72	5.53	4.64	4.14	3.82	3.59	3.42	3.29	3.18	3.09	2.96	2.81	2.66	2.58	2.50	2.42	2.33	2.23	2.13
27	7.68	5.49	4.60	4.11	3.78	3.56	3.39	3.26	3.15	3.06	2.93	2.78	2.63	2.55	2.47	2.38	2.29	2.20	2.10
28	7.64	5.45	4.57	4.07	3.75	3.53	3.36	3.23	3.12	3.03	2.90	2.75	2.60	2.52	2.44	2.35	2.26	2.17	2.06
29	7.60	5.42	4.54	4.04	3.73	3.50	3.33	3.20	3.09	3.00	2.87	2.73	2.57	2.49	2.41	2.33	2.23	2.14	2.03
30	7.56	5.39	4.51	4.02	3.70	3.47	3.30	3.17	3.07	2.98	2.84	2.70	2.55	2.47	2.39	2.30	2.21	2.11	2.01
40	7.31	5.18	4.31	3.83	3.51	3.29	3.12	2.99	2.89	2.80	2.66	2.52	2.37	2.29	2.20	2.11	2.02	1.92	1.80
60	7.08	4.98	4.13	3.65	3.34	3.12	2.95	2.82	2.72	2.63	2.50	2.35	2.20	2.12	2.03	1.94	1.84	1.73	1.60
120	6.85	4.79	3.95	3.48	3.17	2.96	2.79	2.66	2.56	2.47	2.34	2.19	2.03	1.95	1.86	1.76	1.66	1.53	1.38
∞	6.63	4.61	3.78	3.32	3.02	2.80	2.64	2.51	2.41	2.32	2.18	2.04	1.88	1.79	1.70	1.59	1.47	1.32	1.00

参 考 文 献

[1] 谌安琦编著. 科技工程中的数学模型. 北京：中国铁道出版社，1988.

[2] 陈义华编著. 数学模型. 重庆：重庆大学出版社，1995.

[3] [苏] 卡法罗夫著. 控制论方法在化学和化工中的应用. 陈丙珍译. 北京：化学工业出版社，1983.

[4] [美] N. R. Amundson, Neal Russel. The Mathematical Understanding of Chemical Engineering Systems. Oxford：Pergamon，Ed. by Rutherford Aris and Arvind Varma，1980.

[5] [美] W. L. 卢伊本著，化学工程师使用的过程模型化、模拟和控制. 张竹治. 王开正译. 北京：原子能出版社，1987.

[6] 李启兴等. 化学反应工程学基础数学模拟法. 北京：人民教育出版社，1981.

[7] [美] C. D. 霍蓝著. 分离过程的基础和模型化——吸收、蒸馏、蒸发、萃取——. 庄震万译. 北京：原子能出版社，1980.

[8] [美] FRANKS, R. G. E. Modelling and Simulation in Chemical Engineering. NewYork：Wileyinter-science，1972.

[9] A. Husain etal. Chemical Process Simulation. A. Halsted Pressbook-N. Y. ：John Wiley and Sons，1986.

[10] Smith C. L. , R. W. Pike &P. W. Murrill. Formulation and Optimization of Mathematical Models. Englewood Clliffs N. J. ：Prentice-Hall，International Textbook，1970.

[11] [美] 塞恩费尔德 J. H. ，拉皮德思，L. B. 著. 化工过程数学模型理论. 赵维彭等译. 南京：江苏科学技术出版社，1981.

[12] K. J. Johnson. Numerical Methods In Chemistry. New YORK：Marcel Dekker INC. ，1980.

[13] 江体乾. 化工数据处理. 北京：化学工业出版社，1984.

[14] 中国科学院数学研究所数理统计组编. 回归分析方法. 北京：科学出版社，1974.

[15] 梁正熙，魏玉珍编. 化学化工中的数值法. 北京：科学出版社，1989.

[16] [美] Robert W. Hornbeck 著. 数值方法. 刘元久等译. 北京：中国铁道出版社，1982.

[17] [美] A. L. 迈尔斯，W. D. 塞德尔著. 化学工程与计算机导论. 王庆田等译. 北京：化学工业出版社，1982.

[18] Н. Ф. 斯捷潘诺夫等著. 物理化学中的线性代数方法. 王正刚译. 北京：科学出版社，1982.

[19] 清华大学，北京大学《计算方法》编写组. 计算方法. 北京：科学出版社，1981.

[20] [日] 河村祐治等. 化工数学. 张克，孙登文译. 北京：化学工业出版社，1980.

[21] Mark. E. Davis. Numerical Methods and Modeling for Chemical Engineers. New York：John Wilev&Sons Inc. ，1984.

[22] [英] V. G. 詹森，G. V. 杰弗里斯著. 化工数学方法. 郐德荣等译(第二版). 北京：化学工业出版社，1982.

[23] 日本化学工学协会编. 化学工程程序设计例题习题集. 麻德贤译. 北京：化学工业出版社，1984.

[24] William H. Press etc. Numerical Recipes-The Art of Scientific Computing. Cambridge：Cambridge University Press，1986.

[25] 陈宁馨编著. 现代化工数学. 北京：化学工业出版社，1982.

[26] [美] C. 贾德森. 金编著. 分离过程. 大连工学院化工原理教研室，化学工程研究室译. (第二版). 北京：化学工业出版社，1987.

[27] [美] C. D. 霍蓝，A. I. 利亚比斯著. 求解动态分离问题的计算机方法. 黄朝伟译. 北京：科学出版社，1988.

[28] 上海机械学院，安徽省计算中心编. FORTRAN 应用程序库. 上海：上海科技文献出版社，1984.

[29] 刘德贵等编. FORTRAN 算法汇编(第一册). 北京：国防工业出版社，1980.

[30] 谢如彪等编. 非线性数值分析. 上海：上海交大出版社，1984.

[31] Bajpai Avi C. etal. Advanced Engineering Mathematics. Chichester：Wiley，1977.

[32] [美] F. B. 希尔德布蓝德著. 应用高等数学. 陈绶章，张志强译. 上、中. 北京：人民教育出版社，1979.

[33] Dixon, Charles. Applied Mthematics of Science and Engineering. N. Y.：Wiley，1971.

[34] M. R. SPIEGEL 著. 向量分析的理论和习题. 于骏民等译. 上海：上海科技出版社，1984.

[35] B. D. GupTA 著. 应用数学. 赵瑜深译. 上册. 成都：成都电讯工程学院出版，1986.

[36] Finlayson. Bruce Alan. Nonlinear Analysis in Chemical Engineering. New York：Mc Graw-Hill International Book Co.，1980.

[37] 南京大学数学系计算数学专业编. 常微分方程数值解法. 北京：科学出版社，1979.

[38] 武汉大学，山东大学计算数学教研室编. 计算方法. 北京：人民教育出版社，1982.

[39] Wait R. The Numerical Solution of Algebraic Equations. Chichester：Wiley，1979.

[40] 复旦大学数学系主编. 数学物理方程. 上海：上海科技出版社，1983.

[41] 桂子鹏，康盛亮编著. 数学物理方程. 上海：同济大学出版社，1987.

[42] 杨德保编. 工科概率统计. 北京：北京理工大学出版社，1994.

[43] 《概率论与数理统计》编写组. 工程数学 概率论与数理统计. 重庆：重庆大学出版社，1991.

[44] [美] M. R. 施皮格尔著. 概率统计的理论和习题. 费鹤良等译. 上海：上海科学技术出版社，1988.

[45] 韩之俊，姚平中. 概率与统计. 北京：国防工业出版社，1985.

[46] 朱中南，戴迎春. 化工数据处理与实验设计. 北京：烃加工出版社，1989.

[47] 浙江大学数学系高等数学教研组编. 概率论与数理统计. 北京：高等教育出版社，1985.

[48] 袁永根，李华生. 过程系统测量数据校正技术. 北京：中国石化出版社，1996.

[49] 斯图尔特 G. W.. 矩阵计算引论. 上海：上海科学技术出版社，1980.

[50] 王梓坤. 概率论基础及其应用. 北京：科学出版社，1976.

[51] 刘玮编著. 离散数学及其应用. 北京：煤炭工业出版社，1997.

[52] 李德，钱颂迪主编. 运筹学. 北京：清华大学出版社，1982.

[53] 舒贤林，徐志才编著. 图论基础及其应用. 北京：北京邮电学院出版社，1988.

[54] [美] 赛穆尔. 利尔舒茨著. 离散数学原理及题解. 娄兴棠译. 黑龙江：黑龙江科学技术出版社，1986.

[55] Thomas E Quantrille, Liu Y A 著. 人工智能在化工中的应用. 查金荣，申同贺，包宏译. 北京：中国石化出版社，1994.

[56] D W 罗尔斯顿著. 人工智能与专家系统开发原理. 沈锦泉译. 上海：上海交大出版社，1991.

[57] 赵瑞清，王晖，邱涤虹编著. 知识表示与推理. 北京：气象出版社，1991.

[58] 田盛丰等编著. 人工智能原理与应用. 北京：北京理工大学出版社，1993.

[59] 刘裔安. 人工智能在化学工程中的应用. 北京：中国石化出版社，1995.

[60] 元英进，苗志奇，秦家庆，韩金玉，甘一如. 化工学报. 1997，48：553～559.

[61] Yuan Yingjin, Miao Zhiqi, Li Shuying. Chemical Engineering Communication. 1999，174：167～183.

[62] Yuan Yingjin, Hua Gang, Hu Zongding. Chinese Journal of Chemical Engineering. 1994，2(3)：181～186.

[63] Miao Zhqi, Yuan Yingjin. Chinese Joural of Chemical Engineering. 1998，6(4)：340～347.

[64] Shann J. J.，Fu H. C.. Fuzzy Sets and System. 1995，71：345～357.